보전생물학

Conservation Biology

2판

ANNA A. SHER
RICHARD B. PRIMACK

이상돈 · 김영효 · 김재근 · 남동하
박재홍 · 배연재 · 서지은 · 이규송

월드사이언스
worldscience.co.kr

보전생물학 제2판

인　　쇄 | 2021년 8월 20일
발　　행 | 2021년 8월 30일

저　　자 | SHER · PRIMACK · 이상돈 · 김영효 · 김재근
남동하 · 박재홍 · 배연재 · 서지은 · 이규송
발 행 인 | 신정숙
발 행 처 | (주)도서출판 월드사이언스
주　　소 | 서울특별시 서초구 도구로 115(방배동, 월드빌딩 1층)
등록일자 | 1988년 2월 12일
등록번호 | 제 16-1601호
대표전화 | (02) 581-5811~3
팩　　스 | (02) 521-6418

E-mail | worldscience@hanmail.net
U R L | http://www.worldscience.co.kr

정　　가 | **32,000원**
I S B N | 978-89-5881-304-0

This book is dedicated to Professor Federico Cheever (1957–2017), an expert on and champion of the Endangered Species Act, a past contributor to this textbook, and a deeply missed colleague.

목차

생물다양성의 가치 55

생물다양성에 대한 위협: 서식지 변화 95

보호구역 외부에서의 보전 319

복원 생태학 353

Preface to the Korean Edition

Conservation biology is the field that seeks to study and protect the living world and its biological diversity (or "biodiversity" in its shortened form). The field emerged during the last 40 years as a major new discipline to address the alarming loss of biological diversity. The threats to biodiversity are all too real, as demonstrated by the recognition that fully one-third of amphibian species are in danger of extinction. At the same time, we continue to be hopeful and inspired by success stories, like increasing sea turtle populations at many locations throughout the world following comprehensive conservation efforts. Many examples described in this Korean conservation biology book show that governments, individuals, and conservation organizations can work together to make the world a better place for all living things.

After decades of public interest in nature and the environment, organizations such as the United Nations and the World Wildlife Fund have focused worldwide attention on conservation. The general public in Korea and throughout the world has absorbed this message and is asking its political leaders to provide the policy changes needed to address issues of conservation. The last several years have also seen far greater interest in ocean conservation, with the establishment of new giant marine protected areas, especially in the Pacific Ocean. Evidence of the ever-increasing interest in conservation biology is shown by the great intellectual excitement of the vibrant Society for Conservation Biology and journals such as *Conservation Biology* and *Biological Conservation*. International conservation organizations, such as Birdlife International and The Nature Conservancy are tackling conservation issues with a multi-disciplinary approach, and new on-line citizen networks, such as eBird and iNaturalist are providing novel resources to teach the public about biodiversity and to get people involved in monitoring the health of biodiversity.

Large numbers of university students continue to enroll in conservation biology courses. Our recent book, *An Introduction of Conservation Biology (Second Edition)* has provided a comprehensive undergraduate textbook for this subject. (*Conservation Biology*, in its First Edition with Brad Cardinale as the lead author, fills the need for a graduate-level textbook for those who want a more advanced knowledge of conservation biology.) This Korean edition of *An Introduction to Conservation Biology* provides a thorough overview of the major concepts and problems of the field. Readers should enjoy and benefit from the updated full-color illustration and photo program. It provides coverage of the latest information available on a number of topics, including the value of ecosystem services, the expanding system of marine protected areas, and linkages between conservation and global change. It highlights examples from Korea, including Hallasan National Park on Jeju Island and the conservation of red-crowned cranes in the Demilitarized Zone.

In keeping with the global nature of conservation biology, we feel it is important to make the field accessible to as wide an audience as possible. To this end, we have arranged an active translation program, inviting local scientists to become coauthors and to add case studies, examples, and illustrations from their own countries and regions that would be more relevant to the intended audience. So far, 35 such translations have been produced. We welcome Prof. Sangdon Lee and his colleagues in producing this current Korean textbook, with its numerous examples of species and locations throughout Korea.

We hope that Korean students reading this book will want to find out more about the extinction crisis facing species and ecosystems in Korea and elsewhere and how they can take action to halt it. We encourage readers to take the field's activist spirit to heart—use the Appendix to find organizations and sources of information on how to help. If readers gain a greater appreciation for the goals, methods, and importance of conservation biology, and if they are moved to make a difference in their everyday lives in Korea and elsewhere, this textbook will have served its purpose.

Anna Sher	Richard Primack
Denver, Colorado	Boston, Massachusetts
July 2021	July 2021

한국어 판 서문

보전생물학은 자연 상태 및 이 지역에 서식하는 생물다양성을 보호하고 이를 연구하는 학문 분야이다. 이 분야는 비교적 최근에 태동되었으며, 지난 40년간 생물다양성의 급격한 손실을 알리는 역할을 하는 새로운 학문 분야로 성장하였다. 생물다양성의 위협은 매우 현실적으로, 양서류만 하더라도 전 세계에서 1/3 가량의 종이 멸종위기에 처해 있다. 그와 동시에 우리는 전 세계 여러 곳에서 종합적인 보전 노력에 의해 이루어지는 성공적인 사례를 통해서 희망을 가지게 되었는데, 바다거북의 개체군 복원이 성공 사례 중 하나이다. 이 한국어판 보전생물학 책에서도 많은 예제들이 정부, 개인 및 보전단체 등의 협력된 활동을 통해 살아있는 모든 생물이 살기에 보다 나은 지역을 만들 수 있음을 보여주고 있다.

자연과 환경에 대한 지난 수 십 년간의 대중적 관심을 통해, 유엔, WWF와 같은 조직에서 보전에 전 세계적인 주목을 이끌어 낼 수 있었다. 한국의 일반 시민들과 전 세계인은 이런 사례를 통하여 정치지도자가 보전에 필요한 정책적 변화를 이끌어 내기를 희망한다. 지난 수년간 해양보전에 대한 관심도 매우 높아졌는데, 특히 태평양 연안의 새로운 대규모 해양보호지역을 지정함으로써 보전에 대한 관심을 더욱 고취할 수 있었다. 보전생물학에 대한 높은 관심의 증거는 보전생물학회의 많은 지적 활동을 통하여 역동적으로 보여지고 있으며, 보전생물학(*Conservation Biology*) 및 생물보전학(*Biological Conservation*) 같은 학술지의 많은 논문으로 잘 나타나 있다. 버드라이프 인터내셔널 그리고 자연보전협회 등과 같은 국제적인 보전기구는 보전에 대한 이슈를 다학제로 접근하고 있다. eBird나 iNaturalist와 같은 시민과학자 온라인 연결망은 일반인들에게 생물다양성에 대해 새로운 방법으로 접근하고 있으며, 생물다양성의 건강을 모니터링하는 데 사람들의 참여를 이끌어내고 있다.

대학교에서 보전생물학을 수강하는 학생수가 많아지고 있다. 최근에 발간된 보전생물학 저서(*An Introduction of Conservation Biology, 2nd Edition*)은 이런 주제들에 대해 학부생들에게 종합적인 정보를 제공하고 있다(Brad Cardinale이 주관한 보전생물학 첫 번째 판은 보전생물학을 수강하는 대학원생을 위해 보다 고급지식을 제공하고 있다). 이번에 발간되는 한국어판은 이 분야의 주요한 개념과 문제점들을 종합적으로 제공하고 있다. 학습자들은 컬러 판 예제들과 사진을 통해 훨씬 쉽게 책을 이해할 수 있다. 최신판은 다양한 주제에 대한 최신정보를 제공하므로, 생태계 서비스의 가치, 해양보호지역의 확대, 보전과 지구변화의 상관관계 등을 학습할 수 있다. 한국어판은 세계 자연유산인 제주도 한라산과 비무장지대의 두루미 보전활동을 소개하고 있다.

지구의 자연을 지키는 보전생물학에 있어서, 우리는 가능한 한 많은 사람들이 참여하는 활동이 중요하다고 생각된다. 이런 목적으로 우리는 적극적인 번역 프로그램을 추진하였고, 지역의 학자들이 공동저자로 등재하도록 하였으며, 연구 및 예제, 사례들을 지역에서 발굴하여 독자들에게 적절하게 제공하도록 하였다. 이제까지 35개 국어로 번역되었는데, 이번에 이상돈 교수 및 동료들에 의한 한국어 교재가 발간된 것을 환영하며, 한국 내 다양한 지역과 종들을 본 책에 수록하였다.

우리는 이 책을 대하는 한국의 학생들이 한국과 전 세계에서 발생하는 생태계와 종들의 위기상황을 보다 많이 발견하기를 바라며, 이를 멈추기 위해 할 수 있는 행동을 취해 주기를 바란다. 우리는 독자들의 야외활동 정신이 가슴으로 이어지기를 바라며, 부록에 기재된 기관과 정보를 찾아 도움을 주기를 바란다. 독자들이 보전생물학의 목적과 방법 그리고 중요성에 대하여 더 큰 이해와 감사를 가진다면, 그리고 한국과 다른 지역에서 매일매일의 생활을 다르게 할 수 있다면, 이 책은 소기의 목적을 달성했다고 할 수 있다.

아나 셔(Anna Sher)
덴버, 콜로라도
2021년 7월

리차드 프리막(Richard Primack)
보스톤, 메사추세스
2021년 7월

1

보전생물학의 정의

놀라울 정도로 다양한 생물종, 그 종들로 구성된 복잡한 생태계, 그리고 종 내에서의 유전적 변이로 이루어진 전 세계의 **생물학적 다양성(biological diversity)**을 보호하고자 하는 대중적 관심사는 지난 수십 년 동안 증폭되어 왔다. 한 연구에서는 Google 검색에서 '멸종'을 포함하여 '보전'과 관련된 주제가 2003년 이후에 매년 지속적으로 급증하고 있음을 보여주었다(Burivalova et al. 2018). 과학자와 일반인 모두에게 우리가 전례 없는 **생물다양성(biodiversity)***유실의 시대에 살고 있다는 사실이 더욱 명백해졌다(Pimm et al. 2014). 지구 도처에서 생물학적 생태계, 즉 수백만 년 동안 발달되어 온 생물과 환경의 상호 복합체들이 훼손되고 있는데, 이들 생태계에는 열대우림, 산호초, 온대 고생림, 그리고 초원(프레리)이 포함된다. 수만까지는 아니더라도 수천의 생물종과 수백만의 독특한 개체군들이 다가오는 수십 년 내에 멸종될 것으로 예측되고 있다(Ceballos et al. 2015). 먼 과거에 운석 충돌과 같은 대재앙이 가져온 지질학적인 대멸종과는 달리, 오늘날의 멸종은 오롯이 인간에 의한 것이다.

---

*생물학적 다양성(*Biological diversity*)은 때로는 생물다양성(*Biodiversity*)으로 줄여 쓴다(1992년 생물학자 E.O. Wilson이 창안). 이는 모든 생물종, 유전적 변이, 그리고 생물군집과 생태계 수준에서 그들의 상호작용을 포함한다.

Photo by Tim Laman

지난 200여 년 간 인구는 폭발적으로 증가하여 왔다. 호모 사피엔스(*Homo sapiens*)의 개체수가 1805년 무렵의 10억에 도달하기까지 16만 년이 넘게 걸렸다. 2019년에는 인구가 77억 명까지 증가할 것이라고 예상됐고, 2050년도에는 97억 명까지 증가할 것이라는 주장도 있다(United Nations, un.org/wpp/DataQuery/population)(**그림 1.1**). 이러한 추세로 보면, 가장 보편적인 인구 증가 모델에서도 매년 수천만 명의 인구가 증가한다. 인구 증가가 예전에 예상한 것 보다 훨씬 더 빠르게 진행되고 있다는 점은 주목할 만한 부분이며, 2050년까지의 인구 증가 추정치를 수정하였을 때, 2016년 이래 이미 3억 명이나 초과했다.

이러한 급격한 인구 증가와 이에 수반되는 자원 소모는 생물다양성 감소에 직접적인 연관이 있다. 인간은 땔감, 석탄, 석유, 목재, 어업, 여가 목적의 사냥 등의 활동으로 자원을 고갈시켜 왔으며, 자연 서식지를 농업, 도시, 주거 개발, 벌채, 채굴, 산업 발전 및 다른 인간의 활동에 이용되도록 땅을 바꾸었다. 이러한 변화는 쉽게 되돌리기 어려우며, 인구 증가를 감소시키기 위한 적극적인 프로그램조차도 인류가 야기한 환경 문제를 적절하게 해결해주지 못한다(Bradshaw and Brook 2014).

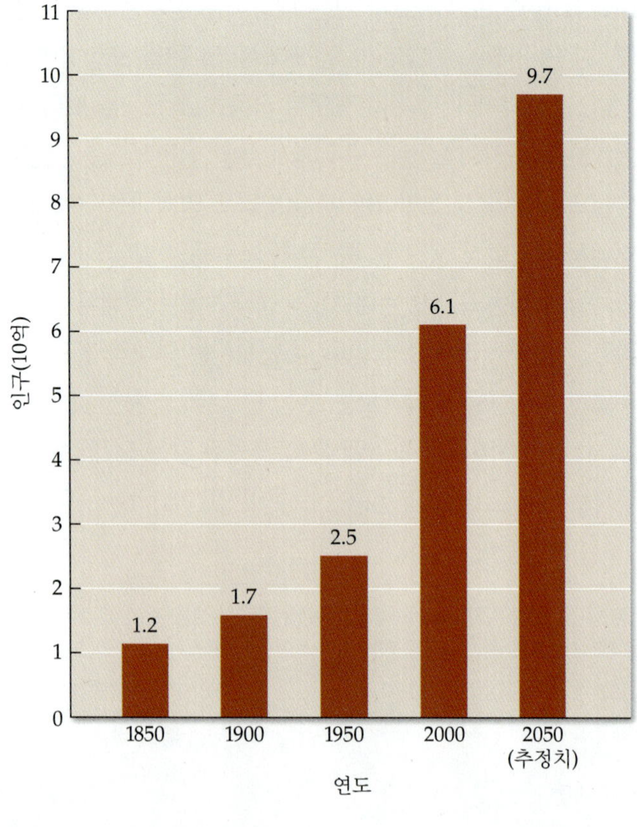

그림 1.1 2018년도의 인구는 약 77억 명에 이른다. 세계자원연구소(WRI)는 현재 인구의 성장률을 1.1%로 추정하며, 완만한 인구성장률에도 매년 약 7천만 명의 인구가 늘 것이라고 예측한다. 이러한 증가는 누적되므로 매년 증가할 것이다. (After K. Klein Goldewijk et al. 2016 *HYDE 3.2 Earth Syst Sci Data* 9:927–953, and *World Population Prospects: The 2017 Revision*. 2017 United Nations DESA/Population Division.)

세계 각국에서 개발과 산업화가 심화될수록 자원 고갈이 심해지고 환경 파괴가 악화되는 것은 자명하다. 예를 들어, 미국 국민의 에너지 평균 사용량은 전 세계인의 전체 평균 사용량의 3배 이상이며(US Energy Information Administraion 2018), 오일의 경우 코스타리카 국민의 7배, 인도 국민의 거의 11배 이상이다(World Bank 2018, https://data.worldbank.org). 그러나 현재에는 중국에서 가장 많은 에너지를 사용하는데(**그림 1.2**), 이는 최근 경제발전에 따른 1인당 사용량 증가를 반영한다(Tilman et al. 2017).

미증유의 인구 증가와 자연 자원의 집약적인 사용은 세계의 살아있는 다양성에 직접적이고도 유해한 결과를 초래한다. 생물다양성 감소는 인류에게도 직접적인 위협이 되는데, 인간은 자연 환경으로부터 원자재, 음식, 의약품, 산소, 음용수를 얻기 때문이다. 당연하게도, 가장 가난한 사람들은 파괴된 환경으로부터 음식을 얻기 어렵고, 의약품 공급, 교통과 건축 자재에 대한 접근이 어렵기 때문에 가장 큰 어려움을 겪는다.

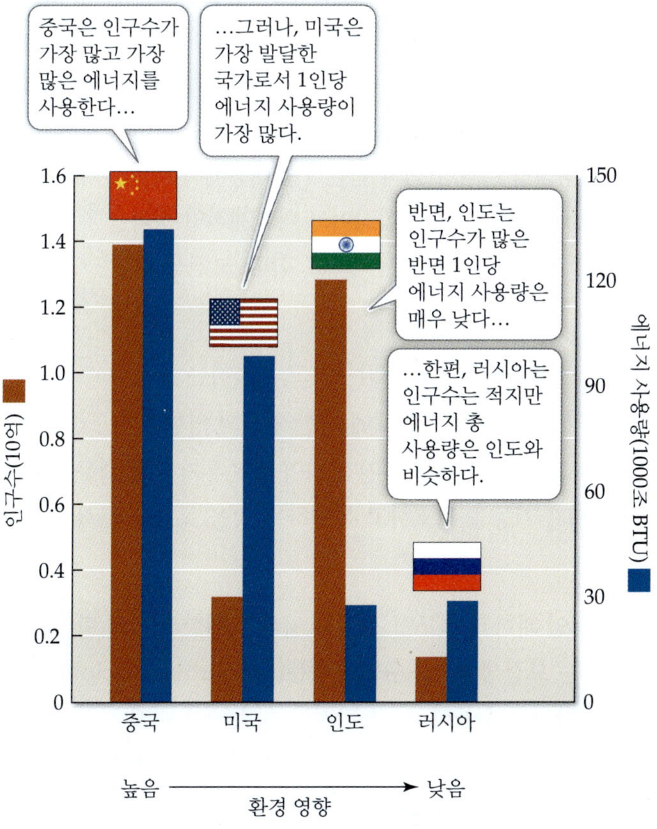

그림 1.2 국가별 인구와 에너지 사용량을 나타낸 것이다. 화석연료의 연소와 같은 에너지 사용은 일반적으로 환경에 악영향을 준다. 에너지 사용은 단순히 인구와 비례하지는 않으며, 그 보다는 1인당 사용하는 에너지량이 더 중요한 의미를 가진다. 중국의 1인당 에너지 사용량은 미국이나 러시아에 비하면 낮지만, 많은 인구수로 말미암아 에너지 총 사용량이 가장 많고 지구 환경에도 가장 큰 영향을 미친다. 인도의 경우, 미국이나 러시아보다 인구는 많지만, 1인당 에너지 사용량이 더 적기 때문에 에너지 사용의 총량은 러시아와 비슷한 수준이다. (After *US Energy Information Administration 2018*. U.S. EIA, International Energy Outlook 2018, p.2. https://www.eia.gov/outlooks/ieo/india/pdf/india_detailed.pdf.)

새로운 과학 보전생물학

학습 목표

이 절에서는 다음 내용에 주안점을 두기 바란다.

1. 인간 역사와 문화를 거슬러 자연 보전에 대한 사상의 역사를 추적할 수 있어야 한다.
2. 보전생물학 분야를 이끌고 있는 3가지 윤리적 원리를 대조할 수 있어야 한다.
3. 생물종 관리의 사례 연구를 위한 보전생물학의 다학제적 요인들을 확인할 수 있어야 한다.

오늘날에 일어나고 있는 생물종의 멸종 사태와 대규모 서식지 파괴는 엄청남에도 불구하고, 아직 희망을 말할 근거는 있다. 지난 수십년 동안 이루어진 성공 사례들이 그러한 희망의 예시가 될 수 있다. 흰머리수리(*Haliaeetus leucocephalus*)의 경우, 거의 멸종 직전까지 이르렀다가 보전정책의 실행, 대중의 인식 변화, 과학기술의 합작을 통해서 복원에 성공한 사례이다. 향후 수십 년 간 인류가 행할 제반 활동과 그 방향성에 따라 얼마나 많은 생물종과 생태계가 보전될 지 결정될 것이다. 21세기의 초반은 세계 각국의 환경 문제에 대해 깨어있는 연구자들과 환경운동가, 정치인, 기업가, 그리고 대중의 협력을 통해 지구의 수많은 생물종들과 자연 서식지 보전을 시작한 극적이고 박진감 있는 시기로 기억될 것이다. 최근 약 13,000여 편의 보전생물학 관련 출간물 중에서 연구 논문들을 살펴보면, 그 중 절반 이상에서 인류의 생태계 보전에 대해 긍정적인 미래를 전망하고 있다(Godet and Devictor. 2018). 이러한 보전에 대한 다양한 노력의 사례와 긍정적인 결과가 책의 전반적인 내용에서 다뤄질 예정이다.

보전생물학(conservation biology)은 통합적이고 다학제적인 성격을 지닌 학문 분야로서, 생물종 및 생태계의 보전을 궁극적인 목표로 한다. 보전생물학은 다음 3개의 주요 목표를 가진다.

1. 지구 상의 생물다양성에 대한 모든 영역을 탐구하고 기록하는 것
2. 생물종과 그 유전적 다양성 및 변화, 생태계에 대한 인간의 영향을 연구하는 것
3. 생물종의 멸종을 방지하고, 생물종 내의 유전적 다양성을 유지하며, 생물군집 및 이와 상호작용하는 생태계 기능을 보호하고 복원하는 것을 목표로 해서 실용적인 접근을 하는 것

앞의 2가지의 목표는 전형적인 과학적 연구인 사실적 지식을 위한 이성적 탐구를 포함한다. 그러나 3번째 목표는 보전생물학을 **규범적 학문(normative discipline)** 분야로 규정한다. 즉, 특정한 가치를 수용하고, 그 가치를 성취하기 위해 과학적 방법을 적용하고자 시도한다(Lindenmayer and Hunter 2010). 마치 의학이 인간의 생명과 건강을 지키는 데 가치를 두는 것처럼, 보전생물학은 궁극적인 선으로서 생물종

보전생물학은 생물다양성 보존의 목표를 향해서, 넓은 영역의 분야들로부터 다양한 사상과 전문지식을 통합함으로써 응용생물학과 이론생물학을 융합한다.

과 생태계의 보존에 가치를 두며, 인간이 야기한 생물다양성 손실을 방지함으로써 마치 진료의와 같은 역할을 수행하는 분야이다.

보전생물학은 1980년대에 시작되었는데, 이 시기는 전통적인 자원관리의 응용분야만으로는 생물다양성의 심각한 위협에 포괄적으로 대처하기 어렵다고 명백하게 인식되던 때였다. 농업, 임업, 야생동물 관리, 그리고 수산생물학의 응용분야가 생물종과 생태계 변화 과정의 더 넓은 영역을 포함하도록 점진적으로 확장되었다. 보전생물학은 이러한 응용분야을 보완하고, 생물다양성을 보호하기 위한 더 일반적인 이론을 제공한다. 보전생물학은 생물다양성의 장기적 보존이라는 핵심 목표에 있어서 다른 응용분야와 구별된다.

의학이 생리학, 해부학, 생화학 및 유전학 지식이 종합된 응용분야로서 인간의 건강과 질병의 퇴치를 목표로 하는 것처럼, 보전생물학은 분류학, 진화학, 생태학 및 유전학을 근간으로 하는 생물학 내에서 새로운 학문 분야로 발돋움했다. 많은 보전생물학자는 이러한 관련 생물학 분야를 연구하는 연구자들로부터 왔다. 생물학 기반의 연구자들과 함께, 임학, 야생동물관리와 같은 응용분야를 전공한 연구자들이 더해졌고, 여기에 동물원과 식물원의 많은 선도적인 연구자와 관리자들이 추가되었는데, 이들은 희귀종과 멸종위기종의 위치 정보와 야생과 울타리 내에서의 이들 종에 대한 관리와 증식에 대한 경험을 가져왔다.

또한, 보전생물학은 자연환경 파괴와 오염으로부터 보호를 목적으로 하는 정치적이며 교육적인 운동을 펼쳐나가는 **환경주의(environmentalism)**와 밀접한 연관성을 가지기도 하지만, 엄밀히 보면 다른 성격을 가진다. 보전생물학은 생물학적 연구에 기반을 둔 과학적 분야로, 이러한 과학적 연구 결과를 통해 환경운동에 기여한다.

생물다양성 위기에 관련된 많은 부분들이 인간의 영향으로부터 발생하기 때문에, 보전생물학은 생물학 이외에도 다양하고 광범위한 영역의 아이디어와 전문기술을 적용한다(**그림 1.3**). 예를 들면, 환경법과 정책은 희귀종과 멸종위기종 및 그 핵심 서식처의 보호활동을 위한 정부의 정책적 기반을 마련하고, 환경윤리는 생물다양성 보존을 위한 근본적이고 윤리적인 명분을 제공한다. 생태경제학자는 생물다양성의 경제적 가치를 제시함으로써 생물다양성 보전에 대한 여러 논쟁을 해결하는 역할을 한다. 기후학자는 특정 기후가 특정 환경에 미치는 영향을 분석하여 기후변화와 다양한 교란이 생태계에 미치는 영향에 대해 분석한다. 지질학 분야에서는 생태계를 구성하는 환경요소 간의 상호작용과 생물다양성의 분포, 인간과의 연관성을 연구한다. 인류학, 사회학과 같은 사회과학은 지역민이 당면한 환경 보호에 대한 현안을 실행할 수 있는 방법론을 제시한다. 환경보전 교육은 사람들에게 과학을 가르치고 자연환경의 가치와 중요성을 인식하게 도와줌으로써, 환경 문제를 해결하기 위한 학술적 연구와 야외 작업을 연결시켜준다. 보전생물학에는 매우 다양한 독립적인 분야의 아이디어와 기술들이 함께 엮여 있기 때문에 진정한 다학제적 학문이라 할 수 있다.

그림 1.3 보전생물학은 이론을 제공하는 여러 기초과학 분야들(좌측)을 종합해서 자원관리의 응용분야들(우측)을 새로이 제시하기 위한 접근 방식이다. 그리고 응용분야에서 얻어진 경험은 다시 기초과학의 방향을 제시함으로써 환류하는 역할을 한다. (After S. A. Temple. 1991. In *Challenges in the Conservation of Biological Resources: A Practitioner's Guide*, D. J. Decker et al. (Eds.), pp. 45–54. Westview Press, Boulder, CO.)

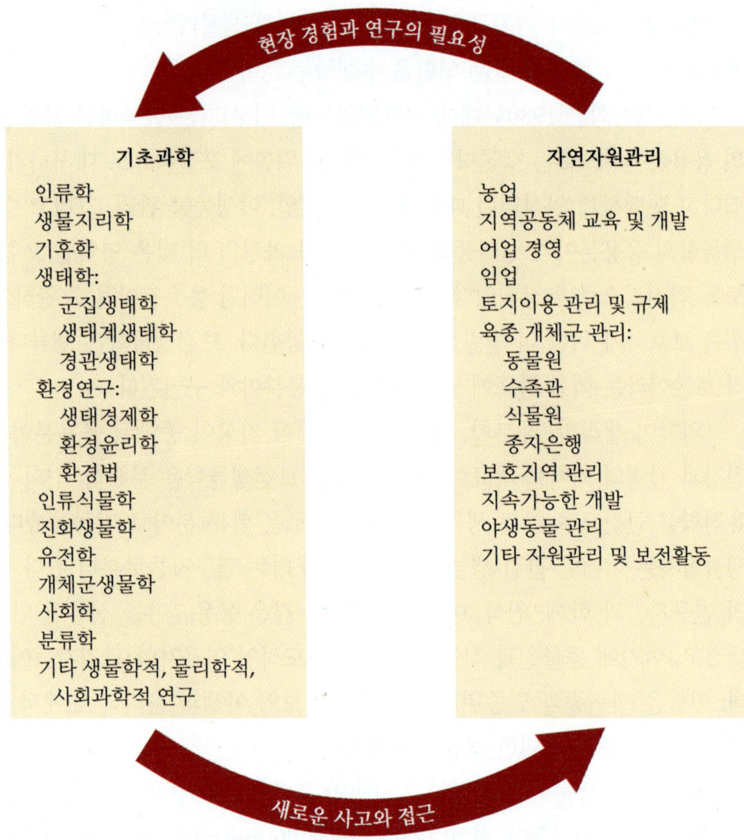

보전생물학의 기원

보전생물학의 기원은 인류사회와 자연계 간의 상호관계를 탐구하는 종교적, 철학적 신념으로부터 살펴볼 수 있다(Singh et al. 2017). 도교, 힌두교, 그리고 불교와 같은 동양 철학에서는 야생과 자연의 모든 것을 강렬한 정신적 체험을 매개하는 연결고리로 인식한다. 이러한 철학은 자연과 인간 정신 간의 직접적인 연결 고리를 강조하며, 자연계가 변화하거나 인간에 의하여 훼손되면 이러한 연결고리가 파괴된다고 믿는다. 자이나교와 힌두교는 살생을 엄격하게 금하고 있으며, 기독교, 유대교, 이슬람교의 교리에서는 인간에게 자연을 수호할 성스런 책임이 있다고 가르친다(**그림 1.4**; 제3장 환경윤리 참조). 초기 서양의 환경운동 지도자들의 신념적 요소에는 그러한 기독교 정신이 자리잡고 있었다. 현대의 종교 지도자들은 성경의 가장 성스럽고 심오한 대목들 가운데, 산 정상, 광야, 강가에서 행해진 일들이 많았음을 강조한다(Korngold 2008). 미국 북서부에 살았던 원주민 부족의 사냥꾼은 사냥한 짐승에 대해 감사와 가치를 나타내는 의미의 정화 의식을 행하였으며, 이로쿼이(Iroquois) 인디언은 그들의 이러한 행동이 수 세대 이후의 자손에게까지 영향을 미친다고 굳게 믿었다. 포니(Pawnee)족의 독수리 추장이었던 레타코츠 레사(Letakots-Lesa)는

"Tirawa(티라와-포니족이 섬기는 창조신)께서는 인간에게 직접 말씀하시지 않으며, 스스로 짐승의 형상으로 나타나시며, 인간은 해와 달, 별 그리고 짐승으로부터 끊임없이 배워야 한다"(from Burlin 1907)라는 말을 남겼다.

인간이 자연을 지키는 이야기의 소재는 역사적으로 흔히 찾아볼 수 있다. 예를 들어, 히포크라테스에 의해 쓰여진 고대 그리스의 고서 "*De aere, aquis et locis*"(Air, Waters, and Places)는 자연보호의 내용이 담긴 책 가운데 유럽에서 가장 오래된 서적이다. 근대 사회에 일어난 산림보호 운동은 1760년대에 산림 파괴와 지역 기후변화 간의 상호관계를 연구한 프랑스 학자인 삐에르 쁘와버(Pierre Poivre)에 의해 크게 부흥하였으며(Grove 2002), 1720년 조드퍼의 마하라자 궁전 건축으로 인해 산림이 파괴되는 것을 반대한 비스노이 힌두스(Bishnoi Hindus)가 산림보호 운동의 효시였다.

Photo by Anna Sher

그림 1.4 종교적 신념과 자연 친화적 전통의 조화를 통해서 초지를 보전하고자 결정된 카카메가 환경교육단체(Kakamega Environmental Education Program, KEEP)는 1998년에 설립되었으며, 동아프리카 케냐의 얼마 남지 않은 열대우림을 보호하는 목표를 가지고 활동하고 있다.

미국과 유럽의 근대 보전생물학의 경우, 보전생물학의 가치와 필요성이 점차적으로 대두됨에 따라 개인과 기업 분야에서 동시다발적으로 부흥하였다. 유럽에서는 1800년대 초기의 낭만주의(Romanticism)가 자연을 존중하는 대표적인 사상이었으며, 산업혁명에 대한 반작용의 성격 또한 가진다. 19세기, 미국에서 랄프 왈도 에머슨(Ralph Waldo Emerson), 헨리 데이비드 소로우(Henry David Thoreau)처럼 초월론을 지지하는 철학자들은 자연이 인간의 도덕성과 정신적인 발달에 매우 중요한 요소라고 주장하였다. 에머슨은 자연을 사람들로 하여금 정신적인 세계와 교감할 수 있는 사원의 역할을 한다고 비유하였고, 소로우는 물질만능주의의 현대사회와 대비되는 것이 바로 자연이라는 주장을 1854년 그의 저서 월든(*Walden*)에 담아냄으로써, 이후 여러 세대에 걸쳐 학생들과 환경운동가들에게 영향을 끼쳤다. 미국의 저명한 자연보전주의자인 존 뮤어(John Muir)는 에머슨과 소로우의 이러한 자연에 대한 초월론적 테마를 그의 자연보전지역 설정을 위한 캠페인에 이용하였다. 그가 내세우는 **보존주의자 윤리(preservationist ethic)**에 따르면, 울창한 산림이나 산 정상, 계곡의 폭포와 같은 자연 속에는 영적인 가치가 담겨있으며, 이는 산업 개발을 통해 얻어지는 인공적인 물질보다 훨씬 가치 있는 것이라고 주장했다(Muir 1901).

이러한 정신을 이어받은 후대의 환경보전의 선도자들은 보전생물학을 더욱 학술적이고 전문적인 학문으로 발전시키는 데 기여하였다. 초대 미국 산림청장을 지낸 지포드 핀쵸(Gifford Pinchot)는 **자원보전윤리(resource conservation ethic)**라 불리는 새로운 자연의 관점을 제시했으며(Ebbin 2009), 자연자원의 정의를 목재, 잡초,

보전생물학의 주요 테마는 자연자원의 보존, 생태계 관리 및 지속가능한 발전이다.

맑은 물, 야생동물, 그리고 아름다운 경관을 담고 있는, 바로 인간에게 있어서 자연이 가지는 편의성과 우수성(commodities and qualities)이라고 정의했다(Pinchot 1947). 자원보전윤리에 의하면 자연자원의 올바른 이용은 "최대 다수가 최장의 시간 동안 가장 효율적으로 쓸 수 있는 방식"이라고 정의된다. 보전생물학의 관점에서, **지속가능한 개발(sustainable development)**은 생태계의 기능을 해치지 않음과 동시에, 미래지향적인 발전이라는 의미이다(Mathevet et al. 2018).

이후 생물학자인 알도 레오폴드(Aldo Leopold)는 샌드 카운티의 연보(*A Sand County Almanac*)라는 에세이를 발간해서 모든 유기체와 환경 간의 연관성을 설명했는데, 보전의 핵심은 바로 생태계가 제기능을 할 수 있게 하는 것과, 그러한 과정이 자연스럽게 진행될 수 있도록 하는 것이라고 주장했다(Leopold 2004). 이러한 노력들을 통해 레오폴드를 비롯한 여러 학자와 환경운동가들은 국유림의 일부를 야생보호지역으로 지정하는 일에 일조하였다(Shafer 2001). 이처럼, 생태계의 범위를 인간의 영역까지 포함시켜 정의하는 개념을 **대지윤리(Land ethic)**라고 부른다.

해양생물학자 레이첼 카슨(Rachel Carson)(**그림 1.5**)은 그녀의 베스트셀러 저서인 **침묵의 봄**(*Silent Spring*, 1962)을 통해 자연의 복합성을 대중에게 널리 알리는 역할을 했으며, 이 책을 통해 살충제의 위험성에 대한 경각심을 일깨워줌으로써 국제적인 환경운동을 불러일으키는 도화선이 되었다. **생태계 관리(ecosystem management)**로 알려진 최근의 접근법은 카슨, 레오폴드, 핀쵸의 사상을 총망라한 새로운 동향으로서 기업, 보전 관련 기관, 정부 부처, 시민, 그리고 간접적 이해당사자들이 서로 협조하고, 야생생물과 생태계의 건강성을 유지함과 동시에 인간의 수요를 제공하도록 최선의 관리 우선순위를 정하는 것이다.

© Pictorial Press Ltd/Alamy Stock Photo

그림 1.5 해양생물학자 레이첼 카슨(Rachael Carson, 1907~1964)은 그녀의 저명한 저서인 침묵의 봄(*Silent Spring*, 1962)을 통해서 보전생물학과 환경운동의 정착에 크게 기여하였다.

창작과 공연 예술 분야에서 자연의 묘사 역시 대중으로 하여금 자연 보전의 중요성을 깨닫게 하는 데 일조하였는데, 이러한 기법은 19세기 중반 미국의 허드슨강 학교(Hudson River School) 출신의 많은 예술가에게 전승되었으며, 이들의 그림은 "자연의 손길이 떠나지 않는 고독의 장면"이라는 낭만적이고 아름다운 작품들로 남았다(Cole 1965). 사진작가 안셀 아담스(Ansel Adams, 1902~1984)는 미국의 광활한 대자연을 사진으로 남겼으며, 이를 통해 자연보전에 대한 대중들의 관심과 지원을 호소하였다(**그림 1.6**). 또한 미국의 유명한 싱어송라이터인 존 덴버(John Denver, 1943~1984)는 그의 히트곡 중 하나인 *Rocky Mountain High*라는 곡에서 자연 보전과 사랑에 대한 이야기를 담았다.

그림 1.6 사진작가 안셀 아담스(Ansel Adams, 1902~1984)는 그의 사진 작품을 통해 광활한 자연의 아름다움을 대중에게 알리는 역할을 했다. 대표적인 작품인 와이오밍 주의 스네이크 강과 테톤산맥(the Snake River and the Tetons)"이 있다.

Now he walks in quiet solitude the forest and the streams,
seeking grace in every step he takes . . . His life is filled with wonder but his heart
still knows some fear of a simple thing he cannot comprehend: why they try to tear
the mountains down . . . more people more scars upon the land

예술이 대중에게 자연보전에 대한 흥미를 키우는 데에 특별한 역할을 하며, 과학과 예술이 불가분한 관계라는 것은 논란의 여지가 없다(Bullot et al. 2017).

유럽에 있어서, 농업의 확장과 불을 다루는 기구의 사용으로 야생생물이 급격하게 감소하게 된 것이 근대 영국 자연보전운동을 촉진하는 계기가 되었다. 이는 1865년에 공유지, 개방지 및 보행로 보존협회(The Commons, Open Spaces and Footpaths Preservation Society), 1895년에 사적지 또는 명승지 보존을 위한 내셔널트러스트(The National Trust for Places of Historic Interest or Natural Beauty), 그리고 1899년에 왕립조류보존협회(The Royal Society for the Protection of Birds)의 설립을 이끄는 계기가 되었다. 이들 단체에서는 모두 합쳐서 거의 100만 헥타르(ha)의 개방지를 보존하는 역할을 했다(**표 1.1**). 최근에는 유럽연합의 탄생으로 환경보전의 국면이 더욱 넓어졌으며, 대중의 관심과 지지 또한 이전에 비해 훨씬 높아졌다. 2010년에는 생물종 유실의 중단을 목표로 유럽연합 생물다양성 전략 2020(EU Biodiversity Strategy 2020)이 만들어졌다. 또한 자원의 이용과 생물종의 관리를 안내하기 위한 "자연 지령(Nature Directives)"과 다른 법안들이 갖추어짐으로써 이러

표 1.1 여러 가지 유용한 측정 단위들

길이	
1미터(m)	1 m = 39.4인치(inch) = ~3.3피트
1킬로미터(km)	1 km = 1000 m = 0.62마일(mile)
1센티미터(cm)	1 cm = 1/100 m = 0.39인치
1밀리미터(mm)	1 mm = 1/1000 m = 0.039인치
면적	
제곱미터(m^2)	각 면이 1미터인 사각 면적
1헥타르(ha)	1 ha = 10000m^2 = 2.47 acres 100 ha = 1제곱킬로미터(km^2)
부피	
1킬로그램(kg)	1 kg = 2.2파운드(pound)
1그램(g)	1 g = 1/1000 kg = 0.035온스(ounce)
1밀리그램(mg)	1 mg = 1/1000 g = 0.000035온스
온도	
섭씨온도(°C)	°C = 5/9(°F 32) 0°C = 32°F(물이 어는점) 100°C = 212°F(물이 끓는점) 20°C = 68°F("실내 온도")
에너지	
영국식 열량 단위(British Thermal Unit, BTU)	1파운드 물의 온도를 화씨 1도 올리는 데 필요한 에너지량

한 보전 노력이 지원을 받게 되었다. 또한 유럽연합이 일궈낸 가장 큰 업적 중 하나는 "Natura 2000"이라 불리는, 자연 보호지역을 연계하는 네트워크를 구축한 일이다(제9장 참조). 기원적인 면에서 볼 때, 미국과는 대조적으로 유럽에서는 생물학적 보전을 인간 대 자연의 이분법적 구분으로 생각하기보다는 인간사회와 생태계를 일체로서 더 통합적인 관점으로 보았다(Linnell et al. 2015).

세계의 여러 사회는 유사하게 자연보전과 토지보호에 대한 강한 전통이 있다. 브라질, 코스타리카, 인도네시아와 같은 열대 국가는 자연을 숭배하는 역사가 있으며, 이들 국가의 정부는 국립공원의 수와 면적을 늘리고 있다. 또한 국립공원 지정 및 관리에 따른 경제적인 가치도 꾸준히 증가하고 있는데, 이는 관광, 물의 정화, 이산화탄소 순환과 같은 생태계 서비스 기능을 가지기 때문이다(제3장 참조). 많은 열대 국가들은 생물다양성 탐색과 이용을 관장할 기관들을 설립하여 왔고, 이러한 노력에 의해 그 지역의 생태계에 대한 독특한 지식을 갖고서 그 생태계에 의존하여 살아가고 있는 원주민들의 참여

유럽의 보존 전통에서 알 수 있듯이,서식처의 훼손과 생물종의 유실은 오랜 보전 노력의 주요 관심사로 분류된다.

가 점진적으로 늘어나고 있다. 보르네오 섬의 페난 부족처럼 수렵과 채집을 주로 하는 사회는 주변의 나무 한 그루, 동물 한 마리, 장소 하나 하나에 모두 이름을 붙인다. 그렇게 함으로써 부족의 번영을 기원하는 풍습을 만들어 왔다. 실제로, 전 세계 각지의 전통적인 사회는 근대의 보전생물학에 영향을 주었고 풍요롭게 만들었다.

새로운 과학의 태동

1970년대 초까지 세계의 많은 과학자들은 생물다양성이 위협받고 있다는 사실을 알고 있었으나, 당시 이러한 이슈를 효과적으로 알리고 공유할 중심 포럼이나 기구가 마련되지 못했었다. 과학자 마이클 소울(Michael Soulé)은 1978년 국제보전생물학 컨퍼런스(International Conference on Conservation Biology)를 조직하여 야생동물 보전주의자, 동물원 관리자 및 학자들이 공동 관심사를 논의할 수 있도록 하였다. 그 컨퍼런스를 통해서, 소울은 인간이 야기한 멸종의 위협으로부터 식물과 동물을 지키는 데 도움이 되도록 새로운 다학제적 접근인 **보전생물학**(*Conservation biology*)을 제안했다(Soulé 1985). 이후에 소울은 스탠포드대학교의 폴 얼리히(Paul Ehrlich), UCLA의 재러드 다이아몬드(Jared Diamond) 등의 동료학자들과 함께 야생동물학, 임학, 수산학, 국립공원관리 등의 실제적인 경험과 개체군생태학, 생물지리학 등의 이론을 결합한 학문 분야로서 보전생물학을 발전시켰다. 1985년에는 핵심 과학자들이 모여 보전생물학회(The Society for Conservation Biology)를 창립했으며, 국제적인 회원제를 두고, 학술대회를 지원하며, 과학 저널인 *Conservation Biology*를 발간해오고 있다. 이 저널은 *Biological Conservation*, *Conservation Letters* 등 다른 국제 저널들과 연합하여 생물다양성에 대한 중요성과 보전 방법에 관한 다양한 연구를 다룸으로써 보전생물학에 대한 이해를 넓히고 있다.

일반인과 정책 입안자의 생물다양성에 대한 가치와 위협에 대한 인식은 1992년 브라질의 리우 데 자네이루에서 열린 세계정상회의(International Earth Summit)을 계기로 크게 증가하였다(제12장 참조). 이 정상회의에서 세계 178개국의 대표자들이 생물다양성협약(Convention on Biodiversity, CBD)을 작성하여 최종 서명을 했으며, 이를 통해 각국은 자국의 생물다양성을 보호할 의무를 가질 뿐만 아니라, 그 생물다양성으로부터 파생되는 새로운 산물에 대한 이익을 공유하는 권리도 가진다는 내용에 동의하였다. 2000년도에는 유엔총회(United Nations General Assembly)에서 5월 22일을 세계 생물다양성의 날로 정했으며, 2015년도에는 제21차 유엔기후변화협약 당사국총회(United Nations Climate Change Conference, COP21)에 196개 당사국이 참가함으로써 지구 차원의 온실가스 배출을 감소시키기 위한 파리협약(Paris Agreement)을 이끌어냈다. 보전생물학 분야의 설립에 대한 선구적인 노력이 없었다면 이러한 국제적인 이해와 관심도 없었을 것이다.

다학제적 접근, 지역 주민의 참여, 중요한 환경과 생물종의 복원에 있어서 모두 과학 분야로서 보전생물학의 진보를 입증해준다.

다학제적 접근: 바다거북 사례 연구

전 세계 과학자들은 보전생물학적 접근으로 각종 환경 난제를 해결하고 있다. 켐프 각시바다거북(Kemp's ridley sea turtle, *Lepidochelys kempii*) 보전이 대표적인 사례인데, 이 종은 몸길이 70~100 cm, 몸무게 45 kg 정도로 현존하는 바다거북 중 가장 작고 희귀한 종에 속한다. 또한 이 종은 희귀할 뿐만 아니라 멸종의 주요 원인으로 작용하는 매우 제한적인 분포지역을 가진다(제6장 참조). 그러나 이 종은 국제적인 보전 노력과 함께 과학자, 보전 관련 기관, 공무원 및 관심 있는 일반인들의 협력으로 개체수가 극적으로 증가하였다.

이 바다거북 종이 1800년대 말에 발견된 이후, 이들이 어디에서 어떻게 번식하는지 아는 데에 거의 한 세기가 걸렸다(Wibbels and Bevan 2015). 연구자들은 이 바다거북의 95%가 멕시코 북동부 모서리에 위치한 타마울리파스(Tamaulipas) 주의 해변에 산란지를 갖고 있다는 것을 알아냈는데, 이처럼 바다거북이 동시에 대규모로 모이는 현상을 아리바다(*arribada*)라고 한다. 현재까지 알려진 가장 큰 아리바다는 1947년에 있었던 40,000마리 가량의 산란기 바다거북 암컷들이었다(Wibbels and Bevan 2016). 이처럼 극도로 밀집된 산란은 흔치 않은 일이며, 외부 위협으로부터도 매우 취약하다. 그 지역의 주민들은 수십 년간 산란 장소의 알들 중 80% 이상을 식용으로 채취하였으며, 추가로 코요테(*Canis latrans*)와 같은 포식자에게도 잡아먹혔다. 수천 마리의 바다거북이 새우그물에 걸려 익사하기도 하였다. 이 비운의 바다거북은 결국 개체수가 1985년까지 극도로 감소하였고, 산란하는 암컷 수로 추정하였을 때 겨우 702개의 둥지만이 관찰되어 전 세계의 바다거북 중에서 가장 심각한 멸종위기로 몰렸다.

이 종이 멸종에 가까워지고 있다는 야생동물 학자들의 경고에 부응하여 멕시코와 미국 정부는 이 종이 안정적인 개체군을 유지할 수 있도록 복원에 협력하게 되었다. 첫 번째 조치로서, 바다거북이 산란하는 해변가를 도피처, 보호구역 및 공원으로 지정하였으며(보호지역의 중요성은 제9장 참조), 알을 채집하는 행위를 법적으로 금지하였다. 또한 새우잡이 저인망 어선에는 잡힌 바다거북이 벗어날 수 있도록 거북을 풀어주는 장치(turtle excluder device, TED)를 설치하도록 규정하였다.

거북의 생존에 대한 위협을 줄이는 노력에 더하여, 멕시코와 미국의 공공기관과 보전 단체들이 서로 협력해서 둥지수를 늘려 부화율을 높이며, 바다거북 보전의 교육 및 평가 프로그램을 개선하는 노력을 펼쳐나갔다. 미국 국립공원 당국은 이전에 그 종이 출현하였던 텍사스 주의 파드레 섬(Padre Island)에서 바다거북 개체군을 재정착시키는 사업을 시작했다. 1978년부터 1988년까지 과학자, 환경운동가 및 자원봉사자들은 멕시코로부터 총 22,507개의 알을 채집해서 모래로 채운 채 미국 국립공원 서비스의 관리를 받고 있는 파드레 섬 국립 해변공원으로 옮겨주었다(Caillouet et al. 1997). 대부분의 바다거북은 부화 시기에 죽기 때문에, 부화 이후 포획한 다음 포식자를 피해 멕시코만으로 최종적으로 풀어주기까지 9~11개월간 돌봤다. 이러한 형태의 방생 프로그램은 제8장에서 자세히 다루어질 것이다.

지금까지도, 파드레 섬 해변공원의 직원과 많은 협력 보전 단체들, 그리고 100명이 넘는 자원봉사자들이 매년 바다거북 산란시기에 바다거북과 둥지를 찾아 해변을 순찰한다. 둥지를 찾으면 모래를 파고 알을 가져와서 부화시설 또는 스크린으로 에워싼 울타리에 보관한다. 이후, 새끼 바다거북이 바다로 돌아가는 과정을 지켜보며 대중들이 바다거북의 보호를 옹호하게 되는 교육적인 효과까지 겸할 수 있다(그림 1.7의 사진 참조). 국립해안공원 외부에서도 사립 보전 기관들 역시 바다거북의 섭식 장소에서 이들의 보호에 힘쓰고 있다(제10장 보호지역 외부에서의 보전 참조). 이 프로그램은 빛나는 성과를 거뒀고, 파드레 섬의 해변에서는 이제 매년 평균 약 18,000개의 둥지에서 750,000마리 이상의 바다거북이 부화한다(**그림 1.7**). 그러나 불행하게도 서식지 파괴는 이와 같은 멸종위기종들에게 가장 큰 위협으로 아직까지 남아있다(제4장에서 논의됨). 바다거북 둥지와 부화된 새끼 수가 2010년도에 35% 이하로 급격히 감소했는데, 그해에 있었던 딥워터 호라이즌호의 기름 유출 사

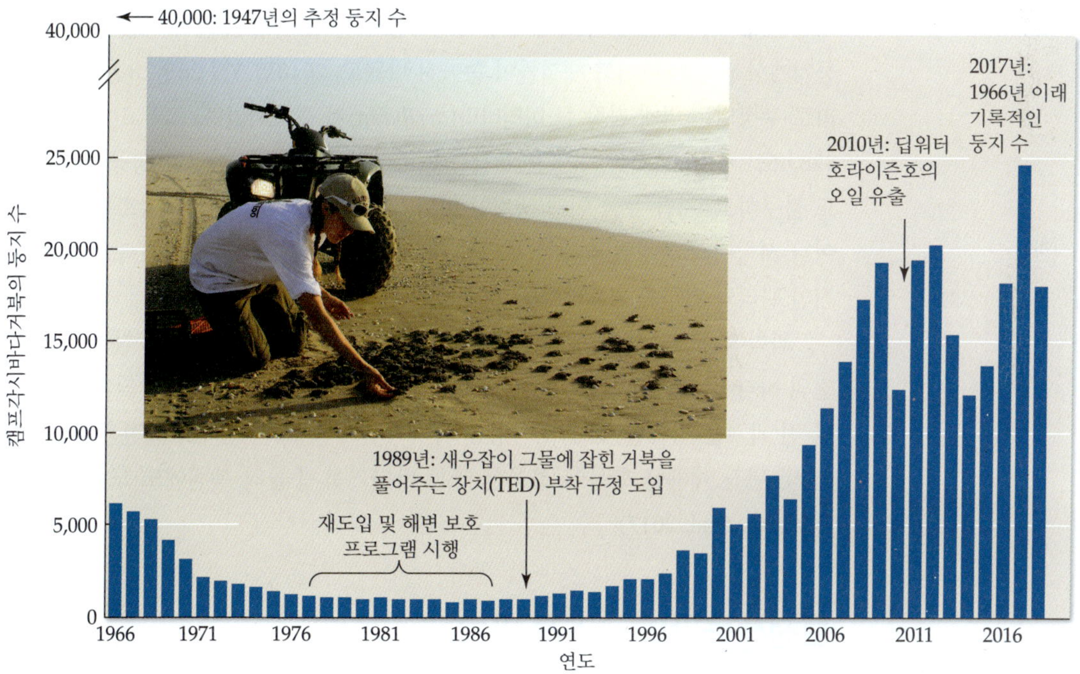

그림 1.7 글래디스 포터 동물원 소속의 보전생물학자가 멕시코 타마울리파스 해변에서 켐프각시바다거북(*Lepidochelys kempii*)을 바다로 놓아주는 모습이다. 미국과 멕시코 양국 간의 집중적인 종 복원사업, 그물에 걸린 바다거북이 빠져나갈 수 있게 해주는 장치의 개발 등에 힘입어 이 바다거북의 개체수는 다시 증가할 수 있었다. 그러나 지속적인 알 수집과 부화 및 방생 작업에도 불구하고 딥워터 호라이즌 호(*Deepwater Horizon*) 기름 유출 사건으로 한 번 더 위기를 겪었다. 2017년에는 가장 높은 수치의 개체수를 기록하였으나 2018년에 다소 감소함에 따라 지속적인 연구와 관리가 필요하다. (1966–2014 data from la Comision Nacional de Areas Naturales Protegidas, as reported in Gallaway et al. 2016. *Gulf of Mexico Science* 33[2]. 2015–2018 data courtesy of Gladys Porter Zoo.)

Photo by Hector Chenge Alvarez, courtesy of Gladys Porter Zoo

그림 1.8 켐프각시바다거북(*Lepidochelys kempii*)이 등에 위치 추적기를 부착한 채로 모래에서 기어 나오고 있다. 위치 추적기에서 나온 신호는 위성으로 보내져 위치가 기록되고, 장거리 이동을 연구할 수 있는 자료로 축적된다.

건(*Deepwater Horizon* oil spill)으로 수백 마리의 새끼 거북이 죽은 것으로 여겨진다(Caillouet et al. 2018). 바다거북과 유출된 기름의 접촉은 등껍질의 화학적 성분 분석뿐만 아니라(Reich et al. 2017), 위성송신기 추적을 통해서도 확인되었다(**그림 1.8**). 과학자들은 **안정동위원소분석**(*stable isotope analysis*)을 통해 기름의 성분이 되는 특정 탄소분자의 풍부도를 거북의 등껍질에서 측정함으로써 바다거북들이 유출된 기름을 흡입했다는 것을 확인하였다.

그러나 기름 유출에도 불구하고 멕시코의 둥지 연구에서는 포식자에 의한 바다거북의 피식률은 낮아졌고, 부화 생존율은 높았다는 점을 발견했다(Bevan et al. 2014). 그리고 2017년에 24,586개의 둥지가 발견되었는데, 이는 40년간의 바다거북 복원사업 기간 중 가장 높은 수치였다. 이 수많은 둥지에서 많은 바다거북 새끼들이 쏟아져 나왔고, 2018년 5월 26일, 8천에서 1만 마리로 추정되는 역대 가장 큰 아리바다(*arribada*)가 관측되었다. 그리고 2018년 후반 828,462마리의 부화한 새끼 바다거북이 바다로 돌아갔다. 이러한 성공적인 사례에도 불구하고, 기름 유출 이래 생겨난 바다거북 개체군의 주기적인 감소는 먹이 공급이나 서식지의 환경질에 대한 우려를 불러 일으켰다. 따라서 바다거북에 대한 지속적인 관리와 연구가 필요하다(Caillouet et al. 2018).

과학적 정밀조사, 국제적 공조, 그리고 자원봉사자와 지역사회의 참여로 멸종 직전의 바다거북을 보전했으며, 이 종의 완전한 복원으로 가는 해답을 찾기 위해 이러한 전 과정은 지속될 것이다. 다양한 과학적 도구와 보전 전략의 발전은 이 종과 최근 몇 년간 개체군 회복에 성공한 다른 바다거북 종들의 복원에도 도움이 되었다(Mazaris et al. 2017).

보전생물학의 구조적 가치

학습 목표

이 절에서는 다음 내용에 주안점을 두기 바란다.

1. 보전생물학이 가지는 5가지 구조적 가치를 규범적인 분야로서 발전해 온 보전생물학의 역사에 연관시킬 수 있다.
2. 생명애(biophilia)의 새로운 사례들을 조사할 수 있다.

이장의 앞부분에서, 보전생물학은 어떤 가치에 대한 판단이 내재되어 있는 규범적 분야라고 언급하였다. 이 분야는 이 분야 종사자들에 의해 일반적으로 동의되는 원리들의 기본적인 조합에 기초하여 만들어졌으며(Soulé 1985; "Organizational Values," *sensu* Society for Conservation Biology 2016), 다음과 같이 요약할 수 있다.

1. **생물학적 다양성은 본질적인 가치를 가진다.** 이는 해당 생물종이나 생물군집이 가지는 인간 사회에 대한 경제적, 과학적, 심미적 가치를 떠나서 그 자체로서 본질적인 가치를 가진다. 이 가치는 단지 그들의 진화적 역사나 특이한 생태적 역할뿐만 아니라, 그들의 존재 자체에 의해서 그 가치가 부여된다고 할 수 있다(이 주제에 대한 자세한 논의는 제3장 참조).
2. **개체군과 생물종의 때 이른 멸종은 방지되어야 한다.** 자연적인 과정에서 일어나는 보편적인 종과 개체군의 소멸은 윤리적으로도 중립적인 사건이다. 과거에는 특정 지역에서 어떤 생물종의 개체수가 감소하면, 그 지역 이외의 장소로부터 개체들이 유입돼서 새로운 개체군을 형성하였지만, 인간의 개입이 발생하면서 새로운 개체군이나 종의 동시적인 유입 없이 개체군의 유실과 종의 멸종이 100배 이상으로 증가하여 왔다(제6장 참조).

생물종에 내재적인 가치가 있다는 믿음처럼, 사람들이 생물다양성을 보전하고자 하는 윤리적인 이유가 존재한다.

3. **생물종의 다양성과 생물군집의 복잡성은 보존되어야 한다.** 대부분의 사람들이 단순히 생물다양성을 감상하는 것을 보더라도 이 원리를 쉽게 수긍할 것이다. 즉, 인간에게는 **자연애(biophilia)**라는, 생물다양성을 사랑하는 선천적인 기질이 내

© Xuanlu Wang/Shutterstock.com

그림 1.9 사람들은 생명의 다양성을 보고 느낄 때 즐거움을 얻는다. 식물원 등의 장소는 보전의 공간뿐만 아니라 심미적 효과도 발생시킨다. 사진은 캐나다 브리티시 콜롬비아주의 빅토리아에 있는 부차트 가든(Butchart Garden)이다.

재되어 있을 것이라고 제안되기도 하였다(**그림 1.9**)(Wilson 2017). 생물다양성의 가장 가치 있는 특성은 자연환경에서만 찾아볼 수 있다. 물론 동물원과 식물원이 생물다양성을 보존하고 유지하는 역할을 어느 정도는 하지만, 자연군집에 존재하는 생태적 복잡성은 자연 서식처를 보존하지 않고서는 잃어버릴 것이다(제9장 참조). 더 나아가, 생물다양성은 다른 가치들과 함께(제3장 참조) 생태계의 생산과 안정에 직접적으로 연결되어 있다(Hautier et al. 2015).

4. 과학은 생태계에 대한 우리의 이해에서 결정적인 역할을 한다. 단순하게 생물다양성의 가치를 매기고 자연 공간을 보호하는 것만으로는 충분하지 않다. 어떤 종과 환경이 가장 시급한 상황인지를 진단하고, 또한 이러한 위급 상황의 특성을 이해해서 완화시키는 방법을 알아내는 목적성 있는 연구가 필요하다. 이상적으로, 과학자들은 보전 행위와 모니터링 결과의 실행을 포함하여 보전의 모든 단계에 관여하고 있다.
5. 과학자, 관리자, 정책 입안자 및 일반인의 협동이 중요하고 간혹 필수적이다. 멸종률을 낮추고 생태계 보전이라는 목표를 달성하기 위해서는 높은 수준의 연구 결과를 법률 입안자, 보전 행위를 위한 기금 제공자, 정책 집행자, 그리고 보전 계획 영향권 내의 주민 및 사업체와 공유하여야 한다. 이러한 행위들은 과학적으로 훌륭한 정보에 근거하고, 또한 지역 주민의 지지를 받을 때 성공 가능성이 가장 높다.

모든 보전생물학자가 이러한 원리들에 대해 전부 동의하는 것은 아니다. 그리고 이러한 원리들이 불변의 요구사항이라고 못 박을 수도 없다. 그러나 위의 정의들에 대해 2, 3가지라도 동의하는 개인이나 단체는 때로는 보전 노력을 지지할 의향이 있을 것이다. 현재의 생물종과 생태계를 보호하는 데 있어서 현재와 같은 진전을 가져온 것은 부분적으로는 The Nature Conservancy와 같은 보전단체와 목축업자, Ducks Unlimited와 같은 사냥 단체, 그리고 건강한 생태계로부터 막대한 이익을 향유하는 다른 단체들과의 파트너십을 통해서 성취되어 왔다.

보전생물학의 미래

보전생물학은 거창하고도 중요한 사명감을 가지는 학문이다. 지구상의 생물다양성에 대한 구명, 보전, 그리고 복원에 이르기까지 보전생물학의 미래는 촉망받고 있다. 보전 행정의 집행에 있어서 정부의 개입이 증가하고 있고, 보전 단체에 대한 프로젝트와 재정적 지원이 증가하고 있으며, 전문가 집단이 확장되고 있다.

여러 면에서 보전생물학은 위기를 다루는 분야이다. 국립공원을 지정하고, 보전대상종을 선별하며, 그 외에도 보전에 관한 업무를 결정 내리는 일들이 일상적으로 시급을 다투며 발생한다(Martin et al. 2017). 위에서 제시된 원리에서처럼, 보전생물학자 및 관련 학계의 과학자가 정부와 기업, 공공기관에게 환경 및 생물다양성 관련 이슈에 대한 자문을 자처하지만, 시간이 무한정 주어지지 않기 때문에 정확한 연구를 진행하기에 앞서 소견만을 제시하게 되는 경우가 많다. 과학적 근거의 유무를 떠나서 결정을 내려야 하는 상황이 분명히 오지만, 보전생물학자는 최대한의 근거와 확률에 기반을 두고서 최선의 결정을 한 후 의견을 개진해야만 한다(Garrad et al. 2016). 또한 당면한 위기 이후에 파생되는 장기적인 보전의 전망에 대해서도 잘 설명할 수 있어야 한다(Wilhere 2012).

생물다양성을 위협하는 여러 가지 요소들과 지식의 한계에도 불구하고, 희망은 존재한다(Godet and Devictor 2018; Roman et al. 2015). 미국의 1인당 사용하는 에너지는 여전히 높지만 점차적으로 감소하는 추세를 보이고 있으며, 1960년 이후로 2014년에 최저치를 기록하였다(World Bank). 지구 상의 보존 지역들이 늘어나고 있는데, 특히 해양보호구역이 그러하다. 공공기관과 시민들의 협조를 통해 여러 유용한 데이터를 수집하는 것이 더욱 쉬워졌으며, 자연보전에 대한 시민 의식 또한 커지고 있다. 특히, 스마트폰의 보편화와 사용자 친화적인 어플리케이션 및 소셜미디어의 발달로 그 효과가 배가되고 있다. 과학과 기술은 연구와 종의 보존에 있어서 새로운 방법론을 제공함으로써 진화하고 있다.

또한 이러한 발전의 이면에는 대중의 힘이 큰 영향을 미쳤다. 사회, 종교 지도자의 수가 늘어나면서 생물다양성 보전 또한 가속화되었다. 하나의 좋은 예로서, 환경에 관한 내용만을 다룬 교황의 첫 번째 회칙(*Laudato Si: On Care for Our Common Home*)이 2015년에 프란체스코 교황에 의해 발표되었는데, 이는 "세계의 정원을 가꾸고 지키라"(창세기 2:15)는 내용이다. 회칙의 전문은 다음과 같다.

> *"Tilling" refers to cultivating, . . .while "keeping" means caring, protecting, overseeing and preserving. This implies a relationship of mutual responsibility between human beings and nature. Among positive experiences in this regard, we might mention, for example, . . . the binding Convention on International Trade in Endangered Species of Wild Fauna and Flora.*

우리는 지역적, 국가적, 그리고 국가 간의 폭넓은 협력과 노력을 통해 생물다양성 보호에 대한 능력을 키워 왔다. 그러한 보전 조치의 결과로 현재에는 많은 멸종위기종들이 복원되고 있다(International Union for Conservation of Nature 2019). 우리의 보전과학 지식의 지속적인 확대, 지역발전 및 사회과학과 함께 성장해 온 유대관계, 그리고 더욱 고도화된 훼손된 환경에 대한 복원 기술이 생물다양성 보전에 대한 효과적인 행동의 결과를 가져왔다. 아직 막대한 과제가 남아 있지만, 우리는 지금까지의 도약을 발판으로 삼아 더 나은 진보를 이루어 나갈 것이다.

국내 사례연구

국립생물자원관

국립생물자원관(National Institute of Biological Resources, NIBR)은 한국의 생물다양성 연구를 총괄하는 국가 연구기관이다. 1992년 생물다양성협약이 체결되자 생물다양성의 전략적 보전과 생물자원의 지속 가능한 이용을 위해 국가 차원의 연구기관이 필요하게 되었다. 자생생물에 대한 생물주권을 확보하고 21세기의 바이오산업을 지원하기 위해 2007년 환경부 소속 연구기관으로 설립되었다.

국립생물자원관은 한반도 생물다양성을 조사 발굴하여 국가생물종목록과 확증표본 정보를 구축하고, 국내외의 유용한 생물자원을 조사 발굴 연구하여 국내 바이오산업을 지원하며, 한반도 자생생물의 전시를 통해 생물다양성 보전의 중요성을 알리고 일반인과 전문가를 대상으로 다양한 교육프로그램을 개발하여 교육하는 역할을 하고 있다. 또한, 나고야의정서 및 유전자원법 이행을 전담하는 유전자원정보센터를 운영하고 있다.

주요 연구 사업으로는 자생생물 발굴 및 분류, 생물다양성 보전 및 관리, 야생동물 첨단연구, 환경생물산업 소재 발굴, 야생생물 유전자원 활용기반 구축 등의 분야에서 약 100여 개의 연구과제가 수행되고 있다.

국립생물자원관은 정서진항 인근 환경연구단지 내에 위치하고 있다. 연구관리동, 전시교육동 및 생물소재연구동으로 구성되어 있으며, 소청도에 철새연구센터, 밀양에 생물자원증식센터를 두고 있다. 또한, 연구단지 내에 생물산업에 쓰이는 생물소재를 대량 증식하여 산업체에 공급하는 생물소재 클러스터를 조성하는 중이다. 국립낙동강생물자원관(상주), 국립호남권생물자원관(목포)과 함께 국내에 자원관 클러스터를 형성하고 있다.

국립생물자원관(www.nibr.go.kr)

요약

- 인간의 활동은 지역적으로 또한 세계적으로 수많은 생물종을 멸종에 이르게 한다. 인구 성장과 자원의 급격한 소모는 멸종과 생태계 파괴를 가속화하고 있다.
- 보전생물학은 이론과 응용을 접목시킨 학문으로, 3가지 목표를 추구한다: 첫째, 지구상 생물다양성의 모든 영역을 설명하는 것. 둘째, 생물다양성에 미치는 인간의 영향을 이해하는 것. 셋째, 멸종을 막고, 유전적 다양성을 유지하며, 생태계를 지키고 복원하기 위한 실제적인 방법을 찾아내는 것.
- 보전생물학의 요소들은 다양한 문화와 종교, 예술 작품 등에서 찾아볼 수 있으며, 19~20세기에 미국과 유럽에서 큰 발전을 이루었다. 근대 보전생물학의 분야들은 1980년까지 전문 학술단체의 창립과 학술지 발간이 이뤄지면서 더욱 전문성을 갖추게 되었다.
- 보전생물학은 몇 가지 가정에 근거를 하는데, 이 부분에 대해서는 대부분의 전문가가 동의한다. 첫째, 생물다양성은 그 자체로서 가치를 가진다. 둘째, 인간의 활동으로 인한 멸종을 막아야 한다. 셋째, 여러 수준에서의 다양성이 보존되어야 한다. 넷째, 과학이 결정적으로 중요한 역할을 하고, 과학자는 목표를 성취하기 위하여 일반인과 협력해야 한다.
- 생물다양성 보전은 이제 국제적인 사명이 되었다. 또한 여러 성공적인 사례도 있었다. 우리는 켐프각시바다거북 복원사업과 같은 많은 성공적인 프로젝트를 통해 보전에 대한 희망과 발전 가능성을 보았다.

토론 주제

1. 인구 증가와 생물종 감소 간의 인과관계를 설명하시오.
2. 보전생물학과 생리학, 유전학, 세포생물학 등 전통적인 생물학 분야들 간의 근본적인 차이는 무엇인가? 의학과의 유사점은 무엇인가? 환경주의와의 차이점은 무엇인가?
3. 오늘날 우리가 당면한 가장 주요한 환경 문제와 보전 과제는 무엇이라 생각하는가? 당신이 살아가는 지역 내의 환경 보전 문제에는 어떤 것이 있는가? 이를 해결하기 위해 어떤 방안을 제시할 수 있는가? (이 문제에 지금 답하고, 이 책을 다 읽고 나서 다시 답하시오.)
4. 공공 토지 관리 기구 및 사설 보전 단체를 조사해 보라. 이들이 추구하는 철학적 근거가 자원 보전 윤리, 보존 윤리 또는 대지 윤리 가운데 어디에 가까운가? 또한 어떤 요인들이 이들 기관이나 단체의 성공 요인이고, 제한 요인인가? 이들 기관과 단체의 출판물과 웹사이트를 조사해 보시오.
5. 생물다양성의 보전과 환경에 대한 당신의 관점을 설명하시오. 이 책에서 다룬 보전생물학에 대한 어떤 종교적, 철학적 관점에 대하여 동의 혹은 반대하는가? 또한 당신은 어떤 방식으로 스스로의 관점을 실천에 옮길 수 있을지 생각해 보시오.

미국 콜로라도주에 위치한 산후안 산맥의 위미누체 야산의 언덕 위에 다양한 야생화가 피어 있다. 좀 더 멀리 냉혹하게 보이는 바위 투성이의 생태계는 훨씬 더 작은 식물과 이끼들이 우점할 것이다. 이러한 다양한 생태계 내의 각 개체군은 다양한 수준의 유전적 다양성을 가질 것이다. 우리가 지구에서 관찰하는 수많은 종을 만들기 위해서는 다양한 규모의 다양성이 필요하다.

2

생물다양성이란 무엇인가?

생물다양성의 보호는 보전생물학에서 핵심적이다. 보전생물학자는 종과 종 내의 유전적 변이, 생태계의 모든 범위를 의미하기 위해 생물의 다양성(biological diversity) 또는 간단히 생물다양성(biodiversity)이라는 용어를 사용한다. 이 정의에 따르면, 생물다양성은 3가지 수준에서 고려되어야 한다(**그림 2.1**).

1. *종 다양성* 다세포계(식물, 균류, 동물)의 종뿐만 아니라, 단세포 박테리아와 원생생물을 포함하는 지구 상의 모든 종.
2. *유전적 다양성* 지리적으로 분리된 개체군 간 그리고 각 개체군 내 개체 사이에서 일어나는 종 내 유전적 변이. **개체군(population)**은 서로가 생식 가능해서 자손을 만들 수 있는 개체들의 모임이다. 종은 하나 또는 많은 개체군들을 포함한다.
3. *생태계 다양성* 서로 다른 생물학적 군집과 물리, 화학적 환경의 **연합체(ecosystem)**.

우리가 알고 있듯이, 이 모든 3가지 단계의 생물다양성은 생물의 지속적인 생존에 필요하며, 인간에게도 중요하다(Mori et al. 2017; Xu et al. 2017). 이러한 3가지 단계의 다양성은 커다란 위협에 직면해 있다. 종 다양성에 대한 위협에 대해 가장 많은 관심이 쏠려 있음에도, 이러한 모든 수준은 제4~6장에서 다루게 될 중대한 위협에 직면해 있다.

Photo by John Fielder

그림 2.1 생물다양성은 유전적 다양성(무당벌레에서 보이는 것처럼, 각 종 내에서 발견되는 유전적 변이), 종 다양성(주어진 생태계에서 종의 범위), 생태계 다양성(주어진 지역에 걸쳐 확장되는 서식지 유형과 생태계 과정의 다양성)을 포함한다.

종 다양성(species diversity)은 특정 환경에 대한 종의 진화적, 생태적 적응의 모든 범위를 반영한다. 종 다양성은 인간에게 자원과 대체자원을 제공한다. 예를 들어, 많은 종이 있는 열대 우림 또는 온대 소택지는 식량, 거주지, 약품으로 사용될 수 있는 다양한 동식물의 산물을 생산한다. **유전적 다양성(genetic diversity)**은 번식력, 질병 저항성, 변화하는 환경에 대한 적응력을 유지하기 위해 어느 종에서든 필요하다. 예를 들어, 유전적 다양성이 치명적인 곰팡이 병으로부터의 희귀한 개구리 개체군의 생존에 도움이 된다는 것이 최근에 밝혀졌다(Savage et al. 2018). 사육 식물이나 동물의 유전적 다양성은 현대의 재배종과 이들의 질병 저항성을 유지, 개선하기 위한 육종 프로그램에서 특히 중요하다(Mastretta-Yanes et al. 2018). **생태계 다양성(ecosystem diversity)**은 다양한 환경 조건에 대한 종들의 집합적 반응에 기인

한다. 사막, 초지, 습지, 산림에서 발견되는 생물군집은 식수와 관개수, 홍수 조절, 토양 침식 방지, 공기와 물의 여과 등과 같이 인간에게 필수적인 서비스를 제공하는 적절한 생태계 기능의 연속성을 유지한다. 우리는 생물다양성의 각 수준을 차례로 다뤄서 검토해 볼 것이다.

종 다양성

학습 목표

이 절에서는 다음 내용에 주안점을 두기 바란다.

1. 서로 다른 종의 정의를 구분할 수 있어야 한다.
2. 어떤 종인지 동정하는 데 있어서 구체적인 어려움을 설명할 수 있어야 한다.
3. 표본 집단이나 지역에 대한 α, β, γ 종 다양성을 계산할 수 있어야 한다.
4. 상대적 풍부도가 제공되는 경우, 섀넌 지수를 사용하여 표본집단의 다양성을 계산할 수 있어야 한다.

종을 인식하고 분류하는 것은 보전생물학의 주요 목표 중 하나이다. 하나의 종이 하나 또는 그 이상의 신종으로 진화하는 과정을 확인하는 과정은 현대 생물학에서 진행 중인 과업 가운데 하나이다. 신종의 기원은 수백, 수천 세대에 걸쳐 일어나는 일반적으로 매운 느린 과정이다. 새로운 속(genera)과 과(families) 등 상위분류군에서의 진화는 더욱 느린 과정으로, 일반적으로 수십만 년 또는 수백만 년이 걸린다. 이와는 대조적으로, 인간의 활동은 느린 자연적 과정에 의해 생성된 희귀한 종들을 겨우 몇 십 년 만에 파괴하고 있다.

세계에서 가장 큰 보전 활동인 국제자연보전연맹의 세계자연보전총회가 4년마다 열린다(제7장과 제9장의 IUCN 참조). 이 국제적인 회의에 참석한 과학자, 정책입안자의 책무 중 하나는 지금까지 **기록(described)**된 (과학에 의해 공식적으로 동정된) 종의 수에 대해 합의하고, 이러한 종들에 대한 정보가 충분한지, 얼마나 안전하거나 위험에 처해 있는지를 논의하는 것이다. 수년 동안 수천 명의 사람이 참여한 회의의 결과가 최근인 2018년에 공식 목록으로 발표되었다. 이러한 작업에 많은 시간이 걸리는 이유 중 하나는 희귀종으로 간주되는 것이 종종 명확하지 않기 때문이다.

종이란 무엇인가?

비록 직관적인 개념처럼 보이지만, 종으로서의 생물을 구분하는 방법에 대한 논의는 엄청난 과학적 논쟁의 대상으로, 적어도 7가지 서로 다른 방법이 제안되었다(Wiens 2007). 보전생물학에서 일반적으로 사용되는 3가지는:

1. 형태학적 종: 다른 무리와 형태학적으로 구별되는 개체들의 무리로서, 외형적으

로 나타나는 형태와 구조에 의해 구별되는 무리를 **형태종(morphospecies)**이라고 한다.

2. 생물학적 종: 야생에서 같은 무리에 속하는 개체끼리는 잠재적으로 생식이 가능하지만, 다른 무리의 개체와는 생식적으로 격리되어 있다.
3. 진화학적 종: 무리에 속하는 개체는 그들의 DNA와 진화적 역사 속에서 고유한 유사성을 공유한다.

방법과 가정이 다르기 때문에, 종을 구별하는 이들 3가지 접근은 종종 동일한 결과를 산출하지 못한다. 거의 동일하게 보이는 종들을 구별하고 동정할 때, DNA 서열과 기타 분자 마커(molecular markers)를 이용한 분석이 점점 더 많이 사용되고 있다. 예를 들어, 서남 인도양에서 일반적으로 잡히는 황제고기가 유전적 분석을 통해서 실제로는 서로 다른 2종임이 밝혀졌다(Healey et al. 2018).

종을 동정하기 위해 형태학적, 유전적 정보를 이용하는 것은 분류학자에게 중요한 활동이다; 종의 정확한 동정은 그 보전에 필요한 첫 번째 단계이다.

종의 형태학적 정의(morphological definition of species)는 종을 분류하고, 잘 알지 못하는 표본을 동정하는 생물학자인 분류학자에 의해 가장 많이 사용된다. **종의 생물학적 정의(biological definition of species)**는 널리 인정받지만, 식물에서 종종 서로 다른 종이 이종교배하여 나타나는 **잡종(hybridize)**의 문제가 있다. 게다가 종의 생물학적 정의는 어떤 개체들이 서로 번식할 가능성이 있는지에 대한 지식을 필요로 하기 때문에 사용하기 어렵다. 마찬가지로, **종의 진화학적 정의(evolutionary definition of species)** 또한 고가의 실험 장비의 접근을 필요하기에 현장에서는 사용할 수 없다. 결과적으로, 현장의 생물학자는 눈에 보이는 속성에 의지할 수밖에 없고, 분류학자는 이러한 종들이 서로 다른 종인지 좀 더 면밀하게 연구될 때까지 형태종(morphospecies)으로만 생물을 명명할 수밖에 없다(Chan et al. 2015).

이상적으로, 야생에서 채집된 표본은 전 세계 6,500개 이상의 자연사박물관(동물과 다른 생물들)과 300개 이상의 주요 식물표본실(식물과 균류)에 저장되어 목록화된다(**그림 2.2**). 세계적 생물다양성의 실제적 기록이 점점 더 디지털화되고, 더 많은 접근과 과학적 이용을 위해서 월드 와이드 웹(World wide web)에 공유된다. 박물관과 식물표본실에 보관된 영구 표본은 종의 설명과 분류의 체계에 기초가 된다. 회색늑대가 *Canis lupus*인 것처럼, 모든 종은 2개의 단어로 이루어진 고유한 이름(**이명법, binomial**)을 갖는다. 이름의 앞부분은 속명(genus)을 나타낸다(갯과 동물 또는 개). 두 번째 부분인 *lupus*는 속 내의 더 작은 범주, 즉 회색늑대라는 종을 나타낸다. 이 명명 체계는 이 종을 다른 종과 구분하고, 코요테(*Canis latrans*)와 붉은늑대(*Canis rufus*) 같은 유사한 종들과 연결한다.

종을 구별하고 동정하는 것에 대한 문제는 대부분 사람이 생각하는 것보다 더 흔하게 나타난다. 예를 들어, 단일 종은 형태적인 차이를 보이는 몇몇 변종으로 이루

(A) (B)

Photograph courtesy of Museum of Comparative Zoology, Harvard University, © President and Fellows of Harvard College

© Scott Dressel-Martin - Denver Botanical Garden

그림 2.2 (A) 하버드대학교 비교동물박물관의 조류학자가 꾀꼬리 표본을 분류하고 있다: 멕시코의 검은머리꾀꼬리(black-cowled orioles, *Icterus prosthemelas*)와 북미 동부 전역에 걸친 미국꾀꼬리(Baltimore orioles, *Icterus galbula*). (B) 현대 박물관은 데이터를 보호하고, 더 넓은 지구촌에서 이용 가능하도록 점점 더 많은 자료를 디지털화하고 있다. 캐서린 칼바흐 식물표본실에서는 특별히 설계된 라이트 박스에 시료를 담아 고해상도 사진을 찍는다. 이러한 이미지와 관련 표본 데이터는 온라인에 저장되며, 세계생물다양성정보기구와 같은 수많은 디지털 박물관 웹사이트에 공유된다.

어질 수 있지만, 개체들은 충분히 상호교배할 정도로 유사해서 생물학적으로는 단일 종으로 간주된다. 예를 들어, 세퍼트, 콜리, 비글 등 개의 많은 품종들은 모두 한 종에 속한다. 이들의 유전적 차이는 매우 작으며, 쉽게 상호교배한다. 하지만 밀접하게 관련된 자매종(sibling species)은 형태적, 생리적으로 매우 유사하게 보이지만, 유전적으로 매우 다르다(**그림 2.3**). 이러한 종을 **잠재종(cryptic species)**이라 하는데, 앞서 언급한 황제고기가 이에 속한다.

좀 더 복잡한 문제로, 유연관계가 가깝지만 서로 구별되는 개체들은 경우에 따라 짝짓기를 해서 종간의 구별을 흐리게 하는 중간 형태인 **변종(hybrids)**을 생산하기도 한다. 잡종화(hybridization)는 교란된 서식지에 있는 식물 종 사이에서 특히 일반적이다. 이종교배는 식물과 동물 모두에서 희귀종의 몇몇 개체가 많은 수의 근연종에 의해 둘러싸여 있을 때 자주 일어난다. 예를 들어, 멸종위기종인 캘리포니아 호랑이도롱뇽(California tiger salamander, *Ambystoma californiense*)과 현재 흔한 외래종인 바드호랑이도롱뇽(Barred tiger salamander, *A. mavortium*)은 500만 년

(A)

Amado Demensa/CC BY-SA 2.0

(B)

From P. D. Hebert et al. 2014. PNAS 101(41) 14812–14817. © National Academy of Sciences, U.S.A.

그림 2.3 (A) 이 팔랑나비류(two-barred flasher butterfly, *Astraptes* spp.)는 팔랑나비 속의 잠재종 복합군이다. (B) 비록 그들 성체는 거의 동일하지만, 애벌레 단계의 차이는 개체군 간의 차이에 대한 추가 조사를 촉발시켰다; DNA 바코딩이라고 불리는 분자적 분석 방법을 통해 그들이 서로 다른 종임을 밝혀냈다.

전 공동조상으로부터 진화해 분리되었지만, 이들은 캘리포니아에서 쉽게 교배한다(**그림 2.4**). 이들의 잡종 도롱뇽은 자생종보다 환경오염에 대한 적응도가 높아서, 멸종위기종인 캘리포니아호랑이도롱뇽의 보전을 어렵게 한다(Ryan et al. 2013).

형질의 유사성 또는 정확한 학명에 대한 혼동으로 인해서 한 종을 다른 종과 명백히 구분하지 못하는 것은 종 보호에 대한 노력을 둔화시킨다. 어떤 개체가 어떤 종에 속하는지 확실하지 않으면, 과학자와 정치인이 그 종을 보호하기 위한 정확하고 효과적인 법을 만들기 어렵다. 동시에, 일부 종은 기재되기 전에 멸종하기도 한다. 약 10,000종의 신종이 매년 새롭게 기재되지만, 이러한 속도가 충분히 빠른 것은 아니다. 이 문제를 해결하기 위한 방법은, 특히 종이 풍부한 열대에서 일하는 숙련된 분류학자를 좀 더 많이 양성하고 과학적 협력을 개선하는 것이다(Baker et al. 2017).

개별 종의 멸종보다 생태계 기능에 주로 관심을 갖는 보전생물학자들은 종 다양성보다 더 나은 척도가 **기능적 다양성(functional diversity**; 분류보다는 생태학적 역할이나 특성에 따라 분류되는 생물의 다양성)이라고 주장해 왔다(Diaz and Cabido 2001; Gagic et al. 2015). 기능적 다양성은 변화에 대한 생태계 복원력을 증가시키는 것으로 밝혀졌으며(De la Riva et al. 2017), 생태계 규모에서 과정을 이해하는 데 있어 종 다양성보다 분명 더 중요하다(e.g., Dawud et al. 2017). 기능적 다양성은 서식지 복원의 맥락에서 매우 중요한 개념이다(제11장 참조). 그러나 우리의 목표가 시기상조의 멸종을 막는 것이라면, 종 다양성을 확인하고 측정하는 의무를 피할 수 없다.

종 다양성의 측정

보전생물학자는 높은 종 다양성의 위치를 종종 확인하고 싶어 한다. 생태학자는 다양한 지리적 규모를 가진 각기 다른 군집의 전반적 다양성을 비교하는 수단으로써 종 다양성의 계량적 정의를 발전시켜 왔다(Bhatta et al. 2018).

From J. R. Johnson et al. 2010. Funct Ecol 24: 1073–1080

그림 2.4 상대적으로 크기가 큰 호랑이도롱뇽 잡종(왼쪽)은 부모종이며, 멸종위기종인 캘리포니아호랑이도롱뇽(오른쪽)보다 개체수가 증가하고 있다. 잡종 도롱뇽의 보다 큰 머리에 주목하자.

가장 단순한 수준에서, 종 다양성은 **종 풍부도(species richness)**라고 불리는 존재하는 종의 수로 정의될 수 있다. 이 숫자는 여러 가지 방법과 다른 지리적 척도로 결정할 수 있다. 3가지의 다양성 측정은 종 풍부도를 기반으로 한다.

- **α 다양성(alpha diversity)**은 호수나 목초지 등 한 군집에서 발견되는 종의 수를 나타낸다.
- **γ 다양성(gamma diversity)**은 산맥 또는 대륙 등 많은 생태계를 포함하는 큰 지리적 규모에서 발견되는 종의 수를 나타낸다.
- **β 다양성(beta diversity)**은 α와 γ 다양성을 연결하며, 넓은 지역을 가로질러 움직이는 종 구성의 변화 속도를 나타낸다. 예를 들어, 한 지역의 모든 호수가 유사한 일련의 어류 종들을 포함한다면, β 다양성은 낮을 것이다. 반면에, 한 숲에서 발견된 조류 종이 인근 숲의 조류 종들과 완전히 다르다면, β 다양성은 높을 것이다. γ 다양성을 α 다양성으로 나눔으로써, β 다양성의 측정값을 구할 수 있다.

우리는 이 3가지 유형의 다양성을 3가지 산맥에 대한 이론적인 예를 갖고서 설명할 수 있다(**그림 2.5**). 지역 1은 α 다양성이 가장 높으며, 다른 두 지역보다 산당 평균(6종)이 더 많다. 지역 2는 γ 다양성이 가장 높으며, 총 10종이다. 모든 종은 각각 하나의 산에서만 발견되기 때문에 γ 다양성을 α 다양성으로 나눈 값을 통해, 지역 3에서 지역 2(2.5)나 지역 1(1.2)보다 β 다양성(2.7)이 더 높다는 것을 알 수 있다. 실제로 다양성 지수들은 종종 높은 상관관계를 가진다. 예를 들어, 안데스 산맥 동쪽 기슭의 식물군집은 α, β, γ 지수에 있어 높은 수준의 다양성을 보인다.

섀넌다양성지수(Shannon diversity index; *Shannon-Wiener* 지수라고도 불

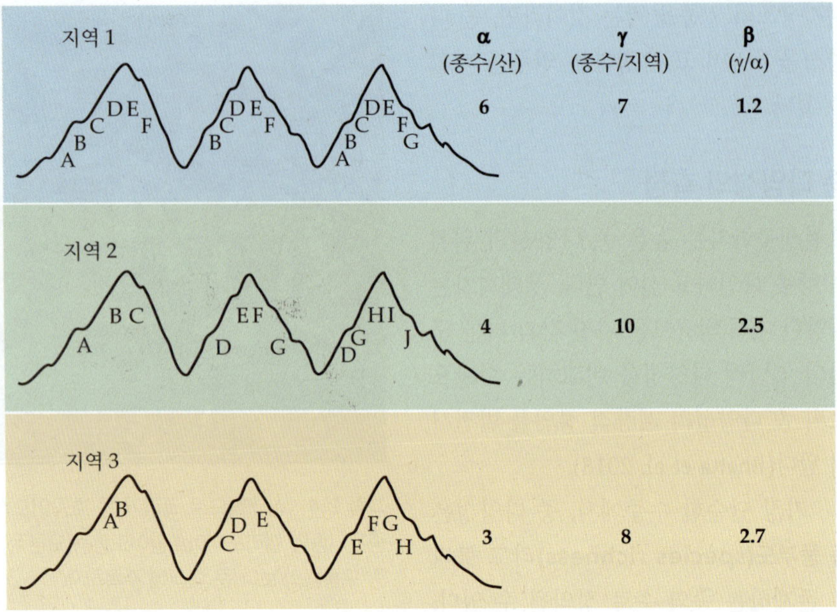

그림 2.5 분리된 3개의 산으로 구성된 3지역의 생물다양성 지수. 각 문자는 한 종의 개체군을 나타낸다; 어떤 종은 1개의 산에서만 발견되는 반면에, 다른 종들은 2개 또는 3개의 산에서 발견된다. 각 지역에 대해서 α, β, γ 다양성 값이 주어졌다. 만일 한 지역만 보호할 수 있는 자금이 있다면, γ (전체) 다양성이 가장 높은 지역 2가 선택되어야 한다. 그러나 오직 1개의 산만 보호할 수 있다면 α (지역) 다양성이 가장 높은—산지당 평균 종 수가 가장 높은—지역 1의 산이 선택되어야 한다. 지역 3의 각 산은 다른 두 지역의 산들보다 더 뚜렷한 종의 집합을 가지는데, 이는 β 다양성이 더 높다는 것을 보여준다. 지역 3이 보호지역으로 선택된다면, 각 산의 상대적인 우선순위는 산마다 얼마나 독특한 종들이 발견되는지에 근거하여 판단될 것이다.

림), 심슨지수(Simpson index), 피엘루균등지수(Pielou eveness index)와 같은 좀 더 복잡한 지표들은 다른 종의 상대적인 풍부함을 고려한다; 이 때문에 소수 종들이 우점하는 군집은 같은 종이 많음에도 불구하고, 보다 고른 종의 분포를 가진 군집보다 덜 다양하다. 섀넌다양성지수(H)는 다음과 같이 계산한다.

$$H = -\sum[p_i \times \ln(p_i)]$$

즉, 각 종(i) 비율(p)의 음의 합계($-\Sigma$)에 비율(p)의 자연로그(ln)를 곱한 것이다. 간단한 예로, 각각의 연못에 5종의 어류가 있는 2개의 연못을 상상해 보자. 연못 A에서는 개체수의 60%가 주황색 잉어이고, 나머지 각 4종은 개체수의 10%만을 나타낸다. 연못 B에도 5종의 어류가 있지만, 각 종은 동일한 개체 수, 즉 전체의 20%를 가지고 있다. 섀넌다양성지수를 이용하면, 연못 B는 연못 A보다 더 큰 다양성을 가질 것이다(**그림 2.6**). 경우에 따라서, 한 연못의 군집을 1종 또는 몇 종의 특정 종이 우점한다면, 그 연못은 다른 연못보다 더 많은 종을 갖고 있을지라도 다른 연못보다 더 낮은 다양성지수를 갖게 될 수 있다. 위에서 설명한 풍부도 값과 마찬가지로, 이 유형의 다양성 측정치는 다른 척도로 계산될 수 있고, 따라서 절댓값이 아니라 상대적인 값으로만 유용하다. 더욱이 이러한 다양성의 양적 정의는 보전생물학자가 사용하는 생물다양성의 넓은 정의 가운데 일부분만을 수용하고 있으며, 새로운 정의들이 계속해서 개발되고 있다(Iknayan et al. 2014). 비록 각각은 한계가 있지만, 지역을 비교하고 보전과 보호가 필요한 고유종이 많은 지역을 강조하는 데는 유용하다.

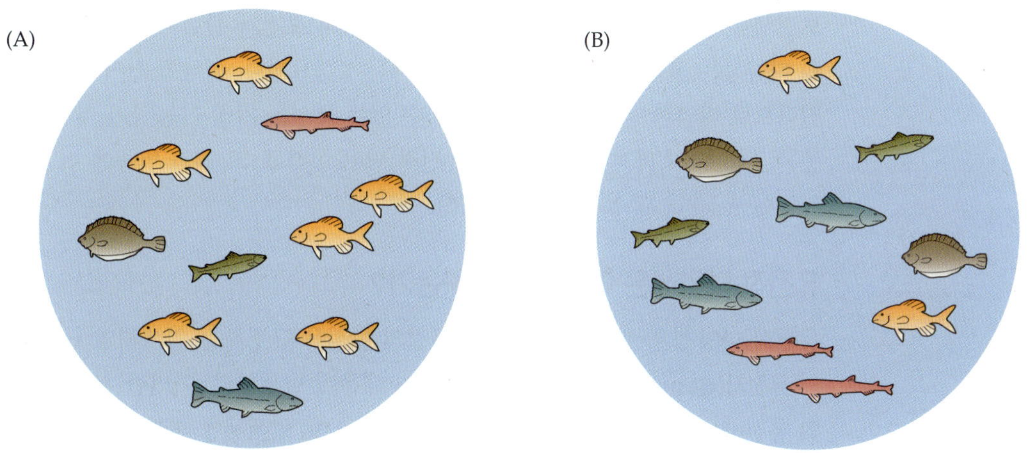

(A)

	표본수 (n)	n/전체 = 표본의 비율 (p)	$\ln(p)$	$\ln(p) \times (p)$
	6	0.60	–0.51	–0.31
	1	0.10	–2.30	–0.23
	1	0.10	–2.30	–0.23
	1	0.10	–2.30	–0.23
	1	0.10	–2.30	–0.23
합계	10 마리	1 (100%)		–1.23
				H = 1.23

(B)

	표본수 (n)	n/전체 = 표본의 비율 (p)	$\ln(p)$	$\ln(p) \times (p)$
	2	0.20	–1.61	–0.32
	2	0.20	–1.61	–0.32
	2	0.20	–1.61	–0.32
	2	0.20	–1.61	–0.32
	2	0.20	–1.61	–0.32
합계	10 마리	1 (100%)		–1.61
				H = 1.61

그림 2.6 만약 각 원이 연못에서 가져온 물고기의 무작위 표본을 나타내고, 색깔이 종을 나타내는 경우, 둘 모두 같은 종 풍부도를 가지고 있다. 그러나 연못 A는 하나의 종(총 10마리 중 전체의 60%인 노란색 6마리)이 우점하고 있는 반면에, 나머지 4종은 각각 10%에 불과하다. 이와는 대조적으로, 연못 B에서는 완벽한 균등성을 보인다; 5종은 각각 동일한 수의 개체, 즉 전체의 20%를 가지고 있다. 그러므로 우리는 연못 B가 더 높은 종 다양성을 가지고 있다고 생각할 것이다. 우리는 연못 A의 다양성이 1.23이고, 연못 B의 다양성이 1.61인 *H*를 각 표와 같이 계산함으로써, 이를 더욱 정량화할 수 있다.

유전적 다양성

학습 목표

이 절에서는 다음 내용에 주안점을 두기 바란다.

1. 유전적 다양성이 제한되거나 없는 새로운 상황에서 가능한 결과를 예측할 수 있어야 한다.
2. 분자적 방법들을 서로 다른 보전에 적용하는 데 적합한 시기를 구분할 수 있어야 한다.

보전생물학은 또한 한 종 내의 유전적 다양성의 보전과 관련이 있다. 이러한 수준의 다양성은 진화적 유연성을 제공하기 때문에 중요하다: 환경 조건이 변화할 때, 유전적으로 다양한 종이 변화에 적응할 수 있는 특성을 가질 가능성이 더 높다. 희귀종은 흔히 널리 퍼져 있는 종보다 유전적 변이가 적고, 그 결과 멸종에 더 취약하다(Szczecińska et al. 2016; 제6장 참조).

유전적 다양성은 어떻게 발생하는가?

유전적 다양성은 개개인이 특정 단백질의 합성을 규정하는 염색체의 단위인 그들의 **유전자(genes)** 형태가 조금씩 다르기 때문에 발생한다. 이러한 서로 다른 형태의 유전자는 **대립유전자(alleles)**로 알려져 있으며, 염색체에 대한 그들의 물리적 위치를 **유전자자리(locus**; plural is loci)라 한다. 서로 다른 대립유전자는 원래 **돌연변이(mutations)**—염색체를 구성하는 디옥시리보핵산(DNA)에서 일어나는 변화—를 통해 발생한다. DNA에 대한 이러한 변화는 매우 미비하거나 또는 상당히 클 수 있는데, 이는 DNA의 전체 서열이 **전위 인자(transposable elements)**라고 불리는 유전체를 중심으로 움직일 때 발생한다.

예를 들어, 전위 인자가 영국의 가지나방(*Biston betularia*)을 밝은 색에서 어두운 색으로 바꾸는 돌연변이에 관여한다는 것이 밝혀졌다(van't Hof et al. 2016). 대부분의 돌연변이는 새로운 형질을 야기하지 않지만, 돌연변이가 나타났을 때는 한 개체군의 생존에 중요해질 수 있는 유전적 변이에 기여한다. 산업혁명기의 오염으로 인해 이끼가 죽음으로써, 이전에는 밝은 색이었던 나무들이 검게 변했을 때, 어두운 날개를 가지는 돌연변이를 지닌 나방이 포식자로부터 더 잘 숨을 수 있었다(Cook et al. 2012). 그러나 최근 들어 환경 규제에 의해 공기가 깨끗해졌고, 이에 따라 밝은 색의 나방도 많아졌다. 따라서 돌연변이로 인한 유전적 다양성은 시간이 지남에 따른 환경 변화에 직면할 때 한 종의 지속성을 위해서 중요하다.

비록 가지나방의 예는 하나의 단일유전자가 한 종에게 심오한 차이를 어떻게 만들 수 있는지를 보여주지만, 대부분의 형질은 많은 유전자의 결합된 효과 때문에 발

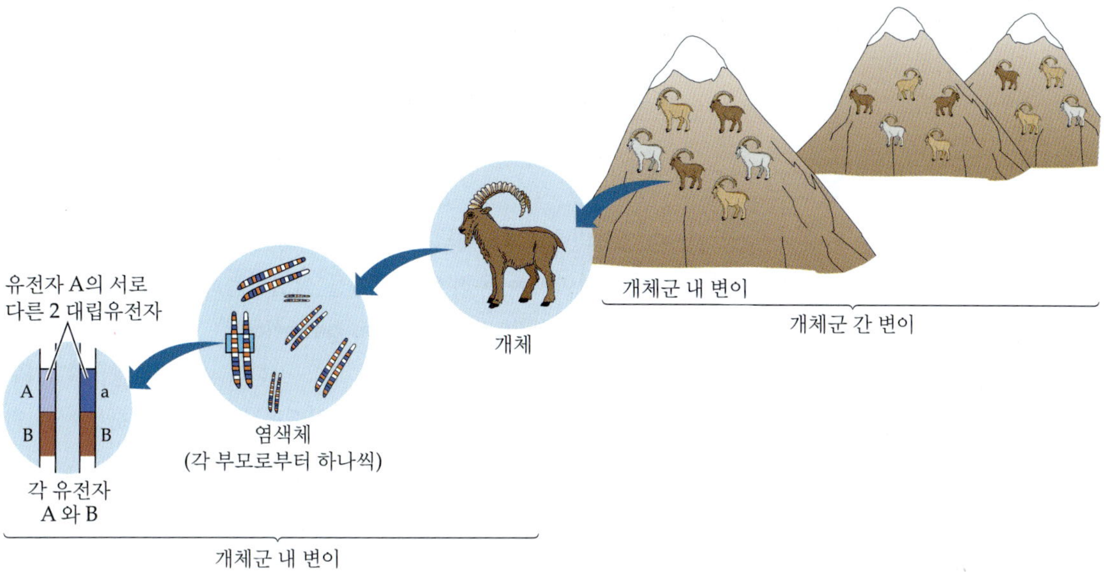

그림 2.7 개체 내 유전적 변이는 특정 유전자에서 발견되는 대립유전자의 변이와 염색체 간의 변이에 의해서 발생한다. 또한 유전적 변이는 개체군 내의 개체 사이 및 분리된 개체군 사이에서 발생한다. (After K. T. Scribner et al. 2006. In *Principles of Conservation Biology*, 3rd Ed., M. J. Groom et al. (Eds.), p. 377. Oxford University Press/Sinauer, Sunderland MA.)

생한다. 따라서 유전적 변이는 또한 자손이 유성생식 중에 발생하는 유전자의 **재조합(recombination)**을 통해서 부모로부터 유전자와 염색체의 독특한 조합을 받을 때 증가할 수 있다. 유전자는 염색체 간에 교환되며, 두 부모로부터 온 염색체가 결합해 유전적으로 독특한 자손이 형성되면서 새로운 결합이 만들어진다. 돌연변이가 유전적 변동의 기본 물질을 제공하지만, 유성생식하는 종을 특징짓는 서로 다른 조합의 대립유전자의 무작위 재배열은 유전적 변동의 잠재력을 극적으로 높인다(**그림 2.7**).

한 개체군의 유전자와 대립유전자의 총배열이 개체군의 **유전자풀(gene pool)**인 반면, 어떤 개인이 가지고 있는 대립유전자의 특정한 조합은 **유전형(genotype)**이다. 개인의 **표현형(phenotype)**은 특정한 환경에서 유전자형의 발현에서 비롯되는 그 개인의 형태학적, 생리학적, 해부학적, 생화학적 특성을 나타낸다. 표현형의 예로는 주로 개인의 유전자형에 의해 결정되는 신체적 특성인 눈 색깔과 혈액형이 있다.

한 개체군의 유전적 변이의 양은 **다형유전자(polymorphic genes)**—하나 이상의 대립유전자를 가진 유전자—의 수 그리고 이들 유전자의 각 대립유전자의 수에 의해서 결정된다. 다형유전자의 존재는 한 개체군의 일부 개체 유전자의 **이형접합체(heterozygous)**라는 것을 의미하기도 한다; 즉 그들 개체는 각 부모로부터 유전자의 서로 다른 대립유전자를 받게 될 것이다. 반면에, 어떤 개체는 **동형접합체(homozygous)**일 것이다; 이들은 각 부모로부터 동일한 대립유전자를 받을 것이다. 이러한 모든 수준의 유전적 변이는 변화하는 환경에 적응하는 한 개체군의 능력에 기여한다. 우리는 제6장의 예를 통해서, 한 종의 생존이 진화 능력에 의해 어떻게 영향을 받는지 알 수 있을 것이다.

유전적 다양성 측정

유전적 다양성은 유전자의 동질성, 대립유전자의 수 또는 양의 측정, 한 개체군이나 종 내의 특성 다양성에 기여하는 유전자의 조합을 식별하는 등의 여러 가지 방법으로 정량화할 수 있다. **보전유전학(conservation genetics)**은 보전생물학 내의 문제를 다루기 위해서 그러한 유전 정보를 사용하는 것을 말한다. 위에서 언급한 바와 같이, 유전적 도구는 우리가 새로운 종을 동정하고 언제 잡종화가 발생했는지를 판단할 수 있게 해준다. 다음의 사항이 다른 용도로 포함되지만 이에 국한되지는 않는다:

- 관리되는 야생 개체군의 **유전자 구조(genetic structure**; 유전형의 유형)를 설명하거나 비교.
- 환경 변화에 대응할 수 있는 소규모 또는 멸종위기 개체군의 수용력 결정.
- 인간 영향의 맥락에서 개체군 역학을 관찰하는 것.
- 환경에서 DNA를 채취하여 잠재종의 존재 확인(아래 참조).
- 멸종위기에 처한 종의 무역을 통제하는 수단으로써 생물학적 자료의 출처와 종을 확인하는 것.

보전에 있어서 유전체학의 이러한 이용은 다음 장에서 더 자세히 논의될 것이다. 보다시피, 이러한 기술은 오늘날 보전생물학의 거의 모든 분야에서 적용되고 있다.

한 종 내의 유전적 변이는 그 종들이 환경 변화에 적응하도록 할 수 있다. 새로운 기술은 과학자가 여러 종류의 유전적 다양성을 측정할 수 있게 해준다.

위와 같은 대부분의 경우, 희귀 식물 개체의 잎 표본과 같이 개체 표본의 유전자형이 결정된다(Zhou et al. 2018). 상대적으로, 토양이나 물 시료에서 미생물을 유전자 분석하는 **환경 DNA 샘플링(environmental DNA; eDNA sampling)** 같은 방법을 통해 전체 개체군의 다양성을 한 번에 수집할 수 있다(Delgado-Baquerizo et al. 2018). 또한 환경 DNA 샘플링은 희귀한 양서류를 탐지하기 위해 물을 검사하는 것과 같이 추적하기 어려운 특정 종의 존재를 탐지하는 데 사용될 수 있다(Goldberg et al. 2018). 유전체학에 사용되는 도구는 DNA 염기서열 자체를 식별하는 것에서부터 그러한 염기서열에 의해 생성되는 단백질의 다양성(*allozyme*)을 살펴보는 것까지 다양하다. 그러한 분석에 사용되는 유전 물질은 세포의 핵 또는 미토콘드리아나 엽록체와 같은 세포내 소기관에서 추출할 수 있다. 이와 같이, 후자로부터 추출된 DNA는 정자가 아닌 난자로만 유전되기 때문에 모계에 대한 정보를 제공할 수 있다. 유전체학은 빠르게 진화하는 분야로, 보전생물학의 목표를 진전시키기 위해서 점점 더 많이 사용되고 있다.

생태계 다양성

학습 목표

이 절에서는 다음 내용에 주안점을 두기 바란다.

1. 영양 단계를 확인하고, 먹이그물을 그리고, 해석하며, 분석할 수 있어야 한다.
2. "핵심" 개념을 특정 종과 자원에 적용할 수 있어야 한다.

생태계는 다양한데, 이러한 다양성은 특정한 한 경관에 걸쳐서도 분명하다. 예를 들어, 우리가 어떤 산을 오를 때 동식물의 종류는 키 큰 산림에서, 저지대의 이끼로 덮인 산림으로, 고산 초지로, 오래된 암석이 많은 산지 정상으로 이동함에 따라 점진적으로 변한다(제2장 표지 사진 참조). 경관을 지나감에 따라 물리적 조건(토양, 온도, 강수량 등)이 변화하고, 시작 지점에 존재하던 종들이 하나씩 사라지며, 시작 지점에서 발견하지 못했던 새로운 종들을 접하게 된다. 경관은 전반적으로 역동적이며, 전체적인 환경 및 그것과 관련된 인간 활동의 종류에 대응해서 변화한다.

군집과 생태계는 무엇인가?

생물군집(biological community)은 특정 지역을 점유하는 모든 종과 그 종들 사이의 상호작용으로 정의된다. 생물군집과 이 군집과 관련된 물리적·화학적 환경을 합쳐서 생태계라 칭한다(**그림 2.8**). 생태계의 많은 특징은 계속 진행 중인 생태계 과정들—물 순환, 영양소 순환, 에너지 포획을 포함하는—에서 기인한다. 이러한 과정은 평방미터에서 헥타르에 이르기까지, 수만 평방킬로미터에 이르는 지역적 규모에서 발생한다(이 측정 용어의 정의는 표 1.1 참조). 예를 들어, 온대의 숲에 비가 내리면 흙에 흡수된다. 그 비의 일부는 지표면에서 증발하고, 일부는 지하수로 흘러 들어가며, 일부는 광합성에 사용하려는 식물에 의해 흡수되어 대기 중의 이산화탄소를 탄수화물로 바꾼다. 이러한 식물은 동물에 의해 먹힐 수 있는데, 동물은 호흡을 통해 탄수화물을 에너지로 전환시키고서 이산화탄소를 환경으로 다시 방출하게 된다. 다른 식물은 숲에서 분해되어 영양분을 방출하고, 박테리아, 곰팡이, 동물에게 에너지를 제공한다.

물리적 환경, 특히 강수량과 온도의 연간 주기와 지표의 특성은 생물군집의 특성과 구조에 영향을 미치며, 그 지역이 숲, 초지, 사막 또는 습지가 될 것인지에도 큰 영향을 미친다. 수생태계에서 난류, 투명도, 화학적 성질, 온도, 깊이와 같은 물의 물리적 특징은 관련된 **생물상(biota**, 지역 내 식물상과 동물상)의 특성에 영향을 미친다. 생물군집은 또한 환경의 물리적 특성을 변화시킬 수 있다. 예를 들어, 숲속은 근처의 초원보다 풍속이 더 낮고, 습도는 더 높다. 해조류 숲과 산호초 같은 해양 군집들은 파도를 완충시킴으

> 군집 내에서, 각 종은 먹이, 온도, 물 및 다른 자원에 대한 고유의 요구 조건을 가지고 있으며, 이 중 어떠한 것도 그것의 개체군 수와 분포를 제한할 수 있다.

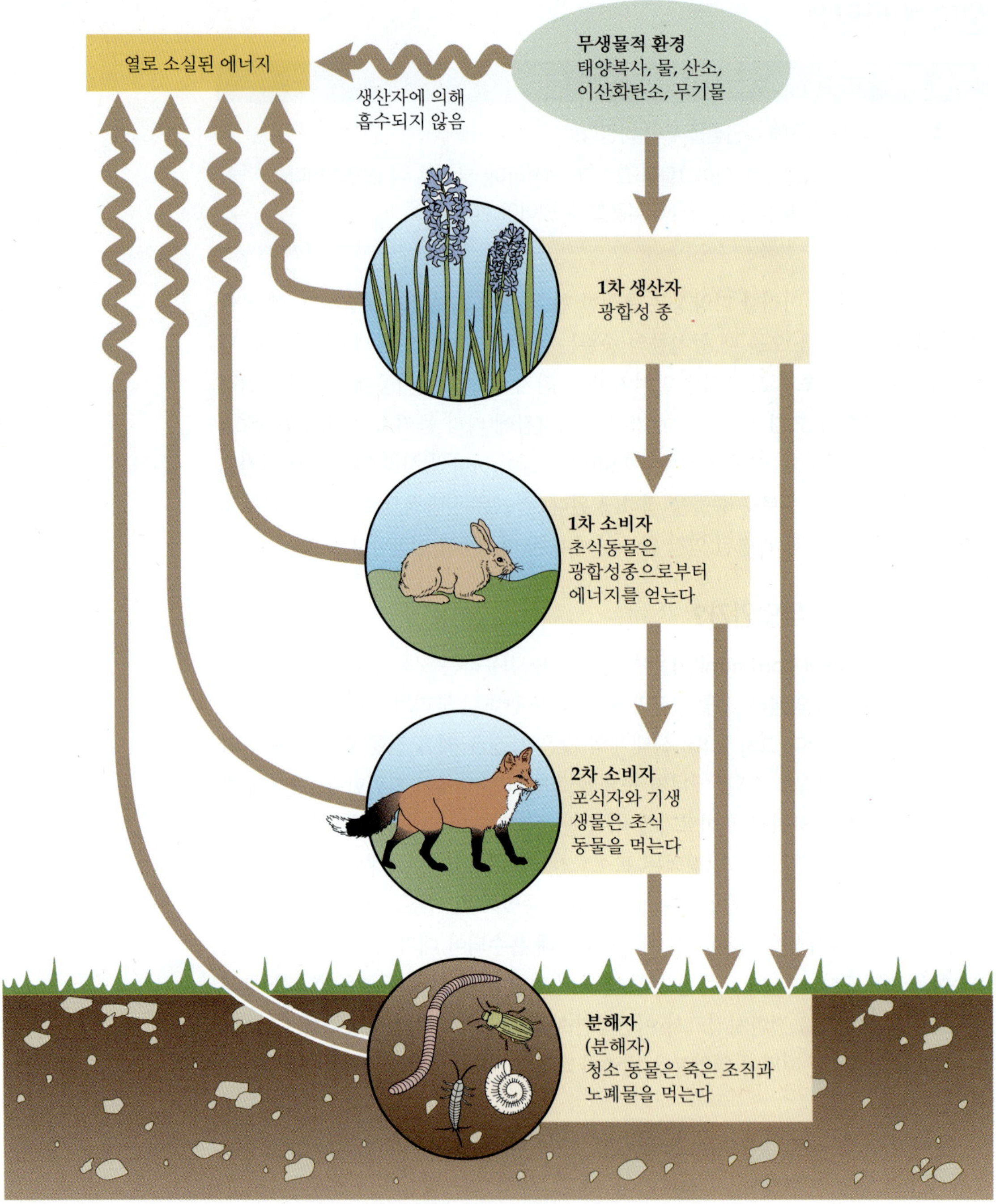

그림 2.8 영양 단계와 간단한 에너지 경로를 보여주는 육상생태계 모델.

로써, 물리적 환경에 영향을 미칠 수 있다.

종들은 한 생물군집 안에서 다양한 역할을 수행하고, 생존을 위한 다양한 요건을 필요로 한다. 예를 들어, 많은 종류의 식물은 특정 종류의 곤충에 의해서만 수분되거나 특정 조류 종에 의해서만 씨앗이 분산된다(Carstensen et al. 2018). 마찬가지로, 동물 종은 그들이 먹는 먹이의 종류와 그들이 선호하는 휴식 장소와 번식 장소, 총칭해서 **서식지(habitat)**라고 불리는 요구조건이 서로 다르다.

숲이 건강하게 자라는 녹색 식물로 가득할지라도, 희귀하고 개체수가 감소해 가는 식물 종 한 가지만 먹고 사는 곤충 종은 필요로 하는 특정한 먹이를 구하지 못하면 번식하지 못할 수도 있다. 이러한 필요조건 중 어느 하나라도 개체군의 크기를 제한할 때 **제한 자원(limiting resource)**이 된다.

생태계 내 종간 상호작용

군집의 조성은 종종 **경쟁(competition)**과 **포식(predation)**의 영향을 받는다(Molles and Sher 2018). **포식자(Predators)**는 먹히는 동물인 **피식자(prey)**를 사냥하여 죽이는 동물이다. 일반적으로 식물에 대한 포식은 **초식(herbivory)**이라고 불린다. 모든 종류의 포식자는 특정 먹잇감의 밀도를 극적으로 낮추고, 심지어는 특정 서식지에서 일부 종을 제거할 수도 있다. 실제로 포식자는 각 종의 밀도를 충분히 낮게 유지하여 심각한 자원 경쟁이 일어나지 않도록 함으로써, 생태계의 피식자의 밀도를 간접적으로 증가시킬 수 있다.

많은 생태계에서 포식자는 특정한 피식자 종의 개체수를 생태계 자원이 유지할 만큼의 수—서식지의 **환경수용능(carrying capacity)**으로 알려진 수—이하로 유지시킨다. 포식자(예: 늑대, *Canis lupus*)가 사냥, 독살 또는 기타 인간의 활동에 의해 제거되면, 피식자 개체군(예: 사슴, *Odocoileus* spp.)이 환경수용능까지 증가하거나 또는 환경수용능을 넘어 필수적 자원을 과용해서 개체군이 급감하는 단계에 이르기까지 증가할 수 있다. 게다가 한 종의 개체군 크기는 동일 자원에 대해 경쟁하는 다른 종에 의해서도 조절된다; 예를 들어, 작은 섬에 둥지를 튼 희귀한 제비갈매기의 개체군 크기는 같은 보금자리를 이용하는 갈매기 종이 풍부해지면 감소하고, 갈매기 종이 제거되면 증가한다.

두 종이 **상리공생(mutualism)** 관계로 서로 이득을 줄 때 군집의 조성도 영향을 받는다. 상리공생 종들은 단지 한 종만 있을 때보다 함께 있을 때 높은 밀도에 도달한다. 상리공생의 한 예는 과일을 먹는 조류와 조류에 의해 분산되는 종자를 가진 육과 식물 간의 관계이다(그림 2.9). 수분매개 곤충과 현화식물

그림 2.9 황여새(*Bombycilla garrulus*)는 산재나무(*Sorbus aucuparia*)의 열매를 섭취한 다음, 모체 나무에서 멀리 떨어진 다른 곳에 씨앗을 배설함으로써 열매를 분산시킬 것이다. 이러한 방법은 2종 모두에게 이익이다.

은 또 다른 사례이다. 이러한 상호주의적 관계를 **공생(symbiotic)**이라 하는데, 이러한 종들은 서로가 없이는 생존할 수 없다. 예를 들어, 산호 안에 살고 있는 특정 공생 조류가 열대 지역의 예년과 다른 높은 수온에 의해 배출됨으로 인해 산호는 약화되고, 결국 죽음에 이르게 한다(그림 5.4 참조).

영양단계

종들이 환경에서 에너지를 얻는 다양한 방식을 나타내는 **영양 단계(trophic level)**를 통해 생물군집을 구조화할 수 있다(그림 2.8 참조). **1차 생산자(Primary producer)**는 첫 번째 영양 단계(*first trophic level*)로 구성된다. 이러한 생물들은 광합성을 통해 태양으로부터 에너지를 직접 얻는다. 육상 환경에서는 현화식물, 겉씨식물(예: 침엽수), 양치류가 광합성을 대부분 담당하는 반면, 수생 환경에서는 해조류, 단세포 조류, 시아노박테리아(남조류)가 가장 중요한 1차 생산자이다. 모든 1차 생산자는 생존과 생장에 필요한 유기물질을 만들기 위해 태양 에너지를 이용한다. 후속적인 각 영양 단계로 보다 적은 에너지가 전달되기 때문에 육상 생태계에서는 식물이 대체로 최대의 생물량(생체중)을 갖는다.

두 번째 영양 단계(*second trophic level*)에는 **초식동물(herbivore)**이 들어 있는데, 초식동물은 1차 생산자를 잡아먹기 때문에 **1차 소비자(primary consumer)**로 알려져 있다. 초식동물에 의한 초식의 강도는 종종 식물 종의 상대적인 풍부도와 존재하는 식물의 양까지 결정한다.

육식동물(carnivore)은 3번째와 그 이상의 영양 단계에 속한다. 육식동물은 다른 동물을 섭식함으로써 에너지를 얻는다. 3번째 영양 단계에는 초식동물(토끼 등)을 먹는 포식자인 **2차 소비자(secondary consumer**, 여우 등)가 있다. 4번째 영양 단계에는 다른 포식자(개구리 등)를 먹는 포식자인 **3차 소비자(tertiary consumer**, 베스 등)가 있다.

일부 2차와 상위 소비자는 사자가 하는 것처럼 직접적 포식과 부식성 행동을 같이 한다. **잡식동물(omnivore)**로 알려진 소비자는 동식물을 모두 먹는다. 과일, 견과류, 뿌리, 잎뿐만 아니라, 다른 포유류, 곤충, 어류, 조류를 잡아먹는 갈색곰이 좋은 예이다(Coogan et al. 2018). 일반적으로 포식자는 자신의 피식자보다 밀도가 낮고, 높은 영양 단계의 개체군은 낮은 단계의 개체군에 비해 개체 수가 적다(Carbone and Gittleman 2002). 한 곳의 사바나는 사자보다 더 많은 얼룩말을 부양한다.

기생생물(parasites)과 질병을 일으키는 생물체, **병원균(pathogen)**은 포식자의 중요한 하위 단계를 형성한다. 모기, 진드기, 회충, 원생동물을 포함하는 기생동물과 박테리아, 바이러스처럼 질병을 유발하는 미생물은 자신의 숙주를 즉시 죽이지 않는다. 식물도 박테리아, 바이러스, 균류 다른 식물(겨우살이 등), 선충, 곤충을 포함하는 다양한 기생생물에 의해 공격받을 수 있다. 기생생물의 영향은 모르는 사이에 그들의 숙주를 약화시키기도 하고, 시간에 따라 완전히 쇠약하게 하거나 죽음에 이르게도 한다. 기생생물과 질병이 개처럼 포획되어 사육되는 종으로부터 사자와 같은 야생종으로 확산되는 것은 많은 희귀종에게 커다란 위협이지만(제5장 참조), 우리는 기생생물이 생물학적 다양성에 기여하고, 그 자체가 보전의 대상이 될 수도 있음을 고려해야 한다.

분해자(decomposer, detritivore)는 죽은 동식물 조직과 노폐물(부니질)을 먹고서, 복잡한 조직과 유기 분자를 1차 생산의 구성요소인 단순한 화학물질로 분해한다(그림 2.10). 분해자가 질산염이나 인산염과 같은 무기물을 토양과 물로 다시 방출하면, 이 물질들은 식물과 조류에 의해 다시 흡수될 수 있다. 분해자는 보통 초식동물과 육식동물보다 훨씬 작지만 이들의 역할은 생태군집에서 필수적이다. 가장 중요한 분해자는 균류와 박테리아이지만, 다른 많은 종들도 유기물을 분해하는 역할을 한다. 예를 들어, 독수리와 그 밖의 청소 동물은 죽은 동물을 갈가리 찢어 먹고, 쇠똥구리는 동물의 배설물을 먹거나 땅에 묻으며, 지렁이는 떨어진 잎과 그 밖의 유기물을 분해한다. 분해자가 소멸하면, 유기물이 축적되고 식물 생장이 급격히 감소할 것이다(Gessner et al. 2010).

Photo by Anna Sher

그림 2.10 숲에서 자라는 이 담자균(버섯)과 같은 곰팡이는 죽은 유기물을 분해해서 질소와 같은 영양분을 토양으로 순환시켜서 식물이 다시 흡수할 수 있게 한다. 이러한 분해자가 없다면, 대부분의 생태계는 작동하지 않을 것이다.

먹이사슬과 먹이그물

비록 종이 우리가 방금 설명한 일반적인 영양 단계로 조직될 수 있지만, 영양 단계 내에서 종들의 실제 필요조건이나 섭식 행동은 매우 제한적일 수 있다. 예를 들어, 어떤 무당벌레 종은 오직 한 종류의 진딧물만 먹고, 어떤 진드기 종은 오직 한 종류의 식물만 먹는다(Wimp et al. 2011). 이런 특정한 섭식 관계를 **먹이사슬(food chain)**이라고 한다. 하지만 많은 생물군집에서 더 일반적인 상황은 더 낮은 영양 단계에 있는 여러 종을 먹고, 같은 영양 단계의 몇몇 종과 먹이 경쟁을 벌이며, 다음으로 더 높은 영양 단계의 몇몇 종에게 먹이가 되는 것이다. 결과적으로, 생물군집 조성에 대한 보다 정확한 설명은 복잡한 먹이 관계를 통해서 종들이 서로 연결되어 있는 **먹이그물(food web)**이다(그림 2.11). 먹이그물 역학을 고려할 때, 과학자는 종종 높은 단계의 영양과 낮은 단계의 영향, 그 반대로 하향식 대 상향식의 효과를 비교하는 데 관심이 있다(예: Vidal and Murphy 2018). 거의 동일한 환경자원을 사용하는 같은 영양 단계의 종은 경쟁하는 종의 **길드(guild)**로 간주된다.

인간은 먹이사슬 관계를 실질적으로 변화시킬 수 있다(Alva-Basurto and Arias-Gonzalez 2014). 예를 들어, 인간 활동 변화로 인해 뉴멕시코 페코스 강의 염

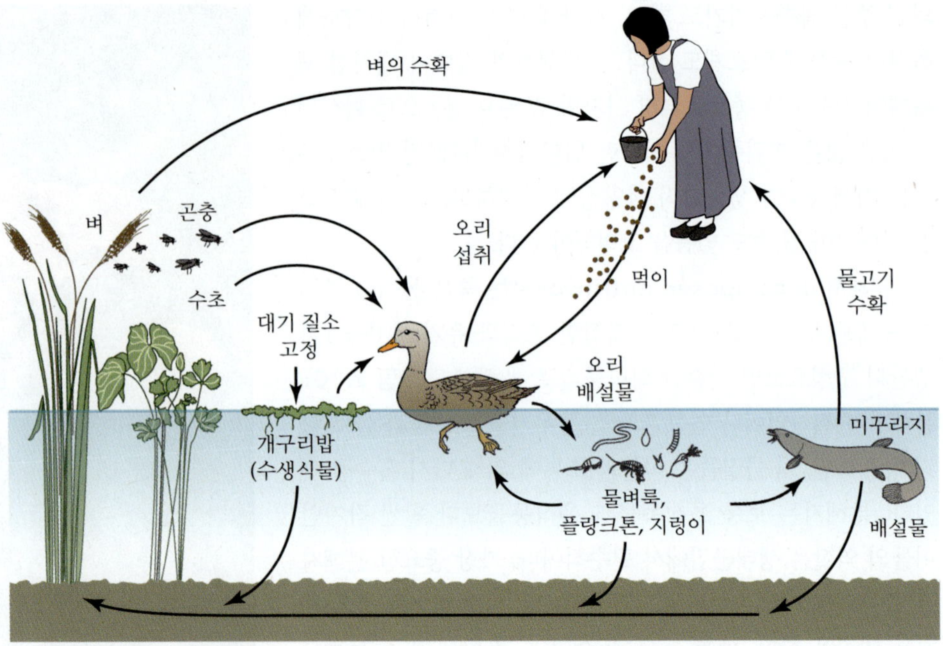

그림 2.11 전통적인 농업 생태계의 간단한 먹이사슬. 광합성하는 식물을 사람, 오리, 곤충이 먹는다. 곤충과 수생 무척추동물은 오리와 물고기에게 먹히고, 오리와 물고기는 사람에게 먹힌다.

분 유입량 증가는 다양성을 감소시키고 먹이사슬을 단축시킴으로써, 수생 먹이그물의 변화를 가져왔다(East et al. 2017).

이 모든 종 사이의 관계는 그들이 시간에 따라 어떻게 진화하느냐에 영향을 미친다. 종의 외형과 기능, 행동을 결정하는 특성은 **무생물(abiotic**, 살아 있지 않은) 환경뿐만 아니라 **생물(biotic**, 살아 있는) 환경에 의해서도 형성된다. 식물이 잎에 독소를 만들 때, 그것을 먹을지도 모르는 동물에게 선택적인 압력을 가한다. 독소를 견딜 수 있는 유전적 능력을 가진 곤충은 생존하고 성장할 가능성이 더 높을 것이고, 따라서 곤충 개체군의 그 특성이 세대에 걸쳐 증가하게 될 것이다. 경쟁과 상리공생의 맥락에서 같은 **진화(evolution)**의 과정이 발생하는데, 각 종은 상호작용하는 다른 모든 종에 반응한다. 이것은 새로운 종이 유입되었거나, 종이 멸종되었거나, 환경 조건이 바뀌었을 때 생태계가 그와 같이 변하고 종종 훼손될 수 있는 이유들 중 하나이다. 한 종이라도 그 종과 함께 진화해 온 군집 전체에 반향을 일으킬 가능성이 높다.

진화는 생물 환경에 대한 적응을 포함한 종 변화의 과정이다. 생물은 서로 반응하여 진화하기 때문에, 한 종에 대한 교란은 대부분 다른 종에 영향을 미칠 것이다.

핵심종과 자원

생물군집에서 유사한 생태적 특징을 가진 특정 종이나 길드는 군집 내 다른 많은 종들의 지속력을 결정할 수 있다(그림 2.12). 이들 **핵심종(keystone species)**은 우리

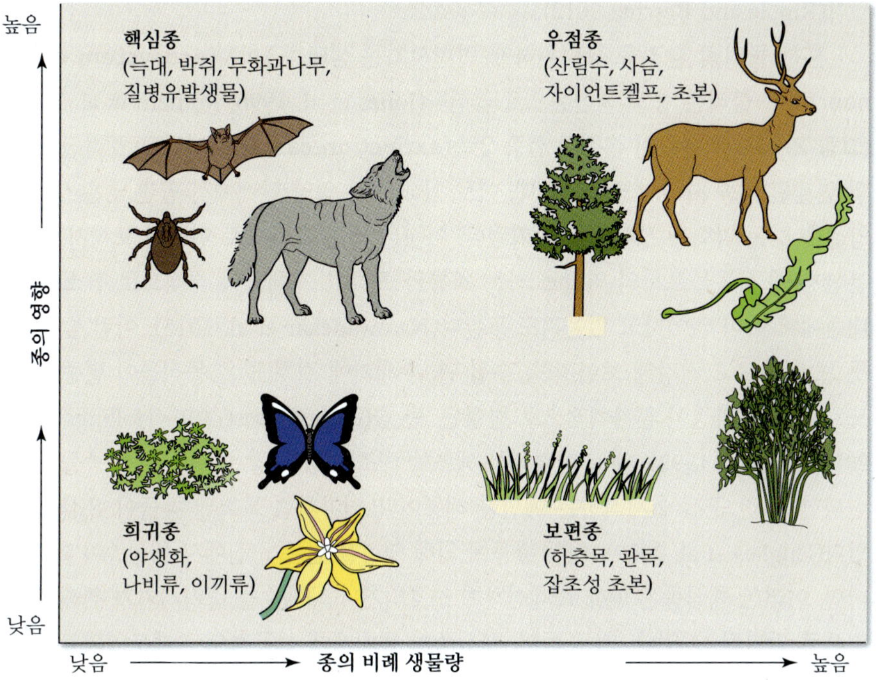

그림 2.12 핵심종은 생물군집 내 많은 다른 종들의 존속 능력을 결정한다. 핵심종은 총생물량의 작은 비율을 차지하지만, 이들 중 하나가 사라진다면 군집 조성이 급격하게 변할 수 있다. 희귀종은 생물량이 적고, 군집에 대해서 큰 영향을 미치는 경우가 드물다. 우점종은 생물량의 높은 비율을 차지하며, 이 큰 생물량에 비례하여 다른 많은 종에 영향을 미친다. 그러나 흔하고 생물량이 많음에도 불구하고, 몇몇 종은 군집 조성에 상대적으로 낮은 영향을 미친다. (After M. E. Power et al. 1996. *BioScience* 46: 609–620.)

가 그들의 개체수나 생물량만을 고려했을 때, 우리가 예측할 수 있는 것보다 훨씬 더 큰 정도로 군집 조성에 영향을 미친다(Valls et al. 2015). 핵심종 또는 길드의 손실은 수많은 다른 종들의 상실을 가져올 수 있기 때문에 핵심종 보호는 보전 노력의 우선순위이다.

최상위 포식자는 초식동물 개체군에 현저한 영향력을 종종 행사하므로 핵심종일 수 있다. 소수 포식자 개체수의 제거는 군집 생물량에서 아주 소량이라 할지라도 식생에 극적인 변화와 **영양 단계 연쇄효과(trophic cascade)**라 불리는 생물다양성의 큰 손실을 가져 올 수 있다. 일례로, 인간의 사냥으로 회색늑대(*Canis lupus*)가 멸종에 이른 일부 지역에서 사슴(*Odocoileus virginiana*) 개체군이 폭발적으로 증가했다(Beschta and Ripple 2016). 이 사슴은 많은 초본종과 관목종을 섭취하면서 서식처를 심각하게 훼손하였다. 이들 식물의 손실은 결국 곤충을 포함한 사슴과 다른 초식동물에게 모두 해를 끼친다. 줄어든 식피는 토양 침식을 초래해서 토양에 서식하는 종들의 손실 요인이 되었다. 늑대가 생태계에 복원되자 영양 관계도 다시 회복되었다(Ripple and Beschta 2012).

흔히 물리적 환경을 광범위하게 변형시키는 **생태계공학자(ecosystem engineer)**라고 불리는 종도 핵심종으로 꼽힌다(Jones et al. 1996; Romero et al. 2015)(**그림 2.13**). 핵심종의 손실로 **멸종 연속(extinction cascade)**이라고 알려진 일련의 연계된 멸종 사건이 발생되는데, 이로 인해 모든 영양 단계에서 훨씬 낮은 생물다양성을 갖는 악화된 생태계가 야기된다. 이것은 과잉 수확으로 인해서 포식자, 종자 분산자, 초식동물로서의 역할을 하는 조류와 포유류 개체군이 극적으로 감소한 열대림에서 이미 일어나고 있을지도 모른다(Naniwadekar et al. 2015). 이런 숲은 언뜻 보면 푸르고 건강해 보이지만, 수십 년, 수세기에 걸쳐 많은 동식물이 멸종될 정도로 생태적 과정이 불가역적으로 변형된 '빈 숲(empty forest)'이다(Hollings et al. 2014; Redford 1992). 해양 환경에서 해초나 해조류 등과 같은 주요 구성 종들이 소실되면, 이런 군집에 서식하는 예민한 해룡이나 해마처럼 특화된 종들이 유실될 수 있다(Hughes et al. 2009). 인간 활동에 의해 영향을 받는 군집에서 핵심종이 확인된다면, 이러한 핵심종은 때때로 세심하게 보호되거나 개체수를 증가시키기 위해 적극적으로 관리될 수 있다. 최근 들어, 핵심종이 생태계에 성공적으로 재도입되고 있다(Hale and Koprowski 2018).

특정 서식지는 물리적 또는 구조적으로 비록 작은 지역만을 차지하지만, 생태계 내의 많은 종들에게 중요한 필수 **핵심자원(keystone resource)**을 포함할 수 있다(Hunter et al. 2017). 이러한 자원은 생태계를 복원할 때 중요하며, 이에 대해서는

그림 2.13 북아메리카 비버(*Castor canadensis*)는 이들이 건설하는 댐에 의해서, 자신과 다른 종들이 살아 갈 수 있는 새로운 습지가 만들어지기 때문에 생태계 기술자로 여겨진다.

제11장에서 더 자세히 다룰 것이다. 예를 들어, 개울, 샘, 연못의 깊은 웅덩이는 수위가 떨어지는 건기에 어류와 그 외 수생 종들의 유일한 피난지가 될 수 있다. 이러한 수원은 육상동물에게 먼 거리에서 이용할 수 있는 유일한 식수일 수도 있다. 속이 빈 나무둥치와 나무 구멍은 많은 조류와 포유류 종에서 번식지로서 핵심자원이기에, 이들의 개체군 크기를 제한할 수 있다(Cockle and Martin 2015). 속이 빈 오래된 나무를 핵심자원으로서 보호하는 것은 벌목을 할 때 우선사항이다(Lindenmayer 2017).

생태계 동태

인간의 영향 유무와 상관없이 과정이 정상적으로 작동하는 생태계를 **건강한 생태계(healthy ecosystem)**라고 한다. 많은 경우에서, 생태적으로 유사한 종들에 의해 수행되는 역할은 약간의 중복성이 종종 있기 때문에, 일부 종을 잃은 생태계도 건강한 상태를 유지할 수 있다. 이러한 상태로 유지되는 생태계를 **안정적 생태계(stable ecosystem)**라 한다. 이들 시스템은 교란이 없거나, 교란 상태에서도 안정적으로 유지될 수 있는 특수 기능을 가지고 있어서 안정적인 상태를 유지한다. 교란에도 불구하고 이러한 안정성은 저항력과 회복력이라는 두 특징 중 하나 또는 둘 모두에서 기인할 수 있다. **저항력(resistance)**은 지속적인 교란에도 같은 상태를 유지할 수 있는 능력이다; 기름이 유출된 이후에도 주요 생태계 과정을 유지한 하천 생태계는 내성이 있는 것으로 간주될 것이다. **회복력(resilience)**은 교란이 일어난 후 신속하게 원상태로 복귀할 수 있는 능력이다; 기름 유출과 많은 동식물의 죽음으로 인한 오염이 있고서 얼마 지나지 않아, 하천 생태계가 원래의 상태로 돌아간다면 회복력이 있는 것이다.

세계의 생물다양성

학습 목표

이 절에서는 다음 내용에 주안점을 두기 바란다.

1. 원형 차트와 막대 그래프를 설명할 수 있어야 한다.
2. 전 지구적 다양성에 대한 2가지 다른 추정치를 대조해서 무엇이 더 가능성 높은지에 대한 주장을 할 수 있어야 한다.
3. 주어진 생태계 유형에 대해서, 지질학적, 기후적, 생물학적 특성에 기초하여 생물다양성이 낮은지 혹은 높은지 여부를 예측할 수 있어야 한다.

생물다양성을 보전하기 위한 전략을 개발하기 위해서는 지구 상에 얼마나 많은 종이 존재하는지, 이들 종이 지구에 어떻게 분포하는지를 확실히 파악해야 한다. 두 질문에 대한 답은 복잡할 수 있다.

얼마나 많은 종이 존재하는가?

현재 약 200만 종이 기술되었다(**그림 2.14**). 그러나 지구에 살고 있는 정확한 종의 수는 알려져 있지 않다. 종 수에 대한 우리의 지식은 부정확한데, 눈에 띄지 않는 종들은 적절한 분류학적 관심을 받지 못했고, 이에 따라 대부분의 종들이 기재되지 않은 상태로 남아 있기 때문이다. 예를 들어, 토양에 사는 거미류, 선충류, 균류 및 열대림 캐노피에 사는 곤충류는 매우 작고 연구하기 어렵다. 이처럼, 잘 알려지지 않은 무리가 수십만 또는 수백만 종에 이를 수 있다. 특히 동물과 식물의 각 종 또는 속 수준에서 몸의 안과 밖에 서식하는 독특하고 많은 박테리아, 원생생물, 그리고 그 안에 균류가 살고 있다는 것을 고려하면 더욱 그러하다. 게다가, 유전자 분석은 계

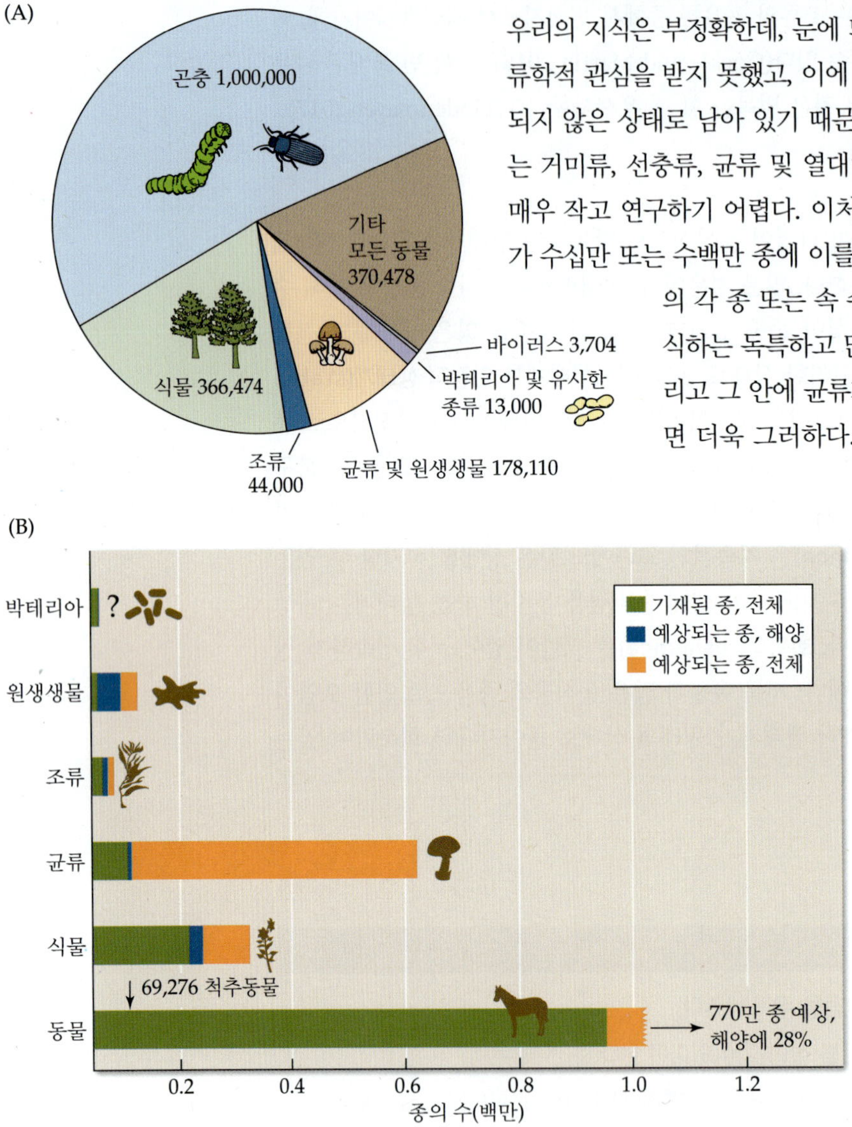

그림 2.14 (A) 약 200만 종이 과학자에 의해 동정되어 기재되었다; 이들 대부분은 곤충과 식물이다. 이것들은 존재할 가능성이 있는 전체 종의 일부분일 뿐이다. (B) Mora에 따른 예측 총수의 추정치(2011). 기재된 종의 수는 막대기의 녹색 부분으로 표시된다; 기재되지 않은 종에 대한 추정치는 파란색(해양종)과 노란색(육상종 및 담수종)으로 표시된다. 종 발견 비율 때문에, 2011년에 알려진 종의 수는 현재 수에 비해 낮으며, 식물과 같은 일부 집단의 경우에는 현재 기재된 종의 수가 총 종의 추정치를 이미 추월하였다. (A, Data from multiple sources, especially IUCN 2019. The IUCN Red List of Threatened Species. Vrsn 2019-1. http://www.iucnredlist.org and Y. Roskov et al. 2019. *Species 2000* & *ITIS Catalogue of Life, 2019 Annual Checklist*. www.catalogueoflife.org/annualchecklist/2019; B, after C. Mora et al. 2011. *PLOS Biol* 9: e1001127. doi.org/10.1371/journal.pbio.1001127).

속적으로 잠재종을 찾아내고 있다. 따라서 서로 다른 분류군의 실제 비율은 현재 우리가 관찰하는 것과 상당히 다를 수 있으며, 과학자들은 이 숫자에 대해 반드시 동의하지는 않는다(**그림 2.15**). 이러한 고려를 포함한 최근의 연구는 지구 상에 10억에서 60억 종이 존재할 수 있다고 추정했으며, 이 중의 78%가 박테리아였다(Larsen et al. 2017). 이전의 추정치와의 이러한 극적인 차이는 그러한 예측을 하는 데 어려움이 뒤따름을 보여준다.

놀랍게도 매년 약 2만 종이 신종으로 기재된다. 조류, 포유류, 온대 현화식물의 특정 생물군은 비교적 잘 알려져 있음에도, 이들 생물군에서도 매년 여러 신종이 발견된다(Joppa et al. 2011). 영장류처럼 잘 연구된 무리에서도 브라질에서 수십 종의 새로운 원숭이 종이, 마다가스카르에서 수십 종의 여우원숭이 신종이 발견되었는데, 이 모든 발견은 1990년 이후에 일어난 일이다. 매 10년 마다 500~600종의 양서류 신종이 기재된다. 새로 발견되는 대부분의 동물은 곤충과 무척추동물이다. 예를 들어, 2017년 3월, 다양한 분류군의 합동 연구팀은 호주 퀸즐랜드 북부의 Quinkan Country에서 57종의 거미를 포함해 무려 128종의 새로운 종을 발견하였다(bushblitz.org.au).

> 많은 과학자들은 지구 상의 종수를 결정하기 위해 노력하고 있다. 가장 일반적으로 인식되는 추정 종수는 600만에서 1,000만 종이며, 이 중의 절반은 곤충이다.

종 조사는 현장 생물학자와 함께 표본을 수집하고 식별할 수 있는 "시민과학자"

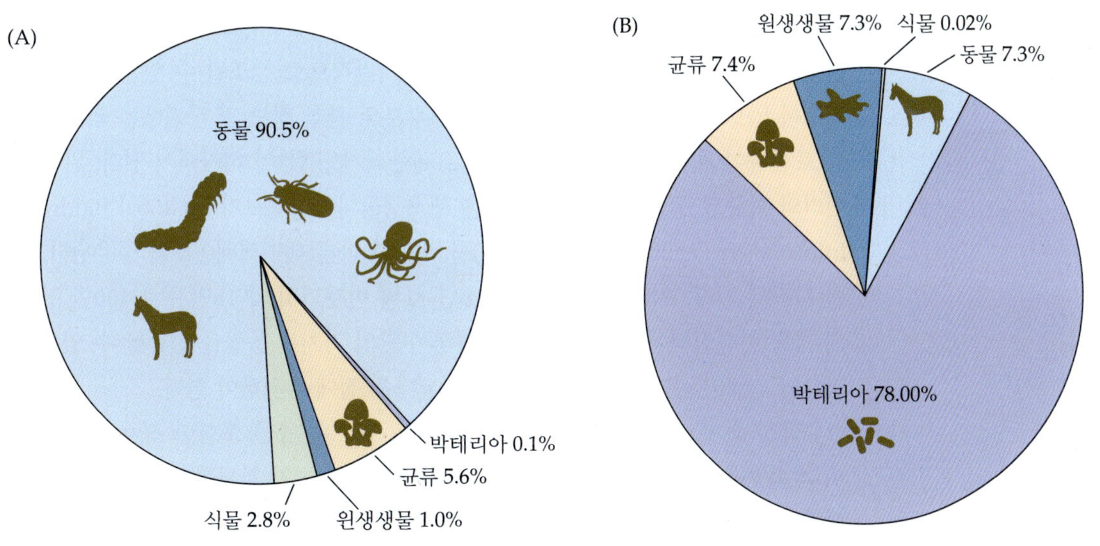

그림 2.15 실제 전체 종수의 비율은 현재 기재된 종의 수와 매우 다를 수 있으며(그림 2.14 참조), 과학자 사이에서 논쟁의 여지가 있다. (A) Mora는 주로 곤충인 동물이 아마도 지구 상의 모든 종의 90.5%를 차지할 것이라고 예측했다(2011). (B) 이와는 대조적으로, 더 최근에 그리고 여전히 논란이 많은 추정치(Larsen et al. 2017)는 잠재종의 빈도를 고려하고, 또한 모든 동물이 적어도 10개의 고유한 박테리아 공생을 가지고 있다고 가정할 때, 박테리아가 가장 많은 종을 가진 집단이며, 그 수는 Mora가 추정한 870만 종보다 더 큰 규모인 10억에서 60억 사이일 것이라고 가정한다. (After B. B. Larsen et al. 2017. *Q Rev Biol* 92: 229–265.)

Photos by Tony Iwane, used with permission

그림 2.16 여기서, iNaturalist는 놀리나식물(*Nolina parryi*; 삽화)의 사진, 날짜, 위치 정보 등을 이용하고 있다. 이미지는 크라우드 소싱과 과학자 등이 사용할 수 있도록 데이터베이스에 저장된 정보를 통해 동정될 것이다. 이 특별한 표본은 원래 *Nolina bigelovii*로 동정되었었지만, 놀리나식물 전문가인 2명의 다른 iNaturalist 사용자에 의해 수정되었다.

를 참여시킬 수 있는 좋은 기회다. 이것의 한 예가 **바이오블리츠(bioblitz)**인데, 과학자 등이 그곳에 살고 있는 모든 생물종을 문서화하는 것을 목표로 해서 단기간에 지정된 지역에 대한 생물학적 조사를 집중적으로 실시한다. 캘리포니아 과학 아카데미와 내셔널 지오그래픽 소사이어티가 공동제작한 스마트폰 어플리케이션 및 웹 플랫폼인 'iNaturalist'와 같은 디지털 도구가 계속적으로 개발되고 있다(www.inaturalist.org). 시민과학자는 그들이 바이오블리츠의 일부로서 무심코 마주치는 생물체의 사진을 찍을 수 있고, 이러한 생물이 지리적, 시간적으로 참조될 수 있는 동정 자원이 되도록 업로드할 수 있다(**그림 2.16**). 대부분의 관찰 정보 및 사진에는 과학적 연구를 포함하여 재사용(비상업적 사용으로 제한되기도 함)이 허가되어 있다. 완전한 데이터와 확증된 종 동정에 의한 논평은 세계생물다양성정보기구(Global Biodiversity Information Facility; www.gbif.org)를 포함한 다른 데이터베이스와 공유된다. 2008년 시작된 이래, iNaturalist에는 2018년 11월 현재까지 약 18만 종 1,400만 건 이상의 기록이 수집되어 있다. 이러한 유형의 수단의 가치는 동정을 검증할 수 있는 생물학자와 기타 전문가의 참여에 따라 결정된다는 점에 유의해야 한다.

극히 외지고 접근하기 어려운 지역에서, 새로운 종을 포함한 전체 생물 개체군이 계속해서 발견되고 있다. 이러한 군집들은 종종 초기 분류학자의 주목을 받지 못한 박테리아, 원생생물, 작은 무척추동물과 같이 눈에 띄지 않는 종들로 구성된다(**그림 2.17**). 특히 깊은 바다와 숲의 캐노피에서 이루어진 전문화된 탐사 기법이 이러한 발견에 도움을 주었다. 예를 들어, 탐사된 각각의 새로운 심해 열수 분출구에서는 과학계에 알려지지 않았던 수십 종의 서식이 확인되었다. 시추 프로젝트(Drilling projects)는 다양한 박테리아 군집들이 그램당 최대 1억 마리의 밀도로 지구 표면 깊이 2.8 km에 있는 단단한 암석에 존재한다는 것을 밝혀내었다(Brockman and

그림 2.17 식물성 플랑크톤 군집으로, 다양한 종류의 규조류와 와편모조류가 포함되어 있다. 이와 같은 미소한 생물체는 일반적으로 더 쉽게 볼 수 있는 생물체보다 잘 알려져 있지 않고, 새로운 종들이 자주 발견된다.

Murray 2018). 일본과 가까운 서북태평양의 깊은 바다에서 단 한 번의 탐험 조사로 50종의 선형동물 신종이 발견되었다(Fadeeva et al. 2015). 이러한 발견의 독특한 특징은 지구의 생물다양성에 대한 우리의 이해를 넓혀 줄 뿐만 아니라, 진화적, 생리학적 과정에 대한 의문을 제기한다. 이러한 생물체는 또한 독성 화학물질을 분해하는 데 있어서 의약품과 같은 새로운 화학 물질의 원천으로서의 잠재적인 유용성과 다른 행성에 생명체가 존재할 수 있는지에 대한 통찰력을 위해 활발하게 조사되고 있다.

박테리아는 특히 거의 잘 알려져 있지 않아서, 새로운 기술의 발전이 이 무리에 속하는 종들의 수를 훨씬 더 정확하게 계산해 주었음에도 불구하고, 지구 상의 추정 총 종 수는 과소평가되었다. 박테리아는 생태계의 기능에서 중요한 역할을 하는데, 박테리아 DNA의 분석에서 1 ml의 바닷물에 약 10만 개의 박테리아 세포가 있을 수 있음을 보여준다(Zeng et al. 2014). 센더(Sender) 등은 인체가 적어도 사람의 세포만큼 많은 박테리아 세포에 의해 점유되어 있음을 입증하였다(70 kg의 "표준 인간"의 경우 대략 10^{13}). 박테리아 종의 다양성과 풍부함이 개인의 건강을 반영한다는 주장까지 나왔다(Rosen and Palm 2017). 동정의 어려움으로 인해서, 현재는 약 13,000종의 박테리아만이 미생물학자에게 인정받고 있다(Mukherjee et al. 2017). 그러나 모든 식물과 동물 종에 그들 고유의 박테리아가 공생한다고 생각하면, 현재까지 알려지지 않은 박테리아 종이 수백만 종에 이를 수도 있다(그림 2.15B 참조, Larsen et al. 2017).

> DNA 분석 결과, 수천 종의 박테리아가 아직 기재되지 않은 것으로 나타났다. 그 이유 중 하나는 과학계에 아직 알려지지 않은 종을 포함한 대부분의 종이 다수의 박테리아를 가지고 있기 때문이다.

매년 박테리아를 제외한 15,000~18,000여 종이 새로 기재되고, 최소 300만 종 이상의 생물이 밝혀지기를 기다리고 있다는 점을 고려한다면, 현재 추세로 세계 종을 기재하는 작업은 180년이 지나도 끝나지 않을 것이다. 이러한 사실은 최신 분자 기술을 사용하고 웹 기반 정보 공유를 위해 훈련된 분류학자의 절대적인 필요성을 강조한다. 온라인 박물관과 식물원의 기록들, 거기에 더해서 IUCN, 세계생물다양성정보기구(www.gbif.org), Catalogue of Life(www.catalogueoflife.org), 생물백과사전프로젝트(Encyclopedia of Lifeproject, www.eol.org)와 같은 국제적인 데이터베이스는 종명과 종의 기재를 더 광범위하고 쉽게 연구할 수 있게 할 것이다.

세계의 생물다양성은 어디에서 발견되는가?

가장 종이 풍부한 환경은 열대우림, 산호초, 심해, 큰 열대호수나 하천, 지중해성 기후 지역일 것이다.

열대림(Tropical forests) 육지의 7%에 불과하지만, 대부분이 곤충인 세계 종의 절반 이상을 포함한다(Corlett and Primack 2010). 열대림에는 또한 많은 조류, 포유류, 양서류, 식물의 종이 있다. 현화식물, 겉씨식물, 양치류의 경우에는 전 세계 275,000종 중 약 40%가 열대림 지역에 서식한다. 신대륙, 아프리카, 마다가스카르, 동남아시아, 뉴기니, 호주, 다양한 열대 섬의 열대우림지역은 각각 다른 생물지리학적 역사를 가지고 있어서, 그 결과로 종들의 조성이 독특하다(그림 4.5 참조). 예를 들어, 여우원숭이는 마다가스카르에서만 발견되고, 벌새는 신대륙에서만 발견된다.

대양의 다양성 지구 표면의 약 71%가 물이고, 그 중의 96.5%는 바다이다. 바다에서의 다양성은 지상 생태계보다 문과 강(phyla and classes)의 범위가 훨씬 더 넓게 퍼져 있다. 이러한 해양생태계에는 오늘날 존재하는 35개의 동물문 중 28개의 문이 포함되어 있다; 이들 문 중 1/3은 해양 환경에서만 살아간다(Grassle 2001). 이와는 대조적으로, 오직 하나의 문만이 육상 환경에서 발견된다. 대양의 넓은 다양성은 형성된 오랜 시간, 엄청난 수량, 바다를 가르는 대륙들로 인한 바다의 고립 정도, 그 외 다른 요소들 때문일 것이다.

바다 내에서는 산호초 생태계가 특히 다양하다; 비록 바다 표면 면적의 0.1% 미만을 차지하지만, 해양 어종의 1/3이 서식하고 있다(Bowen et al. 2013; Fisher et al. 2015). 산호(무척추동물)에 의해 만들어지는 물리적인 구조는 다른 많은 생물들에게 서식지로 제공된다. 산호 안에 상리공생하는 광합성 조류는 산호에게 풍부한 탄수화물을 제공한다. 이 풍부함에 대한 한 가지 설명은 외해에서의 125 g/m^2/y에 비해서 훨씬 높은 2,500 g/m^2/y의 생물량을 생산하는 산호초의 높은 1차 생산력이다. 산호 종들 사이의 광범위한 생태적 지위 특수화(niche specialization)와 다양한 수준의 교란에 대한 적응 또한 산호초에서 발견되는 높은 종의 풍부함을 설명해 준다. 세계에서 가장 큰 산호초는 면적이 349,000 km^{2}인 호주의 대보초(Great Barrier Reef)이다. 대보초에는 산호 400종, 어류 1,500종, 연체동물 4,000종, 거북 6종이 서식하며, 약 252종의 조류가 살아가는 서식처를 제공한다.

종 다양성은 열대지방, 특히 열대림과 산호초 서식지역에서 가장 높다.

호수와 강 담수생태계는 그 안에 사는 생물뿐만 아니라, 그 생물을 먹이로 삼는 생명의 다양성을 위해서, 지구 상에서 가장 생산적인 곳 가운데 하나이다. 담수는 지구에 있는 물의 단지 0.01%에 불과하지만, 어류의 45%와 연체동물의 25%를 포함하고 있어 세계 생물다양성의 7% 이상을 책임지고 있다. 다른 주요 분류군으로는 곤충, 양서류, 식물, 포유류 등이 있다(IUCN 2019). 호수와 강의 가장 큰 생물다양성을 열대지방, 특히 아마존 유역에서 발견할 수 있다. 이러한 생태계는 수생생물의 관찰이 어렵고 잠재종이 풍부하기 때문에, 환경 DNA는 특히 담수생태계의 다양성을 측정하는 데 유용한 도구다(Cilleros et al. 2019).

지중해성 군집 호주 남서부, 남아프리카의 케이프 지역, 캘리포니아, 칠레 중부, 지중해 유역의 식물 종들 사이에서 높은 다양성이 발견되는데, 이들 지역은 습한 겨울과 덥고 건조한 여름의 지중해성 기후가 특징적이다. 이들 지역 중 지중해 유역은 면적(210만 km^2)이 가장 크고, 식물종이 가장 많다(22,500종)(Conservation International and Caley 2008). 남아프리카 공화국의 케이프 식물상 지역(Cape Floristic Region)은 비교적 작은 면적(78,555 km^2) 내에 독특한 식물 종(9,000종)이 매우 많이 밀집되어 있다(**그림 2.18**). 이들 지역의 관목과 초본 군집은 상당한 지질학적 연령, 복잡한 서식지 특성(지형과 토양 등), 가혹한 환경 조건의 조합으로 인해 종이 풍부하다. 이들 지역의 높은 산불 빈도는 빠른 종 분화를 촉진하고, 단지 몇 종에 의한 우점도 막을 수 있다.

종의 분포

다양한 공간적 규모에서, 특정한 장소에 종들의 집중이 나타나고, 생물의 서로 다른 무리 사이의 종 풍부도 분포에 대략적인 일치성이 나타난다(Domisch et al. 2015; Simaika et al. 2013). 예를 들어, 북아메리카에서는 양서류, 조류, 나비, 포유류, 파충류, 육상 달팽이, 모든 관속 식물(나무 포함), 길앞잡이(tiger beetles)에 대한 대규모의 종 풍부도 패턴이 높은 상관관계를 가진다. 한 무리의 많은 종들이 있는 지역은 다른 무리의 많은 종들도 갖는 경향이 있다(Ricketts et al. 1999). 그러나 국지적 규모에서 이러한 관계는 붕괴될 수 있다; 예를 들어, 양서류는 습하고 그늘진 서식지에서 가장 다양할 수 있는 반면에, 파충류는 건조하고 개방된 서식지에서 가장 다양할 수 있다. 전 지구적 규모로 볼 때, 각 생물군은 역사적 상황이나 생물이 필요로 하는 서식지의 적합성 때문에

그림 2.18 남아프리카공화국의 케이프 지역은 다른 곳에서는 찾아볼 수 없는 많은 식물 종들이 핀보스(네덜란드어로 가는 잎을 가진 식물을 의미)라고 하는 독특한 생태계를 진화시켰다.

세계의 서로 다른 지역에서 가장 높은 종 풍부도에 도달할 수 있다.

종들이 매우 밀집된 장소는 종종 높은 비율의 **고유종(endemic species)**을 가지고 있다. 즉, 그곳에만 서식하고 다른 곳에서는 서식하지 않는 종이다. 다수의 고유 포유류가 살고 있어 보전 노력에서 중요한 대상이 되는 지역은 인도네시아(259), 호주(241), 브라질(183), 마다가스카르(187), 멕시코(158)이다(www.iucnredlist.org). 지리적으로 격리된 국가와 섬들에서 고유종의 비율이 높은 경향이 있다. 예를 들어, 마다가스카르는 많은 독특한 종들이 격리되어 진화해 온 크고 오래된 섬이기 때문에 대부분의 종들이 고유종이다. 탄자니아와 같이 본토에 종들이 풍부한 국가에서는 인접 국가와 많은 종을 공유하므로, 상대적으로 적은 수의 고유종을 가진다.

생물의 거의 모든 무리는 열대로 갈수록 종 다양성이 증가한다. 10개 분류군을 대상으로 한 조사에서는 전 세계 종의 78%가 열대지방에서 발견되었다(Barlow et al. 2018)(**그림 2.19**). 예를 들어, 태국에는 241종의 포유류가 서식하는 반면에, 프랑스에는 104종의 포유류가 서식한다. 두 나라 모두 대략 같은 면적을 가지고 있음에도 불구하고 말이다(**표 2.1**). 이러한 대조는 수목과 현화식물에서 특히 두드러진다; 아마존 강 유역에 있는 페루와 브라질의 10 ha 숲에는 300종 이상의 수목이 있는 반면에, 온대 유럽이나 미국에 있는 상응하는 산림지역에서는 아마도 30종 이하의 나무만 서식할 것이다. 하나의 대륙 내에서는 적도를 향해 갈수록 종 수가 증가한다.

해양종의 많은 무리에서, 연안종의 높은 다양성은 서태평양의 특히 높은 종 풍

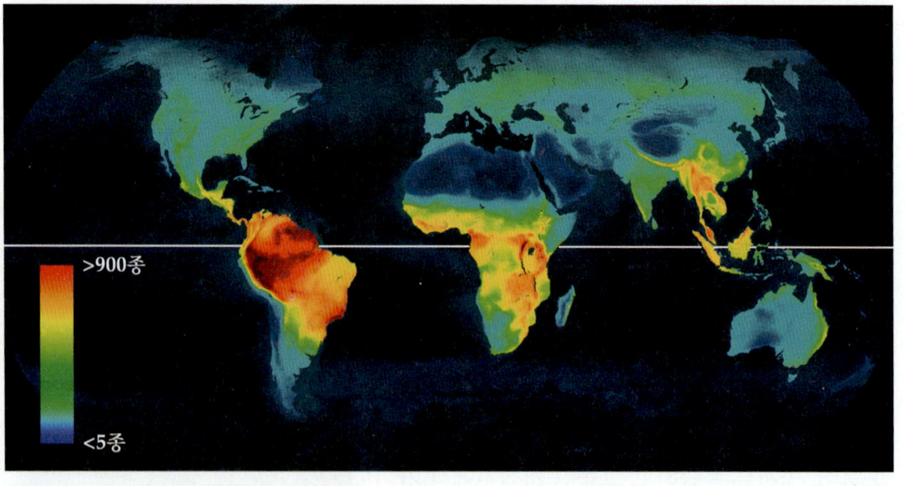

그림 2.19 위도에 따른 지구의 종 풍부도 패턴으로, 적도 부근에서 가장 높은 다양성이 나타난다. 여기서, 현재 육상 척추동물의 가장 높은 종 풍부도는 붉은색으로 표시되며, 극 쪽으로 갈수록 나타나는 푸른색은 다양성의 감소를 의미한다. (Based on P. D. Mannion et al. 2014. *Trends Ecol Evol* 29: 42–50, with data from C. N. Jenkins et al. 2013. *Proc Natl Acad Sci USA* 110: E2602–E2610.)

표 2.1 비슷한 크기로 짝지어진 열대 및 온대 국가의 자생 포유류 종 수

열대 국가	면적 (1,000 km^2)	포유류 종 수	온대 국가	면적 (1,000 km^2)	포유류 종 수
브라질	8,456	604	캐나다	9,220	207
콩고민주공화국 (DRC)[a]	2,268	425	아르헨티나	2,737	378
멕시코	1,909	529	알제리	2,382	84
인도네시아	1,812	471	이란	1,636	150
콜롬비아	1,039	443	남아프리카	1,221	278
베네수엘라	882	363	칠레	748	147
태국	511	241	프랑스	550	104
필리핀	298	180	영국	242	75
르완다	25	111	벨기에	30	71

출처: IUCN Red List 2018.
[a]DRC = Democratic Republic of the Congo.

부도와 함께 열대지방에서 발견된다. 외양종의 경우, 중위도에서 가장 큰 다양성이 나타난다. 온도는 이러한 패턴을 설명하는 가장 중요한 변수이다(Tittensor et al. 2010).

기후, 햇빛, 강우량, 지형, 지질 연대의 국지적 변화 또한 종 풍부도 양상에 영향을 미치는 요인이다(Zellweger et al. 2015). 육상 군집에서의 종 풍부도는 고도가 낮고, 일사량이 많으며, 강수량이 증가함에 따라서 높아지는 경향이 있다. 즉, 덥고 비가 많이 오는 저지대 지역이 가장 많은 종을 가진다. 종 풍부도는 유전적 격리(genetic isolation), 국지적 적응(local adaptation), 종 분화(speciation)와 같은 환경적 변이를 더 많이 제공하는 지형이 복잡하고 지질 연대가 높은 곳에서 더 높을 수 있다. 지질적으로 복잡한 지역들은 지역 간 명백한 경계가 있는 다양한 토양 조건을 만들 수 있으며, 식물이 하나 또는 다른 특정한 토양형에 적응함에 따라 다수의 군집을 형성할 수 있다.

탐구 및 조사 방법이 개선됨에 따라서, 우리는 현재 생물계의 엄청난 다양성을 인지하게 되었다. 지금은 생물 탐구의 전성기이다. 아마추어 연구자와 전문 연구자를 결합한 자연사협회와 클럽이 이러한 노력에 기여하고 있다. 이러한 활동을 통해 우리 눈앞에서 생물다양성을 감소시키고 있는 인간 활동의 폐해에 대한 인식과 함께 아직 남아 있는 생물다양성을 보호하고 복원할 책임감을 모두 얻게 된다.

국내 사례연구

국립해양생물자원관

국립해양생물자원관은 해양생물자원의 수집 · 보존 · 연구 및 전시 · 교육 등을 체계적으로 수행함으로써 해양생물자원의 보전과 해양수산업 발전에 이바지할 목적으로 2015년에 개관하였다.

해양생물다양성의 연구와 해양바이오산업 지원 등을 위해 대한민국 바다를 조사하여 확보 · 보존한 생물표본 및 산업화를 위한 유용소재에 대한 정보가 해양생명자원통합시스템(MBRIS)을 통해 제공되고 있다.

또한, 2016년 해양생명자원 책임기관으로 지정되어 해양생명자원 기탁등록보존기관을 관리하고 있으며, 생물다양성협약과 관련된 국제협약에 대응하기 위해 베트남, 러시아, 말레이시아 등 여러 해외 국가들과의 협력체계를 구축하고 있다.

이와 함께 해양생물 전문 박물관인 "씨큐리움"을 통해 해양생물의 다양성과 지속가능한 이용의 중요성을 알리고, 다양한 맞춤형 교육 프로그램과 문화행사를 제공하여 국민들에게 해양생물에 대한 이해와 전문성을 높이기 위해 노력하고 있다.

국립해양생물자원관(www.mabik.re.kr)

요약

- 분류학자는 세계의 종을 기재하고 동정하기 위해서, 형태학적, 유전적 정보를 사용한다. 특정 장소에서 발견되는 종 수, 즉 종 풍부도는 지역마다 다양하다.
- 한 종에 속하는 개체들 사이에는 유전적 변이가 있다. 유전적 변이는 종으로 하여금 농업을 포함한 변화하는 환경에 적응할 수 있게 한다. 유전적 방법이 보전생물학에서 점점 더 중요해지고 있다.
- 종들은 한 생태계 내에서 서로 다른 역할을 하며, 다양한 생존 필요 요건을 가진다. 어떤 핵심 종은 생태계 내에서 다른 종들의 존속 능력을 결정하는 데 중요한 역할을 한다.
- 600만에서 1,000만 종이 있을 것으로 추정되며, 이 중 대부분은 곤충이거나 다른 곤충에 따른 박테리아일 것이다. 지구 상에 있는 많은 수의 종이 현재에도 기재 및 명명되지 않았다. 박테리아와 같은 미생물을 기재하기 위해서는 더 많은 연구가 필요하다.
- 최대의 생물다양성은 열대지방에서 발견되며, 열대우림과 산호초에서도 종 다양성이 높다. 바다 또한 종 다양성이 높지만, 더 많은 조사가 필요하다.

토론 주제

1. 주변에서 얼마나 많은 조류, 나무, 곤충을 동정할 수 있는가? 더 잘 동정하기 위해서는 어떻게 학습할 수 있는가? 자연에서 종을 동정할 수 있는 것이 중요한가?
2. 종 풍부도를 촉진하는 요인들은 무엇인가? 생물다양성이 왜 특정 환경에서는 감소하는가? 종들은 왜 이러한 한계를 극복하지 못하고, 종 분화 과정을 거치지 못하는가?
3. 보전 노력은 대개 유전적 변이, 종 다양성, 생물군집, 생태계의 보호를 목표로 한다. 보호되어야 하는 자연 생태계의 요소들은 무엇인가? 생물다양성의 가장 중요한 요소는 무엇이라고 생각하는가, 그리고 왜 그것이 가장 중요하다고 생각하는가?

생태관광객들이 짐바브웨 황게국립공원의 마스코트
사자인 세실을 보고있다.

3

생물다양성의 가치

2015년, 짐바브웨의 황게(Hwange) 국립공원에서 사자가 총에 맞아 죽은 사건이 있었다. 미국인 사냥꾼이 큰 판돈을 걸고서 불법 사냥을 한 사건이었는데, 이는 생물다양성의 경제적 가치가 국제적으로 크게 조명을 받는 계기가 되었다. 희생당한 사자는 13살의 세실이라는 이름을 가진 황게 국립공원의 마스코트 역할을 하던 수사자로, 그의 죽음은 전 세계의 보전주의자와 동물애호가에게서 엄청난 공분을 불러일으키는 계기가 되었다. 세실을 비롯한 야생 생물이 "가치"가 있는지에 대한 논제는 그들이 살아있든 죽어있든 상관없이 생물다양성에 영향을 미치는 평가 방식과 실행 조치를 마련하는 데 있어서 중요한 질문이 될 것이다.

세계자연기금(World Wildlife Fund)과 런던동물학회(Zoological Society of London)에서 발간한 2018 지구생명보고서(The 2018 Living Planet Report)에서는 1970년과 2014년 사이에 지구 상의 척추동물 개체수가 약 60% 감소하였다는 연구 결과를 발표했다(WWF 2018). 이러한 생물다양성 감소 경향은 무언가 중요한 "가치"가 사라져 가고 있다는 사실을 제대로 인식할 때 비로소 멈출 것이다. 그렇다면, 우리는 어떤 가치를 잃어가고 있는 것일까? 생태계가 파괴되고 생물종이 멸종에 이르는 과정을 누군가가 왜 막아야만 하는 것인가? 지구생명보고서에서, 자연이 우리에게 제공하는 다양한 자원과 서비스를 화폐 가치로 환산하였을 때 연간 약 125조 달러의 가치를 가진다고 함에도

Photo by Vince O'Sullivan

불구하고, 우리는 생물종이 인간에게 주는 명백한 이익이 있을 때에만 그들을 보호해야 하는가? 생물을 보호하기 위해 쓰이는 소모값은 재정적으로 어떻게 환산될 수 있는가? 세계 여러 국가와 사회는 생물다양성의 중요성을 진정으로 인식하고 있으며, 이는 인류의 존속에 영향을 미칠 만큼 중요한 문제이다.

대부분의 자연 파괴와 종 감소는 인간 활동으로 인해서 생기는 결과이다. 수많은 동물이 사냥으로 인해 멸종 단계에까지 이르렀고, 오염수는 하천으로 흘러 들어가며, 척박한 토지는 벌채되어 단기적 경작지로 사용된다. **경제학(economics)**이란 상품과 서비스의 생산, 분배 및 소비의 전환을 연구하는 학문으로, 경제학을 통해서 인류가 왜 근시안적이고 소비적인 방식으로 환경을 대하고 있는지를 분석할 수 있다.

보편적인 현대 경제학의 개념 중에는 "자발적 거래(voluntary transaction)"라는 개념이 있는데, 이는 거래에 참여하는 당사자 모두에게 이익이 있을 때만 금전적 거래가 발생하게 된다는 논리이다. 예를 들어, 빵 한 조각을 50달러에 파는 빵집은 파리만 날릴 것이고, 마찬가지로 빵 한 조각을 5센트에 사고자 하는 손님은 빵 살 곳을 찾지 못할 것이다. 판매자와 구매자 간의 적정한 가격이 형성되어야만 양쪽 모두 이익이 발생한다는 것이다. 18세기의 철학자이자 경제학자인 아담 스미스(Adam Smith)는 "우리가 매일 먹을 음식을 구할 수 있는 것은 빵집이나 정육점 주인의 자비로움 때문이 아니라 그들이 추구하는 이익 때문이다"라고 주장했다(Smith 1909). 개인이 추구하는 이익이 더 나아가 사회의 번영에 기여한다는 것이다.

그러나 환경 이슈의 측면에서는 스미스가 내린 이 정의에 예외가 존재한다. 예를 들어, 스미스는 자유 거래에서 발생하는 모든 비용과 이익은 거래에 참여하는 구성원들 간의 암묵적인 동의이자 책임이라고 말했지만, 환경의 관점에서는 거래에서 의도하지 않은 대가나 책임이 당사자들에게 닥쳐올 수 있다. 이러한 숨겨진 이익과 비용은 부정적/긍정적 **외부효과**(negative and positive **externalities**)로 알려져 있다(**그림 3.1**)(Chen et al. 2017). 생산을 주도하는 개인이나 기업은 보통 생산 활동에서 발생하는 환경 파괴의 비용을 지불하지 않음에도, 이로부터 상당한 경제적 이익을 취한다. 어떤 기업이 석탄으로 가동하는 발전소를 운영하는 경우, 배출되는 매연에 대한 대가로서 소비자들에게 전기를 저렴한 가격으로 제공한다. 이에 대한 비용은 대기오염 그리고 사람과 동물의 호흡기 질환 증가, 식물 생존의 피해, 그리고 오염된 환경이다. 최근의 사례로는 급속히 증가하는 전자상거래(e-commerce)와 배송 서비스에 의해 환경 피해가 증가하는 현상을 들 수 있다. 전자상거래로 인한 편리성은 매우 높아진 반면에, 포장 용기 사용의 엄청난 증가와 배송 차량으로 인한 연료 소모량이 급속하게 증가되었다(Nguyen 2018). 이처럼, 잘못된 자원 배분의 결과는 활발한 경제 활동을 어렵게 하며, 결국에는 한계에 부딪히게 된다.

부정적 외부 효과의 측면에서 훨씬 더 중요하지만 흔히 간과되는 부분이 인간의 경제 활동에 의해 물, 공기, 토양과 같은 **공유자산자원(open-access resources/**

그림 3.1 칠레의 산티아고 동쪽에 보여주는 안데스 산맥 주변의 스모그(Smog). 산업 활동, 교통 및 농업생산으로부터 복합적으로 발생하는 엄청난 대기오염 물질로 인하여 매년 전 세계적으로 약 330만 명이 자연수명 이전에 사망하고 있으며, 야생동물은 헤아릴 수 없을 정도로 피해를 입고 있다.

common property resources)이 훼손되는 것이다. 공유자산자원은 사회 전체에 의해 총괄적으로 소유되고 사용되지만, 누구에게도 귀속되어 있지 않으므로 사회 구성원 누구나 사용이 가능하다. 소유권이 명확히 없거나 불분명하거나 적절한 관리 규제가 부재한다면, 개인이나 기업, 그리고 정부는 최소비용마저 지불하지 않거나 전혀 지불하지 않은 채 자원을 남용하고 훼손시킬 것이다. **공유재의 비극(tragedy of the commons**, Garett Hardin's 1968)으로 표현되는 이와 같은 상황은, 이 공유자산자원이 결국에는 모두에게서 사라진다는 의미를 내포하고 있다. 생산의 부산물로 발생하는 산업 폐수를 무분별하게 하천에 방류하는 것이 하나의 예이다. 산업 폐수로 오염된 하천으로부터 얻는 생활용수는 질병을 초래할 확률을 높이며, 강에서 수영을 하거나 낚시를 하는 즐거움을 사라지게 한다. 더 크게는 하천 생태계에서 살아가는 수많은 생물을 죽음에 이르게 한다. 공장주는 폐수를 편리하고 대가 없이 처리할 수 있겠지만, 이에 대한 책임을 사회 모두가 짊어지게 된다.

외부효과가 명확히 파악되지 않거나 이를 조절할 수 없을 때, 그리고 공유자원에 대한 규제가 제대로 확립되지 않았을 때, 경제 활동은 사회를 번영하게 하는 것이 아니라 더욱 시들게 할 수 있다(**그림 3.2**). 경제학에서는 경제 시스템이 마비되고, 수요와 공급의 균형이 무너지는 경우를 **시장 실패(market failure)**라고 부른다. 정부 정책의 근본적인 존재 이유는 환경 피해를 주는 경제 활동을 규제하여 시장 실패를 방지하는 것이다.

그림 3.2 농업생태계, 산림 활동 및 산업체는 생산되는 생산물에 의해 항상 그 가치가 매겨진다. 이러한 활동은 대부분 토양을 침식시키고, 수질을 악화시키며, 수서 생물에게 부정적인 영향을 미친다(그림 오른쪽). 농업, 임업, 그리고 다른 인간 활동은 또한 토양 유실 방지, 수질과 물고기 개체군 유지 등과 같은 공공의 이익에 가치를 둘 수 있다(그림 왼쪽). 이러한 사업의 소유주는 공공의 이익을 위해 정부의 지원금을 받아야 한다.

생태경제학 및 환경경제학

학습 목표

이 절에서는 다음 내용에 주안점을 두기 바란다.

1. 자연 자원이 소모되는 상황을 설정하여 일반적인 이익-비용 관계를 분석할 수 있어야 한다.
2. 현 동향에 대한 설명과 함께 산포도(scatterplot)를 해석할 수 있어야 한다.
3. 중간 서비스, 이익 및 가치와 함께 주어진 생태계 서비스의 요인에 대해 알아야 한다.

보전생물학에 있어서 주로 발생하는 문제는 현대 사회에서 자연자원의 가치가 종종 저평가되고 있다는 점이다. 그에 따른 환경 파괴, 그리고 우리가 치러야 할 대가가 간과되고 있다. 따라서 환경 파괴의 비용은 무시되었고, 비축된 자연자원의 고갈은 묵살되었으며, 자원의 미래 가치는 관심 밖이었다(Lambin et al. 2018). 자연 파괴의 원인은 대부분 경제 활동에서 나오기 때문에, 이에 대한 해결책 또한 경제적인 원리로 접근할 필요가 있다. 환경 비용을 포함하는 모든 경제적 비용을 설명하는 과정에서는 서로 밀접하게 관련된 경제학의 두 분야인 생태경제학과 환경경제학이 거론된다. 이 두 분야는 경제학, 환경과학, 생태학, 공공정책 등 여러 분야의 응용을 통해서, 그리고 경제적인 분석을 통해서 생물다양성의 가치평가를 가능하게 한다(Tietenberg and Lewis 2016). **환경경제학(environmental economics)**은 환경의 요소를 가치로 두는 경제학의 한 세부 분야이다. 1972년에 환경과학자인 도넬라 메도우즈(Donella Meadows)와 공저자들이 저술하여 잘 알려진 책인 "*The Limits to Growth*"에서 환경경제학이 본격적으로 대두되었다. 이 책에서는 시스템 다이내믹스 모델링을 통해서, 미래 인구, 오염도, 생산지수 등을 예측하였다(Hanley et al. 2015). **생태경제학(ecological economics)**은 성격이 보전생물학과 훨씬 더 유사하다. 생태경제학은 생태학과 경제학의 여러 사상을 통합하여 지속가능한 세계를 발전시키기는 것을 목표로 한 초학문(transdiscipline) 분야로서(Costanza et al. 2014), 복원 프로젝트의 성과를 향상시키는 것처럼 더 지역적인 수준에서 효과적일 수 있다(Iftekhar et al. 2017). 이 분야는 더 나은 공공정책 디자인을 촉진하기 위해서, 경제적인 가치 부여와 생태학, 환경과학, 사회과학 및 윤리학을 융합하여 새로운 가치 부여 시스템을 만들고자 추구하는 학문이다. 모든 자연환경과 생물다양성에 영향을 미칠 수 있는 경제 활동으로부터 발생되는 모든 비용과 이익에 대한 정확한 분석, 그리고 타협점과 해결 방안을 찾는 것이 보전생물학자에게 당면한 주요 과제이다(Smith et al. 2017).

생물다양성을 보호하자는 주장은 대개 생태경제학에서 제공하는 증거에 의해서 강화된다

비용–편익 분석

개발 사업을 진행하기에 앞서, 환경에 미치는 영향의 정도를 분석하기 위해 경제학적 분석법이 자주 활용된다. 특히, **환경영향평가(environmental impact assessment)**는 환경에 대한 해당 프로젝트의 현재와 미래의 영향을 고려한다. 이때 환경은 수확할 수 있는 자연자원뿐만 아니라 공기, 수질, 지역 주민의 삶의 질, 그리고 생물다양성까지 포함하는 폭 넓은 정의이다. 가장 보편적인 평가 방법인 **비용-편익분석(cost-benefit analysis)**은 사업에 드는 비용 또는 자연자원을 이용하는 데에 드는 비용을 얻어지는 편익과 비교한다(e.g., Becker et al. 2018). 하지만 실제로는, 프로젝트의 비용과 편익은 시간이 지남에 따라 바뀌고, 수치화하기 어렵기 때문에 정확히 계산하기 쉽지 않다. 오늘날에는 **사전예방원칙(precautionary principle)**을 적용하는 정부, 보전 단체, 경제학자가 증가하는 추세이다. 즉, 해당 사업이 위험을 내포하고 있고, 환경에 해가 되지 않을 것이라고 확신하기 어렵다면 해당 사업을 승인하는 것을 꺼릴 것이다(Braunisch et at. 2015). 비록 명확한 결과를 얻기 어렵고, 가변성이 높다는 단점이 있지만, 사전 예방 원칙은 환경 문제를 다루는 데 있어서 국제적으로 통용되는 방법론이다(Garnett and Parsons 2017).

현대 사회의 많은 기본 산업과 관행에 비용-편익분석을 적용하는 것은 큰 이익일 것이다. 자연환경에 큰 피해를 주는 사업임에도 불구하고, 정부에서는 세금 공제, 직접적인 지불 보조나 가격 보조, 싼 가격의 화석연료 지원, 물 사용료 공제, 그리고

도로망 연결 등을 통하여 보조해 주고 있기에, 이러한 경제 활동이 겉으로는 금전적 손해를 보고 있는 것처럼 보이지만, 실제로는 수익성이 있게 된다. 이러한 경우를 **왜곡된 보조금(perverse subsidies)**이라고 부른다(Jiang and Lin 2014). 이러한 왜곡되고 부당한 보조금의 축소 및 폐지는 생물다양성협약(Convention on Biolobical Diversity)의 분명한 목표 중 하나이다. 이런 보조들이 축소될수록, 한계 토지에서의 경작, 과도한 벌목과 어업 활동, 그리고 비효율적이면서 오염의 위험이 높은 에너지 사용 등과 같은 환경적으로 피해를 주는 여러 활동이 감소할 것이다.

국내총생산(Gross Domestic Product, GDP)과 기타 국가 생산성 지수들의 산출에 자연자원의 손실을 포함하려는 추세가 이어지고 있다. 통상적으로 국내총생산은 해당 국가의 지속가능하지 않은 산업 활동에 드는 비용(해안에서의 어류 남획 및 통제되지 않는 채굴 활동 등)을 포함하지 않은 채 해당 국가의 경제 활동을 측정하고 있다. 이러한 활동이 장기적으로 보았을 때 국가 경제에 치명적일 수 있음에도 그러하다. 모순적이게도, 환경 피해를 복구하는 활동에서 발생하는 비용도 국내총생산에 포함된다. 실제로 환경 피해에 관련한 경제적 비용은 상당하며, 때로는 농업과 산업 개발로 얻는 이익으로 그 비용이 상쇄되기도 한다. 영국의 경우에, 농업에서 발생하는 이익의 이면에는 토양 침식과 수질 오염에서 발생하는 환경 비용이 높은데, 이는 농업으로 얻는 이익의 9%인 연간 26억 달러 정도이다(MEA 2005).

완전 벌채, 노천 채굴, 어류의 남획처럼 지속가능하지 않은 산업 활동은 한 국가의 생산량에 있어서 일시적인 증가를 가져올 수 있지만, 장기적인 관점에서의 경제적 복지는 파괴적이다.

국가적 생산량의 측정 방법에서 자연자원 고갈, 오염, 불평등한 소득 분배를 포함하기 위한 시스템이 지속경제복지지수(Index of Sustainable Economic Welfare, ISEW)이며, 보다 개선된 방법이 진정발전지수(Genuine Progress Indicator, GPI)이다(www.progress.org). 진정발전지수는 보전생물학자가 우려하는 것이 무엇인지를 제시한다. 농지의 감소, 습지의 감소, 산성비의 영향, 빈곤지수, 환경오염이 건강에 미치는 영향 등의 요소가 진정발전지수의 요소이다. 진정발전지수에서는 세계의 경제 수준이 1978년 무렵에 최고점에 도달했으며, 그 이후로는 국내총생산의 급격한 성장에도 불구하고 경제가 기울고 있다고 주장한다(Kubiszewski et al. 2013). 진정발전지수에서 주장하는 내용과 여러 보전생물학자가 우려하는 바는 현대 경제에서는 단지 자연자원의 지속가능하지 않은 소비와 환경 파괴를 통해 경제 성장을 이루려고 한다는 것이다. 이처럼 자원이 고갈되고 오염을 통해 사람의 건강이 심각하게 위협받는 수준에 이르게 된다면 실제의 경제는 심각하게 와해될 것이다.

세 번째 측정법은 환경성과지수(Environmental Performance Index, EPI)로, 이 지수는 국가별로 등급을 매기기 위해서, 생태계 건강성, 생태계 위협 요인, 열악한 환경 상태에 대한 인간 개체군의 취약성, 해당 사회가 환경을 보호할 수 있는 능력, 그리고 전 세계의 환경 보호 노력에 대한 참여 정도 등 20가지의 환경 지표를 사

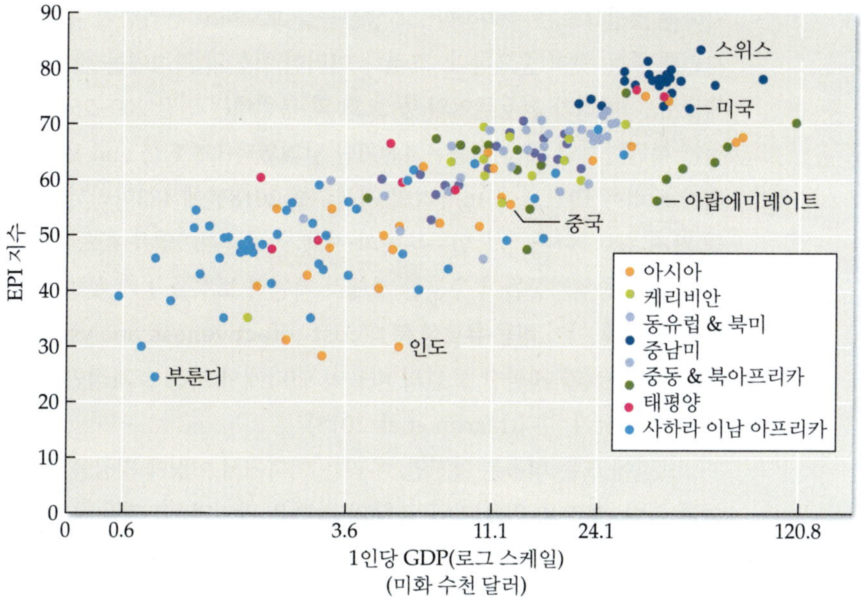

그림 3.3 높은 국내총생산(GDP)을 보여주는 부유한 국가들은 환경성과지수(Environmental Performance Index, EPI)가 더 높게 나타나는 경향이 있다. 환경성과지수는 생태계의 건강성과 스트레스 수준, 환경 변화에 대한 인간의 취약성, 환경 변화에 대처하는 사회와 기관의 능력, 국제적인 환경계획 참여도 등 여러 지표들로 측정된다. (After Z. A Wendling et al. 2018. *2018 Environmental Performance Index*. Yale Center for Environmental Law & Policy: New Haven, CT, http://epi.yale.edu/.)

용한다(epi.yale.edu). 보편적으로 개발도상국의 경우, 1인당 국내총생산의 수준이 낮음과 동시에 환경성과지수 또한 낮다. **그림 3.3**에서 볼 수 있듯이, 인도 등의 국가가 여기에 속한다. 중국의 경우는 국내총생산과 환경성과지수의 수준이 보통이고, 고소득 국가인 미국, 일본 및 독일의 경우는 훨씬 더 높은 환경성과지수를 보여준다. 여러 경제학자와 사업가가 우려하는 점은 엄격한 환경 보호 정책에 의해 높은 환경성과지수를 보여주는 국가들이, 노동자 생산성과 성장을 위한 국가의 능력 등이 포함되는 경쟁력 지수에서 보여주는 것처럼, 세계 경제에서 경쟁력이 떨어질 수도 있다는 것이다. 그러나 환경지속성은 국가의 경제적 경쟁력과 연결되어 있지는 않다. 핀란드와 같은 나라는 지속가능성과 경쟁력을 모두 갖춘 경제를 가진 반면, 벨기에는 경쟁력을 갖추고 있지만 지속가능성 순위가 이에 미치지 못한다. 경제력이 빠르게 성장 중인 인도는 경쟁력은 중간 수준이지만, 환경 지속가능성은 순위가 낮다.

> 국가 생산력의 새로운 측정 방법은 환경의 지속가능성을 계산에 넣는 것이다. 인간 활동의 혜택과 비용을 모두 포함한다.

보전 자금 조달

환경경제학의 또 다른 중요한 요소는 보전에 대한 비용이다. 특히, 어떤 생물종이 희귀한 상태이거나 이미 멸종위기에 처했을 때, 그 종에게 위해를 가하지 않으면서 방치하는 것만으로는 부족하다. 그 생물종을 보호하고 관리하며, 건강하게 생존하도록 지원해 주는 것이 중요하다. 그러나 이러한 복원의 과정에는 비용이 든다. 극단적인 예로서, 아메리카 흰두루미의 종 보호 및 복원에는 연간 200~250만 달러가 들고, 완전한 복원까지의 예상 비용은 4,800만 달러였다(US Fish and Wildlife Service). 이러한 노력은 1941년에 16마리의 개체수를 2018년에 483마리까지 증식시키는 결과를 가져 왔다. 아메리카 흰두루미의 사례가 성공적이었음에도, 주목받지 못하는 다른 많은 멸종위기종들이 충분한 경제적 지원과 보호를 받지 못하고 있다. 또한 비용-편익 분석에 이어 **비용-유효성 분석(cost-effectiveness analysis)**을 언급할 필요가 있는데, "우리가 지불한 보전의 비용이 어디에서 가장 효과적인가?"라는 질문을 제기해 볼 필요가 있다(Martin et al. 2018).

보전에 드는 비용은 많지만, 우리는 어디에서 어떻게 자금을 조달할 지를 고민하여야 한다. 보전을 위한 자금 조달의 방법은 많지만, 그 가운데 논란이 많음에도 관행인 사냥을 보전 자금 조달의 방법으로 이용하기도 한다(Crosmary et al. 2015). 나미비아에서는 보전을 위한 자금 조달을 위하여 고가의 사냥 전리품 허가증을 발행하는데, 간혹 멸종위기종을 허가해 주기도 한다. 이러한 배경에는 보전에 대한 지원과(Rust 2015) 지역민의 일자리 창출이라는 목적이 있다(Angula et al. 2018). 미국의 경우는 대부분의 주에서 사냥 허가증, 번호표 및 스탬프를 발급하여 야생동물 보전 자금을 충당한다. 사냥을 통한 연방 세금이 최소 2억 달러가 확보되어 모든 주에 보전 자금으로 분배된다(US Fish and Wildlife Service). 이러한 방식은 보전에 대한 실용적인 접근이라고 볼 수 있다. 특정 생물종과 그 서식처가 인간에게 유용하다고 판단되면, 비록 여가를 위한 사냥의 목적일지라도 그 생물종과 서식처에 대한 가치를 발견할 것이다. 더 나아가, 생태 관광을 위하여 사냥을 관리할 때 사냥 당하는 개체수보다 훨씬 더 많은 사냥 대상 종의 개체수가 존재해야만 보전의 의미가 있다는 주장이 제기되어 왔다(Minin et al. 2016). 이에 반해서, 사냥을 보전의 한 수단으로 보는 것 자체에 대하여 의문을 품고 반대하는 사람들도 있다. 생명 윤리에 어긋나며, 필연적으로 생물다양성 감소라는 결과를 낳게 될 것이라는 주장이다(Selier et al. 2014). 인간에게 인기가 많고, 외관이 화려한 카리스마를 지닌 동물들(제3장의 서론에 언급했듯이, 사자 같은 종의 경우)의 죽음은 사냥이라는 행위를 반대하기에 충분하다.

궁극적으로는 가치가 있다고 인식되는 종들만이 살아남을 것이므로 가치를 매기는 기준이 가장 중요하다. 도덕적, 그리고 윤리적 가치에 대한 피할 수 없는 질문이 제기될 것이다.

종(Species)의 가치란 무엇인가?

우리는 자연환경으로부터 얻는 혜택을 평가하기 위한 여러 분류 체계들을 가지고 있다(De Groot et al. 2010; Haines-Young and Potschin 2018). 아직 생물다양성의 가치를 평가하기 위한 정론은 존재하지 않지만, 다양한 연구가 진행되고 있다. 이 중 가장 보편적으로 쓰이는 체제는 생물다양성의 경제적 가치를 **사용가치(use values)**와 **비사용가치(non-use values)**로 나누는 것인데(McNeely et al. 1990, Barbier et al. 1994), 이 체제에서 생물다양성에 가치를 부여하는 방식은 다시 **직접사용가치(direct use values)**[다른 체계에서는 **상품가치(commodity value)**와 **사적상품(private goods)**으로 알려져 있다]와 **간접사용가치(indirect use values)**로 나뉜다. 직접사용가치는 목재나 해산물처럼 인간에 의한 생산물에 적용되는 반면, 간접사용가치는 자원을 수확하거나 파괴하지 않으면서 생물다양성에 의해 자연스럽게 발생하는 여가 활동, 교육적 효과, 과학적 연구 가치, 경관미와 같은 가치를 말하며, 이는 수질, 오염 조절, 자연 수분(pollination), 기후 조절과 같은 생태계 서비스의 이익을 포함한다. **선택가치(optional value)** 또한 비사용가치에 포함되는데, 새로운 의약품, 미래 식량 자원, 미래 유전 자원처럼 미래 인간 사회에 이익이 될 수 있는 자원을 말한다. **존재가치(existence value)**는 비사용가치로, 생물다양성에 적용될 수 있다. 예를 들면, 경제학자는 멸종되어가는 생물종이나 파괴되고 있는 생태계를 보호하기 위해서, 사람들이 얼마만큼의 지불 의사를 가지고 있는지 측정하려고 시도할 수 있다.

생태계 서비스

생물다양성과 생태계로부터 인간이 얻는 다양한 환경적 혜택을 우리는 **생태계 서비스(ecosystem services)**라고 부른다(Ehrlich and Ehrlich 1982). 현재 몇 가지의 생태계 서비스 분류체계가 있다(예, MEA 2005; The Economics of Ecosystems and Biodiversity and Kubar 2010). 생태계 서비스의 국제공용분류체계(The Common International Classification of Ecosystem Services)(CICES v5.1, Haines-Young and Potschin 2018)가 현재 가장 널리 쓰이고 있으며, 3가지의 범주로 나뉜다.

1. 공급 서비스(*Provisioning services*)는 음식이나 약재, 원자재처럼 생태계에서 오는 물질이나 에너지를 뜻한다. 인간에게 주는 생물학적 산물의 가치는 아래의 "직접사용가치"에서 다룰 것이다.
2. 조절 서비스(*Regulating services*)는 생태계가 제공하는 대기, 수질, 토양의 질적 상태를 조절하는 서비스를 의미한다. 산림은 해당 지역의 기후를 조절하고, 대기를 정화하며, 토양을 굳건히 붙들어서 강풍이나 홍수를 방지하는 역할을 한다. 다른 사례는 "간접사용가치"에서 찾아볼 수 있다.
3. 문화 서비스(*Cultural services*)는 인간이 행하는 미술, 디자인, 음악과 다른 문화적 표현, 미학, 지적 자극과 영적 가치에 영감을 불어 넣는 서비스다. 이들 사례는 "편의가치(Amenity value), 교육 및 과학적 가치(Education and scientific value), 그리고 존재가치(Existence value)"에서 찾아볼 수 있다.

이러한 3가지 범주의 생태계 서비스는 그 자체로서 최종 서비스의 형태뿐만 아니

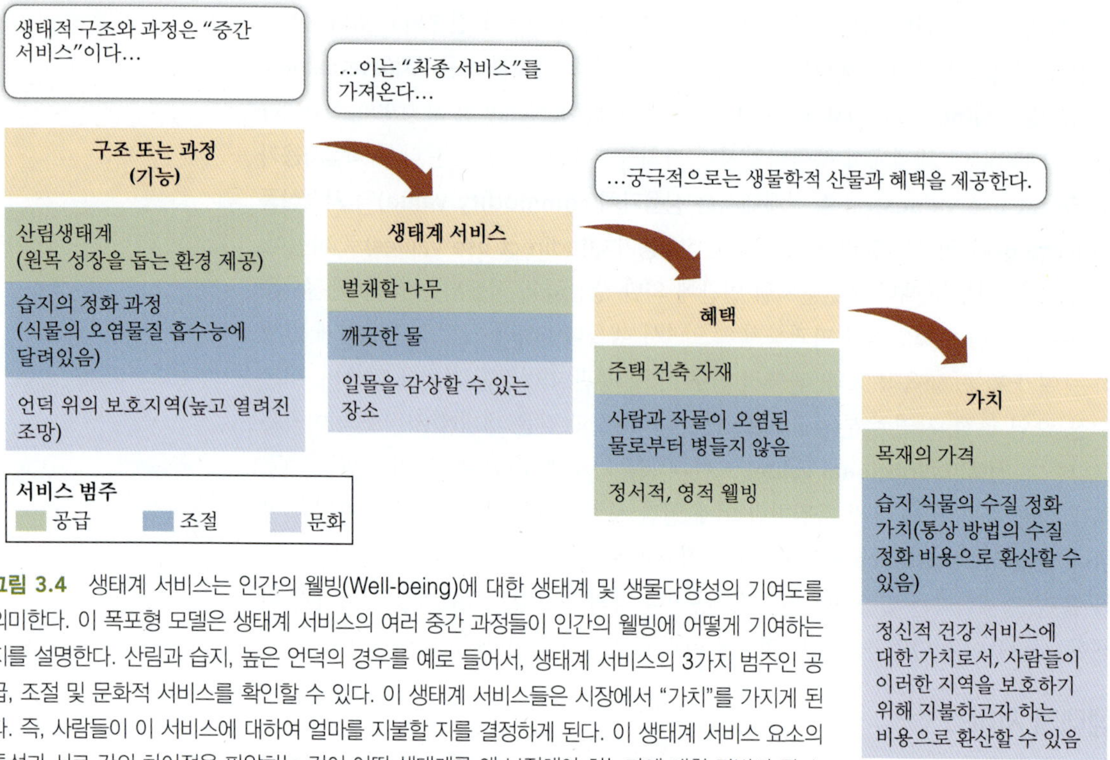

그림 3.4 생태계 서비스는 인간의 웰빙(Well-being)에 대한 생태계 및 생물다양성의 기여도를 의미한다. 이 폭포형 모델은 생태계 서비스의 여러 중간 과정들이 인간의 웰빙에 어떻게 기여하는지를 설명한다. 산림과 습지, 높은 언덕의 경우를 예로 들어서, 생태계 서비스의 3가지 범주인 공급, 조절 및 문화적 서비스를 확인할 수 있다. 이 생태계 서비스들은 시장에서 "가치"를 가지게 된다. 즉, 사람들이 이 서비스에 대하여 얼마를 지불할 지를 결정하게 된다. 이 생태계 서비스 요소의 특성과 서로 간의 차이점을 파악하는 것이 어떤 생태계를 왜 보전해야 하는가에 대한 답변이 될 수 있다. (After R. H. Haines-Young and M. Potschin. 2010. *In Ecosystem Ecology: A New Synthesis*, D. Raffaelli and C. Frid(Eds). pp. 110–139. BES Ecological Reviews Series. Cambridge University Press, Cambridge.)

라, 지원 서비스/중간 서비스의 측면에서도 고려될 수 있다(Potschin-Young et al. 2017)(**그림 3.4**). 예를 들어, 강은 물고기의 서식지의 역할을 하고(중간 서비스), 잡힌 물고기는 최종 서비스로서 우리의 식량 자원이 된다. 생태계 서비스를 이러한 관점에서 생각해 본다면, 환경 파괴 및 각종 오염의 위험성에 대해 더욱 깊은 고찰을 할 수 있다. 다음으로는 생물체가 살아있을 때/죽은 후에 인간에게 주는 이익과 경제적 가치에 대하여 생태계 서비스의 관점에서 논의할 것이다.

사용가치

학습 목표

이 절에서는 다음 내용에 주안점을 두기 바란다.

1. 서로 다른 유형의 사용가치를 구분할 수 있어야 한다.
2. 생산적 사용가치와 소비적 사용가치의 대표적인 예를 들어 설명할 수 있어야 한다.
3. 어떤 사용가치를 재화로 환산할 수 있는 방법을 생각할 수 있어야 한다.

사용가치(*Use value*)란 생물종과 같이 실물로서의 가치이다. 그림 3.4는 생태계 서비스의 관점에서 사용가치를 설명하는 내용을 담고 있다. 우리는 추가적으로 사용가치를 직접사용가치(direct use value)와 간접사용가치(indirect use value)로 나누어 생각해 볼 수 있다.

직접사용가치

직접사용가치란 "공급(provisioning)"이라는 범주 안에 포함되는 생태계 서비스를 의미한다. 직접사용가치는 경제학적인 용어로 생태계에서 얻는 자원에 대한 수입과 지출 통계를 분석함으로써 쉽게 계산할 수 있다. 또한 직접사용가치는 지역적으로 소비되고 있는 상품에 대한 **소비적 사용가치(consumptive use value)**와 시장에서 팔리고 있는 생산품에 대한 **생산적 사용가치(productive use value)**로 구분할 수 있다.

소비적 사용가치

인간은 유구한 역사 이래 주변 환경에서 생필품을 얻어서 살아왔고, 화폐로서 이를 대신하여 사용하기도 했다. 이렇게 땔감, 육류 같이 지역적으로 소비되는 제품은 소비적 사용가치(consumptive use value)로 정의된다(**그림 3.5**). 전원 지역에 사는 사람은 주변 환경으로부터 생계를 위해 필요한 것들을 획득해서 사용하는데, 많은 부분이 바로 이런 제품들로부터 얻어진다. 이와 같은 제품들은 국가의 국민총생산(GDP)에 산출되지 않는데, 이는 해당 제품들이 지역 단위에서 소비되고 국제 시장에서 거래되지 않기 때문이다. 그러나 만약 농민들이 자연산물을 얻지 못한다면(환경의 질적 저하, 자연자원의 과잉 이용, 또는 보호지역 설정에 따라 제한될 수 있다), 생활 여건을 잃고 지역을 떠나야 할 수준에 이를 수도 있다. 소비적 사용가치는 지역주민들이 살아가는 지역에서 더 이상 해당 제품을 구할 수 없을 때, 이를 구입하게 위해 얼마가 필요한지, 그 값에 해당한다. 이러한 개념은 **대체비용 접근법(replacement cost approach)**이라고도 불린다.

> 소비적 사용가치는 만약 어느 지역의 자원이 고갈되었을 때, 사람들이 동등한 제품을 사기 위해 지불해야 하는 비용을 고려함으로써 산출할 수 있다.

개발도상국의 전통사회에 대한 연구에서 지역주민들은 땔감(그림 3.5A 참조), 고기, 채소, 과일, 의약품, 밧줄과 실, 건축 자재 등 많은 물품을 얻기 위해서 자연환경을 어떻게 폭넓게 이용하는지를 보여준다(Angelsen et al. 2014). 전 세계 인구의 80%가 기본적으로 동식물로부터 직접 얻을 수 있는 약재와 전통의학의 방법에 여전히 의존하고 있다(Ekor 2014, Oyebode et al. 2016).

지역주민의 식량 자원 중에서 필수적인 자원이 단백질이다. 지역주민은 야생동물을 사냥하여 고기를 얻는데. 이는 **야생동물 고기(bush meat)**로도 알려져 있다. 이 야생동물 고기는 아프리카의 여러 지역에서 사람의 하루 평균 단백질 섭취량 중 상당한 양을 차지하는데, 보츠나와에서는 40%, 콩고민주공화국(이전 이름 자이레)에

(A)

(B)

그림 3.5 소비적 사용가치의 예를 보여주는 자연 산물들이다. (A) 인도의 여인들이 화목을 수북이 머리에 이고 마을로 돌아간다. 특히 화목은 아프리카와 남아시아에서 지역민에 의해 소비되는 가장 중요한 자연 산물 중 하나이다. (B) 인도의 한 어부는 일용할 식량을 얻기 위해 강에서 물고기를 잡는다. 이러한 산물의 가치는 사람들이 이를 구매하기 위해 얼마를 지불할 것인가에 의해 결정된다.

서는 80%를 차지한다(Powell et al. 2013). 아프리카의 경우, 이 야생동물 고기를 획득할 확률이 6배 정도까지 떨어지고 있기에, 반박의 여지 없이 지속가능한 자원이 아니다. 이러한 야생동물 고기에는 새, 포유류, 어류뿐만 아니라, 거미, 달팽이, 애벌레, 곤충도 포함된다. 아프리카의 어떤 지역에서는 큰 동물들을 남획함으로써 더 이상 구하기 어려워졌고, 이에 따라 곤충이 식이 단백질과 필수 비타민 공급의 대부분을 차지하게 되었다.

연안, 강, 호수 지역에서 야생 어류는 중요한 단백질 공급원이다(그림 3.5B 참조). 2016년에는 세계적으로 9,100만 톤의 수생 생물이 인간에게 포획되었는데, 이들 중 7,900만 톤은 바다, 12만 톤은 담수 생물이었다(Food and Agriculture Organization 2018). 이들 대부분은 포획된 곳, 즉 지역사회에서 소비되었다. 어업은 연안지역에서 일자리를 창출하는 매우 좋은 생산 활동으로, 해산물은 가장 광범위하게 소비되는 단백질이다. 양식업이 세계적으로 빠르게 증가하고 있지만, 사용되는 어분 사료의 대부분은 야생에서 포획된 어류로 만들어진다. 그러나 최근 들어 콩이나 유채 같은 농산물로 사료를 만드는 추세이다(Øverland and Skrede 2017).

개발도상국들은 기본적으로 지역적 자연산물에 의존도가 높은 편이지만, 미국, 캐나다, 유럽, 그리고 다른 선진국의 시골에 거주하는 수백만 명의 주민들 또한 화목을 사용하여 난방을 하고, 야생동물과 해산물에서 단백질을 섭취하며, 깨끗한 식수와 하수처리를 온전히 생태계에 의존하고 있다. 만약 위와 같은 필수품들에 대하여 비용을 지불해야만 한다면, 이들은 그 지역에서 살아갈 수 없을 것이다. 미국에서만 보더라도 2백만 명의 가정이 기본적인 난방 재료로서 목재를 사용한다.

생산적 사용가치

야생으로부터 수확되어 국내 또는 국제 시장에서 상업적으로 거래되는 자원을 생산적 사용가치(productive use value)로 분류한다(**그림 3.6**). 표준 경제학에서는 이러한 생산물의 가치가 처음 거래되는 가격에서 해당 시점까지 발생한 비용을 뺀 가격으로 정해지기도 하고, 다른 방법에서는 그 생산물의 최종 소매가격으로 해당 자원의 가치를 매기기도 한다. 예를 들어, 하마멜리스(*Hamamelis virginianan* 및 관련 식물 종들) 식물의 껍질과 잎사귀는 로션, 벌레 물린 데 바르는 크림, 치질용제와 같은 다양한 수렴제 약초 생산물을 만드는 데 사용한다. 이 의약품의 최종 소매가격은 모든 생산에 투입된 비용(이 식물의 껍질과 잎사귀 가격뿐만 아니라, 노동, 에너지, 다른 재료, 운송 및 마케팅 비용)을 포함하기에 하마멜리스 원재료의 구입 가격보다 훨씬 높다.

자연자원에 대한 생산적 사용가치는 산업국가에서도 중요하다. 미국 GDP의 약 4.5%는 다양한 방식에서 야생 생물종에 의존하고 있다(Prescott-Allen and Prescott-Allen 1986). 이를 금액으로 환산하면, 2018년에는 약 8,730억 달러 정도이다(GDP는 19.4조 달러). 이러한 비율은 산업화가 덜 진행되어 있고, 농촌지역에 사는 인구 비율이 높은 개발도상국에서 훨씬 더 높게 나타난다. 예를 들어, 콩고민주공화국의 경우, 가공된 목재가 아닌 야생 산림 생산물은 일반 가구가 얻는 평균 수입의 25%에서 40%를 차지한다(Ingram et al. 2012). 세계관세기구(World Customs Organization)에 따르면, 야생에서 오는 산물에 대한 국제 무역 자본은 2012년도를 기준으로 약 1,870억 달러

넓은 범위의 자연자원이 상업적으로 팔리고 있으며, 막대한 시장 가치를 지니고 있다. 이들 가치를 생물다양성의 생산적 가치로 생각할 수 있다.

(A)

Photo by Richard B. Primack

(B)

© Lloyd Sutton/Alamy Stock Photo

그림 3.6 생산적 사용가치의 예를 보여주는 사진이다. (A) 한국의 수산물 시장에서 거래되는 다양한 해산물의 모습이다. (B) 캐나다의 산림에서 나무가 벌목된 다음 시장에서 거래됨으로써 생산적 사용가치를 가진다.

로 추정된다(Chan et al. 2015). 그러나 야생 산물의 총자본가치를 산정하는 것은 어려운 일이다. 야생 산물에 대한 "보이지 않는 무역(invisible trade)"이 시장에 영향력을 얼마만큼 행사하는지 알 수 없기 때문이다. 특히, 멸종위기종에 대한 불법 무역, 미등록 무역, 그리고 허술한 규제로 인해 정확한 실정을 파악하기 어렵다(Phelps and Webb 2015).

자연 환경으로부터 얻어져서 시장에서 팔리는 생산물의 범위는 막대하다. 화목, 건축 목재, 어류 및 어패류, 약용 식물, 야생 과일 및 채소, 야생 육류와 가죽, 섬유, 등나무(넝쿨은 가구나 가정용품을 만드는 데 사용된다), 꿀, 밀랍, 자연 염료, 해초, 동물용 사료, 천연 향수, 식물 고무 및 수지 등이 여기에 포함된다. 추가적으로 원예 산업을 위한 열대 선인장, 난초, 그리고 동물원 또는 개인 수집을 위한 조류, 포유류, 양서류 및 파충류 등과 관련된 대규모 국제 산업이 존재한다(제5장 참조). 수족관 산업의 관상어 가치는 연간 3.4억 달러로 추정되며, 그중 야생 포획 어류가 10%를 차지한다(Monticini 2010).

산림 생산물　목재는 연간 2,270억 달러 규모의 무역 자본을 차지하며, 자연 환경으로부터 얻는 가장 중요한 생산물 가운데 하나이다(www.fao.org/forestry/statistics/80938). 목재와 다른 목공품의 전체 가치는 연간 약 2.6조 달러 이상으로 더욱 커지고 있는데, 이는 대부분의 나무가 수출되지 않고 지역 단위에서 소비되고 있기 때문이다. 야생동물 고기, 과실, 고무, 송진, 등나무 넝쿨, 그리고 약용 식물과 같이 산림에서 얻어지는 비목재성 생산물들 또한 아주 큰 생산적 사용가치를 가진다. 이들 비목재성 생산품은 종종 "부수적 산림 산물(minor forest products)"이라고 잘못 불리고 있다. 실제로 이들 산물은 경제적으로 매우 중요하고, 목재의 가치에 전혀 뒤지지 않는 경우도 있다.

자연 약재　인류의 건강 증진을 위해서는 보다 효과적인 의약품이 필요하다. 제약 산업은 전 세계적으로 거대한 산업으로 성장했으며, 2024년도에는 1.2조 달러 이상의 자본이 투자될 전망이다(Evaluate Pharma 2018). 자연계는 현재 쓰이고 있는 제약뿐만 아니라 미래에 개발될 의약품을 제공하는 중요한 원천이다. 미국에서 가장 높은 빈도로 사용되고 있는 20가지의 제약 생산물은 자연계의 생물에서 처음으로 알려진 화학 성분에 기초를 두고 있다. 또한 미국의 경우 의료계에서 처방하는 약품의 25% 이상이 식물로부터 유래한 활성 성분을 포함하고 있으며, 페니실린과 테트라사이클린 같은 주요 항생제는 곰팡이와 여러 미생물로부터 유래한다(Waterman et al. 2016).

심지어 현재 화학자들에 의해 합성되어 생산되는 의약품 가운데 많은 종류가 야생종에서 처음 발견되어 전통의학에서 사용해 오던 것들이다. 예를 들어, 안데스 산맥 고원지대에 사는 부족이 약재로 쓰던 코카나무(*Erythroxylum coca*)는 치과와 외과의 국부 마취제로 자주 쓰이는 노보카인(Novocain)이나 라이도카인(Lidocaine)과 같은 합성 유도 물질(synthetic derivatives)을 제조하는 데에 일조했다. 그 외에 약용으로 많이 사용되는 식물로는 마다가스카르의 로즈 페리윙클(*Catharanthus*

Photo by Richard Primack

그림 3.7 여기에서 보여주는 프리즘호수(Prism Lake)에 서식하는 밝은 주황색의 특별한 박테리아는 미국 옐로우스톤 국립공원(Yellowstone National Park)에 있는 온천수에서 자란다. 이 박테리아는 생명공학 산업에 필수적으로 이용되는 고온 활성 효소를 가지고 있다.

roseus)(**표 3.1**)이 있다. 이 식물로부터 나오는 성분 중 2가지는 악성 림프종, 백혈병, 그리고 다른 혈액암을 치료하는 데 효과적이다. 이 약을 사용하는 치료법은 아동 백혈병에 대한 생존율을 10%에서 90%까지 끌어올린다. 또한, 방울뱀, 꿀벌, 원뿔달팽이처럼 독이 있는 동물은 값진 의학 및 생물학적 적용에 있어서 화학물질을 제공하는 풍부한 공급원이 되어 왔다. 다른 예로, 옐로스톤 국립공원의 온천지역에서 발견되는 호열성 박테리아(*Thermus aquaticus*)로부터 나오는 효소는 생명공학 산업과 생물학 연구에서 DNA를 증폭할 때 사용하는 중합효소(polymerase) 연쇄 반응에서 필수적으로 사용된다(**그림 3.7**). 이 효소는 또한 인간 질병을 발견하는 연구에도 일조한다. 이 효소를 사용하는 산업들은 수천억 달러의 가치와 함께 수만 명의 일자리를 창출하고 있다. 이처럼, 얼마나 많은 가치 있는 종들이 향후 발견될 것인가? 그리고 얼마나 많은 종들이 발견되기도 전에 멸종할 것인가?

간접사용가치

대부분의 유기체는 살아있을 때 그 사용가치를 가진다. 언덕에서 자라는 식물은 이산화탄소를 순환시키고, 한여름에 그늘을 제공하며, 토양의 풍화를 방지하는 역할을 한다. 이러한 자원들은 문자 그대로 소모되지 않았기 때문에, **비소모적 사용가치(nonconsumptive use value)**를 가진다. 이 살아있는 자연자원은 생태계 조절 기능과 문화적 생태계 서비스 기능 모두를 가진다(그림 3.4 참조). 간접사용가치(indirect use values)는 이러한 자원의 비소모적 사용가치, 즉 수확되고 소모되지 않으면서도 경제적인 가치를 가지는 생물다양성의 모든 양상을 포함한다. 이러한 가치들은 통상적인 경제적 의미로서의 재화나 상품이 아닌 서비스에 해당하며, 국내총생산(GDP) 같은 국가 경제의 통계에는 나타나지 않는다. 개인이나 단체에 귀속되지 않기 때문에 **공공재(public goods)**라고도 일컫는다. 특정 경제 활동은 이러한 가치에 의존하기 때문에 지속적인 이용가능성은 매우 중요하다. 자연생태계가 이와 같은 서비스를 더 이상 제공하지 못하게 되면, 큰 비용을 치러서라도 대체 자원을 찾아야 하는 상황이 발생되는데, 이는 여러 방면에서 더 큰 위험과 부담으로 작용할 것이다.

인간 사회는 자연생태계로부터 얻는 서비스에 크게 의존하고 있기 때문에, 생태계가 영구적으로 훼손되거나 파괴되는 경우, 이를 대체할 수단이 없다. 특히 이 점과

표 3.1 전통의학 처방에 처음으로 쓰인 식물 유래 20가지 의약품

의약품	의학적 사용	유래 식물(학명)	일반명
Ajmaline	Treats heart arrhythmia	*Rauwolfia* spp.	Rauwolfia
Aspirin	Analgesic, anti-inflammatory	*Spiraea ulmaria*	Meadowsweet
Atropine	Dilates eyes during examination	*Atropa belladonna*	Belladonna
Caffeine	Stimulant	*Camellia sinensis*	Tea plant
Cocaine	Ophthalmic analgesic	*Erythroxylum coca*	Coca plant
Codeine	Analgesic, antitussive	*Papaver somniferum*	Opium poppy
Digitoxin	Cardiac stimulant	*Digitalis purpurea*	Foxglove
Ephedrine	Bronchodilator	*Ephedra sinica*	Ephedra plant
Ipecac	Emetic	*Cephaelis ipecacuanha*	Ipecac plant
Morphine	Analgesic	*Papaver somniferum*	Opium poppy
Pseudoephedrine	Decongestant	*Ephedra sinica*	Ephedra plant
Quinine	Antimalarial prophylactic	*Cinchona pubescens*	Cinchona
Reserpine	Treats hypertension	*Rauwolfia serpentina*	Rauwolfia
Sennoside A, B	Laxative	*Cassia angustifolia*	Senna
Scopolamine	Treats motion sickness	*Datura stramonium*	Thorn apple
THC	Antiemetic	*Cannabis sativa*	Marijuana
Toxiferine	Relaxes muscles during surgery	*Strychnos guianensis*	Strychnos plant
Tubocurarine	Muscle relaxant	*Chondrodendron tomentosum*	Curare
Vincristine	Treats pediatric leukemia	*Catharanthus roseus*	Rose periwinkle
Warfarin	Anticoagulant	*Melilotus* spp.	Sweet clover

출처: M. J. Balick and P. A. Cox. 1996. *Plants, People, and Culture: The Science of Ethnobotany*. Sci Am Library: New York; E. Chivian and A. Bernstein. 2008. *Sustaining Life: How Human Health Depends on Biodiversity*. Oxford University Press: New York.

관련된 중요한 예로서 습지생태계를 들 수 있는데, 습지는 홍수 조절에 중요한 역할을 할 뿐만 아니라 영양물질 순환과 수질 정화에도 중요한 역할을 한다(아래의 물과 토양 보호 부분 참조).

생태계 서비스가 주는 간접사용가치를 수치로 산출하는 연구가 세계적으로 활발히 진행되고 있다(Bateman et al. 2013; Reyers et al. 2013). 많은 경제학자들은 생태계 서비스의 가치를 산출하는 방법에 대하여, 그리고 이러한 가치 산출이 필수적인가에 대하여 첨예하게 대립하고 있다(Peterson et al 2010). 한 연구에서는 생태계 서비스의 전 세계적 경제가치가 연간 145조 달러를 초과할 정도로 크다고 주장하였다(Costanza et al. 2014). 다른 연구에서는 이보다 낮은 추정치를 제시하였지만, 그래도 연간 수조 달러로 추정하였다. 이러한 다양한 접근법 사이의 간극은 이 주제에 대하여 향후 많은 연구가 수행되어야 함을 보여준다.

생태계가 제공하는 다양한 생태계 서비스는 간접사용가치의 특정한 유형으로 세분화할 수 있다. 다음 절에서는 생물다양성 보전으로부터 비롯되는 특정 간접사용가치들에 대해서 알아볼 것이다. 그리고 이 장의 후반부에서는 생물다양성의 가치를 매기는 다른 2가지 비소모적인 방법에 대해 살펴볼 것이다. 이들은 선택적 가치(option value, 미래에 생물다양성이 가질 수 있는 가치)와 존재가치(existence value, 생물다양성을 보호하기 위해 인간이 지불할 의향이 있는 비용의 양 또는 다른 환경적 상품이나 서비스)를 일컫는다.

생태계 생산성

지구 상의 모든 생명체는 태양에너지에 의해서 만들어질 수 있다. 즉, 태양에너지는 식물과 조류의 광합성에 의해 생물이 사용할 수 있는 에너지 형태로 전환된다. 인간은 식량, 화목, 그리고 사료처럼 직접 사용의 형태로서 식물에 저장된 에너지를 이용한다. 또한 이러한 식물 자원은 무수히 많은 먹이 사슬의 시작점이며(제2장 참조), 그로부터 인간은 많은 동물 생산물을 얻을 수 있다. 인간은 필요한 자연자원의 수요를 맞추기 위해 육상 생태계 생산량의 절반 정도를 가져다 쓰며(MEA 2005), 나머지 생산량 절반의 대부분도 식물의 광합성을 통한 산소 생산처럼 인간에게 간접사용가치가 있는 서비스와 연관된다.

가축 사육을 위한 과도한 방목과 과도한 목재의 벌채, 그리고 빈번한 산불은 이러한 기능을 수행하는 생태계의 능력을 파괴할 것이다(**그림 3.8**). 궁극적으로 이러한 행위는 식물의 다양성 감소와 그에 따른 식물 생물량 및 생산량 감소, 해당 지역에 사는 동물의 감소와 그리고 인간이 얻을 수 있는 자연자원과 생태계 서비스의 감

Photo by Anna Sher

그림 3.8 수많은 초지 생태계가 목초지로서 이용되고 있지만, 과도한 방목은 생태계 서비스의 기능을 저하시킬 뿐만 아니라 생태계의 생산성을 떨어뜨리고 토양 침식을 증가시킨다.

소를 가져온다.

이와 유사하게, 연안 하구지역은 해양 식물과 조류의 빠른 생장을 통해서 먹이사슬의 기반을 마련하고, 이를 통해 풍부해진 어류와 어패류를 상업적으로 이용할 수 있게끔 한다. 따라서 연안지역 서식지의 훼손은 수산 자원의 상업적 가치를 잃게 한다. 비록 막대한 비용을 투입하여 훼손된 생태계를 복원하더라도 해당 생태계의 기능이 원래와 같지 않으며, 종 구성과 종 수도 이전과 크게 달라진다.

생물군집으로부터 생물종 유실이 식물의 총생장, 대기 이산화탄소에 대한 식물의 흡수력, 지구 기후변화에 대한 적응 등과 같은 생태계의 프로세스에 어떤 영향을 미치는지에 대한 연구가 활발히 진행되고 있다(Liu et al. 2018; Handa et al 2014). 자연 초지군락과 실험 초지군락에서 진행되는 여러 연구들을 통해서, 식물종이 유실됨에 따라 전반적인 생산력이 감소하고, 가뭄과 같은 환경 교란에 대응하는 유연성도 낮아짐을 것을 확인할 수 있었다(Hautier et al. 2015; Wagg et al. 2017)(**그림 3.9**). 그러나 여러 지역에서 자생종이 사라진 다음, 외래종이 그 자리를 채웠을 때에도 생태계 서비스가 유지될 수 있다는 사실이 알려졌다. 최근에는 생태학자들이 포유류 군집의 생물다양성 감소가 라임병

종다양성이 감소한 생태계는 지구 차원의 이산화탄소 양의 증가나 기후변화로부터 변화된 상황에 대한 적응력이 떨어진다.

(A)

(B)

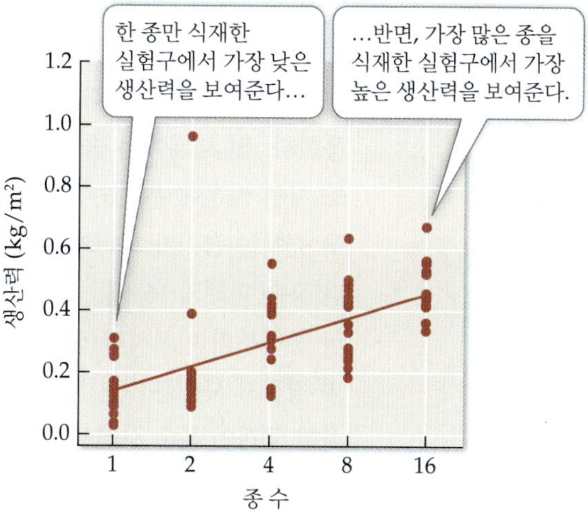

그림 3.9 (A) 건강한 초지 생태계에는 이를 구성하고 있는 초본 식물의 다양성이 높다. (B) 서로 다른 초본 식물을 인공 초지 실험구에서 7년간 자라게 한 후 생산성을 측정한 결과이다. 가장 많은 종이 자란 인공 초지에서 생산성이 가장 높게 나타났다(식물로부터 생산된 생체량을 기준으로 측정). (B, after C. Wagg et al. 2017. *Ecology* 98: 2952–2961)

과 같은 병원균 전파의 증가와 연관이 있다는 것도 발견했다(Kilpatrick et al. 2017).

물과 토양 보호

생물군집은 수역을 보호하고, 홍수나 가뭄 같은 극한 환경에 대응하는 생태계 완충 기능을 하며, 수질을 유지하는 데에 매우 중요한 기능을 한다. 무성한 잎과 낙엽이 빗물을 붙들어 토양에 미치는 영향을 감소시킨다. 식물 뿌리와 토양 생물은 물의 흡수력을 증가시켜 토양의 통기성을 가져온다. 이렇게 높아진 토양의 보수력(water-holding capacity)은 집중호우로 발생되는 홍수를 억제하며, 비가 그친 뒤 수일 또는 수주에 걸쳐서 물을 천천히 방출하게 한다.

식생이 벌채나 농업, 그리고 여러 인간 간섭에 의해 파괴되면, 토양 침식율과 산사태 확률은 급격하게 증가하고 인간 활동을 위한 토지의 가치는 감소한다. 기후변화는 식생에 영향을 미치고 강우의 강도를 증가시킴으로써, 산사태의 발생과 직접적인 연관이 있음을 보여주었다(Paranunzio et al. 2018). 토양의 피해는 교란으로부터 식물의 회복 능력을 제한하고, 결국에는 해당 토지에서 농사를 지을 수 없는 상태에 이르게 한다. 침식과 홍수는 수계 생물군집을 구성하고 있는 생물들을 파괴하고, 식수원을 오염시켜 지역주민의 식수 공급을 제한한다. 또한 지역주민의 건강 문제도 증가시킨다. 토양 침식은 퇴적물의 증가를 유발하여 댐의 저수 능력을 떨어뜨리고, 이로 말미암아 전력 생산에 손실을 가져오며, 또한 강과 포구에 모래톱과 섬을 만들어서 뱃길을 방해한다.

홍수는 세계적으로 가장 빈번한 자연재해에 속한다. 매년 수천 명에 가까운 인명 피해를 발생시키는데, 이러한 홍수의 발생에는 습지와 범람원의 감소가 크게 작용한다. 전 세계에서 습지 보호는 개발 지역의 범람을 방지하기 위해서 생태계 보호 사업 가운데 우선순위로 시행되고 있다(**그림 3.10**). 미국 동북부에서 시행된 연구 중에는 습지가 허리케인으로부터 연간 6억 2,500만 달러의 손실을 방지하고, 연간 홍수 피해의 16%를 줄이는 데 기여한다는 결과가 있다(Narayan et al. 2017). 미국 중서부의 미시시피 강과 유럽의 라인 강을 따라 발달한 범람원에서의 토지 개발과 경작지 사용은 지난 몇 년간 발생했던 대홍수의 주요 요인으로 지적된다. 이와 유사한 극적인 홍수 사례로, 2018년도 인도 남부 케랄라 주에서는 홍수로 인해 약 400명이 사망하고 100만 명이 넘는 주민이 대피해야 했다. 강을 따라 형성된 습지의 일부라도 원형 그대로 보존되어 제기능을 유지하고 있다면, 홍수의 발생률은 현저히 줄어들 것이다.

습지는 또한 과도한 영양물질과 독성물질을 거르는 역할을 한다. 1980년대 후반, 뉴욕 주 정부는 15억 달러를 각 부처와 단체에 지원하여 수계 근처의 식생을 보호하고 보전하는 사업을 추진하였다. 이 사업의 목적은 식수원의 안정적인 공급을 유지하기 위함이었는데, 인공 수질정화시설을 설치하여 이와 같은 수준의 효과를 얻

그림 3.10 습지는 인간의 생활에 있어서 아주 중요한 기능을 수행한다. 나무와 뿌리 매트, 그리고 다른 식생은 살아있는 스펀지처럼 빗물과 눈 같은 자연수를 저장하고 흐름을 조절함으로써 홍수를 예방해 주는 역할을 한다. 수생식물은 인간에게 해가 될 수 있는 과도한 양의 질소, 인, 중금속 및 다른 물질을 흡수하여 물을 정화한다.

으려면 80~90억 달러의 비용이 든다(www.nyc.gov/watershed). 미국의 산림이 식수원을 보호하고 유지시킴으로써 가져다 주는 비소비적 사용가치는 연간 약 40억 달러로 추산된다.

지금의 전형적인 시장 시스템에서는 그 가치가 평가되고 있지 않지만, 습지생태계의 서비스는 오수 처리, 수질 정화 및 홍수 조절 기능을 포함하고 있다. 이들 모두는 건강한 인간사회에 필수적이다.

늪, 호수, 강, 범람원, 조간대 습지, 맹그로브, 하구, 대륙붕, 그리고 해양과 같은 수계생태계는 인간 활동에 의해 방출된 오폐수, 산업폐기물, 중금속, 살충제 등과 같은 유해 오염물질을 분해하는 역할을 한다(Ostroumov 2017). 특히 박테리아와 다른 미생물을 포함하는 수서 생물군집이 과도한 오수와 서식치 파괴에 의해 피해를 입는다면 이를 대체할 시스템이 반드시 마련되어야 한다. 쓰레기 처리시설과 거대 매립지 같은 시스템을 구축하기 위해서는 수백억 달러의 비용이 필요하므로, 이러한 시설을 구축할 여력이 없는 지역에서는 삶의 질이 심각하게 나빠질 것이다.

기후 조절

식물 군집은 국지적, 지역적, 그리고 범지구적 규모의 기후 조건을 조절하는 매우 중요한 역할을 한다. 국지적 수준에서, 수목은 그늘을 제공하고 수증기를 증발시킴으로써 온도를 낮춰 더운 날씨를 완화시켜 준다. 이러한 냉각 효과는 선풍기나 에어컨의 사용 시간을 줄여주고 사람에게 안락함과 일의 효율을 높여 준다. 또한 방풍림으로서 경작지를 거센 바람으로부터 지켜 주며, 추운 날씨에는 건축물의 열 손실을 줄여 준다.

지역 수준에서, 식물은 빗방울을 흡수하고, 증산 과정을 통해 대기로 돌려보내서 물의 순환을 돕는다. 범지구적 수준에서 아마존 유역과 서아프리카 같은 넓은 산림지역의 손실은 연평균 강수량의 감소처럼 예측 불가능한 기상 이상을 초래할 수 있다.

육상 및 수계 환경에서의 식물 생장은 탄소 순환과 밀접한 관련을 가진다. 식물의 수명 감소는 이산화탄소 흡수량을 감소시키며, 지구 온난화의 주요 원인인 대기중 이산화탄소 농도를 증가시킨다(제5장 참조; Brienen et al. 2015; Schebek et al. 2018). 세계 여러 나라와 단체는 이산화탄소 배출 감소 규제 정책의 일환으로써, 산림과 다른 생태계의 보존과 복원을 위하여 힘쓰고 있다(제12장 참조).

생물종의 상호관계와 환경감시

직접적인 소비적 사용가치(direct consumptive use value)를 위해서, 사람에 의해 수확 또는 포획되는 생물은 마찬가지로 종의 생존과 번식을 위해 다른 생물에 의존한다. 예를 들어, 사람들이 즐기는 야생동물 사냥과 낚시는 사냥감이 되는 동물의 먹이인 야생 곤충이나 식물에 전적으로 의존한다. 따라서 곤충과 식물의 개체수 감소는 동물의 먹잇감을 감소시키고, 사람에게 직접적인 혜택을 주는 생물이 감소되어, 결국 경제적으로 중요한 종들이 감소되는 결과를 초래한다.

> 생물다양성을 보전하고 사람에게 가치있는 것을 제공해 주기 위해서는 종들 간의 관계를 이해하는 것이 필수적이다. 예를 들면, 많은 곤충은 사람에게 먹거리를 제공하는 농작물의 화분 매개 역할을 한다.

농작물은 곤충, 새, 박쥐 등으로부터 혜택을 얻는다. 사마귀 같은 포식성 곤충, 새와 박쥐는 농작물을 공격하는 해충을 잡아 먹으므로, 농작물 생산량을 늘리고 살충제 사용량을 감소시킨다(Taylor et al. 2018). 곤충, 새, 그리고 박쥐는 다양한 농작물의 수분 매개자로 작용한다(**그림 3.11**). 미국 내 약 150여 종의 농작물은 수분 매개 곤충을 필요로 하며, 엄청난 수의 곤충과 양봉 꿀벌이 이에 관여한다(Vanbergen and the Insect Pollinator Initiative 2013). 이 수분 매개자들은 작물 생산의 75%에 관여하는데(Kremen 2018), 수분 매개 곤충의 가치는 미래에 더욱 커질 것이다. 그러함에도 꿀벌의 개체수가 곤충 감염병과 해충으로 인하여 도처에서 감소하고 있다. 여러 유용한 야생 식물은 종자의 분산을 새, 영장류, 그리고 다른 여러 동물에게 의존한다. 이러한 동물이 과도하게 포획되어 개체수가 급감한 지역에서는 열매가 섭취되지 않고, 종자는 분산되지 못한다. 결국 이러한 식물은 지역적으로 멸종에 이르게 된다(Corlett 2017). 그러나 해당 생태계에는 섭식 기능이 유사한 종들의 집단이 있어서, 특정 종이 수행하는 포식자, 수분 매개자 또는 종자 분산자의 역할을 다른 종도 동일하게 수행할 수 있다.

경제적인 관점에서 매우 중요한 생태계의 상호작용 중 하나는 수목과 농작물 그

(A) (B)

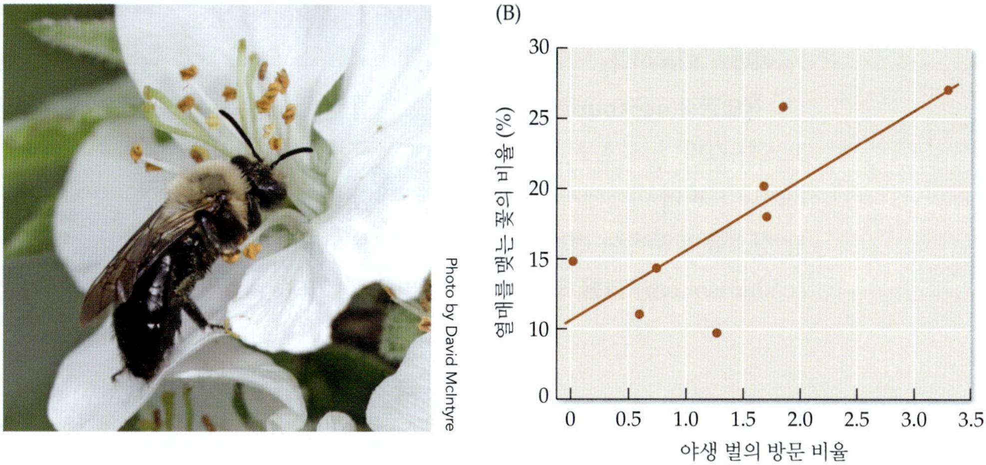

그림 3.11 (A) 벌은 그림의 복숭아꽃처럼, 식물의 수분을 돕는 방식으로 인간에게 생태계 서비스를 제공한다. 곤충의 이러한 간접적 경제 가치는 이들이 없을 경우에 우리가 직접 손으로 수분을 하는 일에 들이는 비용으로 추정할 수 있을 것이다(실제로 벌 개체군의 감소로 인해 필요한 경우가 간혹 있음). (B) 야생벌이 식물에 찾아오는 횟수와 체리 열매의 생산성 간의 상관관계를 나타내는 그래프(1,000송이의 꽃에 15분의 간격을 두고서 찾아오는 벌의 수를 측정. 열매를 맺는 꽃의 퍼센트를 계산하여 그래프를 도출함). (B, after A. Holzschuh et al. 2012. *Biol Conserv* 153: 101–107)

리고 필수 영양물질을 주는 토양 생물의 관계이다(Wood and Bradford 2018). 곰팡이는 동식물 사체를 분해함으로써 식물에게 필수적인 영양소를 공급한다(그림 2.10 참조). 이 분해 과정에서 곰팡이와 박테리아는 질소와 같은 무기 영양물질을 토양으로 내보낸다. 이러한 영양물질은 나아가 식물의 성장에 사용된다. 북미와 유럽의 특정 지역에서 많은 수목들이 죽어가거나 빈약한 성장을 보이는 원인은, 물과 영양소의 공급을 돕는 곰팡이들이 산성비와 대기오염의 악영향을 받기 때문이다(Lawrence et al. 2018).

어메니티 가치

생태계는 인간에게 많은 여가 서비스를 제공한다. 일례로, 생태계는 하이킹, 사진 촬영, 탐조와 같은 비소비적인 활동을 제공한다. 자연을 경험하는 이러한 여가 활동은 즐거움을 넘어서 건강의 증진까지 가져다 준다(Donovan et al. 2013). 때로는 **어메니티 가치(amenity value,** 어떤 장소나 기후 등의 환경으로부터 느끼는 쾌적성이나 편의성 등의 복합적인 가치를 일컫는 용어)라고도 불리는 이러한 활동이 가지는 경제적 가치는 상당한 수준으로, 지역 경제에 미치는 영향도 크다. 이론적으로는 소비적 사용으로 분류되는 스포츠 낚시와 사냥도 이러한 관점에서는 소비적인 동시에 비소비적인 가치로 분류되어야 한다. 왜냐하면, 낚시꾼이나 사냥꾼에 의해 포획된 동물의 식량으로서의 가치가 이러한 여가 활동에 투자된 돈과 시간에 비해 상대적으로 높다고 보기 어렵기 때문이다.

생태관광(ecotourism)은 일반적으로 접하기 힘든 독특한 생태계(열대우림, 아프리카 사바나, 산호초, 사막, 갈라파고스 군도 또는 에버글레이즈 저습지)를 경험하거나 사파리 여행에서의 코끼리 같은 깃대종(flagship species)을 보기 위해서, 해당 장소를 방문하여 경비를 쓰는 하나의 독특한 여가활동의 범주에 속한다(www.ecotourism.org)(**그림 3.12**). 관광 산업은 연 2.7조 달러의 가치로 평가되며, 전 세

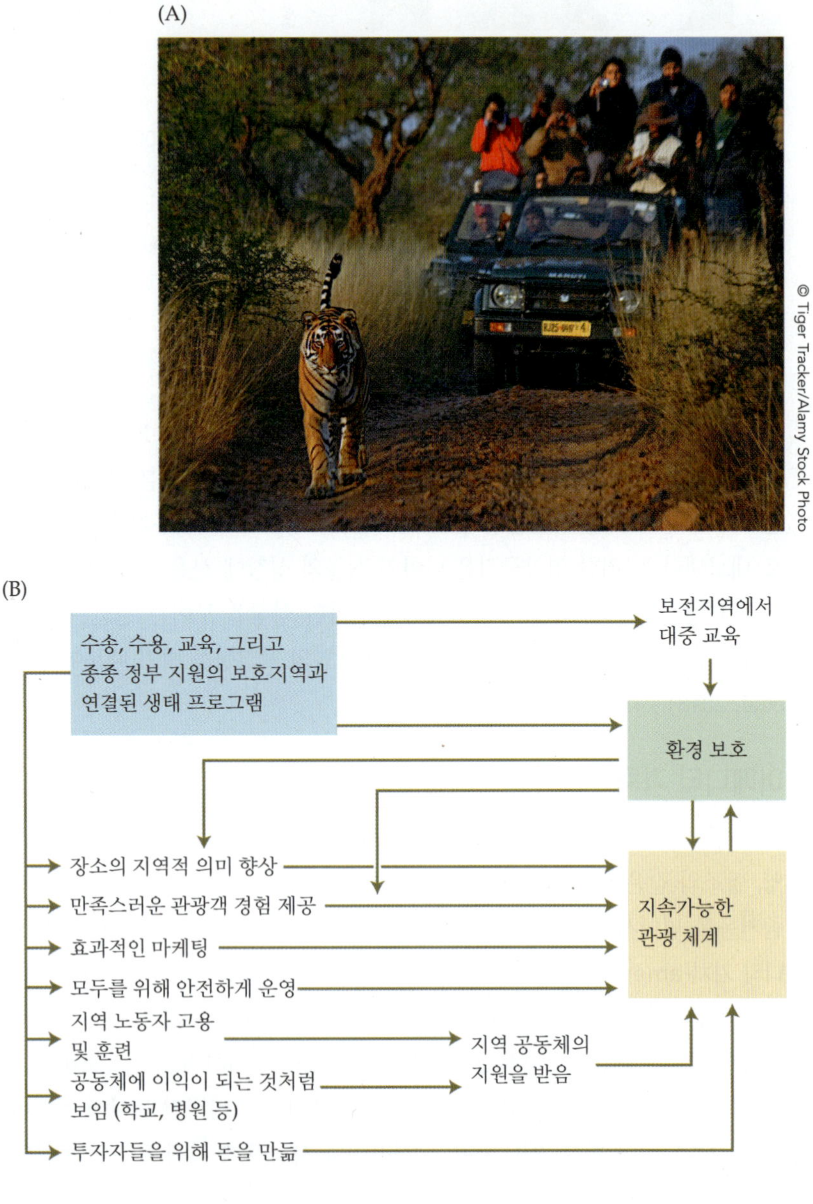

그림 3.12 (A) 생태관광은 생물다양성을 보전하기 위한 경제적인 타당성을 제공할 수 있고, 또한 인근의 주민들에게 혜택을 제공한다. (B) 이 도표는 성공적인 생태관광 프로그램에 있어서의 주요 요소를 나타낸다. (B, after R. W Braithwaite. 2001. In *Encyclopedia of Biodiversity*, Vol. 5, S. A. Levin(Ed.), pp. 667-679. Academic Press, San Diego, CA.)

계에서 가장 큰 규모의 산업 중 하나이다. 세계 GDP의 10.4%를 차지하는 관광 산업은 자동차 산업(3.5%)보다도 훨씬 큰 규모이다(World Travel & Tourism Council 2018).

생태관광은 전통적으로 케냐나 탄자니아 같은 동부 아프리카 국가의 주요 산업으로 자리 잡아 왔으며, 오늘날에는 코스타리카와 벨리즈 등 남미의 여러 지역에서도 주요 산업으로 떠오르고 있다. 호주에서 그레이트 베리어 리프와 관련된 관광업은 연간 55억 달러의 가치를 창출하며, 50,000명 넘는 사람들이 관련 직종에 종사하고 있는데, 이는 상업적 어업보다 36배나 큰 산업이다(Catlin et al. 2013). 상어 다이빙을 즐기는 관광객들이 호주에서 소비하는 금액은 2,550만 달러로 추산된다(Huveneers et al. 2017). 세계 관광 산업에 더하여 인도나 중국 같은 개발도상국에서 빠르게 증가하고 있는 중산층이 자국의 국립공원과 자연보존지역을 방문하는 추세가 증가하고 있다(Lyngdoh et al. 2017).

생태관광 활동이 전체 관리 계획에 통합될 때, 그 과정에서 생기는 이익은 생물다양성을 보전하고 훼손된 토지를 복원할 수 있는 명분이 된다(Wabnitz et al. 2018). 통합 보전 및 개발 프로젝트에서, 지역사회는 숙박 시설 및 자연 가이드, 지역 수공예품, 그리고 관광 소득을 위한 다른 자원을 개발한다. 생태관광으로부터 얻는 수익은 지역주민들로 하여금 과도한 사냥, 어업, 또는 방목을 자제하고 지속가능한 수준에서의 포획과 수확을 하게 한다(제10장 참조). 지역사회는 관광산업으로 인한 기술 개발, 고용 기회, 환경 보전 개선, 지역사회 인프라 개선(학교, 도로, 병원 및 상점)의 효과를 누릴 수 있다.

> 급속히 발전하는 생태관광 산업은 생물다양성을 보호하기 위한 수입을 가져다 주지만, 그로부터 누리는 혜택과 함께 가능한 비용도 측정해 보아야 한다.

생태관광의 위험성은 관광객이 야생화를 꺾거나 산호를 따거나 새의 번식을 방해하는 등 의도하지 않게 그들이 방문하는 장소를 훼손함으로써, 민감한 지역을 교란시키고 생태계에 악영향을 주는 것이다(Büscher and Fletcher 2017; Shutt et al. 2014). 또한 관광객이 난방이나 요리를 위한 땔감을 구하기 위해 산림에 피해를 줄 수도 있다. 더욱이 관광객이 몰려와 거주 인구가 많아지게 되고, 이는 관광산업 관련 고용 기회를 바꿔서 전통적인 지역사회를 관광지역으로 변모시킬 수 있다(Devine 2017). 지역주민들이 점차적으로 금전주의 경제에 예속되어 감에 따라 그들의 가치, 문화, 자연과의 관계가 사라질 수도 있다. 마지막으로, 이 산업의 또 다른 잠재적인 위험은 생태관광 시설이 관광객에게 생물다양성을 위협하는 중요한 사회적 환경적 문제를 이해하도록 돕는 역할을 하는 게 아니라, 관광객에게 단지 깨끗하고 환상적인 경험만을 제공할 수도 있다는 점이다.

다행스럽게도, 이러한 위험부담을 최소화하면서 생태관광의 장점을 극대화하려는 시도가 오늘날 지속되고 있다. 예를 들어, 환경 보전 관련 교육이 생태관광의 일부로 포함되는 경향이 증가하였고, 생태관광 관련 기업은 환경을 침해하는 기술이나

그림 3.13 보전 교육은 관광산업과도 연계될 수 있다. 뉴질랜드 퀸즈타운의 집라인(zipline) 루트에는 중간 지점마다 가이드인 애쉬래이 랄(Aashray Lal)과 그의 동료들이 전 세계로부터 방문한 관광객에게 해당 지역의 생태적 특성과 생태계 보전의 중요성을 설명해 준다. 또한 이 집라인 생태관광 회사는 보전을 위하여 재정적 공헌을 함으로써, 생태친화적인 방식으로 시장에서 경쟁력을 갖출 수 있었다.

Photo by Anna Sher

사업을 최소화하기 위해 많은 투자를 하고 있다(**그림 3.13**). 관광객이 직접 환경보전 체험을 하는 식의 생태관광 사업도 가능하다. 보전을 위한 생태관광의 직접적인 혜택(모금과 자원봉사)과 간접적인 혜택(교육)을 동시에 충족할 수 있는 다양한 연구가 증가하고 있다(Wardle et al. 2018).

교육적 가치와 과학적 가치

교육 및 예능 목적으로 제작된 많은 TV 프로그램, 영화, 웹사이트와 책은 자연이라는 주제를 기반으로 하고 있다(Tietge 2018). 이러한 자연사 관련 소재는 학교 교과목과 지속적으로 통합되고 있으며, 연간 수십억 달러의 가치를 가진다. 한 예로, 펭귄을 주인공이나 테마로 하는 최근의 한 영화는 약 16억 달러의 이익을 창출했다. 이는 생물다양성의 비소비적 사용가치로 대표될 수 있는데, 이러한 문화 콘텐츠가 오로지 자연을 지적인 목적으로만 사용하기 때문이다. 상당한 수의 전문 과학자들과 의욕적으로 활동하는 아마추어들은 생태계를 활용한 볼거리를 만들고 교육 자료를 활발히 제작하고 있다. 이러한 과학적 활동은 야외 연구소가 위치한 주변 지역에 경제적 이익을 제공할 뿐만 아니라, 그들의 진정한 가치는 지역주민에게 관련 지식 성장과 교육의 확대, 그리고 인간의 경험을 풍족하게 하는 것이다.

단일 자원의 다목적 이용: 사례 연구

투구게(*Limulus polyphemus*)는 단일종이 제공할 수 있는 다양한 가치를 보여주는 좋은 사례이다. 투구게는 얕은 바다에서조차 힘겹게 움직이는 어설픈 생명체로 알려져 있다. 미국에서 어부는 저렴한 미끼로 사용할 수 있는 투구게를 대량으로 잡아들이고 있다. 하지만, 최근에 생태학자들은 투구게의 알과 유충이 탐조 활동과 스포츠 낚시 등 지역 관광업에 중요한 역할을 하는 물떼새와 연안 어류에게 중요한 먹이 자원임을 알아냈다. 투구게가 남획될 때, 새와 물고기의 개체수 또한 상당히 줄어드는 것이 확인되었다(WHSRN 2015). 더욱이, 투구게의 혈액은 주사약과 백신의 세균 오염을 탐지하는 매우 가치 있는 화학물질인 리물루스 변형 세포 용해물(limulus amoebocyte lysate, LAL)을 만드는 재료가 된다(Krisfalusi-Gannon et al. 2018). 이 화학물질은 합성을 통하여 만들 수 없기에, 투구게가 이 물질의 유일한 원천이 된다. 이 자연자원 없이는 주사약의 순도를 담보하기 어려울 것이다.

최근, 상업적 어업과 스포츠 낚시 조합, 환경 단체, 탐조 단체, 그리고 생물의학 관련 기업은 미국 연안지역에서 투구게의 개체수를 보존하기 위해 노력하고 있다. 각 단체는 투구게를 이용하거나 보전하는 데에 각자의 권리를 주장할 수 있다. 희망적으로 우리가 기대할 수 있는 결과는 투구게가 생태계에서 제 기능을 하면서, 그 지역과 세계 도처에 살고 있는 사람들에게도 필요한 것을 줄 수 있는 타협안을 찾는 것이다.

장기적 관점: 부가가치

학습 목표

이 절에서는 다음 내용에 주안점을 두기 바란다.

1. 부가가치의 대표적인 사례를 설명할 수 있어야 한다.
2. 부가가치가 왜 보전의 타당성을 주장하는 중요한 요소인지 설명할 수 있어야 한다.

미래의 특정 시점에서 인간 사회에 경제적 이익을 제공할 수 있는 생물다양성의 잠재성을 부가가치라 한다. 사회의 수요가 바뀜에 따라 만족시킬 수 있는 방법 또한 변한다. 이러한 방법에는 이전에 연구되지 않은 동물과 식물 종이 역할을 할 수 있다. 예를 들어, 재배 작물의 지속적인 유전적 개량은 생산량을 늘릴 뿐만 아니라, 살충제 내성 곤충과 독성이 증가한 곰팡이, 바이러스 및 박테리아 균주로부터의 작물을 지키기 위해서도 필요하다(Grossi-de-Sá et al. 2017).

우리는 질병 퇴치나 다른 경제적 가치를 제공하게 될 새로운 식물, 동물, 곰팡이 그리고 미생물을 찾기 위한 연구를 지속하고 있는데, 이를 **생물자원탐사(bio-prospecting)**라고 일컫는다(Borsetto and Wellington 2017). 이러한 연구는 일반적으로 정부 연구기관, 제약회사, 그리고 때로는 대학과의 협업으로 이루어진다. 예를 들어, 2014년 타지키스탄에서는 새로운 의약품의 개발과 비만 치료를 주된 목표로 하는 기관인 식물·대사증후군센터(the Center for Botanicals and Metabolic Syndrome, CMBS)가 설립되었다. 이는 미국국

> 가끔 특정 종이나 생태계가 인간 사회에 다양한 상품과 서비스를 제공해 줄 수 있다. 경쟁적인 사용의 밸런스를 맞추기 위하여 때로는 절충이 필요하다.

그림 3.14 투르크메니스탄의 마리에서는 여러 종류의 약초가 시장에서 흔하게 판매된다. 분자생물학자들은 현재 당뇨병 같은 질병에 대한 치료법을 찾기 위해 전통의학에서 사용되는 식물의 성질을 연구하고 있다.

립보건원(US National Institutes of Health, NIH)의 자금 지원으로 럿거스대학교의 과학자들에 의해 설립되었는데(cbms.rutgers.edu)(**그림 3.14**), 부분적으로는 새로운 잠재 의약품, 특히 당뇨 치료제를 탐색하는 것이 목표였다. 미국국립보건원은 또한 미국국립암센터(US National Cancer Institute)의 천연물 분소에 자금 지원을 함으로써, 1,000여 종의 야생생물 추출물을 통한 암세포 치료 및 조절에 관한 연구를 지원하고 있다. 또한, 민간요법 및 전통적인 의술에 쓰이던 식물 및 그 추출물에 대한 탐색(screening)이 활발하게 이뤄지고 있다. 이러한 연구들은 해당 자원을 보유하고 있는 국가에는 경제적인 이익을 주며, 생물다양성 보전과 의학, 약학 등 생물학의 전반적인 지식을 넓혀주는 좋은 기회가 된다.

가치 있는 생물자원에 대한 연구와 탐색은 폭 넓게 진행되고 있다. 전통 지식을 연구하는 식물학자들은 질병 치료에 이용할 수 있는 식물에 대하여 연구한다, 곤충학자들은 생물학적 방제의 역할을 수행할 수 있는 곤충에 대해 연구하고, 미생물학자들은 생화학적 생산 공정에 도움을 주는 박테리아를 탐색한다. 빠르게 성장하고 있는 생명공학 산업은 오염 감소 및 각종 자원을 대체할 수 있는 산업공정을 개발하고, 사람의 건강을 위협하는 질병을 해결할 새로운 방안을 찾고 있다. 유전자 스플라이싱(gene-splicing)과 같은 분자생물학의 혁신적인 기술은 한 생물종에서 발견되는 아주 독특하고 유용한 유전자를 다른 생물의 유전자에 재조합할 수 있게 한다. 새로이 발견된 종과 잘 알려진 종 모두 우리가 직면한 중요한 문제의 해결에 꼭 필요한 속성을 지닌 경우가 많다. 만일 생물다양성이 감소한다면, 다양한 생물을 유용하게 이용하고 연구할 수 있는 가능성 또한 줄어들게 될 것이다.

보전생물학자, 정부, 환경경제학자 그리고 기업 사이에서 오늘날 활발하게 벌어지고 있는 논쟁은 "생물다양성에 대한 상업적 개발 권리가 누구에게 있느냐?"는 것이다. 여기에 대한 해답은 복합적인데, 특히 오늘날과 같이 진보된 세상에서는 더욱 그렇다. 하나의 대표적 사례가 면역 거부 반응 억제제인 사이클로스포린(cyclosporine)이다. 곰팡이의 한 종(*Tolypocladium inflatum*)에서 추출된 사이클로스포린은 스위스 회사 Sandoz(이후 다른 회사와의 합병하여 Novartis로 바뀜)에 의해 개발되어 연간 20억 달러 이상의 수익을 내고 있는데(www.pharmacompass.com), 이 의약품은 인공장기 이식과 이식 후 거부 반응 억제 치료에 매우 중요하게 사용된다. 이 곰팡이는 Sandoz사의 연구원이 노르웨이 휴양지에서 허가 없이 채취해 온 토양 시료 속에 포함되어 있었으며, 이후 생물학적 효능이 연구되었다. 노르웨이는 이 곰팡이를 이용한 의약품의 개발 수익에 대해서 어떤 대가도 받지 못했다. 비슷한 예로, 제3장 초반에 언급되었던 옐로스톤 국립공원의 온천에서 채집된 박테리아는 DNA 기술(DNA 중합효소)의 발전에 돌파구를 마련한 중요한 생물 소재였지만, 미국 국립공원 서비스는 박테리아 연구에서 파생된 개발 수익에 대하여 어떠한 대가도 받지 못하고 있다.

생물다양성의 막대한 가치가 주어진다면, 누가 그로부터 재정적인 혜택을 받아야 하는가에 대한 질문은 중요하며, 때로는 복합적이다.

이처럼, 과거와 현재에서 상업적 목적을 위해 허가되지 않은 생물자원탐사 행위를 지금은 흔히 **생물해적(biopiracy)**이라 부른다. 이러한 문제를 조율하기 위해서, 114개 국가가 나고야의정서(Nagoya protocol)에 비준하였는데, 이 조약에는 참가한 국가에서 기업이 "유전자원(genetic resources)"을 이용할 경우에 파생된 수익과 혜택을 공유하도록 합의하여야 한다는 내용을 담고 있다. 여러 개발도상국은 또한 연구 및 상업적 목적을 위해 생물 재료를 채집할 경우 허가를 받아야 하는 법을 통과시켰다. 이를 어길시 범칙금과 벌금을 부과하게 된다. 오늘날에는 개발도상국과 선진국 모두 자국 내 생물다양성과 관련된 상업적 활동에서 서로 교류하고, 생물자원을 공유하고 있으며, 이를 당연하게 여기고 있다. 개발도상국에 사는 지역주민, 즉 생물자원을 어떻게 활용하고, 보호하며, 연구자에게 정보를 제공하는지를 아는 사람들은 해당 생물자원의 이용으로 생긴 이익을 나누어 받아야 한다. 더 나아가, 이 과정의 참여를 담보해 주는 조약과 절차를 확립하는 일은 앞으로 주된 외교적 이슈가 될 것이다.

대부분의 생물종은 현재 직접적인 경제적 가치나 부가가치가 거의 없거나 아예 없는 반면, 소수의 종이 의학적 치료에 막대한 재료로 이용되고, 신산업을 지원하며, 주요 농작물의 대량 피해를 막는 잠재적 가치를 지니고 있다. 예를 들면, 야생의 아라비카 커피나무의 경우에 기후변화 하나만으로도 전 세계적으로 50% 이상의 개체군들이 현재 멸종위기에 처해 있지만, 이 식물은 연간 약 130억 달러 이상의 수출 가치를 가지고 있기에 산업을 지원하는 중요한 유전적 비축물이다(Moat et al 2018). 다른 종이나 세트로 구성된 종들은 지금은 알지 못하지만, 다른 종류의 미래 가치를 제공해 줄 것이다. 이러한 종들 가운데 한 종이라도 미래 가치가 발견되기도 전에 멸종된다면, 지구 차원의 경제에 있어 엄청난 손실이 될 것이다. 제1장에서 언급한 생물학자 레오폴드는 그의 저서 *Round River*(1953)에서 다음과 같이 기술했다.

> 억겁의 시간 동안 생물상이 만들어 온 그 무엇인가를 우리는 좋아하지만 다 이해하지 못한다면, 우리의 짧은 판단으로 쓸모없어 보이는 부분을 버리는 것은 바보 같은 짓이 아니겠는가? 모든 톱니와 바퀴를 지키는 것이 현명한 사고의 첫 번째 예방 조치이다.

전 세계 생물의 다양성은 지구를 어떻게 효율적으로 관리할 수 있을지에 대한 매뉴얼에 비유할 수 있다. 한 생물종의 손실은 매뉴얼에서 한 페이지를 찢어내는 것과 같다. 언젠가 인간을 지키기 위해 그 종의 정보가 필요할 때가 오더라도 이미 잃어버린 후가 될 것이다.

존재가치

학습 목표

이 절에서는 다음 내용에 주안점을 두기 바란다.

1. 보전의 첫 번째 당위성이 존재가치(existence value)임을 보여주는 사례를 찾을 수 있어야 한다.
2. 주어진 생태계의 총 경제적 가치를 매기고, 이를 나타내는 있는 도표를 그릴 수 있어야 한다.

세계의 많은 사람들은 야생동물과 식물 및 전체 생태계에 대하여 걱정을 하고, 그들이 온전히 보호되는 것을 보고 싶어 한다. 그들의 관심은 언젠가 특이한 생물의 서식처를 방문하여 그 생물이 야생의 상태로 살아가는 것을 보고 싶어 하는 기대심리와 관련이 있을지도 모른다. 반면에, 그런 생물을 개인적으로 보거나 서식처를 경험하는 것을 기대 또는 필요로 하거나 궁금해 하지 않는 사람도 있다. 이러한 이유로 해서, 존재가치(existence value)는 비사용가치(non-use value)로 간주된다. 즉, 사람들은 현재와 미래에 그 생물을 실용적으로 이용할 의도가 없어도 그 자원의 가치를 인정하는 것이다. 경제적인 관점에서 존재 가치는 생물의 멸종을 막기 위해, 서식처 파괴를 막기 위해, 그리고 점점 감소하는 유전적 다양성을 보호하기 위해서, 인간이 치를 수 있는 금전적 가치를 의미한다(Martín-López et al. 2014). 이와 유사한 개념으로서 **수혜자 가치(beneficiary value)** 또는 **유산 가치(bequest value)**가 있다. 사람들이 후손 또는 후대에 남겨주기 위해

개인과 정부, 그리고 단체들 모두 특정 생물종과 생태계의 지속적인 존속을 보장하기 위하여 매년 막대한 재정을 투입한다.

© Malcolm Schuyl/Alamy Stock Photo

그림 3.15 고래 관찰관광은 지역 경제에 큰 도움이 되고, 참가자들은 종종 고래 보전을 위해 활동하는 단체에 기금을 후원한다. 여기의 관광객들은 멕시코 막달레나 만(Magdalena Bay)에서 캘리포니아회색고래(*Eschrichtius robustus*)를 만나서 기뻐하고 있다. 이러한 인간과 야생동물의 교류는 인간의 삶을 풍요롭게 한다.

어떤 가치 있는 것을 보호하기 위해서 지불할 수 있는 금액을 일컫는다.

판다, 고래, 사자, 그리고 다양한 새처럼, 소위 카리스마 대형동물(charismatic megafauna)이라 불리는 특별한 종들은 사람들에게 강한 인상을 주고, 심지어 보호 본능을 불러일으킨다(**그림 3.15**). 나비나 다른 곤충, 야생화, 버섯을 보호하는 일에 열정을 가지는 단체들도 있다. 사람들은 생물종을 보호하는 단체에 가입하여 활동하거나, 수십억 달러를 기부함으로써 생물종 보호에 직접적으로 참여한다. 미국에서는 매년 수십억 달러가 보전 및 환경 단체에 기부되는데, The Nature Conservancy (2017년 11억 4,400만 달러. 2017), WWF(3억 2,100만 달러), Ducks Unlimited(2억 2,400만 달러), 그리고 The Sierra Club(8,300만 달러)과 같은 단체가 대표적이다. 시민들 또한 보전 프로그램에서 돈을 쓰고, 야생생물 서식처를 위해 토지를 매입하는 방식으로 정부의 정책을 유도함으로써 관심을 표명한다. 한 사례로서, 미국 정부는 희귀종인 갈색펠리컨(*Pelecanus occidentalis*)을 보호하는 데 수백만 달러를 투자하였다. 처음에는 멸종위기종법으로 보호하였지만, 지금은 개체수가 회복된 것으로 간주된다.

존재 가치는 온대 고생림, 열대우림, 산호초, 프레리의 남은 부분, 기타 경관이 빼어난 지역에도 적용된다. 점점 더 많은 사람과 단체에서 이러한 생태계의 보존을 위하여 기부하거나 투자한다. 심지어 선거 공약의 큰 부분을 차지하기도 할 만큼 생태계 보전의 관심이 높아지고 있다. 더 나아가, 공립학교의 교육 과정에 환경 교육이 포함되기를 원하는 학부모가 늘어나고 있다(예, www.epa.gov/education).

요약하면, 생태경제학은 생물다양성에 의해 제공되는 상품과 서비스를 폭넓은 시야로 바라볼 수 있도록 도움을 주었다. 이전에는 고려하지 못하였던 환경에 영향을 미치는 중요한 요소들을 지금은 더 자세히 파악한 후 계산에 넣을 수 있기 때문에, 생태경제학은 결국 연구자로 하여금 연구 및 사업을 더욱 면밀하게 파악하고 분석할 수 있게 도와준다. 대규모 개발 사업을 분석해 보면, 초기에는 성공적이라고 생각했던 사업이 궁극적으로는 경제적 손실을 가져온 경우도 있다. 예를 들어, 열대 습지생태계로부터 물길을 끌어와서 물을 사용하는 관개수로 개발과 같은 사업을 평가하기 위해서는 단기 이익(작물의 생산량 증대)과 장기적인 환경 비용(생태계 서비스 손실)을 비교하여 분석하여야 한다. **그림 3.16**은 열대 습지생태계의 사용가치, 부가

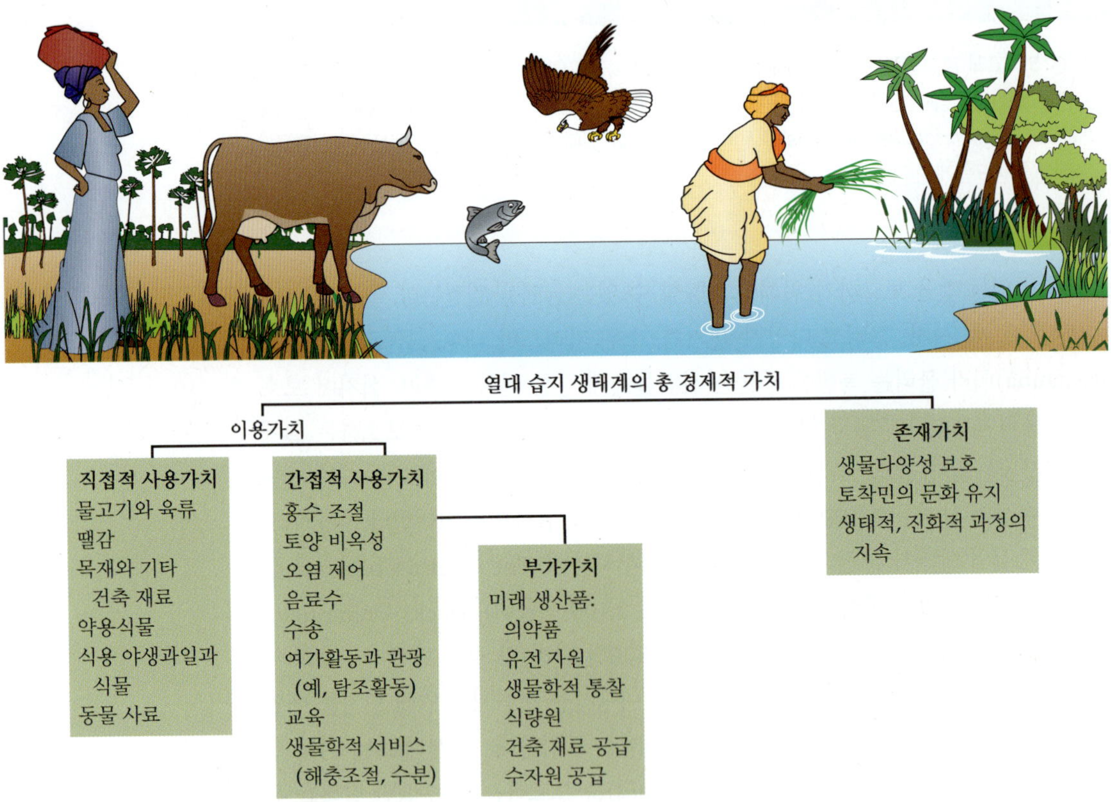

그림 3.16 개발 사업의 성공 여부에 대한 평가는 그 사업으로부터 오는 모든 영역의 환경 영향이 포함되어야 한다. 이 그림은 직접적 사용가치, 간접적 사용가치, 부가가치, 존재가치를 포함하는 열대 습지생태계의 총 경제적 가치를 보여주고 있다. 관개용수 사용으로 인해 습지의 수자원이 제거된다면, 해당 습지 생태계의 가치는 감소한다. 이렇게 감소한 생태계의 경제적 가치를 계산했을 때, 해당 관개수로 사업은 경제적으로 이득이 아닌 손해가 될 수 있다. (After M. J. Groom et al. 2006. *Principles of Conservation Biology*, 3rd Ed. Oxford University Press/Sinauer, Sunderland MA.; based on data in L. Emerton. 1999. *Evaluating Eden Series Discussion Paper No. 5*, IIED, London.)

가치, 그리고 존재가치를 포함하는 총경제적 가치(Total economic value)를 보여준다. 습지생태계가 수원의 감소로 피해를 입을 때, 그림에서 확인할 수 있듯이 서비스를 제공하는 생태계의 기능은 감소하고, 그 전반적인 가치는 크게 줄어들며, 그 결과 해당 사업은 경제적 관점에서 성공이라 평가할 수 없게 될 것이다. 성공적인 사업, 이는 명확한 경제학적 이익 가져오는 동시에 자연적 가치를 지키는 통합된 성공을 뜻한다.

환경윤리

학습 목표

이 절에서는 다음 내용에 주안점을 두기 바란다.

1. 종/생태계 보전의 사례에 대하여 윤리적 논쟁을 적용할 수 있어야 한다.
2. 생태학이 일상에 얼마나 깊이 관여하고 있는지에 대한 예시를 들 수 있어야 한다.

현대 사회에서 우리는 생물다양성, 환경의 질, 그리고 웰빙(well-being)을 지키기 위해서, 규정, 인센티브, 벌금, 환경 모니터링 그리고 평가와 같은 수단을 이용한다. 상호보완적인 접근방법으로는 물질 사회의 근본적인 가치를 변화시키는 것이다. 철학의 한 분야로서 활발하게 성장하고 있는 **환경윤리학(environmental ethics)**은 자연이 가지는 윤리적 가치를 명확히 정립하며, 이에 따른 당연한 결과로서 현대 사회에 만연하는 물질주의적 가치에 도전한다(Stenmark 2017; Traer 2018). 만일 현대 사회가 부의 추구에 무게를 두지 않는 대신에 진실한 참된 삶의 추구에 집중한다면, 자연 환경의 보존과 생물다양성의 유지는 기존의 입지에 비하여 더욱 근본적인 우선순위가 될 수 있다(Muiños et al. 2015).

생물다양성의 윤리적 가치

환경윤리(environmental ethics)는 오늘날 사람들에게 타당한 미덕과 가치를 제공한다. 환경에 전례 없는 위기가 닥쳤을 때 윤리적인 논쟁은 생물다양성을 보전하려는 사람들에게 확신을 주고 설득시킬 수 있다. 윤리적인 논쟁은 또한 중요하다. 왜냐하면, 비록 경제적 논쟁 자체가 어떤 생물종과 생태계의 가치를 평가하는 기초를 제공해 준다고 할지라도, 경제적인 가치평가는 또한 보호할 종과 아닌 종을 구분하여 어떤 종을 절멸로 이끌 근거를 제공해 줄 수도 있기 때문이다(Rolston 2012). 기존의 경제적인 관점에서는 개체수가 적거나, 매력적이지 않거나, 당장 사용가치가 없거나, 또는 경제적으로 중요한 어떤 종과 직접적 관련이 없는 종들은 가치가 낮게 평가될 것이다. 이러한 종의 보존을 위해 개발을 방지하고 자원을 투자하는 것은 명백한 경제적 당위성을 갖지 못할 것이다. 실제로 많은 경우에서, 경제적 비용-편익 분윤리적 논쟁은 생물다양성을 보호하기 위한 경제적 논쟁과 생물학적 논쟁을 보완할 수 있다. 그러한 윤리적 논쟁은 많은 사람들에게 쉽게 이해된다.

석은 멸종의 과정이 진행 중인 종들에 대한 파멸을 초래할 것이다.

그러나 어떤 경제적인 정당성에도 불구하고, 많은 사람들은 윤리적 신념을 바탕으로 종의 멸종에 반대하는 의견을 내려고 한다. 경제적인 이익이 있을지언정, 살아있는 생명체를 인간의 탐욕에 따라 멸종의 길을 걷게 하는 것은 도의적으로 옳지 않다는 주장이다. 특이한 생태계와 유전적 변이를 보호하는 것 또한 같은 맥락에서 설명된다. 생물다양성 보존을 위한 윤리적 주장이 사람들에게 울려 퍼진다. 왜냐하면, 그들이 우리의 더욱 고귀한 본능이나 성스러운 창조물에 대한 신념에 호소하기 때문이다(Melin 2016).

생물종의 내재적 가치와 다른 사람에 대한 의무에 기초를 둔 다음 주장들은 보전생물학에 있어서 중요한데, 왜냐하면 그러한 주장들이 명백히 경제적 가치가 없는 모든 종의 보호를 위한 논리를 제공해주기 때문이다.

사람들이 생물종과 생물다양성이 지닌 다른 측면을 보호하는 데 대한 책임을 가져야 한다는 주장이 제기될 수 있다. 이는 사람의 필요 때문이 아니라, 그것들이 가진 내재적인 가치 때문이다.

각자의 생물종은 존재할 권리가 있다 모든 생물종은 생존 문제에 대한 독특한 생물학적 해결책을 보여준다. 이러한 이유로 인간에게 가지는 중요도와 상관없이 각 생물종의 생존은 존중되어야 한다. 개체가 크든 작든, 구조가 간단하든 복잡하든, 오래된 것이든 최근에 진화한 것이든, 경제적으로 중요하든 당장 인간에게 경제적 가치가 없든, 인간이 좋아하든 싫어하든 간에 모든 종은 똑같이 존재할 권리를 가지고 있다. 각 생물종은 인간의 필요나 욕구와는 상관없이 **내재적 가치(intrinsic value)**로 표현되는 그 자체의 가치를 가지고 있다(Smith 2016). 이러한 주장은 이 절의 후반부에서 언급할 심층생태주의 운동(deep ecology movement)과 연결되어 인간은 다른 어떤 종도 파괴시킬 권리가 없으며, 인간의 활동으로 인해 멸종되어 가는 종을 적극적으로 보호할 도덕적 책임을 가진다는 것을 제시한다. 또한 인간은 더 큰 생물군집의 일부분임을 인식시켜 주고, 우리가 우주의 중심이 아니라는 사실을 환기시켜 준다(**그림 3.17**).

모든 종들은 독립적이다 생물종은 자연 군집에서 복합적인 방법으로 상호작용한다. 한 종의 유실은 생물군집 속의 다른 종들의 존속에 대해서 훨씬 더 큰 결과를 초래할 수 있다(제2장에서 설명). 다른 종들이 멸종될 수도 있고, 전체 생태계가 종들의 연속적인 멸종의 결과로 불안정하게 될 수도 있다. 이러한 이유로, 만약 우리가 자연의 일부분이라도 가치 있게 여긴다면, 우리는 자연 전체를 보호해야 한다(Leopold 1949). 각자의 종이 따로 독립적으로 생존하는 것이 아니라 서로 상호작용하면서 전체 생태계의 존속에 영향을 미치기 때문에, 우리는 생태계 전체를 보전해야 한다는 관점과 의식을 가져야 한다. 생명체 중에서 가장 인기가 없는 기생충을 예로 들어 보면, 이들은 엄청난 개체수에도 불구하고 숙주가 멸종위기에 처하면 역시 멸종에 직면한다(Thompson et al. 2018). 숙주와의 밀접한 진화적 관계를 고려할 때, 기생충의 유실은 생태계 전체를 통하여 위험한 파급효과를 가져온다. 숙주의 생존에

그림 3.17 환경윤리의 어떤 원리에 따르면, 인간은 이 세상의 정점에서 다른 생물종을 착취하고 위해를 가할 권리를 가진 것처럼 행동하는 것은 잘못된 것이며(왼쪽 그림), 대신 모든 생물종은 생존에 동일한 권리를 가지는 것처럼 행동해야만 하는 도덕적 책무가 인간에게 있다(오른쪽 그림). (Silhouettes © glyph/Shutterstock, © ntnt/Shutterstock, and © theromb/Shutterstock.)

직접적인 영향을 줄 뿐만 아니라, 숙주의 형태와 행동을 바꾸어 숙주의 개체수를 조절하는 역할을 하기 때문이다.

모든 종과 생태계는 상호의존적이다. 따라서 자연의 모든 부분은 보호되어야 한다. 생물다양성 모두를 보호하는 것은 사람들에게 오랜 관심사였다.

인간은 지구의 청지기 역할을 수행할 책임이 있다 종교를 믿는 많은 사람들은 생명체가 신의 창조물이므로, 이를 인위적으로 파괴하는 행위는 잘못된 것이라고 믿는다(제1장 참조). 만일 신이 세상을 창조하였다면, 신이 창조한 생물종도 아마 가치를 갖고 있을 것이다. 유대교, 기독교, 이슬람교의 전통 속에서 동물 종을 보호해야 하는 인간의 책임은 하나님과의 약속의 한 부분이라고 성경에 분명하게 기록되어 있다. 예를 들어, 말레이시아의 무슬림 성직자는 최근에 멸종위기종의 사냥에 반대하는 인도네시아의 파트와(*fatwa*, 종교적 칙령)에 참여하였다. 인도네시아 종교 지도자 의회의 아스로룬 니암 솔레(Asrorun Niam Sholeh)는 "무슬림으로서, 우리는 생태계의 균형을 지켜야 하는 의무를 진다(Yi 2016)"라고 언급하였다. 힌두교나 불교를 포함하는 다른 주요 종교들도 인간 이외의 생명체를 보존하는 일을 강하게 지지하고 있다. 인도의 종교 지도자 마하트마 간디(Mahatma Gandhi, 1869~1948)는 "의인은 모든 살아있는 생명체의 친구이다"라는 가르침을 주었다.

인간은 미래 세대에 대한 책임을 가진다 우리 일상생활 가운데 지구의 천연자원을 훼손하고 많은 생물종을 멸종에 이르게 한다면, 우리의 후손은 낮은 수준의 생활과 삶의 질에 직면하는 큰 대가를 치르게 될 것이다(Gardiner et al. 2010). 종들이 멸종하고 황무지가 산업지대로 개발되면서, 아이들은 점차 야생에서 새로운 동물과 식물을 관찰하는 경이로움을 체험하면서 자랄 수 있는 기회와 가장 극적인 경험을 빼앗기게 된다. 우리는 좀 더 책임감을 갖고서 지구를 좋은 상태로 물려받기를 기대하는 미래 세대로부터 지구를 빌려 쓰고 있다는 사실을 자각할 필요가 있다.

인간 생명과 다양성에 대한 존중은 생물다양성에 대한 존중과 양립할 수 있다 어떤 사람은 자연의 내재적인 가치를 인식하려면 사람들이 자원과 기회로부터 멀리 떨어져야만 가능한 것으로 걱정한다. 그러나 생물다양성을 존중하고 보호하는 것이 더 많은 기회와 더 좋은 건강을 가져다 줄 수 있다(Kilpatrick et al. 2017). 보전생물학의 가장 흥미로운 점은 생물다양성 보전과 연관된 여러 방법을 통해서 경제적 발전으로부터 취약한 시골 사람들을 지원할 수 있다는 점이다. 선진국에서의 **환경정의**운동(**environmental justice** movement)은 빈곤하고 정치적으로 취약한 사람들에게 스스로의 환경을 보호할 수 있는 권한을 부여하도록 한다. 이러한 과정에서 그들의 웰빙(Well-being)과 생물다양성 보호는 향상된다(Robinson 2011).

사람은 생물다양성의 심미적 오락적인 기쁨으로부터 혜택을 얻는다 역사적으로 시인, 작가, 화가, 음악가 등 모든 문화 영역의 사람은 자연으로부터 영감을 얻었다(Swanson et al. 2008; Thoreau 1854). 대부분의 사람들은 야생과 자연 경관을 심미적으로 즐기고, 이러한 기쁨은 우리의 삶의 질을 높여준다. 자연과 관련된 활동은 유년기 발달에 중요하며(Luck et al. 2011), 우리의 건강도 향상시켜 준다(Donovan et al. 2013).

미국의 환경운동가 폴 셰퍼드(Paul Shepard, 1925~1996)는 인류가 일구어낸 문명으로 인해서 인간이 자연과 점차 멀어졌으며, 인간의 정서적인 안정과 심리적인 건강을 위해서는 자연과 밀접한 관계를 맺는 것이 중요하다고 주장했다. 이와 관련된 견해로는 자연결핍장애(nature deficit disorder)가 있다. 작가 리처드 로브(Richard Louv, 2005)가 주장한 이 견해는 인간이 자연과 멀어졌을 때 생기는 여러 가지 측면에서의 문제를 일컫는다. 나무숲이 충분하게 조성된 도심 환경이 그렇지 않은 곳보다 범죄율이 더 떨어진다는 사례는 이러한 견해를 뒷받침한다(예, Gilstad-Hayden et al. 2015). 하이킹, 카누잉, 산악 등반 등의 여가활동은 육체적인 즐거움을 주며, 심신의 안정을 가져다 준다. 이러한 활동을 즐기기 위해서, 사람들이 매년 수백억 달러를 쓰는 것에서 그 가치를 알 수 있다. 생물다양성의 감소는 이러한 경험을 사라지게 한다. 이주하는 철새가 없는 자연, 야생화와 나비가 없는 들판을 생각할 수 있을까? 우리는 아직까지 자연을 그만큼 즐기고 있는가?

사람들은 자연 세계가 제공하는 지식으로부터 혜택을 얻는다 자연과학 분야의 핵심적인 3가지 수수께끼는 바로 (1) 생명이 어떻게 기원했는가? (2) 생명의 다양성이 어떻게 상호작용하여 복합적인 생태계를 형성하였는가? 그리고 (3) 인간은 어떻게 진화하였는가? 이다. 수천 명의 생물학자가 이 3가지 질문을 풀기 위해 연구하고 있으며, 해답에 근접해 가는 중이다. 분자생물학의 새로운 기술들은 화석을 통해 밝혀진 과거의 여러 멸종된 종과 현존하는 생물의 관계를 연결지을 수 있게 해준다. 그러나 여러 여러 종이 멸종하여 생태계가 큰 피해를 입으면, 진화상의 중요한 연결고리가 사라짐으로써 수수께끼는 더욱 풀기 어려워진다. 예를 들어, 만일 호모 사피엔스(*Homo sapiens*)와 가장 가까운 현존하는 영장류인 침팬지, 보노보, 고릴라 및 오랑우탄이 야생에서 멸종된다면, 인류의 육체적, 사회적 진화 과정을 밝히기 위한 중요한 단서를 잃게 된다.

심층생태주의

잘 발달된 환경 철학의 한 갈래로서 환경 행동주의를 지원하는 사상이 **심층생태주의(deep ecology)**이다(Naess 2008; Witoszek and Mueller 2017). 심층생태주의는 생물 중심적 평등의 기본 전제 위에 세워졌는데, 이는 "지구 상의 모든 생물은 살아가고 꽃피우며, 널리 퍼져나가기 위해 그들 스스로의 개별 양식으로 뻗어나가는 데에 있어서 동등한 권리를 가진다......라는 직관"으로 표현된다(Devall and Sessions 1985). 인간이 지구 상에서 살아가고 번성하듯이, 같이 살아가고 있는 다른 생물도 그렇게 되어야 한다(그림 3.17 참조). 심층생태주의자들은 인간의 관심사를 최상으로 둔채 물질적인 조건으로 인간 행복을 바라보는 기존의 지배적인 세계관에 반대한다.

심층생태주의는 개인적인 태도와 생활양식, 그리고 사회마저도 바꿈으로써 생물다양성의 보호에 더 큰 가치를 두는 것을 지지하는 환경 철학의 한 갈래이다.

심층생태주의자들은 자연의 내재적 가치를 받아들이는 것을 한계라기보다는 더 나은 삶을 살아가는 기회로 본다. 오늘날의 인간 활동은 지구 생물다양성을 파괴하고 있기에, 현존하는 정치적, 경제적, 기술적, 사상적 구조는 변해야만 한다. 심층생태주의로 불리는 이러한 변화는 모든 사람의 삶의 질을 향상시키고, 높은 수준의 물질적 소비보다는 환경의 질, 심미성(aesthetics), 문화, 그리고 영성(spirituality)의 개선을 강조하는 것을 수반한다. 심층생태주의 철학은 우리가 일하고, 공부하고, 기도하고, 쇼핑하는 제도를 바꾸는 과정에서, 정치적 행동주의를 통하여 필요한 프로그램을 수행하도록 일하게 하는 의무와 개인적 생활양식을 바꾸도록 하는 책무를 포함한다(Bearzi 2009). 심층생태주의 운동과 다른 관련된 윤리적 종교적 주장의 관점은 전문 생물학자, 생태학자, 그리고 여러분처럼 모든 관심 있는 사람에게 있어서, 그들의 편협되고 일상적인 관심사와 "마치 자연만이 중요한 것처럼" 행동하고 살아가는 것으로부터 벗어나게 해준다(Naess 1989). 심층생태주의의 이러한 사상은 현재 생물다양성을 보호하기 위한 더 통일된 주장의 꾸러미를 새로이 만들기 위하여 "인간과 자연의 관계에 있어서 과학에 기초한 비전"과 생태경제학의 융합을 시도하고 있다(Witoszek and Mueller 2017).

국내 사례연구

국가생물다양성 인벤토리

어느 국가든 지역의 생물다양성을 보전하고 생물자원을 이용하기 위하여 가장 먼저 해야 할 일이 생물종목록을 만드는 일이다. 특히, 생물다양성협약의 체결(1992)과 나고야 의정서의 발효(2014)에 따라 국제사회에서 자국의 생물자원에 대한 보호와 주권 의식이 나날이 강화되고 있는 시점에서 각 국가는 생물다양성에 대한 현황을 과학적으로 파악하고 자생 생물자원에 대한 체계적인 관리를 하는 것이 더욱 필요하게 되었다.

우리나라의 자생생물은 국립생물자원관이 설립되기 이전인 2006년까지 29,916종이 기록되어 있었지만, 그 이후 "한반도 자생생물 조사 발굴 연구사업"과 같은 국가 주도의 집중적인 조사연구의 결과 덕분에 2020년에 54,428종이 목록화됨에 따라 2006년부터 2020까지 15년 동안 한반도 자생생물 기록종이 약 1.8배 증가하였다. 또한 한반도의 전체 기록종 54,428종 중에서 식물 5,557종(10.2%), 척추동물 2,027종(3.7%), 무척추동물 12,446종(22.9%), 곤충 19,250종(35.4%), 미생물 15,148종(27.8%)이 한반도에서 서식한다는 것이 알려졌다. 한국의 생물다양성에 대한 통계자료는 국가생물다양성 통계자료집에 수록되어 있다.

생물종 조사 발굴 연구사업의 결과는 최근의 생물분류체계로 분류되어 국가생물종목록으로 만들어져서, 국립생물자원관의 홈페이지(https://species.nibr.go.kr/index.do)를 통해 전문가와 학생 및 일반 시민에게 제공되고 있다. 국가생물종목록에 수록된 종들 중에서 멸종위기종, 기후변화 지표종, 산업화 대상종 등 주요종들은 기재문, DNA 염기서열, 서식처, 분포, 생태, 이미지, 멀티미디어 등의 디지털 정보가 구축되어 생물의 계통, 진화 연구 등의 학술 연구와 교육에 기초 자료로 이용되고 있으며, 기후변화에 따른 지표종의 변화 같은 생물 분포 모니터링 사업과 바이오산업의 생물소재를 탐색하는 기반이 된다.

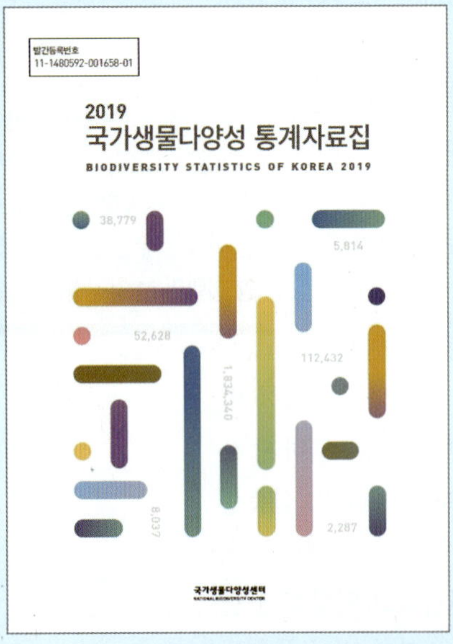

국가생물다양성 통계자료집(2019년)

국립생물자원관의 한반도 생물다양성 통합관리시스템 (https://species.nibr.go.kr/index.do)

요약

- 생태경제학은 생물다양성을 가치평가하기 위한 방법론을 개발해 왔고, 이 과정에서 생물다양성 보전을 위한 다양한 논지를 제공하였다. 사람들이 자연으로부터 파생시켜 온 혜택을 생태계 서비스라 부른다. 이러한 서비스들은 그들의 사용가치에 따라 설명되고 정량화될 수 있다.
- 직접사용가치는 목재, 화목, 물고기, 야생동물, 식용식물, 약용식물처럼, 자연에서 수확되는 산물을 지칭한다. 또한 직접사용가치는 해당 지역에서 자체적으로 소비되는 산물인 소비적 사용가치와 자연에서 수확된 후 시장에서 팔리는 산물인 생산적 소비가치로 세분될 수 있다.
- 간접사용가치는 사람에게 경제적 이익을 제공하지만, 사용 과정에서 직접 수확되지 않는 생물다양성의 보이지 않는 가치를 일컫는다. 비소비적 사용가치는 생태계 생산성, 토양과 수자원의 보호, 야생종과 상업적 작물과의 양의 상호작용, 그리고 기후 조절 등을 포함한다. 생물다양성은 또한 레크리에이션, 교육, 그리고 생태관광과 같은 활동에 대한 가치를 제공한다.
- 생물다양성의 부가가치는 새로운 의약품, 산업 생산품, 작물처럼, 인간 사회에 미래의 혜택을 제공하는 잠재적인 가치이다. 생물다양성은 또한 존재가치를 포함하는데, 이는 사람들이나 정부가 직접 또는 간접적인 사용계획 없이도 생물종과 생태계를 보호하려고 지불할 의향이 있는 금전적 양으로 나타낼 수 있다.
- 환경윤리학은 생물다양성의 보전을 정당화하는 종교적 그리고 세속적 가치 체계에 호소한다. 가장 핵심적인 윤리적 논지는 생물다양성에는 사람이 직접 필요로 하는 것 이외의 내재적 가치가 있으므로, 생물종과 생물다양성의 다른 요소들을 보호해야만 한다고 주장한다. 나아가 우리의 웰빙(Well-being)은 건강하고 온전한 자연환경과 연결되어 있으므로, 생물다양성은 반드시 보호되어야만 한다.

토론 주제

1. 아담 스미스가 주장하는 경제학의 기본 원리가 생물다양성을 보전하는 데에 충분하지 않은 이유를 들고, 시장의 실패에 대하여 취약한 어떤 사례를 찾아보시오.
2. 현재 여러분이 살고 있는 곳 주변에 댐, 고층 건물 건축, 쇼핑몰, 고속도로, 주거지역 등 대형 개발 사업의 사례를 찾아보고, 경제적인 이득과 인간의 건강, 그리고 생물다양성의 측면에서 이러한 사업이 가져다 주는 비용과 혜택을 계산해 보시오. 누가 더 큰 대가를 치르고, 누가 대부분의 수혜를 받는지 생각해 보고, 과거에 있었던 사례들 또한 분석해 보시오.
3. 현재 당신이 살고 있는 곳 주위에 인간이 이용하는 자연자원들을 고려해 보시오. 이러한 자원들에 경제적 가치를 매길 수 있는지 생각해 보고, 만약 직접 수확할 수 있는 생산물의 경우가 아니라면, 홍수 조절, 담수 자원 공급, 그리고 토양 유실 방지와 같은 생태계 서비스의 측면에서 고려해 보시오.
4. 어떤 잠자리 종이 서식하는 연못과 그 주변의 토지를 구입하여 유지할 수 있는 자금이 마련되지 않을 경우, 해당 종의 유일한 개체군이 소멸하게 된다고 상상해 보시오. 이 종의 금전적 가치를 어떻게 매길 수 있는가?
5. 살아 있는 생물체, 생물종, 생물군집, 그리고 강, 호수, 산과 같은 물리적인 실체는 권리를 가지는가? 우리가 원하는 어떤 방법으로도 이들을 다룰 수 있는가? 이러한 경우, 우리는 도덕적 책임의 경계선을 어디에 그려야 하는가?

특히 농업으로 인한 서식지 파괴와 손실은 생물다양성 손실의 주요 원인이다. 브라질 미나스 제라이스의 농경지 위성 사진은 생물다양성에 영향을 미치는 환경 변화를 기록하는 데 점점 더 많이 이용되고 있다.

4

생물다양성에 대한 위협: 서식지 변화

건강한 환경을 유지한다는 것은 생태계, 개체군, 종, 인구 및 유전적 다양성 등 모든 구성요소를 양호한 상태로 보존함을 의미한다. 만약 종, 생태계, 개체군이 지역 환경 조건에 적응한다면, 많은 종들이 왜 사라지는 것일까? 시간이 지남에 따라 같은 위치에서 존속하지 못한 채 변화하는 환경에 적응할 수 없는 이유는 무엇인가? 이러한 질문에 대하여 간단하게 답할 수 있다. 대량의 인위적 교란(즉, 인간 활동으로 인한 교란)은 환경을 대규모로 변화 및 악화시키고 파괴하고 있으며, 인구, 종 및 전체 생태계를 붕괴시키고 있다.

생물다양성에는 서식지 파괴, 서식지 파편화, 서식지 악화(오염 포함), 지구 기후변화, 인간의 종에 대한 과잉 착취, 외래종 침입과 질병의 확산과 같은 7가지 주요 위협이 있다(**그림 4.1**). 이러한 직접적인 위협은 인구 증가와 소비 증가라는 간접적인 위협의 결과이다(그림 1.2 참조). 대부분의 멸종위기에 처한 종은 최소한 2가지 위협에 직면하고 있으며, 이들이 상호작용하여 멸종을 앞당기고, 종을 보호하려는 노력을 방해한다(Tilman et al. 2017). 또한 여러 위협이 추가적으로 상호작용할 수 있다. 시너지 효과로 인해서 종이나 생태계에 여러 위협이 가중되는데, 이처럼 결합된 영향은 개별적인 영향보다 더 크게 나타난다.

Photo by Google-Data SIO, NOAA, U.S.Navy, GEBCO ICBCAO Landsat/Copernicus USGS

이 장에서, 우리는 인구 증가가 서식지 감소, 파편화, 오염 및 기타 파괴를 어떻게 초래하는지 본질을 탐구할 것이다. 생물다양성에 대한 대부분의 위협과 서식지 파괴 모두가 인간에 의한 것은 아니지만, 그 비율과 규모는 인간의 활동이 원인일 수 있다. 전형적으로, 이러한 위협이 매우 빠르게 대규모로 증가하기에, 종들이 그 변화에 유전적으로 적응하거나 더 적합한 장소에 분포하지 못하는 상황이다. 이러한 서식지 변화를 기록하고, 그 영향을 측정하여 행동의 우선순위를 정할 수 있도록 하는 것이 보존생물학의 역할일 것이다.

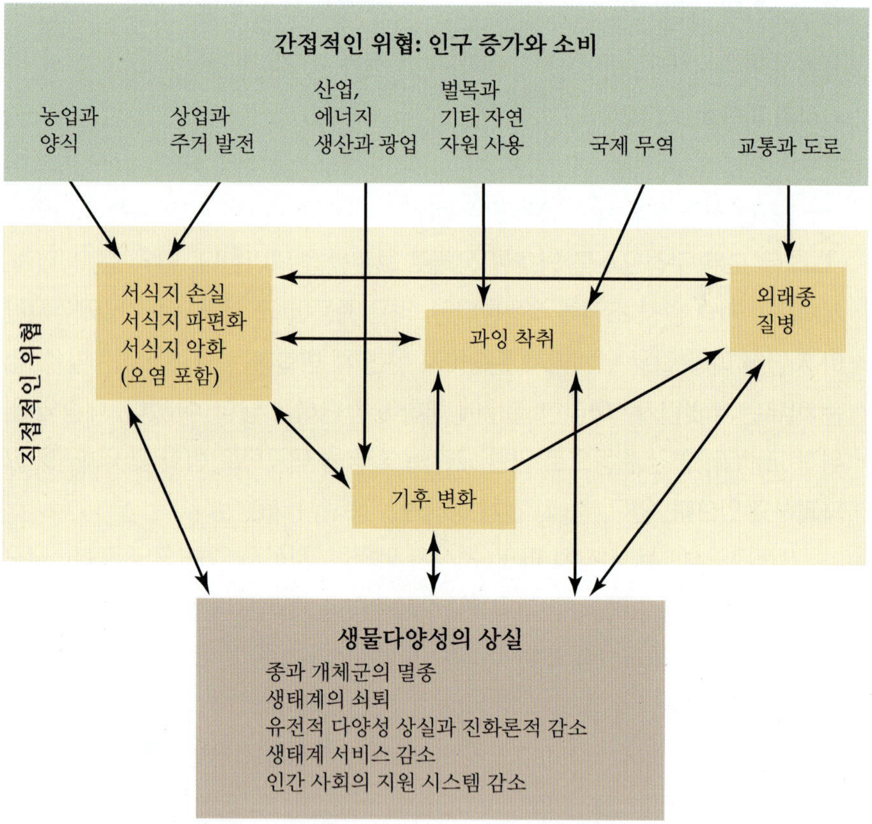

그림 4.1 생물다양성에 대한 직접적인 위협(노란색 상자)은 인간 활동의 결과이다. 사람들의 개별 활동(녹색 상자)이 특정 위협과 연관되어 있고, 모두 각각의 위협에 원인이 될 수 있다. 예를 들어, 농업은 주로 서식지 및 오염의 손실과 관련이 있지만, 외래 종 침입과 화석 연료 사용을 통해 기후변화에 영향을 미친다. 또한 이러한 직접적인 위협은 시너지 효과를 가져와 생물다양성의 손실을 가속화할 수 있다. (After M. J. Groom et al. 2006. *Principles of Conservation Biology*, 3rd Ed. Oxford University Press/Sinauer Associates: Sunderland, MA, with updates from IUCN 2018. Threats Classification Scheme. Version 3.2. https://www.iucnredlist.org/resources/threat-classification-scheme.)

인구 증가와 영향

학습 목표

이 절에서는 다음 내용에 주안점을 두기 바란다.

1. 인구 증가와 생물다양성의 손실을 연결하는 그림 4.1을 해석할 수 있어야 한다.
2. IPAT 공식($I = PAT$) 및 그림 4.3에 표시된 데이터를 사용하여 지리적으로 작은 규모인 일본이 몽골처럼 큰 국가보다 세계 자원에 더 많은 영향을 미치는 이유를 파악할 수 있어야 한다.

인구 증가율이 약 300년 전까지는 인구 증가율이 상대적으로 느렸으며, 출생률은 사망률보다 약간 높았다. 생태계의 가장 큰 파괴는 산업혁명 이후 발생했고, 그 기간 동안 인구는 1850년 10억 명에서 2018년 77억 명으로 크게 늘었다. 인구는 21세기 중반까지 최대 90억 명에서 100억 명에 이를 수 있다(그림 1.1 참조). 인간의 출생률은 높아진 반면, 사망률은 감소함에 따라 인구 수치가 크게 증가했는데, 이는 대부분 현대 의학의 성과(특히, 질병 관리 부문)와 질소 비료의 출현에 의한 보다 안정적인 식량 공급의 결과이다. 인구 증가가 세계의 선진국과 아시아 및 라틴 아메리카의 일부 개발도상국에서 둔화되었지만 다른 지역, 특히 열대 아프리카에서는 여전히 높게 나타난다.

생물다양성에 대한 주요 위협-서식지 파괴, 서식지 파편화, 오염, 지구 기후변화, 자원의 과잉 착취, 외래종, 질병의 확산은 모두 인구 팽창의 근본적인 원인이다.

인간의 활동은 전 세계 생태계를 지배한다(**그림 4.2**). 사람들은 땔감, 목재, 야생 육류, 야생 식물과 같은 많은 양의 천연자원을 사용하고, 광대한 자연 서식지를 농업 및 주거용 토지로 전환한다. 농업 시스템과 기타 인간 활동은 현재 지구 지표면의 4분의 1을 차지한다(Krausmann et al. 2013). 그 밖의 모든 것이 동일하지만, 인간의 영향력이 점점 더 커지고, 농업을 위해 더 많은 토지를 개간함에 따라, 생물다양성이 점점 더 줄어들고 있다(Clark and Tilman 2017; Turcotte et al., 2017). 예를 들어, 인구 밀도가 높은 환경에 있는 강에서 질소 오염이 심각하고, 인구 증가율이 가장 높은 국가에서 삼림벌채율이 가장 높다. 따라서 일부 과학자는 인구의 규모를 조절하는 것이 생물다양성을 보호하는 열쇠라고 강력하게 주장했다(Crist et al. 2017; Ehrlich et al. 2012; Tilman et al. 2017; Bradshaw and Brook 2014 참조).

건강한 생태계는 지역 관습이나 정부에 의해 인간 활동이 규제된다면 인구 밀도가 높은 지역과 대도시에서도 유지될 수 있다. 아프리카와 인도, 중국에서 신성시되는 나무숲은 주변 마을에 의해 보존되는데, 이러한 숲은 국지적으로 생물 군집이 관리되는 좋은 예이다. 때때로, 이러한 규정은 전쟁, 정치적 불안, 또는 사회 불안정에 의해 파괴된다. 이러한 사항이 세대를 걸쳐서 지속적으로 발생했을 때, 자원을 수집하고 판매하려는 쟁탈전이 일어난다. 인구 밀도가 높고, 도시가 확장될수록 잠재적

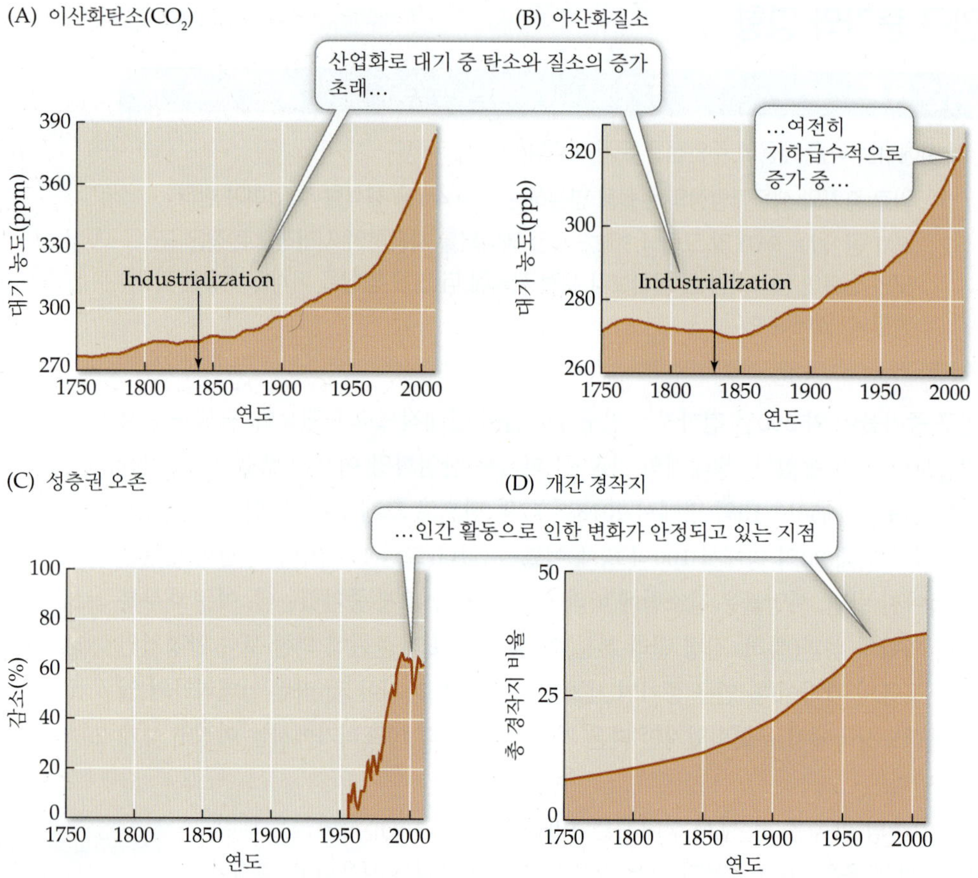

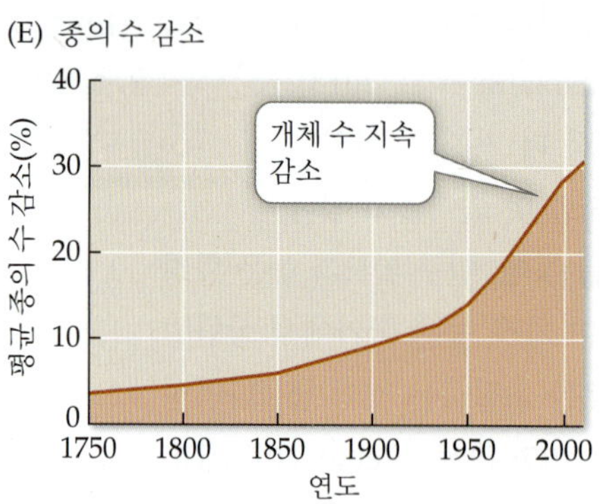

그림 4.2 인구의 증가는 대기 중 이산화탄소로 인한 지구 탄소의 대량 증가(A), 아산화질소의 상승에 의한 질소 순환(비료 사용 및 화석 연료 연소가 원인임)(B), 성층권 오존 및 기타 에어로졸(C), 농업 및 기타 개발로 토지 전환(D)을 포함하여 생물권의 여러 측면에 영향을 미쳤다. 이는 전 세계적으로 야생동물 개체수가 감소한 것과 일치한다 (E). (W. Steffen et al. 2015, *Anthropocene Rev* 2: 81–98.)

으로 파괴와 보존이 동시에 크게 나타나므로 인간 활동을 더 면밀하게 규제해야 한다(Adams and Klobodu 2017).

선진국과 개발도상국의 부유한 소수의 사람들이 세계 에너지, 광물, 목재 및 식품(Mills Busa, 2013)을 불균형적으로 많이 소비함으로써 환경 불균형에 영향을 미친다. 인구가 환경에 미치는 영향 (I)은 대략적으로, 공식 $I = PAT$(P는 인구수, A

는 평균 소득, *T*는 기술 수준)로 나타난다(Elrich and Holdren 1971; Vivanco et al. 2016). 이러한 환경 영향은 종종 멀리 떨어져 있는 국가에서도 인구의 영향을 미친다; 예를 들어, 독일, 캐나다와 일본 국민은 다른 국가에서 생산된 식품, 사치품 및 기타 재료를 소비함으로써 다른 국가의 환경에 영향을 준다. 자원과 노동 시장의 상호 연결성이 증가하는 것을 **세계화(Globalization)**라고 한다. 즉, 워싱턴 DC의 집에서 차분히 섭취한 생선은 알래스카 해역에서 왔을 수 있는데, 이곳에서 생선을 포획함으로써 바다사자, 물개, 해달의 개체수 감소에 영향을 주었을 수 있다. 이탈리아나 프랑스에서 식후에 소비되는 초콜릿 케이크와 커피는 서아프리카, 인도네시아, 브라질의 열대우림을 깎아 만든 농장에서 키운 카카오와 커피 원두로 만들어졌다. 최근에는 생물다양성이 존재하는 핫스팟 장소의 모든 1차 생산량의 40%를 매년 사람이 사용하기 위해 수확하고 있으며, 20%는 다른 국가에서 소비되는 것으로 나타났다(Weinzettel et al. 2018). 선진국의 국민은 기후변화를 일으키는 온실 가스를 포함한 폐기물을 생산함으로써 다른 국가에 영향을 미친다.

한 그룹의 사람이 전 세계의 주변 환경과 위치에 미치는 1인당 영향력을 **생태 발자국(Ecological footprint)**이라고 한다(Mancini et al 2018; Wackernagel and Rees 1996; **그림 4.3**). 1인당 생태 발자국은 미국과 캐나다 같은 선진국에서 높고, 인도와 과테말라 같은 개발도상국에서는 상대적으로 낮다.

점점 더 세계화됨에 따라 막대한 자원 소비는 장기적으로 지속 가능하지 않게 되었다.

선진국의 현대 도시는 일반적으로 면적의 수백 배에 달하는 생태 발자국을 가지고 있다. 예를 들어, 캐나다 토론토는 630 km^2의 면적이지만, 시민들에게 식량, 물 및 폐기물 처리장을 제공하기 위해서는 8 ha(0.08 km^2)의 환경 관련 서비스를 필요로 한다(Global Footprint Network National Footprint Accounts 2018). 인구 240만 명의 토론토의 생태 발자국은 185,000 km^2인데, 이는 뉴저지 주나 시리아와 같은 면적이고, 자국 면적의 300배 이상이다. 이러한 과도한 자원 소비는 장기적으로 지속되지 않을 것이다. 안타깝게도, 이러한 소비 패턴을 현재 급속도로 발전하는 중국과 인도 같은 대규모 국가를 포함한 개발도상국의 중산층이 채택함으로써 대규모 환경 파괴 가능성을 높이고 있다(Fan et al. 2017; Franco et al. 2017). 특히, 중국은 빠르게 성장하는 산업 강국으로 부상하여 제조된 제품을 수출할 뿐만 아니라, 전 세계에서 자원을 수입한다. 중국은 현재 세계 최대의 에너지 소비국이다(그림 1.2 참조). 선진국의 부유한 국민은 과도한 자원 소비에 맞서고, 그들의 생활 방식을 재평가하는 동시에 인구 증가를 억제하며, 생물다양성을 보호하고, 개발도상국의 산업이 책임 있는 방식으로 성장할 수 있도록 지원해야 할 것이다.

그러나 "부자와 가난한 국가"라는 이분법을 넘어 전 세계의 중산층과 소비의 부상에 초점을 맞추고, 인구 증가를 해결하는 개별적인 개발 촉진을 모색해야 한다는 주장이 제기되었다(Crist et al. 2017). 특히, 성 평등이 잘 되어 있고, 여성이 교

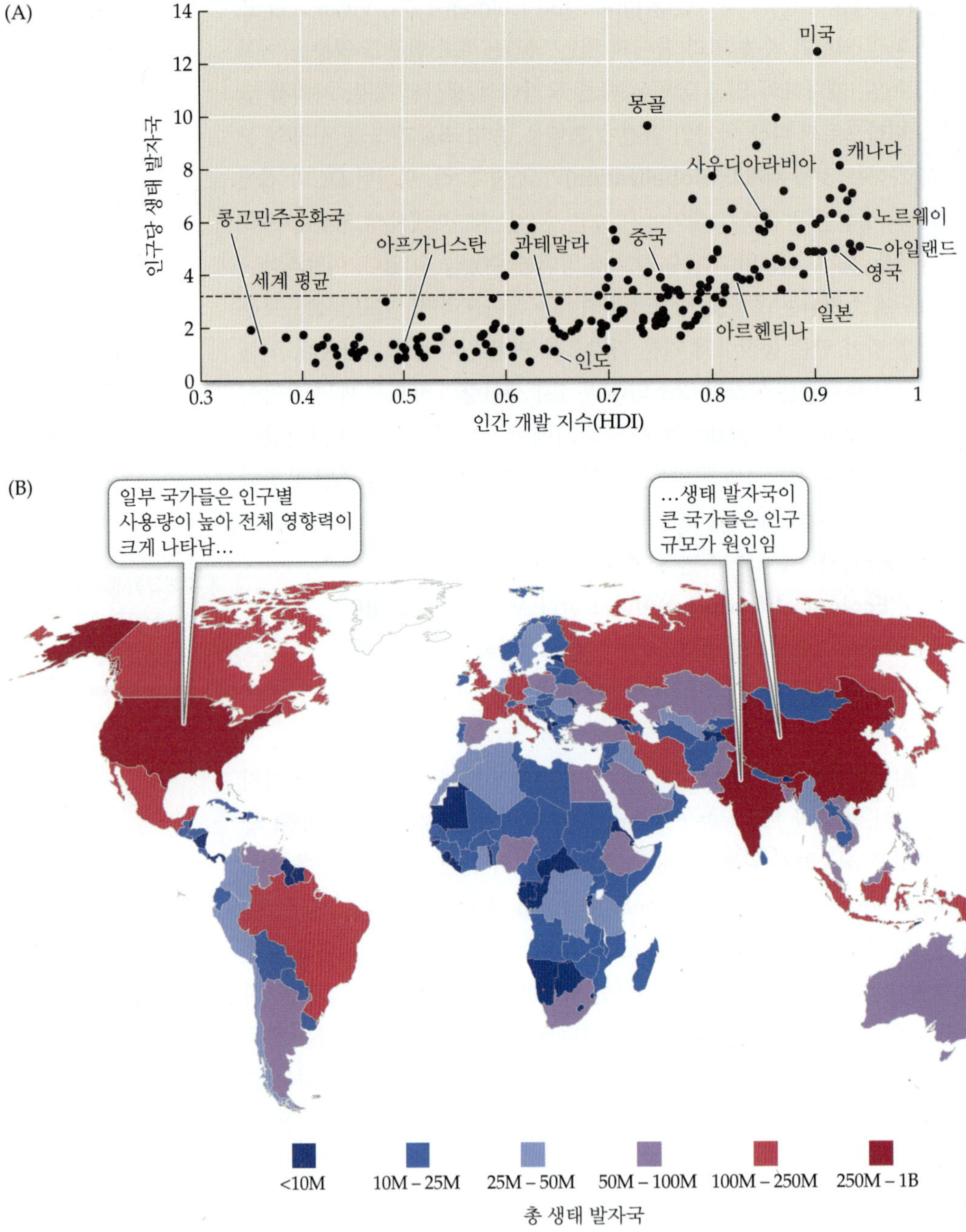

그림 4.3 한 국가의 생태 발자국은 해당 국가에서 평균적으로 시민을 지원하는 데 필요한 전 세계 헥타르의 수를 추정하는 계산에 의해 결정된다. 여기에 표시된 계산에는 사용한 자원과 배출된 이산화탄소가 포함된다. (A) 인간 개발 지수(HDI)에 대해 도표화한 것은 생활 수준을 반영한 것으로, 생태 발자국은 선진국의 국민이 천연자원을 불균형 하게 사용함을 그래픽으로 보여주고 있다. (B) 13억 국민이 있는 중국과 같은 개발도상국의 총 영향은 많은 인구 수 때문에 크게 나타난다(A, UN 개발 프로그램/인간 개발 보고서/데이터(1990-2017) 및 Global Footprint Network/National Footprint Accounts, 2018 [GFN/NFA 2018], B, GFN/NFA 2018의 데이터를 기반으로 함.)

육에 더 쉽게 접근할 수 있는 경우에서 일반적으로 가족의 자녀 수가 더 적게 나타난다. 더욱이 경제 발전은 부유한 국가일수록 국립공원과 기타 자연 지역을 잘 구축하고 유지할 수 있는 여유를 주므로, 생물다양성에 긍정적인 영향을 미칠 수 있다. 1인당 연간 GDP가 10,000달러 이상인 선진국은 정부, 대학교의 자금 또는 개인 투자를 활용하여 종 관리, 생태계 서비스, 기후변화 영향평가, 침입 종 통제 및 오염 탐지와 같은 환경 프로젝트에 자금을 지원할 수 있다(McKinley et al. 2017). 저개발 국가는 이러한 자금을 감당할 수 없고, 일반적으로 경제를 발전시키기 위해 대규모 농업이나 삼림벌채에 의존함으로써 환경 파괴를 증가시키고 있다(Alvarado and Toledo 2017). 또한 선진국에서는 종종 도시화가 확대되고, 결과적으로 농촌 지역에 미치는 영향이 감소하는 특징이 있다.

서식지 파괴

학습 목표

이 절에서는 다음 내용에 주안점을 두기 바란다.

1. 열대지역의 서식지 파괴 원인을 분석하고 요약할 수 있어야 한다.
2. 막대 그래프와 열 그래프를 해석할 수 있어야 한다.
3. "경작 이동"의 위협을 "상품 중심" 삼림벌채의 원인과 비교할 수 있어야 한다.
4. 다른 생태계가 겪고 있는 위협을 열대우림의 위협과 비교할 수 있어야 한다.

유전적, 종, 생태계 수준의 변화를 포함하여 생물다양성 감소의 주요 원인인 인구의 팽창과 활동 증가로 인해서 불가피하게 초래된 결과가 바로 서식지 손실이다(**그림 4.4**). 따라서 생물다양성을 보호하는 가장 중요한 수단은 서식지 보존이며, **서식지 감소**가 반드시 전체 서식지 파괴를 의미하지는 않지만, 오염과 관련된 서식지 파편화 및 서식지 손실은 이러한 변화를 견딜 수 없는 종에게는 서식지를 사실상 잃어버린 것을 의미할 수 있다. 평범한 방관자에게는 서식지가 감소되지 않은 것처럼 보이지만, 세계의 많은 지역, 특히 섬과 인구 밀도가 높은 지역에서는 원래 서식지의 대부분이 파괴되었다. 한 평가에 따르면, 지구에 있는 땅의 25%만이 사람에 의해 변경되지 않은 것으로 나타났다(WWF 2018); 지구 토양의 22.4%는 농업에 사용된다(2011 유엔 식량 농업기구 [FAO]). 세계 인구와 생활수준이 계속 증가하기 때문에 세계 농부들은 2050년까지 농업 생산량을 현재 수준의 2배로 늘리는 동시에 생태적 영향을 크게 줄여야 한다(Pikaar et al. 2018; Rockström et al. 2017). 따라서 생물다양성 보호는 새로운 농경지의 필요성과 기존 토지에 대한 농업의 강화에 직접적으로 맞서야 한다. 특히, 서식지 교란은 전 세계적으로 심각한 상황이다. 유럽, 인도, 태국을 포함한 남부 아시아와 동부 아시아, 중국, 일본, 호주 남동부와 서남부에서 종

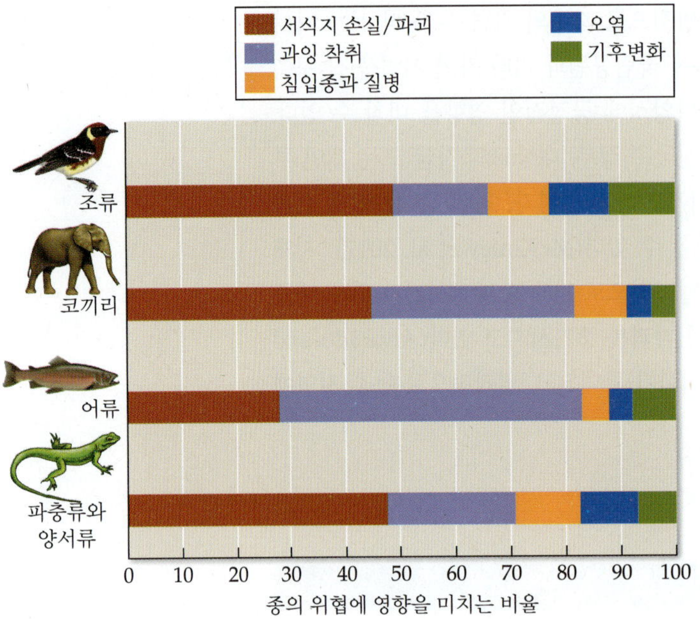

그림 4.4 서식지 감소, 파괴 및 파편화의 간접적 위협은 척추 동물에게 가장 큰 위협으로, 과잉 착취 및 외래종의 직접적인 사망 위협이 따른다. 종 그룹마다 서로 다른 위협에 직면해 있다. 새는 서식지 감소에 더 큰 위협을 받는 반면, 물고기는 과잉 착취에 더 큰 위협을 받는다. 많은 종들이 여러 위협에 직면해 있다. (After WWF. 2018. *Living Planet Report - 2018: Aiming Higher*. M. Grooten and R. E. A. Almond (Eds). WWF, Gland, Switzerland.)

감소가 발생했고, 남미 남동부 및 북부 해안, 카리브해 연안, 북아메리카 중부와 동부, 멕시코 일부에서도 발생했다(그림 4.5). 많은 지역에서 자연 서식지의 75% 이상이 크게 교란되고 제거되었다. 유럽의 토지 면적의 15%만이 인간 활동에 의해 변경되지 않은 채 남아 있으며, 유럽의 일부 지역에서는 그 비율이 훨씬 낮다. 예를 들어, 독일이나 영국에서는 인간이 변경하지 않은 서식지를 거의 찾을 수 없다.

멸종위기에 처한 종의 서식지를 위협하는 기본 인간 활동을 주요 요인별로 정렬하면, 과잉 착취(IUCN에 등록된 종의 72%), 농업(62%), 도시 개발(35%), 비토착종 및 질병에 의한 침입(26%)이다(Maxwell et al. 2016). 더 낮은 비율로 종에 영향을 미치는, 그다지 중요하지 않은 나머지 위협에는 오염(22%), 댐과 같은 시스템 변경(21%), 기후변화(19%), 전쟁 등 기타 유형의 인간 교란(14%)이 있다. 평가한 대부분의 종은 2가지 이상의 위협을 받고 있다. 1500년 이후 멸종된 모든 식물과 척추동물 종의 75%는 과도한 착취와 농업에 의해 피해를 입었다.

> 생물다양성에 대한 주된 위협은 서식지 파괴이다.

농업, 벌목 및 기타 인간 활동의 결과로, **미개척된 숲**(**Frontier forest**; 생물다양성의 모든 측면을 지원할 수 있을 만큼 큰 방해를 받지 않은 숲의 블록)은 많은 국가에서 일부만 남아 있다. 전 세계에서 미개척된 숲의 감소는 지난 10년 동안 연간 약 0.5%로 추정된다(Hansen et al 2013). 사람들이 수천 년 동안 사람들이 밀집해 온 지중해 지역에는 원래 산림 면적의 10%만이 남아 있다. 여기에서 기억해야 할 중요한 점은 잃어버린 서식지의 양에 비례하여 야생동물 개체수가 감소된다는 것이다. 지중해 숲이 여전히 그 위치에 있지만, 한때 존재했던 조류, 나비, 야생화, 개구리, 이끼 등의 개체수 약 90%가 더 이상 그곳에 존재하지 않는다. 2017년에는 대중 및 기타 이해 관계자의 요구에 부응하여 447개 회사에서 야자, 콩, 목재 및 펄프, 소의 생산과 관련된 삼림벌채를 제한하는 협약을 했다(Donofrio et al. 2017). 이러한 변화가 필요하지만, 생물다양성의 손실을 막기에는 충분하지 않을 것이다.

(A) 생물 군계(현재와 미래)

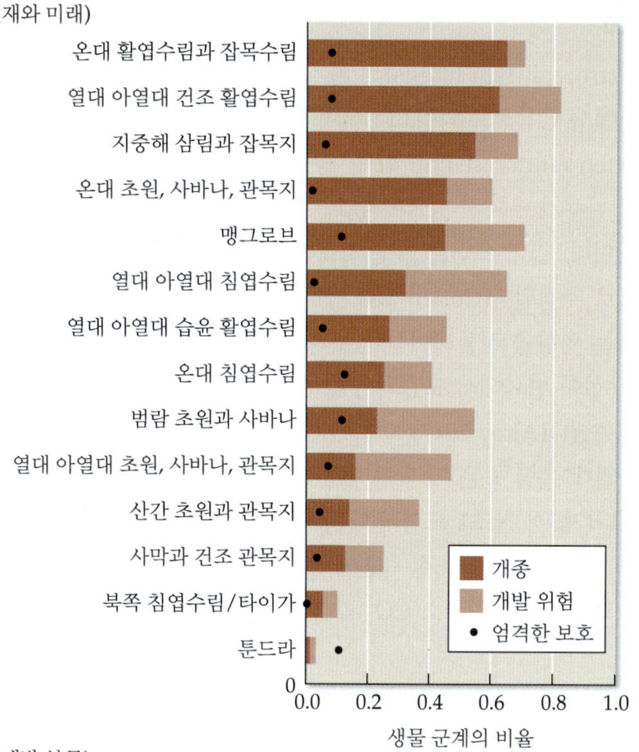

(B) 생태 지역(현 개발 부문)

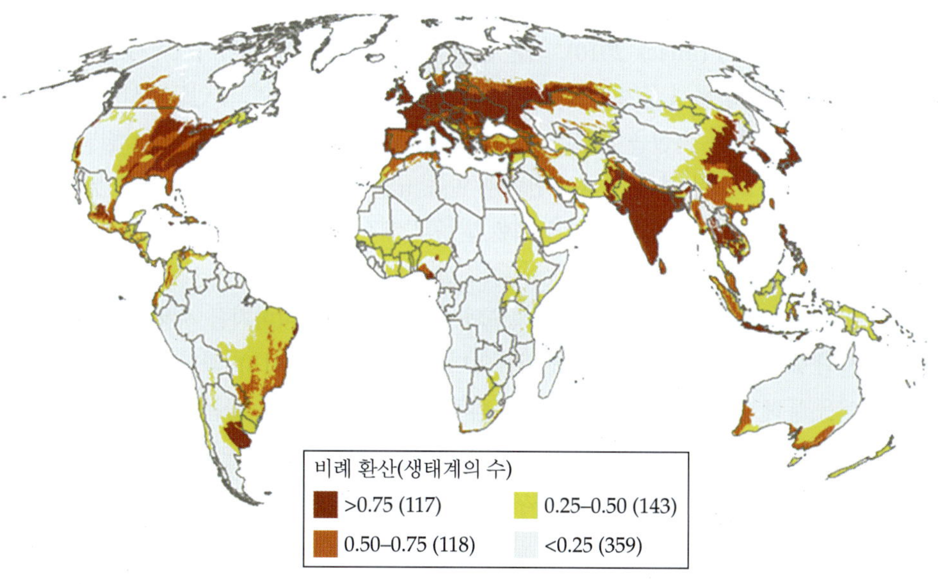

그림 4.5 세계의 많은 주요 생물 군계에서 많은 부분이 인간이 사용하는 지역으로 변환되었다. (A) 현재 및 잠재적 미래 변환. (B) 현재 변환. (J.R. Oakleaf et al. 2015. *PLOS ONE* 10(10): e0138334.)

열대 우림

열대 우림(tropical rain forests)의 파괴는 종의 급속한 감소와 동의어가 되었다. 열대는 적도에서 남북으로 약 23.5° 사이에서 발생한다. 열대 우림, 즉 *Rain forests*(때로는 Written rainforests라고 함)는 종종 25 m 이상 높이의 폐쇄된 상록수 캐노피와 풍부한 나무가 우거진 덩굴이 있고, 일반적으로 연간 강우량이 2000 mm 이상인 것이 특징이다. 열대 우림은 지구 지표면의 7%를 차지하며, 종의 50% 이상을 포함하는 것으로 추정된다(Corlett and Primack 2010, 제2장 참조). 삼림벌채가 열대지역에 미치는 영향을 시뮬레이션한 결과, 쥐와 같이 전 세계적으로 "잡종"을 선호하도록 종 구성이 변화해서 교란되지 않은 산림에 비하여, 생물다양성이 41% 감소할 것으로 예측했다(Alroy 2017).

많은 열대 우림 종은 지역 경제에 중요하며, 전 세계 인구가 더 많이 사용할 가능성이 있다(제3장 참조). 또한 열대 우림은 수많은 토착 문화의 본거지 그리고 집수역(분수계) 보호 및 기후 조절 측면에서 지역적으로 중요성이 높고, 화석연료 연소로 생성되는 과도한 이산화탄소(CO_2)를 흡수하는 흡수원으로서 세계적으로 중요한 서식지이다.

열대 우림 및 관련된 습한 삼림의 원래 범위는 현재의 강우량 및 온도 패턴을 기초하였을 때 1,700만 km^2로 추정된다. 이 지역은 지상 측량, 항공 사진 및 위성의 원격 감지 데이터를 결합한 결과에서 1,100만 km^2 미만이 남아 있는 것으로 나타났다(Corlett and Primack 2010). 최근 손실의 60% 이상은 동남아시아에서 발생했는데, 대부분의 삼림벌채 증가는 중대형 개간 증가로 인한 것이었고, 인도네시아에서 전체적으로 가장 큰 손실을 보였다(Austin et al. 2017). 브라질 아마존의 삼림벌채 비율은 부분적으로는 정부 정책의 변화와 벌목 규제의 강화에 의해 줄어들고 있지만, 동남아시아에서의 손실은 농업을 위한 벌목과 개간 조합으로 인하여 증가하는 것으로 나타난다(**그림 4.6**).

이에 따라, 과학자들이 고해상도의 Google Earth 이미지를 사용하여 전 세계의 산림 교란에 대한 예측 모델을 만들었다(Curtis et al. 2018). 과학자들은 구축한 모델을 통해 전 세계적으로 대부분의 삼림벌채가 농업, 광업 또는 에너지 인프라로의 장기적인 영구적 전환(27±5%)으로 정의되는 "상품 주도형"이라 판단했다. 그 다음으로 임업(26±4%), 이동 재배(24±3%), 산불(23±4%) 순으로 나타났으며, 도시화는 0.6±0.3%에 불과했다. 분석한 지역의 단 1%에서 삼림벌채가 다른 모든 자연적 교란(곤충 또는 폭풍)을 포함한 원인으로 나타났다. 열대 지역의 손실은 주로 대규모 토지 소유주와 상업적 이해관계자가 소를 방목할 목초지를 만들거나 기름 야자나무, 대두, 고무나무 같은 현금성 작물을 심기 위한 상품 주도형 작물 생산을 위해 진행된다(Austin et al. 2017; **그림 4.7**). 이 지역은 농약을 대량 살포한 대규모 농장으로, 균일한 작물 덮개 아래에서 넓은 지역이 유지된다(Mukul and Herbohn 2016). 상

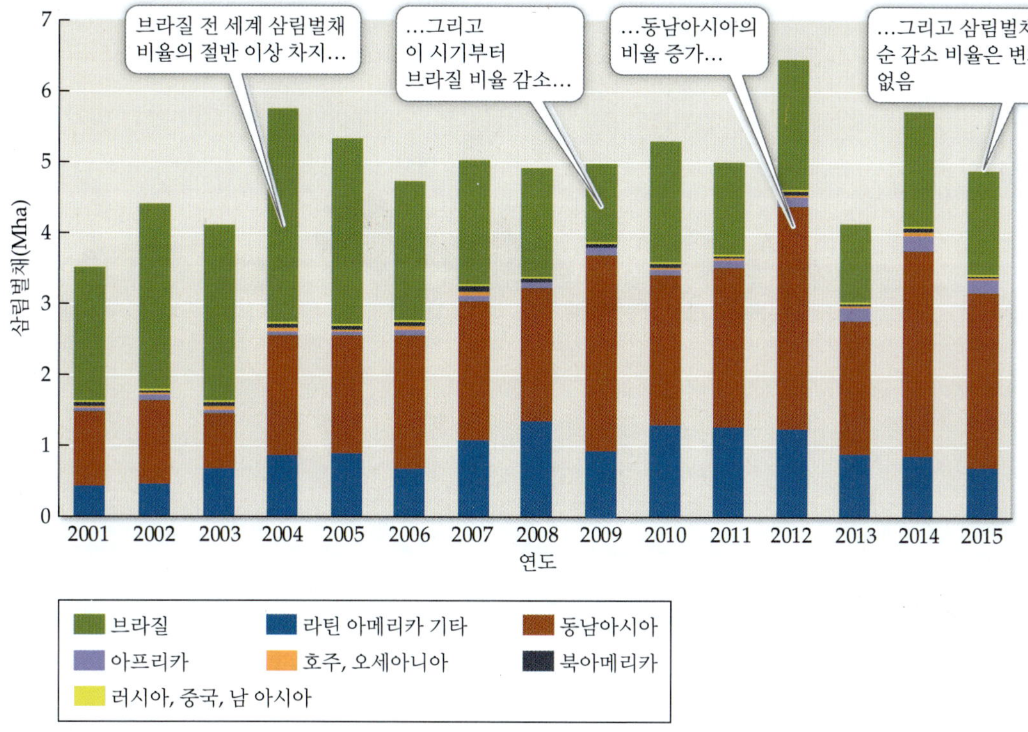

그림 4.6 100만 헥타르(Mha)로 표시된 국가/지역별 시간 경과에 따른 삼림벌채 범위의 변화. 이러한 데이터는 5,000개의 샘플 그리드에서 Google Earth 이미지를 분석한 후, 이를 사용하여 지구의 전체 지표면으로 추정하여 얻은 것이다. 이 분석에 따르면, 총 삼림벌채율은 변하지 않았으며, 가장 큰 손실의 위치는 2001년 이후에 바뀌었다. (After P. G. Curtis et al. 2018. *Science* 361: 1108–1111.)

업 농업은 가난한 농부들을 대체하고, 도로 확장을 정당화한다. 또한 상업용 벌목 작업 중에 열대 우림의 넓은 지역이 손상되며, 대부분은 제대로 관리되지 않는 선택적 벌목을 한다. 이렇게 벌목된 숲은 땅에 떨어진 수 많은 가지와 죽은 나무로 인해 광범위한 화재가 발생하기 쉽다. 벌목 작업은 대부분 열대림을 농업용 및 목장으로 전환하기 전에 이루어진다.

조금 적게 퍼져 있지만 여전히 비중이 높은 것은 나무를 베고 태우는 일종의 **화전이동경작(Shifting cultivation)**, 즉 slash-and-burn 또는 swidden이라고 하는 일종의 생계형 농업으로 인한 열대림 손실이다. 개간된 경작지는 두세 번의 계절 동안 재배되며, 그 후 토양 비옥도가 감소하고 토양이 침식된다. 농작물 생산량이 너무 적어서 개간지가 버려지고 새로운 지역을 개간한다(Coomes and Miltner 2017). 이러한 개간지는 시간이 지남에 따라 회복될 수 있고, 상업용 농업에 비하여 종에 덜 해롭지만, 연구에 따르면 재배지 이동이 식물과 동물 모두에게 부정적인 영향을 주는 곳으로 알려졌다(Mukul and Herbohn, 2016). 이 소규모 농작물은 종종 빈곤에 의

그림 4.7 복잡하고 다양한 열대 우림이 아프리카 차 농장으로 전환됨에 따라 녹색의 물결은 생물다양성을 거의 지원할 수 없게 된다. 단일 재배이기 때문일 뿐만 아니라, 살충제를 제약 없이 사용하기 때문이다. 열대 우림을 농업으로 전환하는 것이 이러한 생태계 손실의 가장 흔한 원인으로 간주된다. 이 농장과 유사한 다른 곳은 처음에는 보호된 잔존 산림 주변의 완충지대로 만들어졌으나, 시간이 지남에 따라 농장은 증가하는 지역 인구에 의한 추가 침입과 개종을 촉진했다. 케냐의 서부 지역에서는 산림 피복의 거의 60%가 1984년과 2009년 사이에 손실되었는데, 이러한 손실의 90%는 농업으로 인한 것이다. (Cordeiro et al. 2015).

해 외딴 산림지로 강제 이동하는 가난한 농부들(또는 정부 지원 재정착 프로그램으로 이주한 사람들)(Ravikumar et al. 2017)이 재배한다. 열대 우림은 또한 연료용 땔감 생산에 의해 파괴되는데, 대부분은 지역주민들에게 불을 피울 수 있는 목재를 공급할 목적으로 사용된다(그림 3.5 참조). 20억 명이 넘는 사람들이 땔감을 사용하여 음식을 조리하기에 그 영향은 상당히 크게 나타난다.

열대 우림의 파괴는 산업화되지 않은 국가에서 고무, 야자유, 코코아, 대두, 오렌지 주스, 소고기와 같은 값싼 농산물과 저가 목재 제품에 대한 수요로 인해 자주 발생한다. 현재 선진국의 대부분 소비자는 자신의 선택이 토지 사용에 어떤 영향을 미치는지 인지하지 못하고 있는데, 가공 식품 및 소비재에 팜유가 얼마나 널리 사용되고 있는지 알게 되면 매우 놀랄 것이다. 원산지는 당연히 열대 우림이다. 이처럼, 생산 비율이 증가한 농산물 및 목재 제품은 생산하는 국가 내에서 소비되거나 중국과 인도처럼 급속하게 산업화된 국가로 수출된다. 현재의 손실률이 계속된다면, 2050년 이후에는 비교적 작은 국립공원과 아마존 분지, 콩고 강 유역 및 뉴기니의 오지 같이 비옥하지 못한 지역을 제외하고는 열대 우림이 거의 남지 않을 것이다. 또한 많은 열대 국가에 새로운 대형 공원을 건설하려는 움직임이 수요의 원인이다. 그러나 이러한 공원은 제9장에서 설명하는 바와 같이, 생물다양성 보존에 효과가 있을 만큼 충분한 자금을 확보한 다음 관리해야 한다. 또한 소비자가 지속 가능한 산림 제품을 선택하는 데 도움을 주는 50개 이상의 인증 표준이 있으며, 그중 대표적인 표준은 산림 인증 승인 프로그램(PEFC) 및 산림 관리위원회(FSC)의 인증 프로그램이다.

위협에 노출된 기타 서식지

열대 우림의 고난이 아마도 가장 널리 알려진 서식지 파괴 사례일 수 있지만, 다른 많은 서식지도 심각한 위험에 처해 있다.

열대 낙엽 수림(tropical deciduous forests) 열대 우림에서는 100 mm 미만의 비가 내리는 달은 건조한 것으로 간주되며, 장기간 가뭄을 겪는 나무는 잎을 떨어뜨림으로써 적응한다. 열대 낙엽 수림이 차지하는 토지는 열대 우림 토지에 비해 농업 및 가축 목장에 더 적합하다. 이 숲은 열대 우림보다 정지와 태우기가 더 쉬운 편이다. 연간 250~2,000 mm 범위의 적당한 강우량은 미네랄 영양소가 토양에 보존되어서 식물이 흡수할 수 있게 한다. 결과적으로, 인구 밀도는 인접한 열대 우림 지역보다 중앙 아메리카의 낙엽 수림 지역에서 5배가량 더 높다. 역사 지도와 Landsat 위성의 산림 덮개 데이터를 사용하는 연구원은 마다가스카르에서 1953년 이래로 삼림 덮개의 44%(대부분 낙엽 수림)가 없어졌고, 이 가운데 37%가 1973년 이후에 없어졌음을 확인했다(Vieilledent et al. 2018)(그림 6.11 참조).

초원(Grasslands) 때때로 대초원이라고도 불리우는 온대 초원은 인간 활동에 의해 거의 완전히 파괴된 또 다른 서식지 유형이다. 넓은 초원을 농경지 또는 소 목장으로 바꾸는 것은 비교적 쉬운 일이다. 2016년 기준, 연간 250만 에이커가 경작지로 전환되고 있다(McCarthy 2017). 초원의 나머지 부분은 분해되어 경관 전체에 널리 흩어져 있다. 농산물의 가격 상승은 현재의 한계 초원마저도 농지로 전환하게 부추긴다(Wright and Wimberly 2013). 전 세계적으로, 온대 초원의 4.6%만이 보호되고 있다(Carbutt et al. 2017)(제9장 참조).

> 1800년과 1950년 사이에 북미 대초원의 98%가 농지로 전환되었다.

담수 서식지(freshwater habitats) 습지 및 기타 민물 수생 서식지는 어류, 수생 무척추동물, 양서류 및 새의 중요한 서식지이다. 또한 홍수 조절, 물 여과 및 전력 생산을 위한 자원이기도 하다(제3장, 그림 3.10 참조). 담수 시스템은 종종 개발을 위해 저수 또는 배수되거나, 댐, 수로의 채널화 및 화학적 오염에 의해 변형된다(Mitsch and Gosselink 2015). 20세기 초에 존재했던 습지 생태계의 절반 이상이 북미, 유럽, 호주 및 중국에서 사라졌다(Moreno-Mateos et al. 2012). 미국의

National Rivers 및 Streams Assessment에 따르면, 43%의 하천이 도시화, 농업, 목장 및 광업의 영향으로 열악한 상태에 처해 있다(환경보호국[EPA] 2016). 더 중요한 것은 수생 동물과 식물의 분산 기능을 포함하여 생태계 기능과 서비스가 상실된다는 것이다(제3장 참조). 습지와 하천의 파괴는 유럽과 일본 같은 산업화된 세계의 다른 지역에서도 심각하게 발생하고 있다. 유럽에서는 약 56%의 습지가 사라졌는데, 20세기부터 더 많은 습지 감소가 시작되었다(Davidson 2014). 일본의 30,000개 하천 중에 단지 2개의 하천만 댐이나 다른 주요 변형물이 없는 원형 하천으로 간주되고 있다.

지난 수십 년 동안, 개발도상국의 습지 및 기타 수생 환경에 대한 주요 위협에는 정부가 조직하고 종종 국제 원조 기관에서 자금을 지원한 배수, 관개 및 댐과 관련된 대규모 개발 프로젝트가 포함되었다. 중국 양쯔강의 삼협댐이 한 예가 될 수 있다(Yang et al. 2014). 삼협댐은 세계에서 가장 큰 수력 발전소로 청정 에너지를 생산하고 있다. 그러나 댐과 저수지에서 100만 명 이상의 사람들을 이주시켰고, 수많은 생태계와 고고학적 유적지를 파괴했으며, 알려지지 않은 생태학적 결과로써 강과 델타 시스템을 변경했다. 이러한 프로젝트의 경우에 경제적 이익을 중요시 함으로써, 지역주민의 권리와 생태계의 가치가 적절하게 고려되지 않는 경우가 많은 편이다.

해양 연안지역(marine coastal areas) 인구가 점점 더 해양 연안지역에 집중되고 있다. 어류, 조개류, 해조류 및 기타 수산물의 수확에 있어서 중요함에도 불구하고, 해양 연안지역의 20% 가량이 인간 활동에 의해 훼손되어 메워지거나 심하게 변경되었다(그림 3.6A 참조). 또한 해안 습지는 오염, 준설, 퇴적, 파괴적인 어업 관행, 외래종, 그리고 오늘날 기온 상승에 의해서 위협을 받고 있다(제5장 참조). 이러한 서식지에 대한 인간의 영향에 대하여 토양 환경보다 적게 연구되어 있지만, 얕은 해안 지역에서는 특히 똑같이 심각할 것이다. 특히 주목해야 할 2개의 해안 서식지는 맹그로브와 산호초이다.

맹그로브(mangroves) 맹그로브 숲은 열대지역에서 가장 중요한 습지 군락 중 하나임에도 불구하고, 전 세계적으로 맹그로브 숲의 절반 이상이 없어진 것으로 추정된다(Thomas et al. 2017)(**그림 4.8**). 염수를 견딜 수 있는 일부 목본 식물에 속하는 종으로 구성된 맹그로브 숲은 일반적으로 바닥이 진흙인 염수 또는 기수로 해안지역에 분포한다. 온대지역의 소금 습지 같은 이 서식지는 새우 및 어류의 번식과 서식지로서 매우 중요한 장소이다. 예를 들어, 호주에서는 상업적인 이유로 해서 어부가 잡는 생물 종의 2/3는 맹그로브 생태계에 서식한다. 맹그로브는 엄청난 경제적 가치, 폭풍과 쓰나미로부터 해안지역을 보호하기 위한 필요성에도 불구하고, 특히 동남아시아에서 벼 재배와 상업용 새우 및 새우 부화장을 목적으로 개간되고 있다. 또한 지역 전체에 걸친 연료, 건설 기둥, 목재를 목적으로 한 과다한 벌채로 인하

그림 4.8 말레이시아의 맹그로브 숲은 생물학적 다양성이 높고 많은 생태계 서비스를 제공하지만, 농업과 양식업을 위한 과잉 수확과 개간으로부터 위협 받고 있다.

여 심각하게 훼손되었고, 지역 사용자와 관리자로 하여금 이러한 과잉 채취를 막도록 유인하는 인센티브가 너무 적다는 논쟁이 있었다(Máñez et al. 2014). 오늘날 맹그로브에 의존하는 동물 종의 거의 40%에서 멸종 위험이 높은 것으로 간주되고 있다(Daru et al 2013). 맹그로브는 대기 탄소를 차단하는 중요한 역할을 하고 있다. 2018년 Apple은 기술 회사의 생태 발자국을 줄이기 위해 콜롬비아에 있는 27,000에이커 규모의 맹그로브 숲을 보호하고 복원할 것이라고 발표했다(Campbell 2018).

산호초(coral reefs) 열대 산호초는 해양 면적의 0.2%에 불과하며, 해양 어종의 1/3 가량이 서식하는 것으로 추정된다(Hughes et al 2017)(**그림 4.9**). 가장 심각한 파괴는 놀랍게도 90%의 암초가 죽거나 죽어가고 있는 필리핀에서 발생하고 있다. 중국 내에서는 산호초가 지난 30년 동안 80% 감소했다(Hughes et al, 2013). 해양 온난화, 해양 산성화 등 지구 기후변화의 영향으로 인한 해수 온도 상승, 더 따뜻한 수온에 의한 열대성 폭풍의 강도 증가는 산호초의 급속한 퇴화에 있어 주요 원인으로 작용하고 있다(Comeau et al 2015; 제5장 참조). 또한 다른 오염 원인에 의해 산호를 직접 죽이거나 해조류의 과도한 성장을 방치하고 있다. 즉, 삼림벌채, 농업 및 해안 개발로 인한 퇴적과 생선, 조개 및 기타 동물의 과다한 채취를 위해 다이너마이트 또는 청산가리를 사용하거나, 음식 또는 수족관에 판매할 목적으로 잔여 산호초

그림 4.9 이와 같은 산호초는 생물다양성이 매우 높은 복잡한 생태계를 지원한다.

수집하는 것 등이 원인이다. 무엇보다도 최악은 지역적 및 세계적 영향의 조합에 의해, 산호초가 허리케인과 같은 자연적 교란으로부터 회복하는 것이 어렵거나 불가능하게 만드는 것인데, 그렇지 않다면 상대적으로 회복력을 가질 수 있다. 향후 40년 이내에 특히 열대 동아시아, 마다가스카르 및 동아프리카 지역, 카리브해 전역에서 산호초가 추가적으로 손실될 것으로 예상된다(그림 5.4 참조).

지난 15년 동안, 과학자들은 300 m 이상의 심연에서 서식하는 광범위한 산호초를 발견하였으며, 그 중 상당수는 북대서양의 온대지역에 서식하고 있다. 이 산호초는 종이 풍부하고, 많은 것들이 과학에서 소개되지 않은 것이다. 그러나 이 지역은 처음 답사되었을 때와 마찬가지로, 그물을 해저를 가로 질러서 물고기를 잡는 트롤 어선에 의해 산호초가 훼손되고 있다. 트롤 어선은 어린 물고기를 보호하고 먹이를 제공해 주는 산호초를 파괴하는데, 부주의한 수확에 의한 이 지역 암초의 피해는 장기적으로 이러한 어업 자원 기반의 약화를 가져올 것이다.

사막화

계절적으로 건조한 기후의 많은 생태계는 인간 활동에 의해서 사막으로 퇴화되는데, 이는 **사막화**(*desertification*)로 알려진 인공사막화 현상이다(Geist, 2017; Lavauden, 1927). 이러한 건조지 생태계에는 초원, 관목, 열대 활엽수림뿐만 아니라, 지중해 지역, 호주 남서부, 남아프리카, 칠레 중부 및 캘리포니아에서 발견되는 온대 관목숲 지역이 이런 건조한 지역의 군집에 속한다. 자연적으로 발생하는 건조지역은 전 세계 토지 면적의 약 41%를 차지하며, 이 곳에는 약 10억 명의 인구가 살고 있다. 이미 이 건조지역의 약 10~20% 가량이 상당 부분 파괴되었다. 또한 식물 성장에 대한 생산 능력의 25% 이상이 손실되었다(Sayre et al 2013). 이러한 지역은 초기에는 농업에 적합하지만, 특히 건조하고 바람이 많이 부는 해에 반복적으로 행해졌던 재배로 인해 종종 토양 침식 및 토양의 수분 함유 능력을 상실하게 된다. 또한 가축은 오랜 기간 동안 과다하게 방목되고, 목본 식물은 연료를 목적으로 베어진다(**그림 4.10**). 긴 건조 기간 동안의 잦은 화재는 종종 남아있는 초목을 소멸시킨다. 이 지역에서는 생태계의 점진적이고 돌이킬 수 없는 파괴와 더불어 토양층의 손실이 발생하고 있다. 결과적으로, 이전에는 생산적이었던 농지와 목초지가 사막처럼 바뀌게 된다. 사막화는 지중해 지역에서 수천 년 동안 진행되어 왔는데, 고대 그리스의 관찰자 또한 이를 인지하고 있었다.

전 세계적으로 900만 km^2의 건조한 땅이 인간에 의해 사막으로 전환되었다. 이 지역은 기능적인 사막 생태계가 아닌 황무지이기에, 자연 사막 특유의 동식물이 부족하다. 사막화 과정은 사하라 바로 남쪽에 있는 아프리카의 사헬(Sahel) 지역에서 가장 심각한데, 대부분의 토착 대형 포유류 종은 멸종위기에 처해 있다. 인간 차원의 문제는 사헬 지역의 지원 가능한 토지보다 2.5배 더 많은 사람이(현재 1억 명) 살고 있는 것으로 추정된다는 사실에 의해 증명되고 있다. 특히, 미래 기후변화 예측과 관련된 더 높아지는 기온과 더 낮아지는 강우량을 감안하면, 추가적인 사막화는 거의

그림 4.10 사막화는 생산성과 생태계 기능의 손실로 이어지는 토지 황폐화 과정이다. 이러한 황폐화된 땅은 풍부하고 복잡한 생태계를 지원할 수 있는 사막 생물군계와는 대조된다.

불가피한 것으로 보인다(Guo et al 2017).

이러한 분야에서 해결책은 지속 가능한 농업 관행의 실행, 빈곤 퇴치, 정치적 안정성 증가 및 인구 통제와 관련된 프로그램일 것이다. 사막화 방지를 위한 유엔 협약은 다양한 계획을 통해서 황폐화된 토지의 생산성을 회복하려 노력하는 프로그램의 근원이 된다. 이 국제 그룹의 주요 프로젝트는 국제자연보전연맹(IUCN) 및 전 세계 국가들과 협력해서 토지 황폐화 중립 목표(LDN)를 설정하는 것이다. 2019년 현재까지, 120개국이 공식적으로 참여하고 있다(https://www.unccd.int/actions/ldn-target-setting-programme).

서식지 파편화

학습 목표

이 절에서는 다음 내용에 주안점을 두기 바란다.

1. 특정 종에 대한 서식지 분열의 영향을 예측할 수 있어야 한다.
2. 알려진 지역의 파편화로 인해서 발생하는 가장자리 규모를 계산할 수 있어야 한다.
3. 메타 분석 결과를 해석할 수 있어야 한다.

완전히 파괴되는 것 외에도, 이전에는 넓고 파손되지 않은 지역을 갖고 있었던 서식지가 도로, 들판, 마을 및 기타 다양한 인간 구조물에 의해 종종 파편으로 나누어진다. **서식지 파편화(Habitat fragmentation)**는 크고 연속적이었던 서식지의 면적이 줄어들거나 둘 이상의 조각으로 나뉘는 과정이다. 서식지가 파괴되면 서식지 파편이 남을 수 있는데, 이 파편은 종종 고도로 수정되거나 퇴화된 경관으로 서로 분리된다. 가장자리는 바람, 불, 종의 침입 또는 포식 증가와 같은 **주변 효과(edge effects)**라고 하는 변경된 조건을 경험하게 된다(예: Didham, 2017). 파편은 가파른 경사, 열악한 토양 및 접근하기 어려운 지역처럼, 인간이 사용하기에 가장 적합하지 않은 땅에서 종종 발생한다.

서식지 파편화는 서식지 면적이 크게 감소하는 동안 발생하지만, 도로, 철도, 운하, 전력선, 울타리, 송유관, 소방로 또는 종의 자유로운 이동을 막는 장벽에 의해서 서식지 면적이 줄어들 때에도 발생할 수 있다. 여러 면에서, 서식지 파편은 인간이 지배하는 환경에서 원래 서식지의 섬과 비슷하다. 서식지 파편화로 인해 생물이 변경 조건에서 생존할 수 없는 경우가 많아 생물다양성에 심각한 위협이 되고 있다.

서식지 파편은 3가지 중요한 측면에서 원래의 서식지와 다르게 위치한다:

1. 서식지 파편은 서식지 영역에서 대부분 가장자리에 나타난다(주변 효과가 커짐).
2. 서식지 파편의 중심은 가장자리에 더 가깝다.

3. 과거에 많은 개체군을 수용했던 서식지가 파편으로 나눠지고, 각 파편에는 더 적은 수치의 개체군이 살게 된다.

서식지 파편화로 인한 위협

서식지 파편화의 영향은 과학자에 의해 광범위하게 연구되었고, 서식지 격리 정도, 서식지 크기 및 가장자리 비율을 조작하는 자연 실험을 진행하였다. 이러한 대규모 장기 실험 가운데 하나는 브라질 산림 파편의 생물학적 역학 프로젝트(Biological Dynamics of Forest Fragments project)(그림 4.11)이며, 파편 크기의 생물학적 영향에 관한 논쟁을 다루기 위해 설립되었다(제9장 참조). 그 이후로 미국, 호주, 캐나다, 영국, 프랑스 및 보르네오에서 각기 다른 실험이 이루어졌고, 각각에 대한 수십 개의 논문이 출판되었다. 다른 연구 프로젝트에서 얻은 결과가 많은 경우에, 과학자가 결과를 평가할 수 있는 한 가지 방법은 **메타 분석(meta-analysis)**, 즉 여러 소스의 데이터를 종합할 수 있는 통계 도구이다. 관심에 따른 영향의 크기(예: 파편 크기 감소가 지역 사회에 미치는 영향)를 **효과 크기(effect size)**라고 한다. 이러한 장기 실험의 결과에 대한 메타 분석에서는 35년 동안 5개 대륙의 다양한 생물 군계에 대해 다

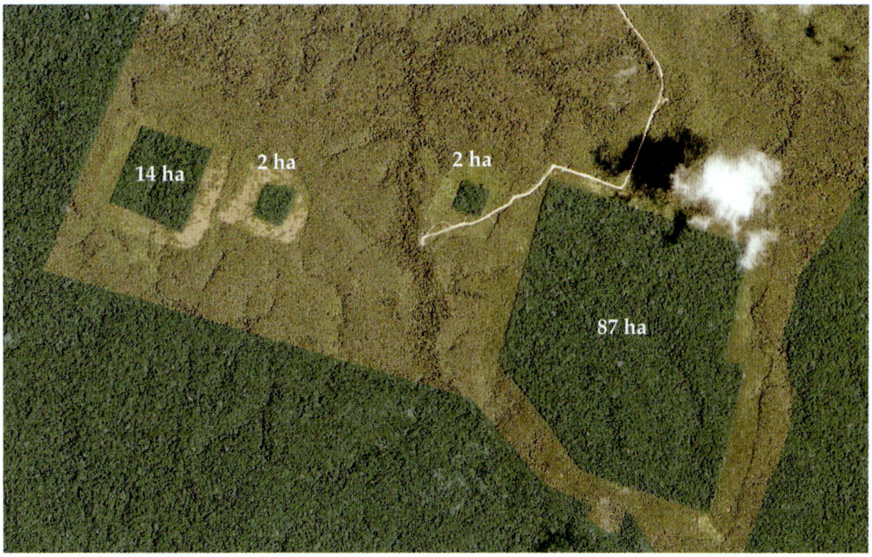

그림 4.11 브라질의 BDFF(Biological Dynamics of Forest Fragmentation) 연구는 열대림 파편화와 관련하여 가장 규모가 크고, 오랫동안 지속하고 있는 실험이다. 1980년 가축 목장과 농장을 위해 땅을 개간했을 당시 다양한 크기의 산림 파편이 만들어졌다. 이 항공 사진에 보이는 것처럼, 숲이 2 ha, 14 ha, 87 ha의 숲 파편으로 개간되기 전에 종 구성, 미기후(Microclimate) 및 기타 생태계 특성에 관하여 검토하였고, 현재에도 정기적으로 조사하고 있다. 또한 본래 숲 안에 있는 동일한 크기의 숲 블록을 규정에 따라 조사하였다. 사진에서, 파편들은 온전한 숲으로부터 거리가 멀리 떨어져 있다. 이후에 확립된 장기 파편화 연구에서는 파편 분리의 효과에 더 중점을 두었다(그림 4.12 참조).

루었고, 이를 통해 파편화가 종 다양성을 13~75% 감소시킴을 알아내었다(Haddad et al. 2015). 연구에 의해서, 공동체 구성 및 생태계 프로세스에 부정적인 영향을 주는 연속성과 영양소 유지력 같은 부분이 지속적으로 발견되었다(**그림 4.12A**). 또한, 종 손실은 시간이 경과함에 따라 증가하였다(**그림 4.12B**). 최근의 분석에 따르면, 서식지 파편화가 생물다양성에 항상 해를 입히지는 않는 것으로 밝혀졌다. 특히, 서식지 파괴의 영향에서 실험적으로 분리된 경우가 이에 해당되었다(Fahrig 2017; Fahrig et al. 2019). 그러나 다른 연구에서는 "good" 효과와 "bad" 효과를 정량화할 때, 특히 고유종을 희생시키면서 잡초와 침입종을 통해서 생물다양성이 유지되는 경우를 주의해야 한다고 발표했다(Miller-Rushing et al. 2019).

분산 및 식민지화의 한계 파편화는 정상적인 이동에 대한 장벽을 생성해서 종의 분산 및 식민지(군체 형성)화 가능성을 제한한다(Rossetti et al. 2017). 방해 받지 않는 환경에서, 씨앗, 포자 및 동물은 자연에서 수동적 또는 능동적으로 이동한다. 시

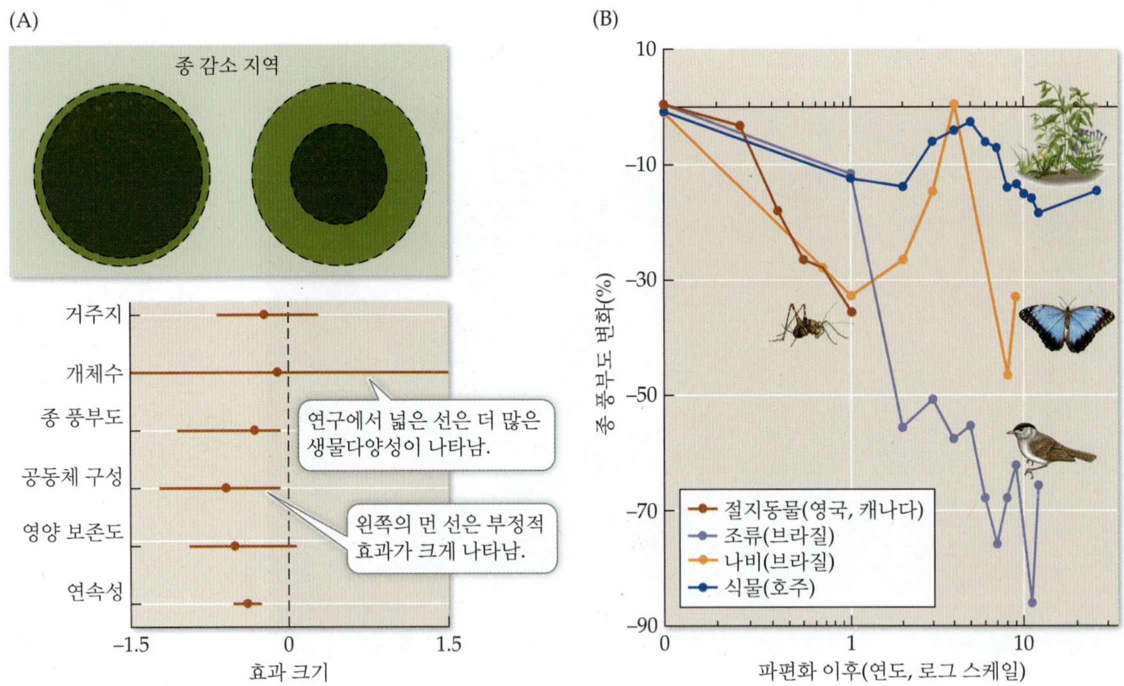

그림 4.12 도로, 벽 또는 기타 인간이 만든 장벽에 의한 파편화는 생태계에 다양한 영향을 미치고 있다. 이 그림은 고립 증가의 영향을 조사하기 위하여 전 세계에서 35년 동안 진행된 76개 현장 연구 결과를 요약한 것이다. (A)는 파편화로 인한 서식지 감소 효과에 대한 메타 분석 결과이다. 점의 위치는 연구 간 결과의 변동성을 반영하는 오차 막대와 함께 평균 효과 크기 또는 관찰된 충격의 크기를 나타낸다. 파편화로부터 고립된 가장 큰 부정적인 영향은 지역사회 구성에 있다. 일부 (특히, 침입성) 종은 분열과 함께 증가함에 따라 종 풍부도는 매우 다양하다. (B)는 파편화에서 시간 경과에 따른 여러 종 그룹의 감소를 보여준다. 연구 위치는 괄호 안에 표시하였다. (After N. M. Haddad et al. 2015. *Sci Adv* 1: e1500052.)

간이 지남에 따라, 한 종의 개체군이 지역적 규모로 형성되며, 멸종될 가능성도 있다. 그 종은 적합한 장소에서 다른 장소로 분산되며, 생물학적 군집의 연속성이 보장된다. 환경을 통해 이러한 멸종 및 재식민지화 패턴을 나타내는 일련의 개체군을 **메타개체군**(*metapopulation*)이라고 한다(그림 7.12 참조).

서식지 파편화로 인하여 분산 및 식민지화 가능성이 감소되고, 숲 내부의 많은 새, 포유류 및 곤충 종은 짧은 길이의 개방된 땅도 건너지 못할 수 있다(Rossetti et al. 2017). 종들이 개방된 곳으로 모험을 한다면, 숲 가장자리에서 기다리는 포식자를 마주칠 수 있다. 100 m 너비의 농경지는 많은 무척추동물이 통과할 수 없는 장벽이 될 수 있다. 도로 또한 동물 이동에 있어 중요한 장애물이 될 수 있다(제9장 참조). 많은 종들은 떠나는 서식지와는 완전히 다른 환경인 도로를 건너가는 것을 피한다. 멸종위기에 처한 플로리다팬더(Kroll 2015)에서 관찰된 바와 같이, 도로를 횡단하려는 동물의 경우 자동차가 주요 사망 원인이다. 이러한 문제를 해결하기 위해서, 고속도로 공무원은 동물 사망률을 최소화하기 위한 동물 지하도, 육교 및 기타 개선점을 찾아서 건설하기도 한다(그림 9.12 참조). 예를 들어, 2018년 워싱턴 주에서는 엘크 이동을 용이하게 하고, 사슴의 차량 충돌 수를 줄이기 위해서, 폭 20 m, 높이 11 m의 거대한 야생동물 육교를 건설했다(Valdez 2018).

> 서식지를 파괴하는 장벽은 동물이 먹이나 짝을 찾고, 분산하며, 새로운 위치로 이주하는 능력을 감소시킨다. 서식지 파편화는 멸종에 취약한 소규모 종 집단을 만들게 한다.

자연적인 연속 및 메타개체군 과정을 통하여 개별 파편 내에서 종이 멸종됨에 따라, 새로운 종은 식민지 분산의 장벽으로 인해 이동이 어렵게 되고, 서식지 파편에 존재하는 종의 수는 시간이 지남에 따라 감소할 것이다. 멸종은 작은 서식지 파편화에서 가장 빠르고 심각할 것이다.

먹이와 짝을 찾기 위한 접근 제한 많은 동물 종은 광범위하게 흩어져 있는 자원에서 먹이를 찾으려면 주변 환경을 자유롭게 이동해야 한다. 예를 들어, 중앙아프리카의 코끼리는 매년 거의 3,000 km를 여행하고, 평균 700 km^2 이상의 범위에서 서식한다(Mills et al. 2018). 야생생물학자의 연구에 따르면, 미국과 멕시코 사이에 불법적인 입국을 막기 위한 연속된 장벽이 건설되는 경우, 117종의 육상 및 담수 동물의 50% 이상을 차단하는 위협이 발생할 수 있다(Peters et al. 2018).

주어진 자원이 해마다 몇 주 동안만 필요하거나 또는 몇 년에 한 번만 필요할 수 있지만, 서식지가 파편화된 경우 단일 서식지 조각에 국한된 종은 부족한 먹이를 찾기 위해 정상적인 서식지 범위 너머로 이동할 수 없다. 예를 들어, Gibbons와 기타 영장류는 일반적으로 숲에 있으면서 열매를 찾아 다닌다. 열매가 부족한 시기에는 열매가 풍부한 나무가 있는 서식지를 찾는 것이 중요하다(그림 7.5 참조). 산림을 훼손한 도로는 이러한 동물들이 땅으로 내려오거나 탁 트인 경관을 가로질러 이동할 수 없게 만들어 근처의 과실 나무에 도달하지 못하게 할 수 있다. 울타리는 야생

동물, 들소와 같은 대형 방목 동물의 자연적인 이동을 막아서 부적합한 서식지에 과도하게 방목되게 하고, 이는 결과적으로 기아와 추가적인 서식지 파괴로 이어진다(Jakes et al. 2018).

장벽으로 인한 분산은 널리 흩어져 있는 종의 짝 찾기 능력을 제한함으로써, 많은 동물 종의 생식 가능성을 상실하게 한다. 식물은 나비와 벌이 꽃을 수분시키는 데 필요한 서식지 파편에서 이동할 수 있는 능력이 낮아지면 종자 생산을 줄인다(그림 3.11 참조).

소규모 개체군의 생성(creation of smaller populations) 서식지 파편화는 기존에 널리 퍼져 있는 개체군을 제한된 지역의 2개 이상의 하위 개체군으로 나눔으로써 개체군 감소와 멸종을 촉진할 수 있다. 이러한 작은 개체군은 근교약세, 유전적 이동 및 작은 개체군과 관련된 기타 문제에 더 취약하다(제6장 참조). 넓은 지역은 하나의 큰 개체군을 지원할 수 있지만, 전체 면적이 동일하더라도 파편의 작은 하위 집단이 지속될 만큼 충분히 크지 않을 수 있다. 적절하게 설계된 이동 통로와 파편을 연결하는 것이 개체군 유지의 열쇠가 될 수 있다.

종간 상호작용(interspecies interactions) 서식지 파편화는 비토착 및 토종 해충 종의 침입에 대한 파편의 취약성을 증가시킨다(Aguirre-Acosta et al. 2014). 도로 가장자리 자체는 외래종의 분산 경로를 나타낼 수 있다. 숲 가장자리는 많은 해충종 식물과 동물의 수가 늘어나서 파편 내부로 분산될 수 있는 고에너지, 고영양, 방해 환경을 나타낸다.

잡식성 동물은 숲 가장자리를 따라 개체수가 증가할 수 있으며, 교란되지 않은 서식지에 둥지를 짓고서 먹이를 먹을 수 있다. 핀란드의 침엽수림에서 둥지 포식은 산림 내부 또는 산림 지대보다는 개간 지역의 가장자리에서 더 많이 발생하는데, 때로는 개간 지역보다 더 많은 것으로 밝혀졌다(Huhta and Jokimäki 2015). 침입 포식자는 북미 지역의 너구리, 스컹크, 블루 제이와 같은 토종 잡식 동물뿐만 아니라, 길들여진 고양이도 포함된다. 미국 남동부에서 수행된 연구에서는 사냥 고양이가 7일 동안 돌아다니면서 평균 2.4개의 먹이를 포획하는 것으로 나타났으며, Carolina anoles(*Anolis carolinensis*)가 가장 흔한 먹이 종이었다(Loyd et al. 2013). 폴란드의 시골에서 배설물, 위 속의 내용물 그리고 고양이가 집으로 가져온 먹이를 조사한 결과에서, 작은 포유류가 가장 흔한 먹이로 나타났으며, 그 다음은 조류였다(Krauze-Gryz et al. 2012).

서식지 파편화, 둥지 포식 증가, 열대 겨울 서식지 파괴의 조합은 Cerulean warbler(*Dendroica cerulea*)와 같은 북미의 특정 철새인 송 버드 종의 극심한 감소의 원인일 수 있다(With 2015). 사슴과 다른 초식동물의 개체군은 식물 성장이 무성한 가장자리 지역의 초목에 과도하게 서식해서, 숲으로부터 수 킬로미터 밖에 있는 희귀하고 멸종위기에 처한 식물 종을 선택적으로 제거할 수 있다.

또한 서식지 파편화는 야생동물 개체군을 가축에 더 가깝게 만든다. 이에 따라 가축의 질병에 면역력이 없는 야생종으로 더 쉽게 퍼질 수 있다(제5장 참조). 접촉 수준이 높아지면, 야생 종에서 가축, 심지어 사람에게까지 질병이 퍼질 가능성도 있고, 교외 개발의 특징인 파편화가 된 숲 서식지에서는 종종 라임병 감염률이 높은 흰발쥐(*Peromyscus leucopus*)와 검은다리진드기(*Ixodes scapularis*)의 밀도가 높다. 따라서 해당 지역에 사는 주민에게서 라임병(Lyme disease)이 증가할 수 있다(그림 5.17; Ostfeld et al. 2018 참조).

주변 효과

서식지 파편화는 내부 서식지에 비해 가장자리의 면적을 크게 증가시킨다. 간단한 예를 통해서 이러한 특성과 발생할 수 있는 문제를 설명한다. 각 면에 1,000 m (1 km)의 정사각형 보전보호구역을 고려해 보자(그림 4.13). 보호구역의 총면적은 1 km^2(100 ha)이고, 예비 둘레(또는 가장자리)는 총 4,000 m이다 보호구역 중앙에 있는 지점은 가장 가까운 주변으로부터 500 m 떨어져 있다. 보호구역에 있는 새에 대한 주요 가장자리 효과(Principal edge effect)는 길들여진 고양이와 유입 쥐에 의한 포식이다. 그것은 보호구역 주변에서 숲으로 100 m가 먹이 구역인 삼림 내에 살고있는 새가 새끼를 키우는 것을 방해하고, 보호구역의 내부(64 ha)에서만 번식하게 만든다. 보호구역이 495 m 면적의 도로와 철도 등 4개의 파편으로 나뉘면, 둥지 서식지는 각 파편에서 8.7 ha로 더 줄어들어 총 34.8 ha가 된다. 도로와 철도로 인해 보호구역의 2%만 사라져도 새가 이용할 수 있는 서식지는 절반으로 줄어든다. 주변 효과의 의미는 더 큰 산림 서식지 블록보다는 작은 산림에 살면서 번식하는 새에서의 자생 능력 감소로 나타난다. 현재, 전 세계에 남아 있는 산림의 70%는 산림 가장자리에서 1 km 이내에 있으며, 산림에 의존하는 종에게 중요한 영향을 미친다(Haddad et al. 2015).

> 서식지 파편화는 주변 효과를 증가시키고 빛, 습도, 온도 및 바람의 변화는 그곳에 사는 많은 종에게 불리할 수 있다.

숲 파편 가장자리의 미세 환경은 숲 내부의 미세 환경과 다르다. 중요한 차이점 중 몇 가지는 빛, 온도, 습도 및 바람이 크게 변화하는 것이다(Reynoso and Williams-Linera 2017). 이러한 주변 효과는 숲 안쪽에서 최대 100 m까지 분명하게 드러나며, 특정 효과는 숲 가장자리에서 최대 400 m까지 감지될 수 있다. 많은 식물과 동물이 특정 수준의 온도, 습도 및 빛에 정확하게 적응하기 때문에, 이러한 조건의 변화는 숲 파편에서 많은 종을 소멸시킨다. 그늘에 잘 견디는 온대 숲의 야생화 종, 열대 우림의 후기 수종, 양서류처럼 습도에 민감한 동물은 종종 서식지 파편화에 따라 빠르게 멸종하고 있다. 7개의 주요 생물 지리학적 지역에서 수집된 1,673개의 척추동물 종에 대한 데이터 연구에 따르면, 종의 85%가 숲 가장자리에 대해서 밀접하게 영향을 받는 것으로 나타났다(Pfeifer et al. 2017). 게다가 분류군 전체에 걸쳐

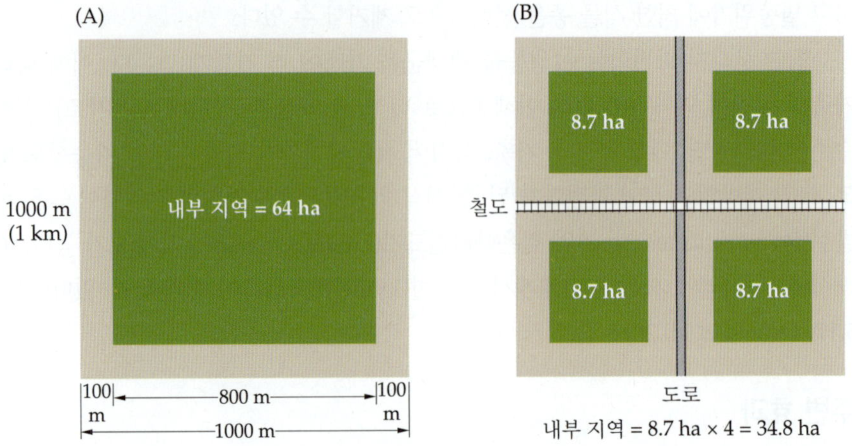

그림 4.13 그림의 예는 파편화 및 주변 효과에 의해서 서식지 면적이 어떻게 감소하는지 보여준다. (A) 1 km^2가 보호구역이다. 주변 효과(회색)가 보호구역으로 100 m를 관통한다고 가정하면, 약 64 ha가 새 둥지를 틀 때 사용할 수 있는 서식지로 사용될 수 있다. (B) 도로와 철도에 의한 보호구역이 나누어진 것으로, 실제 면적은 거의 차지하지 않지만 주변 효과가 확대됨에 따라 번식 서식지의 거의 절반이 파괴된다. 일반적으로 그렇듯이, 주변 효과는 산림 파편 모양이 불규칙할 때 비례적으로 더 커질 수 있다.

서 멸종 위기에 처한 종은 가장자리로부터 200~400 m 떨어진 곳에 주로 서식하는 산림 내부 서식지를 필요로 할 가능성이 더 높을 것으로 보인다. 다른 한편으로, 특정 종은 강해진 빛과 가장자리 교란을 통해 이익을 얻는데, 실제로 파편 가장자리에서 더 높은 밀도로 서식하고 있다(Fahrig 2017; Fahrig et al. 2019).

산림이 분열되면 바람이 증가하고 습도가 낮아지며, 온도가 높아질 경우 화재가 발생할 가능성이 커진다(Numata et al. 2017). 사탕수수 수확처럼, 정기적으로 불태워지는 인근 농경지로부터 서식지 파편 지역으로 화재가 번질 수 있다. 산림 파편 지역은 특히 나무가 죽었거나 바람에 날아가서 숲 가장자리에 쌓였을 때 화재 피해를 입을 수 있다.

환경 악화와 오염

학습 목표

이 절에서는 다음 내용에 주안점을 두기 바란다.

1. 살충제에 있는 소량의 독소라도 생태계에 위험한 이유를 설명할 수 있어야 한다.
2. 미세 플라스틱이 동물에게 해를 끼칠 가능성이 있는 지역을 식별할 수 있어야 한다.
3. 물 속의 오염 물질과 공기 속의 오염 물질을 대조할 수 있어야 한다.

서식지가 명백한 파괴나 파편화의 영향을 받지 않았더라도 서식지의 생태계와 종은 인간 활동에 영향을 받을 수 있다. 지배적인 식물의 구조나 공동체의 다른 특징을 명백히 바꾸지 않는 외부 요인에 의해서 생태계가 손상되고, 종들이 멸종될 수 있다. 이러한 손상과 그 원인이 매우 분명할 때도 있다. 예를 들어, 목초지 지역에 너무 많은 소를 방목하는 경우, 목초지가 점차적으로 피해를 입음에 따라 많은 토착 종이 제거되고, 방목과 짓밟기로부터 견뎌내는 외래 침입종이 생존하여 초지의 생물군집을 서서히 변화시켜 나간다. 반면에 눈에 보이지 않는 곳의 어업 형태인 저인망(trawling) 어선은 매년 약 1,500만 km^{2}의 해저를 훑으면서 이동하는데, 이는 같은 기간 동안 개간된 산림 면적의 150배에 해당하는 면적이다. 저인망 어선의 조업 활동은 바다 바닥층의 말미잘과 해면동물 같은 민감한 생물군집을 파괴하고, 종 다양성과 바이오매스를 줄이며, 공동체 구조를 변경시킨다(Lauria et al. 2017).

다른 유형의 환경적 피해는 우리 주변의 거의 모든 지역에서 매일 발생함에도 시각적으로 분명하지 않다. 가장 미묘하고 보편적인 형태의 환경 파괴는 일반적으로 농약, 제초제, 하수, 농업 분야의 비료, 산업 화학 물질 및 폐기물, 공장 및 자동차의 배출물, 침식지에서 생기는 침전물의 퇴적에 의한 오염이다. 오염이 수질, 대기질 및 지구 기후에 미치는 일반적인 영향은 생물다양성에 대한 위협뿐만 아니라, 인간 건강과 농업에 미치는 영향으로 인하여 큰 문제가 되고 있다(Khaniabadi et al. 2017; Kim et al. 2017). 파악하기 힘들고 보이지 않는 형태의 오염이 가장 위협적일 것이다.

> 화학 물질, 폐기물 및 에너지 생산 과정에 의한 부산물과 대기, 폐수 및 토양의 오염은 은밀한 방식으로 서식지를 파괴한다.

살충제 오염

살충제의 위험성은 레이첼 카슨(Rachel Carson)이 쓴 유명한 책인 [침묵의 봄(*Silent Spring*)](그림 1.4 참조)에서 다뤄지면서 1962년에 전 세계의 주목을 받았다. 카슨은 **생물학적 농축(biomagnification)**으로 알려진 과정을 설명했는데, 이를 통해 디클로로-디 페닐-트리클로로-에탄(DDT) 및 기타 유기 염소계 살충제가 먹이사슬을 따라 올라가면서 농축된다고 언급했다(Köhler and Triebskorn 2013; **그림 4.14**). 곤충을 죽이기 위해 농작물에 사용하고, 모기 유충을 죽이기 위해 수역에 살포된 이 살충제는 야생동물 개체군에 큰 해를 입혔다. 특히 매와 독수리 같은 새는 DDT와 그 부산물에 노출된 다량의 곤충, 물고기 또는 기타 동물을 잡아먹고 있다.

많은 선진국에서는 1970년대에 이러한 상황을 인식하면서 DDT 및 기타 화학 관련 살충제의 사용을 금지했다. 살충제 금지 명령은 IUCN에서 “가장 우려되는 종”으로 분류했던 송골매를 포함한 많은 조류 개체군을 현재 안정적인 개체군으로 유지할 수 있게 해 줌으로써 부분적인 회복이 가능하게 되었다(**그림 4.15**). 그럼에도 불구하고, 살충제의 대량 사용(DDT 포함)은 사람에게 주는 혜택 때문에 지속되고 있다. 예를 들어, DDT는 열대지역에서 말라리아 매개체로 작용하는 주요 사망 원인

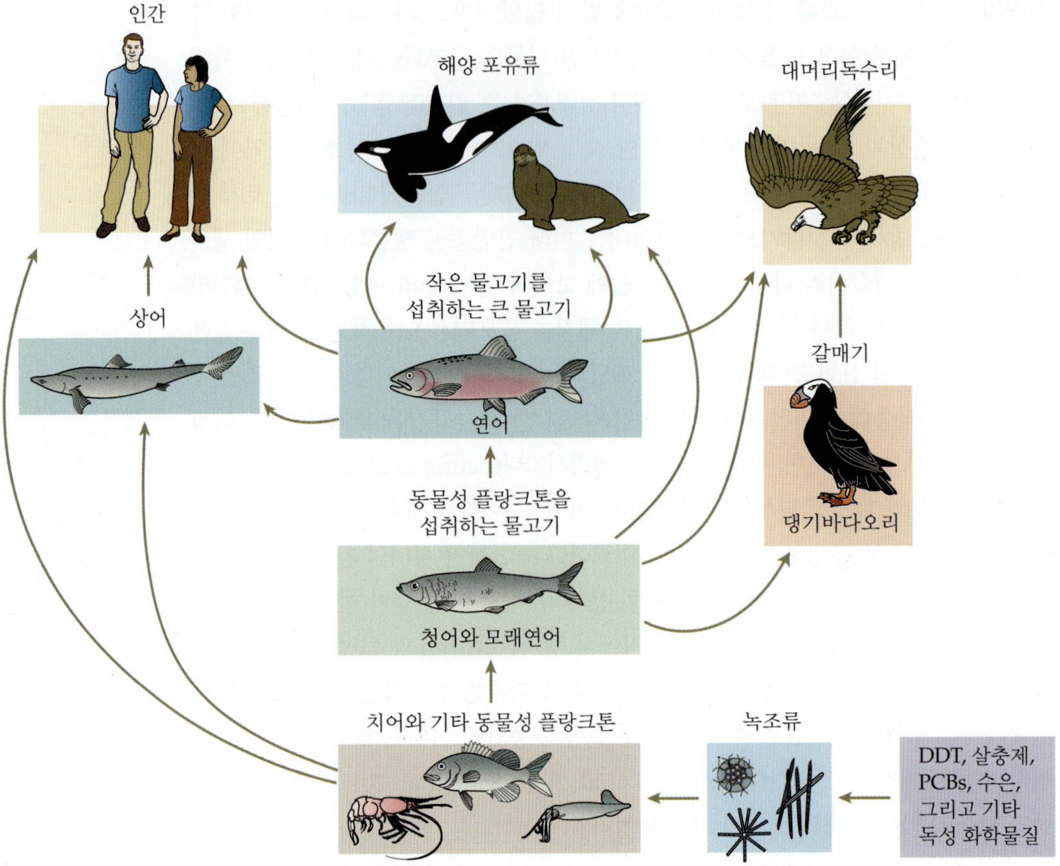

그림 4.14 독성 화학물질은 먹이사슬을 따라 더 높은 수준으로 농축되어, 인간, 해양 포유류, 바닷새 및 맹금류에서 생존 문제를 초래한다. (After P. S. Ross and L. S. Birnbaum. 2003. *Hum Ecol Risk Assess* 9(1): 303–324.).

인 모기를 통제하는 데 매우 효과적이다. 이러한 이점으로 인해 사용되는 살충제는 멸종위기에 처한 동물뿐만 아니라, 사람 특히 현장에서 화학물질을 취급하는 근로자와 노출된 농작물, 심지어 닭고기, 달걀 같은 농산물을 소비하는 사람에게 해를 입히지 않아야 한다(Bouwman et al. 2015). 살충제는 화학 성분이 적용되는 장소로부터 멀리 떨어진 곳에 서식하는 동식물과 사람에게 해를 입힐 수 있다. 놀랍게도 높은 농도의 살충제는 노르웨이 북부와 러시아의 북극곰 조직에서도 발견되는 것처럼, 곰의 생존을 위협하고 있다(Elliott and Elliott 2013).

수질 오염

수질 오염은 모든 종에게 부정적인 영향을 미친다. 중요한 먹이 공급원을 파괴하고, 오염된 물과 접촉하는 인간 및 기타 종의 건강에 즉각적이고 장기적인 해를 끼칠 수 있는 화학 물질로 식수를 오염시키는 것이다(Landrigan et al. 2018). 더 넓은 범위에서 수질 오염은 종종 수생 생태계를 심각하게 손상시킨다. 강, 호수 및 바다가 때때는 산업 폐기물 및 주거 하수를 위한 개방형 하수도로 사용되기에, 인구 밀도가 높을수록 수질 오염 수준이 거의 대부분 높아진다. 살충제, 제초제, 석유 제품, 중금속(예: 수은, 납 및 아연), 세제, 폴리 염화 바이페닐(PCB)과 같은 독성 화학물질 및 산업 폐기물은 곤충 유충, 어류, 양서류, 심지어 수생 환경의 해양 포유류와 같은 유기체를 직접 죽이는 원인이다. 수질 오염은 미국에서 멸종위기에 처한 어류와 민물 홍합의 90%를 위협하고 있다. 해안지역에서 증가하는 주요 오염원은 새우와 연어 양식장에서 나오는 영양소와 화학물질의 배출이다. 사람이 사용하거나 가축에게 투여한 약물이 폐기물 처리장에서 제거되지 않은 채 하수를 통해 수생 환경으로 흘러 들어갈 수 있다(Schaider et al. 2014). 이러한 생물학적 활성 화학물질, 특히 호르몬은 어류와 이를 섭취하는 다른 동물의 생리, 행동 및 번식에 악영향을 미친다(Guedes-Alonso et al. 2017).

Courtesy of the US Fish and Wildlife Service

그림 4.15 송골매는 현재 북미 전역의 많은 지역에서 번식하고 있다. DDT 사용이 1940년대에 DDT 사용이 시작되면서 개체수가 급격하게 감소했다가 1972년에 금지된 후 회복되었다(Hoffman and Smith 2003).

주로 지역적 영향을 미치는 육상 환경의 폐기물과는 달리, 수생 환경의 독성 폐기물은 넓은 지역으로 확산된다(**그림 4.16**). 수중에 매우 낮은 농도로 분포하는 독성 화학물질이라도 생물 농축을 거치면 수생 생물에게 치명적일 수 있다. 많은 수생 환경에는 질산염 및 인산염과 같은 필수 미네랄이 자연적으로는 낮게 분포하지만, 수생 식물 및 동물 종은 다량의 물을 처리하여 미네랄을 농축하는 능력을 개발함으로써 자연적인 결핍에 적응했다. 이러한 종들은 오염된 물을 처리하면서 필수 미네

© Whit Richardson/Alamy Stock Photo

그림 4.16 2015년에, Gold King Mine에서 80마일에 걸쳐 독성 물질이 유출된 후, 미국 3개 주와 2곳의 아메리카 원주민 보호구역으로 퍼져 나감에 따라 미국 남서부지역에 비상사태가 발생했다. 방출된 비소, 납, 수은 및 카드뮴이 야생동물과 사람에게 미치는 피해의 정도는 완전히 알려지지 않았다. 미국환경보호지역의 보고서에 따르면, 이 사고는 잘못된 처리 작업으로 인해 3백만 갤런이 유출된 인재였다(*Denver Post* 2016). 미국환경보호국(EPA)에서는 유출된 독성 물질을 정화하는 데 2019년까지 290만 달러를 지출했다. 이 사진은 2015년 8월 6일 콜로라도 주 Durango 근처의 Bakers 다리에 있는 Animas 강을 촬영한 것이다.

랄과 함께 독성 화학물질을 농축하기 때문에 독소에 중독된다. 수생 종을 잡아먹는 잡아먹는 이러한 종은 농축된 독성 화학물질도 함께 섭취하게 된다. 인간에게 미치는 가장 심각한 결과 중 하나는 황새치와 상어처럼 수명이 긴 포식성 어류에 축적된 수은 및 기타 독소가 이러한 어류를 자주 먹는 사람의 신경계에 영향을 미치는 것이다(Eagles-Smith et al. 2018).

2015년에는 새로운 수생 오염 물질이 발견되었다. **미세 플라스틱(microplastics)**은 직경 1 μm에서 5 mm 사이의 플라스틱 입자로 다양한 인간의 자원에서 발견되며, 대부분은 바다의 플라스틱 파편이 파동과 햇빛에 의해 분해될 때 생성된다(**그림 4.17 A**). 미세 플라스틱은 현재 전 세계의 바다에 널리 퍼져 있으며, 해양 생물 가운데서도 특히 여과 섭식 동물이 주로 섭취한다(**그림 4.17B**). 흡입된 미세 입자는 여과 섭식 동물의 영양소 흡수를 물리적으로 차단하거나 소화관에 기계적 손상을 입힐 수 있다. 그러나 해양 동물에게 더 위험한 것은 입자 내부 또는 입자에 존재할 수 있는 높은 수준의 오염 물질(일부 독성)이다(Germanov et al. 2018). 이러한 독소가 다양한 해양 포유류 가운데서도 일부 유형의 가오리, 여과 섭식 상어, baleen 고래(*Balaenoptera physalus*)처럼, 수명이 긴 여과 섭식 동물 체내에 수십 년에 걸쳐서 축적되면 동물과 어류를 잡아먹는 사람에게도 심각한 위험을 초래한다(Sharma and Chatterjee 2017).

식물과 동물에게 유익한 필수 미네랄조차도 고농도에서는 유해한 오염 물질이 될 수 있다. 인간의 하수, 농업용 비료, 세제 및 산업 폐기물의 인위적 방출은 많은 양의 질산염과 인산염을 수생 시스템에 추가 때문에, **부영양화(Eutrophication)** 과정을 일으킨다. 인간은 모든 자연 과정에서 생성되는 양과 비슷한 양의 질산염을 환경에 방출하는데, 인구가 계속 증가하면 질소의 인위적 방출 또한 계속 증가할 것으로 예상된다. 또한 지구 기후변화로 인한 강수 패턴의 변화는 유출수 증가를 통해서 부영양화 비율을 증가시킬 것으로 예측되었다(Sinha et al. 2017). 이러한 영양소는 소량이라도 성장을 촉진할 수 있으며, 고농축은 종종 연못과 호수 표면에서 녹조류의 두꺼운 “대량 증식(Bloom)”을 초래한다. 녹조류 대량 증식은 매우 조밀하여, 다른 플랑크톤 종과 경쟁하고 또한 바닥에 사는 식물 종에 그늘을 드리울 수 있다. 녹조류가 두꺼워지면 아래층이 밑바닥으로 가라 앉아서 죽게 된다. 죽어가는 녹조류를 분해하는 박테리아와 균류는 이 추가된 자양물에 반응하여 증식하고, 결과적으로 물의 모든 산소를 흡수한다. 산소가 없으면 남아있는 동물의 대부분은 죽게 된다. 때로는 물 표면에 떠 다니는 죽은 어류 부유물의 형태를 눈으로 볼 수 있다. 그 결과, 매우 궁핍하고 단순한 군집이 생겨나고, 오염된 물과 낮은 산소 수준에 내성이 있는 종으로만 구성된 데드 존(*dead zone*)이 형성된다.

이 부영양화 과정은 전체 해양 시스템, 특히 멕시코만, 지중해, 유럽의 북해와 발트해, 한국 동해의 밀폐된 바다와 같이 제한된 지역에서의 해안지역과 수역에 영향

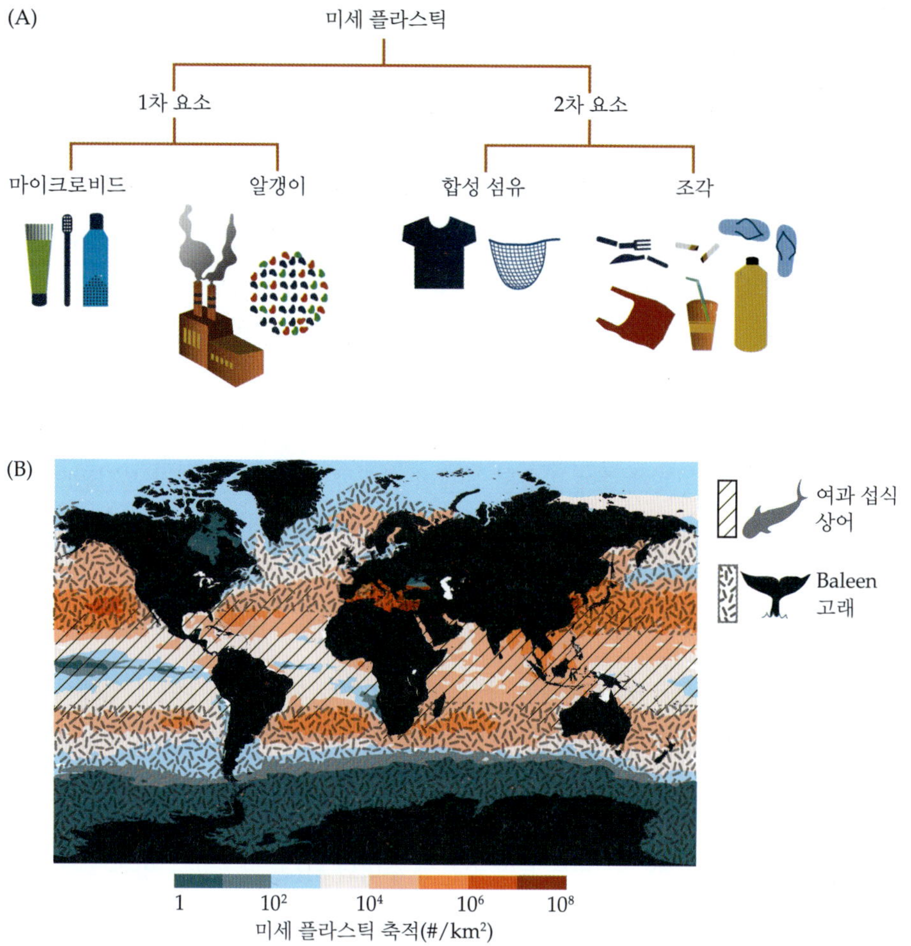

그림 4.17 (A) 미세 플라스틱은 인간이 만든 물질에서 발생한 직경 1 μm~5 mm의 플라스틱 입자이다. 주요 공급원에는 개인 케어 제품(스크럽 및 치약)의 마이크로 비드(microbeads)가 포함된다. 플라스틱 제품을 제조하는 데 사용되는 너들(nurdles)이라고 불리는 산업용 입자이다. 미세 플라스틱의 2차 소스는 더 커다란 플라스틱 폐기물의 분해로부터 생성된다. 이러한 플라스틱 중 상당수에는 독성 물질이 포함되어 있거나 독소가 부착되어 있다. (B) 우세한 여과 섭식자인 거대 동물군(megafauna)과 더불어서 미세 플라스틱 농도의 조사 결과를 오버레이하면 섭취 위험의 크기를 알 수 있다. 미세 플라스틱 농도가 가장 높은 영역이 여과 섭식 상어(*Rhincodon typus*, 줄선 오버레이) 및 baleen 고래(*Balaenoptera physalus*, 점선 오버레이) 분포지와 겹쳐져 있다. (After E. S. Germanov et al. 2018. *Trends Ecol Evol* 33: 227–232, data from E. van Sebille et al. 2015. *Environ Res Lett* 10: 124006 and IUCN Red List of Threatened Species 2018-2.).

을 미치는 대량 영양소의 인위적 유입을 촉발한다(Huang et al. 2017; Ménesguen and Lacroix 2018). 부영양화는 따뜻한 열대 해역에서 녹조류 발생에 유리한데, 녹조류는 해안 산호초보다 더 빨리 증식하여 해양 생물군집을 완전히 변화시킨다(Díaz-Ortega 및 Hernández-Delgado 2014).

부영양화를 방지하기 위해서는 하수처리장 건설, 비료의 사용을 적게 하는 개선된 영농법, 육지와 수로 사이에 완충지대 설치가 필요하다.

벌목과 경작을 하는 언덕으로부터 침식된 퇴적물도 수생 생태계에 해를 입힐 수 있다. 퇴적물은 빛의 가용성을 감소시키고, O_2 및 CO_2 교환을 차단하며, 이에 따라서 광합성 속도를 감소시키는 진흙 투명 필름이 생성되어 물에 잠긴 잎과 기타 녹색 표면을 덮는다. 물의 탁도가 높아지면(물 투명도의 감소), 광합성을 할 수 있는 깊이가 줄어들고, 물속 동물 종의 시야를 가려서 먹이 생활을 방해할 수 있다. 퇴적물 침전은 생존을 위해서 수정처럼 맑은 물이 필요한 많은 산호초에게 특히 해롭다.

대기 오염

과거에, 사람들은 공기 중에 방출된 물질이 거대한 대기권에서 멀리 분산됨으로써 오염이 크게 줄어든다고 생각했다. 오늘날에는 여러 유형의 대기 오염이 넓게 퍼져서 전체 생태계를 훼손하고 있다. 이와 같은 오염 물질은 사람의 건강에 심각한 영향을 미치기에, 사람과 자연이 공유하는 공통 관심사이다(그림 3.1 참조).

산성비 **산성비(acid rain)**는 제련 작업, 석탄 및 석유 화력 발전 같은 산업에서 엄청난 양의 질소 산화물과 황산화물을 대기 중으로 방출할 때 생성되며, 이러한 화학물질은 대기 중의 수분과 결합해서 질산과 황산을 생성한다. 산은 구름에 통합되어 빗물의 pH(산도의 표준 측정)를 크게 낮춰서, 넓은 지역에 걸쳐서 나무를 약하게 만들거나 죽게 한다. 또한 산성비는 토양 수분과 수역의 pH를 낮추고, 토양과 물에서 알루미늄과 같은 독성 금속의 농도를 증가시킨다.

산성비와 대기 오염의 영향은 산업화되면서 아시아 국가에서 빠르게 증가하고 있다. 산성비는 특히 담수 종에 해롭다.

산도의 증가만으로도 많은 식물과 동물 종에 피해를 입히고, 수역의 산도가 증가하여 많은 물고기가 산란에 실패하거나 죽게 된다. 산도 증가는 물과 토양의 오염과 함께 전 세계적으로 많은 양서류 개체군의 급격한 감소에 일조하는 요인이기도 하다(Alton and Franklin 2017). 대부분의 양서류 종은 수명 주기의 일부분을 수역에 의존하므로, 물의 pH가 감소하면 알과 새끼의 사망률이 증가한다. 산성도는 미생물 분해 과정을 억제해서 미네랄 재활용률과 생태계 생산성을 낮게 한다. 선진국의 많은 연못과 호수는 산성비로 인해 동물 군집의 상당 부분을 잃었다. 이러한 손상된 수역은 북미 록키 산맥과 스칸디나비아처럼, 주요 도시 및 산업 오염원으로부터 수백 킬로미터 떨어진 청정 지역에서도 종종 나타난다. 산성비는 중국과 같은 개발도상국에서 황 함량이 높은 연료를 사용하는 산업 발전을 급속하게 추진하면서 더 큰 문제가 되고 있다. 대기 중 유황 및 질소 산화물의 산업적 배출을 줄이기 위한 국제 협약의 결과로서, 유럽과 미국 일부 지역에서는 산성화 수준이 감소했으며, 일부의 경우에서는 양서류 개체수가 회복되었다(Dolmen et al. 2018).

오존 생성 및 질소 침적 자동차, 발전소 및 산업 활동에 의해 탄화수소와 질소 산화물이 폐기물로 방출된다. 햇빛이 있는 곳에서, 이러한 화학물질은 대기와 반응하여 오존 및 기타 2차 화학물질을 생성하는데, 이를 총칭하여 **광화학 스모그**(*photochemical smog*)라고 한다. 상층 대기의 오존은 자외선을 걸러내는 데 중요하지만, 지표면에서 고농도의 오존은 식물의 조직을 손상시키고, 생물학적 공동체에 해를 끼치며, 농업 생산성을 떨어뜨린다. 오존과 스모그를 흡입하면, 사람과 다른 동물 모두 해롭기에 이들 모두가 대기 오염 규제로부터 혜택을 얻게 된다. 환경 규제는 지구 오존의 증가를 막는 데 성공했으며(그림 4.2C 참조), 다른 오염 물질을 억제할 수 있음을 증명하였다.

불행하게도, 질소의 양은 계속해서 기하 급수적으로 증가하고 있다(그림 4.2B 참조). 공기 중의 질소 화합물이 비와 먼지에 의해서 지상 환경에 퇴적되면, 전 세계의 생태계가 잠재적으로 독성이 있는 질소 농도에 의해 손상되고 변경되는데, 이처럼 변경된 조건에서는 많은 종이 생존할 수 없다(Nijssen et al. 2017). 특히, 질소 침적과 산성비의 조합은 나무에 유익한 토양 곰팡이의 밀도를 감소시킨다(제3장 참조).

독성 금속 가연 휘발유(사람의 건강에 대한 분명한 위험에도 불구하고, 여전히 많은 개발도상국에서 사용됨), 열 및 전력, 광업 및 제련 작업을 위해 연소된 석탄, 기타 산업 활동은 다량의 납, 아연, 수은 및 독성 금속을 물과 대기로 방출할 수 있다(Wade 2013). 독성 방출은 종종 정상적인 작동의 결과이지만, 자연 재해 또는 부주의로 인한 결과는 매우 심각할 수 있다(그림 4.16 참조). 이러한 독성 요소는 식물과 동물에게 직접적으로 유독한 성분이며, 어린 자손에게 영구적인 피해를 입힐 수 있다. 이러한 독성 금속의 영향은 대규모 제련 작업을 둘러싼 지역에서 분명하게 나타나는데, 수 마일 떨어져 있는 생명체에서도 부정적인 영향을 측정할 수 있다.

지역 및 국가 정책, 규정의 시행이 때때로 대기 오염 수준을 감소시키는데, 휘발유에서 납을 제거하는 것이 그러한 예이다. 대기 오염 물질의 농도는 북미와 유럽의 특정 지역에서는 감소하고 있지만, 산업화를 겪고 있는 다른 많은 지역에서는 계속 증가하는 추세다. 대기 및 수질 오염 물질은 국경이 필요 없기에, 제12장에서 다루는 것과 같이 이러한 문제를 다루는 국제 협약이 중요하다. 대기 및 수질 오염 수준을 낮추는 것은 인류의 건강과 생물다양성을 위해 반드시 필요한 조치이다.

결론

이 장에서는 서식지 파괴 및 변경의 원인과 결과를 설명하였다. 서식지 파괴, 파편화, 환경 악화로 인한 서식지 손실이 생물다양성에 대한 가장 큰 위협이라는 점을 감안하면, 서식지는 보존 노력의 우선 순위가 되어야 한다. 생물다양성에 대한 이러한 위협과 기타 위협을 충분히 이해하면, 환경 보호 및 복구 노력을 통해서 목표를 달성할 가능성이 매우 높아질 것이다.

국내 사례연구

울릉도의 특산식물과 세계자연유산

울릉도는 약 200만 년 전의 화산폭발에 의하여 만들어진 화산도로, 한 번도 육지와 연결된 적이 없는 대양도이다. 동해의 한 가운데 위치하고 있으며, 면적은 75.4 km이다. 한반도 면적의 0.05%에 지나지 않음에도 많은 특산식물을 보유하고 있다. 울릉도의 식생은 너도밤나무 군락, 우산고로쇠 군락, 섬단풍나무 군락, 울릉솔송나무 섬잣나무 군락, 울릉마가목 군락, 섬피나무 군락 등이 넓게 차지하고 있다. 섬벚나무, 섬버들, 섬개야광나무, 섬국수나무, 섬개회나무, 왕매발톱나무, 섬댕강나무, 섬쥐똥나무, 섬나무딸기, 섬시호, 섬개현삼, 섬현호색, 섬괴불나무, 섬포아풀, 섬말나리, 울릉장구채, 섬노루귀, 섬기린초, 울릉산마늘 등 약 54분류군 정도의 울릉도 특산식물이 서식하고 있다.

대양도의 특산생물들은 대륙의 선구종으로부터 분지 진화와 향상 진화에 의하여 만들어진다. 하와이 군도의 특산생물은 93%의 분지 진화와 7%의 향상 진화에 의하여 생성되었다고 한다. 갈라파고스 군도는 57%의 분지 진화와 43% 향상 진화를 통해서 섬의 특산생물이 만들어졌다고 한다. 울릉도에 서식하고 있는 약 54여 종의 특산식물들은 대부분 향상 진화에 의해 생성되었다고 한다(Stuessy). 울릉도 특산식물의 대륙선구종(continental progenitor)은 무엇이고, 어떤 시기에 어떻게 진화하여 생성되었을까? 세계자연유산 등재 기준 9의 생태학적 생물학적 주요 진행 과정을 입증한다면, 세계자연유산의 등재에 필요한 탁월한 보편적 가치(Outstandign Universal Value)를 세계인들에게 알릴 수 있을 것이다. 즉, 울릉도는 세계에서 유일하게 식물 진화의 초기 단계 진화 양상을 볼 수 있는 곳이다.

울릉솔송나무(최근 10년 만에 기재된 신종 온대 침엽수)

요약

- 생물다양성에 대한 주요 위협은 서식지 파괴, 파편화, 환경 악화(오염 포함), 기후변화, 과잉 착취, 외래종 침입 및 질병이다.
- 이러한 모든 위협은 인구 증가에 의한 세계의 자연 자원 남용의 결과이다.
- 서식지 파괴는 열대 우림, 습지, 산호초 및 기타 종이 풍부한 개체를 특히 위협한다.
- 서식지 파편화는 크고 연속적인 서식지 영역이 축소되고, 2곳 이상의 조각으로 분할되는 과정이다. 서식지 파편화는 분산, 이주 및 먹이 찾기의 정상적인 과정에 장벽을 만듦으로써, 남아있는 일부 종의 급속한 손실로 이어질 수 있다. 특정 파편은 원래 종에 적합성이 떨어지도록 변경된 환경 조건을 포함할 수 있다.
- 환경 오염은 공동체의 구조가 명백하게 방해 받지 않는 곳에서도 생태계의 많은 종을 제거한다. 환경 오염은 살충제 확대, 산업 폐기물, 하수 및 비료로 인한 물 오염, 산성비, 과도한 질소 침적, 광화학 스모그 및 높은 오존 수준으로 인한 대기 오염에 의해 발생된다.

토론 주제

1. 인구 증가는 종종 생물학적 다양성의 상실로 인해서 비난을 받고 있다. 이것은 타당한 것인가? 또 다른 원인은 무엇이고, 상대적 중요성을 어떻게 평가할 것인가? 인구 증가와 생물다양성 보호 사이의 균형을 찾는 방법을 찾아보시오.
2. 거주지 또는 학교 근처에서 가장 손상되었거나 가장 깨끗한 서식지를 조사한 후, 일부 서식지는 보존되지만 다른 일부는 파편으로 훼손되는 이유가 무엇인지 설명하시오.
3. 멸종 위기에 처한 종에 대해 자세히 알아보시오. 이 종에 대한 즉각적인 위협의 범위는 무엇인가? 즉각적인 위협이 사회와 경제, 정치, 법적 문제와 어떻게 연결될 것인가?

코뿔소류는 중국에서 전통적인 약재로 쓰일 뿐만 아니라, 지위를 상징하는 뿔을 가지고 있어서 밀렵이 성행하는 동물이다. 일부 종들은 과도한 사냥으로 인해 멸종의 위기에 놓여 있지만, 국제적으로 밀렵을 금지하고, 또한 관리가 성공적으로 잘 이루어진 흰코뿔소의 개체수는 증가하고 있다(*Ceratotherium simum*, 사진).

5

위협받는 생물다양성: 기후변화와 그 외 요인들

앞 장에서 생물다양성에 위협이 되는 7가지 중요한 요소 중 3가지를 살펴보았는데, 모두 서식처의 유용성과 질의 직접적인 변화와 관계있는 것이었다. 서식처 손실은 다른 어떤 요인보다도 더 크게 종의 소실로 이어지지만, 나머지 4가지 위협요인, 즉 기후변화, 남획, 침입종과 질병도 생물다양성 손실에 영향을 미친다. 이 4가지 요인들은 일반적으로 복잡하며 영향력이 크거나 간접적인 효과를 나타낸다. 또한, 이런 요인의 영향은 대륙적인 심지어 전 세계적인 차원에서 일어나는 국제적 요소도 종종 가지고 있다.

제4장에서 보았듯이, 과도한 낚시, 사냥 또는 채집은 대부분의 분류군에 두 번째로 위험한 요소이며, 해양생물에게 서식처를 잃어버리는 일보다 더한 위협이 된다(그림 4.4 참조). 남획은 지구에 살고 있는 사람의 숫자가 늘어남에 따라 단백질 요구량이 많아지기 때문이기도 하지만, 대부분은 이국적 애완동물, 관상용과 약용식물, 그리고 코끼리의 상아와 바다거북 장신구와 같은 생물체의 독특한 생산물에 대한 사람들의 요구가 많아지기 때문이다. 마찬가지로 지구 기후변화는 단순히 인구집단을 성장시키는 기능을 할 뿐만 아니라 우리의 생활양식도 결정짓는다. 이 장에서는 이러한 나머지 위협 요소의 특성, 즉 위협 요소들이 영향을 미치는(그리고 미쳐 왔던) 방식과 예를 알아본다.

지구 기후변화

학습 목표

이 절에서는 다음 내용에 주안점을 두기 바란다.

1. 온실효과를 설명할 수 있는 도표를 그릴 수 있어야 한다.
2. 기후변화와 인간의 연결성을 지지하는 증거를 요약할 수 있어야 한다.
3. 생명 체계에 미치는 기후변화의 영향에 대한 새로운 예를 제시할 수 있어야 한다.
4. 전 세계의 수중 생태계와 연안 생태계에 미치는 기후변화의 영향을 예측할 수 있어야 한다.

대기 중의 이산화탄소, 메탄 및 다른 미세 가스가 태양 광선을 통과시키므로 빛 에너지가 대기를 통과하고, 이에 따라서 지구 표면의 온도가 올라가게 된다. 이러한 가스와 구름 형태의 수증기는 지구 표면에서 열로 재복사되는 에너지를 흡수함으로써 열이 지구에서 우주로 방출되는 속도를 늦춘다. 이러한 가스를 **온실가스(greenhouse gases)**라고 하는데, 이는 가스가 온실의 유리와 같은 기능을 하여 태양 광선은 통과시키지만 일단 열로 변형된 에너지는 붙잡기 때문이다. 이런 원리에 따라 대기 가스로 인해 지구가 온난화되는 현상을 **온실효과(greenhouse effect)**라 부른다. 대기 가스가 지구 표면을 담요처럼 덮고 있으므로, 가스 농도가 높을수록 열이 더 많이 갇히게 되고, 지구 표면의 온도는 올라간다.

온실효과는 지구 표면의 온도가 급격하게 떨어지는 것을 막아서 지구의 생명체가 살아가는 데 도움을 준다. 그러나 오늘날 인간의 활동으로 인해, 온실가스의 농도가 많이 높아짐으로써 지구의 기후에 영향을 미치게 되었다(Gore 2006 IPCC 2007). **지구 온난화(*global warming*)**라는 용어는 온실가스 증가의 결과로 인해 온도가 높아지는 것을 말한다. **지구 기후변화(*global climate change*)**는 온실가스 증가 때문에 변화하는 현재와 계속해서 변화하게 될 미래의 기후 특징까지 함축한 용어이며, 여기에는 강우와 바람의 변화도 포함한다.

탄소와 온도의 관계

우리는 인간이 지구 기후변화에 기여하는지를 어떻게 아는지, 그리고 보전생물학자들이 기후변화로 만들어진 문제들을 알리기 위하여 무엇을 해야 하는지? IPCC는 1988년도에 국제연합에 의해 만들어진 조직으로, 활용 가능한 연구를 평가하여 이러한 질문을 하는 곳이다. 현재 195개 회원국이 가입되어 있으며, 수천의 과학자와 그 외 사람들이 시간과 전문지식을 할애함으로써, 현재의 정보들에 접근하고 제공하는 IPCC의 업무에 기여하고 있다. 넘쳐나는 증거에 힘입어 다음과 같이 광범위한 과학적 동의를 끌어내었다:

- 인간의 활동 때문에 온실가스 농도가 증가하였다.
- 온실가스는 전 세계의 기후와 생태계에 영향을 미쳤다.
- 이와 같은 영향은 미래에 점점 증가할 것이다(IPCC 2018).

북극의 얼음에 갇혀 있던 가스를 분석한 결과에서 이상과 같은 결론을 내렸다. 지질시대 내내 갇혀 있던 가스 덕분에 수천 년 동안 있었던 수백 개의 기후조건을 알아낼 수 있었다(**그림 5.1A**). 제일 먼저 분석한 것은 소련과 프랑스의 과학자가 1980년대에 수행한 것으로, 남극에 있는 보스토크 기지 가까운 곳에서 뽑아낸 2,083 m 길이의 얼음 코어를 분석한 것이다. 그 후 다른 과학자팀이 이것들과 European Project for Ice Coring in Antarctica(EPICA)를 포함한 다른 지역으로부터 뽑아낸 얼음 코어를 분석하였는데, 그 자료를 **그림 5.1B**에 나타내었다. 또한 이 자료들에서 다음과 같은 3가지 중요한 사실을 알아내었다.

1. 이산화탄소(CO_2) 농도는 시간이 흐르면서 상당히 변한다.
2. 이산화탄소 농도에 따라 온도도 변한다. 대기 중의 이산화탄소 농도가 올라갈 때 온도도 곧 일정한 양식으로 상승한다.
3. 수십만 년 동안 대기 중의 이산화탄소 농도는 300 ppmv을 넘은 적이 없었지만, 현재는 400 ppmv 이상이다.

보스토크 이후, 오늘날까지 남극의 다른 기지에서도 채굴한 얼음 코어에서 측정이 이루어졌다. 가장 최근의 것은 사이플 기지에서 수행한 것으로, 대기 중의 이산화탄소 농도가 산업혁명이 있었던 1800년도 중반에 기하급수적으로 상승하기 시작하였다. 인간이 배출한 가스가 이산화탄소 농도 상승에 관여했다는 이런 간접적인 증거보다 더 직접적인 증거도 만들어지고 있다. 대기 중의 이산화탄소는 해마다 약 3,500 Tg(1테라그램 = 10^{12} g)씩 증가하며, 인간이 화석 연료를 사용함으로써 생성되는 대기 중 이산화탄소는 연간 약 5,600 Tg이다. 따라서 대기 중의 탄소량 증가는 인간의 산업 활동에 의해 생성된다는 충분한 증거가 된다(Vitousek 1994). 또한 열대숲이 점점 사라짐에 따라서 이산화탄소 농도가 증가한다. 이는 지구가 따뜻해지기 시작한 최근의 빙하기 이후에 관찰된 증가율보다 100배나 빠른 것이다. 더구나 온도나 대기 중의 이산화탄소 농도를 직접적으로 측정할 수 있다. 즉, 산업 탄소 생성량을 알면 이 세 가지 농도가 정확하게 같은 속도로 모두 상승하는 것을 알 수 있다(**그림 5.2**). 그림을 보면 인간이 사용하는 화석 연료가 이산화탄소 농도를 직접적으로 상승킴으로써 온도를 간접적으로 상승시키는 요인임을 알 수 있다.

과학자들 사이에 의견이 통일되는 내용이 있는데, 이산화탄소의 대기 중 농도와 인간 활동으로 생성된 다른 온실가스가 증가하면 기온이 상승하게 되며, 이런 현상은 앞으로 수십 년 동안 지구의 기후에 영향을 미치리라는 것이다.

인간과 대기 중의 탄소 증가 사이에 연관이 있음을 보여주는 가장 강력한 증거는 산업 자원에서 유래된 대기 중 이산화탄소 농도의 비율을 측정한

(A)

(B)

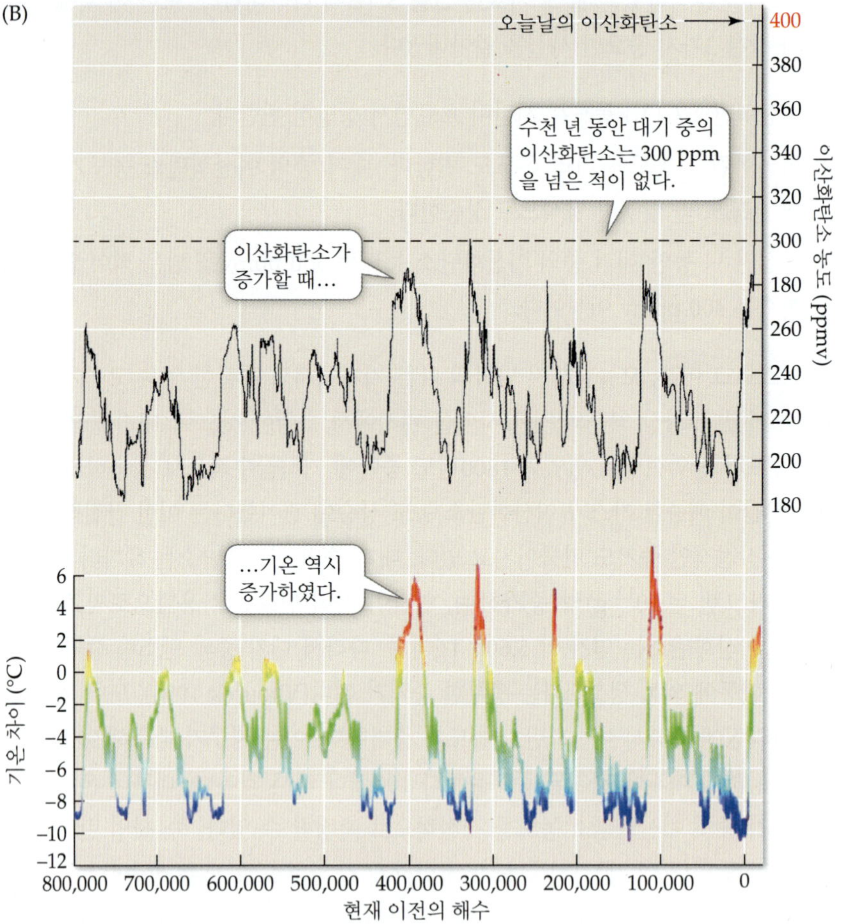

그림 5.1 (A) 얼음 코아에 갇혀 있던 공기방울을 분석하면 수십만 년 전의 기후를 알 수 있다. (B) 남극의 보스토크에서 채취한 얼음코아에서 지난 80만 년 동안 기온이 11°C 정도의 변동이 있었다는 것을 알 수 있었으며 이런 변동은 이산화탄소 측정에서도 같은 양상이 나타났다. 더 최근의 자료를 보면 직접적인 측정 결과를 알 수 있다. (B, after D. Lüthi et al. 2008. *Nature* 453[7193]: 379–382, and J. Jouzel et al. 2007. *Science* 317 [5839]: 793–796.)

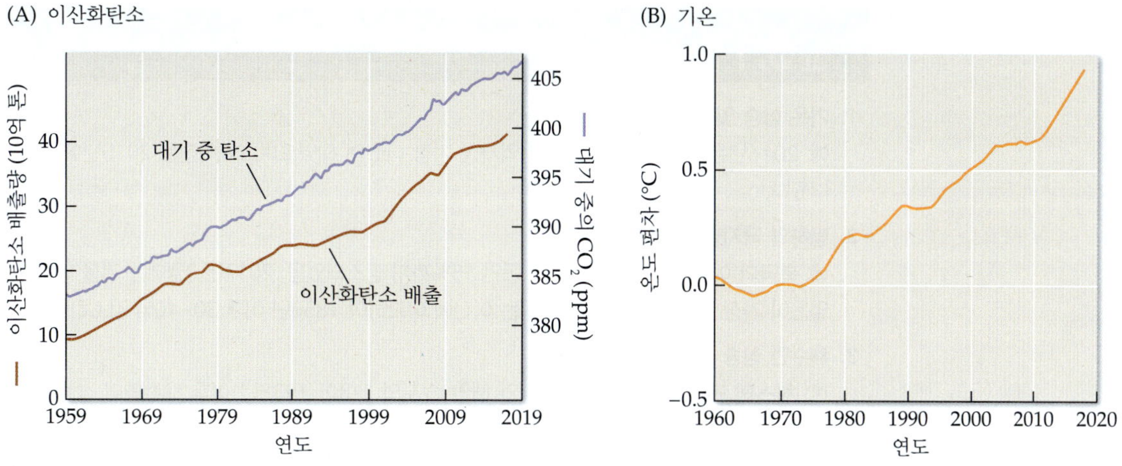

그림 5.2 현대에는 연간 평균기온뿐만 아니라 대기의 평균 이산화탄소량과 산업 배출가스 양도 직접적으로 측정할 수 있다. 그래프를 보면 이 3가지 양이 모두 같은 비율로 증가함을 알 수 있는데, 이를 통해 대기 중의 이산화탄소와 화석 연료의 연관 관계, 그리고 이러한 현상이 지구 기온에 어떻게 영향을 미치는지를 알 수 있다. 여러 과학자 군이 측정하고 계산한 결과는 모두 일치하였다. 3무리의 연구자들에 따르면 지구의 산업 탄소는 2018년에 최고치에 다다랐다(Tollefson 2018). (A, atmospheric CO_2 data from https://climate.nasa.gov/vital-signs/carbon-dioxide; emissions data from J. Tollefson. 2018. *Nature.* doi: 10.1038/d41586-018-07666-6, based on Global Carbon Budget 2018, *Earth Syst Sci Data* 10: 2141–2194; B, from https://climate.nasa.gov/vital-signs/global-temperature.)

것이다. 화석 연료는 수백만 년 동안 묻혀있던 탄소 자원에서 만들어진 것이며, 그 결과 다른 자원과 비교했을 때 다른 탄소 동위원소를 가지고 있다(동위원소 분석에 대한 또 다른 예를 제1장에서 다루었음). 나무는 대기 중의 이산화탄소 농도를 이용하여 숲을 형성한다. 따라서 쉽게 측정할 수 있는 탄소 동위원소 비율을 알면, 과학자들은 대략 1850년 이래로 화석 연료로부터 탄소의 비율이 증가한 것을 측정할 수 있다(Keeling et al. 1989).

IPPC의 2018년 보고서를 보면, 인간의 활동 결과에 의해 산업혁명 이전과 비교하여 지구 표면의 기온이 0.8~1.2°C 상승한 증거들이 있으며, 현재와 같은 상태가 지속된다면 2030에서 2052년 사이에 1.5°C까지 상승할 것으로 예측된다(IPCC 2018). 실제로, 2016년 7월이 지구의 기온을 기록한 역사에서 가장 더웠던 달이었고, 2016년은 가장 더웠던 해였다(국립해양대기국[NOAA]2018). 정확하게 기온을 기록을 해왔던 136년 동안 가장 더웠던 18개 해는 모두 1998년 이후이다.

기온 상승의 연쇄효과

기온 상승이 지구 전체에서 균일하게 일어나지 않으므로, 지구온난화는 다양하게, 다면적으로 영향을 미친다(**표 5.1**). 시베리아, 알래스카 그리고 캐나다와 같은 북반구의 고위도 지역에서는 기온이 다른 지역보다 더 상승하였다(**그림 5.3**). 이런

표 5.1 지구온난화의 영향

1. **기온 상승 및 폭염 발생**
   예: 2016년은 전 세계적으로 지구 역사상 가장 더웠던 해였으며, 그 이전은 2015년에 가장 더웠다.
2. **빙하와 극지방 얼음이 녹음**
   예: 북극의 여름 얼음이 지난 25년 동안 15%까지 감소되었음. 2017년 3월에는 겨울 바다의 얼음이 가장 적었다. 알프스의 빙하는 이전에 비교하여 1850년 이후 30~40% 감소하였다.
3. **해수면 상승**
   예: 체스펙 만의 야생동물보호지역인 해안 습지의 1/3이 1938년 이후 해수면이 상승함에 따라 잠겼다.
4. **봄이 일찍 옴**
   예: 영국 철새의 1/3에서 산란 시기가 빨라졌으며, 지난 수십 년 이래로 온대식물의 2/3에서 개화 시기가 빨라졌다.
5. **종 분포 이동**
   예: 유럽의 나비 중 2/3에 해당하는 종이 수십년 전의 기록과 비교하여 그 분포지를 35~250 km 북쪽으로 이동하였다.
6. **개체군 감소**
   예: 아델린 펭귄의 개체군이 남극의 얼음 서식지가 녹아내린 지난 25년 동안 감소하였다.

출처: Union of Concerned Scientists(www.ucsusa.org), NASA, and NOAA.

양상은 이 지역에서 열을 가두는 역할을 하는 온실가스과 함께 작용하는 **인위적인** (**anthropogenic**; 인간의 활동에서 유래한) 에어로졸의 농도가 증가하기 때문에 일어난다(Lemb et al. 2018). 기온이 상승하면 북반구와 남반구의 온대지역이 극지역으로 옮겨가게 될 것이다. 이러한 온난화 현상으로 인해 툰드라가 해빙되고 영구동토층(일 년 내내 언 상태의 토양층)이 녹음으로써, 토양 미생물의 호흡작용으로 인해 이산화탄소의 배출률이 증가하게 되는 눈덩이 효과가 발생할 것으로 예측됨에 따라 더 많은 연구 결과가 필요하다(Schuur et al. 2015).

기온 상승이 여러 가지 요인으로 지구 전체에 똑같이 일어나지 않다는 것은 기후변화의 영향도 지역에 따라 다르다는 것을 말한다. 예를 들면, 강우는 이미 전 지구적으로 증가하기 시작하였고 또한 앞으로도 지속되겠지만, 일부 지역은 전보다 더 건조해질 것으로 예상된다. 기후변화로 인해서, 허리케인, 홍수, 눈보라, 그리고 지역적 가뭄과 같은 극단적인 날씨가 생길 가능성이 높다. 예를 들면, 기온이 상승하면 이스라엘에서는 나무의 폐사율이 높아진다(Klein et al. 2019). 연안은 영향을 더욱 많이 받는데, 폭풍과 해수면이 상승함에 따라서 도시 및 거주지가 피해를 입고, 해변과 산호초를 포함한 해안의 식생이 심하게 파손될 것으로 여겨진다.

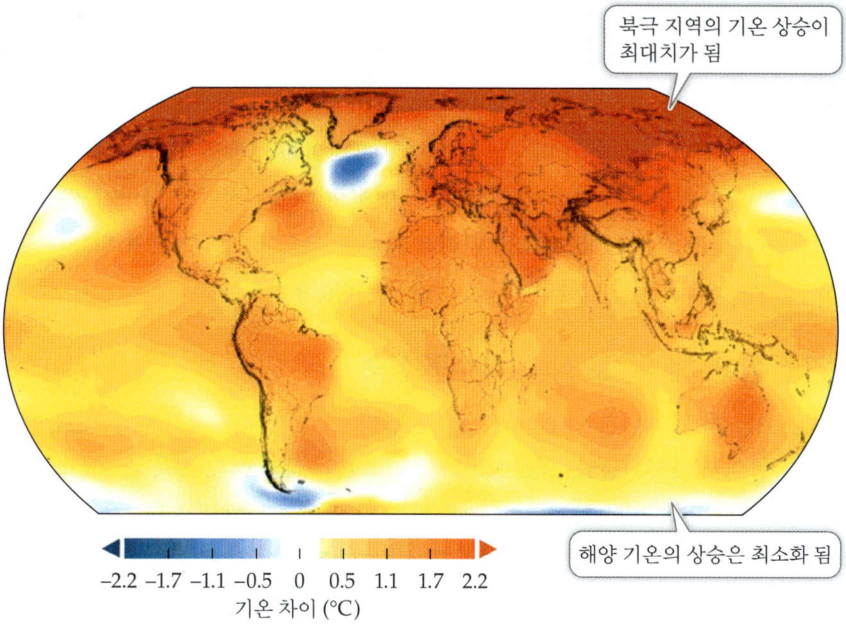

그림 5.3 2018년 기온과 평균 지구의 기온 차이. 기온 차이는 1951년부터 1980년까지 연간 평균 기온과의 차이(이상기온)로 나타내었다. 기온변화가 지구 표면에 따라 달라지는데, 그림을 보면 북위도에서 더 커짐을 알 수 볼 수 있다. 현재까지 기록된 연도 가운데 2016년이 가장 더웠던 해였다. (From NASA/GISS, Scientific Visualization Studio, https://climate.nasa.gov/vital-signs/global-temperature.)

지구 기후변화의 영향에 의한 기온과 강수량 변화는 열대지역의 생태계에 특별히 더 심한 영향을 미치는 것으로 예측한다. 열대지역에 서식하는 많은 종과 생물학적 집단은 기온과 강우에 견딜 수 있는 범위가 좁으므로, 기후가 조금만 변해도 종 구성, 식물 번식 주기, 철새 이주의 형태 등의 영향을 받는다(Seddon et al. 2016). 우림지역이 줄어들면 종의 이동이 이루어진다. 아마존의 저지대 숲에서 이루어진 106개의 장기 연구 결과에서, 지난 30년간 새로운 나무 가운데 중요한 종의 이동을 관찰할 수 있었는데, 가뭄에 잘 적응한 종은 늘어났지만, 습기에 잘 적응하는 종은 사라지고 있었다(Esquivel-Muelbert et al. 2019). 열대의 산꼭대기처럼, 서늘한 곳에 잘 적응한 종 역시 기온 상승에 심하게 손상을 입음에 따라서, 식생띠가 점점 산꼭대기로 옮겨 가고 꼭대기에 서식하던 종들은 더 갈 곳을 잃어 멸종에 직면하게 될 것이다(Campos-Cerquira et al. 2017).

강우 형태가 바뀌고 대부분 지역의 기온이 상승하면, 많은 육상식물과 동물은 이러한 속도에 신속하게 적응하지 못하므로 생존하기 어렵게 된다. 기후변화는 해양생태계와 사람들이 거주하는 연안지역에 커다란 영향을 미친다.

열대지역의 낙엽수림, 사바나 및 지중해성 기후를 가진 지역에서는 점점 따뜻해지고 건조해지는 환경을 마주하면 산불이 일어날 위험이 커진다. 캘리포니아와 미국 서부에서는 지난 20년 동안 산불이 증가하여 집, 재산 그리고 보호림이 파괴되었는데, 이 사실은 미래에 어떤 일이 벌어질지 짐작

할 수 있는 지표가 될 수 있다(Abatzoglou and Williams 2016). 불이 자주 발생하면 직접적으로는 생물이 죽고 서식처 이용도가 변할 뿐만 아니라, 간접적으로는 토양 화학에 변화가 일어나 생물다양성에 영향을 미친다. 지구의 46군데를 연구한 결과에서, 사바나와 숲에 자주 불이 발생했을 때, 1차 생산력에 영향을 미치는 표면 토양의 탄소와 질소가 줄어들 뿐만 아니라 식물 성장에 의존하는 집단의 나머지 생물들도 줄어들었다(Pellegrini et al. 2018). 따라서 기온의 상승이라는 한 가지 변화가 생태계에 미치는 연쇄효과를 만들어낸다는 것을 알 수 있다.

해양 산성화, 해수온도 상승, 해수면 상승

해수 온도는 지난 40년간 약 0.44°C 상승하였다. 그 결과 해양생물종은 적도로부터 그 서식 범위가 확장되었고, 산호초와 해양 서식지는 해수 온도 상승으로 인해 위협에 직면하게 되었다(Henson et al. 2017). 일부 지역의 동물성 플랑크톤은 해수 온도 상승 때문에 줄어들고, 이에 따라 그들을 섭식하는 해양동물에게도 심각한 결과를 초래한다(Benedetti et al. 2018).

또한 비정상적으로 높은 해수 온도로 인해 산호는 병들었고, 이에 따라서 산호 속에 살면서 필수적인 탄수화물을 공급하던 조류가 사라지게 되었다(**그림 5.4A**). 이렇게 백화현상을 나타내는 산호는 종종 굶어 죽는다. 산호의 백화현상은 2014년 7월에서 2017년 4월에 가장 심했으며, 바다의 70% 이상에서 산호가 죽는 현상이 발생하였다(**그림 5.4B**). 이는 지구 역사상 3번째로 심각한 백화현상이었는데, 2010년과 1998년에도 같은 일이 일어났다; 이 세 번의 백화현상은 해수 온도의 이상 상승 시기와 일치한다. 해수 온도의 변동이 정상이라 할지라도, 최근의 이러한 해수 온도 상승의 지리적 패턴과 강도는 매우 이례적이다. 일부 지역의 산호초는 복구되기도 했지만(Gilmour et al. 2013) 대부분은 그렇지 못했는데, 일례로 가장 최근의 백화현상 때문에 대보초의 절반이 죽었다. NOAA의 산호초 감시 프로그램에서는 전 세계의 해수 온도를 살펴보는 인공위성을 이용해서 산호초에 대한 정보를 얻는다(**그림 5.4B** 참조).

대기 중에 있는 인위적인 이산화탄소가 증가하면 또 다른 문제점이 발생한다: 이산화탄소의 1/3은 해양에서 흡수하기 때문에 해수의 pH가 상승한다. 살아있는 지구보고서 Living Planet Report[세계야생생물기금(WWF) 2018]를 보면, 해양 산성화는 인간 활동이 생물권을 위협하고 있다는 결정적 증거이다. 현재 진행되고 있는 해양 산성화 속도는 최소 3억 년 동안에는 일어나지 않았던 속도이다(Honisch et al. 2012). 해양 산성화는 많은 문제점을 가지는데, 대부분은 껍데기를 가지고 있는 해양 동물과 산호에게 영향을 미치는 탄산칼슘의 농도가 줄어드는 것이다. 이런 상황에 적응하는 해양생물도 있지만 그렇지 못한 생물도 있다. 가장 최근의 해양 산성화 현상은 5억 5천만 년 전이었으며, 대멸종으로 이어졌다. 홍합, 조개, 성게와 불가사

(A)

(B)

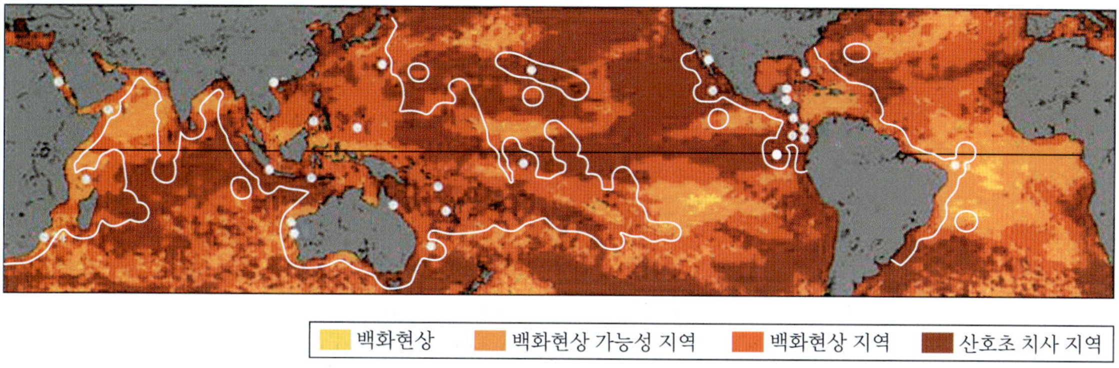

그림 5.4 해수 온도가 높으면 산호와 공생하는 조류가 죽는다. (A) 2015년도 미국 사모아 산호초에 심각한 백화현상이 나타났다. 왼쪽의 사진은 2014년 12월에 찍은 것이고, 오른쪽 것은 2015년 2월에 찍은 것이다. 전 세계의 백화현상을 기록하는 XL Catin Seaview Survey가 찍었다. (B) 산호초를 위협하는 해수 온도 상승은 인공위성을 이용하여 추적한다. 2014년 6월부터 2017년 4월까지 바다의 70% 이상에서 산호초가 사라질 수 있는 백화현상을 경험하였다. 더구나 이들 지역의 대부분은 이 기간 동안에 백화현상이 최소 2배 이상으로 늘어나 기록상 최악의 백화현상이 되었다. 사진에서 윤곽으로 표시된 곳은 주요 산호초 지역이고, 점으로 표시된 것은 세계문화유산(즉, 특정 생물학적으로 또는 문화적 중요성이 있는 산호초)이다. 백화현상이 시작되면 산호초의 먹이가 줄어들며, 일부 산호초는 상황이 좋아지면 복구되기도 한다. NOAA 산호초 감시 프로그램에서는 인공위성을 이용해 수집한 표층수 온도를 분석해서, 프로그램 운영자가 어느 산호초 지역에 집중 노력을 해야 하는지를 결정한다. 온난화현상은 산호 백화현상을 일으키는 주범이다. (After NOAA *Coral Reef Watch 2017*, and L. Burke et al. 2011. *Reefs at Risk Revisited*. World Resources Institute, Washington, DC.)

리들은 낮은 pH 때문에 껍데기를 만들지 못하고 산호는 점점 약해져서 쉽게 부서진다. 그러나 잘피 같은 해중식물과 일부 해조류와 같은 종들은 산성 조건에서도 잘 자란다. 이런 종들은 모두 어류와 또 다른 해양생물의 서식처가 되기 때문에, 결국 모든 생태계가 해양 산성화에 영향을 받는 것이다. 산호초, 홍합 무리와 일부 거대 해조류 서식처에서, 종 다양성이 줄어드는 반면, 해중식물과 다른 해중식물 서식처에서는 종다양성이 증가한다는 사례도 있다(Sunday et al. 2017).

생물다양성에 미치는 영향을 넘어서 해양 산성화는 어업과 수많은 사람의 식량안전보장에 부정적인 영향을 미치는 것으로 생각된다. 영국에서 발표한 해양 산성화의 영향에 관한 연구를 보면, 2050년까지 어류와 조개의 생체량이 10~60%까지 줄어들고, 수입과 직업이 심각하게 줄어들 것으로 예측하였다(Fernandes st al. 2017)

해수의 온도가 상승한다는 것은 전 세계의 해수면이 상승한다는 것을 의미하기도 한다. 이는 빙하가 녹고 해수가 열팽창하는 복합적인 현상 때문이다; 온도가 오르면 물의 부피는 증가한다. 빙하와 바다의 얼음이 심각하게 녹아내리는 현상이 광범위하게 기록되는데, 특히 양쪽 극지방에서 심하다(**그림 5.5**). 인공위성 사진을 보면 북극의 둘레가 최근에 눈에 띄게 줄었다. 바다 얼음의 손실은 북금곰과 바다코끼리 같은 동물의 서식처 손실을 가져온다(**그림 5.6**). 북극이 줄어드는 것이 분명했지만, 얼음의 녹은 정도를 조금 더 정교하게 측정할 수 있는 새로운 방법이 개발됨에 따라, 남극에서 전에 예측한 것보다 훨씬 더 빨리 더 많이 줄어들고 있음이 밝혀졌다(Rignot et al. 2019). 얼음이 언 지역의 단순한 범위보다 얼음 지형학과 덩어리를 살펴봄으로써, 과학자들은 남극의 얼음이 녹는 속도가 1979년 이후 280%까지 빨라졌다고 한다. 이렇게 녹아버린 얼음은 우리가 한때 생각했던 것만큼 강설량으로 보충되지 않는다; 과학자들의 계산에 의하면 남극에서 이렇게 균형이 깨진 결과로 인해 해수면이 십 년마다 3.6 ± 0.5 mm씩 상승하였다. 결론적으로 말해, 해수면은 지난 100년 동안 약 20 cm 상승하였다(IPCC 2018).

해수 온도가 1.5°C 상승하면서, 전 세계의 해수면은 2100년까지(1986~2005년과 비교했을 때) 0.26에서 0.77 m까지 상승할 것으로 예상한다(IPCC 2018). 해발이 낮은 곳에서는 이 정도의 해수면 상승에도 내륙 수천 m가 영향을 받을 것이다; 해안의 도시와 도시민들은 대규모의 침수를 겪게 될 것이다. 방글라데시와 같은 저지대 국가의 대부분은 100년 안에 침수될 것이다. 연안의 습지 중 25~85%가 영향을 받을 것이다. 마이애미와 뉴욕과 같은 연안 도시는 방파제를 건설하지 않으면 침수될 것이다. 만일 예상했던 것보다 기온이 더 상승하면, 사실 기온이 더 상승할 가능성은 매우 크며, 그 결과는 더 안 좋을 것이다; 2.0°C 상승하면 해수면은 0.1 m 더 상승할 것이고, 1000만 명 이상의 사람이 해안 침수를 겪게 될 것이다(IPCC 2018). 상승 속도가 느리면 이런 변화에 적응할 기회, 즉 사람은 방파제를 건설하거나 연안으로부터 떨어진 곳으로 이사를 하고, 야생생물은 이주하거나 진화할 수 있는 기회를 얻게

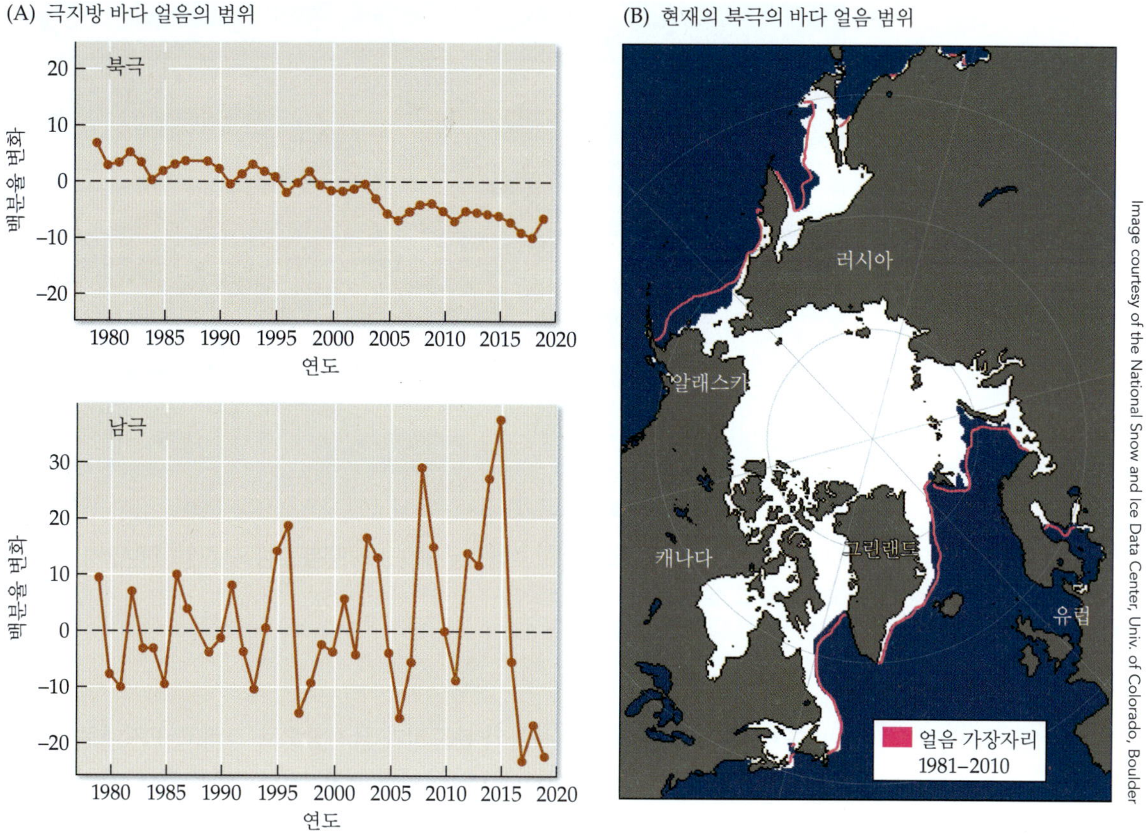

그림 5.5 (A) 모든 기후 모델에 의하면 온난화현상은 북극 지역에서 일어날 것이다. 1979년부터 2018년까지 인공위성으로 측정한 극지방의 바다 얼음 범위를 나타낸 것이며, 위의 그래프는 북극, 아래의 그래프는 남극을 나타낸 것이다. 1981~2010년까지의 평균치와 차이를 보여준다. (B) 현재 북극의 바다얼음 범위(흰색)와 1981년에서 2010년까지의 얼음의 가장자리를 비교한 것이다(자홍색). (After F. K. Fetterer et al. 2017, updated daily. Sea Ice Index, Version 3. National Snow and Ice Data Center. https://doi.org/10.7265/N5K072F8.)

될 것이다. 상승 속도가 빨라지거나 느려지는 것은 이런 위기에 대처하는 우리의 태도에 달려 있다.

종의 서식범위 이동과 그 외 영향들

지구 기후변화는 많은 종의 서식 범위를 변화시킴으로써 생태계를 급격하게 재구성하는 잠재력을 가지고 있다. 예를 들면, 해양 종들은 기온 상승에 반응하여 극지방으로부터 더 멀리 이동한다(Molinos et al. 2016). 서식처 적합도를 기후 모델링하면 캐나다의 한대 숲이 파편화되고, 무스, 한대의 박새, 카리부와 그 외 동물들이 위험할 만큼 서식 범위가 줄어듬에 따라 침입에 취약하게 된다는 것을 알 수 있다(Murray et al. 2017; 제4장 참조). 수많은 변화가 기록되어 왔으며, 특히 고지대 지역에서

그림 5.6 알래스카 베링해의 부빙에 모여 있는 바다코끼리들을 보면, 극지방의 만년설이 급속도로 녹고 있음을 알 수 있다.

의 변화가 많다. 많은 식물과 새들의 분포지가 극지방으로 그리고 고지대로 이동되었고, 생식은 이른 봄에 이루어진다(Mainwarig et al. 2017). 예를 들면, 록키산의 야생화는 100년 전보다 한 달 빨리 꽃을 피움으로써(Muson and Sher 2015) 서리 피해를 입거나 꽃가루 매개자와 만날 수 없게 되었다(Pardee et al. 2018). 고산지대에 서식하는 포유류는 새로운 서식범위로 이주한다(**그림 5.7**). 철새들은 여름을 보내고 번식하는 곳에서 더 많은 시간을 보내는 것으로 관찰되었다(Bussière et al. 2015). 일부 종들은 버티거나 심지어 이러한 변화에 의해 더욱 번성하기도 하지만, 일부는 멸종에 직면하기도 한다. 앞에서 언급했듯이, 고산식물은 서식처가 없어지기 전에 더 높은 곳으로 이주할 수 있는 한계를 가진다. 더구나 일부 종들은 기후변화에 대응하여 빠른 진화를 할 수도 있지만, 일부는 그들이 진화하여 따라 갈 수 없을 만큼 변화가 너무 빠르게 일어나기도 한다.

이 같은 기후변화 때문에, 현재의 생물보호지역이 더는 희귀종 및 멸종위험종을 보존할 수 없게 될 것이다(Davies et al. 2017). 현재 우리가 보호하고 있는 지역의 종이 미래에도 잘 보전되기 위해서는 넓은 범위의 고도 경사를 갖는 지역 설정이 필요하다. 남–북으로 생긴 강이나 계곡과 같은 잠재적인 미래의 이주 통로를 확인하고 만들어야 한다(Nuñez et al. 2013). 만약 지구 환경 변화로 인해 종이 멸종 위기에 처한다면, 최후까지 살아남은 개체들은 새로운 적절한 장소에서 유지 및 보존되어야 할 것이다(제8장 참조). 다른 대책으로는 생존 서식이 가능한 고산지역 및 극지방에 서식지를 만들어서 생존을 도와야 하는데, 이 방법을 **보조정착**(*assisted colonization*)

그림 5.7 (A) 미국 새앙토끼(*Ochotona princeps*, 토끼류)는 고지대에 서식하기에 온난화에 직면해 있다. (B) 그레이트 베이슨의 2,387개 지점을 새앙토끼가 사라진 곳으로 알려졌던 곳을 포함하여 서식했던 기록이 있는 지역(과거 지점)과 비교하였다. 이 지점들은 모두 더워지고 건조해진 지역에 있었다. 연구 결과를 보면 기후가 온난화되는 것은 나쁜 것처럼 보이지만, 한편으론 이 종이 견딜 수 있는 기후의 범위가 확대되는 진화의 경향을 나타낸다고 볼 수 있기도 하다. (B, after C. I. Millar et al. 2018. *AAAR* 50:e 1436296.)

이라 부른다. 보조정착이 타당한 전략인지 또는 옮겨 심는 식물이 새로운 서식지에서는 침입종이 될 수 있는 가능성이 있어서 너무 문제점이 많은 방법인지에 대한 논의가 활발하다. 하지만 향후 지구 기후변화가 예견한 만큼 심하지 않다면 보호구역으로 새로이 결정된 곳은 생물다양성을 유지하는 것에 도움이 될 것이다.

기후변화를 천천히 일어나게 하는 연구는 아직까지 일차적으로 인간에게 미치는 결과에 관심이 있다(Nelson et al. 2013). 지구 기후변화는 해수면 상승과 허리케인의 폐해 증가, 산불, 가뭄 및 사막화 등처럼 인간에게 어마어마한 영향을 미친다. 세계 여러 곳에서 식물이 자라기에 좋지 못한 환경, 특히 고온과 가뭄으로 인해 작물 생산량이 줄어들 것이다(Hannah et al. 2013). 만성적이고 심각한 기아가 이미 중대한 문제가 된 아프리카의 열대지역과 남아시아에서는 평균 8%의 작물생산량 감소가, 브라질과 인도네시아처럼 인구가 많은 나라에서는 30% 이상의 감소가 예측된다. 이런 지역의 사람들은 이러한 변화에 적응하기가 힘들 것이고 불균형적으로 고통을 받을 것이다. 그러나 전 세계의 모든 나라가 영향을 받을 것이고, 따라서 시급성을 인지한 국민과 정부에서 지구 기후변화의 문제점을 알리는 것이 필요하다. 지구 기후변화의 영향이 광범위하기 때문에 재앙을 막기 위해서는 생물군집, 생태계 기능, 그리고 기후를 다가오는 수십년 동안 신중하게 추적해서 재난을 예방해야 한다.

남획

학습 목표

이 절에서는 다음 내용에 주안점을 두기 바란다.

1. 경제가 어려우면 남획을 하게 되는 두 가지 이유를 말할 수 있어야 한다.
2. 국제적으로 거래되는 생물의 수가 과대 또는 과소평가되었는지 확인할 수 있어야 한다.
3. 상업적 고래잡이에 대한 찬반 논쟁을 분석할 수 있어야 한다.

기후변화 다음으로 서식처 손실에 위협적인 것은 남획으로, **세계자연보존연맹(International Union for Conservation of Nature, IUCN)**에 기록되어 있는 8,688종의 위협종과 멸종위기종 중 6,241종(72%)에 영향을 미친다. 인류는 생존을 위해서 항상 식량과 다른 자원을 사용해 왔다. 인구가 적고 식량 획득 방법이 발달하지 않았던 시기에는, 그들의 주변에서 동식물이 멸종에 이르지 않도록 하면서 수확하거나 사냥할 수 있었다. 그러나 인구가 증가하면서 환경에 대한 이용도가 급증하였고, 수확 방법도 효율적으로 발전했다. 넓은 지역에서는 생물군집 내 큰 동물을 거의 찾아볼 수 없게 됨에 따라 빈 서식지가 생겨났다(Boivin et al. 2016). 산업혁명 전의 사회에서도 극심한 개발, 특히 고기를 얻기 위한 개발로 인해서 새, 포유류와 파충류 등의 지역종이 줄어들거나 멸종하였다(Cazzolla Gaatti 2016).

현대사회에서 기술이 발달함에 따라, 개발도상국에서도 열대우림과 사바나 지역에서 사냥을 할때 입으로 부는 대롱, 창과 활 대신에 총을 사용함으로써 인간이 자연에 미치는 영향력이 더 커졌다. 소규모의 지역 어부들은 이제 선외 모터보트를 이용하여 더 빨리 그리고 더 넓은 영역에서 물고기를 잡는다. 또한, 강력한 모터보트와 가공설비를 갖춘 수많은 배들이 물고기를 잡아 전 세계의 시장에 팔고 있다(**그림 5.8**).

일부 전통 사회에서는 자원 남획을 막는 규제들이 종종 있었다. 예를 들어, 사냥 구역권을 엄격하게 통제하였고, 일정 지역에서는 사냥과 수확을 금지하였다. 또한 암컷을 비롯한 어린 개체나 크기가 작은 개체의 사냥을 규제하였다. 일년 중 특정 계절과 하루 중 특정 시간에는 수확을 하지 않았다. 수확하는 데 효과적인 특정 방법을 허락하지 않았다. (이러한 규제는 전통 사회가 공동 자원을 장기간 지속해서 수확하는 데 도움이 되었는데, 이는 현재 많은 산업화가 이루어진 국가에서 어획량을 규제하는 것과도 유사하다.)

오늘날 인구가 늘고 기술이 발달함에 따라 많은 생물자원이 지속 불가능할 정도로 수확되고 있다.

전통사회의 이와 같은 자기규제는 오늘날에는 거의 유용하지 못하다. 자원은 세계 대부분 지역에서 과도하게 개발되고 있다. 경제적 측면에서 보

© Images & Stories/Alamy Stock Photo

그림 5.8 과도한 수확으로 전 세계의 어업에 위기가 닥쳤다. 푸른지느러미다랑어(*Thunnus thynnus*)가 저인망 어선에서 가공설비를 갖춘 배로 옮겨져서, 엄청난 양의 물고기가 인간의 소비를 위해 효율적으로 처리된다. 이러한 효율적인 과정으로 인해 대량 남획이 가능하다.

면, 규제된 공공자원이란 때때로 규제가 없는 상태로 모든 사람이 이용할 수 있는 자원을 의미하기도 한다. 통제의 약화는 가난한 사람, 부자, 자원을 탐하는 사람 모두에게 기회이다. 어떤 자원에 대한 시장이 생겨나면, 지역 주민들은 그들의 환경에서 자원을 찾아 판매하게 될 것이다. 때때로 전통 단체가 돈을 벌기 위해 숲이나 광산과 같은 자원의 권리를 팔 것이다. 천연물을 추출하기 위해서, 식물의 무차별적 채취를 금했던 시골의 전통적인 규제가 점점 없어지고 있다. 마을 전체가 숲에서 이용가능한 모든 동식물을 조직적으로 채집하기 위하여 동원된다. 대규모 이주나 사회 불안 또는 전쟁 지역에서는 규제가 시행되기 어렵다. 소말리아, 캄보디아, 유고연방, 콩고 공화국, 아프카니스탄과 같이 내전이 있는 국가에서는 지역 주민의 무기 소지가 확산하고 있다. 이처럼, 식량 분배망이 붕괴된 국가에서는 자연환경의 자원이 이를 악용하려는 사람으로부터 취약한 상태에 놓여 있다(Eklund and Thompson 2017).

고릴라와 침팬지 같은 영장류, 유제류, 그리고 다른 포유류가 사냥이나 덫에 의해 54~90% 이상 감소하였다. 특정 종의 개체군, 특히 도로와 마을 주변 수 km 내에 출현하는 종들은 함께 사라질 것이다(Estrada dt al., 2017). 전 세계 많은 지역에서 사냥꾼은 동물을 자원 기반을 유지할 수 있는 것보다 6배 이상 더 많이 사냥하고 있다. 그 결과, 동물 군집이 부족해지고 손상을 입지 않은 식물 군집이 숲을 이루게 된다(Galetti and Dirzo 2013). 큰 동물이 없어지면 많은 식물종이 씨를 효과적으로 분산시키지 못하게 되어 개체수가 줄어들게 되고, 결국 연쇄적인 손실이 나타난다.

식량을 얻기 위한 과도한 사냥으로 인해서 생기는 동물 개체군의 감소는 **야생동물식량위기**(*bushmeat crisis*)란 용어로 표현되는데, 이는 특히 모든 아프리카 지역의 야생동물 담당자와 보전생물학자의 주된 관심사이다(www.bushmeat.org; Velden et al. 2018). 야생동물을 먹는 것은 새로운 질병이 인간에게 확산할 수도 있음을 의미한다; 인간 질병인 인체면역결핍 바이러스(HIV)와 에볼라 바이러스가 그 예이다(Calmy et al. 2015). 문제 해결책으로는 야생동물 고기의 판매와 운반의 제한, 화기와 무기의 판매 금지, 벌목 이후 도로의 폐쇄, 멸종위기종의 법적 보호 확대, 사냥을 금지하는 보호지역의 지정, 야생동물 고기의 수요를 줄이기 위한 대체 단백질의 공급 등이 있다.

야생동물의 국제적 거래

야생동물의 국제적 거래는 전 세계적으로 수조 원에 달하는 사업이다. 주요 수출업자는 개발도상국과 열대지역에 있으며, 개발도상국 안에서의 무역도 빠르게 증가하고 있다. 주요 수입업자는 선진국과 동아시아로, 캐나다, 중국, 유럽연합, 일본, 싱가포르, 대만과 미국이다.

야생동물의 합법적, 불법적 매매로 많은 종이 감소하였다. 일례로, 2015년에 1,338마리의 아프리카코뿔소가 죽임을 당했다. 이것은 밀렵 유행이 2008년에 시작된 이후 가장 많은 수이다(IUCN 2016; 제5장의 첫 사진 참조). 이는 연구 결과가 없음에도 불구하고 코뿔소의 뿔에 의학적인 효능이 있다고 믿는 사람들이 구매하기 때문이다. 다행인 것은 밀렵한 코뿔소의 수가 남아프리카를 비롯한 많은 나라에서 줄어들고 있다는 것이다(www.poachingfacts.com). 이것은 거의 모든 국제경매회사(크리스티 같은)에서 코뿔소의 뿔 무역을 더는 지지하지 않기 때문이다. 곤충 채집가가 나비를, 원예가가 난, 선인장, 기타 다른 식물을, 조개 수집가가 해양 연체동물을, 그리고 수족관 애호가가 열대 어류를 구입하기 때문에 국제적 거래는 계속되고 있다.

이러한 거래를 조절하고 제한하려는 시도에 힘입어서, CITES(Conventinm on International Trade in Endangered Species)에 개체수가 줄어드는 종이 기록되어 있다. CITES에 등재된 종은 대부분 포획이 금지된 종이나 무리로 보호를 받는다. CITES의 임무 중 하나는 약 35,000종이 183개국에서 수출입되는 정보를 모으는 것이다(**표 5.2**). 다양하게 수집되는 숫자들을 가공해서 분석하며, 보고된 동물이 일부분인지 동물 전체인지 또는 허용수치가 인정된 것인지도 보고한다(Robinson and Sinovas 2018). 미가공된 데이터를 보면 2017년에만 1억 번 이상의 수출이 있었다(trade.cites.org). 대부분 합법적이었는데, 648,000마리 이상의 살아있는 영장류가

표 5.2 야생동물의 국제적 거래에 나타난 주요 동물

그룹	2017년에 거래된 총 개체수	설명
영장류[a]	648,500	주로 의약 연구용; 애완용, 동물원, 서커스 및 개인 소장용으로 사용된다.
조류[b]	196,500	동물원 및 애완용. 대부분 횃대 조류. 유럽연합은 심각하게 개체수가 감소한 조류의 거래를 금지하고 있다.
파충류[c]	15,000,000	동물원, 애완용 및 가죽. 거래의 절반은 가죽임. 파충류는 5천만 개 가량의 가공물품에 사용된다. 주로 야생이며 점점 농장에서 공급하고 있다.
관상용 물고기[d]	16,000,000	대부분의 열대 물고기는 산호초에서 비합법적인 방법으로 채집하며, 다른 야생생물과 주위의 산호초에 해를 입힌다.
산호초	25,000,000	수족관 장식과 보석류를 얻기 위해 파괴된다.
난	35,000,000	CITES에 등재된 종의 70%가 난이다. 국제적 거래의 단지 1%만이 야생에서 채취되는데, 이는 상당히 감소된 양이다.
선인장	72,000,000	거래되는 선인장의 약 15%가 야생이다; 밀수가 주요 문제이다.
나무	46,000,000	멸종위협종에서 목재를 과도하게 수확한다.

출처: CITES Trade Database, 2019. Sum of gross exports/imports reported; 일치하지 않을 경우 두 숫자 중 큰 것을 사용함.
[a]살아있는 상태
[b]살아있는 조류와 알
[c]산채로 혹은 사체로
[d]살아있는 물고기, 작은 물고기 및 알

2017년에 수출되었다; 식량, 동물원이나 서커스에서 관람용, 애완동물로 팔렸지만, 대부분은 동물실험용이었다. 미국은 영장류의 가장 큰 수입국(연구용)이자 수출국(인공번식용)이다. 요즈음은 야생에서 포획하는 것은 거의 없지만 그래도 여전히 거래되는 영장류 수에는 근래 10년 동안 큰 변화가 없다.

가장 괄목할 만한 진전을 보인 생물은 조류로, 유럽연합이 2015년에 야생에서 잡은 조류의 거래를 금지한 후 조류의 거래가 연간 약 130만 마리에서 20만 마리 이하로 극적으로 줄었다(Reino et al. 2017). 역사적으로 전 세계 수입 조류의 66%가 유럽연합에서 이루어졌기에 감소폭이 기대했던 것보다 훨씬 컸다. 암시장에서의 거래 수치는 알려져 있지 않다. 안타까운 것은 일부 조류가 이미 멸종되었다는 점이다(제6장의 표지 사진 참조).

가장 많이 거래되는 것은 식물이다. 그중에서도 난은 전 세계에서 일 년에 3천 5백만 그루 이상이 거래된다(**그림 5.9**). 모든 종류의 난은 CITES에 의해 추적되며, 이런 합법적인 거래는 일부 종에서 이득이 된다. 야생에서, 전통적으로 가지에서 자라는 난을 채취하기 위하여 나무를 베기 때문에 잠정적으로 수백, 수천의 다른 생물

그림 5.9 난은 CITES에 등재된 생물 중 가장 널리 거래되는 생물이다. 관상용 식물로서 가장 인기가 있으며, 열대지역에서 자라는 식물 중에서 가장 화려하다. 모든 종의 난은 거래시 국제 협의에 의해 추적된다.

에게 해를 입힌다. 다행히 오늘날 거래되는 난의 99%는 재배된 것이다.

그러나 다른 생물들의 경우에는 야생에서의 수집이 계속 이루어지고 있다. 가장 놀라운 것은 개구리 다리의 세계적 매매이다. 인도네시아는 매년 1억 개의 개구리 다리를 프랑스를 비롯한 서유럽 국가에 고급요리 재료로 수출한다. 인도네시아 정부는 야생 개체군에 가해지는 압력을 완화하기 위해서 포획 사육 생산 계획을 세웠다. 하지만 이 프로그램의 실제 생물학적 수용력과 개구리 다리 수출 수를 비교 조사한 최근의 연구를 보면, 야생에서 불법적으로 포획한 개구리를 시설에서 사육한다는 것을 알 수 있다(Janssen and Chng 2017). 개구리 개체군에 가해지는 스트레스 외에도 티티카카개구리(*Telmatobius culeus*)를 약으로 이용하는 것이다(**그림 5.10**). 이 종은 페루와 볼리비아를 가로지르는 티티카카호수의 고유종으로, 멸종위급종이다(De la Riva and Reichle 2014). 이 개구리의 개체군은 여러 가지 위협, 즉 인간이 소비를 위해 포획함으로써 80%까지 감소하였다(Reading et al. 2011). 그러나 강력한 보전과 교육 노력으로 잘 알려지지 않던 종에 대한 관심이 늘었고, 이에 따라 종 보전을 위한 강력한 지지를 얻을 수 있었다(그림 13.3 참조).

국제적인 야생동물 남획의 다른 예로는 중국에서의 엄청난 해마(*Hippocampus* spp.) 수요가 있다. 중국인들은 용과 닮은 해마에 다양한 치료 효과가 있을 것으로 기대하여 건조한 후 전통 약재로 사용한다. 연간 약 54톤의 해마 1,900만 마리가 중국에서 소비된다. 매년 거래되는 개체수의 조사를 늘리고 국제조약을 통해 조절하고 있음에도 불구하고 계속 증가하고 있는 수요 때문에 전 세계 해마 개체군은 대량으로 훼손되고 있다(Vincent et al. 2014).

대부분 야생 생물에 대한 국제적 거래가 합법적으로 잘 조절되고 있음에도, 연간 70억 달러에서 230억 달러에 이르는 불법거래가 있으며, 이는 사람, 무기, 마약에 이어 4번째이다(Nellemann et al. 2016). 암시장이 형성되어 지역의 가난한 주민들, 부패한 관리, 거래자 및 출처를 묻지 않는 돈 많은 구매자가 서로 연결되어 있다. 이러한 거래는 마약이나 무기의 불법거래와 그 형태나 방법 및 관련자가 유사하다. 이런 불법적 활동을 막는 것은 국제적 사법기관에 근무하는 사람들에게 중요하고 위험한 일이다.

잘못된 명명이나 모호한 보통명을 사용함으로써 야생 생물을 불법적으로 포획하는 일이 늘어날 수 있다. 하지만 유전자의 일부 부위를 사용하여 종 동정을 할 수 있는 **DNA 바코딩(DNA barcoding)**과 같은 과학적 도구의 사용이 늘어났다. 남미의 선인장 거래(부피로는 난 거래 다음으로 거래가 많음)에 관한 연구를 보면 DNA 바코딩을 사용하여 15%의 선인장이 멸종위기종(15%는 침입종)이었지만, 다행히도 단지 0.02%만이 야생종임을 밝혀내었다(Johannes et al. 2017). 야생 생물의 불법과 합법 거래를 추적하는 데 과학기술이 얼마나 유용한 도구인지 알 수 있는 사례이다.

(A)

(B)

Photo courtesy of Walter Silva (ATFSS-Lima)

그림 5.10 (A) 티티카카개구리(*Telmatobius culeus*)는 이국적인 요리 그리고 천식과 다른 질병의 치료제로 이용됨으로써 남미의 호수에서 멸종 직전까지 갔다. (B) 페루와 볼리비아에서는 개구리를 통채로 혼합하여 음료, 개구리 추출물(그림), 깡통에 든 음식 그리고 가루 등으로 판매된다. 여기에 첨가되는 것이 마카(*Lepidium meyenii*)인데, 안데스에서 나오는 무와 비슷한 식물로서 예전에는 멸종위기종이었지만, 현재는 상업적으로 재배되고 있다.

상업적 수확

정부와 기업은 현대 과학적인 관리 원칙을 적용하여 야생종의 남획을 방지하고 있다고 주장한다. 야생동물, 어업, 임업에서 최대지속가능한 수확을 할 수 있는 방안에 대한 문헌이 많이 있는데, **최대지속가능수확**(*maximun sustanable yield*)이란 매년 개체군의 손실 없이 자연적으로 보충되어 최대로 수확할 수 있는 자원의 양을 의미한다. 그러나 실제로는 수많은 상황에서 상업적 수확 사업을 경영하는 기업 대표와 정부 관리는 종에 대한 생물학적 지식이 부족하므로 정확한 예측을 할 수 없다. 최대로 많은 수확을 하려는 노력이 갑작스러운 종 감소로 이어지는 것은 그리 놀라운 일도 아니다.

해양에서 식량을 매우 많이 얻는다; 전 세계인의 1~12%가 어업과 수산업에 의존하며, 43억 명이 단백질 공급원으로 생선을 먹는다(WWF 2018). 인간은 1950년 이래로 60억 톤의 어류와 무척추동물 등의 해산물을 잡아 먹었다. 그러나 수산업이 발달함에 따라서, 자연에서의 포획량은 1996년에 그 정점을 찍은 후 꾸준히 줄고 있다.

남획으로부터 보호될 때 종은 종종 회복될 수 있다.

많은 해양 생물 종의 경우에서 직접적 포획은 상업적 어업의 간접적인 영향에 비해 덜 중요하다(Burgess et al. 2013). 해양 척추 및 무척추동물은 어업종이 아님에도 불구하고 어업 활동 중에 우연히 죽거나 해를 입는 **부수어획**(*bycatch*) 종이다. 전 세계적으로 약 40% 혹은 230억 파운드에 이르는 개체군이 어업 활동 중에 바다로 버려진다. 부수어획으로 인해 감소하는 개체군은 홍어(skates), 가오리(rays), 그리고 수백만 마리의 바다새 등이다. 또 어떤 경우에는 부수어획된 해양생물종의 97%가 그물을 탈출할 수 있도록 만든 도구를 사용함으로써 죽음을 면하기도 한다(Keledijan et al. 2014). 상업 어선에 의해 부수어획되어 죽은 바다거북, 돌고래 등은 대대적인 공공 반향을 일으켰고, 이에 따라 이러한 사고를 방지하기 위한 그물이 개발되었다(제1장 참조, "학제간 접근: 바다거북에 대한 사례연구" 성공이야기). 개선된 어업도구(그물망, 갈고리 등)가 부수어획을 감소시킬 수 있으므로, 계속 연구해야 할 분야이다(Riskas et al. 2016).

야생동물의 포획과 관련한 가장 격렬한 논쟁 중의 하나는, 몇몇 서방 국가의 국민이 큰 애착을 갖고 있는 고래 사냥이다. 남획으로 고래 수가 많이 감소하였다는 것이 알려지면서 국제포경위원회(IWC)는 1986년 고래잡이를 금지했다. 이에 따라서, 흰긴수염고래(*Balaenoptera musculus*)와 큰고래(*Eubalaena glacialis*) 같은 고래가 각각 1967년과 1935년부터 보호되고 있음에도 불구하고 초기 개체수에 비해 여전히 낮은 밀도를 유지하고 있다. 북서 태평양의 회색고래(*Eschrichtius robustus*)의 밀도는 상당히 회복된 것으로 보인다(**표 5.3**). 개체수 회복 속도가 느린 일부 종의 경우는 지속적인 불법 포경과 비자연적 요인에 의한 죽음이 그 원인으로 보인다. 일본은 고래 개체수 산정에 대해 부정적이며 추가적인 과학적 연구가 필요하다고 주장한다. 그러나 2018년 자국 영역에서만 고래를 잡고 다른 곳에서는 포경을 중단한다고 발표함으로써 몇몇 보전 단체로부터 갈채를 받았다(BBC 2018). 일본, 노르웨이 그리고 아이슬랜드와 같은 국가들은 고래사냥이 자국 문화의 일부라고 주장한다. 일본은 현재 멸종위기종이 아닌 밍크고래(*Balaenoptera* spp.)를 주로 잡는다. 대부분의 다른 해양 국가들은 고래 사냥을 하지 않고 있다.

제10장에서도 언급되듯이, 생물다양성의 보전과 지역경제의 연결은 종의 보전에 기여하는 방법의 하나이다. 여러 경우에 있어서 이런 연결고리는 수확하는 자연

표 5.3 세계적으로 거래되는 야생 고래 종 개체수

종	표경 전의 수[a]	현재 수	일차적 먹이	현재 상황[b]
수염 고래(Baleen)				
흰긴수염고래(Blue)	200,000	5,000~15,000	플랑크톤	멸종위기
북극고래(bowhead)	56,000	10,000	플랑크톤	최소한 관심
긴수염고래(Fin)	475,000	100,000	플랑크톤, 물고기	멸종위기
쇠고래(Gray)(태평양 개체)	23,000	15,000~22,000	갑각류	최소한 관심
혹등고래(Humpback)	150,000	84,000	플랑크톤, 물고기	최소한 관심
밍크고래(Minke)	140,000	200,000	플랑크톤, 물고기	최소한 관심
북방긴수염고래(Northern right)	미상	450	플랑크톤	멸종위기
보리고래(Sei)	250,000	50,000	플랑크톤, 물고기	멸종위기
남방긴수염고래(Southern right)	100,000	10,000	플랑크톤	최소한 관심
이빨고래(Toothed)				
흰돌고래(Beluga)	미상	136,000	어류, 갑각류, 오징어	거의 위협
일각돌고래(Narwhal)	미상	123,000	어류, 갑각류, 오징어	거의 위협
향유고래(Sperm)	1,100,000	300,000~450,000	물고기, 오징어	취약한

출처: 미국고래협회(American Cetacean Society, www.acsonline.org); IUCN 적색자료.

[a]포경 이전 자료는 추정치; 유전적 증거는 개체수가 훨씬 많았을 것으로 추정됨(Roman and Palumbi 2003; Alter et al. 2007).

[b]현재 상황은 숫자, 위협 요인과 경향의 종합치; 예를 들면, 남방긴수염고래 개체수는 적지만 증가 추세임.

자원에 대해 인증제를 도입하고 높은 가격을 형성하도록 하는 것이다. 산림 수확과 해양 생물 생산에 대한 인증제는 이미 시행 중이지만, 이런 방법이 생물다양성 증진에, 특히 중국과 다른 아시아 국가의 증가된 부유한 소비자들에게 긍정적인 효과가 있는지에 대해서는 더 살펴보아야 한다. 인증과 관련된 규칙이 실제로 집행되는지와 진행 중인 위협을 저지할 수 있는지에 대해 잘 알려져 있지 않다(Christia et al. 2013).

국립공원, 자연 보존지역, 해양보호구 등의 보호지역을 지정함으로써 남획된 종을 보전할 수 있다(제9장 참조). 어떤 경우에는 남획을 방지하기 위하여 참여 국제기구, 각 나라, 비정부 보전기구의 협조가 필요하다(Erisman et al. 2017). 국제조약인 CITES나 국내 법규와 같은 강제적 방법으로 남획을 방지하면 멸종위기종이 회복될 수 있을 것이다. 해달, 코끼리, 바다거북, 바다표범, 특정 고래 세계의 특정 지역에서 과잉 착취가 금지된 후, 그 보전이 이루어진 희망적 예이다(Magera et al. 2013).

지속가능한 수확량에 맞춘 목재, 해산물과 다른 생산물 인증제는 과다 수확을 방지하는 하나의 방법이 될 것이다.

침입종

학습 목표

이 절에서는 다음 내용에 주안점을 두기 바란다.

1. 침입종이 도입되는 다양한 방법의 예를 들 수 있어야 한다.
2. 쿠바와 플로리다에 침입종이 미치는 위험과 영향을 비교할 수 있어야 한다.
3. 유전적 변형생물(GMOs)이 생태계에 미치는 위험을 평가할 수 있어야 한다.

새로운(예, 기록이 없던) 서식지에 정착한 후, 자손의 수를 늘리면서 서식 환경에 해를 입히는 종을 **침입종(invasive)**이라 한다. 침입종이 주는 위협은 서식처 손실/파괴, 남획 다음으로 크다. 토착종은 주어진 새로운 환경에 적응하여 진화하지 못하기 때문에 침입종이 생태계에 부정적 영향을 끼친다는 면에서 앞에서 언급한 화학적 오염 및 다른 위협요인과 다르지 않다. 대부분의 침입종에 의한 변화는 최근 들어서 생태계에 일어난 것이기 때문에 새로운 일이다. 그러나 고유종도 인간이 생태계를 변경하면 그에 대한 반응으로 침입종이 될 수 있다. 예를 들면, 인간이 음식물쓰레기를 버린 장소에 까마귀류가 증가해서 침엽수림에 사는 새의 둥지를 공격하여 포식함으로써 나머지 생태계에 영향을 미친다(Carey et al. 2012). 북미의 숲이 파편화되고, 교외 지역이 발달하면서 쓰레기가 많아짐에 따라 코요테, 붉은 여우와 특정 갈매기 수가 증가하였고, 이들은 생태계에 영향을 미쳤다.

침입종과 질병은 대부분 파충류, 양서류, 포유류의 위협 요소 목록에 들어 있으며, 특히 섬에서는 조류와 식물도 영향을 많이 받는다(WWF 2018). 침입종이 미치는 손해는 자국 국내총생산(GDP)의 1.4~12%에 해당하며 연간 수십억 달러에 이른다(Marbuah et al. 2014).

종의 침입은 여러 가지 다양한 수단으로 일어난다.

- **유럽인의 정착** 유럽인들이 뉴질랜드, 호주, 북미, 남아프리카와 같은 새로운 지역에 정착하면서, 자신들이 살던 곳과 유사하게 만들고, 사냥감으로 삼기 위해 수백 종의 조류, 어류, 포유류를 도입했다. 수많은 종의 물고기(예, 송어, 배스, 잉어 등)가 식량과 오락을 위해 도입되었다. 게임종을 위해 도입한 식량 공급원이 먹이망을 교란하고 게임종 개체군을 감소시키는 사례도 있다.
- **원예, 농업, 양식업** 장식용, 농업용, 목축용, 토질안정제 등으로 많은 식물종이 도입되었는데, 이러한 종의 많은 수가 경작지를 벗어나 지역의 군집 내에 정착하였다. 양식업과 관상용 어류 산업이 확장됨에 따라 더 많은 식물과 동물이 경작지와 사육지를 벗어나 해수와 담수 환경의 침입종이 되고 있다(Xu et al. 2014).
- **우발적 운반** 사람의 실수로 종종 종이 이동된다. 일반적인 예로서 상업용 종자

와 함께 우연히 수확되어 새로운 지역에 파종되는 잡초 종자, 외국의 선박이나 항공기에 숨어 들어가는 쥐, 뱀, 곤충 및 기주식물과 함께 이동하는 병균과 기생충 등이 있다. 질병을 유발하는 미생물, 기생생물 및 곤충은 숙주와 더불어, 특별히 식물의 뿌리, 잎 그리고 식물이 옮겨지는 흙과 함께 유입된다(Hulme et al. 2018). 미국에 들어오는 토종이 아닌 숲 기생 곤충의 70%는 살아있는 수입 식물과 함께 비행기를 통해 들어온다. 종자, 곤충, 미생물이 신발, 옷, 짐에 묻어서 비행기를 통해 수일 내에 세계 어느 곳으로도 전파된다. 종종 선박평형수에 혼입된 박테리아, 바이러스, 해조류, 무척추동물, 작은 물고기 등이 새로운 장소로 이동되기도 한다. 큰 배는 최대 15만 톤의 평형수를 필요로 한다. 정부에서는 종이 유입되는 것을 제한하기 위해, 항구에 도달하기 전에 320 km 떨어진 심해에서 평형수를 다시 채우도록 하는 것과 같은 규정을 만들었다.

- **생물학적 방제** 외래종이 침입종이 되었을 경우 일반적인 해법은 외래종을 잡아먹는 동물을 원산지로부터 도입해 침입 개체수를 조절하는 것이다. 이전에는 생물학적 방제가 다른 종에게 영향을 미친다는 것을 간과하였고, 따라서 생물적 방제를 위해 도입한 종이 침입종이 되고, 외래종보다는 고유종을 공격하는 경우가 많았다. 예를 들면, 뉴질랜드에서 유럽 토끼를 조절하기 위하여 풀어 놓은 담비(*Mustela erminea*, 족제비의 일종)가 육상에 거주하는 조류에게 심각한 위협이 되었다. 이런 예상치 못한 영향을 최소화하기 위해서는 도입하기 전에 외래종이 의도한 목표종의 개체수를 조절하는지에 대한 실험을 먼저 거쳐야 한다.

침입종의 위협

침입종은 직접적, 간접적으로 부정적 영향을 끼친다. 많은 연구 결과를 보면, 수많은 생물에게 영향을 미쳤으며, 그로 인한 결과가 생태계 전체에게 파급된 것을 알 수 있다. 침입 식물이 한 집단을 우점하면, 토착 식물 종들의 다양성과 풍부도 그리고 이 식물들을 먹고 사는 곤충들이 모두 줄어든다. 심지어는 침입 식물이 토양 미생물 집단도 바꾼다는 증거도 있다(Ramirez et al. 2019). 침입 식물의 영양단계 연쇄효과 때문에 침입 식물과 해조류는 생물다양성, 더 나아가 육상 절지동물과 척추동물에 매우 부정적인 영향을 준다(Mollot et al. 2017). 침입종이 해를 입히는 체제는 다음과 같다.

- **자원 경쟁** 침입종은 서식지를 극적으로 확장하면서 토착종에게 필요한 자원, 즉 먹이, 공간, 빛, 심지어 짝까지도 모두 소모하거나 접근을 막는다. 토착종이 아닌 식물은 토착종과 경쟁하면서 토착종의 성장을 저해하거나 완전히 제거한다(**그림 5.11**). 영국의 예를 들면, 침입종 진달래(*Rhododendron ponticum*)은 무성한 덤불이 되어 다른 식물종을 질식시키고, 참나무급사병(식물병)을 퍼트리며,

(A)

(B)

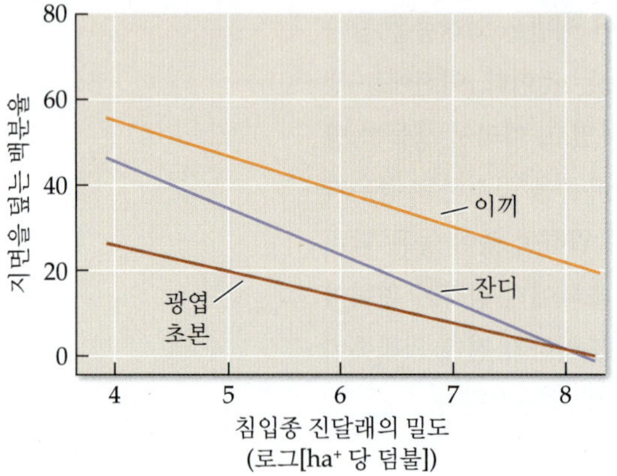

그림 5.11 어떤 침입종 식물들은 경쟁적으로 다른 거의 모든 종들을 배제시킨다. (A) 유럽과 서남아시아가 원산지인 진달래(*Rhododendron ponticum*)가 보전의 의미가 큰 영국과 특히 서부 스코틀랜드의 떡갈나무 삼림지대에 침입하였다. (B) 진달래의 밀도가 증가함에 따라, 잔디, 광엽 초본과 이끼가 모두 사라진 것을 보여주는 연구 결과이다. (B, after J. E. Maclean et al. 2018. *J Appl Ecol* 55(2): 874–884.)

침입종은 제한된 자원에 대한 경쟁을 통해 토착종을 대신하고, 토착종을 먹어 멸종에 이르게 하거나 서식처를 변화시킴으로써 토착종이 더 이상 서식할 수 없도록 한다.

그 잎은 많은 토착 동물에게 독이 된다. 침입종은 심지어 꽃가루 매개자를 두고서 경쟁하거나 침입종 꽃가루가 토착종 꽃가루보다 우위에 있게 된다(Beans and Roach 2015).

- **포식과 기생** 침입종의 포식은 멸종의 위험을 초래한다. 외래종 쥐는 많은 섬에서 주요 관리 관심종이다. 뱀과 다른 종류의 포식자도 마찬가지이다. 미국의 황소개구리(*Lithobates catesbeianus*)는 게걸스러운 포식자로, 전 세계의 대부분 지역에 침입한 종이다. 아르헨티나의 연구에 따르면 황소개구리는 여러 종의 토착종 개구리와 갑각류를 비롯하여 40종류의 다른 동물을 잡아 먹는다(Quiroga et al. 2015).
- **생태계 과정의 변화** cheat grass(*Bromus tectorum*)와 능수버들류(*Tamarix* spp.)은 미국에서 가장 흔한 침입종으로, 산불을 일으키는 연료를 생성하여 토착종을 간접적으로 죽인다(Drus et al. 2013). 또한 능수버들류 아래의 토양 미생물 군집에는 토착 식물에게 중요한 공생생물이 없다(Meinhardt and Gehring 2013). 집에서 기르는 고양이와 개가 있는 경우, 조류의 이주 형태, 종자의 분산 및 번식과 양육 형태 등 생태학적 과정의 넓은 범위에 영향을 미친다(Terraube and Bretagnolle 2018).
- **무생물적 환경의 변화** 어떤 침입종은 습도, 산도 및 침입을 더 많이 유도하거나 토착종에게 해를 끼치는 효소와 같이 토양의 성분을 바꾸는 것으로 알려져 있다(Kuebbing et al. 2014). 침입종 식물과 동물은 구조적 환경을 변경시킨다(Gutierrez and Bernstein 2014): 동물은 땅을 파서 들어가는 행동을 하고, 식물은 토착종과는 다른 형태나 밀도를 보이는 특이한 성장 형태를 보인다. 환경의 이런 변화는 결국 생태계 과정에 영향을 준다.

먹이연쇄의 중간에 있는 곤충과 다른 무척추동물 침입종이 생태계에 미치는 영향은 동시에 여러 개일 수도 있다. 의도적으로 도입한 유럽 꿀벌(*Apis mellifera*), 우연히 도입된 불개미(*Solenopsis invicta*), 매미나방(*Lymantria dispar*) 등이 거대한 개체군을 형성해서 토착 동물과 경쟁하고 토착 동식물을 먹이로 한다.

섬 지역에서의 침입종

섬 지역 서식지의 격리는 고유종의 특유한 조합을 만들어 진화가 일어나게도 하지만(제6장 참조), 동시에 외래종의 침입에 의한 피해에 대해서는 취약하게 한다. 초식동물이 거의 없는 섬에 서식하는 식물의 대부분은 맛이 없지도 않고, 초식동물이 싫어하는 거친 식물조직도 만들지 않을 뿐만 아니라, 손상을 입은 후 새순이 빨리 돋는 능력도 갖추고 있지 않다. 포식자가 없는 섬에서 진화한 조류는 비행능력을 잃고 둥지도 땅 위에 짓는다. 그런 종들은 섬에 침입 초식동물이나 포식자가 들어오면 빠르게 굴복한다. 섬에 도입된 포유류와 다른 척추동물들은 고유 동물을 포식하고, 토착 식물을 멸종할 때까지 뜯어먹는다(Russell et al. 2017). 섬에서 발견되는 조류, 포유류와 수생동물의 멸종위기종이나 멸종위협종의 41~75%는 침입 포유류, 특히 설치류를 박멸함으로써 멸종의 위기에서 구할 수 있다고 예측한다(Spatz et al. 2017). 예를 들면, 사람이 섬으로 들여온 사육 조류(예, 닭, 오리)는 종종 병원균이나 기생충을 가지고 있는데, 이들은 사람에게는 해가 없지만, 토착 개체군에게는 엄청난 피해를 입힌다(예, 야생 조류).

하나의 외래종이 도입되면 수많은 토착종이 멸종할 수 있다. 갈색나무뱀(*Boiga irregularis*)이 우연히 태평양 군도에 도입되었는데, 이 뱀이 고유종 조류의 알, 새끼, 어미 새까지 잡아먹음으로써 멸종되었다. 갈색나무뱀이 괌에서만 토착종 13종 가운데 10종을 멸절시켰다(Perry and Vice 2009). 정부는 갈색나무뱀을 제거하기 위해서 연간 3백만 달러를 들여 수십 년 동안 아세트아미노펜을 주사한 죽은 쥐를 공중 투하한 결과에서 마침내 긍정적인 결과를 보기 시작했다(Siers et al. 2018).

뉴질랜드의 토착 조류 중 1/4은 인간이 이 섬에 들어온 이후 점점 멸종되고 있으며, 고유종 조류(그 외 다른 토착 생물)가 적응하지 못하는 침입종이 도입되었다(Russell et al. 2015). 뉴질랜드의 국가 상징인 키위(*Apteryx* spp.)는 고유종으로서 담비(앞에서 언급함), 사육개(*Canis lupus familiaris*) 및 주머니쥐(*Trichosurus vulpecula*) 등의 포식자 포유류처럼 진화하지 못한 날지 못하는 조류이다. 뉴질랜드에서는 연간 2%의 키위 개체군이 이들 포식자에게 잡아먹힌다. 주머니쥐는 모피산업을 위해 뉴질랜드로 들여왔으나 이젠 토착종에게 심각한 위협이 되고 있다(**그림 5.12A**). 주머니쥐는 조류의 알과 새끼를 먹고 둥지를 파괴하며, 또한 나뭇잎, 산딸기류 열매와 과일즙을 두고서 토착 조류 및 파충류와 경쟁을 한다. 또한 뉴질랜드 곱등이류(70종의 고유종, 커다란 귀뚜라미 같은 곤충류)와 같은 멸종위기종을 잡아먹는다. 작은 섬에서 시작해서 궁극적으로 뉴질랜드의 모든 영토로부터 모든 침입 포

(A)

Greg Schechter/CC BY 2.0

(B)

Photo by Anna Sher

그림 5.12 (A) 주머니쥐는 1837년에 호주로부터 뉴질랜드로 도입된 이후, 토착종에게 커다란 위협이 되어 왔다. 주머니쥐는 조류의 알과 무척추동물을 먹는 잡식성이며 먹이를 두고 토착종과 경쟁을 한다. (B) 향기미끼로 유인한 주머니쥐가 먹이를 찾기 위해 머리를 박을 때 즉각적으로 잡는 새로운 조절 방법이 적용되었다. 이런 형태의 덫은 독보다 더 인도적이고, 자동으로 재설정되므로 여러 번 사용할 수 있다.

유류를 제거하기 위해서, 뉴질랜드 보전국, *Te Papa Atawabai*에 의해 포식자 없는 2050 프로그램이 시작되었다. 노력 결과 조류와 일부 지역의 상징인 키위 개체군의 증가라는 상당한 성공을 거두었다.

침입종 조절 방법은 점점 인도적이고, 실질적이며, 비용 효율적으로 발달하고 있다(**그림 5.12B**). 예를 들면, 갈라파고스 군도에서는 드론을 이용하여 멀리 떨어진 곳까지 살충제를 뿌리고, 뉴질랜드에서는 자동으로 재설정되고, 포획 동물에 불필요한 고통을 주지 않는 새로운 덫을 사용한다.

수계 서식지에서의 침입종

식물, 어류와 무척추동물 등의 수생 침입자들 때문에 종종 담수와 해수에 서식하는 종들의 다양성과 풍부도가 감소한다(Gallardo et al. 2016). 담수 생태계는 커다란 육지에 둘러싸여 고립된 서식지라는 점에서, 이에 침입종이 도입될 위험이 크다는 점에서 해양의 섬들과 유사하다. 상업이나 낚시를 목적으로 호수에 도입된 외래종에 대한 역사는 장구하다. 예를 들면, 나일 농어(*Lates niloticus*)와 같은 외래 어종이 동아프리카의 빅토리아호에 도입됨으로써 수많은 고유 어류인 시클리드를 멸종시켰다. 가끔 이러한 외래종이 고유종보다 크고 공격적이어서, 토착 어류를 결국 멸종시키기도 한다. 그럼에도 불구하고, 이런 침입종이 제거되면 이 지역에 살던 토착종이 다시 복원될 수 있다(Love et al. 2018).

공격적인 수중 외래종에는 어류뿐만 아니라 식물과 무척추동물도 있다. 최근 미국에 도입된 가장 위험한 외래종은 1988년 오대호에 들어온 얼룩무늬홍합(*Dreissena polymorpha*)이다. 카스피해가 원산지인 작고 줄무늬가 있는 이 종은 유럽 화물선의 선박평형수 탱크에 실려 들어왔다. 유입 후 2년 만에 이리호의 일부 지역에서 1 m^2 당 70만 마리 정도로 증식하고 단단한 표면에 모두 부착하여 토착 홍합을 질식시켰다(**그림 5.13A**). 얼룩무늬홍합은 미국의 수계를 따라 확산하는데, 이들에 의한 경제적 손실은 엄청나다. 어업, 댐, 발전소, 수처리장 및 보트에 들어가는 비용이 연간 35억 달러에 이르며, 5대호의 수생생물 군집을 황폐화하는 것으로 추정하고 있다(Joint

(A)

(B)

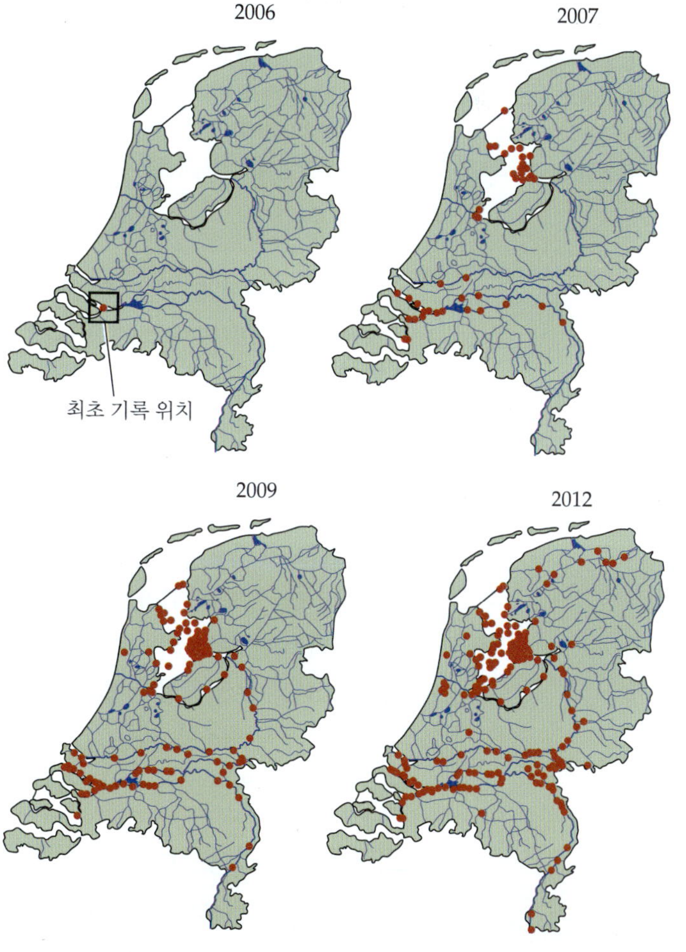

그림 5.13 침입 연체동물은 많은 호수에서 골칫거리이다. (A) 예를 들면, 얼룩무늬홍합(*Dreissena polymorpha*)은 매우 빠르게 확산하여 토착종을 덮고 또한 파이프를 막는다. 배에 부착하여 다른 곳으로 확산한다. (B) 얼룩무늬홍합과 비슷한 동유럽의 얼룩말홍합(*Dreissena rostriformis bugensis*)이 네덜란드에서 빨리 확산하는 것을 나타낸 지도이다. 2006년에 처음으로 Rhine-Meuse 강어귀에서 발견된 이후 유럽에서 23~383 km/년(평균 120 ± 53.8 km/년)의 속도로 확산하였다. (B, after J. Matthews et al. 2014. *Biol Invasions* 16:23. DOI: 10.1007/s10530-013-0498-8.)

그림 5.14 해마다 자원봉사자들이 북동 매사추세츠에 있는 미스틱 강에서 침입 부유식물인 유라시아 마름을 제거한다. 이와 같은 침입 부유식물은 두꺼운 층을 형성하여 토착 물고기와 다른 동물들에게 서식처와 먹이를 제공해 오던 토착 수생생물을 제거한다. 또한 독수리처럼 물에 있는 먹이를 먹는 동물들에게도 해를 입힌다. 2010년부터 해마다 수천 개의 "바구니" 분량의 부유식물을 제거하고자 하는 노력을 진행 중이며, 이를 통해 상당한 효과를 거두었다.

Ocean Commission Initiative 2017). 얼룩무늬홍합과 최근에 유입된 얼룩말홍합(*Dreissena rostriformis bugensis*)은 미국뿐만 아니라 유럽에서도 골칫거리이다(**그림 5.13B**).

수생태계의 가장 심각한 침입종의 1/3은 수족관과 관상용 생물이다. 눈에 띄는 식물은 부레옥잠(*Eichornia crssipes*), 마름(*Trapa natans*) 그리고 거대한 부유층을 형성하는 관상용 식물이다(**그림 5.14**). 이런 부유층이 형성되면 수중에 있는 식물에 빛이 전달되지 않으며, 이에 따라 산소가 부족해져서 물고기와 거북이 죽는다. 또한 물고기에게는 장벽이 되며, 심지어 말라리아를 옮기는 모기의 서식처와 인간에게 병을 일으키는 편형동물의 숙주인 달팽이의 서식처가 됨으로써 질병의 매개체 역할을 한다. 또 다른 수생 침입자, *Caulerpa taxfolia*는 해조류이며, 지중해의 해저를 담요처럼 덮어 토착 해조류, 해상 식물 및 부착 동물도 덮어버린다. 부레옥잠과 *Caulerpa* 모두 IUCN에 의해 세계 100대 침입종이 되었다.

외래종이 침입종으로 되는 능력

많은 외래종은 그들의 원래 서식처 바깥에서는 살아남지 못하며, 살아남는다고 하더라도 아주 일부만 (아마도 1% 미만) 증가하고 확산하여 새로운 서식처에서 침입자로 남게 된다. 어떤 종이 침입할 수 있고, 새로운 서식지에서 우점종이 되며, 고유종의 자리를 쉽게 차지하는 이유는 무엇일까? 이들 침입종은 토착종보다 교란된 환경에서 이득을 얻도록 맞춰져 있다(Vitousek et al. 2017). 특히 이런 교란이 새로운 것이고, 물리적, 화학적 자원을 이용하는 방법을 바꾼 것이라면 더욱 그렇다. 인간의 활동 결과에 의해서, 무기영양소의 증가 또는 감소, 산불 발생 증가 또는 감소, 태양 광선 이용의 증가 또는 감소와 같은 비정상적 환경 여건이 조성되면, 이러한 환경에서는 고유종보다는 외래종이 더 쉽게 적응할 수 있다. 인간 활동으로 인해 가장 많이 변화된 서식지에서 침입이 가장 많이 일어난다. 앞에서 언급한 생물다양성에 대한 수많은 위협이 침입의 원인이 되어 더욱 악화시킨다. 예를 들면, 해양 산성화에 의해 침입 달팽이가 토착 굴을 48% 가량 더 많이 포식한다(Sanford et al. 2014). 기후 변화에 의해 서식지의 변화가 증가하면, 고유종은 침입에 더욱 취약해질 것이다(Merow et al. 2017).

침입종은 종종 인간 활동이 환경을 변경시켰을 때 번성한다.

일부 외래종이 침입종이 되는 또 다른 이유는 새로운 서식지에는 자연적인 포식자와 기생충이 없어서 개체군이 조절될 수 없다는 **포식자 방출 가설(predator release hypothesis)**로 설명할 수 있다(Davis 2009). 예를 들어, 호주에 도입된 토끼는 통제할 수 없을 수준으로 번식하여 호주 지역의 고유 식물들을 멸종시켰는데, 개체수가 늘어나는 것을 막을 효율적인 방안이 없었기 때문이다. 결국 토끼 개체군을 조절하는 방안은 질병을 도입하여 개체군을 조절하는 것이었다.

외래종이 새로운 서식지에 침입하여 심각한 영향력을 가지는 종이 된다는 것은 이미 다른 곳에서도 그렇게 하였거나 침입종과 가까운 종일 것이다. 그러나 외래종이 토착종과 유연관계가 가까운 경우에는 독특한 문제가 발생한다. 외래종이 고유종과 잡종을 형성하면 그 지역의 개체군에서 특정한 유전 인자가 사라질 것이고, 분류학적 경계가 불명확해지는 현상이 나타난다(제2장 참조). 이런 현상을 **유전적 편승**(*genetic swamping*)이라 부르는데, 실제로 상업적 어종과 토착 송어류 사이에서 이런 현상이 일어났다. 미국 남서부에서 아파치송어(*Oncorhynchus apache*)는 서식지 파괴와 도입 어종과의 경쟁으로 분포 지역이 감소하였다. 또한 이 종은 도입된 낚시용 어종인 무지개송어(*O. mykiss*)와 교잡을 활발하게 함으로써 종의 분리가 애매하게 되었다.

침입종 관리

원래의 종이 존재하고 있으면, 서식지 쇠퇴, 파편화, 오염으로 인해 생기는 피해는 수년 또는 수십 년 내에 회복될 수 있으나, 일단 외래종이 정착하면 이들을 군집으로부터 제거하는 것은 거의 불가능하다. 이러한 외래종이 많은 수로 분포하여 군집을 완전히 점령하고 있다면, 이를 제거하는 일은 극히 어렵고 비용도 많이 든다(Kopf et al, 2017).

침입종에 의한 위협은 매우 심각하므로, 도입률 감소를 통한 보전 노력이 선행되어야 한다. 정부는 외래종의 도입을 금지하는 법을 제정해서 집행해야 하며, 세관에서 도입을 막아야 한다. 미국의 국립침입종위원회(National Invasive Species

국가는 새로운 외래종의 도입, 모니터링, 확산을 방지해야 하며, 도입된 종이 개체군으로 정착하는 것을 막아야 한다.

Council)는 법률를 제정한 후, 대통령에게 직접 보고한다. 유럽의 조직은 더 광범위하게 법률을 제정하도록 하였으며, 외래침입종 관리는 EU 2020 생물다양성 전략의 Target 5이다. 지구 반대편의 호주에서는 길고 긴 침입종의 역사를 가진 나라답게 "Australian Weeds Strategy 2017 to 2027"을 제정함으로써 국가체제를 갖추었고 침입종 방지와 관리의 선봉에 서있다.

보전생물학자는 이런 노력에 조언하는 중요한 역할을 한다. 이들은 종종 외래종의 광폭한 확산을 제한하기 위해서, 토양, 목재, 식물, 동물의 이동이 국제적인 경계를 넘어가는 것을 관리하며, 국가 내에서도 이동을 확인한다.

외래종을 제거하거나 관리하기 위한 다양한 전략이 있는데, 그중 일반적인 3가지를 살펴보면 살충제(화학 독), 기계적 고르기(풀을 뽑고, 덫을 놓아 동물을 잡거나 사살하는 물리적 제거) 그리고 생물학적 조절(한 생물을 조절하기 위하여 다른 생물을 이용하는 것)이다. 이런 접근 방법은 각각 또는 다른 방법과 함께 사용하는데, 이들 모두에는 이점과 단점이 있다. 살충제를 사용하는 것이 원하는 종만 조절할 수 있는 가장 효과적인 방법이지만, 화학물질은 비싸고 표적이 아닌 생물에게 해를 입힐 수도 있다. 기계적인 방법은 비표적 생물에게 해를 가장 적게 입히지만, 노동력을 많이 필요로 한다. 특별한 곤충이나 병원균을 사용하는 생물학적 조절은 가장 싸고 생태계에 가장 해가 적은 방법이지만, 종을 근절할 수 있는지 의문이며 효과를 볼 때까지 시간이 걸린다는 단점이 있다.

광범위한 대중 교육 프로그램을 통해서 침입종, 특히 고양이, 개 그리고 토끼 같은 동물을 왜 제거하거나 죽여야 하는지를 국민에게 알리는 것이 필요하다(Crowley et al. 2017). "생태계에 대한 연민"을 강조함으로써 가끔은 치사 조절이 정당한 방식 가운데 하나임을 설명하는 것이다(Russell et al. 2016).

서식처 조절, 농사 방법의 변화 그리고 해충에 좀 더 내성이 있는 작물을 이용하는 것도 침입이나 그들의 영향을 줄이는 또 다른 방법이다. 해충을 장기간 조절하기 위하여 이런 방법들을 함께 사용하는 것을 **통합 해충조절(integrated pest managemant)**라고 한다.

현재 침입종이 확산하는 것을 막기 위해 막대한 경비를 지출하고 있으나, 초기에 외래종의 침입과 정착에 대해 관리하는 것이 가장 저렴한 방법이다(Epanchin-Niell 2017). 침입종의 출현에 취약한 서식지를 추적하고, 외래종이 출현하였을 경우 곧바로 방제할 수 있도록 시민과 보호지역 관리인을 교육하는 것이 새로운 종의 정착과 잠재적인 새 침입자의 빠른 확산을 막는 효과적인 방법이다. 효과적인 보존을 위해서 정부와 토지소유자 간에 여러 단계의 상호 협력이 필요하다.

침입종은 대부분 악영향을 미치지만, 때에 따라 이익이 될 수도 있다. 특히 서식지가 많이 파괴되어 침입종이 제거되더라도 토착종이 살 수 없는 경우이다. 외래종 중 식물의 경우 침식된 토양을 안정시키고, 곤충에게 꿀을 제공하며, 조류나 포유류에게 보금자리를 제공하는 사례도 있다(예, Bateman et al. 2013; Shackelford et al. 2013). 어떤 경우든지 외래종에 의한 이익과 부정적인 영향에 대해 신중하게 따져 보는 것이 필요하다. 생물학자들은 인간의 활동으로 창조된 새로운 환경에 토착종과 비토착종이 혼재되어 가장 적절한 "새로운 생태계(novel ecosystems)"(제11장 참조)로 점차 받아들이는 가치를 인식하고 있다(Hobbs et al., 2013).

유전체변형생물과 보전생물학

보전생물학자는 최근에 농업, 산림, 수족관 및 독성폐기물 정화 등에 많이 이용하는 **유전체변형생물(genetically modified organisms, GMOs)**에 관심이 많다. 이런 유전체변형생물은 다른 종(공급원, source)의 유전자를 GMO에 주입하는 방법을 통해서, DNA 재조합의 기법을 사용하여 만들어진 생물이다. 유전자 전이는 종 수준뿐만 아니라 분류학적 체계 수준으로 발전한다. 박테리아 유전자는 곤충에 대한 독성물질을 만들어 콩과 같은 작물에 적용된다. 미국, 아르헨티나, 중국 및 캐나다의 많은 종류의 작물에는 GMO가 이미 도입되었으며, 대두, 옥수수, 면화, 카놀라(유채씨 오일)와 같은 식물 등이 그런 종들이다. 유전체변형동물도 개발 중인데, 연어나 돼지 같이 상업적 가치가 있는 종들이다. 2017년에 처음으로 GMO 연어가 미국 회사에서 생산되어 캐나다의 소비자에게 팔렸다(Waltz 2017).

이미 오래전부터 산업화와 함께 유전체변형작물과 동물이 만들어지기 시작되었는데, 그 예가 선택교배, 잡종화 등 사람들의 선택에 의한 방법이었다. 또한 유전체변형을 위해 바이러스, 박테리아, 곤충, 균류 및 갑각류 등과 같은 종에 대해 유전자 전이 연구가 진행되었다. 이종 간의 유전자 교차에 대한 우려로 정부는 연구와 상업적 이용에 대한 특별한 관리를 설정하였다. 여러 나라, 특히 유럽에서는 유전체변형 작물종이 다른 종과 잡종화되어 새로운 잡초가 되거나 질병을 확산시키는 것에 대한 염려가 크다(Bagla 2010). 게다가 GMO와 무관한 농경지 근처에 서식하는 조류, 곤충, 토양 미생물에 대해서도 위협이 존재한다는 것이다(Coll and Wajnberg 2017). GMO 기법에 의해 생산된 작물이 국민의 건강과 비정상적인 알레르기 반응을 일으키지 않는다는 증거를 요구하고 있다.

GMO 기법에 의해 생산된 작물은 인구 증가에 따른 식량을 제공하는 것과 새롭고 값싼 의약품을 생산할 뿐만 아니라, 농작물에 화학물질을 적게 사용하는 이점이 있다(Tsatsakis et al. 2017). [한편, 가장 잘 알려진 GMO인 대두(Roundup-Ready soybean)는 제초제 생산업체에 의해 유전적으로 변형된 글리포사이트 제초제(glyphosate herbicide)로 제조되어 팔리고 있다.]

요약하면, GMOs에 의한 이익은 위협요인에 따라 평가되어야 하며, GMOs가 허가되기 전에 신중하게 조사되어야 한다. 환경 추적과 건강에 대한 영향은 사용 이후에도 지속적으로 관찰되어야 한다.

질병

학습 목표

이 절에서는 다음 내용에 주안점을 두기 바란다.

1. 위협종에게 영향을 미치는 특정 질병의 이름을 확인할 수 있어야 한다.
2. 질병이 다른 위협과 상호작용하는 방법에 대해 논의할 수 있어야 한다.

인간 활동의 증가로 인한 질병 전염이 생태계와 멸종위기종에게 커다란 위협이 되고 있다. 박테리아, 바이러스, 곰팡이, 원생생물 등을 포함하는 병원체는 멸종의 위협에 처한 종들과 심지어 생태계 전반에도 큰 영향을 미칠 수 있다. 인간 활동이 많아지면 질병을 매개하는 곤충이 증가한다. 예를 들면, 비료의 사용 증가로 하천 유입, 처리하지 않은 쓰레기, 대기 오염으로 인한 질소 축적은 질병을 일으키는 종의 개체 수 증가를 가져오며, 사람과 동물에게 질병 전파를 증가시킨다. 게다가 사람과 가축에 의한 질병은 이전에 없었던 야생동물의 질병을 초래해서 개체군의 감소를 가져온다 (Turcotte et al. 2017; **그림 5.15**).

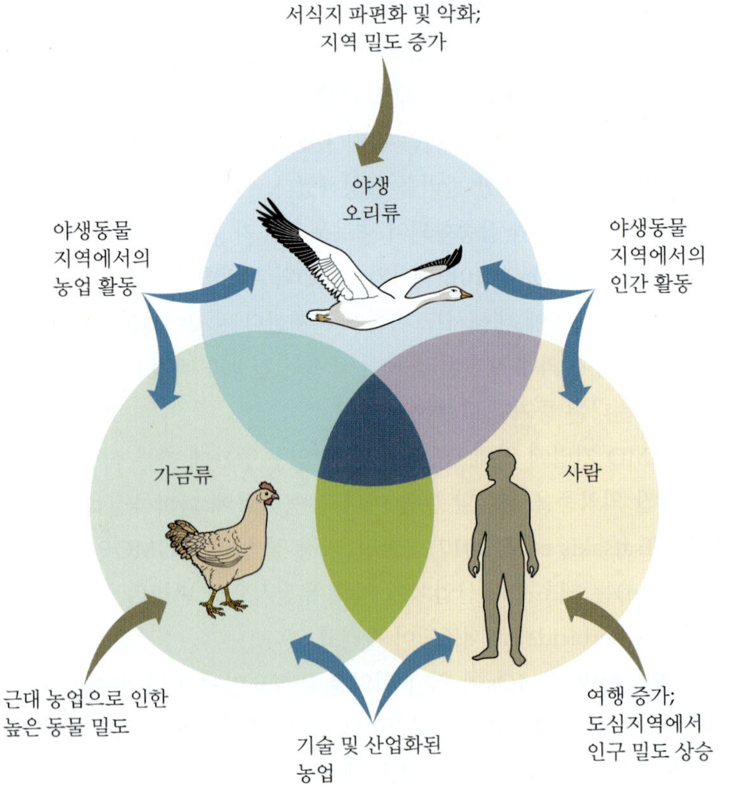

그림 5.15 광견병, 라임질병, 인플루엔자, 조류독감, 한타바이러스, 개홍역바이러스와 같은 질병은 야생동물, 가축 및 사람에게 전파된다. 질병의 전파는 개체군의 증가 및 농업과 거주 지역이 야생동물지역에 정착되는 것과 관련이 있다. 그림은 조류독감의 이동경로를 나타내는데, 야생오리, 가금류 및 사람이 바이러스에 감염된다. 중첩된 부분은 질병이 3종류의 분류군 모두에서 공통적으로 나타나는 부분이다. 갈색 화살표는 질병의 고위험군을 보여주며, 파란색 화살표는 3분류군 간에 질병의 확산이 발생하는 요인을 설명한다. (After P. Daszak et al. 2000. *Science* 287: 443–449.)

전염성 질병의 발병률 증가는 야생종, 가금류뿐만 아니라 인간을 위협하고 있다. 서로 다른 종들 사이의 질병 전파는 특별한 관심의 대상이다.

질병은 몇몇 희귀종에게는 가장 커다란 위험 요인이 될 수 있다. 훼손되지 않은 산악 서식지에서 개구리 개체군이 급격하게 감소하는 것은 분명히 외래 균류 질병 때문이다. 적어도 20종의 불가사리 수백만 마리가 멕시코에서부터 알래스카에 이르는 북미 해안을 따라 불가사의하게 죽었다. 이는 유전자 분석을 통해 밝혀진 바이러스에 의한 불가사리소모성질병(Sea Star Wasting Disease) 때문이었다. 검정발족제비(*Mustela nigripes*)의 마지막 야생 개체군(그림 8.2A 참조)이 1987년에 개홍역바이러스(CDV)에 의해 사라졌다. 포획 사육을 통한 검정발족제비 보호 방법의 큰 어려움 중 하나가 사육되고 있는 족제비를 개홍역바이러스, 사람을 통해 전파되는 바이러스 및 기타 질병으로부터 보호하는 것이었는데, 관련 종사자들은 이를 해결하기 위해 족제비를 엄밀하게 격리한 후, 포획한 무리를 지리적으로 분리된 지역에 나눠서 사육하였다. 다행히, 이러한 보전 노력 덕분에 검정발족제비는 비록 아직까지 멸종위기이지만 다시 야생 개체군이 생성되었기에 그 결과는 성공적이다.

흰코신드롬(white nose syndrome)은 미국 동부 지역에 수백만 마리의 박쥐를 죽이는 질병이다. 동굴에 있는 90% 이상의 박쥐가 전멸한 경우도 있다. 이 질병은 흰 파우더 같은 곰팡이류의 질병이 박쥐의 코를 감염시킨다(**그림 5.16**). 박쥐는 균류가 피부를 괴롭히면 봄이 아닌 겨울 중간에 겨울잠에서 깨어나 저장된 에너지를 사용함으로써 굶어 죽게 된다. 이 질병은 2006년 뉴욕의 동굴로 박쥐가 이주해 오면서 확산하였다. 이 질병은 유럽에서부터 미국으로 동굴탐험가나 박쥐 연구자에 의해 도입되었는데, 옷, 신발, 장비 등으로부터 전파되었다. 가장 효과적인 방지책은 동굴 방문을 불허하는 것이며, 연구 목적의 과학자는 옷과 장비를 멸균한 후에 방문

Photograph courtesy of Ryan Von Linden/New York Department of Environmental Conservation

그림 5.16 흰코신드롬에 감염된 갈색박쥐(*Myotis lucifugus*)가 연구자에 의해 조사되었다. 2006년 미국에서 처음 발견된 이 곰팡이류 질병은 다양한 박쥐 종들에게 해를 입히는데, 한 동굴에서 박쥐의 90%가 전멸되기도 하였다.

하여야 한다. 최근에 비교유전체학으로 이 질병을 일으키는 곰팡이가 자외선에 매우 민감하다는 것이 밝혀짐으로써, WNS을 치료할 수 있는 잠정적 방법이 알려졌다(Palmer et al. 2018).

역학의 세 가지 기본 원칙은 멸종위기종을 관리할 때 질병을 제한하는 것이다. 첫째, 숙주가 병원체나 기생충과의 만남이 잦을수록 질병의 확산이 빠르다. 일반적으로 포획한 동물과 야생동물 모두에서 밀도가 높을 때 기생충과 질병에 직접적인 영향을 받는다. 파편화된 좁은 보전 지역에서는 동물 개체군이 일시적으로 밀도가 높아져서 질병 전염이 가속화될 수 있다. 보통의 환경에서는 동물이 배설물이나 타액, 오래된 가죽 및 여러 감염 매개체로부터 멀어질 수 있어서 감염률이 낮아진다. 그러나 인위적으로 서식지가 줄어들어 공간이 좁아지면, 동물은 앞서 말한 잠재적 감염원과 접촉하게 되어 질병 전염이 증가한다. 많은 경우에서, 여러 동물 무리를 좁은 면적 안에 함께 가두게 되면, 한 개체가 감염되었을 때 그 병원균이 전체 개체군 사이에 급속히 퍼질 수 있게 된다.

둘째, 생물이 서식지 파괴의 간접적 영향으로 질병에 더 민감해진다. 숙주 개체군이 서식지 파괴로 인해 좁은 지역에 몰려 들어가면 서식 환경이 나빠지고 먹이도 줄어들어서 영양 상태가 불량해진다. 그 결과 연약해지며, 질병에 걸리기 더 쉬워진다(Zylberberg et al. 2013). 과밀화는 개체군 내의 사회적 압력도 가중하므로 동물의 질병 저항력이 줄어든다. 오염으로 인해서 개체는 병원체 감염에 더 취약해지게 되는데, 특히 수생태계에서 더 두드러진다(Schmeller et al. 2018). 생물다양성은 알맞은 숙주 종의 수를 줄이거나 포식이나 경쟁을 통해 숙주 개체군의 크기를 제한함으로써 질병을 조절하는 것으로 알려져 왔다. 예를 들면, 어느 지역의 라임병의 발생과 진드기에 의한 병원균은 이 지역에서 이 병을 발생시키는 설치류 증가뿐만 아니라 지역의 종다양성의 전반적인 감소와도 연관이 있다는 점이다(**그림 5.17**).

셋째, 많은 보전 지역, 동물원, 국립공원, 새로 조성된 농업 지역 등에서 생물은 자연 상태에서는 거의 만나기 힘들거나 전혀 맞닥뜨릴 기회가 없는 다른 종의 생물(사람이나 가축 포함)과 접촉하게 되는데, 그 결과 종과 종 사이에서 감염이 확산한다. 광견병, 라임병, 인플루엔자, 개홍역바이러스, 한타바이러스 및 조류독감은 한 종에서 다른 종으로 전염되는 질병이다. 질병은 야생동물, 가축 및 사람 사이에서 전파되는데, 개체수의 증가와 야생동물과 가까운 지역에 사람들이 정착함으로 인해서 촉진된다. 후천성면역결핍증 바이러스(HIV)나 에볼라 바이러스 등은 야생 생물 개체군에서 사람과 가축으로 전염된 경우이다. 이런 종류의 사례는 더욱 증가할 것으로 예상되는데, 사람에 의한 환경 변화, 국제간 여행 증가 및 경제의 국제화 등에 의해 촉진된다.

> 갇혀 있는 동물에게 질병이 확산하는 것을 막기 위한 방안이 강구되어야 하며, 야생 개체에 질병이 전파되지 않도록 해야 한다.

동물원의 작은 공간에 서식하는 동물 집단의 근처에는 유사한 종이 분포하고 있다. 결과적으로 한 종이 감염되면 기생물질이나 미생물이 다른 동

(A)

© Rob and Ann Simpson/Visuals Unlimited, Inc.

(B)

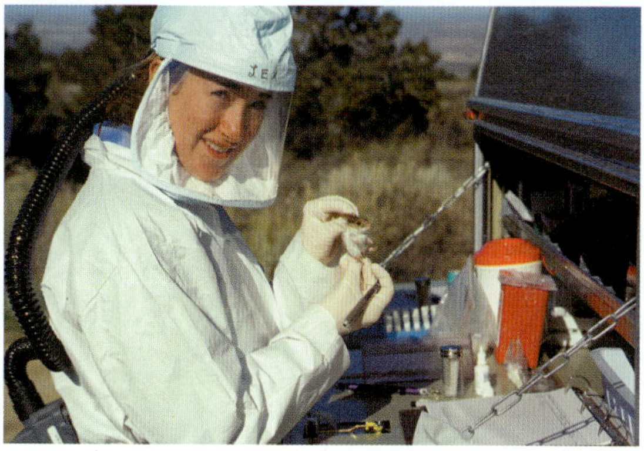

T. A. Crowl et al. 2008. Front Ecol Environ 6: 238–246. doi:10.1890/070151

(C)

Courtesy of Michael L. Levin/CDC

그림 5.17 (A) 흰발쥐(*Peromyscus leucopus*)는 라임병의 숙주 중 하나로, 도시 근교의 개발로 인한 서식지 파편화로 인해 개체군이 증가된다. (B) 야외생물학자는 페스트와 같은 질병 감염의 존재를 설치류를 통해 확인한다. (C) 검은발진드기는 3 mm 정도의 크기로, 라임병에 감염된 동물로부터 사람에게 질병을 전파시킨다.

물에게 전염된다. 외래성 질병에 걸리면 갇혀 있는 동물이 방사되었을 때 야생에 서식하는 동물에게 위해를 준다. 특히 질병에 강한 개체들은 질병을 매개하는 동물이 돼서 질병에 취약한 다른 동물에게 해를 준다. 일례로, 건강한 아프리카코끼리가 동물원에서 함께 갇혀 있던 유사한 아시아코끼리에게 치명적인 헤르페스바이러스를 옮겼다. 밀집된 상태로 갇혀 있는 종들 사이에서는 질병이 매우 빠르게 확산한다.

결론

제5장에서는 대륙이나 전 지구적으로 작용하는 생물다양성에 대한 위협을 기술하였다. 이러한 위협을 해결하기 위해서는 국제 협조가 필요한데, 이에 대한 더 상세한 내용은 제12장에서 다루어진다. 위태로운 종들은 다양한 규모로 작용하는 여러 위협에 직면한다. 위협은 서로 상승작용을 하거나 하나가 다른 위협요인을 만들기도 하는데, 예를 들면 기후변화가 서식처 파편화를 유도하고, 오염에 의해 질병에 민감한 생물이 되기도 한다. 보전생물학의 역할은 이러한 위협과 제안된 해결책의 범위, 영향과 상호작용을 조사하는 것이다. 이들을 잘 이해하면 보호와 회복 노력은 성공으로 이어질 것이다.

국내 사례연구

한국에 침입한 외래생물 황소개구리 등

한국의 생물다양성 보전 및 이용에 관한 법률 제2조에 의하면 '외래생물'이란 외국으로부터 인위적 또는 자연적으로 유입되어 그 본래의 원산지 또는 서식지를 벗어나 존재하게 된 생물로, 2021년 현재 2,217종이 지정되어 있다. 외래생물 중에서 국내 생태계의 균형을 교란하거나 교란할 우려가 있는 야생의 생물을 '생태계 교란 생물'이라고 하는데, 1998년 2월에 황소개구리, 큰입배스, 파랑볼우럭을 생태계 교란 생물로 지정한 후, 현재 총 33종(동물 18종, 식물 15종)을 지정 관리하고 있다. '생태계 위해 우려 생물'은 생태계 등에 유출될 경우 위해를 미칠 우려가 있어 관리가 필요하다고 생각되는 생물로서, 라쿤이 지정되어 있다. '유입 주의 생물'은 국내에 유입될 경우 생태계에 위해를 미칠 우려가 있는 298종의 생물을 말한다.

다음은 한국에서 지정한 외래생물이면서 생태계 교란 생물이다.

포유류: 뉴트리아

파충류: 리버쿠터, 악어거북, 중국줄무늬목거북, 플로리다붉은배거북, 붉은귀거북속 모든 종

양서류: 황소개구리

어류:큰입배스, 파랑볼우럭(블루길)

곤충:꽃매미, 갈색날개매미충, 긴다리비틀개미, 등검은말벌, 미국선녀벌레, 붉은불개미, 빗살무늬미주메뚜기, 아르헨티나개미

무척추동물: 미국가재

식물: 돼지풀, 단풍잎돼지풀, 서양등골나물, 털물참새피, 가시박, 가시상추, 갯줄풀, 도깨비가지, 마늘냉이, 물참새피, 미국쑥부쟁이, 서양금혼초, 애기수영, 양미역취, 영국갯끈풀

대표적인 한국의 외래생물이면서 생태계 교란 생물인 황소개구리(*Lithobates catesbeianus*)는 1973년에 일본에서 수입하여 한반도 최남단 지역인 제주도를 비롯한 전국의 농민들에게 판매되었으나, 식습관 변화 등으로 식량자원으로서의 가치가 떨어짐에 따라 농장에서는 황소개구리를 불법으로 자연에 방류하였다. 우리나라 고유종 및 토착종인 개구리, 벌레, 지렁이, 도롱뇽 심지어 뱀을 포식해서 생태계를 교란하는 종이다. 황소개구리의 수명은 5~7년 정도로 알려져 있으며, 1년 이상은 올챙이로 있으나, 성장 속도가 빨라 2년이면 성체가 된다.

또 다른 대표 생태계교란생물인 뉴트리아(*Myocastor coypus*)는 세계자연보호연맹에서 정한 100대 악성 침입 외래생물에 포함되어 있으며, 1987년 불가리아를 통해 수입된 뉴트리아가 모피산업의 몰락과 관련 규정 및 지원의 미흡으로 인해 농장에서 사육을 포기한 채 방치함으로써 자연으로 유입되었다. 뉴트리아의 서식지는 수생 환경인데, 2006년 농작물 피해로 조사를 실시한 결과 낙동강수계를 중심으로 해서 분포를 확산하고 있다는 것이 밝혀졌다. 뉴트리아는 서식지역 내 수초대를 섭식하여 감소시킴으로써, 조류와 무척추동물 등 우리나라 고유종 및 토착종 서식지를 변화시키거나 이주하게 한다. 또한 뉴트리아의 보금자리인 굴은 연안의 침식과 침하를 일으킨다.

뉴트리아

황소개구리

요약

- 기후온난화 및 강우 변화를 포함한 지구 기후변화는 화석 연료 사용, 열대우림 파괴로 인해 이산화탄소를 비롯한 많은 양의 온실가스가 대기 중에 증가하면서 이미 나타나고 있다. 예상되는 기온 변화 속도가 워낙 빨라서 많은 생물종이 내성 범위를 조절하지 못해 멸종할 것으로 보인다.
- 인간이 많은 생물종을 남획한 결과, 그 생물뿐만 아니라 그 생물이 속한 군집을 멸종위기로 몰아가고 있다. 더 효율적인 수확, 넓어진 시장 및 먼 야생 지역에 보다 더 쉽게 접근하게 되면서 남획이 가속화되었고, 개체군 크기는 낮은 수준으로 떨어졌다.
- 사람들은 의도했든 하지 않았든 간에 세계의 다른 지역으로 수천 종의 생물을 이동시켰다. 이 외래종 중 일부는 침입종이 되어 고유종을 희생시키면서까지 개체수를 늘리고 있다.
- 질병 발생률은 동물이 자연보호구역, 동물원, 서식지 파편화 등에 갇혀서 넓은 지역으로 퍼지지 못할 때 많이 증가한다. 동물원과 식물원에서는 질병이 근연종 사이에 나타난다. 질병은 가축, 야생동물 그리고 사람과 야생동물과 가축 사이에서 전파된다.
- 여러 요인의 조합에 의해 위협을 받는 종은 전체적인 보전계획을 통해 보호되어야 한다.

토론 주제

1. 지구온난화에 대하여 관심 있는 언론 기사를 찾아보자. 기사 내용을 비판할 수 있는 증거가 무엇인가? 과학적 정보를 사용하여 반박 기사를 써보자.
2. 남획으로 위협받고 있는 특정 종을 보호하기 위하여 현재 무엇을 하고 있는지를 알아보자. 보호 방안이 작동되는 것처럼 보이는가? 왜 그런가? 아니라면 왜 그렇지 않은가? 효과적인 다른 방법이 있는가?
3. 당신의 지역에서 생물다양성에 영향을 주는 침입종이나 질병에 관해 알아보라. 위협의 범위는 무엇인가? 위협은 어떻게 관리되고 있는가?

스픽스마코앵무새(*Cyanopsitta spixii*)는 애니메이션 영화 리오와 리오 2에 등장하였으며, 브라질의 숲에서 번성하고 있던 조류이다. 그러나 애완동물사업과 서식처 손실로 인해 2000년 이후에는 관찰되지 않는다. IUCN에 멸종위급종(야생에서 멸종되었을 것으로 추측함)으로 등재되어 있다.

6

멸종의 위험

지구에 생명이 탄생한 이후 종수와 다양성은 증가하고 있다. 이러한 증가는 지속적인 것이 아니라 종분화가 급격히 일어나는 기간 후에 변화가 거의 없는 기간이 뒤따르는 특징을 나타낸다. 화석의 기록을 보면 과거 5번의 대량 멸종이 6천만 년에서 1억 5천5백 년의 간격을 두고 일어났음을 알 수 있다(**그림 6.1**). 이런 멸종이 5개의 마지막 지질시대를 끝냈기 때문에 이를 자연적인 대멸종이라고 한다. 가장 유명한 것이 6천5백만 년 전의 백악기 후기에 공룡이 멸종한 것이며, 뒤를 이어서 포유류가 육상에서 우점하였다. 가장 많은 멸종이 일어난 시기는 약 2억 5천만 년 전인 페름기 말이다. 그 당시 화석 기록을 보면 동물과(family)의 50% 이상과 해양종(species)의 95% 이상이 멸종했음을 알 수 있다. 만연한 화산 폭발 그리고/또는 많은 운석의 충돌과 같은 거대한 교란이 지구 기후와 해수면의 급격한 변화를 일으켜 많은 종이 더 이상 생존할 수 없게 되었을 것이다. 다른 추론으로는 해저에서 메탄 가스가 대규모로 방출("거대한 트림"처럼)되었을 수도 있다는 것이다. 메탄은 독성 가스일 뿐만 아니라 이산화탄소보다도 더 강력한 온실가스이기 때문에 기후에 영향을 분명히 미쳤을 것이다. 페름기의 대멸종 동안 잃어버렸던 생물상을 진화의 과정을 통해 다시 회복하는 데 8천만 년~1억 년이 걸렸다.

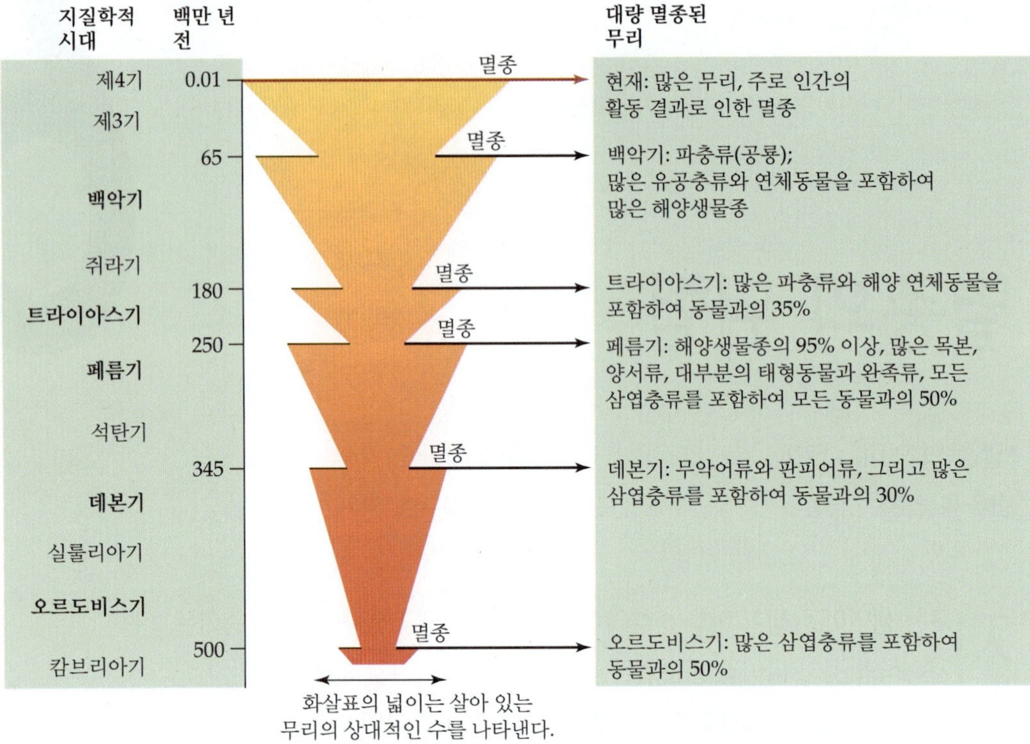

그림 6.1 지질시대의 동물과의 상대적인 수. 지구의 모든 종 수는 수십억 년 동안 증가하였을지라도 5번의 대량 멸종시기 동안 높은 비율의 종이 사라졌다. 가장 많은 종이 사라진 시기는 약 2억 5천만 년 전인 페름기 말이다. 6번째 멸종(그림에서 꼭대기의 붉은 화살표)은 현재의 지질학적 시대에 시작되었고, 수십 년 동안 지속될 것이다.

종들은 심한 교란이 없어도 멸종된다. 한 종이 다른 종을 경쟁에서 이길 수도 있고 포식자가 피식자 종을 멸종으로 몰아갈 수도 있다. 멸종은 종분화처럼 자연스러운 생활사의 일부이다. 멸종이 자연스러운 과정의 일부라면 종의 소실에 왜 그렇게 관심을 가지는가? 답은 멸종과 종분화의 상대적인 비율에 있다. 종분화는 전형적으로 느린 과정으로 돌연변이의 점진적 축적과 수백만 년은 아니지만 수천 년에 걸쳐 대립인자의 빈도가 변함에 따라 일어난다. 종분화율이 멸종률과 같거나 더 크다면, 생물다양성은 일정하거나 증가한다. 과거 지질시대에 존재하던 종의 소실도 결국 종분화율에 의해 균형이 유지되었고, 그 후 새로운 종이 진화함으로써 멸종률보다 종분화율이 더 높았다. 그러나 현재 멸종의 99%가 인간의 영향으로 인해 일어나면서 종분화률보다 훨씬 더 커졌다.

현재의 종 소실률은 전례도 없고, 유일무이하며 불가역적이다. 현재 멸종의 99%는 어느 점에서는 인간의 활동에 의한 것이다.

현재까지 가장 종합적인 생물다양성 평가를 하는 U.N.'s Intergovernmental Science-Policy Platform on Biodiversity and Ecosystem Services

에서 최근에 발표한 내용에 따르면 현재 백만 종이 멸종의 위기에 처해 있다(IPBES 2019). 우리는 자연재해가 아니라 인간의 활동으로 야기되는 6번째 **대멸종사건(sixth extinction episode)**의 한가운데에 있다(Ceballos et al. 2015). 일부 지질학자들은 지구 역사상에서 현재의 지질시대를 인간을 가리키는 그리스어에서 유래한 인류세(Anthropocene)라고 하며, 다른 과학자들은 아직 새로운 안정된 상태에 도달하지 않았기 때문에 새로운 지질시대를 설계하는 것은 이르다고도 한다(세계 야생생물기금, World Wildlife Fund[WWF 2018].

멸종위협종이 너무 많음에 따라 보전생물학의 최고 관심사는 멸종에 놓여 있다. 전 세계의 현존 조류 중 약 13%가 멸종위기종이다(국제자연보전연맹, International Union for Conservation of Nature[IUCN] 2019). **표 6.1**을 보면 거북이류, 마나티류, 코뿔소류, 펭귄류가 포함된 특정 동물 그룹이 위험함을 알 수 있다. 또한, 다른 큰 그룹의 위험이 더 큰 것을 알 수 있는데, 25%의 포유류와 40%의 파충류가 그렇다(IUCN 2019). 40%의 겉씨식물을 포함하여 많은 식물종도 특별히 취약한 위험에 처해 있다. 대부분의 식물, 균류, 어류, 곤충 종들은 덜 알려져 있어서 이들에 대한 멸종 위험 정도는 아직 모른다. 그러나 정확하게 평가한 생물 그룹을 보면 멸종의 위험이 시간에 따라 증가하고 있음을 알 수 있다(**그림 6.2**). 산호는 특히 기후온난화로 인한 멸종 위협종이다(제5장 참조).

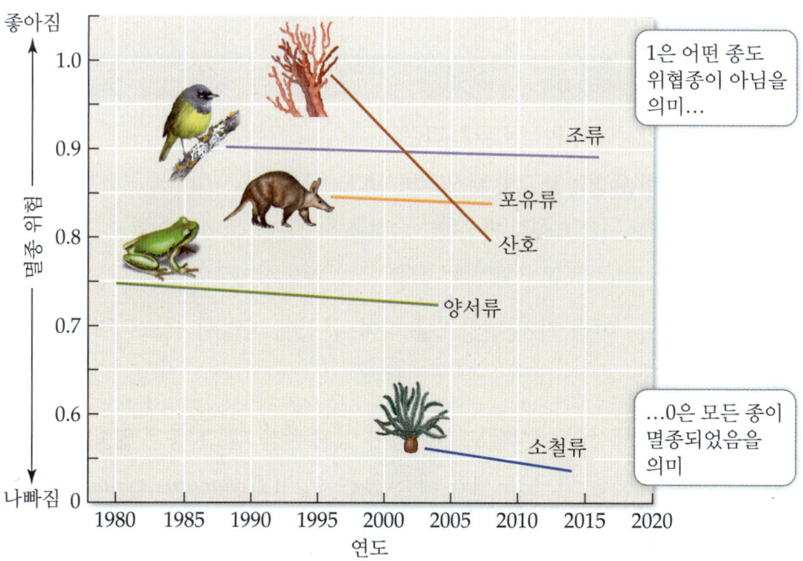

그림 6.2 기록종에 대한 IUCN 데이터베이스를 보면 시간에 따른 멸종 위험을 추적할 수 있다. 5개 분류군을 최소 2번 평가하였다. 5개 그룹은 각각 감소하고 있으며, 이 가운데 산호는 다른 그룹에 비하여 더 빨리 진행되고 있다. (After https://www.iucnredlist.org/assessment/red-list-index.)

표 6.1 동식물 주요 그룹의 멸종위협종 수

그룹	대략적인 종 수[a]	평가된 종 백분율	2019년에 멸종위협종 수	멸종위협종의 백분율[b]
척추동물				
어류	34,200	50%	2,341	불충분한 정보 범위
양서류	7,992	85%	2,123	40%
파충류	10.793	67%	1,311	불충분한 정보 범위
조류	11,126	100%	1,492	14%
포유류	5,792	100%	1,223	25%
식물				
속씨식물(현화식물)	268,000	10%	12,578	불충분한 정보 범위
겉씨동물 (침엽수, 은행 및 소철류)	1,052	96%	401	40%
양치류와 근연종	12,000	5%	250	불충분한 정보 범위
균류와 원생생물	52,280	0.2%	76	불충분한 정보 범위

출처: IUCN 2011(www.iucnredlist.org). 데이터에는 멸종위기종, 위험종, 취약종, 그리고 위협종의 범주에 속하는 모든 종들을 포함한다.
[a]여기 나타낸 숫자는 분류학의 역동성과 복잡성 때문에 정확하지 않을 수 있다(제2장 참조).
[b]여기 나타낸 데이터는 2019년의 데이터이다. 예를 들면, 현화식물의 10%만이 평가된 것으로 모든 현화식물 중 위협종이 얼마나 많은지 정확히 알지 못한다.

"멸종"의 의미

학습 목표

이 절에서는 다음 내용에 주안점을 두기 바란다.

1. 멸종의 다양한 유형을 비교할 수 있어야 한다.
2. 섬에 사는 종을 우선 보전하여야 하는 증거를 제시할 수 있어야 한다.

"멸종"이라는 용어는 여러 가지 뉘앙스를 띠며, 문장에 따라서 어느 정도 다른 의미로 해석되기도 한다.

- 한 종의 개체가 세상의 어디에도 살아남아 있지 않을 때 그 종은 **멸종(extinct)**되었다고 한다. 예를 들면, 도도새와 태스마니아이리(*Thylacinus cynocephalus*)는 멸종되었다.
- 만약 한 종의 개체가 포획된 상태나 인간의 통제 아래에 있는 상태에서만 살아 있을 경우, 그 종은 **야생에서 멸종(extinct in the wild)**되었다고 한다. 세인트헬레나에보니나무(St. Helena ebony tree)는 재배는 되고 있으나 야생에서는 멸종

되었다. 에니메이션 영화 리오와 리오2에 등장하였던 파란색의 스픽스마코앵무새는 2018년에 야생에서는 멸종한 것으로 선언되었다(이 장의 표지 사진 참조).

- 한 종이 이전에 서식하던 곳에서는 더는 발견되지 않지만 다른 야생 서식지에서는 발견되는 경우, **국지적으로 멸종(locally extinct)**되었거나 **절멸(extirpated)** 되었다고 한다. 예를 들면, 토착 벌(*Perdita meconis*)은 유타에서는 멸종되었지만 미국의 다른 지역에서는 여전히 서식하고 있다(Portman et al. 2018). 이와 대조적으로 지구에 더 이상 살지 않는 종은 **범지구적으로 멸종(globally extinct)**되었다고 한다.
- 군집 내 다른 종에 미치는 영향이 미미할 정도로 적은 수로 감소하면 **생태학적으로 멸종(functionally extinct, ecologically extinct)**되었다고 한다. 예를 들면, 민물돌고래 또는 중국강돌고래(*Lipotes vexillifer*)는 한때 양쯔강에서 발견되었고 공식적으로 멸종되었다고 선언된 종이 아니지만, 2006년 집중 조사에서도 발견되지 않았으며 그 이후에도 미확인 목격 사진만 있다(**그림 6.3**). 1997년에서 1999년 사이에 단지 13개체가 발견되었으나, 이들은 강 생태계에서 더는 중요한 역할을 하지 못하고 있다.

멸종이라는 용어의 다양한 뉘앙스에 더해서, 보전생물학자들은 종의 상태를 더

© Mark Carwardine/Minden Pictures

그림 6.3 "양쯔의 신"이라는 별명을 가진 민물돌고래 또는 중국강돌고래(*Lipotes vexillifer*)는 2006년 이후 목격되지 않고 있다. 2016년에 미확인된 목격 사진으로는 아직 현존하지만, 생태학적 멸종으로 여기고 있다. 수력전기를 필요로 하게 된 산업화, 이동 증가, 어획 등의 이유로 그 수가 급감하였다. 민물돌고래의 감소는 특히 부수어획의 결과인 것으로 여겨지고 있다.

구체적으로 설명하기 위해 멸종위기(*endangered*), 취약(*vulnerable*), 위협(*threatened*)과 같은 다양한 범주를 사용한다. 이러한 용어는 제7장에서 자세히 다룬다.

인간이 야기한 현재의 대멸종

전 세계의 종다양성은 현재의 지질시대에 사상 최고치에 도달해 있다. 곤충, 척추동물과 현화식물과 같은 대부분의 생물체 그룹은 3만 년 전에 최고의 다양성에 다다랐다. 그러나 그 이후로 한 종, 즉 인류가 우점하기 시작하면서 종풍부도는 천천히 감소하였다. 인간은 자연 자원을 소비하기 위해 육상과 수계 환경을 바꿈으로써, 다른 종을 희생시켰다.

인간 활동이 멸종률에 미치는 첫 번째 눈에 띄는 영향은 수만 년 전에 호주와 북남미 대륙을 식민지화했을 당시 이 대륙의 커다란 포유류가 사라진 것이다. 인간이 대륙에 들어오고 난 후 거대동물(*megafauna*)—털복숭이매머드(*Mammuthus primigenius*)와 검치호(*Smilodon*)을 포함하여 무게 44 kg 이상의 포유류—의 80%가 멸종되었다. 이들이 멸종된 이유는 직접적으로는 사냥으로, 간접적으로는 숲과 풀을 태우는 것과 침입종 및 새로운 질병의 도입 때문일 것으로 생각된다. 고생물학자와 고고학자들은 모든 대륙에서 선사시대에 인간들이 서식처를 변경하고 파괴한 광범위한 기록을 찾았는데, 이는 높은 종 멸종율과 일치한다(Sandom et al 2014). 예를 들면, 사냥하는 야생동물의 먹이인 식물 성장을 부추기고, 초원을 의도적으로 태우는 일 등이 아프리카에서는 5천 년 동안 이루어졌다.

지난 2천 년 동안 포유류와 조류처럼 눈에 잘 띄는 육상 척추동물의 멸종률이 가장 잘 알려졌다. 즉, 그들은 상대적으로 몸집이 커서 연구가 잘 되어 있을 뿐 아니라 야생에서 이 종들이 더 발견되지 않을 때를 알아차리기가 상대적으로 쉽다. 지구에 서식하는 나머지 99% 종들의 멸종률에 대해서는 과학자들이 이들 종이 여전히 서식하는지를 알기 위하여 멀리 떨어진 곳까지는 체계적으로 조사하지 않았기 때문에 단지 대략적인 추정만 가능하다. 사실상, 멸종된 것으로 추정되었던 종이 **현존**(**extant**; 여전히 생존한)하기도 하고, 반대의 경우도 있다. 예를 들면, 뉴질랜드의 오리 크기만한 날지 못하는 새인, 남섬 takahē(*Porphyrio hochstetteri*)는 1948년에 극적으로 재발견되기 전까지 40년 동안 멸종된 것으로 여겨졌다(**그림 6.4**). 이들을 포획사육(제8장 참조)하고 보호구역을 밀접 감시하는 등 집중적인 복구 노력 결과로, 2018년에는 개체수가 280마리가 되었다. 이들을 가장 위협하는 것은 도입종 담비이다(제5장 참조).

섬의 종들은 본토의 종들에 비하여 멸종률이 높다. 민물 종들은 해양 종들보다 멸종에 훨씬 취약하다.

때로는 한 종이 정말로 멸종되었는지를 결정하는 것은 어렵다. 희귀 대벌레인 *Druococelus australis*는 1900년대 초반 호주의 로드하우섬에 배에 타고 있던 쥐가 도입되고 난 후 멸종되었다. 이후에 비슷하게 생긴 곤충이 20 km 떨어진 곳에서 발견되어, 과학자들이 박물관의 *D. australis* 표본과 미토콘드리아 DNA를 비교한 2017년이 되어서야 같은 종으로 밝혀졌으며, 이에 이 종이 단 한 번 국지적으로 멸종했음을 알아내었다(Mikheyev et al. 2017).

현재까지 가장 확실한 증거에 의하면, 79종의 포유류가 멸종하였으며 1,326종은 멸종위기종이라는 사실이다. 이는 알려진 포유류 종의 3.7%이다(Pimm et al. 2014). 양서류는 더욱 심해서 8.1%가 멸종되었거나 멸종위기에 처해 있다. 지난 150년간 대부분의 멸종이 인간에 의해 일어났음을 알고 있다.

Courtesy of Anna Sher

그림 6.4 남섬 takahē(*Porphyrio hochstetteri*)는 최소 40년 동안 멸종된 것으로 믿어왔지만 현존하는 것으로 재발견되었다. 포획사육 프로그램과 침입종으로부터 보호됨으로써 뉴질랜드에서 그 수와 서식 범위가 늘어났다.

주목할만한 경향은 인간이 기록한 가장 빠른 멸종이 섬에서 일어난 것이다. 사실상 1500년 이후에 알려진 조류 멸종의 90%가 섬에서 일어났으며, 이것은 대륙에 서식하는 조류의 80%보다 더 많은 수치이다(Butchart et al. 2018). 반대로, 본토에서의 조류의 멸종은 1800년도 즈음에 처음으로 관찰되었고, 그 이후 계속 증가하고 있다(**그림 6.5**). 미래에는 본토의 종이 많이 멸종하게 될 것이다. 섬에서의 멸종을 알아가다 보면 본토의 보전 노력에 적용할 수 있는 개체군 동태에 대해서도 많이 알게 된다.

다행스러운 것은 1950년 이후 멸종률이 감소한 것처럼 보이는 것은 멸종의 위험에 처한 희귀한 종을 보호하기 위한 신중한 노력 때문이다. 그러나 이런 숫자는 오해의 소지가 있는데, 왜냐하면 한 종이 더 발견되지 않은 수십 년 동안에도 이 종이 멸종되었다고 선언하지 않았기 때문이다. 앞으로 수년 안에 지난 반세기 동안 많은 종이 멸종되었다고 선언하게 될 것이다. 지난 10년 동안, 집중적인 조사에도 불구하고 발견되지 않은 많은 종이 멸종되었다고 선언되었다. 여기에는 코스타리카의 몬테베르데황금두꺼비(*Bufo periglenes*)와 마다가스카라의 알라오트라논병아리(*Tachybaptus rufolavatus*)가 포함된다. 아직 멸종된 것으로 등재되지 않은 많은 종들 그리고 아직 전혀 기록되지 않은 일부 종들이 인간의 활동으로 인해 씨가 마르고 있으며, 이들이 얼마나 더 버틸 수 있을지 미지수이다.

> 오늘날 많은 종은 개체수가 감소한 개체군이 분산되어 서식한다. 이렇게 격리된 개체군이 몇 년 동안 또는 수십 년 동안 지속된다고 할지라도 궁극적으로 멸종한다.

멸종될 수밖에 없지만 아직 남은 종들을 "좀비종(zombie species)"(Woodward 2019)이라고 한다. 이러한 종은 종풍부도가 높은 열대우림의 남아 있는 서식지에 확실히 많이 존재한다. 서식지 파괴와 파편화 때문에 종들이 잠재적으로 결국 사라지는 것을 **멸종 부채**(*extinction debt*)라고 한

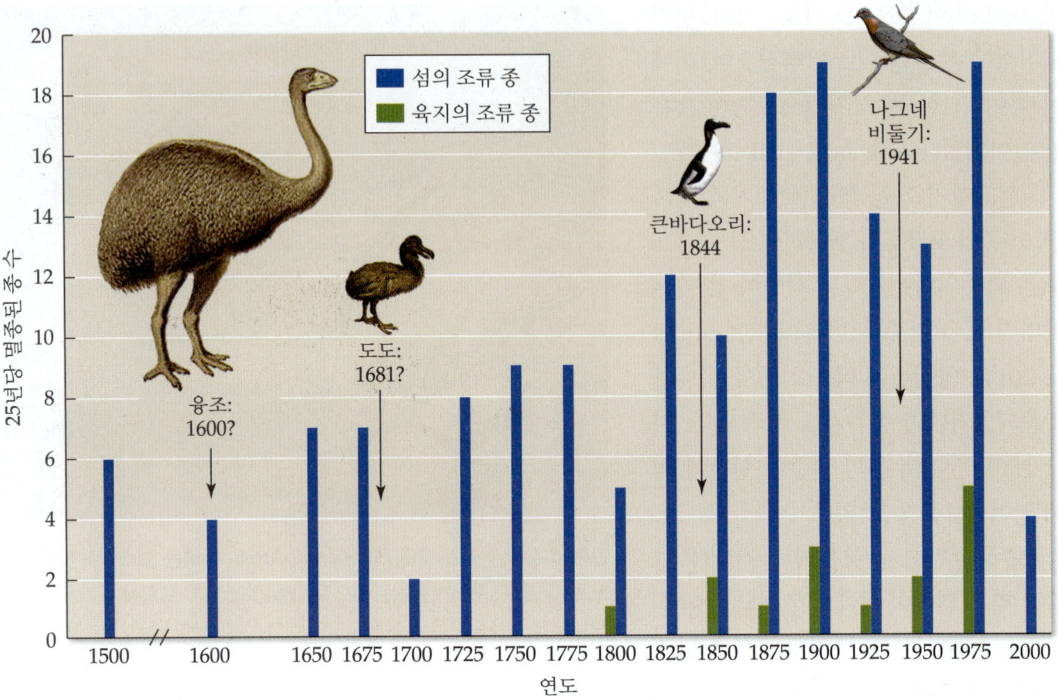

그림 6.5 1500년 이후 섬(파란색)과 대륙(녹색)에서 25년 간격으로 일어난 조류의 멸종률. 처음에는 섬에 서식하는 종에서만 멸종이 일어났으나 1800년 이후로는 본토에서도 멸종이 증가하였다. 마다가스카르의 융조(Aepyornithidae과), 모리셔스 섬의 도도새, 스코틀랜드 섬의 큰바다오리 그리고 북미의 나그네비둘기와 같이 널리 알려진 조류 멸종을 나타내었다. (After S. H. M. Butchart et al. 2006. *Bull Brit Orn Club* 126A: 7–24, with data updates from BirdLife International 2017. *We have lost over 150 bird species since 1500*. Downloaded from http://www.birdlife.org on 3/25/2019; Great Auk c Nicolas Primola/Shutterstock.com; Passenger Pigeon Tim Hough/CC BY-SA 3.0.)

다(Tilman et al. 1994). 벌채가 심한 아르헨티나의 건조한 지역인 차코의 데이터를 이용하여 과학자들은 토지 이용과 종풍부도 소실 사이에 10~25년의 지체가 있음을 계산하였다(Semper-Pascual et al. 2018). 더 늦기 전에 우리가 행동한다면 이런 종들이 멸종되는 것을 막을 수 있는 가능성이 있음을 보여주는 부분이다.

국지적 멸종

보전생물학의 주된 관심사인 범지구적 멸종 이외에도 많은 종이 그들의 분포지역에서 국지적으로 멸종 또는 근절되고 있다. 이전에는 광범위하게 분포하던 종이 과거에 비해 매우 제약된 서식지에서 제한적으로 살아간다. 예를 들어, 1930년대 이후로 파나마의 Barro Colorado 섬에서 흔하게 볼 수 있었던 나비의 20%에 해당하는 23종의 나비가 국지적 멸종을 겪었다(Basset et al. 2015). 범지구적으로 현대 역사에서 많은 육식동물이 국지적 멸종을 겪었다. 생물학적 군집은 이와 같은 국지적 멸종으로 인해 피폐해진다.

광범위하게 조사된 도시인 매사추세츠 주의 콩코드는 국지적 멸종이 일어난 장소의 한 예이다. 콩코드는 유명한 자연주의자이자 철학자인 소로(Henry David Thoreau)에 의해 1850년대 야생화 종 연구를 위해서 처음 평가된 곳이다. 150년 후 소로와 다른 19세기 콩고드 식물학자들이 다시 조사했을 때 야생종의 27%가 콩코드에서는 발견되지 않았다(Miller-Rushing and Primack 2008; Primack et al. 2009). 콩코드에 존재하던 종의 36%는 단지 한두 개의 개체군만으로 존재함에 따라 멸종에 취약해졌다. 어떤 경우에는 이전에는 흔한 종이었으나 현재에는 단지 몇 개체의 식물만이 남아 있기도 하다. 특히, 난이나 백합과 같은 일부 식물 그룹은 심각하게 사라졌음이 밝혀졌다. 콩코드에서는 숲의 천이, 외래종에 의한 침입, 대기와 수질 오염, 사슴에 의한 초식, 서식지 파괴와 파편화, 그리고 지금의 지구온난화와 같은 여러 요인 때문에 많은 종이 사라진 것이다.

이러한 국지적 멸종은 환경적으로 무엇인가가 잘못되었다는 것을 말해주는 중요한 생물학적 경고 신호이다. 범지구적 멸종과 마찬가지로 국지적 멸종을 막을 수 있는 실천 또한 필요하다. 국지적 개체군의 손실은 생물다양성의 손실뿐만 아니라 자연을 즐기고, 과학적인 연구를 하며, 지역 생태계 서비스에 봉사하고, 지역 주민에서 필요한 중요한 자원을 제공하는 가치를 떨어뜨린다.

> 종이 풍부한 열대우림은 해마다 1%씩 없어진다. 이것은 매일 13,500개체군 이상이 파괴되는 것이다. 개체군의 소실은 멸종으로 이어진다.

수환경에서의 멸종률

한때 해양은 너무 방대하여 해양 생물은 멸종되지 않을 것이라고 생각하는 사람들이 있었다. 그리고 아직도 많은 사람이 이렇게 생각한다. 그러나 해안의 물이 더 오염되고, 포획이 더 심해지면서 거대한 바다조차 멸종의 위험으로부터 안전하지 못하게 되었다(McCauley et al. 2015). 많은 종의 고래와 대형 어류는 남획과 인간의 다른 활동으로 인해 90% 이상 감소하였다. 많은 해양 포유류는 최종 포식자이기에 이 종들의 멸종은 해양 생태계 군집에 큰 영향을 준다. 일부 해양 생물종은 그들이 속한 속, 과 혹은 목의 유일한 종이므로 멸종되면 범지구적 생물다양성에 심각한 손실을 초래한다.

척추동물 중에서, 20세기에 가장 높은 멸종률을 보인 것은 담수 어류로 기록되어 있다(WWF 2018). 북미산 담수 어류의 최근 멸종률은 어림잡아서 바탕멸종률보다 877배나 더 큰 것으로 예상된다(Burkhead 2012). 캘리포니아는 물 부족과 개발로 인해서 특히 민감한데, 129종의 자생 어종 가운데 6%가 이미 멸종되었고, 51%가 멸종의 위험에 처해 있다. 많은 수의 어류와 연체동물 같은 수생 무척추동물이 댐, 오염, 관개 공사, 외래종의 침입, 그리고 서식지의 파괴로 멸종의 위험에 처해 있다(**그림 6.6**).

(A)

(B)

그림 6.6 (A) 연체동물인 멸종위기종 흰전복(*Haliotis sorenseni*)은 캘리포니아 연안에서 서식한다. 여러 종의 전복은 맛좋은 근육성의 발과 보석으로 만들어 쓸 수 있는 껍데기를 얻으려는 인간에 의해 남획되어 극소수만 남았다. (B) 멸종된 뉴질랜드의 Huia 모양으로 만든 골동품 핀. 전복은 *Candidatus xenohaliotis californiensis* 균이 원인으로 치료제가 아직 개발되지 않은 마르는 껍데기병에 걸려 멸종위협에 처해 있기도 하다. 기후변화와 연관 있는 고온 또한 이 병을 부추긴다. 일부 과학자들은 이 전복이 수가 적고 극도로 위협에 처해 있으므로 기능적으로 멸종(functionally extinct)되었다고 주장한다(Haw 2013 참조).

멸종률 측정

학습 목표

이 절에서는 다음 내용에 주안점을 두기 바란다.

1. 종-면적 공식을 이용하여 알려진 상수로 섬에 서식하는 종수를 계산할 수 있어야 한다.
2. 섬생물지리학 모델을 사용하여 크기와 본토로부터 떨어진 거리에 따른 섬의 종풍부도를 비교할 수 있어야 한다.
3. 서식지 손실률에 따른 멸종률을 계산할 수 있어야 한다.

멸종률과 멸종이 될 확률을 수량화하는 것은 문제의 중요도를 이해하고 문제를 잘 해결하기 위해 매우 중요하다. 멸종률을 계산하기 위해서는 인간의 역할을 포함하여 생물과 그들이 서식하는 환경에 대한 다방면의 정보가 필요하다.

바탕멸종률

현재의 멸종률이 얼마나 재앙을 가져오는지를 더 잘 이해하기 위해서는 인간의 활동과 상관없이 만연해 있는 자연멸종률과 비교할 수 있다. 인간의 영향이 없는 상태에서 자연멸종률이란 무엇인가? 자연발생적인 **바탕멸종률(background extinction**

rates)은 화석 기록으로 추정할 수 있다. 평균적으로 한 종이 멸종하거나 신종으로 진화하는 데 걸리는 시간은 약 백만~천만 년이다(Mace et al., Pimm and Jenkins 2005). 오늘날의 지구 상에는 천만 종이 서식하므로 전 세계 종 중에서 한 해에 1~10종이 사라질 것이며, 따라서 자연멸종률은 한 해에 0.0001~0.00001%로 추정된다. 이런 추정치는 서식 범위가 넓은 해양동물에 대한 연구 결과인데, 왜냐하면 서식처 교란에 더 취약한 서식범위가 좁은 곳에서 사는 종의 자연멸종률보다 낮기 때문이다; 그러나 육상 포유류에게는 적용할 수 있을 것 같다. 조류와 포유류의 현재 멸종률은 한 세기당 1%(또는 한 해에 0.01%)인데, 이 수치는 바탕멸종률로서 추정한 수치보다 100~1,000배나 높다. 다른 말로 표현하면 조류와 포유류 100종이 1850년과 1950년 사이에 멸종되었지만, 자연멸종률은 최대 단지 1종만이 멸종될 것이라고 예상했다. 나머지 99%는 인간 활동의 결과라고 할 수 있다.

멸종률 예측과 섬생물지리학 모델

섬의 생물집단에 관한 연구[1]는 생물다양성의 분포에 관한 일반적인 법칙을 끌어내었고, 이를 맥아더(MacArthur)와 윌슨(Wilson)(1967)은 **섬생물지리학 모델(island biogeography model)**로 종합하였다. 이 모델로써 종과 면적과의 관계, 즉 작은 섬보다 큰 섬에 종이 더 많이 살 것이라고 설명하였다(**그림 6.7**). 이 법칙에 따르면 큰 섬에는 작은 섬에 비하여 다양한 국지 환경과 집단의 형태가 있을 수 있기 때문이다. 게다가, 큰 섬에서는 종의 집단이 여러 개의 개체군으로 나뉠 수 있고 각 개체군에 많은 개체수를 가질 수도 있다. 따라서 종분화가 증가하고 최근에 들어온 종뿐만 아니라 새롭게 진화한 종의 국지적 멸종이 일어날 가능성이 감소한다.

종-면적 관계(species–area relationship)는 실험식으로 요약할 수 있다.

$$S = CA^Z$$

S는 섬에 서식하는 종수를 말하며, A는 섬의 면적 그리고 C와 Z는 상수이다. 지수 Z는 종과 면적 사이의 관계 기울기를 결정한다. C와 Z값은 비교되는 섬(열대 : 온대, 건조한 : 습한)과 관계 종의 유형(조류 : 파충류 등등)의 형태에 의해 결정된다. Z값은 일반적으로 0.25이며, 0.15~0.25 사이이다. 제한된 범위에서 서식하는 섬 생물, 즉 파충류와 양서류의 Z는 0.35에 가까우며, 넓은 본토에서는 0.15에 가깝다. C값은 많은 종을 가지고 있는 곤충과 같은 그룹에서 높은 경향이 있고, 비교적 적은 종을 가지고 있는 조류와 같은 그룹에서는 낮은 경향이 있다(Connor and McCoy 2001).

가장 간단한 상황을 상상해보면, 가상의 열도에 서식하는 맹금류의 경우 $C = 1$이고 $Z = 0.25$이면 다음과 같다.

---

[1] 과학적 모델은 자연에서 관찰되는 것들을 물리적, 개념적 혹은 수학적으로 표현하여 잘 이해하고 예측 가능하게 한다. 모델은 실체나 현상의 특정 측면을 실증하고 탐구하는 데 사용된다.

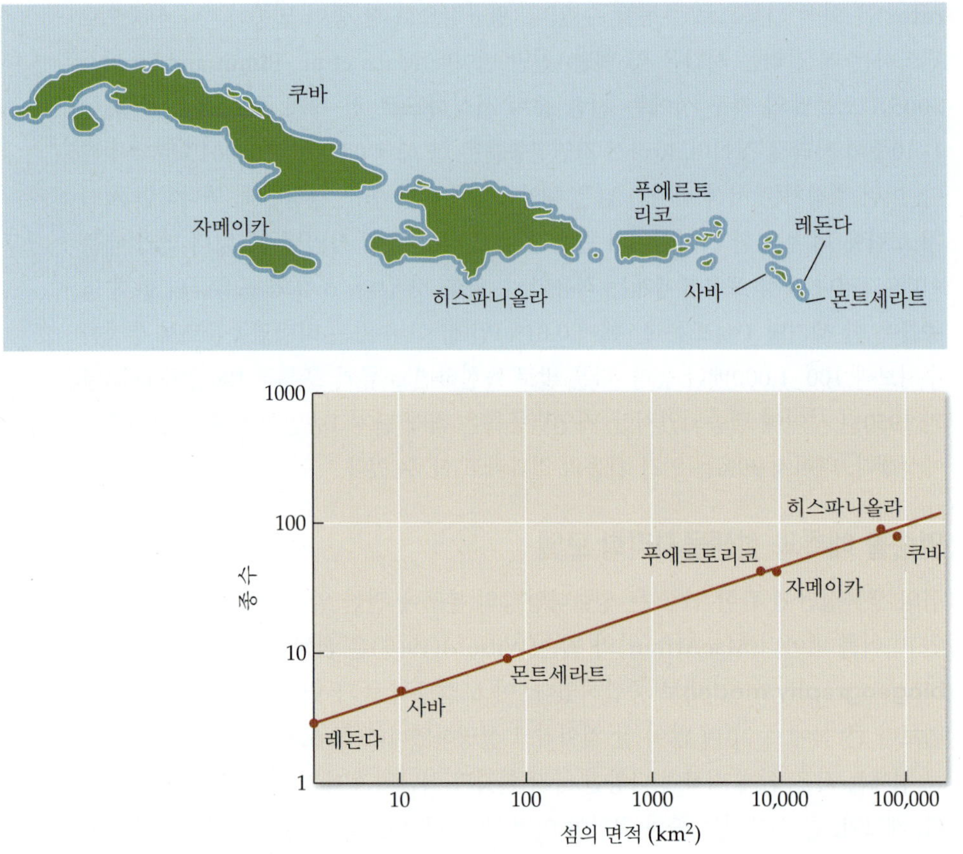

그림 6.7 섬에 서식하는 종의 수는 섬의 면적을 통해 추정할 수 있다. 이 그림은 서인도제도의 7개 섬에 사는 파충류와 양서류의 종 수를 보여준다. 쿠바와 히스파니올라와 같은 큰 섬에서 나타나는 종 수는 사바와 레돈다와 같은 작은 섬에 비해 훨씬 많다. (After R. H. MacArthur and E. O. Wilson. 1967. *The Theory of Island Biogeography*. Princeton University Press, Princeton, NJ.)

$$S = (1)A^{0.25}$$

이 공식에 의하면, 면적 10, 100, 1000 그리고 10,000 km^2의 섬에는 각각 2, 3, 6, 그리고 10종이 서식하는 것으로 예측된다. 섬 면적이 10배가 된다고 해서 종수도 10배가 되지 않는다는 것을 알 수 있다; 이 식에서 보면 섬 면적이 10배가 될 때 종수는 거의 2배가 된다.

섬생물지리학 모델로 수많은 식물과 동물 그룹에서 여러 번 실증적으로 타당하게 검증한 이후로 관찰 종의 풍부도를 논리적으로 잘 설명할 수 있었다. 예를 들면, 카리브해의 3개 섬, 네비스(93 km^2), 푸에르토리코(8959 km^2), 그리고 쿠바(114,524 km^2)에는 아놀도마뱀이 각각 2, 10, 57종이 실제 서식하고 있는데, C값 0.5, Z값 0.35의 값을 가지고 계산하면 2, 12, 30종이 각각 서식하는 것으로 예측됨에 따라서 증가한 면적과 관련이 있다는 것을 알 수 있다. C와 Z는 분류군과 위치에 따라 달라질 수 있다. 아프리카와 유럽 서쪽 대서양의 마데이라와 카나리 제도에 서식하는 식물종의 Z값이 0.30인 반면, 인근의 아조레스 제도는 전반적으로 다양성이 훨씬 낮았으며, Z값은 0.15이었다(Price et al. 2018).

섬생물지리학 모델은 얼마나 많은 종이 서식처 소실로 멸종되는지를 예측하는 데 사용된다. 또한 얼마나 많은 종이 다른 크기의 보호지역에서 살아남는지를 예측하는 데 사용된다.

MacArthur와 Wilson(1967)은 그들의 책에서 섬에 서식하는 종수는 신종의 정착(진화)과 현존종의 멸종 사이에 역동적인 평형이 존재한다고 했다. 무인도의 경우를 살펴보면, 시간이 흐르면 멸종률과 이주율이 평형을 이룰 때까지 멸종되는 종보다 이주(진화)하는 종수가 증가한다(**그림 6.8**). 종의 정착률은 작은 섬보다 큰 섬에서 더 높은데, 그 이유는 큰 섬이 개체가 분산하기 더 좋고 정착하기에 알맞은 열린 서식지를 갖고 있기 때문이다. 멸종률의 경우에는 큰 섬이 서식지가 다양하고 개체군의 수가 더 많기 때문에 작은 섬보다 더 낮다. 더구나, 신종의 이

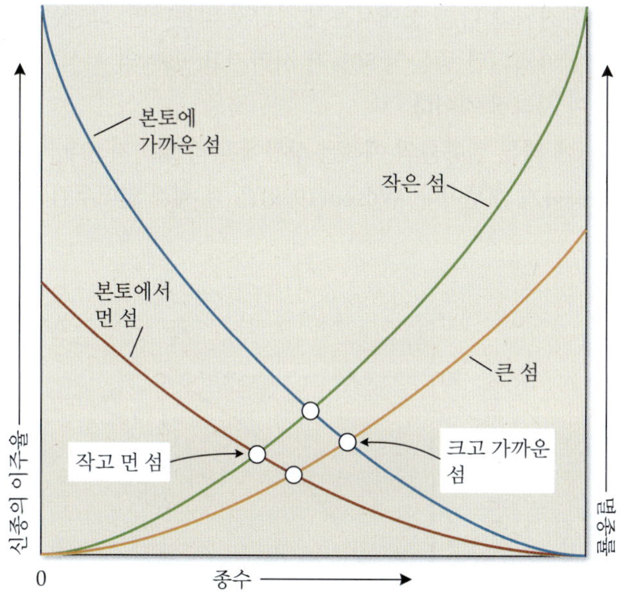

그림 6.8 섬생물지리학 모델로서 섬에서의 정착률과 멸종률과의 상관관계를 설명한다. 무인도로의 이주율(파란색과 빨간색 곡선)은 새로운 서식처에서 이점을 빨리 이용할 수 있으므로 분산 능력이 뛰어나 초기에는 매우 높다. 종수가 증가하고 서식처에 생물이 많이 살기 시작하면 이주율은 점차 느려진다. 멸종률(녹색과 금색 곡선)은 섬에 종수에 비례하여 증가한다. 섬에 많은 종이 서식할수록, 종이 멸종할 가능성은 커진다. 정착은 종이 긴 거리보다 짧은 거리로 더 잘 분산하기 때문에 본토의 개체군 가까이 있는 섬에서 더 잘 일어난다. 멸종률은 개체군 크기와 서식처 다양성이 낮은 작은 섬에서 가장 높다. 섬의 종수는 정착률이 멸종률(원)과 같을 때 평형에 다다른다. 종의 평형 종수는 본토에서 가까운 큰 섬에서 가장 크며, 본토에서 먼 작은 섬에서 가장 낮다. (After R. H. MacArthur and E. O. Wilson. 1963. *Evolution* 17: 373–387.)

주율은 본토로부터 멀리 떨어진 섬보다 가까운 섬에서 더 높다. 조류와 난초 식물류 같은 생물이 대륙 가까운 곳의 큰 섬에서 발견되는 종수가 대륙에서 떨어진 작은 섬보다 더 많다.

멸종률과 서식처 손실

섬생물지리학 모델로 **격리생물지리학(insular biogeography)**이라는 새로운 학문 분야가 개발되었다. 이것은 격리된 자연 집단에서 종다양성을 탐구하는 학문으로 생물지리학의 하위 분야이다. 종-면적 관계는 대양의 섬뿐만 아니라 산꼭대기, 사막의 오아시스 그리고 벌채 및 다른 인간의 교란 때문에 만들어진 파편화된 서식처에도 적용된다. 따라서 이 학문은 제9장에서 다루어질 보호지역을 위한 중요한 이론적 틀이 되었다.

보호지역은 부적합한 서식지인 "바다"에 떠 있는 "서식지 섬"이라고 볼 수 있다. 모델을 적용할 경우 섬(또는 서식지 섬)의 50%가 파괴되면 종의 약 10% 정도가 사라질 것으로 계산된다(**그림 6.9**). 만일 이 종들이 한 지역의 **고유종(endemic)**이라면, 즉 그곳에서만 발견되고 다른 곳에서는 발견되지 않는다면, 그들은 멸종될 것이다. 서식지의 90%가 파괴되면 종들의 50%가 사라지고, 99%의 서식처가 파괴되면 약 75%의 원래 종이 사라질 것이다.

서식지 감소에 따른 멸종률의 예측은 상황에 따라 달라지는데, 이는 각각의 종-면적 관계가 독특하기 때문이다. Wilson(1989)은 전 세계 열대우림의 1%가 매년 파

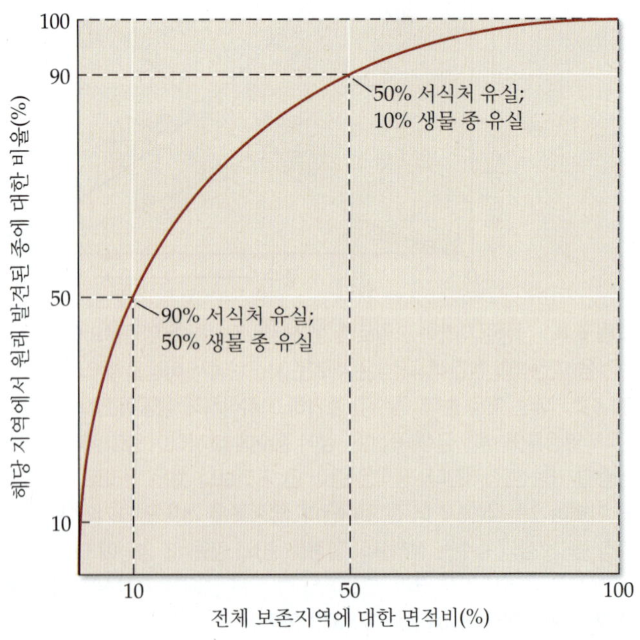

그림 6.9 섬생물지리학 모델에 따르면, 종 수는 면적이 증가할수록 최대치에 점근적으로 증가한다. 즉, 이 예에서 붉은색 곡선으로 나타나듯이 급격히 증가하다가 점차 평형에 도달한다. 곡선의 모습은 지역에 따라 그리고 종이 속한 그룹에 따라 달라지지만, 이 모델은 서식지 소실과 종 소실 사이의 상관관계를 보여준다. 여기에서 서식지의 면적이 50% 줄어들면 멸종되는 종의 수는 10%가 될 것이다. 서식지의 면적이 90% 줄어든다면 종의 절반은 사라질 것이다. 다시 말해서, 한 나라의 10% 면적에 해당하는 보호지역에는 그 나라 서식종의 50%가 그곳에 서식할 것이라 기대할 수 있다.

괴되면, 전체 종의 0.2~0.3%가 매년 사라진다고 했다. 전 세계에 500만의 열대우림 종이 있다고 할 때, 매년 10,000~15,000종이 혹은 매일 34종이 없어지는 것과 같다. 가장 최근에 추정한 것에 의하면 2050년까지 열대 아프리카에서는 35%, 열대 아시아에서는 20%, 열대 아메리카에서는 15%, 그리고 다른 곳에서는 8~10%의 종이 멸종될 것이라고 한다. 멸종 위협을 받는 것으로 알려진 희귀 종이 밀집된 국가에서 일어나는 높은 비율의 벌목 때문에, 그리고 넓은 면적의 숲이 길에 의해 점점 더 파편화되고 개발되기에 실제 멸종률은 더 높을 것이다(Arima et al. 2016).

그런데도 멸종률이 높을 것이라는 이런 암울한 예측이 연구가 잘 이루어진 그룹에서는 일어날 것 같지 않다. 예를 들면, 1900년까지 1,230종의 조류가 동정되었음에도 13종(1.1%)만이 멸종되었다(Pimm et al. 2014). 다른 예를 보면, 17종의 식물만이 캘리포니아에서 범지구적으로 멸종된 것으로 알려졌고 또 다른 30종은 국지적으로 멸종하였는데, 이것은 캘리포니아 식물 종의 0.53%에 불과하다(Rejmánek 2018). 유럽의 다른 지중해성 기후를 가지고 있는 나라(크로아티아, 프랑스, 그리스, 이탈리아, 포르투칼, 슬로베니아, 스페인), 서부 호주 그리고 남아프리카의 케이프 지역에서도 비슷한 멸종률을 보인다. 칠레에서는 멸종률이 심지어 더 낮다. 이런 지역에서 서식처 손실이 일어나는 경우, 멸종률이 더 높을 것으로 예상된다.

멸종의 위협 분류군이나 지역에 있는 종들은 더 많이 보호되고, 고유종이 특별히 많은 생물다양성 중요 지점이 보전 대상 지역이 되므로 이런 멸종 위협종의 멸종률은 예측했던 것보다 더 낮을 것이다. 종이 발견되기도 전에 멸종될지도 모른다는 사실도 우리가 중요하게 생각해야 할 부분이다. 멸종률이 낮은 이유는 여러 세대 동안 개체수가 적은 상태로 유지되고 있기 때문이기도 하다. 어떤 예측을 할지라도 몇만 종이 향후 50년 안에 멸종될 것이다(McCallum 2015; Pimm et al 2015). 캘리포니아에 서식하는 89종의 식물이 멸종위협종이거나 멸종위기종이다. 이들 종이 멸종되지 않도록 지속적인 또는 더 많은 보호가 필요하다.

면적이 감소하거나 파편화되어 종이 멸종하는 데 걸리는 시간은 보전생물학의 중요한 화두이다. 섬생물지리학 모델로도 얼마나 오래 걸리는지 예측할 수 없기 때문이다. 종국에는 멸종될지라도 몇몇 종의 작은 개체군은 수십 년 또는 수 세기에 걸쳐 살아남을지도 모른다(Sharma et al. 2014). 궁극적으로 사라지게 될 종의 절반은 1,000 ha의 조각으로 파편화된 숲에서는 50년 후에 사라질 것이고, 10,000 ha로 파편화된 숲에서는 100년 안에 절반이 사라질 것이다(Brooks et al. 1999). 수 세기 동안 뉴잉글랜드나 푸에르토리코 같은 곳에서 서식지가 파괴된 후, 몇몇 종들은 고립된 서식지 조각에서 적은 개체수로 근근이 살아남아 근처의 회복되는 서식지로 거주지를 옮겼다. 북미 대륙 동부에 있는 숲은 98%가 벌채되었지만, 일정 지역은 수백 년 동안 남겨 놓아서 한 지역의 일부에는 항상 숲이 있고 조류처럼 이동하는 동물들에게 피난처를 제공하고 있다.

또한 여러 세대, 수십 년 동안 파편화된 서식처에서 살아남을 수 있는 이러한 종의 능력 덕분에 종 소실이 더 기록되지 않았다. 이런 결과를 보면, 보전이 왜 중요한 의미를 지니는지 알 수 있다. 첫째, 개체군 서식처의 파편화가 지속해서 일어나면 많은 종이 다가오는 수십 년 동안 멸종하게 될 것이다. 둘째, 파편화된 서식처라도 종들이 유지되면 보전은 멸종위험종을 구출할 수 있는 좁은 창문이 될 것이다. 이 내용은 다음 장에서 다루어진다.

멸종에 대한 취약성

학습 목표

이 절에서는 다음 내용에 주안점을 두기 바란다.

1. 멸종의 위험 요소를 나열할 수 있어야 한다.
2. 한 종의 멸종 위험도 예측할 수 있어야 한다.

개체수가 줄어드는 개체군(근본적으로 종)은 감소의 원인이 밝혀지고 해결하지 않는다면 멸종될 것이다. 찰스 다윈(Charles Darwin)이 종의 기원(*On the Origin of Species*)(1859)에서 150년 전에 다음과 같이 지적했다:

> 종이 멸종되기 전에 일반적으로 희소해지는 것을 받아들이고, 종의 희소성에 놀라지도 않으며, 종이 존재하지 않을 때 크게 경이로워하는 것은 개인의 병이 죽음의 전조임을 인정하는 것과 같다—질병에도 놀라지 않지만 아픈 사람이 사망했을 때 그 사람이 폭력에 의해 죽었다고 의심하는 것과 같다.

과거에 일어난 개체군(종)의 감소로 미래의 개체군(종) 감소를 예측할 수 있다(Di Marco et al. 2015). 그러나 일단 개체군이 줄어들기 시작하면 멸종을 방지하는 것은 너무 늦다(p. 201의 "멸종 소용돌이" 참조). 그래서 보전생물학자는 감소나 멸종을 예측할 수 있는 종이나 개체군의 특징이 무엇인지를 찾으려 했다. 일부 종들은 확실히 다른 종들보다 멸종에 더 취약하다. 유럽에서는 파충류가 식물, 조류, 포유류 혹은 어류보다 멸종의 위협을 더 받고 있다(Dullinger et al. 2013). 생태학자들은 분류학적 경계를 넘어 멸종 위험을 증가시키는 특징이 있으며, 그러한 특징들이 통계학적 모델링을 통해 멸종을 예측할 수 있게 해줌을 관찰하였다(Purvis et al. 2000):

- **좁은 지리적 범위.** 고유종을 정의하는 특징이 멸종이나 개체군 감소를 예측하기에 가장 좋은 것으로 밝혀졌다(Di Marco et al 2015; Ribeiro et al. 2016). 이러한 결론은 직관에 의한 것이다: 인간의 활동이나 자연재해로 전 지역이 영향을 받는다면, 종은 멸종될 것이다. 대양의 섬에 서식하는 조류와 하나의 호수와 강 유역에 제한적으로 서식하는 어류는 제한된 범위에 서식하는 것이 멸종에 취약

하다는 것을 특별하게 보여주는 좋은 예이다. 예를 들어, 서식 범위가 좁은 많은 열대 조류는 다가 올 수십 년 동안에 있을 기후변화 때문에 멸종의 위험에 직면할 것이다(Gibson-Reinemer et al. 2015). 더구나, 좁은 서식 범위에는 종종(늘 아님) 하나 또는 소수의 개체군 또는 작은 개체군만이 서식한다.

- **하나 또는 소수의 개체군.** 하나의 개체군은 지진, 산불, 질병, 인간의 활동 등이 우연히 일어나도 사라질 수 있다. 다수의 개체군을 가진 종은 개체군이 하나뿐이거나 몇 개 안 되는 종에 비해서 멸종 위험이 적다. 이러한 특징은 매우 적은 개체군을 가지는 종은 좁은 지리적 분포 영역을 가지는 경향이 있기에 앞의 특징과 연관된다(**그림 6.10**). 그래서 이러한 "희귀"종은 멸종의 위험도 크다.
- **작은 개체군.** 개체군의 크기가 작으면, 개체군 동태적으로나 환경적으로 변동이 생기기 쉽고 유전적 변이가 감소(다음 절 참조)하기 때문에 크기가 큰 개체군에 비해 국지적으로 멸종에 이르기 쉽다. 대형 포식자와 극단적인 특화종처럼, 특징적으로 개체군의 크기가 작은 종은 전형적으로 개체군 크기가 큰 종에 비해 멸종

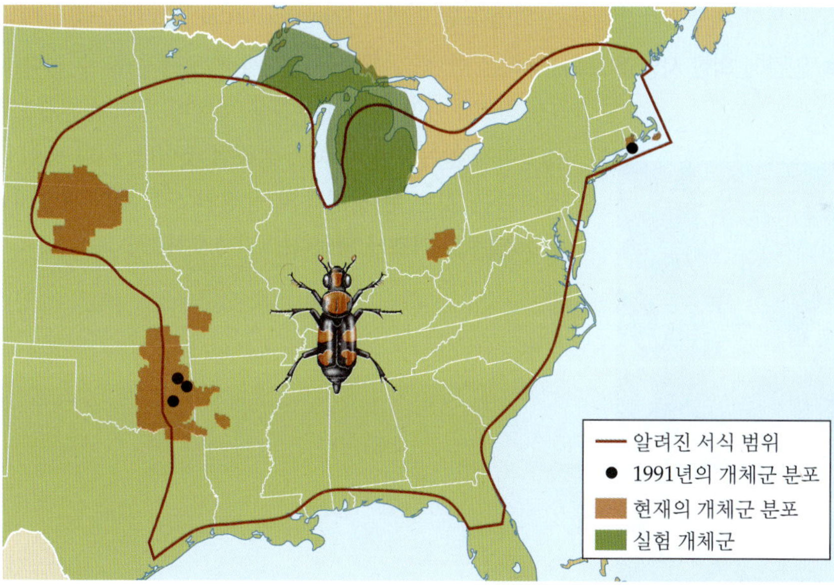

그림 6.10 미국송장벌레(ABB)는 한 때 북미의 중부와 동부에서 광범위하게 발견되었다(녹색 부분). 그러나 현재 이들의 분포는 크게 줄어들어 멸종에 취약한 종이 되었다. 이들의 복구 계획이 발표되었을 때 미국의 두 분리된 지역에서 야생 개체군이, 즉 오클라호마의 3개체군과 로드아일랜드의 블록섬(Block Island)에서 1개체군이 발견되었다. 서식처를 보호하고 사육장에서 키우는 등 집중적으로 노력한 결과 이들의 서식 범위와 개체군의 크기가 증가하였다. 현재 오대호에 실험 개체군이 있으며 10개 주에 7개의 실험지가 있다. (After ECOS, USFWS Environmental Conservation Online System, https://ecos.fws.gov/ecp0/profile/speciesProfile?spcode=I028; map c pingebat/Shutterstock.com.)

되기가 더 쉽다. 극단적으로, 개체수가 단지 서너 개체로 줄어들기도 한다. 특수한 범주로, 개체군이 때로 작아지며 개체군 크기의 변화가 매우 큰 종들이 있다.

- **섬 서식처.** 앞에서 언급하였듯이, 역사상 가장 높은 멸종률이 섬에서 나타났다는 것은 놀랄 일이 아니다. 섬에 사는 종은 서식 면적이 제한되고, 개체군 크기가 작으며, 개체군의 수가 적을 뿐 아니라 고유종일 가능성도 크다. 비록 섬은 면적으로 지구 표면의 아주 작은 부분을 차지하지만 1600년대부터 현재까지 멸종된 식물과 동물 중 약 절반 가량은 섬에 사는 종이었다. 섬 지역의 종은 제한된 경쟁자, 포식자, 그리고 질병과 같은 위협에 취약한 상태에서 진화하고 종분화한 경우가 많다. 만약 본토에서 포식자와 새로운 질병이 섬으로 도입되면 이에 대한 방어 체계를 갖추지 못한 섬의 고유종은 수가 빈번하게 급감한다(Wood et al. 2017). 그러한 종들이 소실되면 수분매개자나 종자분산자를 잃어버리는 식물처럼 공적응한 종이 영향을 받음에 따라 **멸종연속**(*extinction cascade*)이라는 결과로 이어진다. 일반적으로 섬에 사람들이 오래 살수록, 멸종 비율과 멸종위기 생물상이 더 많아진다. 마다가스카르에서는 9,000종의 식물 중 72%는 고유종으로, 189종이 멸종의 위협을 받고 있다. 모든 여우원숭이 종은 마다가스카르의 고유종으로, 이 독특한 대부분의 영장류는 위협을 받고 있다(Schwitzer et al. 2014)(**그림 6.11**).
- **인간에 의한 사냥과 포획.** 남획은 한 종의 개체군 크기를 빠르게 줄일 수 있다(제5장 참조). 만일 사냥과 수확을 법이나 지역의 관습으로 조절하지 않는다면 이 종은 멸종될 것이다. 어떤 종이 유용하다는 것은 현대 멸종의 상징인 도도새의 경우처럼 종종 멸종의 전조가 되었다(그림 6.5 참조).

그림 6.11 무려 100종이나 되는 모든 여우원숭이는 아프리카의 동부 연안에서 떨어진 큰 마다가스카르 섬의 고유종이다. 한 섬에서만 서식하는 그들의 고유성, 작은 개체군 크기와 수 그리고 영장류라는 사실(영장류에는 멸종위기종이 많다) 때문에 멸종 위협이 아주 높은 종이다. 이 사진은 코쿠렐시파카(*Propithecus coquereli*)와 새끼의 사진이다.

종이나 개체군의 추가적인 다음 특징도 이들을 멸종의 위험에 빠트린다.

- **넓은 서식 영역이 필요한 종.** 넓은 지역에 걸쳐 먹이를 찾아야 하는 종은 인간의 활동으로 인해 그 지역 일부가 훼손되거나 파편화되면 멸종될 수 있다.
- **몸집이 큰 동물.** 대형동물은 개체의 생활 영역이 넓고, 더 많은 먹이가 필요하며, 번식률이 낮고, 인간이 쉽게 사냥할 수 있다. 특히 최상위 육식동물은 야생 사냥감을 두고서 인간과 경쟁하며 가끔 가축에 해를 입히기 때문에, 때로는 단순히 사냥감으로 취급되어 쉽게 죽임을 당한다. 몸집이 큰 동물이 일반적으로 서식지 파편화에 가장 취약하다(Riverá Ortíz et al. 2014). 종 중에서 가장 큰 동물, 즉 가장 큰 육식동물, 가장 큰 여우원숭이, 가장 큰 고래가 제일 먼저 멸종될 것이다 (Ripple et al. 2014).
- **늦게 생식하는 종.** 한 번에 낳는 자손의 수가 적을수록 멸종될 가능성이 크다는 분석이 있다(Purvis et al. 2000). 이러한 특징은 종종 한 번에 한두 마리의 새끼만 낳는, 즉 코끼리, 고래, 기린, 코뿔소와 고릴라와 같은 몸집이 큰 동물에서 볼 수 있다. 늦게 생식하는 종과 관련 있는 다른 특성으로는 느린 성장률, 늦은 성적 성숙, 긴 임신기간 그리고 간격이 긴 생식 등이 있다. 이러한 특성 때문에 한 종의 사망률이 증가하는 것을 출생률로 보완하지 못한다.
- **효과적으로 확산하지 못하는 종.** 환경 변화에 생리적으로, 유전적으로, 또는 행동적으로 적응하지 못한 종들은 더 적절한 서식지로 이동하거나 멸종을 맞이하게 된다. 인간이 만들어낸 변화는 그 속도가 빨라서 그들에게 적응할 여유를 주지 않으며, 이동만이 유일한 생존 방법이 되어 버린다. 도로나 경작지, 교란된 서식지를 빠져나가지 못한 종은 원래 살던 곳의 상태가 악화하면 멸종될 수밖에 없다. 또한 확산 능력은 댐, 오염원, 도류화, 퇴적화, 퇴적 등에 의해 이동이 제한되는 수환경에서 중요한 요인이다. 확산을 잘하지 못한다는 것은 홍합과 달팽이와 같은 담수 동물이 잘 날아다니는 잠자리 종들보다 더 쉽게 멸종되거나 멸종의 위협을 받는지에 대한 부분적인 이유가 될 수 있다.
- **계절에 따라 이동하는 종.** 계절에 따라 이동하는 종은 두 가지 이상의 독특한 서식지 유형에 맞추어 산다. 그런데 그 서식지 유형 중 하나가 손상된다면 그 종은 살아나갈 수 없을 것이다. 엄청난 수의 명금류 120종이 매년 미국 북부와 열대 아메리카 사이를 이동하는데, 이 새들이 생존하고 번식하려면 두 지역의 서식지(또한 이동 중의 경유지) 모두 지내기에 적당해야 한다. 또한 분산, 이주에 장애가 되는 도로, 울타리, 댐 등이 서식지와 서식지 사이에 생길 때도 계절적으로 이동하는 종은 생활사를 성공적으로 완성할 수 없다. 그 대표적인 예를 연어에서 찾아볼 수 있다. 연어는 상류를 거슬러 헤엄쳐 올라가 산란해야 하는데, 댐이 생기면 그 경로가 막힌다(O'Connor et al. 2015)(**그림 6.12**).

그림 6.12 연어(*Onchohynchus* spp.)는 모여서 산란지로 거슬러 이동한다. 이들이 모이는 행동에 제약을 가하는 장애(댐)나 다른 인간의 활동(포획)은 연어의 개체군에 심각한 위협이 된다.

- **유전적 다양성이 부족한 종.** 개체군 안에 유전적 다양성이 있는 종은 변화하는 환경에 비교적 쉽게 적응할 수 있다(Forsman 2014; p. 188의 "유전적 다양성 소실" 참조). 유전적 다양성이 매우 적거나 거의 없는 종은 새로운 질병, 포식자, 또는 환경의 변화 등을 만나면 멸종될 가능성이 매우 높다. 그러나 포유류의 경우 유전적 다양성은 몸 크기와 같은 생태학적 요인 만큼 중요한 멸종의 기여 요인이 아니라는 연구도 있다(Polishchuk et al. 2015).
- **특수한 생태적 지위를 가지는 종.** 서식지가 한 번 변화하면 원래의 서식지에 특별히 적응해 살아가던 종에게 이 서식지는 더 이상 적당한 환경이 아니다. 예를 들어, 매우 특수하고 규칙적인 수량이 필요한 습지 식물은 인간의 활동에 의해 그 지역의 수문학적 특성이 변하면 사라진다(Quan et al. 2018). 예를 들면, 한 진드기 종은 특정한 조류 종의 깃털만 먹고 사는데, 그 새가 멸종하면 그 깃털에서 살아가는 진드기도 멸종될 수밖에 없다.
- **안정되고 훼손되지 않은 환경에서만 특별히 발견되는 종.** 교란이 최소한으로 일어나는 환경, 즉 열대우림의 오래된 숲이나 울창한 온대 활엽수림 내부 같은 곳에서만 사는 종이 많다. 이런 숲이 벌목 또는 방목지가 되거나 불에 타는 등의 변화가 일어나면, 많은 고유종은 변화된 미기후 조건(직사광선 증가, 수분 감소, 기온 변화폭 증가)과 외래종 침입을 견뎌낼 수 없게 된다.
- **영구적 또는 일시적으로 집단을 형성하는 종.** 특정 장소에서 함께 모여 사는 종은 국지적 멸종에 특히 취약하다(그림 6.12 참조). 인간은 북미 들소 떼, 나그네비둘기 무리, 산란기의 물고기 떼 등을 포획하거나 남획하였다. 개체군의 크기 또는 밀도가 어떤 일정한 수 아래로 떨어질 때 사회적 동물은 먹이 찾기, 짝짓기 그리고 그들 자신을 보호하지 못하므로 개체군은 지속될 수 없다. 이것을 **알리 효과**

(Allee effect)라고 한다(Allee 1931; Bonsall et al. 2014).

- **사람과 접촉이 없던 종.** 외래종을 처음 접하는 것처럼, 사람과 처음으로 접촉하는 종은 이미 인간에 의한 교란을 경험한 후 살아남은 종들보다 생존 가능성이 낮다. 섬에 서식하는 종들이 그러한 예이다(그림 6.4와 6.5 참조).
- **최근에 멸종되었거나 멸종의 위협을 겪고 있는 종과 근연관계에 있는 종.** 인간을 제외한 영장류, 두루미류, 바다거북류, 소철류와 같은 근연종의 무리는 종종 위에서 언급한 특징을 공유하므로 멸종에 특히 민감하다.

멸종되기 쉬운 종은 이러한 특징을 여러 개 한꺼번에 가지는 경향이 있다. 예를 들면, 많은 난류는 특이한 서식처에서 살고, 수분매개자와 특수한 관계를 맺으며, 채집자에 의해 과도하게 채취된다; 이런 모든 특성 때문에 개체군은 작아지고 결국 멸종된다. 많은 바다새도 멸종의 위기에 처해 있는데, 그들의 생식률이 낮고, 산란한 알과 보금자리가 외래종 포식자에 의해 쉽게 공격당할 수 있는 작은 영역에 모여서 번식하며, 유류 오염과 상업적인 어업의 부수 어획으로 죽기도 하고, 사람이 그들의 알을 지나치게 많이 채취하기 때문이다(Munilla et al. 2007).

이러한 특징 중 몇몇은 기후변화에 의해 특별히 영향을 받는 종들과도 연관이 있다. 예를 들면, 산꼭대기에 서식하는 종들은 격리된 채 일반적으로 작은 개체군이다. 추운 곳에 적응한 종들은 기후가 따뜻해지면 고도가 높은 곳으로 옮겨가면서 서식지가 축소되지만, 산꼭대기보다 더 올라갈 수는 없다(제5장 참조). 또한 산꼭대기라는 격리된 장소는 종의 확산이 제한될 수밖에 없는 곳이다(Urban 2018).

보전생물학자는 멸종에 취약한 종을 골라낼 수 있는 이런 특성을 갖고서 이들 개체군을 관리할 필요성을 예측할 수 있다.

작은 개체군의 문제

학습 목표

이 절에서는 다음 내용에 주안점을 두기 바란다.

1. 새로운 개체가 한 개체군에 우연히 들어올 경우 개체군의 생존에 영향을 미치는 이유를 알 수 있어야 한다.
2. 효과적인 개체군 크기를 사용하여 유전적 부동에 의한 이형접합성 소실을 계산할 수 있어야 한다.
3. 동계교배약세와 이계교배약세를 비교하고 희귀종에게 어느 쪽이 더 위험한지를 밝힐 수 있어야 한다.
4. 환경적 확률과 개체군 통계적 확률을 구분할 수 있어야 한다.
5. 효과적인 개체군 크기를 계산하고 정의를 내릴 수 있어야 한다.

앞에서 언급한 바와 같이, 개체군이 작은 종은 멸종할 위험성이 높다. 작은 개체군은 다음과 같은 3가지 이유로 인해 개체수가 빠르게 줄어들고 국지적 멸종을 겪는다:

1. 유전적 다양성 소실과 근친교배약세 및 유전적 부동의 연관 문제
2. 출생률과 사망률의 무작위적인 변이에 의한 개체 통계적 변동
3. 불, 홍수, 폭풍 또는 가뭄과 같은 비정기적인 자연재해뿐만 아니라 포식, 경쟁, 질병과 먹이 공급의 변이에 의한 환경적 변동

이제 작은 개체군의 개체수 감소 원인에 대해 상세히 알아보겠다.

유전적 변이의 유실

제2장에서 언급하였듯이, 개체군이 변화하는 환경에 적응할 수 있는 능력은 유전적 변이에 달려있으며, 그 결과 개체군 안에 같은 유전자의 다른 대립유전자를 가지고 있는 다른 개체로 존재한다. 특정 대립유전자나 복대립유전자 조합을 가진 개체는 새로운 조건에서 번식하고 생존하는 데 필요한 바로 그 특성이 있을 것이다(Frankham 2015). 한 개체군 내에서 특정 대립유전자의 빈도는 흔할 수도 있고 아주 희귀할 수도 있다. 새로운 대립유전자는 한 개체군에서 우연히 돌연변이에 의해 또는 다른 개체군으로부터의 개체 이주를 통하여 생긴다. 종종 작은 개체군의 유전적 변이는 매우 낮으며, 그들의 능력을 환경의 변화에 반응하기 위해 타협한다.

작은 개체군에서 한 세대에서 다음 세대로 전달되는 대립유전자의 빈도는 우연히 변할 수도 있는데, 이것은 개체가 성적으로 성숙하고, 교배하여 자손을 남기느냐에 달려있다. **유전적 부동(genetic drift)**으로 알려진 이 과정은 그 개체군이 환경의 특정 요인들에 대응하여 변화하는 자연선택과는 다른 과정이다. 작은 개체군에서 낮은 빈도를 가지는 대립유전자는 각 세대에서 우연히 사라질 가능성이 크다(**그림 6.13**). 예를 들어, 1,000개의 개체로 구성된 한 개체군에 존재하는 모든 유전자 중 희귀한 대립유전자가 5%를 차지한다면 100개의 대립유전자가 존재하며(1,000개체 × 개체당 2유전자 × 0.05 대립유전자 빈도), 그 대립유전자는 아마도 수많은 세대를 지나도 개체군에 남아 있을 것이다. 그러나 10개의 개체로 구성된 한 개체군에서는 단지 1개의 대립유전자만 존재하며(10개 개체 × 개체당 2유전자 × 0.05 대립유전자 빈도), 다음 세대에서 우연히 소실될 가능성이 있다. 대립유전자의 유실은 이형 접합도가 감소한다는 점에서 문제이다. 즉, 특정 유전자의 2개의 다른 대립유전자를 가진 개체의 비율이 감소된다. 유전자풀의 한 유전자당 2개의 대립유전자를 가진 고립 개체군의 이론적 사례를 바탕으로 해서, Wright(1931)는 각 세대당 남아 있는(H_1) 원래의 이형접합도(H_0)의 비율을 표현하는 식을 제안하였다. 이 식은 **유효개체군 크기(N_e)**, 즉 번식하는 개체의 수[2]를 가지고 계산한 개체군의 크기이다[2]:

> 유전적 부동 때문에 작은 개체군은 큰 개체군보다 더 빠르게 유전적 변이를 잃어버린다. 어떤 작은 개체군은 유전적 변이가 부족하다.

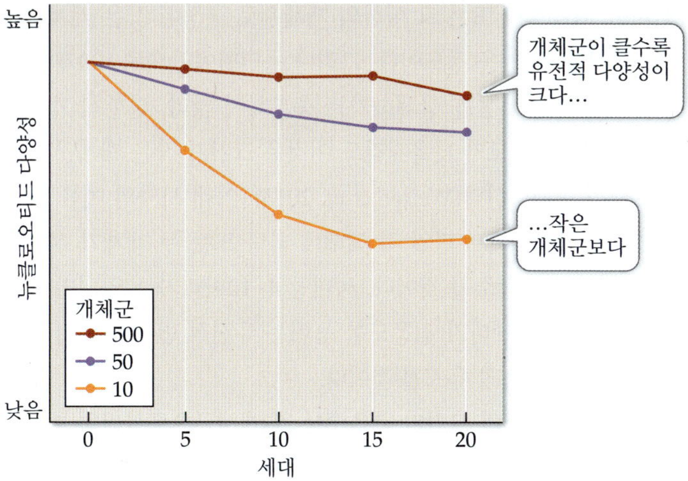

그림 6.13 유전적 부동으로 유실되는 유전적 변이율은 개체군의 크기에 따라 변한다. 이 그래프는 다양한 유효개체군 크기(N_e)의 초파리(*Drosophila melanogaster*) 개체군에서 20세대 이상 남아 있는 유전적 변이의 두 DNA 염기서열 차이를 나타낸 것이다. 20세대 후에 500마리 개체군은 모든 뉴클레오티드 다양성을 유지했지만, 10마리 개체군은 50% 이상 유실되었다. (After M. Shou et al. 2017. *Mol Ecol* 26: 6510–6523.)

$$H_1 = [1 - 1/(2N_e)]\ H_0$$

이 식에 따르면, 50개의 번식 개체들로 구성된 개체군은 한 세대 후 원래 이형 접합도의 99%를 가지게 될 것이다.

$$H_1 = 1 - 1/100 = 1.00 - 0.01 = 0.99$$

t 세대 이후 남아 있는 이형 접합도의 비율(H_t/H_0)은 시간에 따라 감소하며, 작은 개체군에서 더 감소한다[3]:

$$H_t/H_0 = (H_1)^t$$

50개체로 구성된 개체군은 2세대 후에 원래의 이형 접합도의 98%(0.99 × 0.99)를 가지게 될 것이고, 3세대 후에는 97%(0.99 × 0.99 × 0.99), 10세대가 지난 후에는 90%(0.99^{10})가 남아 있게 된다. 그러나 10개체로 구성된 개체군은 1세대 후에는 원래의 이형 접합도의 95%가 남고, 2세대 후에는 90%, 3세대 후에는 86%, 10세대 후에는 60%만이 남게 될 것이다. 이형 접합도를 포함한 유전적 다양성 유실은 멸종의 위험과 직접적으로 연결되어 있다(Yoder et al. 2018).

이 식으로 격리된 작은 개체군에서는 유전적 변이가 상당히 감소한다는 것을 알 수 있다. 작은 개체군은 섬과 파편화된 녹지에서 종종 발견된다(Vranckx et al. 2012). 그러나 개체군들 사이의 개체 이주와 유전자의 통상적 돌연변이는 개체군 내의 유전적 변이의 양을 증가시킨다. 세대당, 유전자당 약 1/10,000에서 1/1,000,000 정도로 자연에서 일어나는 돌연변이율은 큰 개체군에서는 대립유전자의 자연적 유

[2] 유효개체군 크기, N에 영향을 주는 요인은 p. 194에서 상세히 논의한다.

[3] 이 방정식은 다음을 단순하게 만든 것이다. $H_t/H_0 = [1 - 1/(2N_e)]^t$.

실을 보충할 수 있겠지만, 100개체 또는 그 이하의 개체수로 구성된 작은 개체군에서는 유전적 부동으로 무시할 수 있을 정도이다. 그러나 돌연변이만으로 100개체 이하의 개체군에서 생기는 유전적 부동을 상쇄하기는 충분하지 않다. 다행히 개체군 사이를 이동하는 개체들의 이동 빈도가 낮을지라도 이것은 크기가 작은 개체군과 관련된 유전적 변이의 유실을 최소화한다(Weiser et al. 2013). 아래 사자의 예를 보면, 약 100개체로 구성된 고립 개체군에서 만일 각 세대에 하나 또는 두 개체가 유입된다면 유전적 부동의 영향은 크게 감소될 것이다. 세대당 4~10마리가 유입되면 유전적 부동의 영향은 무시할 만하다. 게다가 적응도를 높이는 유전적 변이는 유전적 부동이 일어날 때도 개체군 안에서 오래 유지될 것이다.

현장 데이터에서도 유효개체군의 크기가 작을수록 그 개체군으로부터의 대립유전자 유실이 빨라짐을 보여준다(**그림 6.14**). 15종의 척추동물을 분석할 결과에서 이형접합도를 측정하는 N_e와 근친교배상수 사이에 강한 연관이 있음이 밝혀졌다(Feng et al. 2019). 1,000만 이상의 개체로 구성된 개체군을 가진 거의 모든 종의 이형접합

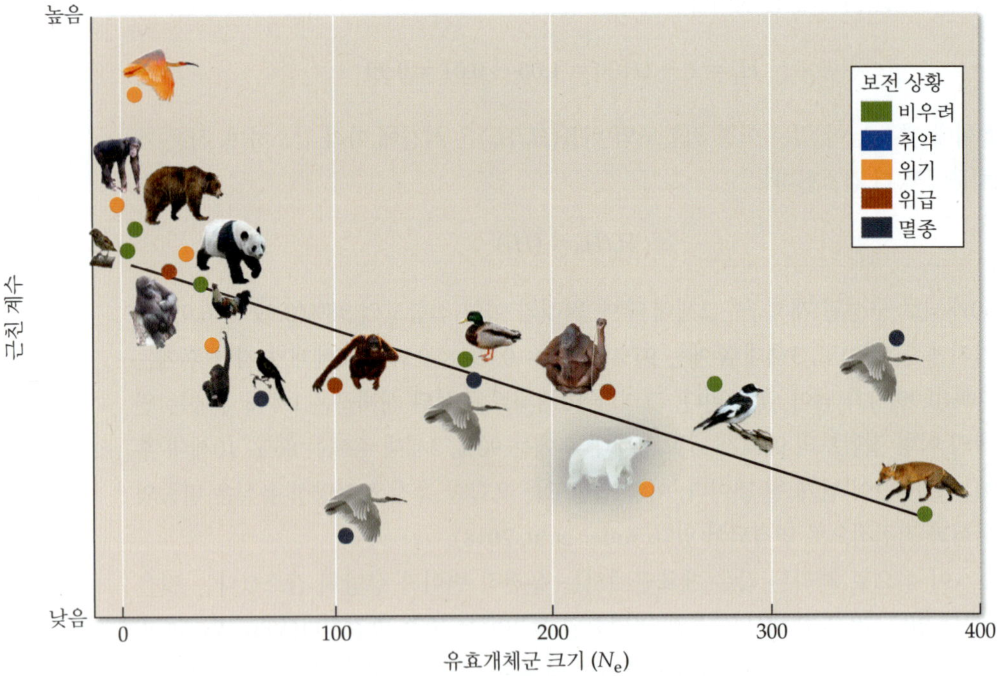

그림 6.14 크기가 작은 개체군일수록 근친교배의 위험이 크다. 유효개체군 크기(N_e)를 알고 있는 종 개체군의 근친교배계수를 알아낸 14개의 다른 연구 결과이다. 개체군이 클수록 근친교배는 감소함을 알 수 있다. 멸종 개체군의 박물관 표본을 포함하여 4개의 따오기 개체군을 분석한 결과, 근친교배계수가 종에게는 매우 위험하지만 보전 상황과 근친교배 정도 사이에 명확한 상관관계가 있지 않음을 밝혀냈다. 이로써 멸종위기는 복잡하고 여러 면을 가지고 있음을 알 수 있다. (After S. Feng et al. 2019. *Curr Biol* 29(2): 340–349.)

도는 60%이며, 이와는 대조적으로 10만 이하는 60% 이하이다.

유전적 다양성이 낮은 희귀종은 위험에 처하지만, 위험을 완화시키는 방법이 있다. 낮은 유전적 변이로 주요 개체군이 감소한 호주의 육식성 유대류인 주머니곰(*Sarcophuilus harrisii*) 개체군은 전염성 암에 특히 민감하기에, 더 다양한 메타 개체군을 만들기 위한 국제번식프로그램을 최근에 정착시켰다(Hogg et al. 2017). 이러한 번식 프로그램 이외에도 야생생물학자는 동물을 개체군끼리 이주시킬 수 있다. 이러한 이주는 한 개체군에서 다른 개체군으로(제8장 참조) 이주하는 인위적인 **유전자 흐름(gene flow)**을 증가시키는 것이다. 보전생물학자는 다양한 방법을 사용하여 희귀종의 유전적 다양성을 유지하고 증가시키고자 한다.

줄어든 유전적 변이의 결과

유전적 부동에 처한 작은 개체군들은 근친교배약세, 이계교배약세, 그리고 진화적 유연성의 소실과 같은 많은 악성의 유전적 영향에 더 민감하다. 이러한 영향들은 유전적 다양성을 다량 유실하게 되는 개체군 크기의 감소, 유전적 변이, 적응도의 감소, 그리고 멸종의 가능성을 더 크게 할 것이다.

근친교배약세 부모와 그들의 자식, 형제자매, 사촌 간의 교배, 그리고 자웅동체 종의 자가수정은 악성 대립인자의 동일한 두 사본을 각 부모에게서 받을 때 일어나는 현상인 **근친교배약세(inbreeding depression)**를 일으킬 수 있다. 근친교배약세의 특징은 자손의 사망률이 높고, 자손 수가 적으며, 자손이 불임이거나 교배성공률이 낮다. 작은 개체군에서는 다음 세대에 더 적은 개체를 남기므로 근친교배약세는 더 심해진다.

근친교배약세를 증명하는 증거는 인간 개체군(수많은 세대 동안 가까운 친척끼리 결혼한 기록이 있다), 포획된 또는 야생의 동물 개체군, 그리고 재배식물을 연구한 것에서 찾을 수 있다(Frankham et al. 2014). 포획된 포유류가 서식하는 넓은 영역에서 가까운 친척끼리 짝짓기 한 결과, 자손의 치사율이 근친교배하지 않은 동물에 비하여 평균적으로 33% 높았다. 근친교배 결과에서의 이러한 낮은 적응도는 때때로 "근친교배의 비용"이라고 치부된다. 근친교배는 동물원의 포획된 작은 개체군, 가축 교배프로그램, 작은 유효개체군 크기를 가진 야생 개체군에서 심각한 문제가 될 수 있다(그림 6.14 참조). 예를 들면, 나이지리아의 보호구역에 있는 사자를 분석한 결과에 따르면, 근친교배가 이루어졌으며 개체군 사이의 유전자 흐름이 부족하다는 증거가 나왔다. 잠재적인 근친교배약세를 피하려면, 보존적 접근법으로서 덫을 놓거나 사자를 이주시키는 것이 필요하다(Tende et al. 2014).

이계교배약세 같은 종의 개체들 사이에서만 교배가 일어날 수 있게 하는 생태적, 행동적, 생리적, 형태적인 강한 격리 메커니즘으로 인해 야생에서는 다른 종의 개체들 사이에 교배가 거의 일어나지 않는다. 그러나 희귀종이거나 서식지가 손상되었을 때에는 다른 종의 개체들 사이에서 이계교배가 일어날 수 있다. 그들 자신의 종 내에서 짝짓기 상대를 찾지 못한 개체들은 유사한 다른 종의 개체와 교배할 수 있다. 이 결과로 태어난 자손은 때로 허약하거나 불임이며, 환경에 적응성을 가지지 못하는 이계교배약세를 나타낸다(Waller 2015). 이계교배약세는 다른 부모로부터 전해지는 염색체들과 효소 시스템의 불화합성이 원인이다. 인위도태의 예를 보면, 사육하는 말과 당나귀를 교배시켜 노새를 만든다. 노새는 물리적으로 약하진 않지만(반대로, 상당히 튼튼하므로 인간들이 유용하게 이용한다) 거의 불임이다.

또한 이계교배약세는 다른 아종끼리 교미함으로써 일어나거나, 같은 종의 분기된 개체군끼리 교배했을 때도 일어난다. 이러한 짝짓기는 포획 교배 프로그램이나 다른 개체군의 개체들이 포획 상태로 함께 있을 때 일어난다. 그러한 경우에, 다른 유전자형을 가진 부모의 자손은 개체가 생존하고 성공적으로 번식할 수 있는 정확한 유전자 조합을 가지지 못하는 것 같다. 그러나 많은 다른 연구에서는 이계교배약세를 관찰하지 못했으며, 어떤 연구에서는 일부 잡종이 그들의 부모 종보다 우수한 형질을 가지는 것으로 나타났다. 이를 **잡종강세**(*hybrid vigor*)라 한다. **유전적 구조(Genetic rescue)**는 성공할 확률이 희박하긴 하지만 희귀종이 멸종하지 않도록 의도적인 잡종을 실행하는 것이다(Todesco et al. 2016). 이처럼 이계교배약세에 대한 관심은 동물에서 잘 증명된 근친교배약세보다 적다.

꽃가루가 바람이나 동물 매개자에 의해 이동해서 암술머리에 묻어야 하는 식물에서는 이계교배약세가 더 중요하다. 상당히 가까운 유연관계에 있는 흔한 종과 가까운 곳에 자라고 있는 희귀한 식물은 흔한 종의 꽃가루에 압도 당해 씨를 생산하지 못한다(Willi et al. 2007). 심지어 희귀종과 흔한 종끼리 짝짓기해서 만들어진 잡종이라면, 희귀종의 작은 유전자풀은 흔한 종의 훨씬 더 큰 유전자풀에 섞여 들어가기 때문에 희귀종의 유전적 다양성은 유실될 것이다. 이런 심각한 상황은 희귀종이 같은 속의 다른 종과 가깝게 있는 곳에서 캘리포니아의 멸종위협종과 멸종위기종의 90% 이상 발견된다는 사실에 의해 분명해졌다. 이와 같은 정체성 유실은 종의 서식범위가 다른 장소에 서식하고 있는 개체들이 서로 가까이 자라는 정원에서도 일어난다. 극단적 예를 들면, 어떤 식물종은 자가수정할 때가 가장 좋고 근친교배일 때가 가장 심각한데, 그러한 종은 같은 개체군의 다른 개체의 꽃가루가 묻으면 이계교배약세가 일어난다(**그림 6.15**).

진화적 유연성의 소실　개체군 안의 유전적 변이는 한 종이 장기간 생존하는 데 매우 중요하다. 희귀한 대립유전자와 이를 보유한 개체에 해롭지 않지만(또는 조금 해로운) 즉각적인 이익도 없는 대립유전자의 이상한 조합이 미래의 환경 조건에서는 가장 적합할 수 있다. 이러한 대립유전자와 조합이 이익을 가져온다면 그들의 발생

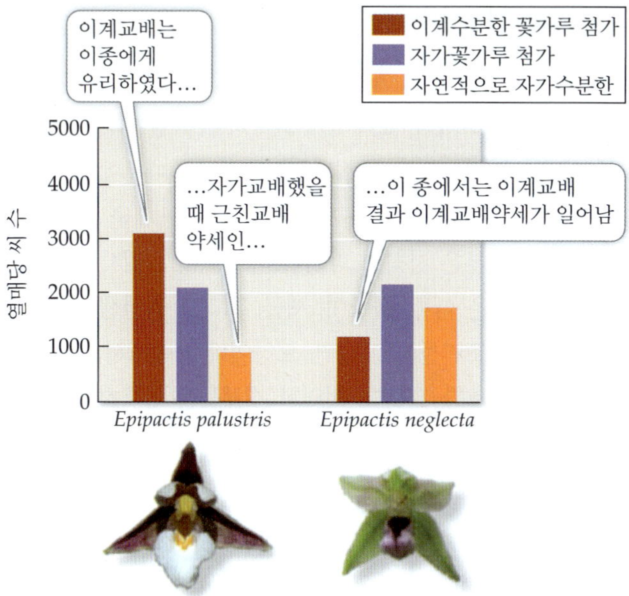

그림 6.15 근친교배의 가장 극적인 예는 자가수정으로, 식물에서는 흔한 일이다. 일부는 이계교배를 하고 일부는 자가수정을 한 실험을 통해 이계교배약세의 영향을 이해할 수 있다. 이계교배를 했을 때 열매당 더 많은 씨를 가진 난은 곤충을 유인하는 꽃을 가지게 된 반면에, 적은 씨를 가진 난은 눈에 띄지 않는 녹색의 꽃을 피웠다. (After R. Brys and H. Jacquemyn. 2016. *J Evol Biol* 29(2): 352–359.)

정도는 자연선택을 통해 개체군 내에 빠르게 증가할 것이다. 왜냐하면, 이들을 보유한 개체들이 더 잘 생존한 후 성공적으로 번식하여 전에는 희귀했던 대립유전자를 자손에게 전달할 것이기 때문이다.

작은 개체군에서 유전적 변이가 유실되면, 오염, 새로운 질병, 기후변화와 같은 환경의 변화와 새로운 조건에 대한 반응 능력이 제한될 것이다(Habel and Schmitt 2018). **자연선택의 기본 정리**(*fundamental theorem of natural selection*)에 의하면 개체군의 진화적 변화률은 개체군의 유전적 변이량과 직접적으로 관련이 있다. 작은 개체군은 큰 개체군보다 장기간의 환경 변화에 적응하는 데 필수적인 유전자 변이를 적게 가질 것이고, 이에 따라 더 쉽게 멸종될 것이다. 많은 식물 개체군의 예를 들면, 몇몇 개체는 아연과 납이 없을 때 조차도 이러한 독성 금속의 고농도에 대한 내성을 증가시키는 유전자를 가지고 있다. 만일 오염으로 인해 환경에 이런 금속이 많아진다면, 이런 대립유전자를 가진 개체는 잘 적응하여 성장하고 생존하여 원래 개체보다 번식을 더 잘할 것이다; 결과적으로 개체군에서의 이런 대립유전자 빈도는 극적으로 증가할 것이다. 그러나 개체군이 작아지고 금속 내성 유전자가 유실되면 그 개체군은 멸종하게 될 것이다.

유효개체군 크기를 결정하는 요인들

앞 절에서, 교배하는 개체의 수로 계산한 한 개체군의 크기, 즉 유효개체군 크기를 언급하였다. 짝을 찾지 못하거나, 교배하기에는 너무 늙었거나 어리고, 건강 상태가 좋지 않거나, 불임, 영양실조, 작은 몸집과 같은 요인들 때문에 많은 개체가 번식에 참여하지 못하므로 유효개체군 크기는 거의 항상 전체 개체군 크기보다 더 작다. 이들 요인 중 대부분은 서식지 파괴와 파편화에 의해서 생기거나 심화될 수 있다. 더구나 많은 식물, 곰팡이, 세균, 그리고 원생생물 종은 발아와 생장을 위한 안정된 조건들이 아니면, 토양이나 물속에서 휴면상태인 종자, 포자 또는 다른 구조를 가진다. 이러한 개체들은 명백히 번식 개체군의 구성원은 아니지만 개체군의 구성원으로 여길 수 있다.

유효개체군 크기, N_e는 작은 비율의 개체만이 생식하고, 생식 자손의 변이가 크며, 성비가 불균등하거나 혹은 개체군 크기의 변동 범위가 클 때 전체 개체군 크기 N보다 훨씬 작다.

이러한 요인들 때문에 유효개체군 크기(N_e)는 종종 전체 개체군 크기(N)보다 훨씬 작다. 유전적 변이의 유실은 유효개체군 크기에 바탕을 두고 있어 큰 개체군에서조차 유전적 변이의 유실이 꽤 심각할 수 있다. 예를 들어, 990마리의 어린 개체와 단지 10마리(암컷 5마리, 수컷 5마리)의 성숙한 번식 개체로 구성된 개체군을 생각해보면, 유효개체군 크기는 1,000이 아니라 10이 된다. 희귀한 떡갈나무 개체군에서, 20그루의 성숙한 나무, 500그루의 어린나무와 2,000그루의 묘목이 있다면, 전체 개체군의 크기는 2,520, 유효개체군 크기는 단지 20일 뿐이다.

또한, 유효개체군은 불균등한 성비, 자손 수의 변이, 그리고 개체군 크기의 큰 연간 변화 때문에 실제 번식하는 개체수보다 종종 더 작다.

불균등한 성비　개체군은 우연, 선택적 치사율, 혹은 사람이 한쪽 성만 포획했기 때문에 암컷과 수컷이 불균등한 수로 구성되었을 수 있다. 만일 일부일처(하나의 수컷과 하나의 암컷이 오랫동안 쌍인 경우)인 거위 종의 한 개체군이 20마리의 수컷과 6마리의 암컷이 있음에도, 암컷과 수컷이 각 6마리씩 12개체가 짝짓기를 한다면 유효개체군 크기는 26이 아니라 12이다. 어떤 동물 종에서는 사회체계에 의해 교배에 참여하는 암컷과 수컷의 수가 달라질 수 있으며, 이로 인해 유효개체군의 크기는 작아질 수 있다. 예를 들면, 코끼리물범, 많은 유제류, 그리고 많은 영장류는 하나의 우월한 수컷이 보통 많은 수의 암컷과 교배를 하고, 다른 수컷이 암컷과 교배하는 것을 막는다(그림 6.16). 반면에 아프리카 들개 무리와 하이에나는 무리 중 우월한 암컷만이 모든 새끼를 낳는다.

N_e에 있어서 교배할 수 있는 암컷과 수컷의 불균등한 수의 영향은 다음 식으로 나타낼 수 있다.

$$N_e = [4(N_f\, N_m)]/(N_f + N_m)$$

여기에서 N_f과 N_m는 각각 개체군에서 교배에 참여하는 수컷과 암컷의 수이다. 일반

그림 6.16 커다란 두 마리의 수컷 엘크가 더 많은 수의 작은 암컷과 교미하기 위하여 경쟁한다. 유효개체군 크기는 한 수컷만이 많은 암컷에게 유전자를 주므로 인해 감소한다.

적으로 번식에 참여하는 개체들의 성비 불균형이 증가할 때 번식 개체수에 대한 유효개체군 크기의 비율 또한 감소한다. 이것은 일부일처 짝짓기 체계에서 발견되는 동등한 기여가 아닌 한 성의 몇몇 개체만이 다음 세대의 유전적 구성에 불균등하게 기여하기 때문에 일어난다. 많은 어류와 파충류 종에서의 성 발현은 온도에 의해 영향을 받는다. 지구온난화가 물과 대기의 온도를 증가시킴에 따라 이러한 종들의 성비도 왜곡되고, 유효개체군 크기도 작아진다. 예를 들면, 스위스에서는 뱀눈나비류(*Thymallus thymallus*) 개체군의 수컷 비율이 1990년 이전에는 65%였지만, 이제는 계속 80~90%를 유지한다. 어류 종의 유효개체군 크기는 개체군의 개체수보다 훨씬 작다.

자손 수의 변이 많은 종에서 자손의 수는 개체에 따라 매우 다르다. 이러한 현상은 일부 개체가 몇몇 자손을 낳는 데 반해서, 다른 개체는 엄청나게 많은 자손을 낳는 식물과 어류처럼 번식력이 높은 종에 특히 잘 나타난다. 불균등한 자손의 생산은 현재 세대의 몇몇 개체가 다음 세대의 유전자 풀에 불균등하게 높은 비율로 나타나기 때문에 N_e의 실질적인 감소를 가져온다. 일반적으로 자손의 수에서 변화가 클수록 유효개체군 크기는 더 작아지고, 개체군의 멸종이 더 잘 일어나게 된다.

개체군 변동과 병목현상 일부 종에서 개체군 크기는 세대에 따라 극심하게 변한다. 이것의 좋은 예는 나비, 일년생 식물 그리고 양서류이다. 극단적으로 크기가 변동하는 개체군에서 유효개체군 크기는 가장 많은 개체수보다 가장 적은 개체수에 훨씬 더 가깝다. 그리고 이것은 개체군이 가장 작은 구성원을 가지는 해에 의해 결정되는 경향이 있다. 변동하는 개체군의 유효크기는 어느 한 해에 짝짓기하는 개체수(N)을 사용해서 t해 기간 동안 계산하여 얻어진다.

$$N_e = t/(1/N_1 + 1/N_2 + \ldots + 1/N_t)$$

5년 동안 추적한 나비 개체군이 5년에 10, 20, 100, 20 그리고 10마리의 짝짓기하는 개체를 가지고 있다고 생각해보자. 이 경우에,

$$N_e = 5/(1/10 + 1/20 + 1/100 + 1/20 + 1/10) = 5/(31/100) = 5(100/31) = 16.1$$

5년간의 유효개체군 크기는 가장 적은 개체군 크기(10) 이상에서 100 이하로, 평균 32이다.

이 계산에 따르면, 개체군의 구성원이 급격하게 줄어든 해에는 N_e의 값을 훨씬 더 낮게 만들 수 있다. 이 원리는 **개체군 병목현상(population bottleneck)**으로, 개체군 크기가 감소하면 그 개체군에서 희귀 대립유전자가 소실되고, 희귀 대립유전자를 가진 개체들이 생존하지 못하여 번식할 수 없을 때 발생한다. 아주 적은 수의 대립유전자를 가지고 있으면서 이형 접합도가 감소하면, 개체군 안에 개체의 전체적인 적합도는 줄어들 것이다. 유전적 다양성과 개체군 크기 사이의 관계 때문에, 분자도구가 진화적 과거에 있었던 개체군 병목현상을 찾아내는 데 사용된다. 일례로, 유전자 분석에 따르면 스페인과 포르투칼의 이베리아 스라소니(*Lynx pardinus*)는 지구상에서 가장 심하게 멸종위기에 처했던 종으로 3번의 심각한 병목현상을 겪었다(Abascal et al. 2016). 현재 유효개체군은 200개체 이하이지만 보전 노력의 결과로 점점 커지고 있다.

창시자 효과(founder effect)라고 알려진 병목현상은 몇몇 개체들이 한 개체군을 떠나 다른 새로운 개체군을 만들었을 때 일어난다. 새로운 개체군은 원래의 더 큰 개체군보다 종종 유전적 변이가 작다. 또한 병목현상은 상대적으로 아주 적은 개체를 사용하여 개체군이 정착되었을 때도 나타날 수 있다. 일례로, 스웨덴의 늑대 개체군은 처음에 5마리로 형성되었다(Laikre et al. 2013). 유사하게, 인간의 활동으로 파편화된 작은 소개체군은 유전적 변이를 잃어버리고서 멸종한다. 댐 건설로 인해 많은 어류가 이러한 운명에 처했다(Hasegawa 2017). 병목현상은 극소수의 개체로서 포획된 개체군이 형성되었을 때도 나타난다.

탄자니아 응고롱고 분화구의 사자(*Panthera leo*) 개체군은 병목현상을 보여주는 좋은 예이다(Munson et al. 2008). 분화구의 사자 개체군은 1962년 흡혈파리가 창궐하기 전까지 약 90마리로 유지되었으나 이후에는 암사자 9마리와 수사자 1마리로 감소하였다(**그림 6.17**). 2년 후 7마리의 수컷이 분화구로 이주해 왔으며, 그 이후 49년 동안 더 이상의 이주는 없었다. 개체군의 크기가 극적으로 감소하고, 개체군이 격리되었다. 또한 개체들의 번식성공도가 각각 다르면서 개체군에 병목현상이 생겨나

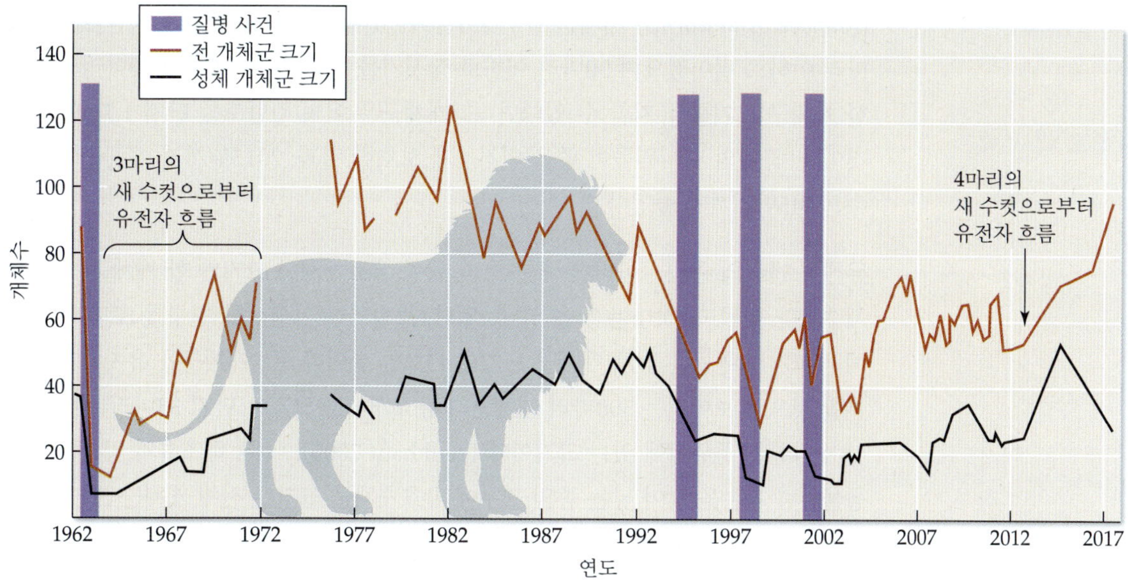

그림 6.17 응고롱고로(Ngorongoro) 분화구의 사자 개체군은 1962년에 질병에 걸려 병목현상과 유전적 다양성 소실을 겪기 이전까지 약 90개체로 이루어져 있었다. 그러나 새로운 수컷이 들어오면서 유전자 흐름에 의해 개체군 복구가 이루어졌고, 1983년 125개체까지 늘어났지만 곧 34개체로 줄었다(성숙 개체는 20마리 이하). 특정 연도는 센서스 자료의 누락으로 공백이 있다. 4개의 초록 막대는 질병 발생 사건들을 나타낸다. 새로 수컷이 유입되면서 그 수가 늘어나 1980년대 이후보다 2019년에 더 많은 수로 늘어났다. (After L. Munson et al. 2008. *PLOS ONE* 3: e2545, with additional data from C. Packer, pers. comm.; lion silhouette © Shutterstock.com/Fairys_Shape Logo.)

근친교배약세로 이어졌다. 근처 세렝게티의 큰 사자 개체군과 비교하면 분화구의 사자들은 유전적 다양성의 감소, 기형 정자의 높은 비율, 번식률 감소, 새끼 사자의 치사율, 그리고 높은 발병률을 보였다(Munson et al. 2008). 1983년 개체군이 125마리로 늘었지만 분화구 밖의 바로 옆에 살던 사람들이 기르던 개로부터 퍼져나간 개홍역 바이러스가 1990년대 창궐한 이후 34마리로 줄었다. 그 이후 10년 동안 개체군은 50~75마리 사이를 유지하였다. 그러나 다음 10년 동안 세 무리의 수컷이 들어오면서 수가 극적으로 늘었는데, 아마도 유전적 다양성도 그랬을 것이라 생각한다. 특별히, 최근 20마리의 새끼 사자 중에서 16마리가 생존한 것은 이 개체군에서는 매우 높은 비율인데, 이는 이 개체들이 새로운 대립유전자를 들여왔을 것이라는 희망적인 징후이다. 현재 개체군의 크기는 97마리로 1980년대 후반 이후 가장 크다(C. Parker 2019로부터 updates, 개인 통신).

그러나 개체군 병목현상이 항상 이형 접합도를 많이 감소시키는 것은 아니다. 만일 일시적인 병목현상 후에 개체군의 크기가 빠르게 확장된다면, 현존하는 대립유전자의 수가 심각하게 감소한다고 하더라도 이형 접합도는 회복될 것이다. 이러한 현상의 예는 네팔, 치트완국립공원에 있는 병목현상을 거친 커다란 외뿔코뿔소

(*Rhinoceros unicornis*) 개체군에서 찾아볼 수 있다. 개체군 크기는 800마리에서 100마리 이하로 떨어졌으며 30마리 이하로 짝짓기를 하였다. 한 세대에 30마리의 유효한 개체군 크기를 유지할 수 있다면, 그 개체군은 이형 접합도를 단지 1.7%만 잃을 것이다. 공원의 경비원들이 종을 엄격하게 보호한 결과, 2015년까지 개체군의 개체수는 645마리까지 늘었다.

유전적 변이의 관리 이러한 예를 보면, 종종 유효개체군 크기가 한 개체군의 총 개체수보다 훨씬 더 적다는 것을 알 수 있다. 광범위한 야생생물 연구를 보면, 유효개체군 크기의 평균은 전체 개체군 크기의 11%일 뿐이다. 즉, 개체군을 유지하기에 충분할 것으로 보여지는 300마리 개체군의 유효개체군 크기는 단지 33마리뿐이다. 이는 심각한 멸종위기에 있는 크기이다(Frankham 2005). 어류, 해조류와 많은 무척추동물처럼 자손을 많이 낳는 종의 경우에 유효개체군 크기는 전체 개체군 크기의 1%도 안 된다(Frankham et al. 2009). 결과적으로 커다란 개체군을 단순히 유지하는 관리로는 유효개체군 크기 또한 크지 않다면 유전적 변이의 유실을 방지할 수 없을 것이다. 희귀하고 멸종위기인 종을 포획한 개체군의 경우에 교배를 조절하고, 개체군을 여러 무리로 나누며, 우월한 수컷을 주기적으로 제거하여 다음으로 우월한 수컷이 교미할 수 있게 하고, 주기적으로 소수의 선택 개체들을 소개체군 안으로 들여보내는 등의 방법을 통해서 유전적 변이를 효과적으로 유지할 수 있을 것이다.

확률의 영향

생물학적 또는 물리적 환경의 무작위 변이 또는 **확률(stochasticity)**은 종의 개체군 크기 변이의 원인이 될 수 있다. 예를 들어, 멸종 위험에 처해 있는 나비종의 개체군은 식이식물의 풍부도와 포식자의 수 변동에 따라 영향을 받을 것이다. 날씨 또한 나비 개체군에 강한 영향을 줄 것이다. 보통 해의 날씨는 애벌레가 먹고 자라기에 적절히 따뜻한 반면에, 많은 애벌레가 활동을 잘하지 못하게 되는 추운 해에는 굶어 죽게 될 것이다. 또한 개체들 사이의 생식과 생존에 무작위적인 차이가 있을 것이며, 이것은 출생과 사망률 변화의 원인이 된다. 이러한 확률적 요소는 작은 개체군에 불균형적으로 영향을 미친다.

> 출생률과 사망률이 무작위적으로 변동하고, 개체군 밀도가 낮아서 사회적 행동이 방해를 받으며, 환경적 확률 등에 의해 개체군의 크기가 줄어들게 되면 지역적 멸종으로 이어진다. 작은 개체군이 크기가 더 작아져서 멸종되는 일을 막기 위해서 집중적인 관리가 필요하다.

개체군통계적 확률 이상적이고 안정된 환경에서 개체군은 환경의 수용능력(K)에 도달할 때까지 증가한다. 수용능력이란 한 개체의 평균 출생률(b)이 평균 사망률(d)과 같아서 개체군의 크기에 실제 변동이 없는 지점을 말한다. 실제 개체군에서 개체들은 보통 평균 출생률과 같은 수의 자손을 낳지 않는다. 즉, 자손이 없는 개체, 평균보다 더 적은 자손을 낳은 개체, 평균보다 더 많은 자손을 낳은 개체가 있다. 예를 들면, 이상적이고 안정적인 판다(*Ailuropoda melanoleuca*) 개체군에서는 각 암컷이 일생 동안 두 마리의 자손을 낳겠지만 자연에서는 각 암컷의 생식률에 변이가 많다는 연구 결과가 있다. 그러나 개체군이 커지면 평균 출생률로서 개체군을 잘 설명할 수 있다. 어떤 개체군에서 개체의 사망도 이와 마찬가지여서 어려서 죽는 개체, 비교적 오래 사는 개체가 있으므로 많은 개체를 조사하여 평균 사망률을 구할 수 있다.

환경과 다른 요인들의 변화 때문에 개체군 크기는 안정된 수치에 도달하지 않고 시간이 흐르면서 변한다. 개체수가 증가하는 무작위적 크기 변동은 결국 환경의 수용능력(즉, 개체군을 유지하는 데 필요한 자원의 양)에 의해 제한되고 개체군은 다시 적어지는 방향으로 변하게 될 것이다. 그러나 일단 개체군 크기가 50개체 이하로 떨어지면, 개체군이 개체의 출생률과 사망률 변동 때문에 소실된다(Schleuning and Matthies 2009). 개체군 크기가 생식과 사망률의 무작위적 변동 때문에 변동하는 것을 **개체통계적 변이(demographic variation)** 또는 **개체군통계적 확률(demographic stochasticity)**이라고 한다. 만약 환경요소에 의해 평균 사망수보다 더 많은 수가 사망하거나 평균 출생 수보다 더 적은 수가 출생하여 개체군 크기가 어떤 한 해에 작아지는 쪽으로 변동한다면, 그 결과로 더 작아진 개체군은 이듬해에 더 쉽게 변동할 수 있을 것이다. 예를 들면, 스페인 스라소니 수컷이 최근에 전보다 훨씬 어린 나이에 교미하기 시작함으로써 개체군 통계적 확률 사건인 출생률이 증가했지만 이들은 결국 완전한 형제자매끼리 근친교배하게 될 것이다(Lucena-Perez et al. 2018).

결론적으로, 서식지 파괴와 파편화로 개체군의 크기가 감소하면 개체군통계적 변이가 더 중요해지며, 그 개체군은 감소할 가능성이 훨씬 커지게 되고, 심지어 출산률이 낮고 사망률이 높을 때 우연의 결과로 멸종에 이를 것이다(Haddad et al. 2015). 앞에서 언급한 스라소니처럼 출생률과 사망률 변동이 큰 종은 개체군통계적 확률에 의한 개체군 멸종에 특히 민감하다. 또한 코끼리와 같이 출생률이 낮아 개체군 크기가 줄어든 상태에서 회복하는 데 기간이 길게 걸리는 종에서는 멸종이 일어날 확률이 더 높다.

작은 개체군은 일단 개체군 밀도가 일정 수준 아래로 떨어지면 성비 편차가 생겨 출생률 그리고 더 나아가 개체군 크기가 감소하게 된다. 예를 들어, 지금은 멸종된 잿빛바다제비(Dusky seaside sparrow, *Ammodramus maritimus nigrescens*)의 마지막 5마리의 생존 개체는 모두 수컷이었고, 이에 그 종을 구하기 위한 포획 번식 프로그램을 정착시킬 기회조차 얻지 못하였다.

작은 개체군은 어떤 일정 수준 이하로 개체군 밀도가 떨어지면 사회적인 상호작용(특히, 짝짓기에 영향을 주는 것)이 파괴될 수 있으므로 개체군통계적으로 불안정하다. 이 장의 앞에서 개체군 크기, 개체군 밀도, 개체군 성장률 그리고 행동 사이의 이런 상호작용을 알리효과로 설명하였다(Allee 1931; Bonsall et al. 2014). 작은 개체군에서 알리효과의 가장 중요한 면은 아마도 번식행동과 관련될 것이다. 곰, 거미, 그리고 호랑이와 같이 넓게 퍼져서 사는 동물종은 일단 개체군 밀도가 일정 수준

그림 6.18 알리효과의 예로서 동부 시베리아의 캄차카불곰(*Ursus arctos beringianus*)의 예를 들 수 있다. 이들은 밀도가 일정 수 이하로 내려가면 생식을 할 수 없는데 왜냐하면, 혼자 살아가기에 개체 수가 적어지는 경우 교배를 위하여 서로 만나기가 어렵기 때문이다.

이하로 감소하면 배우자를 찾을 수 없게 된다(**그림 6.18**). 식물종에서 개체군 크기와 밀도가 감소할 때 식물 간의 거리가 증가하므로 고립되어 있거나 흩어져 있는 식물체에 수분 매개 동물이 오지 않아 충분한 꽃가루받이가 이루어지지 않고, 그 결과 종자 생산이 감소할 수 있다. 이러한 경우 출생률이 감소하고, 개체군 밀도는 더 낮아지며, 성비의 불균형과 관련된 문제는 더 악화되고, 출생률은 심지어 더 떨어질 것이다. 일단 출생률이 0으로 떨어지면 멸종은 불가피하다. 알리효과를 찾아내고 예측하는 것은 멸종위기종을 관리하고 복구시키기 위해 필요하다.

환경적 확률과 재해 **환경적 확률(environmental stochasticity)**인 생물학적, 물리적 환경의 무작위적인 변동은 개체군 크기의 변동을 유발하여 작은 개체군을 불균형적으로 위협한다. 예를 들면, 멸종위기종인 토끼 종의 한 개체군은 같은 유형의 식물을 먹는 사슴 종 개체군, 토끼를 먹는 여우 개체군 그리고 토끼에 감염하여 질병을 일으키는 세균과 기생충 개체군이 변동함에 따라 영향을 받는다. 물리적 환경의 변동 또한 토끼 개체군에 강력하게 영향을 미친다: 평균 강수량에서 식물의 성장과 토끼 개체군이 증가한다면, 건조한 해에는 식물의 성장이 제한되고 토끼들은 굶주리게 된다. 개체군통계적 확률이 개체군의 개체들 사이의 변이를 유발하는 반면, 환경적 확률은 개체군의 모든 개체에 영향을 미친다.

가뭄, 폭풍, 지진 그리고 불처럼, 예측할 수 없이 발생하는 자연재해는 주변 생물군집의 주기적인 급격한 자연 소멸과 함께 개체군 수준의 급격한 변동의 원인이 될 수 있다. 자연재해는 한 개체군의 일부를 죽일 수 있고, 심지어는 한 지역으로부터 모든 개체군을 소멸시키거나 새로운 서식처를 만들어 한 종에게 혜택을 주기도 한다(Maslo et al. 2019). 어느 한 해에 자연재해가 있을 가능성이 작다고 할지라도, 수십 년 또는 수 세기를 거치면서 계절에 맞지 않는 기후의 오랜 지속기간, 너무 많거나 적은 비, 또는 태풍이나 지진과 같은 자연재해가 일어날 가능성은 매우 크다.

Menges(1992)와 다른 사람들에 의한 모델링 노력의 결과, 작은 개체군에서 중간 크기의 개체군이 멸종될 가능성이 증가할 때 일반적으로 무작위적 환경 변이가 무작위적 개체군통계적 변이보다 더 중요함이 밝혀졌다. 안정된 환경에서 성장했던 개체군에서도 환경적 확률은 멸종의 위험을 상당히 증가시킨다.

평균 출생률이 0.2이고, 해마다 여우에 의해 평균 20마리씩 잡아 먹히는 100마리로 이루어진 토끼 개체군이 있다고 가정해보자. 평균적으로, 해마다 20마리가 태어나고 20마리가 여우에 의해 잡아먹히므로 개체군은 정확히 100마리씩 유지될 것이다. 그러나 여우가 3년 동안 연달아 해마다 40마리를 잡아먹는다면 개체군은 각 해에 80, 56, 27마리로 줄어들게 될 것이다. 그리고 그 후 3년 동안 여우가 한 마리도 잡아먹지 않는다면, 토끼 개체군은 32, 38, 46마리가 될 것이다. 6년 동안 한 해 평균 20마리가 잡아먹혔음에도, 해마다 포식률의 변동 때문에 토끼 개체군의 크기는 50% 이상 감소하였다. 개체군이 46마리가 되면, 토끼 개체군은 해마다 여우가 평균 20마리를 잡아먹을 경우 5~10년 안에 멸종될 것이다. 제7장에서 언급하겠지만, 한 개체군이 멸종될 가능성을 정확히 알기 위한 모델에 환경적 그리고 개체군통계적 확률을 포함하여야 한다.

멸종의 소용돌이

개체군이 작아지면 작아질수록 생식률은 저하되고, 사망률은 증가하며, 심지어는 개체군 크기가 매우 작아져서 그 개체군이 멸종할 수도 있는 유전자 다양성의 유실, 개체군통계적 변이, 그리고 환경 변동의 종합적인 효과에 더 민감해진다(**그림 6.19**).

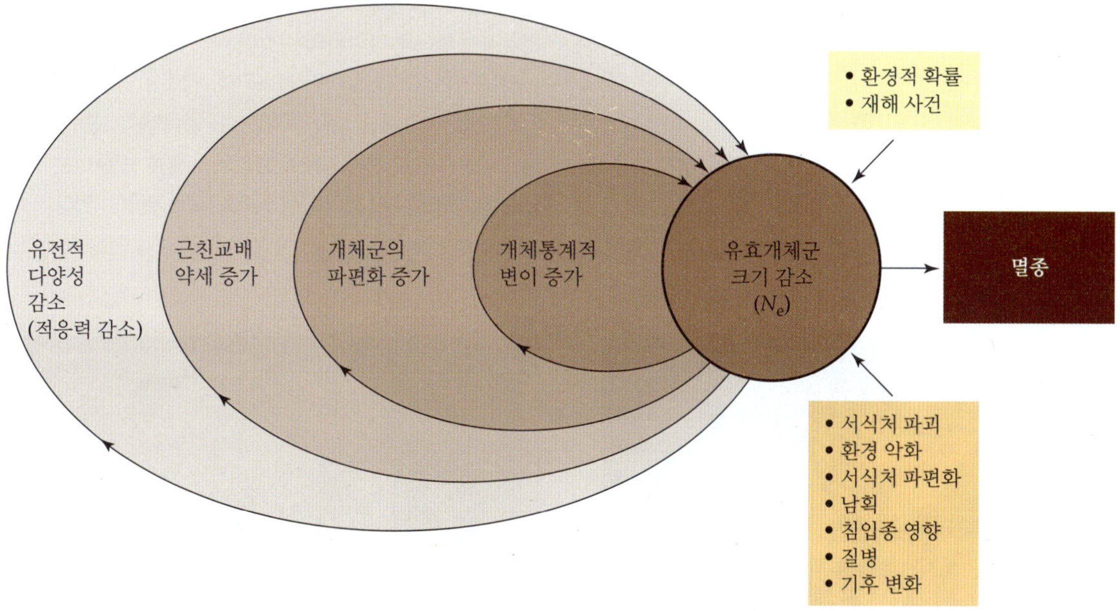

그림 6.19 일단 개체군이 일정한 크기보다 작아지면, 그 개체군은 작은 개체군에 영향을 주는 요인들이 개체군 크기를 점진적으로 더 작아지게 이끄는 멸종의 소용돌이로 들어간다. 이 하향 나선은 종종 종이 국지적으로 멸종되게 한다. (After Gilpin and Soule. 1986. Minimum viable populations: Processes of species extinction. In M. E. Soule (ed.), *Conservation Biology: The Science of Scarcity and Diversity*, pp. 19–34. Oxford University Press/Sinauer Associates, Sunderland, MA.)

국내 사례연구

우리가 기억해야 할 바다사자, *Zalophus japonicus*(Peters, 1866)

독도를 사랑한 강치

'강치야 동도야 동해바다야
사라져간 강치를 기념하여 비를 세우노니
우리 바다 영토 지킴이가 되어주소서'

-2015.8.7. 주강현 제주대학교 석좌교수-

강치라는 이름으로도 불리고, 영문명이 Japanese Sea Lion인 바다사자는 포유동물강(Mammalia), 식육목(Carnivora), 바다사자과(Otariidae) 바다사자속(*Zalophus*)에 속하는 중형 해양포유류로, 과거 울릉도 · 독도를 중심으로 우리나라의 동해안에 분포했던 것으로 알려져 있다. 국외로는 일본, 극동 러시아 등 환동해 지역에서 무리를 이루어 서식하던 해양생태계의 최상위 포식자였다.

바다사자의 최대 서식지였던 독도에서 일제강점기 시절인 1903~1910년에 가죽, 수염, 기름, 뼈 등을 노린, 심지어 서커스에 이용할 목적으로, 일본인들이 바다사자를 매년 천 마리 이상 남획하였는데, 당시 포획 활동이 바다사자의 번식지에 집중되었던 탓에 암컷과 어린 개체의 피해가 컸던 것으로 알려진다. 또한 제2차 세계대전 당시 독도가 미군의 사격훈련장으로 이용되면서 바다사자의 번식과 생존에 영향을 주었을 것이라는 견해도 있다.

1953년 4월과 1956년 12월 사이에는 100여 마리의 바다사자가 생존했던 것으로 파악되었지만, 1957년 이후 비정기적으로 목격된 사례가 발표된 이후에는 관찰된 기록이 확인되지 않고 있어 절멸한 것으로 여겨진다. IUCN 세계적색목록(2017)의 전 지구적인 평가에서 멸종(EX) 범주에 수록되어 있다. 한국의 환경부에 지정한 멸종위기 야생생물 1급의 법정보호종으로서 절멸(EXtinct)된 종으로 평가되는 해양수산부의 해양보호생물이기도 하다.

바다사자 수컷의 몸 길이는 2.3~2.5 m, 체중은 450~560 kg에 이르며 체색은 어두운 회색이다. 암컷은 수컷보다 채색이 연하고 몸길이도 짧아 1.6m이다. 털이 짧고 발톱이 있는 물갈퀴가 있다. 비슷한 생김새로 인해 '물개'로 자주 오해받기도 하지만, 물개에 비해 몸체가 크고 털이 매끈하다. 바위나 모래 위 또는 풀이 많은 주로 연안 지역에서 서식하며, 물고기, 두족류, 연체동물 등 다양한 먹이를 섭식한다. 암수 모두 4~5년이 지나면 성적으로 성숙한다. 출산은 5~6월에 걸쳐 1년에 1회 1마리를 주로 모래 연안에서 낳으며, 1마리의 수컷이 여러 마리의 암컷을 거느리지만 번식기가 끝나면 흩어진다. 암컷은 새끼를 옮길 때 어린 새끼의 목을 물어 운반한다. 동굴에서 쉬는 것을 즐기지만 주위를 살피는 데 민감하고 위험을 느낄 때는 바닷속으로 뛰어든다. 최대 수명은 30년으로 알려져 있다.

울릉도 강치 조형물

울릉도 강치 기념비

개체군의 멸종으로 이어지는 작은 개체군의 감소 경향은 중심에 가까우면 가까울수록 더 빨리 멸종으로 나아가는, 안쪽으로 소용돌이치는 기체나 액체에 비유될 수 있다. **멸종의 소용돌이(extinction vortex)** 중앙에서 종의 국지적 멸종, 즉 종이 완전히 사라지게 된다. 일단 종이 이러한 소용돌이에 빠지게 되면 멸종되지 않고 버티기는 어렵다(Palomares et al. 2012). 작은 개체군에는 종종 개체군 성장률을 증가시키고 멸종의 소용돌이에서 탈출시키기 위한 개체군과 서식지를 관리하는 신중한 프로그램이 필요하다. 이에 대해서는 다음에 다루기로 한다.

요약

- 많은 종이 현재 인간의 활동으로 인해 멸종 직전에 처해 있다; 이런 현상은 조류, 포유류와 양서류처럼 연구가 잘 이루어진 그룹에서 특히 잘 기록되어 있다.
- 섬에 사는 종들은 예전에 작은 개체군 크기 그리고 인간과 본토의 종들에게 노출된 적이 없기 때문에 멸종률이 본토에 사는 종들보다 더 높다. 수생 종 중에 담수 종들이 해양 종들보다 멸종률이 명백하게 더 높다.
- 현재 멸종률은 배경멸종률의 100~1,000배 정도 더 높다. 현대 멸종된 종의 99% 이상은 인간 활동의 결과이다.
- 섬생물지리학 모델을 통해 새로운 보호지역에서 생존할 수 있는 종 수를 예측할 수 있다. 또한 서식지 파괴와 다른 인간의 활동 때문에 멸종될 종 수를 예측할 수 있다.
- 멸종에 가장 민감한 종들은 매우 좁은 서식 범위, 하나 또는 몇몇 개체군, 크기가 작은 개체군, 그리고 인간에게 경제적인 가치를 가짐으로써 남획의 대상이 되는 것과 같은 특별한 특징을 가진다.
- 작은 개체군은 유전적, 개체군통계적, 그리고 확률적인(무작위적으로 일어나는) 환경요소 때문에 크기가 쉽게 작아져서 결국 멸종에 이를 수 있다. 이러한 멸종을 막기 위해서는 작은 개체군에 대한 관리가 필요하다. 유효개체군 크기는 전체 개체군보다 더 작은 교배 개체의 수를 측정하며, 성비, 연령 구조 그리고 그 외 다른 것들에 의해 영향을 받는다.

토론 주제

1. 현재 지질시대를 "인류세"라고 부르는 이유를 설명하시오.
2. 한 종이 국지적으로는 멸종되었지만, 아직 다른 장소에서는 발견됨에도 불구하고 보존생물학자 또는 다른 사람들은 왜 그들을 보호하고자 하는가?
3. 지난 2세기 동안 멸종된 종을 생각해보자. 이 장에서 나열한 멸종 취약성의 범주에 포함되는가? 다른 생물학적 또는 생태학적 특징 중 멸종과 관계있는 것은 무엇인가? 멸종을 예측할 수 있는 대표적인 특징을 가지고 있는가? 또한 그러한 특징의 조합이 있는가?
4. 현재 야생에서 멸종위기에 있는 한 종을 찾으시오. 이 종은 작은 개체군의 문제에 어떻게 영향을 받고 있는가? 유전적, 생리적, 행동적, 그리고 생태학적 면에서 적절히 설명하시오.

보츠와나에서 2개 국가의 공동 연구 프로젝트의 일환으로 신중하게 발목 밴드를 부착시킨 모자쓴독수리를 데이빗 탄디(David Thandi)가 놓아주고 있다. 독수리는 지구 전체에서 멸종 위협을 받고 있으며, 이들로부터 수집된 데이터는 보전 노력에 이용될 것이다.

7

개체군과 종의 보전

한 종이 도움을 정말로 필요로 한다는 것을 어떻게 아는가? 어느 시점에 어떤 종의 한 개체군에서 개체수가 자연스럽게 안정되거나, 증가하거나, 감소하거나, 변동이 있을 수 있다. 일반적으로 인간의 광범위한 교란은 많은 자생종들의 개체군을 불안정하게 만들어서 그 크기를 종종 급감시킨다. 이 교란을 어떻게 측정할 수 있는가? 교란을 방지하거나 돌이키기 위해서는 어떤 행동이 취해져야 하는가? 보전생물학자는 희귀하고 멸종위기에 처한 종을 관리하기 위한 특정 계획이 성공할 가능성이 있는지를 어떻게 결정할 수 있는가?

우리는 또한 어떤 종을 보호해야 하는지 알 필요가 있다. 보전생물학자와 공원 관리자에게는 모든 종을 보호할 수 있는 충분한 시간과 돈이 없다. 모든 종이 비슷하게 보호될 필요성이 있는 것도 아니다. 많은 종은 크기에서 안정적이고 넓은 지역에 걸쳐 존재하는 다수의 큰 개체군으로 구성된다. 보호가 필요한 종을 구분하는 방향으로 노력이 이루어져야 하며, 이때 야외 데이터와 모델링 모두를 포함하는 가장 최근의 정량적인 접근법을 사용해야 한다. 이 장에서는 자연환경에서 종과 개체군을 모니터링하고, 관리하며, 우선순위를 매김하고, 보호하기 위한 접근법을 다룬다. 그리고 이 정보가 멸종위기종에 대한 법적 보호를 정착시키는 데 사용되는 방법에 대해 다룬다.

응용 개체군 생물학

학습 목표

이 절에서는 다음 내용에 주안점을 두기 바란다.

1. 어떤 주어진 종에 대해 데이터 수집을 안내할 질문 목록을 만들 수 있어야 한다.
2. 한 종이나 시스템에 대해 이미 존재하는 데이터를 문헌에서 찾을 수 있어야 한다.
3. 한 종에 대해 새로운 데이터를 수집하기 위한 연구를 설계할 수 있어야 한다.

희귀하고 멸종위기에 있는 종을 효과적으로 보호하고 관리하기 위해서는 그 종의 생태, 뚜렷한 특징[때로 그 종의 **자연사(natural history)**라 부른다], 그리고 개체군의 상태, 특별히 개체군의 크기와 분포에 영향을 주는 역동적인 과정[즉, 그 종의 **개체군 생태학(population ecology)**]에 대해 확실히 아는 것이 매우 중요하다. 희귀종에 대한 정보가 더 많을수록 토지관리자는 더 효과적으로 그 종을 유지할 수 있고, 그 종을 절멸의 위험에 처하게 하는 요소를 확인해 낼 수 있으며, 대안적인 관리 방안을 만들 수 있다.

한 종의 자연사와 개체군 생물학을 연구하는 과학자들은 역사적으로 지식 그 자체를 위해 연구해 왔지만, 이러한 분야들이 오늘날에 이르러 희귀하고 멸종위기에 놓인 종을 위한 개체군 수준의 보전 노력에 매우 실질적이고 중요한 응용성을 지니게 되었다.

여러 유형의 자연사와 개체군 생물학 정보가 중요하다:

- 환경(*environment*) 종은 어떤 서식지 유형에서 발견되며, 각 유형별 면적은 얼마나 되는가? 환경은 시공간적으로 얼마나 다양한가? 환경은 교란에 의해서 얼마나 빈번하게 그리고 어느 정도로 영향을 받는가? 인간 활동은 환경에 어떠한 영향을 미쳤는가?
- 분포(*distribution*) 해당 종은 서식지 내 어디에서 발견되는가? 개체들은 함께 모여 분포하는가, 임의로 분포하는가, 아니면 균일하게 분포하는가? 개체들은 단기간 또는 장기간에 걸쳐 다른 서식지로 또는 다른 지리적 지역으로 이동하는가? 그 종은 얼마나 효과적으로 새로운 서식지에 정착하는가? 인간 활동은 종의 분포 또는 서식지 사이를 이동하는 능력에 어떠한 영향을 미쳤는가?
- 생물 상호작용(*biotic interactions*) 종들은 어떤 종류의 먹이와 다른 자원들을 필요로 하며, 어떻게 자원을 얻는가? 다른 어떤 종들이 이들 자원을 놓고 경쟁하는가? 어떤 포식자, 기생자, 질병이 종의 개체군 크기에 영향을 주는가? 어떤 상리공생자(수분매개자, 종자분산자 등)와 상호작용을 하는가? 어릴 때 스스로 분산하는가? 아니면 다른 종에 의해 분산되는가? 인간 활동이 생태계에서 종 사이의 관계에 어떠한 영향을 미쳤는가?

- **형태**(*morphology*) 종은 어떻게 생겼는가? 종의 모습, 크기, 색깔, 표면의 촉감, 신체적 특징의 기능은 어떠한가? 신체 부분들의 특성이 기능과 어떻게 관련되며, 종이 환경에서 생존하도록 돕는가? 이 종은 겉모습이 닮은 다른 종들과 어떤 특성으로 구별되는가?
- **생리**(*physiology*) 개체들은 생존, 생장, 번식에 얼마나 많은 먹이, 물, 무기물, 기타 필수 요소를 필요로 하는가? 자원을 사용하는 데 한 개체는 얼마나 효과적인가? 폭염, 한파, 바람, 비 등 극한 기후에 대해 종이 얼마나 취약한가? 종이 언제 번식하며, 번식할 동안의 특별한 조건은 무엇인가? 생물은 현재 비정상적인 스트레스를 겪고 있는가?
- **개체군 통계**(*demography*) 현재 개체군의 유효 집단 크기는 어떠하며, 과거에는 어떠했는가? 개체 수가 안정적, 증가 또는 감소하고 있는가? 개체군에 성체와 어린 개체가 섞여서 새로운 개체들이 보충되고 있음을 시사하는가? 성비는 얼마인가?
- **행동**(*behavior*) 한 개체의 행동들이 환경에서의 생존에 어떻게 도움을 주는가? 한 개체군의 개체들이 어떻게 교배하고 후손을 생산하는가? 한 종의 개체들이 어떻게 협동적으로 또는 경쟁적으로 상호작용하는가? 개체는 먹이를 어떻게 찾는가? 종을 모니터링하기 위해 가장 잘 관찰할 수 있는 시간 또는 날은 언제인가?
- **유전학**(*genetics*) 형태·생리·행동 특성에 얼마나 많은 변이가 발생하는가? 종의 분포지에 걸쳐 변이가 어떻게 퍼져 나가는가? 이 변이 중 어느 정도가 유전적으로 조절되는가? 유전자들의 몇 퍼센트가 변이를 가지는가? 개체군은 각 변이 유전자에 대해 얼마나 많은 대립유전자를 갖는가? 국지적 장소에 대한 유전적 적응을 보이는가? 개체군 사이에 유전자 흐름이 있는가? 근친교배율은 얼마나 되는가?
- **인간과의 상호작용**(*interactions with humans*) 인간 활동이 종에 어떻게 영향을 미치는가? 어떠한 인간 활동이 종에게 유해 또는 유익한가? 인간이 이 종을 어떤 식으로든 수확하거나 이용하는가? 지역 주민들은 이 종에 대해 무엇을 알고 있는가?

개체군을 연구하는 방법은 주로 육상 식물과 동물의 연구에서 발전하였다(**그림 7.1**). 원생생물, 세균, 곰팡이와 같은 작은 생물은 이처럼 자세히 연구되지 않았다. 그리고 토양, 담수, 그리고 해양 서식처에 사는 종들 또한 더 많은 연구를 필요로 한다. 본 절에서 보전생물학자가 개체군 연구를 어떻게 수행하는지를 학습하는 동안 각 종마다 방법론이 수정되어야 함을 알게 될 것이다.

> 한 종의 자연사와 개체군 생물학에 대한 지식은 그 종의 보호에 있어 매우 중요하다. 그러나 이 모든 정보가 이용 가능하기 전 또는 아직도 모아지는 중일 때 긴급 관리 계획이 종종 결정되어야 한다.

기존의 정보 찾기

정보를 모을 때, 다른 사람이 생태계 또는 동일한 종(또는 관련 종)을 이미 연구했을 수 있다는 것을 기억하는 것이 중요하다. 모든 과학은 과거의 일을 기반으로 한다. 그

그림 7.1 개체군 모니터링에는 각 종에 적절한 특별한 기술이 필요하다. (A) 우림의 연구에서 각각의 나무는 표지되고, 위치가 지도에 표시되며, 페인트로 표시한 위치에서 5년 주기로 나무 둘레가 측정된다. (B) 조류학자는 새그물로 새를 잡아 몸무게, 크기, 성, 번식 상태 등을 측정하고서 다리에 숫자가 새겨진 금속 밴드를 채운다. (C) 식물생태학자는 초원에서 고정된 지점에 방형구를 설치하고서 식물 군집의 변화를 모니터링한다. 이때 종의 존재, 풍부도, 그리고 식물의 키를 측정한다.

래서 한 종 또는 생태계에 대한 어떠한 탐색도 기존의 정보를 철저히 찾는 것으로 시작한다. 어떤 경우에는 전문가와의 인터뷰를 통해서 멸종위기종과 생태계에 대한 그들의 지식을 수집할 수 있다(Zepelini et al. 2017). 그러나 대부분의 경우에, 과학자들은 인쇄되었거나 온라인으로 출판된 것을 통해서 기존 정보에 접근한다. 이것은 과학 문헌이 한 종의 현 상태와 비교할 수 있는 이전의 개체군 크기와 분포에 대한 기록을 가질 수도 있기 때문에 중요하다. 보전생물학에서 새로운 통찰력을 가진 많은 논문이 기존의 데이터를 사용하여 발간된다. 여기에는 메타 분석(제4장 참조) 또는 더 정량적인 문헌 합성을 활용한 논문들도 있다. 기존 정보의 유형은 다음과 같다.

동료평가를 받은 문헌 학술지 논문과 교재를 포함하는 학술 출판물은 전형적으로 **동료평가(peer-reviewed)**를 받는다. 동료평가란 출판되어 배포되기 전에 그 분야의 다른 사람("동료")에 의해 내용이 평가된다는 것을 의미한다. 이처럼, 다른 유형의 출판에서는 전형적으로 나타나지 않는 질(quality)을 조절하는 수단이 있다

(Ferreira et al. 2016 참조). 동료평가를 받은 과학 문헌에는 인쇄되거나 온라인으로 접근 가능한 논문, 서적, 정부 보고서가 있다. 이들은 구글 학술검색 또는 사이언스디렉트(ScienceDirect)와 클라리벳 어낼리틱스(Clarivate Analytics, 이전의 Thomson Reuters)의 웹 어브 사이언스(Web of Science)와 같은 많은 구독 데이터베이스 중의 하나를 통해서 찾을 수 있다. 이들 중 많은 것은 도서관의 구독 서비스를 통해 디지털로도 이용 가능하다. 종이에 인쇄된 책과 더 오래된 학술지 논문은 이와 같은 찾아보기 서비스를 통해서 찾은 후 도서관에 요청할 수 있다. 한 자료를 찾으면, 그 자료에 인용된 다른 문헌을 통해서 또 다른 자료를 찾을 수 있다. 구글 학술검색은 이렇게 하는 데 효과적이다. 동료평가를 받은 모든 학술지 논문에 제시된 핵심어 또한 관련된 자료를 찾기 위한 탐색 용어로 사용될 수 있다. 참고문헌에 대한 아이디어를 위해 생물학자와 박물학자에게 문의하는 것 또한 동료평가된 자료를 찾는 한 방법이다.

또 다른 중요한 사항으로 1차 문헌과 2차 문헌을 구별하는 것이 있다. **1차 문헌(primary literature)**은 최초 연구 결과를 보여준다. 이것은 보통 동료평가를 받은 논문의 형태로 출판되지만, 아래 제시된 다른 유형으로 출판되기도 한다. 이것은 데이터를 수집하여 분석한 사람에 의해 작성된다. 이들은 종종 그 주제에 있어서 전문가이다. 이와 대조적으로 **2차 문헌(secondary literature)**은 문헌 고찰 또는 메타분석에서와 같이 다른 사람들이 발견한 것을 보여준다. 이 책은 2차 문헌의 한 예가 될 수 있다. 만일 2차 문헌에서 찾은 정보를 사용한다면, 잘못 해석할 위험을 피하기 위해 원래의 1차 문헌을 찾아보는 것이 중요하다.

회색문헌 정부의 어업과 야생생물 관련 기관, 국가와 지방자치단체의 산림과 공원 관련 기관, 그리고 보전기구에 속해 있는 과학자들이 작성한 보고서에는 보전생물학에 대한 엄청난 양의 정보가 실려 있다. 이들 문헌은 상업출판사나 과학출판사에 의해 인쇄되지도 게시되지도 않았기 때문에 **회색문헌(gray literature)**이라 부른다. 즉, 출판은 보고서를 배포하는 조직의 일차적인 목적이 아니다. 회색문헌은 때로 양질일 수 있으며, 귀중한 정보를 갖고 있을 수 있다. 그러므로 이 문헌은 선도적인 권위자들의 대화, 강의, 그리고 학술대회 발표에서 종종 인용된다.

다른 온라인 자료 인터넷은 특정 종 또는 생태계에 관한 정보를 찾을 때 가치 있을 수 있는 데이터베이스, 웹사이트, 전자게시판, 소식지, 전문가 토론 그룹, 그리고 다른 자료에 점점 더 많이 접근할 수 있는 기회를 제공한다. 미국 농무국의 플랜츠(PLANTS)와 같이 정부에서 제공하는 데이터베이스는 사용하기 쉬우며 믿을 수 있다. 또한 이제 자세히 다루게 될 세계자연보전연맹(IUCN; www.iucnredlist.org)과 네이쳐서브(NatureServe; explorer.natureserve.org)뿐만 아니라, 버드라이프 인터내셔널(Birdlife International; www.birdlife.org)과 같은 주요 국제기구의 데이터베이스도 사용하기 쉽고 믿을 만하다. 위키피디아 같은 Wikis는 다중 사용자 또는 심지어 대중에게 다른 자료의 목록을 포함하여 정보를 올리거나 편집할 수 있도록 허용하는 사이트이다. 이 클라우드소싱(crowdsourcing)은 내용을 관리할 중앙 조직을 거의 갖지 않은 다른 유형의 질적 조절이라 할 수 있다. 중요한 과학 연구 결과는 종종 인기 있는 뉴스 매체에서 다루어지기 때문에, 신문, 잡지, 그리고 인기 저널의 온라인 색인을 찾는 것 또한 효과적인 전략이다. 온라인 자료를 사용할 때는 항상 정보의 정확성과 공급자가 누구인지 확인해야 한다.

현지 조사를 통한 새로운 데이터

한 종에 대한 새로운 정보는 보통 신중한 **현지 조사(fieldwork**; 자연환경에서의 관찰과 데이터 수집)를 통해 획득되어야 한다. 불행히도 "출판하라! 아니면 짐을 싸든가!" 그리고 제한된 자금의 현재 문화 속에서 현지 조사에 기반하는 연구는 모델링과 문헌 리뷰 논문보다 동료평가가 이루어지는 문헌에서 점점 더 줄어들고 있다(Ríos-Saldaña et al. 2018). 그러나 보전 과학은 현지에서 수집된 새로운 데이터에 의존한다. 한 종의 자연사는 정말로 현지 조사를 통해서만 알 수 있다. 단지 현지에서만 한 종의 생물학적인 환경과 물리적 환경에 대한 관계뿐만 아니라 보전 상태가 결정될 수 있다. 북극곰, 혹등고래, 그리고 열대성 나무와 같은 종에 대한 현지 조사는 시간과 비용이 많이 들고, 물리적으로 몹시 힘들 수 있지만, 멸종위기종을 위한 보전계획을 개발하는 데 매우 중요하다. 그리고 그것은 매우 신나고 만족스러울 수 있다.

Photo by Doug McCaskill, McCaskill Photography

그림 7.2 때로는 생물이 매우 작을 때 이를 연구하는 데 전문화된 장비가 필요하다. 이 사진은 지나 윔프(Gina Wimp)와 섀넌 머피(Shannon Murphy) 박사가 럿거스대학교 해양연구소에 소속된 염습지에서 D-Vacs을 가지고 무척추동물을 채집하는 모습이다. 등에 진 기계의 용기 속으로 곤충과 다른 절지동물을 빨아들인다. 그런 후 이 용기에 들어있는 생물을 꺼내서 신중하게 분류하고 동정한다.

현지에서 데이터를 수집하는 방법은 그림 7.1에서 보듯 특별한 기술이 필요하지 않을 수도 있지만, 경우에 따라서는 전문화된 도구를 사용할 수도 있다(**그림 7.2**). 현지에서 수집된 데이터에는 나중에 최신의 도구를 사용하여 실험실에서 분석될 물리적 표본이 들어있다(216쪽 참조).

연구 방법이 명확한 경우, 과학적 관찰은 제2장에서 설명한 것처럼 종종 일반 대중 자원자로부터 도움을 받을 수 있다. 예를 들면, 영국에서는 헌신적인 아마추어가 최소의 장비나 재정적 지원을 받고서 주변에서 종에 관한 탁월한 연구를 수행하는 오랜 전통이 있다. 모니터링의 지리적 범위와 강도는 흔히 '시민과학자'라 불리는 자원봉사자를 통해 더욱 확대되었다. 자원봉사자를 훈련·교육시키는 것은 과

© Richard P. Reading

그림 7.3 연구자와 자원자가 몽고의 군갈루트(Gun Galuut) 자연 보호구에서 목에 인식표를 매단 산양(*Ovis ammon*)을 방사하고 있다. 이 산양은 세계에서 가장 큰 산양으로, 전 세계적으로 멸종위기에 처해 있다. 목에 인식표를 단 동물로부터 수집된 데이터는 연구되는 종이 필요로 하는 서식 범위와 종에 대한 위협 요인을 이해하는 데 사용된다. 이 프로젝트는 또한 동물원과 지역 그룹 사이에 이루어진 협력의 한 예이다.

학자에게 필요한 자료를 확장시켜 줄 뿐만 아니라, 이들을 보전옹호자로 전환시킨다(Forrester et al. 2017). 자원자에 의해 주로 이루어지는 모니터링 프로그램으로 프로젝트 버드버스트(Project Budburst), 주니버스(Zooniverse), 네스트와치(NestWatch), 프로그와치(FrogWatch) USA가 있다. 개체군을 조사하는 방법 중 많은 것은 인공위성 추적 장치의 사용처럼 매우 전문화되어 있으며, 전문가의 지도하에 가장 잘 배울 수 있다(**그림 7.3**).

남아프리카의 여러 나라에서 수행된 모자쓴독수리(*Necrosyrtes monachus*)에 대한 연구는 현지 조사의 필요성을 부각시키고 있다(이 장을 시작할 때의 사진). 모자쓴독수리는 그냥 놔두면 병이 퍼질 수 있는 사체를 제거하고, 쥐와 같은 해로운 생물의 개체군 증가를 막아주는 중요한 생태계 서비스를 수행한다. 전 세계에서 23종의 독수리 중 14종은 거의 **멸종 위협(threatened)** 수준까지 위협을 받는 것으로 알려져 있다. 모자쓴독수리는 IUCN에 의해 멸종위기로 분류되었다. 세계적으로 독수리류는 농약에 의해 죽은 야생동물이나 항생제 치료 혹은 예방주사를 맞은 가축을 먹어 독에 중독되는 등 많은 위협에 직면해 있다. 독수리류에 대한 다른 위협으로는 서식지의 소실, 로드킬 당한 사체를 먹을 때 자동차와의 부딪힘, 전깃줄에서의 감전사 등이 있다. 모델은 독수리류가 지구 기후변화에 의해 서식지가 점점 적절하지 않게 되어 위협을 받고 있다고 제안한다(Phipps et al. 2017). 아프리카의 여러 지역에서 중요한 위협은 밀렵꾼에 의한 고의적인 독살이다. 밀렵꾼은 독수리가 주변에서 맴돌 경우 그들의 위치가 발각되기 때문에 독을 주입한 사체를 먹이로 제공해서 독수리를 죽인다. 버드라이프(BirdLife) 남아프리카(2017)에 따르면, 1,500마리 이상의 독수리류가 2011년과 2014년 사이에 이런 방식으로 독살당했다. 보츠와나 북부에서 모자쓴독수리의 행동에 대해 더 많이 알기 위해서, 특수하게 설계한 배낭에 넣은 위성 전송장치를 4마리의 독수리에 장착한 후 그들의 이동 데이터를 4년에 걸쳐 수집하였다(Reading et al. 2019). 이 데이터는 모자쓴독수리가 이전에 믿었던 것보다 훨씬 더 넓은 생활 범위(30,000 km^2까지)를 가진다는 것과 이 생활 범위가 계절에 따라 매우 많이 변한다는 것을 밝혀주었다. 이런 유형의 정보는 잠재적인 위협의 지리적 범위와 국제적인 면을 알려주므로 독수리의 관리와 보전에 중요하다.

과학자는 한 종을 진정으로 이해하기 위해서 개체군을 시간을 두고 여러 번 모니터링해야 한다. 모니터링은 여러 가지 이유들로 보전생물학에서 중요한 역할을 한다.

1. **개체군에 문제가 있을 때를 확인하기** 모니터링은 유효개체군 크기가 감소하는지 여부를 결정할 수 있게 하며, 수확의 수준이나 침입종의 도래에 대한 반응과 같은 감소 이유를 결정하는 데 도움을 준다(Homan et al. 2018). 한 종의 장기간 감소를 관찰하는 것은 종종 아메리카 대머리독수리의 경우에서처럼, 이 종을 보전하기 위한 왕성한 활동을 취하게 하는 동기를 제공한다(**그림 7.4**). 장기 모니터링 기록은 (아마도 인간의 교란에 의해 원인이 되는) 장기적인 개체군 증가 또는 감소를 기후변화나 예측 불가능한 자연 현상에 의한 단기적인 변동으로부터 구분할 수 있게 한다(Swengel and Swengel 2018).
2. **보전 노력에 대한 반응 결정하기** 모니터링 기록은 또한 멸종위기종이 보전 관리에 긍정적인 반응을 보이는지 평가할 수 있게 한다. 때로는 더 이상의 특별한 보호가 필요하지 않을 시점을 결정할 수 있게 한다.
3. **시스템의 건강성 측정하기** 특정 곤충처럼 민감한 종의 모니터링은 생태계의 전반적인 상태를 확인하는 데 사용될 수 있다(Stork et al. 2017; 230쪽 참조).
4. **목격자로서 활동하기** 현지 조사는 연구자가 때때로 불법 행위를 하는 사람 또는 다른 형태로 종과 생태계에 해를 입히는 사람과 맞닥트릴 수 있게 한다. 종종 개체군을 모니터링하는 일에 종사하는 연구자의 존재만으로도 그 개체군을 보호할 수 있다. 만약 사람이 존재한다면 밀렵과 같은 은밀한 행위를 수행하기가 더 어려워질 것이다.

이 모든 이유(특히, 처음 두 가지)로 인해서, 모니터링은 멸종위기종을 위한 관리 노력의 일부로서 법에 정해진 과정일 수 있으며, 종종 보전 기관 또는 대학의 연구자와 함께 수행된다. 가장 일반적인 모니터링의 유형으로는 센서스, 조사, 개체군 통계 연구, 그리고 분자적 모니터링이 있다.

센서스 **센서스(census)**는 한 개체군에 존재하는 개체수를 세는 것이다. 연속적 시간 간격으로 센서스를 반복하면, 생물학자는 개체군이 수적으로 안정, 증가 또는 감소하는지를 알 수 있다. 생물군집의 센서스는 어떤 종이 현재 어떤 지역에 존재하는지를 결정하기 위해 실행될 수 있다. 넓은 면적에 걸친 센서스는 종의 분포역을 결정

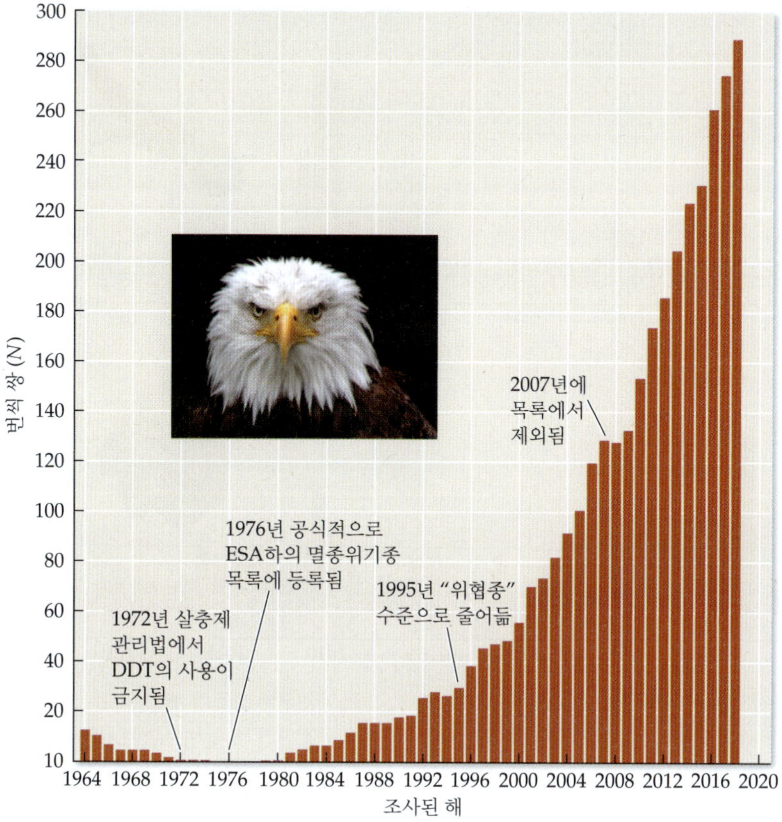

그림 7.4 아메리카 흰머리수리는 개체군 모니터링의 결과에 따라 상당한 보전 활동의 대상이 되었다. 버지니아 제임스 호수에서 관찰된 번식 쌍의 수가 보전 활동과 관련하여 시간에 따라 변화하였음을 보여준다. 1960~1970년대에 미국 전역에서 매우 적은 수의 둥지를 튼 독수리 쌍이 발견되었는데, 이는 연구와 정책적 활동에 박차를 가하는 계기가 되었다. 이에 따라 (생물 농축을 통하여 새에게 해로운) 살충제인 DDT의 사용을 금지하게 되었고, 독수리를 사냥하고 덫을 놓아 잡는 것에 대한 벌칙을 강화하게 되었으며, 멸종위기종법(ESA)의 보호종 목록에 등록하게 되었다. 이러한 활동 후에 회복이 된 것은 이 종이 아직 보호되고 있을지라도 목록에서는 제외될 수 있음을 보여준다. IUCN은 이 종을 "약 관심종"으로 분류하고 있다. 이 종은 2015년 현재 알래스카주에 30,000쌍, 그리고 다른 48개 주에 14,000쌍이 둥지를 틀고 있다고 추정된다. (After B. Watts. 2014. *James River Eagles Continue Historic Rise.* The Center for Conservation Biology (website). https://ccbbirds.org/2014/09/04/james-river-eagles-continue-historic-rise/. Accessed 4/16/19. Data from CCB.)

하는 데에, 그리고 지역적으로 풍부하게 존재하는 면적을 결정하는 데에 도움이 될 수 있다. 이것은 상대적으로 눈에 띄는 야생화의 작은 개체군처럼 찾기 쉽거나 이동하지 않는 생물을 대상으로 할 때는 비용이 적게 드는 직접적인 방법이다. 그러나 상당히 큰 개체군과 작거나 이동을 자주 하는 종을 대상으로 할 때는 매우 어려울 수도 있다. 매우 찾기 어려운 동물인 오랑우탄의 센서스는 매일 밤 만들어 놓은 잠자리를 확인함으로써 이루어질 수 있다. 한 연구에서 보호지역 내 보르네오 오랑우탄(*Pomgo pygmaeus morio*)의 밀도는 그 지역의 나무가 열매 맺는 유형에 따라 변동됨이 확인되었다(**그림 7.5**).

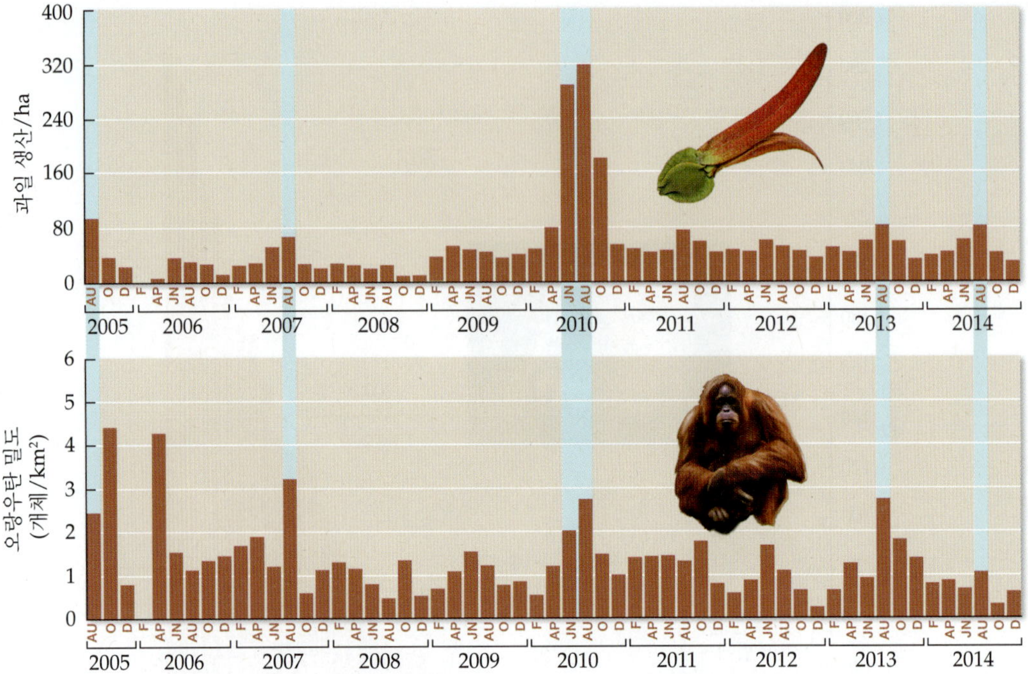

그림 7.5 센서스 데이터는 한 개체군을 조절하는 요소와 환경 요소를 비교하기 위해 사용될 수 있다. 이것은 말레이시아 사바의 보르네오 지역 북부에 위치한 다눔 계곡 보전지역에서 수집한 10년간의 오랑우탄(*Pongo pygmaeus morio*) 센서스 데이터이다. 오랑우탄 센서스 데이터는 동일 지역에서 용뇌향과 교목(dipterocarp trees)의 열매 생산과 비교할 수 있다. 오랑우탄은 나무에서 종종 단독으로 매우 낮은 밀도로 살기 때문에 오랑우탄 개체군을 확인하는 과정은 어렵다. 그러므로 그들의 개체수는 그들이 매일 만드는 잠자리 또는 "둥지"를 확인하여 추정한다. 하늘색으로 표시된 해는 과일 생산과 둥지 수 모두 많은 기간을 나타낸다. 이 관계는 오랑우탄이 이 시기에 보호지역으로 더 많이 이동해 왔음을 제안한다. 이것은 이 유인원이 용뇌행과 교목의 열매에 대한 강한 섭식 선호도를 가짐을 보이므로 보전에서 중요하다. (After T. Kanamori et al. 2017. *Primates* 58:225–235; fruit photo © Riawphai Chantarachit/Shutterstock.com)

조사 한 개체군의 **조사(survey)**는 한 군집의 일부에서 한 개체군 또는 종의 풍부도나 밀도를 추정하기 위해 반복적으로 샘플링하는 방법을 사용한다. 조사 방법은 한 개체군이 매우 크거나 분포 범위가 넓어 모든 개체를 직접 측정할 수 없을 때 사용한다. 한 지역을 표본 구획으로 나누고 일정 구획에서 개체수를 확인한다. 이러한 개체수 확인은 실제 개체군 크기를 추정하는 데 사용된다. 예를 들어, 토끼 개체군을 **트랜섹트(transects**; 종종 줄자 또는 줄로 표시한 선으로, 이 선을 따라 생물 데이터를 수집)를 따라 걸어가면서 조사하며, 관찰된 토끼 수를 기록할 수 있다(Dieter and Schaible 2014). 대양에서는 보트와 비행기를 이용하여 트랜섹트를 따라서 고래와 돌고래를 조사할 수 있다. 다가가서 확인하기 어려운 종을 조사하기 위해 사진을 촬영할 때 드론을 사용하는 것처럼 새로운 기술을 사용한다(Ore et al. 2015). 움직임을 감지하여 디지털 사진을 촬영하는 카메라 트랩 또한 조사하기 어려운 동물을 대상으로 할 때 사용된다.

북아메리카 번식 조류 조사(BBS; www.pwrc.usgs.gov/bbs)의 일환으로, 수천 명의 참가자가 트랜섹트를 따라 지난 35년 동안 수천 곳에서 조류 풍부도를 기록해 왔다. 이 정보는 시간에 따른 400종 이상의 조류 개체군의 안정성을 결정하는 데 사용된다(**그림 7.6**). 과거 센서스와 현재 조사된 결과를 비교하여 종의 서식 범위에서의 변화를 측정하거나 개체군이 사라진 것을 확인할 수 있다. 이 데이터는 또한 (온도와 같은) 환경 변인 중 어떤 것이 개체군 수에 영향을 주는지 결정할 때도 사용할 수 있다(Goetz et al. 2014).

개체군 통계 연구 **개체군 통계 연구(demographic study)**는 개체군의 성장률, 번식률, 생존율을 결정하기 위해 한 개체군에 있는 서로 다른 연령대와 크기의 개체를

(A)

(B)

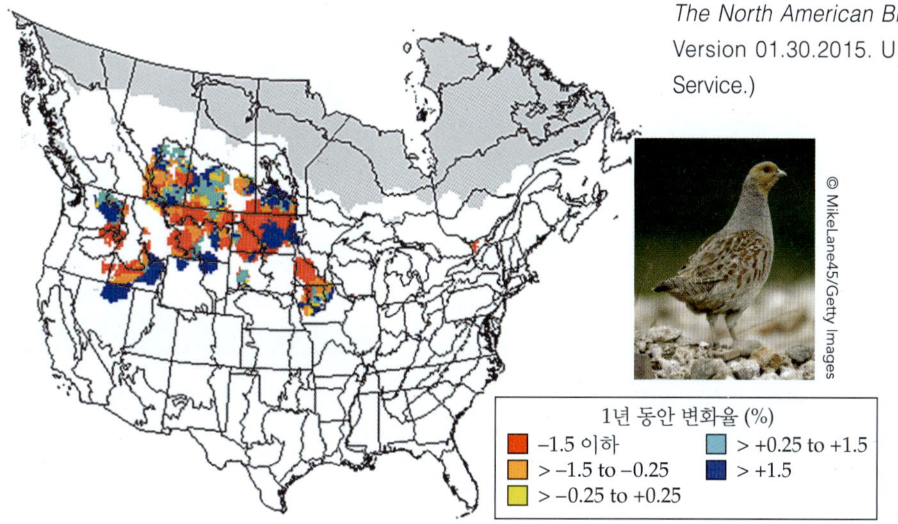

그림 7.6 (A) 북아메리카 번식 조류 조사(BBS)는 이 지도에서 보여주는 조사 경로처럼 세계에서 가장 집중적으로 조사되는 생물 조사 중의 하나이다. 명암의 강도는 관찰 경로의 밀도를 나타내며, 각각의 경로는 각 조류 종의 출현을 기록하기 위해 미리 정해진 조사 지점을 포함한다. (B) 유럽자고새(grey partridge, *Perdix perdix*; 그림 속의 새)에 대해 1966~2013년 동안 조사한 BBS 데이터를 사용하여 제작한 지도. 조사는 전체 서식 범위를 대상으로 한다(www.mbr-pwrc.usgs.gov/bbs). 조류 개체군이 증가하는 지점(푸른색)을 감소하는 지점(노란색과 주황색)과 변화가 없는 지점(붉은색)으로부터 구분할 수 있다. 이 정보는 이 종을 보호하는 데 가치가 있을 수 있다. (A, from J. R. Sauer et al. 2013. *North Am Fauna* 79: 1-32; B, after J. R. Sauer et al. 2014. *The North American Breeding Bird Survey*, Version 01.30.2015. U.S. Fish and Wildlife Service.)

> 개체군 통계 연구는 한 개체군 내에서 개체의 수, 연령, 성, 활성, 그리고 위치에 관한 데이터를 제공한다. 이 데이터는 한 개체군이 안정한지, 증가하는지, 아니면 감소하는지를 알려 준다. 그리고 이 데이터는 한 종의 미래를 예측하는 데 사용되는 통계 모델의 기초가 된다.

추적한다(Homan et al. 2018). 전체 개체군이나 일부 샘플을 추적할 수 있다. 철저한 개체군 연구에서 모든 개체를 계수하고, 가능하다면 연령을 확인하고, 크기를 측정하며, 성별을 구별한 후에 추후 확인을 위해서 표시를 하거나 표식을 부착한다; 현장에서 이들의 위치를 지도화하고, 가끔 분자적 분석을 위해 조직 표본을 채취할 수 있다. 기술은 종의 특성과 연구의 목적에 따라 달라진다. 각각의 학문 영역은 시간이 지남에 따라 개체를 추적하기 위한 그 자신의 기술을 가진다. 조류학자는 새의 다리에 밴드를 달고, 포유류학자는 동종 동물의 귀에 표식을 붙인다. 식물학자는 나무에 알루미늄 표식을 부착한다. 포획해서 표식을 할 때의 스트레스가 동물에게 해롭고, 때때로 치명적인 효과를 가질 수 있다는 우려로 인해(Jewell 2013), 더 세심한 기술과 지침이 개발되고 있다.

개체군 통계 연구에서 나온 정보는 개체군 변화율을 계산하고 생활사에서 위험한 단계를 찾아내는 표준 수학 공식(**생활사 공식**; *life-history formulas*)에 사용될 수 있다(McCaffery et al. 2015). 개체군 통계 연구는 또한 개체군의 연령 구조에 대한 정보를 제공할 수 있다. 안전한 개체군은 전형적으로 유년기, 청년기, 장년기가 특징적인 비율로 나타나는 연령 분포를 가진다. 어떤 연령 구간, 특히 유년기가 없거나 적다는 것은 그 개체군이 감소하고 있음을 나타낸다. 반대로 유년기와 청년기에 많은 개체가 있다는 것은 그 개체군이 안정하거나 심지어는 확장하고 있음을 나타낸다.

생물재료의 실험실 분석

분자적 방법의 도래와 함께 새로운 방법으로 개체군을 모니터링할 수 있게 되었다(그림 7.7). **유전자 모니터링(genetic monitoring)**은 개체군 사이의 이입 또는 근친교배의 존재 여부를 탐지하고, 양을 추정하며, 더 나아가

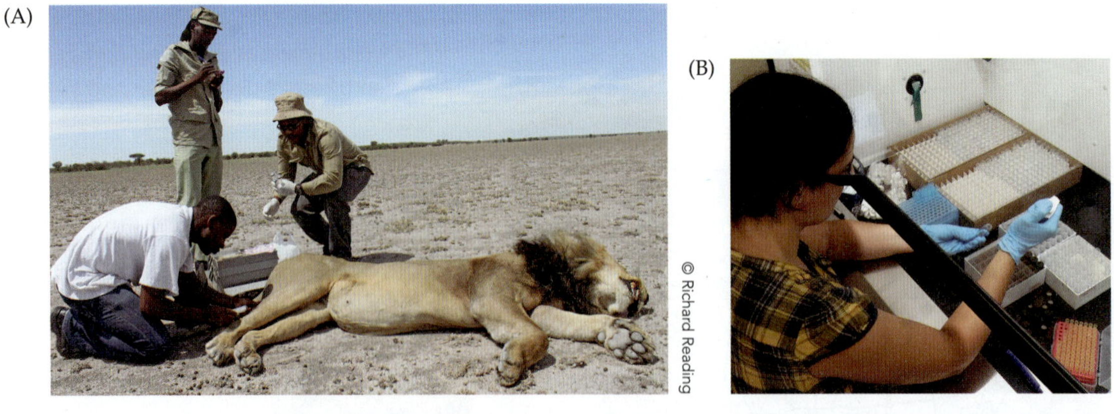

그림 7.7 현지 조사에서 채집된 표본은 분석을 위해 점점 더 많이 실험실로 옮겨진다. (A) 임페리얼 칼리지 런던의 사이먼 두레스(Simon Dures) 박사는 다른 연구원과 함께 유전자 분석을 통한 메타개체군의 구조를 확인하기 위해서 진정제를 투여한 수사자에서 피부 조직을 채취하였다. (B) 카타리나 페레이라(Catarina C. Ferreira) 박사는 온타리오 주 피터버러에 있는 트렌트대학교에서 캐나다 스라소니의 모발의 표본에 들어 있는 코르티솔의 농도를 측정해서 스트레스를 측정하였다.

비율을 탐지하기 위해 DNA나 단백질 마커를 사용한다(Milligan et al. 2018). 유전자 모니터링은 **개체군 유전학**(*population genetics*) 분야로부터 기술을 도입하였다. 유전자 분석 비용이 점차 낮아짐으로써, 우리의 능력은 개체군 데이터가 시공간에 걸쳐 변하는 것을 탐지할 정도로 확장되었다. 개체에서 DNA 표본을 수집하는 것은 우리에게 혈통, 개체군 구조, 그리고 유전자 다양성에 관한 정보를 제공해 줄 수 있다(제2장 참조). 그와 같이 개체군이 환경 변화에 대한 진화적 적응을 겪을 가능성에 대한 정보도 제공해 줄 수 있다. 보전을 위해 유전자 데이터를 적용한 한 가지 사례를 멸종위협을 받는 지중해 산호 종의 유전자 데이터와 개체군 통계 데이터의 조합을 사용한 연구자로부터 찾을 수 있다(Arizmendi-Mejía et al. 2015). 여기에서 연구자들은 해양 보호구역 내에서 보전 단위를 지정하고 우선할 수 있는 방안을 제안하였다.

분석을 위한 표본은 생물로부터 (혈액, 피부, 또는 다른 조직의 형태로) 직접 채취될 수 있으며, 분변과 모발 표본에서도 채취될 수 있다(Hedges et al. 2013). 어떤 경우에는 특수하게 훈련된 개들이 희귀동물 종의 분변 표본을 찾는 데 동원되기도 한다. 분변을 사용하는 DNA 연구는 개체군 크기가 직접 관찰하는 전통적인 조사 방법을 사용해서 추정한 것보다 더 크다는 것을 밝혔다. 이는 더 많은 숨은 개체들을 관찰자가 결코 찾을 수 없기 때문이다. 대신 환경 DNA(eDNA)는 매우 희귀하거나 작은 생물에게서 물, 토양, 또는 심지어 공기 중에서 개체군의 존재, 다양성, 그리고 밀도를 추정하는 데 사용될 수 있다(제2장 참조; Taberlet et al. 2018). 예를 들어, eDNA는 위기에 처한 서인도제도 매너티 개체군을 모니터링하는 데 사용되어 왔으며, 이 방식의 조사를 통해서 더 비용을 많이 들여서 조사한 (헬리콥터나 드론을 사용한) 공중 관찰 추정치보다 더 많은 개체군 추정치를 얻을 수 있었다(Hunter et al. 2018).

현지에서 수집된 표본은 실험실 분석을 위해 회수될 것이다. 실험실 분석은 개체들의 생리 또는 개체군의 유전적 구조에 대한 통찰력을 제공할 것이다.

현지에서 수집된 표본의 분석은 동위원소 분석(제1장과 제5장 참조), 질병의 존재 검사, 호르몬 농도 측정과 같은 비유전적인 다른 방법으로 분석될 수 있다. 예를 들면, 모발의 표본은 동물이 겪는 스트레스의 정도를 측정하는 도구인 코르티솔의 농도를 측정하는 데 사용될 수 있다(Terwissen et al. 2013)(그림 7.7B 참조). 호르몬 분석은 또한 암컷이 임신했는지 혹은 배란했는지 여부처럼 매우 중요한 번식 상태에 관한 정보를 제공해 줄 수 있다.

개체군 생존력 분석

우리는 모니터링 데이터를 가지고서, 평균 사망률, 평균 보충률, 개체군의 현재 연령 또는 크기 분포, 그리고 개체군이 점유하는 면적을 계산할 수 있다. 그리고 이 정보는 미래에 한 개체군이 지속할 수 있는 가능성을 추정하는 수학적 모델을 만드는 데 사용될 수 있다. 이 과정을 **개체군 생존력 분석(population viability analysis, PVA)**

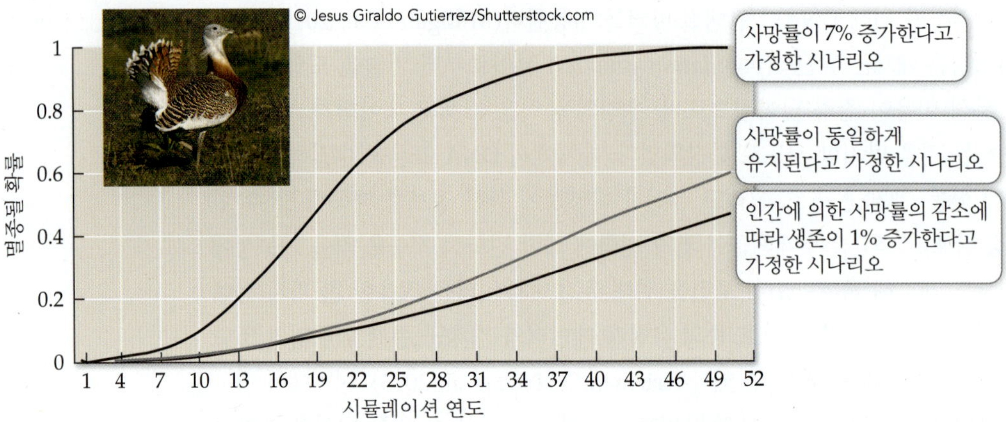

그림 7.8 개체군 생존력 분석(PVA)은 여러 시나리오에서 멸종률을 예측하는 데 사용될 수 있다. 여기에서는 모로코의 느시(*Otis tarda*) 개체군을 대상으로 미래에 멸종될 확률을 모델화하였다. 조건이 동일한 경우, 50년 내에 멸종될 확률은 약 55%이지만, 사망률이 약 7% 증가하면 거의 100%이고, 인간에 의한 사망률이 감소해서 생존율이 1% 증가할 경우 확률이 40%로 줄어들 수 있음을 보여준다. (After C. Palacin et al. 2016. *Endang Species Res* 30: 73–82/CC BY.)

이라고 한다. 이것은 개체군 통계 분석의 확장이다(Saether and Engen 2015). PVA에는 많은 수학적·통계학적 모델이 사용되며, 미래의 어느 시점에 한 개체군 또는 한 종이 절멸할 확률을 예측하는 위험 평가라고 할 수 있다(그림 8.5 참조). 또한 종의 자연사에서 취약 단계를 식별하고, 서식지 소실, 단편화, 악화의 영향을 고려하는 데도 사용할 수 있다(Meissen et al. 2017).

PVA의 다른 중요한 면은 사냥 한도를 변경하거나 보호되는 서식지의 면적을 변경하는 것과 같은 관리 노력이 멸종 확률에 영향을 어떻게 줄 것인지 예측하는 것이다(**그림 7.8**). PVA는 야생에서 잡혔거나 포획 사육된 개체의 추가적인 방사를 통해서 개체군이 증가하는 효과를 모형화할 수 있다.

PVA를 사용한 예로, 심각한 멸종위기에 처해진 번식이 느린 영장류인 서부 로랜드고릴라(*Gorilla gorilla gorilla*)에 대한 연구가 있다(**그림 7.9**). 포획되어 재활시킨 고아 고릴라의 재도입은 방사된 개체의 생존이라는 의미에서는 성공적인 것으로 나타났다. 그러나 이렇게 재도입된 개체군이 시간이 지나서도 지속될 것인지에 대해서는 알려지지 않았다. 콩고와 가봉의 바테케 고원 지역에 재도입된 개체군의 개체군 통계 연구는, 포획된 개체군의 데이터를 함께 사용하여, PVA를 위한 개체군 모델을 개발하는 데 사용되었다(King et al. 2014). 분석 결과, 이 종에 대한 연간 출산률과 성체 암컷 사망률이 200년 내에 한 개체군이 멸종될 확률에 특히 영향을 주는 요소라는 것이 밝혀졌다. 예를 들어, 출생률이 0.18에서 0.28로 증가하면, 멸종 확률은 29%에서 9%로 감소한다. 현재 개체군 구조를 고려할 때, PVA 결과는 또한 이 개체군이 200년 동안 생존할 가능성이 90% 이상임을 시사해 준다. 이는 재도입 프로그램을 지지하는 중요한

PVA는 한 개체군 또는 종이 일정 시간 내에 절멸될 확률을 예측하기 위해서 수학적이고 통계학적인 방법을 사용한다. PVA는 서식지 파괴와 관리 노력의 효과를 모델링하는 데 유용하다.

시사점이지만, 출생률과 성체 암컷 생존과 같은 요인이 환경 급변—가뭄 또는 심한 폭풍과 같은 환경에서의 무작위적 사건—에 반응하여 변하기 때문에 시간을 두고서 모니터링해야 하는 필요성을 강조한다.

그림 7.9 개체군 생존력 분석은 특히 로랜드고릴라처럼 오래 살고 천천히 번식하는 종에서 유용하다.

PVA 모델의 주요 특징과 이들이 작은 개체군을 분석하는 데 특히 유용한 이유는 환경과 개체군 통계학적 급변(제6장에서 설명)을 모두 통합할 수 있기 때문이다. 예를 들어, 한 개체군의 출산율이 0.5로 결정되었다면, 이것은 각 번식 개체가 새끼를 낳을 확률이 50%라는 것을 의미하는데, 이는 동전던지기 결과와 유사하다. 하지만 우리는 동전을 10번 던졌을 때, 앞면을 5번, 그리고 뒷면을 5번 동일하게 볼 수 없다는 것을 안다. 심지어 앞면을 10번 연속해서 볼 가능성도 있다. 마찬가지로, 우리가 출산율을 확신하고 있을 때 조차도, 우리는 어느 주어진 해에 실제로 얼마나 많은 새끼가 태어날지 확신할 수 없다. 이것은 작은 개체군에게 특히 더 극적인 영향을 미칠 수 있다. PVA를 사용하면, 특정 기간 내의 개체군 멸종 확률, 멸종까지의 중간 시간, 개체군 크기 변화 및 점유 면적의 변화를 결정하기 위해서, 이 무작위 변동을 사용하여 개별 개체군을 대상으로 수백 또는 수천 번의 시뮬레이션을 실행할 수 있다.

이러한 확률은 출생률과 사망률 그리고 유입률과 희귀한 폭풍 및 질병의 발생 빈도처럼 PVA에 포함될 수 있는 다른 요인에 따라 달라질 수 있다. 이와 같은 이유로 같은 종일지라도 다른 개체군에서 다른 멸종 확률을 가질 수 있다. 미국 중서부의 오대호 지역에서 자생하는 희귀식물인 피쳐엉겅퀴(*Cirsium pouther*)에 대한 한 연구에서, 비록 100개체 이상으로 구성된 개체군이 다음 세기에 걸쳐 생존할 가능성이 있지만, 일부 매우 큰 개체군조차도 저조한 개체군 성장에 근거하여 멸종될 가능성이 높은 것으로 밝혀졌다(Nantel et al. 2018).

일반적으로, 예측력이 좋은 PVA를 얻기 위해서는 약 10년 간의 모니터링 데이터가 필요하다. 일부 모델의 결과가 종종 서로 다른 모델 가정과 약간의 매개변수 변경으로도 극적으로 변할 수 있으므로 주의하여 해석해야 한다. 그럼에도 불구하고, PVA는 널리 사용되고 있으며 대체 관리 전략의 가능한 효과를 보여주는 데 가치가 있다(Sweka and Wainwright 2014).

최소 생존 개체군(MVP)

PVA는 또한 한 개체군이 시간이 지나도 지속할 수 있는 주어진 종의 최소 개체수를 계산하는 데 사용된다. 일부 연구자는 PVA가 멸종위기종법에 따라 보호에서 제외될 수 있다는 신호를 알려 주는 미리 정해진 임계치인 **회복 기준(recovery criteria)** 설정에 사용되어야 한다고 주장한다(Bessinger 2015). 돌파구를 연 한 논문에서 섀퍼(Shaffer, 1981)는 한 종의 장기 생존을 보장하기 위해 필요한 개체수를 **최소 생존 개체군(minimum viable population, MVP)**이라고 정의했다.

> 주어진 서식지에서 어떤 주어진 종의 최소 생존 개체군은 개체군 통계학적, 환경적, 유전적 급변과 자연재해에도 불구하고, 1,000년 동안 생존할 가능성이 99%인 가장 작은 격리된 개체군이다.

달리 말해, MVP는 예측 가능한 미래에 지속 가능성이 매우 높다고 예측할 수 있는 가장 작은 규모의 개체군이다. 섀퍼는 생존 확률이 95%나 99% 또는 다른 퍼센테이지로 설정될 수 있고, 시간 프레임도 유사하게 조정될 수 있다고 했다. 일례로 100년 또는 500년으로 조정될 수 있다고 말하면서 이 정의의 잠정적인 성격을 강조했다. 핵심은 MVP 규모가 장기 생존을 보장하기 위해 개체군이 얼마나 큰지를 정량적으로 추정할 수 있도록 한다는 것이다. 일반적으로, 더 큰 개체군을 보호하면 개체군이 더 오랫동안 지속할 가능성이 증가한다(**그림 7.10**).

섀퍼(1981)는 MVP 보호 노력을 홍수 조절에 비유했다. 홍수 조절 시스템을 계획할 때 연간 평균 강우량만을 기준으로 사용하는 것은 충분하지 않다. 그 대신에 50년 또는 100년에 한 번 발생할 수 있는 많은 강우와 심한 홍수의 극한 상황에 대한 계획을 세워야 한다. 마찬가지로 자연계를 보호하려고 시도할 때, 우리는 태풍, 지진, 산불, 전염병 그리고 먹이의 소멸과 같은 특정한 재앙적인 사건들이 훨씬 더 큰 간격으로 일어날 수 있음을 이해해야 한다. 멸종위기종에 대한 장기 보호 계획을 세우기 위해서는 평년과 예외적으로 혹독한 해 동안의 생존을 보장해야 한다. 결과적으로, 한 종에 대한 MVP 크기를 정확하게 추정하기 위해서는 그 종의 환경에 대한 분석

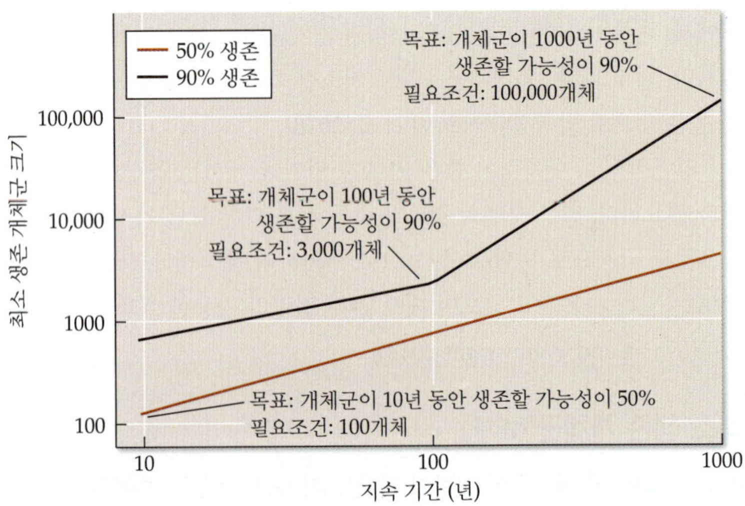

그림 7.10 만약 목표가 더 오랜 연도의 지속이라면, 더 큰 최소 생존 개체군(MVP) 크기가 필요하다. 이 경우에 예시된 바와 같이, 생존 확률 50%와 90% 이상으로 지속 가능성이 높은 지속 확률을 보장하기 위해서는 더 큰 MVP가 필요하다. 두 축 모두 로그 스케일을 사용했다. 이 값은 1,198종에 대한 개체군 크기와 지속성의 변화에서 도출되었다. (After L. W. Traill et al. 2010. *Biol Conserv* 143: 28–34.)

이 필요하다. 이것은 비용이 많이 들며, 수개월 또는 심지어 수년의 연구가 필요하다. 적절한 데이터를 이용할 수 있는 200종이 이상(주로 척추동물)을 분석한 결과, 장기간의 MVP 값은 대부분 3,000~5,000개체의 범위에 속했으며, 중위수는 4,000개체였다(Flather et al. 2011). 특정 무척추동물과 일년생 식물처럼, 개체 수가 극도로 가변적인 종의 경우에 약 10,000개체로 구성된 개체군을 보호하는 것이 이상적인 전략일 수 있다.

불행히도, 많은 종 특히 멸종위기에 처한 종들은 이 권장 최소 개체군보다 크기가 더 작은 개체군으로 존재한다. 예를 들어, 남아프리카의 코끼리 개체군들이 살고 있는 보호구역의 77%에는 100마리 미만의 코끼리가 살고 있는데, 이는 개체군의 장기 생존에 부적합한 것으로 간주된다(Pretorius et al. 2018).

일단 종에 대한 MVP 크기가 설정되면, 멸종위기에 처한 종의 개체와 집단의 서식 범위 크기를 연구함으로써 **최소 동적 면적**(**minimum dynamic area**, MVP를 유지하는 데 필요한 적절한 서식지의 면적)을 추정할 수 있다(Pe'er et al. 2014; Thiollay 1989). 아프리카에서 많은 작은 포유류 개체군들을 유지하기 위해서는 100~1000 km^{2}의 보호구역이 필요할 것으로 추정되었다(**그림 7.11**). 사자와 같은 대형 육식동물의 개체군을 보전하기 위해서는 10,000 km^{2}의 보호구역이 필요하다.

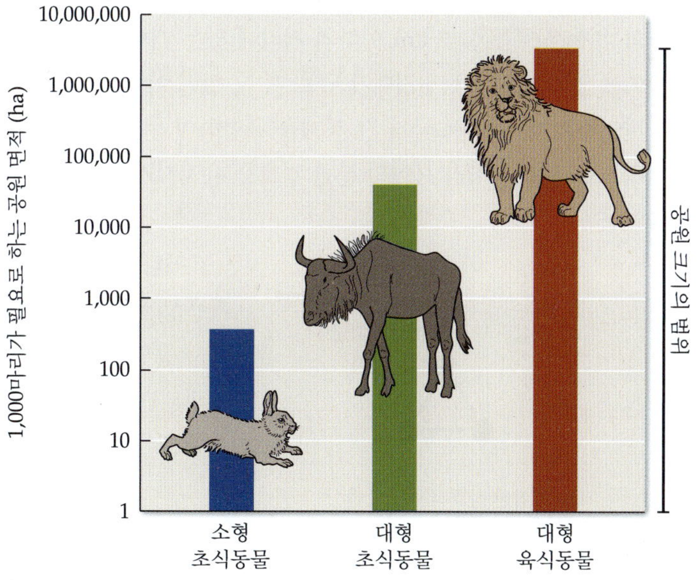

그림 7.11 아프리카의 크기가 다양한 여러 공원에서 다양한 종의 개체군 크기를 고려한 후, 3개의 영양 집단 각각에 대해 100마리의 개체가 사는 데 필요한 공원의 크기가 얼마나 되는지를 결정했다. 측정된 가장 큰 공원은 약 6.43 ha로 1,000마리의 대형 육식동물이 살아가는 데 필요한 최소 크기와 동일하다는 점에 주목하라. 초식동물은 같은 수의 개체인 경우 상당히 적은 공간만 필요하다. 최소 동적 면적(MDA)은 육식동물이 초식동물보다 더 많은 공간을 필요로 하기에 영양 길드마다 다를 것이고, 대형 동물은 소형 동물보다 더 많은 공간을 필요로 할 것이다. (After C. M. Schonewald-Cox 1983. In *Genetics and Conservation*, C. M. Schonewald-Cox et al. [Eds.]. p. 414. Benjamin/Cummings, Menlo Park, CA.)

메타개체군

시간에 따라 한 종의 개체군은 국지적 규모로 멸종되지만, 근처에 있는 다른 적절한 장소에 새로운 개체군이 형성될 수 있다. 강둑에서 발견되는 작은 야생화처럼 일시적 서식지에서 종종 발견되는 종은 **메타개체군(metapopulation**, 개체군들의 개체군)으로 잘 특징지어진다. 메타개체군은 어느 정도의 이주에 의해 연결된 개체군의 변동 모자이크를 구성한다. 어떤 종에서는 메타개체군의 모든 개체군이 단명하고, 종의 분포가 각 세대에서 극적으로 변동한다. 다른 종에서, 메타개체군은 수적으로 상당히 안정된 하나 또는 그 이상의 **공급 개체군(source population)**(핵심 개체군)과 이주자의 도착과 함께 변동하는 여러 **수용 개체군(sink population)**(위성 개체군)으로 특징지어질 수 있다. 위성 지역에 있는 개체군은 좋지 않은 해에는 멸종될 수 있지만, 조건이 좋아지면 보다 영속적인 핵심 개체군으로부터 이주자가 들어와 재정착하거나 구조된다(**그림 7.12**). 메타개체군은 또한 개체가 종종 왕래하는 비교적 지속적인 개체군을 포함할 수 있다.

한 종의 개체군은 종종 이주에 의해 연결되어 있어 하나의 메타개체군으로 고려될 수 있다. 이러한 체계에서 한 개체군의 소실은 다른 개체군에 부정적인 효과를 줄 수 있다.

캘리포니아 동남쪽 사막에 서식하는 큰뿔산양(*Ovis canadensis*)은 메타개체군 동태가 잘 연구된 사례이다. 산양은 산맥 사이에 분산되어 있으며, 이전에 인구가 많지 않았던 지역을 차지하고 있다. 반면, 이전에 산양이 살았던 산에는 산양이 없다. 이주와 유전자 흐름은 15 km 이하의 거리에 있는 개체군 간에 주로 발생하고, 개체군 사이에 언덕이 많은 전원지대가 있을 때 더 멀리 이주했다(Creech et al. 2014). 이 종을 관리하는 데 있어서 국가 간 경계를 포함하여 현재 개체군이 분포하는 지역과 잠재적으로 적합한 지역 사이의 분산 경로를 유지시키는 것이 중요하다(Buchalski et al. 2015).

메타개체군의 지속성은 종종 서식지의 가용성에 달려 있다. 예를 들면, 메타개체군에서 중앙에 있는 한 핵심 개체군 서식지가 파괴되면, 주기적으로 정착하기 위해 핵심 개체군에 의존하는 수많은 작은 개체군의

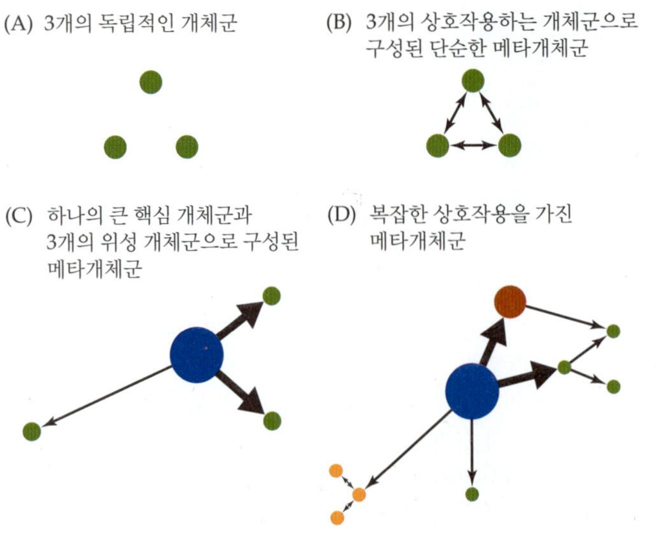

그림 7.12 다양한 메타개체군 유형. 원의 크기는 개체군의 크기를 의미하며, 화살표는 개체군 사이의 이동 방향과 강도를 나타낸다. (After P. S. White. 1996. In *Restoring Diversity*, edited by D. A. Falk, C. K. Millar, and M. Olwell © 1996 by Island Press. Reproduced by permission of Island Press, Washington, DC.)

절멸을 가져올 수 있다. 종의 효과적 관리에는 이들 메타개체군의 동태에 대한 이해와 더불어 소실된 서식지 및 분산 경로의 복원이 종종 필요하다. 예를 들어, 최근 호주 서부의 번베리 인근 해안 해역에서 서식하는 큰남방돌고래(*Tursiops aduncus*) 개체군은 유전자 분석을 통해 인접한 수용 개체군의 공급 개체군임이 밝혀졌다(Manlik et al. 2018). 벤버리 개체군의 전 분포 지역에 비해 면적이 매우 작아 스스로를 유지할 만큼 번식이 일어나지 않는다는 것이 PVA를 통해 이미 밝혀졌으므로 여기에는 문제가 있다(Manlik et al. 2016).이러한 결과를 종합하면, 공급-수용 동태는 미래에 역전되어 인접 개체군을 위협할 수도 있음을 시사해 준다.

장기 모니터링

개체군 변화의 이면에 있는 이유를 이해하기 위해서는 개체군 모니터링을 다른 환경 변수의 모니터링과 결합할 필요가 있다. 생태계 과정(즉, 온도, 강수, 습도, 토양 산도, 수질, 하천의 방출률, 토양 침식)과 군집 특성(즉, 출현 종, 식생 피복도, 각 영향 단계에 존재하는 생물량)의 장기 모니터링은 과학자가 특별한 관심을 가지는 종의 상태와 생태계의 건강을 결정하는 데 필요하다(Haase et al. 2018). 미국과 유럽에서의 장기생태연구(각각 LTER과 eLTER) 프로그램은 수개월, 수년에서 수십 년, 수백 년에 이르는 시간 규모에서의 변화에 초점을 두고 있다(**그림 7.13**). 미국에서

		년	연구 주제	자연 현상	생물학적 현상
	10^5	10만 년			종의 진화
	10^4	1만 년	고생태학과 육수학 ↓	대륙의 빙하작용	산성이탄습지의 천이 숲 군집의 이동
	10^3	1천 년		기후 변화	종의 침입 숲의 천이
LTER	10^2	100년		산림 연구 CO_2에 의한 기후 온난화	문화적 부영양화 개체군 순환
LTER	10^1	10년		흑점 순환	초원 천이
LTER	10^0	1년		엘니뇨 현상 초원 연구	일년생 식물 계절적 이동
LTER	10^{-1}	1월		호수 물순환 대양 용승	플랑크톤 천이
	10^{-2}	1일	↑ 대부분의 생태학	폭풍 일광주기	물꽃 현상 일간 움직임
	10^{-3}	1시간		조수	

그림 7.13 장기생태연구(LTER) 프로그램은 단기간의 관찰로는 명백하지 않은 생태계의 구조, 기능, 그리고 과정에서의 변화를 이해하기 위해 수개월에서 수 세기에 이르는 시간 규모에 초점을 맞춘다. (After J. J. Magnuson 1990. *BioSci* 40: 495–501.)

장기 데이터를 수집하는 또 다른 프로그램으로 국가생태관찰네트워크(NEON)가 있다. LTER 프로그램이 연구자 개인의 프로젝트를 모으는 것인 데 반해, NEON은 중앙에서 운영된다.

장기 모니터링이 필요한 한 예로서, 특정 양서류, 곤충, 일년생 식물 개체군은 매년 크게 변하므로, 이 특정 종이 실제로 시간에 따라 풍부도가 감소하는지 아니면, 단지 변동의 규칙적인 패턴에 따라 개체군의 크기가 작은 해에 불과한지를 파악하기 위해서는 수년 간의 데이터가 필요하다. 일례로, 아프리카 남부에서 두 플라밍고 종(카리브홍학 *Phoenicopterus ruber*와 꼬마홍학 *Phoeniconaias minor*)의 개체군을 50년 이상 관찰한 결과에서 많은 수의 어린 새가 강수량이 많은 해에만 날 수 있었음을 보였는데, 이는 번식이 단순히 매우 가변적임을 보여준다(**그림 7.14**). 실제로 큰 부화가 일어나지 않은 31년의 공백이 있었을 때, 개체군은 위태로워 보였다. 다행히 수많은 병아리가 부화한 2008년과 2011년에 개체군이 증가하기 시작하였다.

환경의 영향이 그들의 초기 원인에 비해서 수년이 지난 후에 나타날 수 있다는 사실은 생태계에서 변화를 이해하는 데 어려움을 야기한다. 예를 들어, 산성비, 질소 침적, 그리고 대기오염의 다른 요소들은 점진적으로 숲을 가로지르는 하천의 수화학, 조류군집, 그리고 산소 함량을 변화시킴으로써, 궁극적으로 수환경을 특정 곤충 종의 유충이 살기에 적합하지 않게 만들 수도 있다. 이러한 경우 원인(대기오염)은

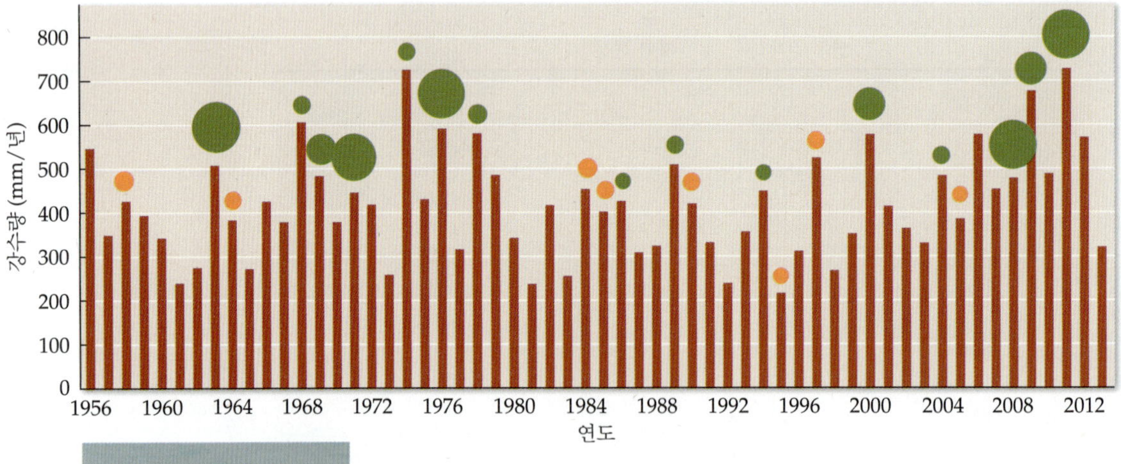

그림 7.14 막대 그래프는 1956년부터 2013년까지의 나미비아 에토샤국립공원의 강수량 데이터를 보여준다. 매년 발생한 홍학의 번식을 원으로 표시하였다. 주황색 원은 번식에 실패했음을 나타낸다(알을 낳았지만, 부화하지 않은 경우). 녹색의 작은 원, 중간 원, 큰 원은 각각 100마리 미만의 병아리, 수백 마리의 병아리, 그리고 수천 마리의 병아리가 부화했음을 나타낸다. 1976년에서 2008년 사이에는 큰 부화가 일어나지 않은 31년의 공백이 있었다. (After R. E. Simmons 1996. *Cons Bio* 10: 504–515, with updates from R. E. Simmons, pers. comm.)

영향(곤충 감소)이 확인되기 수년 전 심지어 수십 년 전에 일어났을 수도 있다. 서식지 파편화는 심지어 점진적인 환경 파괴와 메타개체군의 멸종으로 인한 손실에 지연 효과를 줄 수 있다. 한 개체군이 현 수준의 서식지 소실 또는 파괴에 근거하여 예측한 것보다 더 많은 개체로 구성되었을 때, 이를 **멸종 채무(extinction debt)**라 부른다(Kuussaari et al. 2009; 또한 제6장 참조). 이러한 결정은 모니터링 데이터가 없다면 불가능하다.

모니터링 프로그램의 주목적은 시간에 따른 변화를 기록하는 데 사용할 수 있는 생물군집과 생태계 기능에 대한 필수 데이터를 수집하는 것이다. 이러한 연구에서 모니터링을 통해 관리자는 제11장에서 설명한 것처럼, 프로젝트의 목표가 달성되고 있는지 또는 관리 계획에서 조정이 이루어져야 하는지(적응 관리라 부름)를 판단할 수 있다. 데이터 수집이 완료되기 전에 또는 제한된 데이터만 사용하여 보전 결정을 내려야 하는 경우도 있다는 것에 유의해야 한다. 다음 절에서 다루지만, 완전한 평가는 일부 종에만 가능하며 다른 종보다 일부 종에서 더 일반적이다. 시간과 노력으로 종과 개체군에 대한 우리의 데이터는 계속해서 확대되고 개선될 것이다.

보전의 범주

학습 목표

이 절에서는 다음 내용에 주안점을 두기 바란다.

1. IUCN 적색목록(www.iucn.org)에 등재된 종에 대한 보고서의 의미를 해석할 수 있어야 한다.
2. IUCN, 자연유산(Natural Heritage), 그리고 리빙 플레넷 인덱스(Living Planet Index)에서 사용되는 위협의 기준을 비교할 수 있어야 한다.

일단 개체군과 종에 대해 수집된 데이터를 통해서 절멸에 가장 취약한 종을 확인할 수 있게 되면, 우리가 보전 노력의 우선순위를 정할 수 있게 절멸 위험을 범주화하는 체계를 만드는 것이 유용하다. IUCN은 보전 목적으로 희귀하고 멸종위기에 있는 종의 상태를 표시하기 위해서 보전 범주를 제정하였다(www.iucn.org)(그림 7.15). 이러한 범주는 국내 수준과 국제 수준에서 위협받는 종의 보호를 확립하고, 특별한 관심 대상인 종에 대한 주의를 유도하는 데 유용하다는 것이 입증되었다. 보전 범주는 다음과 같다.

> IUCN은 종에 보전 범주를 부여하기 위해서, 종의 점유 면적과 현재 살아있는 성숙 개체수를 포함하여 정략적 정보를 사용한다.

- 멸종(*EX, extinct*) 더 이상 존재하지 않는다고 알려진 종(또는 아종이나 변종 등의 다른 분류군). 현재 IUCN은 동물 750종과 식물 122종을 멸종으로 등재했다.
- 야생멸종(*EW, extinct in the wild*) 재배, 사육으로만 존재하거나 기원

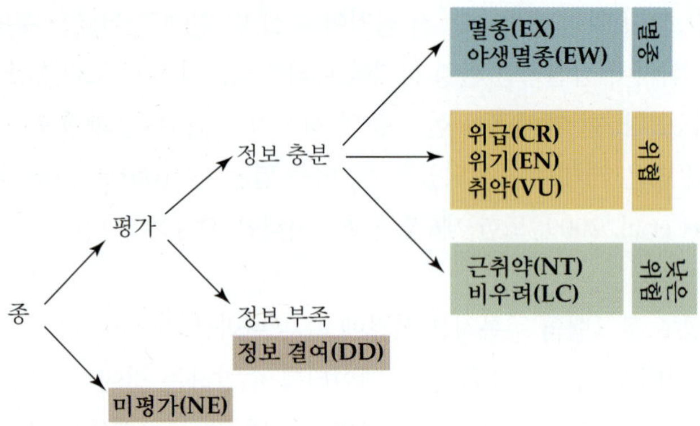

그림 7.15 보전 상황에 대한 IUCN의 범주. 이 그림은 범주의 분포를 보여준다. 왼쪽에서 오른쪽으로 가면서, (1) 종이 평가되었는지의 여부와 (2) 종에 사용 가능한 정보의 양에 따라 범주가 결정된다. 사용 가능한 정보가 있다면, 종은 일단 낮은 위험, 위협, 또는 멸종의 범주로 분류된다. (After IUCN 2012. IUCN Red List Categories and Criteria: Version 3.1. Second edition. Gland, Switzerland and Cambridge, UK. https://portals. iucn.org/library/sites/library/files/documents/RL-2001-001-2nd.pdf.)

범위로부터 상당히 벗어나서 자생화된 개체군이 있는 종. 현재 IUCN은 동물 34종과 식물 35종을 야생멸종으로 지정했다.

- 위급(*CR, critically endangered*) 기준 A~E 중 어느 한 기준에 따르더라도 이 종은 야생에서 멸종할 위험이 극히 높다(**표 7.1**).
- 위기(*EN, endangered*) 기준 A~E 중 어느 한 기준에 따르더라도 이 종은 야생에서 멸종할 위험이 매우 높다.
- 취약(*VU, vulnerable*) 기준 A~E의 어느 한 기준에 따르더라도 이 종은 야생에서 멸종할 위험이 높다.
- 준위협(*NT, near threatened*) 위협 범주의 조건에 가깝지만 현재 위협종으로 고려되지 않는다.
- 비우려(*LC, least concern*) 이 종은 근위협종 또는 위협종으로 간주되지 않는다(널리 분포하고 있는 풍부한 종들이 이 범주에 속한다).
- 자료 부족(*DD, data deficient*) 종의 멸종 위험을 결정할 자료가 부족하다.
- 미평가(*NE, not evaluated*) 이 종은 아직까지 적색목록 기준에 의해 평가되지 않았다.

우리가 국내 또는 다른 지역 수준에서 사용할 때, 2가지 추가적인 적색목록 범주가 더 있다.

- 지역적 멸종(*RE, regionally extinct*) 이 종은 국내 또는 지역 내에 더 이상 존재하지 않지만 세계의 다른 지역에는 존재한다.

표 7.1 보전 범주를 지정하기 위한 IUCN 적색목록 기준

적색목록 기준 A~E	적색목록 범주 '위급종'에 대한 정량적 기준[a]
A. 식별 가능한 개체 수의 감소	직접 관찰에 근거했거나 개발의 정도, 도입종과 질병의 위협, 서식지 파괴 및/또는 악화와 같은 요인들에서 추론된, 지난 10년 또는 3세대 동안 (어느 것이든 더 긴 쪽) 개체군이 90% 또는 그 이상 감소했다.
B. 종이 점유한 총 지리적 면적	종의 분포지가 제한되고(한 장소에서 100 km^2 미만), 서식지의 소실, 단편화, 생태적 불균형 또는 심한 상업적 개발이 관찰되었거나 예측된다.
C. 예측된 개체 수의 감소	총 개체군 크기는 성숙한 번식 개체 수 250 미만이고, 3년 또는 1세대 이내에 25% 이상 감소할 것으로 예측된다.
D. 현재 살아 있는 성숙 개체 수	성숙 개체 수 50 미만의 개체군
E. 몇 년 또는 몇 세대 이내 종이 멸종될 확률	10년 또는 3세대 이내에 멸종 확률이 50% 이상이다.

출처: After IUCN 2012. IUCN Red List Categories and Criteria: Version 3.1. Second edition. Gland, Switzerland and Cambridge, UK. https://portals.iucn.org/library/sites/library/files/documents/RL-2001-001-2nd.pdf

[a] 기준 A~E 중 어느 하나에 대해서라도 기술된 정량성에 부합하는 종은 위급한(심각한 위기종)으로 분류될 수 있다. 적색목록 범주 '위기(endangered)'와 '취약(vulnerable)'에 대한 유사한 정량화를 www.iucnredlist.org에서 찾을 수 있다.

- 적용불가(*NA, not applicable*) 이 종은 지역 적색목록에 적합하지 않다. 왜냐하면, 예를 들어 그 지역에서 자연적인 범위 내에 있지 않거나(즉, 도입되었거나), 그 지역에서 희귀한 도입종에 불과하기 때문이다.

위급, 위기, 취약 범주의 종들은 "멸종의 위협종"으로 분류된다. 이는 멸종의 가능성(확률)에 근거하여 정량화된 것이다. 표 7.1에 설명한 이 **적색목록 기준(Red List criteria)**은 개체군 생존력 분석 모델에 근거하고 있으며, 이는 현지에서 수집한 데이터에 의존한다. 이 기준은 개체군 변화 양상과 서식지 조건에 집중한다. 이 시스템의 장점은 사용 가능한 모든 정보를 이용해서, 인정된 정량적 기준에 따라 의사결정이 제고되고 평가될 수 있는 표준 분류 방법을 제공한다는 점이다. 단점은 종 수가 증가하거나 감소한다고 보고하는 데 있어서, 확정적 권리를 가진 국가로부터 제공되는 데이터에 의존해야 한다는 것이다. 예를 들어, 자이언트판다(*Ailuropoda melanoleuca*)가 최근 위기에서 취약으로 하향 조정되었음에도, 중국이 정치적인 이유로 개체 수를 과장되게 부풀린 것은 아닌지 의심하는 사람들이 있고, 또 다른 사람들은 서식지 소실의 지속적인 위협을 감안했을 때, 하향 조정이 너무 이른 것은 아닌지 의문을 갖는다(Ma et al. 2018).

IUCN 시스템은 위협종의 적색목록을 확인하고 종들이 보전 노력에 반응하는지를 결정하기 위해 사용되어 왔다.

과학자들이 서식지가 파괴되고 있다는 것 외에는 거의 아는 바가 없는 종이 '위협'으로 기재될 수 있으므로, 생물학적으로 잘 모르는 많은 종에 대해서 서식지 소실을 범주 부여의 기준으로 이용하는 것은 유용하다. 실제

로 점유하는 지역·성숙 개체의 수·서식지 또는 개체군의 감소율에 근거해서 종들을 IUCN의 범주로 배정하는 것이 가장 빈번하다. 멸종 확률의 이용은 가장 드물다.

표 7.1의 기준과 그림 7.15의 범주를 이용하여, IUCN은 위협종의 **적색자료집(Red Data Books)**과 **적색목록(Red Lists)**에 동식물종에 대한 위협을 평가·기술했다. 무리별, 국가별 위기종 목록은 www.iucnredlist.org에서 확인 가능하다. 포유류 5,792종 중 1,223종, 조류 11,126종 중 1,492종, 현화식물 268,000종 중 12,578종이 위협종으로 기재되었다(표 6.1 참조).

대부분의 조류·양서류·포유류는 IUCN 시스템을 이용하여 평가되었지만, 파충류·어류·균류·현화식물에 대한 평가 수준은 보다 낮다. 이에 따라서, 위험의 수준이 낮게 평가되었다. 비록 많은 종의 어류, 파충류, 연체동물, 갑각류, 그리고 식물이 멸종의 위협이 있다고 지정되었음에도, 이 무리에서 많은 종이 아직도 평가되지 않았다(표 6.1 참조). 다른 무척추동물, 선태류, 조류, 그리고 미생물에 대한 평가는 훨씬 충분하지 않다. 대부분의 경우, 데이터의 부족이 절멸 위험의 과소평가로 이뤄지는 반면, 양서류와 같은 일부 무리의 경우에 있다-없다를 보여주는 데이터에만 기초할 경우에 위험이 과대평가될 수 있다는 주장이 제기되었다(Cruickshank et al. 2016).

시간에 따라 종들의 보전 상황을 추적함으로써, 종들이 보전 노력에 반응하는지 또는 여전히 위협 당하고 있는지를 결정하는 것이 가능하다. 그런 하나의 측정이 적색목록지수이다. **적색목록지수(Red List Index)**는 어떤 동물 무리의 보전 상태가 1988년 이후로 계속 감소하고 있음을 보여주는데, 특히 산호류가 급격히 감소하고 있음을 보여준다(그림 6.2 참조). 단순히 개체 수만을 기준으로 한 또 다른 척도인 '**살아 있는 지구 지수(Living Planet Index)**'는 척추동물 22,000종 이상의 개체군 크기에 따르는데, 이 지수는 1970년부터 2014년까지 종 풍부도가 평균 60% 감소됨을 보여주었다(WWF; World Wildlife Fund, 2018)(**그림 7.16A**). 감소폭이 남아메리카와 중앙아메리카에서 가장 컸으며(89%), 척추동물 중에서는 민물고기가 손실을 주도하고 있다(83%). 손실이 매우 심각하지만, 적어도 한 지역에서 개체군 규모가 평균적으로 증가하면서 감소율이 1990년 이후로 둔화되었고, 지난 10년 동안 전 세계적으로 거의 변화가 없는 상태였다는 점에도 유의해야 한다(**그림 7.16B**).

IUCN의 노력과 유사한 프로그램으로는 86개의 자연 유산 프로그램을 포함하는 NatureServe network(네이처서브 네트워크)가 있다(www.natureserve.org/explorer). 미국 자연보호협회(Nature Conservancy)가 강력히 지원하는 이 네트워크는 '보전관심 요소(elements of conservation interest)'의 발생에 따른 정보(잘 지도화된 100만 개체군에 더하여 70,000 이상의 종과 아종, 생물군집)를 수집 및 체계화해서 관리한다. 다양한 표준 기준—잔존하는 개체군 또는 발생의 수, 잔존하는 개체수(종에 대해) 또는 면적의 정도(군집에 대해), 보호지역의 수, 위협의 정도, 종 또

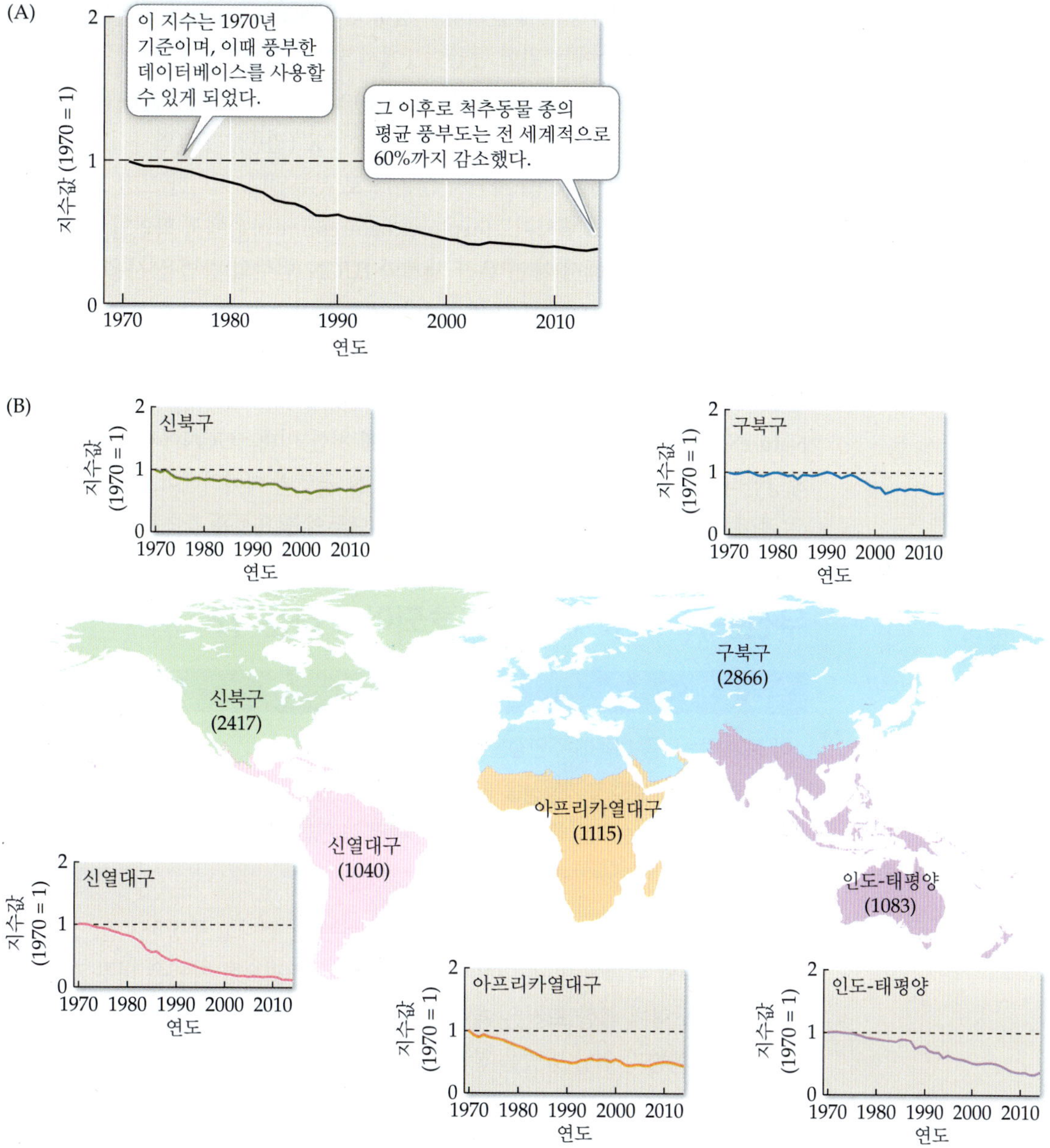

그림 7.16 살아 있는 지구 지수는 전 세계의 4,005종의 척추동물을 대표하는 16,704 개체군의 모니터링 데이터를 반영하고 있으며(A), 이는 지역별로 표시된다(B). 모니터링되는 종의 수를 보여준다. 지수값은 1970년 이후 개체군 풍부도에서의 평균 상대적 변화를 나타낸다. 지수는 1998년에 처음 발표되었으며, 1970년을 기준(지수 = 1)으로 사용한다. 왜냐하면, 이 기간은 신뢰할 수 있는 지수에 활용할 수 있는 충분한 정보가 있기 때문이다. 가장 최근 지표가 2018년에 발표되었지만, 모니터링 데이터를 수집, 처리, 발간하는 데 걸리는 시간 때문에 2014년까지의 데이터만을 포함한다. 비록 50년도 채 지나지 않았음에도, 지구 전체에서 평균적으로 절반 이상이 감소했다는 것은 당연한 경고이지만, 최근 몇 년간 상당한 보전 활동이 지속되고 있는 가운데 감소율(성의 경사도)이 줄어들었다는 사실(신북구에서는 약간의 증가까지도 나타남)은 낙관론을 가질 수 있게 해준다. (After WWF. 2018. *Living Planet Report 2018: Aiming Higher*. M. Grooten and R. E. A. Almond [Eds.] WWF, Gland, Switzerland.)

는 군집의 내재적 취약성—에 근거하여 상황 순위(status rank)가 주어진다. 이러한 기준에 기초하여 요소에는 위험 등급이 1에서 5까지 할당되는데, 위험 등급은 세계 수준(G), 국가 수준(N), 그리고 주/도 수준(S)에서 극히 위험할 때(1)부터 입증 가능한 안전 등급(5)까지로 정해진다. 종들은 또한 "X"(멸종), "H"(역사적으로 알려졌으며, 조사 중), "unknown"(조사되지 않은)으로 분류된다. 이러한 보전 요소에 대한 데이터는 NatureServe 웹사이트(explorer.natureserve.org)에서 확인할 수 있다. 같은 종을 평가하기 위해서 자연 유산 체계와 IUCN 범주의 방법을 사용할 때, 결과로 나타나는 위협의 순위는 대개 비슷하다. 예를 들어, NatureServe 분류에서 5는 안전할 때를 의미한다. 자연 유산 시스템과 IUCN 범주의 방법이 동일 종의 평가에 사용될 때, 위협 순위는 매우 유사하다. 예를 들어, 미국흰두루미(*Grus americana*)는 NatureServe에서는 G1(전 세계적으로 위험에 처한)이며, IUCN에서는 위기 등급에 해당한다. 그러나 NatureServe에는 아직 IUCN 글로벌 데이터베이스에 포함되지 않은 종이 많기에, 국내 및 국제 평가 프로그램 모두의 필요성을 강조하고 있다.

우선순위 매김: 무엇이 보호되어야 하는가?

학습 목표

이 절에서는 다음 내용에 주안점을 두기 바란다.

1. 특정 종이 보호될 가능성을 평가할 수 있어야 한다.
2. 보전의 우선순위를 매기는 데 있어서 여러 접근법을 비교할 수 있어야 한다.

비록 일부 보전학자는 어떤 종도 사라지게 해서는 안 된다고 주장하지만, 진실은 많은 종이 멸종의 위험에 있고, 그들 모두를 구하는 데 필요한 자원은 너무 적다는 것이다. 보전 노력에 대한 도전은 제한된 재정적 인적 자원을 가지고서 생물다양성의 소실을 최소화하기 위한 방법을 찾는 데 있다(Meyer et al. 2016).

생물종 수준의 접근

보전 우선순위를 정하는 한 가지 접근 방식은 특정 종을 보호하고, 그렇게 함으로써 전체 생물군집과 관련 생태계 과정을 보호하는 것이다. 보호구역은 희귀종, 멸종위기종, 핵심종, 그리고 문화적으로 중요한 종처럼, 특별한 관심을 갖는 개개의 종을 보호하기 위해 종종 설정된다. 이처럼, 한 지역과 생태계를 보호하고자 하는 동기를 제공하는 종을 **중심종(focal species)**이라 부른다. 중심종 중의 한 유형은 멸종위기의 생물군집이나 일련의 생태계 과정과 관련된 종인 **지표종(indicator species)**이다. 예를 들면, 미국 태평양 연안 북서부의 멸종위기종인 '북방점박이올빼미(northern

그림 7.17 인도네시아의 육식성 코모도도마뱀(*Varanus komodoensis*)은 세 범주 모두를 만족시키는 종의 예이다. 이 코모도도마뱀은 세계에서 가장 큰 도마뱀으로(독특성), 큰 과학적 관심에 더해 관광객의 관심 대상으로서도 큰 잠재력을 가지고 있으며(실용성), 급속하게 발전하는 국가의 몇몇 작은 섬에서만 발견된다(멸종위기).

spotted owl)'가 산림성 지표종에 해당한다. 많은 국립공원은 일반 대중의 관심을 사로잡고, 상징적인 가치를 가지며, 생태 관광에 절대적인 호랑이나 판다와 같은 **깃대종(flagship species)**을 보호하기 위해 지정되었다. 깃대종과 지표종 또한 그들을 보호하는 것이 다른 종과 생물다양성의 측면을 자동적으로 보호하게 되므로, **우산종(umbrella species)**이라고도 불린다.

보전을 위한 종의 우선순위를 결정할 수 있는 다른 방법은 "DUE(독특하고, 실용적이며, 멸종위기)"에 처한 정도를 평가하는 것이다(**그림 7.17**).

1. **차별성**(*Distinctiveness, irreplaceability*) 한 종이 분류학적으로 독특한 경우, 즉 속 또는 과에 한 종만 있는 경우에, 그 종에게 종종 높은 보전 가치가 주어진다. 비슷하게 동일한 종의 다른 개체군으로부터 이 개체군을 구분할 수 있는 특이한 유전적 특성을 가진 한 종의 개체군에 보전의 높은 우선순위가 부여되기도 한다. 희귀한 고유종으로만 구성되었거나 다른 특이한 특성(좁은 면적, 경관적 가치, 독특한 지질학적 특성)을 가진 생태계에 보전의 높은 우선순위가 주어진다.
2. **유용성**(*Utility*) 야생밀과 같이 인간에서 현재 또는 잠재적으로 가치가 있는 종에게 높은 보전의 우선순위가 주어진다. 인도의 호랑이와 미국의 흰머리독수리처럼, 문화적으로 중요한 종에게도 높은 우선순위가 주어진다.
3. **위험성 또는 민감성**(*Endangerment, vulnerability*) 멸종위기에 있는 종은 그렇지 않은 종보다 더 많은 관심의 대상이 된다. 단지 약 249개체만 남은 아메리카두루미(*Grus americana*)는 약 52만 마리의 개체가 존재하는 캐나다두루미

(*Grus canadensis*)와 비교했을 때 더 많은 보호를 받아야 한다.

생물 종 수준의 접근은 개개의 종을 살릴 수 있는 계획을 만듦으로써 이루어지며, 이러한 계획은 정부와 비정부 보전단체에 의해서 개발된다. 미국의 NatureServe 네트워크는 감소하는 종의 마지막 개체군이 존재하거나 멸종위기종이 집중적으로 분포하는 지역을 새로이 보전하기 위한 목표를 선정할 때, 희귀하고 멸종위기에 처한 종에 관한 정보를 사용한다(www.natureserve.org). IUCN 생물종생존위원회에서 100곳 이상의 전문가 집단이 멸종위기 동물과 식물을 위한 실행 계획을 제공한다.

생태계 수준의 접근

많은 보전학자는 종보다는 종이 사는 생태계와 생태계에 있는 생물군집이 보전의 대상이 되어야만 한다고 주장한다(Amel et al. 2017). 스스로 유지되는 생태계의 관리와 서식지 보호에 100만 달러를 소비하는 것은 단지 눈에 띄는 종 하나를 보호하는 데 소비하는 것보다 더 많은 종을 보존하게 될 것이고, 결국에는 인간에게 더 가치 있을 것이라고 그들은 주장한다. 홍수 조절, 맑은 물, 그리고 레크리에이션의 수단으로 정책 결정자와 대중에게 생태계의 경제적 가치를 보여주는 것은 쉽지만, 특정 종에 대해 주장하는 것은 어려울 수도 있다. 따라서 종 수준과 생태계 수준에서의 접근을 함께 하는 것이 많은 경우에 좋은 보전 전략이 될 수 있다.

이러한 생태계 기반 접근법을 사용할 때, 보전계획가는 가능한 한 많은 유형의 생태계를 대표하는 장소가 확실히 보호되도록 노력해야만 한다. **대표 지점(representative site)**에는 그 생태계에 특징적인 종과 환경 조건이 모두 포함되어야 한다. 비록 어떤 지점도 완벽하게 대표하지 못할지라도, 이 분야에서 일을 하는 생물학자는 종종 보호를 위해서 적절한 지점을 구분해 낼 수 있는 능력을 가지고 있다.

공원의 경계가 어디가 되어야 하는지, 어떤 종과 생태계가 보호되어야 하는지를 즉각적으로 결정해야 될 때 생물학자는 **빠른 평가 프로그램(rapid assessment program)** 또는 RAPs로도 알려진 **간이생물다양성평가(rapid biodiversity assessments)**를 하도록 훈련 받아 왔다. 여기에는 식생도 작성, 종 목록 작성, 특별 관리를 받아야 할 종의 평가, 전체 종 수의 추정, 그리고 특별히 관심을 가져야 할 새로운 종과 특징 확인 등이 포함된다. 제2장에서 다룬 생물다양성 탐사(bioblitz)는 RAP의 한 유형이다.

황야 접근

사람들이 돌보지 않은 황야(Wilderness) 지역은 새로 보호구역을 지정할 때 우선적으로 고려된다. 이는 부분적으로 노령림(**그림 7.18**)처럼 보호가 필요한 종과 개체군을 포함할 확률이 더 높기 때문이다. 인간의 활동에 의한 영향을 가장 적게 받고, 인

그림 7.18 캘리포니아의 세쿼이아 국립공원과 킹스 캐니언 국립공원 내에 있는 이 지정된 황야에서 노령의 거대한 세쿼이아가 보호되고 있다.

구밀도가 낮으며, 가까운 미래에 개발될 것 같지 않은 넓은 면적의 땅이 아마도 대형 포유동물이 야생에서 생존할 수 있는 유일한 세상일 것이다. 이 황야는 또한 복원을 위한 대조 지역으로 사용될 수 있다(제11장 참조). 소위 황야라고 부르는 지역이 인간 활동의 오랜 역사를 가졌으며, 사람들이 종종 생물군집의 구조에 영향을 미쳤다는 것을 충분히 강조해야 한다.

생물다양성 중요지점 접근

많은 종이 집중된 새로운 장소가 보호될 수 있다는 것을 강조하기 위해서, 특정 종이 **생물다양성 지표(biodiversity indicators)**로 사용될 수 있다. 예를 들어, 항상은 아니지만 종종 꽃피는 식물의 다양성이 높은 지점에서는 이끼, 거미류, 그리고 곰팡이의 다양성도 높다. 이에 더하여 다양성이 높은 지역은 종종 높은 비율의 (이곳에서는 나타나지만, 다른 곳에서는 나타나지 않는) **고유성(endemism)**을 가진다(Ibanez et al. 2017). BirdLife International은 200개 이상의 국가에서 해양 환경을 포함하여 1,200개 이상의 중요한 조류와 생물다양성 지역(Important Bird Areas, IBAs)을 확인했다(www.birdlife.org). 이 지역 가운데 많은 곳을 즉각적으로 보호할 필요가 있다. 높은 주류 다양성과 고유성을 가지는 조건은 다른 무리에서의 다양성과 고유성을 증진시킬 수 있다.

비슷한 접근법을 사용해서 국제보전기구(Conservation International), 세계야생생물기금(World Wildlife Fund), 그리고 다른 기관들은 생물학적 다양성이 매

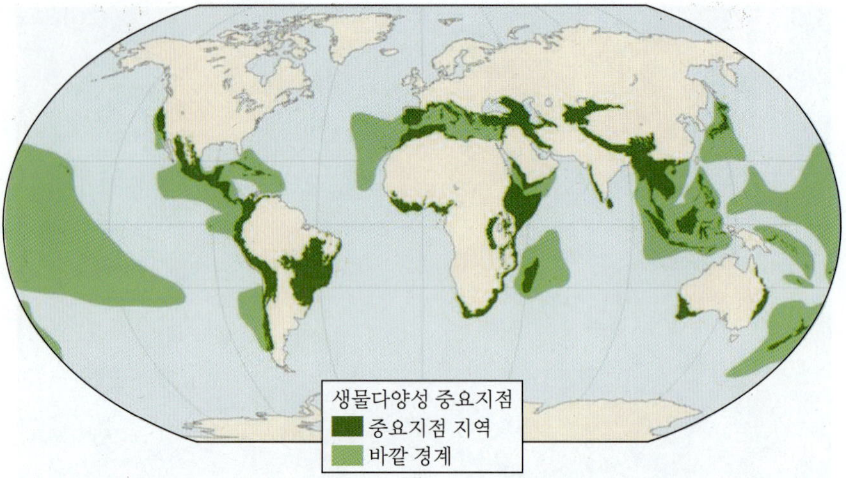

그림 7.19 중요지점은 높은 생물다양성, 고유성, 그리고 급박한 절멸의 심각한 위협 때문에 보호의 대상이 된다. (From WildArk.org. 2017. Biodiversity Hotspots — why are they so critical? *WildArk Journal* (online), R. A. Mittermeier et al. 2011. In *Biodiversity Hotspots*, F. Zachos and J. Habel [Eds.]. p. 3. Springer, Berlin, Heidelberg.에서 인용)

우 높고, 고유성 수준이 높은, 그리고 급박한 종의 멸종 위험과 서식지 파괴가 일어날 **생물다양성 중요지점(hotspots)**을 지정하였다(**그림 7.19**)(www.biodiversity-hotspots.org). 이 기준을 사용하여 35개의 범지구적 생물다양성 중요지점이 새로운 보호구역의 목표가 되었다. 이 생물다양성 중요지점은 전 세계의 고유 식물종의 50%와 모든 육상 척추동물의 42%가 분포하고 있는 범위에 해당한다. 하지만 면적은 지구의 전체 육지 표면적의 단지 2.3%에 불과하다.

종의 법적 보호

학습 목표

이 절에서는 다음 내용에 주안점을 두기 바란다.

1. 보호를 위해 국내법과 국제협정이 모두 필요한 이유를 종에 대한 사례를 이용해서 설명할 수 있어야 한다.
2. 산업국가가 다른 나라의 생물다양성을 위해 비용을 지불해야 한다는 입장을 옹호할 수 있어야 한다.

보전생물학자가 종에 대한 보호가 필요하다고 확인하면, 법이 통과되고 보전 노력을 실행하기 위한 협약이 체결될 수 있다. 국내법은 각 국가 내에서 종들을 보호하는 반면에, 국제협정은 더 넓은 보전의 틀을 제공한다.

국내법

많은 나라의 국민은 건강한 환경 보존과 종 보호가 사람의 건강 유지와 관련됨을 인식하고 있다. 각 국가의 정부와 보전단체는 이를 인정하고, 모든 수준에서의 생물다양성 보호에 중요한 역할을 수행하고 있다. 국립공원과 기타 보호지역을 설립하고, 낚시나 벌목, 방목의 행위를 규제하며, 대기와 수질오염을 제한하기 위해서 국가법이 통과되었다. 멸종위기 동물의 거래를 제한하는 국제조약은 국가적인 수준에서 이행되며, 국경선에서 집행된다. 생물다양성을 보호하고자 하는 한 국가의 책무에 대한 진정한 척도는 이들 법률의 집행 효율성에 있다.

유럽연합의 국가들은 멸종위기종의 국제거래에 관한 협약(CITES, the Convention on International Trade in Endangered Species, 아래에서 설명)과 람사르습지협약(Ramsar Convention on Wetlands, 제12장 참조) 같은 국제협정의 국내 시행을 통해서 위기종의 보전을 수행한다. IUCN이 마련한 국제 적색목록에 실린 멸종위기종과 국가 적색자료집에 있는 종 또한 보호한다. 이 종들이 발견될 수 있는 장소를 표시하기 위해서 유럽 동물상 데이터베이스(Fauna Europaea database)는 육상과 수생 130,000종의 분포에 대한 정보를 제공한다(fauna-eu.org). 유럽 국가들은 특히 철새에 중점을 두고서 유럽연합이 채택한 지시에 따라 종과 서식지를 보호한다. 일부 국가는 멸종위기에 처한 종이 서식하는 서식지를 보호하는 1981년 영국의 야생생물 및 지역법(Wildlife and Countryside Act)과 같은 추가적인 법을 가지고 있다.

국가 정부는 국경 내에서 멸종위기종으로 지정된 종을 보호하고, 국립공원을 지정하며, 환경보호 관련 법률을 집행한다.

생물다양성을 보존하기 위해 많은 국가가 법률을 제정했음에도 불구하고, 정부는 보전단체의 환경보호 요구에 대해서 가끔 무반응인 것 또한 사실이다. 어떤 경우에는 정부가 의사결정을 분권화하여, 자연 자원과 보호지역에 대한 규제를 지방정부·마을 자치회·보전단체로 양도한다.

미국에서는 종을 보호하는 주요 보전법인 **멸종위기종법(Endangered Species Act, ESA)**이 1973년에 제정되었고, 1978년과 1982년에 수정되었다. 미국 의회에서는 "위기종과 위협종이 의존하는 생태계가 보전될 수 있는 수단을 마련하고, 이들 종의 보전을 위한 프로그램을 준비하기 위해" 멸종위기종법을 제정했다. 공식적으로 위기종과 위협종으로 기재되면, 해당 종은 ESA 하에서 보호된다(**그림 7.20**). 또한 일반적으로 각 기재종에 대한 복원 계획이 필요하다(Himes Boor 2014).

미국 멸종위기종법은 보전단체와 사업단체가 제한된 개발로 일부 종을 보전하도록 하는 타협안에 종종 동의하게 하는 강력한 보호를 의무화한다.

ESA에 사용되는 언어와 범주는 IUCN이나 NatureServe 시스템과는 다르다. ESA에 정의된 바에 따르면, '위기종'은 전 분포 범위 혹은 상당한 부분에서 인간 활동 및/또는 자연적 요인의 결과로 멸종할 수 있는 종이며, '위협종'은 가까운 미래에 위기종이 될 수 있는 종이다. 미국 어류와 야생생물청을 통해서 집행하는 내무

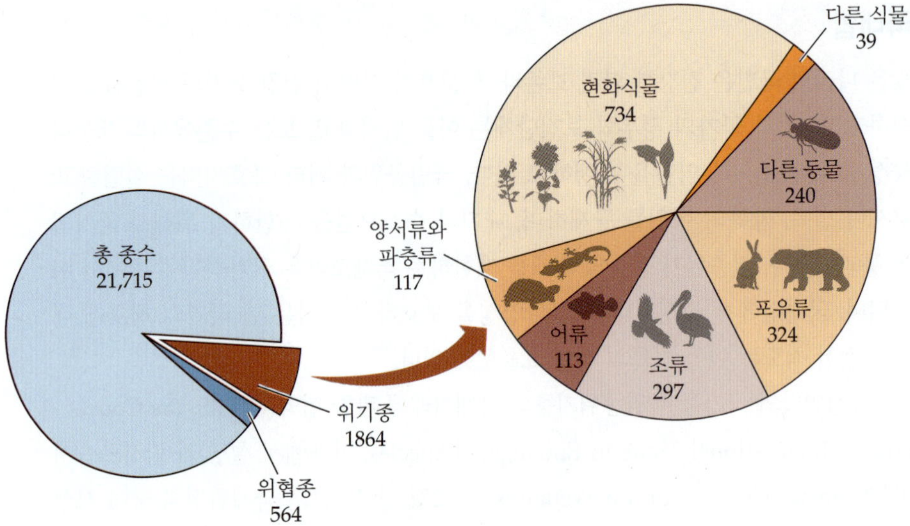

그림 7.20 미국에서 총 약 21,700종 중 2,428종이 멸종위기종법에서 정의한 위기종 또는 위협종으로 법률로써 지정되었다. 이들 중에는 식물이 가장 많다. (After U.S. Fish & Wildlife Service ECOS. 2018. *Listed Species Summary (Boxscore)*, as of Thu, 18 Apr 2019 18:11:02 GMT. https://ecos.fws.gov/ecp0/reports/box-score-report; animals © glyph/shutter-stock.com; plants © ntnt/shutterstock.com.)

부 장관과 국립해양수산청을 통해서 집행하는 상무부장관은 이들이 이용할 수 있는 정보를 바탕으로 해서 종을 명단에서 추가하거나 제거한다. 1973년 이래로 홍연어(*Oncorhynchus nerka*)와 매너티(*Trichechus manatus*)처럼 잘 알려진 종을 포함하여 미국 생물 2,339종 이상이 목록에 추가되었다. 또한 전 세계에서 미국으로 도입될 때, 특별한 제약에 처한 832종도 위기종 목록에 기재되었다. 잔존 개체 수가 100 이하일 때에만 ESA에 등록되므로 등록된 많은 종이 회복되기 어렵다(제6장 참조). 종이 목록에 추가되기 전 상황이 더 악화될 때까지 기다리는 것보다는, 감소하는 종을 목록에 일찍 등록할수록 이 종의 회복 가능성이 높아지므로, 일찍 등록할수록 목록에서 빠르게 제외될 수 있다. 세계 종의 대부분이 곤충과 기타 무척추동물이라는 사실(ecos.fws.gov/tess_public/report/box-score-report)에도 불구하고, ESA 하에서 기재된 미국 종의 대부분은 식물과 척추동물이다(그림 7.20 참조). 단지 89종의 곤충만이 현재 등록되어 있다. 곤충이다. 척추동물과 같은 비율로 보호된다면, 생각할 수조차 없는 엄청난 숫자인 약 29,000종이 ESA 하에서 보호될 것이다. 덜 알려지고 덜 존중되는 무척추동물에 대하여 더 많이 연구하고, 필요할 때 이들의 기재가 확대되도록 더 많은 노력을 해야 한다는 것은 명백하다.

ESA 하에서 기재된 종에 대한 보호가 매우 강력해서, 기업 관계자와 토지 소유주는 자신들의 지역 내에 있는 종의 등록에 대항하여 종종 강력한 로비를 한다. 극단적으로, ESA의 조항을 피하기 위해 자신의 자산에서 등록이 고려되는 멸종위기종 또는 일반 종을 파괴하는—비공식적으로 'shoot, shovel, shut up'이라 알려진 관행—토지 소유주도 있다. 민간 토지 소유주가 멸종위기종의 서식지를 개선하는 데 도움을 주기 위한 금전적인 인센티브가 존재하지만(제12장 참조), 너무 적어서 대부분의 경우 실효성이 없다.

등록을 방해하는 다른 중요한 장애물은 종 복구-종 회복의 어려움 또는 종에 대한 위협을 ESA 목록에서 제거될 수 있는 정도까지 줄이는 것의 어려움이다. 2019년, 미국에서 등록된 1,662종 이상의 종 중 53종이 회복 후에 목록에서 제외되었고, 11종이 멸종되었다(https://ecos.fws.gov/ecp0/reports/delisting-report). 갈색펠리컨(*Pelecanus occidentalis*), 매(*Falco peregrinus*), 미국악어(*Alligator mississippiensis*)가 가장 성공적인 사례이다. 미국 본토 48개 주에서, 대머리독수리(흰머리독수리, *Haliaeetus leucocephalus*)는 번식 쌍의 수가 1960년대 400쌍에서 현재 14,000쌍으로 늘어남에 따라서, 2007년에 연방정부의 위협종과 위기종 목록에서 제외되었다(그림 7.4 참조).

전반적으로, 대부분의 등록된 종들은 여전히 분포 범위와 풍부도가 감소하고 있다. 불행하게도 종의 약 20%에 대해, 그들의 개체군이 시간에 따라 변화하고 있는지를 결정할 자료가 불충분하다. 적은 수와 결과적인 취약성으로 인해서, 해제 후보종조차도 개체군을 유지하기 위해서는 어느 정도의 보전 관리가 여전히 필요함을 현재 받아들이고 있다(Henson et al. 2018)(**그림 7.21**).

수많은 종의 복원계획 시행시 주된 어려움은 종종 생물학적인 것이 아닌 정치적, 행정적, 궁극적으로 재정적인 것이다. 예를 들어, 위기종인 강조개 종은 오염과 댐의 영향으로부터 보호되어야 할 필요가 있다. 하수처리시설의 설치와 댐의 제거는 이론

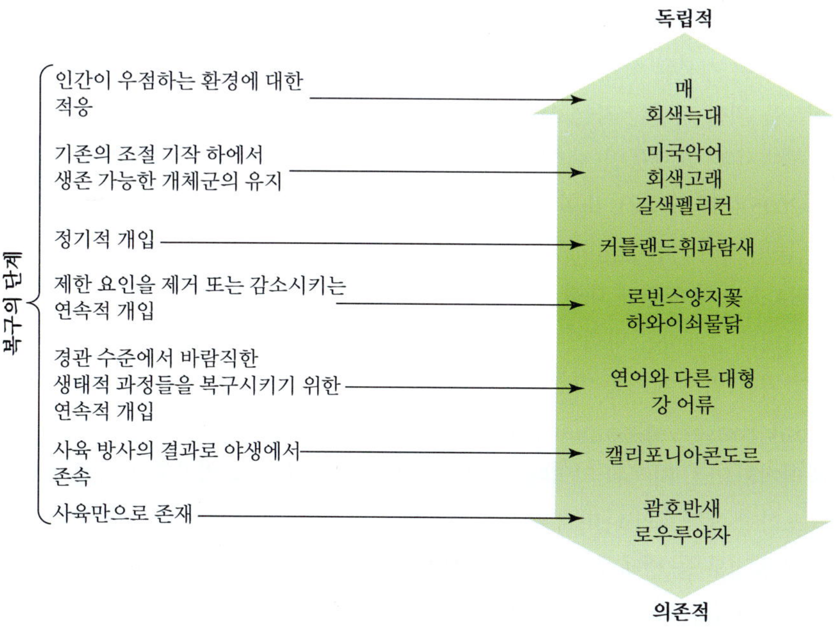

그림 7.21 위기종은 복구 과정의 일환으로 적극적인 관리와 개입을 종종 필요로 한다. 이는 인간 개입에 독립적인 일부 종부터 의존적인 종까지 연속성을 보인다. (After J. M. Scott et al. 2005. *Front Ecol Environ* 3: 383–389.)

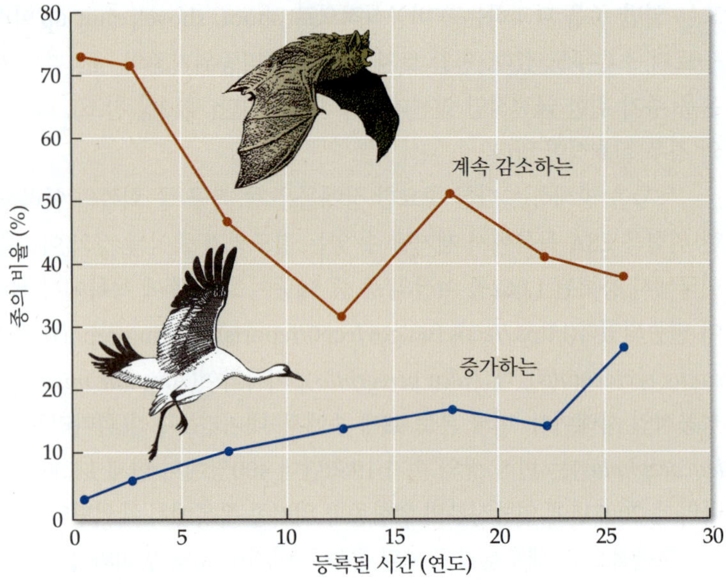

그림 7.22 멸종위기종법에 따라 더 많은 종이 등록되고, 보호되고, 관리될수록 (미국흰두루미에서 볼 수 있듯이) 지위가 향상될 확률이 더 높아지고, (인디애나박쥐의 예와 같이) 지위가 계속 하락할 확률은 더 낮아진다. 어떤 종은 지위에서 변화가 없고, 어떤 종은 지위를 알 수 없기 때문에 그 숫자를 합산했을 때 100%가 되지는 않는다. (After M. F. J. Taylor et al. 2005. *BioSci* 55: 360–366.)

적으로 단순한 작업이지만, 비용이 많이 들고 실제 실행에는 무리가 있다. 2016 회계연도에 보고된 총 지출액은 14억 8천만 달러에 육박했는데, 이 중 13억 달러 이상이 연방기관에서 보고되었고, 9,900만 달러는 주에서 보고되었다(US Fish and Wildlife Service 2013). 미국 정부가 ESA가 부과한 부동산 사용 제한에 대해서 민간 토지 소유주에게 금전적 보상을 해 준다면 그 비용은 훨씬 더 증가할 것이다.

ESA를 위한 자금이 지난 20년간 꾸준히 증가했지만, 법령 아래 보호되어야 할 종 수는 이보다 더 빠르게 증가했다. 그 결과, 각 종에 대한 가용 경비는 더 적어졌다. 복구 계획에 필요한 자금을 비례적으로 더 많이 받는 종이 보다 적게 받는 종보다 안정 또는 개선된 상태에 도달할 확률이 높다는 것을 보여주는 연구를 통해서, 종의 회복을 위한 적절한 자금조달의 중요성을 깨닫게 된다(Miller et al. 2002). 종이 ESA 하에서 더 오랫동안 보호된다면, 지위가 향상될 가능성이 더 높아진다(Taylor et al. 2005)(**그림 7.22**). 또한 임계서식지와 회복 계획이 종을 위해 제공되면, 그 종은 더 높은 개선 가능성을 가진다(Gray et al. 2016).

ESA 보호의 영향에 대한 염려는 기업 조직·보존단체·정부가 보전적 이해와 사업적 이해를 중재하는 타협안을 개발하도록 만들었다(Evans et al. 2016). 목표를 성취하기 위한 법적 장치를 마련하기 위해서, 미의회는 1982년 ESA가 **서식지보전계획(habitat conservation plans, HCPs)**을 설계할 수 있도록 법을 개정했다. HCPs는 지역계획으로, 지정된 지역에서 개발을 할 수 있으나 실제 위기종과 잠정적 위기종을 포함한 생태계의 나머지 부분을 보호하는 것이다. 이 계획은 지역개발자·보전단체·지방정부 등 생태계와 관련된 당사자들에 의해 고안되었고, 미국 FWS에 의해 최종 승인되었다. HCPs는 1,600만 ha 이상에서 590종을 보호하고 있다. 한 예를 들면, 멸종위기에 처한 부전나비속의 카르너청나비(*Lycaeides melissa samuelis*)는 위스콘신 주의 10만 ha 이상의 서식지에 걸쳐서, HCP 하에서 목재 회사를 포함한 38개 파트너, The Nature Conservancy, 주정부기관, 지방 고속도로부터, 전력회사, 그리고 다른 토지 소유주에 의해 보호되고 있다. HCPs가 완벽하지는 않더라도, 이는 보전 계획의 차세대를 창출하려는 시도이다. HCPs는 많은 종, 온전한 생태계, 또는 전체 군집을 보호하고, 넓은 지리적 영역으로 확장하며, 많은 계획, 토지 소유주, 관할 구역을 포함하고자 한다.

국제협약

생물다양성의 보호는 정부의 여러 단계에서 다루어져야 한다. 국제협약은 종, 생태계, 유전적 변이의 보호 시 국가들이 협력하는 틀을 제공해 왔다. 조약은 국제회의에서 협의되며, 종종 UN 환경계획(UNEP, United Nations Environment Programme) · UN 식량농업기구(FAD, Food and Agriculture Organization of the United Nations) · 국제자연보호연맹(IUCN)과 같은 국제기구의 권위 아래, 일정 숫자의 국가에 의해 비준될 때 발효된다. 국제협약은 국내법의 실행과 집행을 통해서만 힘을 갖게 된다는 것에 유의해야 한다.

현재 존재하는 주요 통제 메커니즘은 개별 국가 내에 기반을 두고 있지만, 국가 간 국제협약은 종, 생태계, 유전적 변이를 보호하는 중요한 수단이다. 국제협력은 다음과 같은 몇몇 이유로 인해 절대적 필요조건이다.

- **종은 국경을 넘어 이주한다.** 보전 노력은 그 범위의 모든 지점에서 종을 보호해야 한다. 만약 동물이 이주하는 제2의 국가에서 중요한 서식지가 파괴된다면, 한 나라의 노력은 효과가 없을 것이다(제9장 참조). 예를 들어, 만약 월동 지역인 북아프리카의 서식지가 파괴된다면, 북유럽에서 철새 종을 보호하기 위한 노력은 효과가 없을 것이다. 또한 공해상에서 고래가 죽거나 다치면, 미국 해안에서 고래를 보호하기 위한 노력은 효과가 없을 것이다. 종은 더 눈에 띄거나, 더 피곤하거나, 더 필사적으로 먹이와 물을 필요로 할 수 있기에 이주할 때 특히 취약하다. 세계적으로 흔히 "평화공원"이라고 불리는 국제공원은 회색곰(*Ursus arctos horribilis*)과 스라소니(*Lynx canadensis*)를 보호하는 미국과 캐나다 접경지역의 워터톤-글래시어 국제평화공원처럼, 국경 지역을 거치면서 생활하고 이동하는 종을 보호하기 위해서 조성되었다.
- **생물제재(制裁)의 국제무역이 흔히 존재한다.** 한 국가에서 생물제재에 대한 많은 수요는 이 수요를 공급하는 다른 국가에서 종을 남획하는 결과를 초래할 수 있다(제5장 참조). 사람들이 외래 애완동물, 외래 식물, 또는 코뿔소 뿔과 같은 야생생물의 용품에 높은 비용을 기꺼이 지불하려고 할 때, 쉽게 돈을 벌려고 하는 밀렵꾼 또는 어떤 수입원을 찾는 가난하고 절망적인 사람들은 이 수입을 얻기 위해서

마지막으로 남은 동물도 가져가거나 죽일 것이다. 남획을 막기 위해서는 야생생물을 구매하는 소비자와 이를 수집하고 거래하는 사람들을 대상으로 야생생물의 과잉 사용의 결과에 대해 교육하여야 한다. 빈곤이 남획의 근원일 때는 자원 사용을 엄격히 통제하면서 사람들에게 경제적 대안을 제공하는 것이 때로는 가능하다(제12장 참조). 탐욕스러운 사람들이 이익을 추구하는 데서 착취가 비롯되는 곳이라면, 국경 검문과 같은 법을 만들고 집행하는 노력을 강화해야 한다.

- **생물다양성은 국제적으로 중요한 이점을 제공한다.** 국가 공동체는 농업, 의학, 산업에 사용되는 종과 유전적 변이, 기후 조절을 돕는 생태계, 그리고 국제적인 과학적, 관광적 가치를 지닌 국립공원과 다른 보호구역으로부터 이익을 얻는다. 생물다양성이 내재적 가치, 존재 가치, 선택 가치를 가지고 있다는 것도 널리 인정되고 있다(제3장 참조). 가난한 열대 국가의 생물다양성과 생태계 서비스를 사용하고 의지하는 세계의 선진국은 빈곤한 국가들이 세계적으로 중요한 자원을 관리하고 보호할 수 있도록 자금을 제공하지만 너무 적고 부적절하게 제공하고 있다. 자금 수준을 높일 필요가 있고, 자금을 더 효율적으로 사용해야 한다.
- **생태계를 위협하는 많은 환경오염 문제는 범위가 국제적이다.** 이러한 위협에는 대기오염과 산성비, 호수, 강, 바다의 오염, 온실가스 생산과 지구 기후 변화, 오존 파괴가 있다. 또한, 이러한 문제 중 많은 것의 환경적 비용은 그것을 유발하는 국가의 역할과 비례하지 않는다. 예를 들어, 미국과 중국은 세계 최고의 온실가스 생산국(제5장 참조)이지만, 방글라데시와 몰디브 같은 저지대 국가들이 기후 변화와 관련된 해수면 상승으로부터 가장 큰 영향을 받을 것이다. 생물다양성 보전은 국가 차원이나 세계 차원 모두에서 중요하기 때문에, 세계의 선진국(미국, 캐나다, 일본, 호주, 그리고 여러 유럽 국가 포함)이 생물다양성 보호를 위해서 비용을 지불하는 것이 당연하다. 또는 4개국이 국경을 접하고 있는 또 다른 국제 수역인 흑해로 오염물질이 흘러 들어오기 전까지 10개국에 걸쳐 있는 광대한 농업과 산업 지역의 오염물질을 운반하는 다뉴브강을 생각해 보자. 이와 같은 문제는 각국이 협력해야만 해결할 수 있다.

생물다양성 보호를 다루기 위해서 전 세계 국가들은 다수의 주요 국제협약에 서명했다. 이러한 협약은 각국이 종, 서식지, 생태계 과전, 유전적 변이를 보호하는 데 협력할 수 있는 틀을 제공해 왔다. 조약은 국제회의에서 협상되고 일정 수의 국가에서 비준되었을 때 발표되며, 종종 UNEP, FAO, IUCN 같은 국제기구의 권한 아래서 발효된다.

제5장에서 설명한 것처럼, 국제적인 수준에서 종을 보호하는 가장 중요한 조약 중 하나는 **멸종위기에 처한 야생동식물종의 국제거래에 관한 협약(Convention on International Trade in Endangered Species, CITES)**으로, 1973년 UNEP와 함

께 체결되었다(www.cites.org). 조약은 현재 179개국에 의해 비준되었다. 스위스에 본부가 있는 CITES는 국제적 무역의 통제와 감시를 위해 종 목록(부록으로 알려짐)을 만들었다(표 5.2 참조). 회원국들은 이들 종에 대한 무역과 파괴적인 채집을 제한하기로 동의했다. 제한되는 식물에는 난, 소철, 선인장, 식충식물, 양치식물 등 중요한 원예식물 종이 포함된다. 목재 종과 야생에서 수집된 종자에도 점차 규제가 고려되고 있다. 동물의 경우, 면밀하게 규제된 무리로는 앵무새, 대형 고양이류, 고래, 바다거북, 맹금류, 코뿔소, 곰, 영장류가 있다. 애완동물, 동물원, 수족관 거래를 위해 수집된 종들과 모피나 다른 상업적 제품을 위해 수확된 종들 또한 면밀하게 감시된다.

CITES 같은 국제조약은 한 국가가 조약을 비준하고서 이를 시행하기 위한 법을 통과시켰을 때 실행된다. IUCN, 야생생물 거래 프로그램(Wildlife Trade Program), (WWF와 IUCN에 의해 운영되는) TRAFFIC 네트워크, UNEP의 세계보전모니터링센터(World Conservation Monitoring Centre) 같은 비정부조직은 CITES의 법률 및 집행 양상에 대한 기술적 조언을 정부에 제공한다. 국가는 또한 국가적색목록에 기재된 종들을 보호할 수 있다. 한 국가에서 종 보호에 관한 법률이 통과되면, 경찰, 세관 검사관, 야생동물 담당자 및 기타 정부 기관이 보호종을 소유 또는 거래한 개인을 체포하거나 기소할 수 있으며, 관련 제품 및 생물을 압류할 수 있다(**그림 7.23**). 예를 들어, 방콕 공항에 있는 태국 공무원은 2013년에 승객 수하물에 불법적

그림 7.23 중국 북부에 있는 동물 가죽 관련 수집품. 얼룩말 가죽과 같은 일부 제품의 경우에는 관련된 동물의 유형을 식별하기 쉬울 수 있지만, 가방, 코트, 양탄자, 신발과 같은 다른 제품의 경우에는 그것을 만드는 데 사용된 동물의 유형을 판단하기 어려울 수 있다. 종종 현미경을 사용하여 털을 분석하기도 한다.

으로 선적되고 있는 수백 마리의 멸종위기에 처한 거북이들을 압수했다. 이 이야기가 특히 이례적인 것은 방콕에서 열린 주요 CITES 회의가 끝난 지 하루 만에 압수되고서 뉴스로 방송되었다는 점이다.

회원국은 자국 국경 내에서 CITES 의무를 이행하기 위한 자체 관리 기관 및 과학 기관을 설립해야 한다(제12장 참조). CITES는 특히 개발 기관의 보전 노력을 육성하는 것 외에도 국가 간 협력을 장려하는 데 적극적이다. CITES 사무국은 특정 불법행위를 공표하기 위한 회보를 정기적으로 발송한다. 예를 들어, 최근 몇 년 동안, CITES 사무국은 베트남이 자국 영토에서 야생생물을 불법으로 수출하는 것을 제한하는 데 적극적이지 않았기 때문에 회원국들에게 베트남과의 야생동물 무역을 중단할 것을 권고했다.

CITES는 멸종위기에 처한 야생생물의 거래를 제한하는 데 중요한 역할을 해왔다. 이것의 가장 주목할 만한 성공은 밀렵이 아프리카코끼리 개체군에 심각한 감소를 초래한 후 상아 거래를 전 세계적으로 금지한 것이다(**그림 7.24**). 최근 코끼리 개체 수가 증가하는 남아프리카의 국가들은 제한적으로 상아 판매를 재개할 수 있도록 허용되어 불행한 불법 수확의 증가가 초래되고 있다.

CITES의 시행에 있어 한 가지 어려운 점은 생물 종의 이름을 모르거나 조약의 제약을 피하기 위한 의도적인 시도로 살아 있는 식물과 동물의 운송에 라벨을 잘못 붙이는 경우가 많다는 것이다(제5장 참조). 또한 일부 국가에서는 때때로 부패한 직원 또는 훈련된 직원의 부족으로 인해 조약의 제약을 시행하지 못하기도 한다. 마지

© Carl de Souza/AFP/Getty Images

그림 7.24 케냐에서 상아 태우는 모습. 상아를 국제시장에서 멀리하고 야생 코끼리의 살해를 줄이기 위해서, 케냐의 야생생물 당국은 2015년 밀렵꾼들로부터 압수한 코끼리 엄니 15톤 이상을 불태웠으며, 2016년에는 코끼리 엄니와 코뿔소 뿔 120톤을 불태웠다.

막으로, 라오스와 베트남 사이의 국경처럼 일부 국가 사이의 경계는 격리되고, 험준하며, 감시하기 어렵기에 많은 제한을 가하기가 쉽지 않다. 결과적으로, 불법 야생생물 거래는 특히 아시아에서 생물다양성에 가장 심각한 위협 가운데 하나임이 지속해서 제기되고 있다.

다른 주요 조약은 주로 조류종에 초점을 맞춘 **본 협약(Bonn Convention)**이라고도 불리는 **이동야생동물보호협약(Conservation of Migratory Species of Wild Animals)**이다(www.cms.int). 이 협약은 국가 간 국경을 넘어 이동하는 조류종을 보전하기 위한 국제적 노력을 북돋고, 연구, 관리, 사냥 규제에 대한 지역적 접근을 강조함으로써 CITES를 보완해준다. 이 협약은 현재 박쥐 및 박쥐 서식지 보호, 유럽 주변 바다와 연안 지역의 고래 보호를 포함한다. 아래 협약을 비롯하여 여러 다른 중요한 국제적 협약이 종을 보호하고 있다:

- 남극 해양생물 자원 보전에 관한 협약(Convention on the Conservation of Antarctic Marine Living Resources) (www.ccamlr.org).
- 국제포경(浦鯨)위원회를 출범시킨, 국제 포경 규제에 관한 협약(International Convention for the Regulation of Whaling, which established the International Whaling Commission) (www.iwcoffice.org).
- 국제조류보호협약 및 조류 사냥과 보호에 관한 베네룩스 협약(International Convention for the Protection of Birds, Benelux (Belgium/Netherlands/Luxembourg) Convention Concerning Hunting and the Protection of Birds).
- 서태평양과 중앙태평양의 이동성이 큰 어족의 보전과 관리에 관한 협약(Convention for the Conservation and Management of Highly Migratory Fish Stocks in the Western and Central Pacific Ocean) (www.wcpfc.int).
- 보리새우, 가재, 게, 물개, 남극물개, 연어, 비쿠냐와 같은 특별한 동물 무리를 보호하는 부가적인 협약들.

또한 위기종의 직접적 보호를 위해 초점을 확장한 많은 국제적 협약이 증가하고 있다. 예를 들어, 제12장에서 다루는 생물다양성협약에서는 현재 IUCN 적색목록종의 보호를 위한 권고를 하고 있다(www.iucnredlist.org).

모든 국제협약은 합의를 통해 작용하지만, 한 두 국가가 조치에 반대할 경우에 강력한 필요 조치가 채택되지 않는 것은 모든 국제협약의 취약점이다. 또한 모든 국가의 참여는 자발적이며, 협약 준수의 조건이 너무 까다로우면 자신의 이득을 위해 협약들을 무시할 수 있다. 국제포경위원회에서 1986년에 결정한 고래사냥 금지에 대해서 몇몇 국가가 응하지 않기로 결정하였을 때 이런 문제가 강조되었다(제5장 138쪽 참조). 조약기구를 통한 자금 지원도 도움이 될 수 있지만, 국가들이 협약의 조항을 집행하고 위반자를 기소하도록 하는 데 사용되는 주요 수단은 설득과 대중의

국내 사례연구

멸종위기종인 광릉요강꽃의 보전과 복원을 위한 노력

광릉요강꽃(*Cypripedium japonicum Thunb.*)은 광릉에서 처음 발견되었는데, 꽃의 모양이 요강을 닮았다고 하여 이름이 붙여졌다. 한국 난초과 식물 중 꽃이 가장 크고 화려하며, 부채꼴 모양의 특징적인 잎을 갖고 있어 많은 사람의 사랑을 받는다. 이로 인해 지난 50년간 자생지에서 불법적으로 채취됨에 따라서, 한국의 자연 서식지에는 현재 약 1,000개체 정도만 남아 있는 것으로 알려졌다.

광릉요강꽃은 한국에서 멸종위기 야생생물 I급으로, 세계자연보전연맹(IUCN)에서는 적색목록 중 위기(endangered)로 지정되어 보호되고 있다. 우리나라에서는 국립수목원(광릉 서식지 중심)과 국립공원관리공단(덕유산 서식지 중심)을 중심으로 이들의 보존과 복원을 위한 노력이 지속되고 있다. 서식지 보전을 위해 자생지에 보호 펜스를 설치하고, 이들의 서식지 내 개체군 확장을 위하여 서식지 특성에 따른 개체군 변동을 연구하고 있다. 특히 국립수목원에서는 숲의 하부식생 관리를 통해 광릉요강꽃의 개체수를 증가시키고 있다. 또한 개체군 복원을 위한 대량 증식 연구를 지속하고 있다.

광릉요강꽃은 다른 난초과 식물과 마찬가지로 뿌리에서 난균근(orchid mycorrhiza)과 공생을 통해 살아간다. 난초과 식물의 종자에는 양분을 저장하는 배젖이 없기에, 종자가 발아하자마자 곰팡이의 도움을 필요로 한다. 그러므로 난초과 식물을 아무 곳에나 옮겨 심을 경우에는 잘 살지 못한다. 또한 광릉요강꽃은 결실률이 매우 낮다. 이러한 특성으로 인해서 광릉요강꽃을 보존하고 복원하기 위해서는 대량 증식 복원과 서식지 관리가 필요하다.

현재 국립수목원과 국립공원관리공단에서는 종자를 통한 대량 증식 기술을 개발하였으며, 복원 연구 결과도 속속 발표되고 있다. 또한 꽃가루 전달자가 어리호박벌이라는 것이 확인되었으며, 국내의 여러 곳에서 서식지가 추가로 발견되기도 하였다. 이는 정부와 시민의 멸종위기종을 보전하고자 한 노력의 결실이다.

광릉요강꽃 개체수의 증가를 통한 복원 노력은 성공적일지라도 많은 멸종위기종들은 지금도 개체수가 점점 줄어들고 있다. 이들을 보전하기 위해서는 광릉요강꽃을 대상으로 수행했던, 서식지 특성에 대한 연구, 인공 증식에 대한 연구, 복원 및 서식지 관리에 대한 연구가 지속적으로 이루어져야 한다. 멸종위기종의 가장 큰 문제는 환경 변화에 매우 민감하다는 것이다. 이들이 사는 곳의 환경을 지키는 일이 무엇보다도 중요하다.

국립수목원 보도자료

압력이다. 또 다른 문제는 많은 협약에서 자금이 지원되지 않고, 결과적으로 그들의 목표를 달성하는 데 효과적이지 않다는 것이다. 불행하게도, 국가들이 협약을 집행하고 있는지를 결정하는 적절한 감시 장치가 거의 없다.

요약

- 희귀하거나 멸종위기에 처한 종을 보호하고 관리하려면, 그 생태와 독특한 특성(때로는 자연사라고 불리기도 한다)을 확실하게 파악해야 한다. 야생에서는 한 종의 장기 모니터링을 통해서, 시간이 지남에 따라 개체수가 안정적인지, 증가하는지, 아니면 감소하는지 판단할 수 있다.
- 개체군 생존력 분석(PVA)은 개체군 통계학적, 유전학적, 환경적 데이터를 사용해서, 다양한 관리 조치가 개체군이 미래 날짜까지 지속될 확률에 어떤 영향을 미칠지 추정한다. 이것은 최소 생존 개체군(MVP)의 크기를 계산하는 데 사용될 수 있다. MVP는 예측 가능한 미래에 지속될 가능성이 높다고 예측할 수 있는 가장 작은 개체군의 크기이다. 많은 종의 MVP는 적어도 수천 개체로 구성된다.
- 종은 어느 정도 이주에 의해서 연계된 개체군들의 이동 모자이크로 구성된 메타개체군으로 가장 잘 설명될 수 있다.
- IUCN은 멸종, 야생멸종, 위급, 위기. 취약, 준위협, 비우려, 자료 부족, 미평가의 보전 등급으로 종을 구분하기 위해서 개체군과 생태계에 대한 정량적인 기준을 개발했다.
- 보호를 위한 우선순위는 생물 종 수준의 접근, 생태계 수준의 접근, 황야 접근, 생물다양성 중요지점 접근을 포함하는 여러 방법으로 결정될 수 있다.
- 국가 정부는 국립공원과 피난지를 지정하고, 국경에서의 이입과 이출을 조정하며, 대기 및 수질 오염에 대한 규정을 제정하여 생물다양성을 보호한다. 미국에서 종 보호에 가장 효과적인 법은 멸종위기종법(ESA)이다.
- 종들은 국경을 넘나들면서 이동하고, 종들에 대한 국제무역이 있다. 생물다양성은 모든 국가에 이익을 가져다 주기 때문에 생물다양성을 보호하기 위해서는 국제협력이 필요하다.
- 국제적 수준에서 멸종위기종의 국제 거래에 관한 협약(CITES)은 위기종으로부터 생산된 물품이나 개체가 거래되는 것을 정부가 방지, 규제, 모니터링하도록 한다.

토론 주제

1. 어류 개체군을 시기별로 어떻게 모니터링할 수 있는가? 나비 종을 모니터링하는 방법과 다를 것인가? 왜 아니면 왜 다르지 않은가?
2. 주변에 있는 위협종을 하나 선택하라. 그들을 보호하기 위해 생물종 중심의 접근, 생태계 중심의 접근, 황야 접근, 그리고 생물다양성 중요지점 접근법이 어떤 장점과 단점을 가지는지 비교하라. 이 종을 보호하는 데 가장 효과적인 접근법은 무엇인가? 어떤 접근법이 가장 실현하기 좋은가? 어떤 접근법이 목표로 하는 종에 더해 대부분의 종을 보호할 것인가?
3. 다양한 법률이 위기종을 보호한다. 이들 법으로 보호되는 종이 왜 빨리 회복되지 않는가?

타이탄아룸(*Amorphophalus titanium*)은 세계적으로 멸종위기에 처한 말레이시아 고유종이다. 전 세계 식물원의 현지 외 보전을 위한 깃대종으로 꽃이 필 때면 많은 사람을 끌어 모은다.

8

새로운 개체군의 정착과 현지 외 보전

제4장부터 제7장까지는 멸종위기종의 자연 발생 개체군을 보전하는 데 있어 보전생물학자가 직면한 문제에 대해서 다루었다. 이 장에서는 희귀종과 멸종위기종의 야생과 반야생 개체군이 새로이 정착하고 기존 개체군의 크기를 늘리는 데 사용되는 몇 가지 흥미로운 보전 방법에 대해 다룬다. 이러한 방법에는 교육 및 연구 프로그램을 통해서 보전을 돕는 조직인 동물원, 수족관, 식물원 등에서의 종 번식이 있다. 개체군을 새로 정착하게 하거나 증가시키기 위한 포획 번식과 또 다른 접근 방식은 종들이 포획된 개체군 또는 소규모의 고립된 개체군에서만 생태계 내에서 그들의 생태학적이고 진화적인 역할을 회복하도록 허용한다. 더욱이, 일반적으로 개체 수와 개체군 크기를 단순히 증가시키는 것만으로도 한 종의 멸종 확률을 낮춰 준다.

그러나 원래 야생 개체군의 감소를 초래하는 요인을 명확히 이해하고서 제거하거나 최소한 통제하지 않는 한 개체군 형성 프로그램은 효과적일 것 같지 않다. 예를 들면, 멸종위기에 처한 양서류는 사육장에서 점점 더 많이 사육되고 있지만, 현재 전 세계적으로 양서류를 죽이고 있는 병꼴균류 병원체 곰팡이인 *Batrachochytrium dendrobatidis*에 대한 저항성이 부족할 경우에는 야생으로 다시 방사될 수 없다(Kolby et al. 2015). 한 가지 가능성은 야생에서 새로운 개체군이 정착을 시도하기 전에 균 저항성을 위해서 포획한 개체군을 번식시키는 것이다.

© Scott Dressel-Martin–Denver Botanical Garden

개체군의 정착과 보강

학습 목표

이 절에서는 다음 내용에 주안점을 두기 바란다.

1. 재도입 프로그램, 보강 프로그램, 보전 도입 프로그램을 구분할 수 있어야 한다.
2. IUCN의 지침을 이용해서 보전 이주 프로그램을 평가할 수 있어야 한다.
3. 동물 개체군과 식물 개체군을 이주시키는 것과 관련된 도전을 비교하고 대조할 수 있어야 한다.

위기종의 새로운 개체군 형성은 종 자체, 다른 종, 생태계를 이롭게 할 수 있다. 이러한 프로그램은 원 개체군의 감소를 가져오는 요인을 확인하고서 제거해야만 한다.

포획 번식된 개체나 야생에서 수집된 개체의 수송과 방사에 관련된 3가지 기본적인 접근법이 **보전 이주(conservation translocations)**에 사용되어 왔다. 그것은 "한 개체군, 종, 또는 생태계 수준에서 측정 가능한 보전 이익"을 달성하기 위한 생물의 의도적인 배치를 말한다(세계자연보전연맹 종생존위원회, IUCN SSC 2013). 이 장에서는 종에 대한 멸종 위험을 줄이기 위한 이주에 대해서만 다루고, 제11장에서 전체 생태계의 맥락에서 다시 논의할 것이다. IUCN의 보전 이주 전문가 집단(이전의 재도입 전문가 집단)은 이러한 노력의 많은 부분을 조정한다(www.iucnsscrsg.org). 다음은 개체군을 정착시키고 확장시키기 위한 보전 이주의 3가지 유형이다.

- **재도입 프로그램(reintroduction program)**은 포획 후 사육되거나 야생에서 수집한 개체들을 종이 더 이상 존재하지 않는 역사적 분포지 내에 있는 생태적으로 적절한 장소에 방사하는 방법이다(Carter et al. 2016).[1]
- **보강 프로그램(reinforcement program)**은 개체군의 크기를 증가시키기 위해서, 기존 개체군에 및/또는 연령 구조나 성비를 조정하기 위한 목적으로 유전자 풀에 개체를 방사하는 방법이다. 이 방법은 재도입 또는 증식이라 부르기도 한다. 방사되는 개체는 포획 후 사육되었거나 다른 곳에서 잡은 야생 개체일 수 있다.
- **보전 도입 프로그램(introduction program)**은 종의 역사적 분포지의 외부이지만, 종에게 적절한 지역에 포획 후 사육되었거나 다른 곳에서 잡은 야생 개체를 이주시키는 방법이다.

재도입 프로그램의 주목적은 원래의 환경에 새로운 개체군을 조성하고, 훼손된 생태계 복원을 촉진하는 것이다. 예를 들어, 1995년에 시작된 옐로스톤 국립공원에 회색늑대(*Canis lupus*)를 재도입한 프로그램의 목적은 인간의 간섭이 있기 이전에

[1] 개체군의 정착에 허용되는 기간에 대해서 일부 혼란이 존재한다. 재도입 프로그램을 재정착 또는 복원이라 부르기도 한다.

존재했었던 그 지역의 포식자와 초식동물, 식물의 평형 상태를 회복시키는 것이었다(**그림 8.1**). 야생에서 개체들을 가끔 포획해서, 새로운 보호지역이 지정되었을 때, 현존하는 개체군이 지금의 장소에서 새로운 위협에 처했을 때, 종의 정상적인 분산 경향에 대한 자연적 또는 인위적인 장애물이 있을 때에 이들 종의 분포지 내의 다른 곳에 방사한다. 가능하면, 방사되는 개체들이 환경에 대한 유전적 적응을 확보할 수 있도록, 그들의 조상이 서식하였거나 발견되었던 지역 근처에 방사한다. 방사된 개체의 유전적 다양성은 근친교배

(A)

Courtesy of William Campbell/US Fish and Wildlife Service

(B)

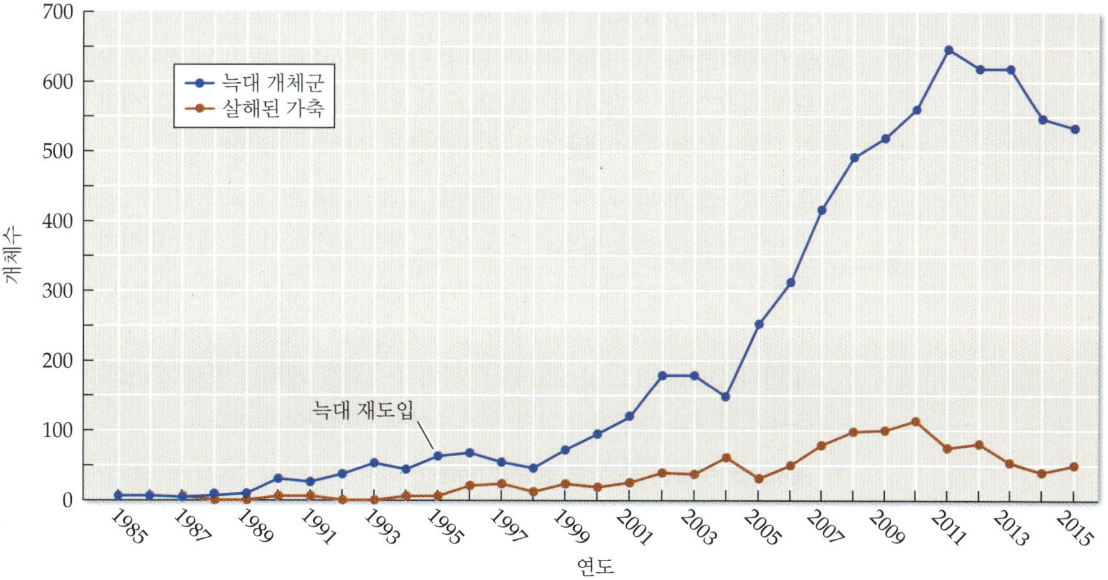

그림 8.1 회색늑대(*Canis lupus*)를 북아메리카의 로키산맥 북부에 재도입한 것은 성공적인 이주 프로그램의 한 사례가 된다. 1980년대에 0마리로부터 시작해서 재도입된 이후 2017년 목록에서 제외될 때까지 늑대 개체수는 증가하였다. (A) 옐로스톤 국립공원에 있는 회색늑대는 연구진이 그들의 이동을 관측할 수 있도록 라디오 송신기를 목에 부착하고 있다. (B) 재도입이 지역 목장주들의 대가 없이 이루어진 것은 아니다. 여기에서 우리는 몬태나주에서 늑대의 포식으로 인해 가축의 사망 수와 늑대 수가 모두 증가한 것을 볼 수 있다. 비록 이러한 손실은 늑대의 숫자에 비해서 매우 적었음에도, 그들의 프로그램은 대중적 지지를 얻지 못하였다. 하지만 가축을 죽이는 법을 배운 늑대를 제거함으로써 포식 사건을 줄이는 데 성공하였다. (After N. J. DeCesare et al. 2018. *J Wildl Manag* 82(4): 711–722.)

를 줄이고, 개체군의 미래 진화 가능성을 보장하는 데 도움을 줄 수 있다(Malone et al. 2018).

재도입과는 대조적으로, 종의 현존 분포지 외의 완전히 새로운 지역으로의 **도입**(*introduction*)은 종의 역사적 분포지 내 환경이 더 이상 서식할 수 없을 만큼 악화되었거나, 개체군 감소를 일으켰던 요인이 여전히 존재해서 재도입이 불가능할 때에 적절하다. 때로는 이를 **보조정착**(*assisted colonization*)이라 일컫는다. 예를 들어, 뉴질랜드 카카포(*Strigops habroptilus*)는 크고 날지 못하는 앵무새로, 외래 포식자가 그들 개체군을 본토에서 모두 사라지게 했기 때문에 연안 섬들에 도입되었다(Moro et al. 2015). 만약 가까운 미래에 이러한 종들이 기후 변화로 인해서 현재의 범위 내에 더 이상 생존할 수 없다면, 많은 종들에서 보전 도입이 필요할 수 있다(Hendricks et al. 2016).

보전 이주 프로그램에 있어서 몇 가지 중요한 고려사항이 있다. IUCN은 "재도입과 기타 보전 이주를 위한 지침"에 이러한 내용을 다음과 같이 요약하였다(Seddon et al. 2014에서 가져옴).

1. **위협은 반드시 이해되어야 하고 대처해야 한다.** 원래 손실의 원인과 잠재적 위협 모두 이주의 성공을 보장할 수 있도록 식별되고 충분히 관리되어야 한다.
2. **종의 생태는 충분히 이해되어야 한다.** 이는 (재도입과 도입의 경우) 장소 선택을 위해 중요하며, 또한 위협 식별의 구성 요소로서도 중요하다. 각 생활사 단계에서 모든 생물학적 비생물학적 요구 사항을 충족시켜야 한다.
3. **종과 방사된 개체들의 유전학은 충분히 이해되어야 한다.** 포획된 개체군은 유전적 변이로 많은 부분을 잃었을 수도 있고, 사육 환경에서 몇 세대에 걸쳐 자라면서 해롭지 않은 사육 환경에 적응하게 되었을 수도 있다. 개체들은 근친교배 침하를 예방하고, 유전적으로 다양한 방사 개체군을 생산하기 위해 신중히 선택되어야 한다(Ottewell et al. 2014). 야생에서 포획할 개체는 방사 장소와 가능한 한 유사한 환경과 기후에서 살던 개체 중에서 선택되어야 한다.
4. **개체군을 부양할 수 있는 충분한 생존 서식지가 있어야 한다.** 제7장에서 다룬 바와 같이, 최소 동적 영역(MDA)의 한계 값은 방사되는 개체들과 예측 가능한 미래에 모두 충족되어야 한다. 이것은 서식지 필요성뿐만 아니라 진화적인 필요성에도 중요하다. 남아프리카에서 울타리가 쳐진 사유지 보호구역에 이주시킨 치타는 유전적 다양성을 유지하기 위해 메타개체군으로 관리되어야 한다(Boast et al. 2018)(이 책의 표지 사진).
5. **생태학적 위험성은 평가되고 설명되어야 한다.** 모든 이주는 종 자체뿐만 아니라, 그들이 방사되는 생태계에 어느 정도의 위험을 가지고 있다. 이는 계획 단계에서 잠재적 편익과 비교되어야 한다. 방사된 종이 새로운 생태계를 손상시키거나

지역적으로 절멸위기에 처한 종의 개체군을 해치지 않도록 재도입이나 도입을 신중히 고려해야 한다(Stringer and Gaywood 2016). 여기에는 기존 종과의 경쟁이나 포식, 먹이그물에 대한 영향, 서식지의 변형, 그리고 심지어 잡종화가 포함될 수도 있다. 방사된 개체들이 야생 개체군으로 확산될 때 개체군을 절멸시킬 수 있는 어떠한 질병도 갖지 않게끔 주의해야 한다(다음 쪽 참조).

6. 인간의 우려를 해소해야 한다. 여기에는 모든 관련 정책 또는 법률이 포함된다. 이주 장소에 살거나 근처에 사는 사람들은 영향을 받을 수 있고, 문화, 경제, 건강의 측면을 포함하여 그들이 필요로 하는 것을 고려해야 한다. 예를 들어, 농부들은 늑대가 근처에 방사되는 경우에 그들의 가축이나 심지어 그들의 자녀까지도 걱정해야 할 것이다(그림 8.1B 참조). 앞으로 더 자세히 다루겠지만, 성공적인 이주를 위해서는 대중의 지지가 매우 중요하다.
7. 실패한 경우 방사된 개체들의 모든 자손을 제거하거나 파괴할 수 있어야 한다. 만약, 인간이나 생태계에 허용할 수 없는 수준의 부정적인 영향이 발생한 경우에는 이주를 되돌리는 것이 실현 가능해야 한다. 이것은 설치류, 곤충, 그리고 일부 식물 무리처럼 작고 분산성이 높은 종에서는 특히 어려울 수 있다.

동물 프로그램에서의 특별 고려사항

새로운 개체군의 정착은 중대하고 장기적인 과제이기 때문에 종종 비용이 많이 들고 어렵다. 예를 들어, 바다거북, 송골매, 미국흰두루미를 포획, 사육, 방사, 모니터하는 프로그램은 수십억 원의 비용과 함께 수년 간의 작업이 요구된다. 관련된 동물이 오래 사는 동물일 경우에는 프로그램의 결과가 알려지기 전까지 몇 년 동안 지속해야 할 수도 있다(Canessa et al. 2016). 그러므로 대부분의 이주 프로그램에서 사람을 휘어잡는 매력을 가진 종을 대상으로 한다는 것은 그리 놀라운 일이 아니다. 프로그램의 33%는 조류, 41%는 포유류를 대상으로 한다(Seddon et al. 2014). 최근 한 평가에서 이주 프로그램에 선정되는 종의 예측 변수만큼이나 인기도도 위협 수준만큼 중요하다는 사실이 밝혀졌다(Díaz et al. 2018).

동물을 위한 개체군 정착 프로그램은 미국에서 캘리포니아콘도르, 검은발족제비, 그리고 회색늑대를 위한 프로그램과 유럽에서의 유사한 프로그램에서 증명되었듯이 매우 민감한 대중적인 화제가 될 수 있고, 많은 측면에서 종종 비판을 받는다. 그들은 "흉한 새 몇 마리를 위해 수십억 원의 돈을 쓰다니"라는 돈의 낭비, "다른 곳에 많은데, 여기에 늑대가 왜 있어야 하는가"라는 불필요성, "정부가 무엇을 하라고 지시하는 것을 원하지 않는다"라는 거슬림, "대부분의 동물이 방사 후 죽었다"는 부실 운영, "마지막 남은 동물들이 왜 평화롭게 살다 가도록 하지 않는가"라는 비윤리적 문제 등으로부터 공격당한다. 이 모든 비판에 대한 답은 간단하다. 비록 위기종 모두에게 적합하지 않을지는 몰라도, 잘 운영되고 잘 계획된 포획 번식과 개체군 정착 프로그램은 보전을 위한 최대의 희망이 될 수 있다.

갈등과 고조된 감정 때문에, 개체군 정착 프로그램은 필히 (이상적으로) 지역 주민을 포함하여 지역 사회가 프로그램 성공에 대해 이해관계를 갖도록 해야 한다(실제로 어떤 보호 프로젝트에 있어서 이것은 사실이다). 가능한 한 지역 주민들이 프로그램을 지지할 수 있도록, 아니면 적어도 반대하지 않도록 프로그램의 필요성과 그 목표에 대해 설명할 필요가 있다(Yochim and Lowry 2016). 프로그램은 엄격한 제한과 법으로 강요하는 것보다는 지역 사회에 인센티브를 제공하는 경우에서 종종 더 성공한다.

성공적인 재정착 프로그램은 종종 상당한 교육적 가치를 가진다. 브라질에서 황금사자타마린(*Leontopithecus rosalia*)을 위한 보전과 재도입 노력은 대서양 숲의 마지막 남은 조그만 지역의 보호를 위해서 사람들을 집결시키는 계기가 되었다. 중동과 북아프리카에서 포획되어 번식된 아라비아오릭스(*Oryx leucoryx*)가 이전에 살던 많은 사막 지역에 성공적으로 재도입됨에 따라 국가적 자부심과 취업 기회의 원천이 되었다(Fisher 2016).

질병은 방사된 동물이 야생의 동물에게 가하는 위험과 그 반대 때문에 특별한 관심사가 되었다. 사육된 동물은 일단 방사되면 질병에 특히 취약해진다. 또한 방사될 개체들이 사육 동안, 야생 개체군에 확산되어 절멸시킬 수 있는 어떤 질병에도 걸리지 않도록 주의해야 한다. 예를 들어, 검은발족제비(*Mustela nigripes*)를 북아메리카 초원에 방사할 경우에, 야생 개체로 옮겨갈 수 있는 질병을 사람이나 개로부터 얻지 않도록 주의 깊게 처리하고 보장해야 한다(**그림 8.2A**).

방사 시 특별한 보호와 도움이 있다면, 일부 동물종의 생존율은 훨씬 더 높아진다. 이 접근법은 **연착륙 방사(soft release)**로 알려져 있다. 방사 시점부터 스스로 먹고 살 수 있을 때까지 동물들에게 먹이와 피신처를 마련해 주거나, 방사 시점에 일시적으로 동물을 우리에 가두었다가 지역에 익숙해짐에 따라 점진적으로 도입할 수 있다(**그림 8.2B**). 연착륙 방사의 또 다른 이점은 포획 번식된 동물이 야생에서 확실히 생존할 수 있도록 그들의 행동을 연구할 수 있다는 것이다. 예를 들어, 스페인스라소니(*Lynx pardinus*)를 위한 스페인-포르투갈 재도입 프로그램에서, 2015년 포르투갈 남동부에 울타리를 둘러친 85,000 ha의 보호구역에 10마리를 방사했다(**그림 8.2C**). 그들의 행동에 대한 연구를 통해서, 방사된 개체들이 야생에서 스스로 생존할 것이라고 예측하였다(Sarmento et al. 2017). 후속 이주를 통해 개체군의 크기를 성공적으로 증가시켰다(Bencatel et al. 2018).

연착륙 방사 동안, 사람과의 접촉을 최소로 유지해야 한다(**그림 8.2D**). 인간에게 순응해 온 동물은 일단 방사되면 사람을 우선적으로 찾으려 할 것이고, 이로 인해 인간에 대한 의존도가 높아지고 갈등으로 이어질 수 있다. 일례로, 폴란드와 벨라루스의 비아워비에자 삼림지대에서 갈색곰(*Ursus arctos*)의 초기 연착륙 방사는 이러

그림 8.2 (A) 콜로라도의 사육장에서 번식되고 자란 검은발족제비. (B) 동물 우리는 검은발족제비가 방사될 환경을 경험할 수 있게 해준다. 족제비를 관리하는 사람은 동물이 인간의 질병에 노출될 가능성을 줄이기 위해 마스크를 쓰고 있다. (C) 몇몇 사람들은 스페인스라소니(*Lynx pardinus*)가 세계적으로 가장 멸종위기에 처한 고양이류라고 여겼다. 스페인과 포르투갈의 재도입 프로그램은 2013년 유럽연합의 환경 프로그램 지원 프로그램인 EU Life의 자금 지원으로 시작되었다. (D) 스페인스라소니를 운반할 때, 질병으로부터 보호할 뿐만 아니라 인간과도 제한적으로만 접촉하는지 확인하는 것이 중요했다.

한 이유로 성공하지 못했다(Samojlik et al. 2018). 포획 번식된 곰들은 방사되기 전에 먹이를 주고 감시하는 숲 속 우리에 갇혀 있었다. 프로젝트의 초기에 사육장에 있는 동안 사람과 접촉했던 곰들은 방사 후 스스로 먹이를 찾아 먹을 가능성은 낮았던 반면에, 총에 맞을 가능성은 높았다. 이와 달리, 사람과 접촉이 전혀 없었던 새끼 곰이 방사 후에 더 성공적이었다.

동물은 또한 먹이 보충과 같은 도움 없이도 방사될 수 있다(**강제 방사, hard release**). 이러한 유형의 재도입은 포획 번식된 개체보다는 야생에서 포획한 개체를 대상으로 할 경우에 성공할 가능성이 더 높을 것이다(Bocci et al. 2016). 특히, 간헐적으로 나타나는 가뭄이나 식량이 적은 동안 동물이 생존할 수 없는 것처럼 보이는 경우에는 개입이 필요할 수 있다. 동물이 생존에 필요한 식량을 충분히 가지고 있는 것처럼 보일 때조차도 먹이를 보충해 주는 것은 번식을 증가시키고 개체군이 지속되고 성장할 수 있게 도움을 줄 수 있다. 질병과 해충의 발생을 감시하고 처리해야 할 수도 있다. 농경지나 수렵지와 같은 장소에서는 인간 활동의 영향을 관찰하고 통제할 필요가 있다. 모든 경우에서, 종에게 일시적인 도움을 가끔 주는 것이 나은지, 아니면 개체 스스로 생존하도록 놔두는 것이 나은지에 대한 결정을 내려야 한다(Harrington et al. 2013).

새로운 개체군의 정착이나 기존 개체군의 보강을 위해서 사용되는 한 가지 특별한 방법은 동물을 그들의 취약한 어린 단계 동안에는 사육장에서 기른 후에 야생으로 방사하는 접근법인 **유리한 출발**(*head-starting*)이다. 야생에서 수집한 알에서 부화한 바다거북을 방사하는 것은 이러한 접근법의 한 예이다(제1장 참조). 또 다른 하나는 위에서 언급한 카카포앵무새로 과학자는 새들의 알을 채집해서 포식 위험이 없는 곳에서 부화시킨다. 이때 알을 채집한 새집에는 부화한 새끼가 돌아올 것을 부모 새가 준비할 수 있게, 새로 부화한 카카포앵무새처럼 소리를 내는 3D 인쇄로 만든 "스마트 알"을 대신 넣어 놓는다(Feldberg 2019). 그들은 또한 드론을 사용하여 "유전적으로 중요한 " 수컷으로부터 섬의 다른 지역에서 사는 암컷에게 정액을 운반한다. 이 사업을 통해서 2019년에 147마리만 남아있던 이 멸종위기종으로부터 알을 218개 얻었고, 52마리의 유조를 키우는 기록적인 한 해를 보냈다.

분명히 정착 프로그램의 모니터링은 프로그램이 명시된 목표를 달성하고 있는지의 여부를 결정하는 데 중요하다(McCleery et al. 2014; Seddon et al. 2014). 많은 재도입이 초기에는 성공적인 듯 하다가 결국 실패하기 때문에 수년 또는 수십 년에 걸쳐 모니터링을 수행할 필요가 있다. 모니터링의 핵심 요소는 방사된 개체들이 생존해서 번식 개체군으로 정착하는지 여부를 판단한 후, 시간이 지남에 따라 개체수와 지리적 분포 범위가 증가하는지 여부를 확인하는 것이다. 장기 모니터링의 한 사례로서, 체코 모라비아에서 멸종위기종인 진주잠자리(*Leucorrhinia dubia*) 유충 80마리를 방사한지 15년 만에야 도입이 성공적이라 기록되었다(Dolný et al. 2018). 전체 개체군 크기는 잠자리 성체의 날개에 숫자로 표시해서 개체를 식별하는 표지-재포획법을 사용해 추정하였다(**그림 8.3**). 유효 개체군 크기(N_e)와 유전적 다양성은 버려진 애벌레 껍질과 앞다리 일부를 가지고서 수행한 미소부수체 DNA 분석을 통해서 결정되었다. 이러한 방법으로 연구진은 개체군이 시간이 지남에 따라 증가하고, 실제로 공급 개체군보다 유전적 다양성이 더 크다는 것을 발견했다.

중요한 생태계 요소에 대한 모니터링은 재도입의 광범위한 영향을 결정하기 위해서도 필요하다. 예를 들면, 포식자 종이 도입될 때 식생에 대한 간접 영향뿐만 아니라 피식자 종과 경쟁 종에 대한 영향을 결정하는 것이 중요하다(Baker et al. 2016).

그림 8.3 체코에서 인공적으로 만든 산성니탄 습지에 도입된 진주잠자리(*Leucorrhinia dubia*, Odonata: Libellulidae). 이전에는 잠자리가 이곳에서 발견되지 않았을지라도 그것은 그 종의 역사적인 분포 범위 안에 있었다. 영구적인 표시는 시간이 지남에 따라 모집단 크기를 추정하는 데 사용될 수 있는 표지-재포획법을 포함하여, 과학 연구를 위해 날개 위에 개체별 식별을 위한 숫자를 세심하게 적는 데 사용된다.

재도입 비용 또한 추적하고 공개할 필요가 있고, 이를 통해 재도입이 비용상 효율적인 전략인지를 결정할 수 있다. 오랑우탄(*Pongo* spp., 제1장의 표지 사진 참조)의 경우, 동물 한 마리당 재도입 비용은 산림 서식지 보호비보다 12배나 많은 것으로 나타났다. 단기적으로는 재도입이 효과적이었지만, 10~20년 이상의 장기적인 시간 규모에서는 서식지 보전이 훨씬 효율적이었다(Wilson et al. 2014).

동물 이주는 성공적인 보전 전략으로 보인다. IUCN 보고서에 따르면, 동물 재도입의 57%가 성공적이거나 매우 성공적(즉, 생존 가능한 자기 유지 개체군의 정착)으로 분류되었고, 39%는 부분적으로 성공적인 것으로 분류되었으며, 4%만이 실패로 분류되었다(Soorae 2016). 그러나 공개된 문서를 살펴보면, 사냥을 위해 관리되는 야생 동물이 포함된 재도입 사업의 성공률이 멸종위기 포유류, 조류, 파충류, 그리고 어류에 비해서 훨씬 높은 것으로 나타났기에, 아직 개선의 여지가 있음을 시사하고 있다(Harding et al. 2015). 게다가 문헌에는 성공적인 프로젝트의 결과가 더 많이 발표될 가능성이 높다는 편견이 있으므로, 이주의 전반적인 성공률이 이 수치에서 제시하는 것보다 훨씬 적을 수도 있다.

방사되는 동물의 행동생태학

위에서 언급한 것처럼, 도입과 재도입 프로그램 모두 방사되는 동물의 행동을 종종 다루어야 한다(West et al., 2019). 행동생태학(*behavioral ecology*)은 환경의 맥락에서 동물의 행동에 대한 연구로서 그러한 행동의 적응적 중요성을 고려한다. 많은 포유류와 몇몇 조류 종을 포함하는 사회성 동물이 야생에서 자라면, 그들은 그들 개체군의 다른 구성원, 특히 그들의 부모로부터 그들의 환경에 맞게 어떻게 상호작용하는지를 배운다. 그들은 먹이를 찾는 방법과 그것을 모으고, 포획하고, 소비하는 방법에 대해 배운다. 포유류와 조류를 포획하여 기르면, 그 환경은 우리 또는 새장으로

> 사육 번식된 포유류와 조류가 야생으로 방사된 후 살아남아 번식하기 위해서는 포식자 회피와 종에 적절한 사회 행동을 배워야 한다. 그들은 또한 방사 후에 약간의 지원을 필요로 할 수도 있다.

한정되므로 탐색은 불필요해진다. 같은 먹이가 예정대로 매일 오기에 먹이를 찾거나 새로운 먹이원에 대해서 배울 필요가 없다. 예를 들어, 이전에 야생에서 멸종된 유럽들소(*Bison bionasus*)가 재도입되었을 때, 그 들소들이 새로운 야생 환경을 성공적으로 탐색하고 사용하는지를 판단할 필요가 있었다(Schmitz et al. 2015). 행동생태학을 활용한 보전 사업을 검토한 결과, 재도입을 위한 중요한 사안임에도 불구하고, 먹이 활동과 분산 행동은 고려하는 경우가 많았지만, 포식자에 대항하는 행동과 사회적 행동과 같은 다른 행동은 그렇지 않은 것으로 나타났다(Berger-Tal et al. 2016).

사회적 행동은 동물이 혼자 자라거나 부자연스러운 사회적 집단(즉, 작은 집단이나 단일 연령 집단에서)에 있을 때 매우 왜곡될 수 있다. 이러한 경우, 동물은 자연 환경에서 생존할 수 있는 기술과 협동하여 먹이를 찾고, 위험을 감지하며, 짝짓기 대상을 찾고, 새끼를 기르는 데 필요한 사회적 기술이 부족할 수 있다(Parlato and Armstrong 2013). 이러한 동물의 생존에 대한 가장 큰 위협, 그리고 그렇게 많은 정착 프로젝트가 실패하는 주된 이유는 포식자("이 자가 나를 왜 잡아먹으려고 하지?"), 기아("그들은 왜 나에게 더 이상 먹이를 주지 않지?"), 그리고 서식지의 질("오래된 집이 훨씬 더 좋았다!")이다.

이러한 행동 문제를 극복하기 위해서는 포획되어 사육된 포유류와 조류는 방사 전후에 광범위한 훈련을 필요로 할 수 있다. 어떤 경우에는 인간 조련사가 꼭두각시를 쓰거나 의상을 입고서 야생 개체의 외모와 행동을 흉내내서, 어린 동물이 인간보다는 자신의 종과 동일시하는 법을 배우게 한다(**그림 8.4**). 또 다른 경우에는, 야생 개체가 같은 종의 포획 개체에게 "선생"의 역할을 한다. 예를 들어, 황금사자타마린(*Leontopithecus rosalia*)을 포획한 후 포획 번식 개체와 함께 있게 하면, 포획 번식 타마린이 야생의 개체로부터 적절한 행동을 배울 것이다. 그들이 사회 집단을 형성하면 함께 방사한다.

식물 개체군의 정착

희귀하고 위기인 식물 종의 새로운 개체군을 정착시키기 위해서 이용되는 방법은 동물 종을 정착시키기 위해 사용되는 방법과는 근본적으로 다르다. 식물은 동물처럼 적극적으로 새로운 장소로 분산할 수 없다. 그 대신 바람, 동물, 물, 또는

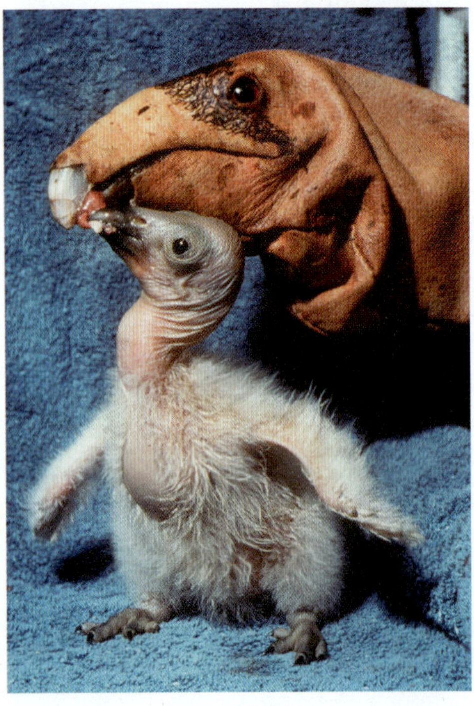

그림 8.4 성체 캘리포니아콘도르(*Gymnogyps californianus*)처럼 보이는 꼭두각시를 쓴 연구자가 사육 중인 콘도르 유조에게 먹이를 먹인다. 보전생물학자는 인간 접촉을 최소화하는 것이 콘도르가 야생으로 돌아갔을 때의 생존율을 높일 것이라 기대한다.

보전생물학자의 활동과 같은 중계자에 의해 새로운 장소로 식물의 종자가 분산된다(Rood et al. 2015). 일단 종자가 지면에 떨어지거나 성장한 식물이 한 장소에 심겨지면, 단 몇 미터 근방에 적절한 미서식지가 있다 할지라도 이동할 수 없다. 종자가 떨어진 미서식지는 식물 생존에 중요하다. 그 장소가 너무 양지거나, 음지거나, 어둡거나, 습하거나, 너무 건조하다면, 종자가 발아하지 못하거나 발아해도 번식을 못하거나 죽을 것이다.

식물생태학자는 개체군 정착을 향상시키는 수단으로써 식재 전과 후의 처치 효과—낙엽을 태우고, 경쟁 식생을 제거하고, 땅을 파고, 초본 섭식 동물을 배제하는 등—를 조사하고 있다(Reither et al. 2016). 식물생태학자는 새로운 장소에 종을 정착시키는 가장 효과적인 방안에 대해서도 연구하고 있다. 즉, 종자를 파종해야만 하는지, 성장한 개체 또는 유식물을 개선된 장소로 이식해야만 하는지를 연구하고 있다. 예를 들어, 미국 중서부 대초원에 있는 위협종 다년생인 메드박주가리(Mead's milkweed, *Asclepias meadii*)를 도입할 동안, 실생묘(seedling)보다는 어린 식물(juvenile plant)의 생존율이 더 높았고, 불로 태우지 않은 서식지보다는 불에 탄 서식지에서 생존 수가 더 많다는 것이 알려졌다. 또한 강수량이 평균보다 높았던 해에는 실생묘의 생존 수가 더 많았다. 이러한 정보는 식물을 심고 관리하는 안내자 역할을 할 수 있다. 연구자는 또한 식물의 재도입을 위한 최선의 방법을 결정하기 위해서 PVA(제7장 참조)와 다른 모델링 도구를 사용한다. 여기에는 얼마나 많은 개체군이 메타개체군의 절멸 가능성을 줄이기 위해 정착해야만 하는가처럼 문제 해결을 위한 방법도 포함된다(**그림 8.5**).

식물 재도입은 동물 만큼이나 빈번하게 실패한다. 하지만 연구자는 실패한 실험을 대부분 발표하지 않기 때문에 이러한 사실을 문헌에서 찾기 어렵다. 더더구나 외견상 성공적으로 보였던 많은 재도입이 세월이 더 흐른 후에는 실패로 이어졌거나 성공의 중요한 지표인 다음 세대를 정착시키지 못했다. 일반적으로 성공은 도입된 개체 수 또는 개체군 수를 증가시킨다(Liu et al. 2015)(그림 8.5 참조). 그러나 이러한 결론은 적절한 서식지에 식물을 심는다는 것을 가정으로 한다. 공급 개체군의 유전자 분석은 환경 스트레스에 저항하고 환경 변화에 대한 탄성력을 결정하는 데 도움을 줄 수 있다(He et al. 2016). 기후 변화로 인해서, 어떤 식물 종이 현 장소에 더 이상 유전적으로 적합하지 않을 수 있으므로, 보전생물학자는 식물을 심을 때 한 종의 적절한 유전자형을 다른 곳에서 찾아야 할 수도 있다.

새로운 식물 개체군은 종자의 파종, 실생묘나 성체 식물 이식으로 정착된다. 개체군을 성공적으로 정착시키기 위해서, 경쟁 식물을 태우거나 물리적으로 제거하는 등의 조치가 종종 필요하다.

새로운 개체군의 상황

새로운 개체군의 정착은 과학적 연구·보전 노력·정부의 규제·윤리의 교차점에서 새로운 문제들을 제기한다. 생물다양성 위기가 보다 많은 종과 개체군을 야생에서

그림 8.5 Indiana Dunes에서 자라는 미국 차원의 위협종인 피처엉겅퀴(*Cirsium pitchori*; 사진)의 메타개체군 생존력 분석(개체보다는 개체군의 수를 고려하는 PVA와 비슷한 모델링 방법). 그래프는 재정착되는 개체군의 수를 증가시킴으로써 시간에 따른 절멸 확률이 크게 낮아졌음을 보여준다. 40년 후 절멸 확률이 한 개체군이 더해지면 거의 100%이지만, 100개체군이 더해지면 1% 미만으로 감소한다. (From S. J. Halsey et al. 2015. *Restor Ecol* 24(4): 375–384.)

제거함에 따라 향후 몇 년 안에 재도입·도입·보충 프로그램이 증가할 것이기에, 이 같은 문제들을 다룰 필요가 있다. 게다가 지구의 기후 변화 또는 일부 다른 환경 변화로 인해서 종들의 현 분포지가 너무 덥거나, 너무 건조해지거나, 다른 부적절한 상태가 되면, 많은 종이 이동할 필요가 있을 것이다(제5장 참조; Lunt et al. 2013).

위기종에 대한 많은 재도입 프로그램은 국가 정부가 세운 공식적인 복구 계획에 의해 지시된다. 이들 계획이 구축되고 이행되기 위해서, 보전생물학자는 정부 관리들과 일반 대중이 이해할 수 있는 방식으로 재도입 프로그램의 이익과 한계를 설명할 수 있어야 하고, 또한 이들 집단의 법적인 우려에 대해 대응해야만 한다(**그림 8.6**).

> 재도입 프로그램을 통한 새로운 개체군의 정착이 위기종의 원래 개체군을 보호할 필요성을 결코 감소시키지 않는다.

때때로 새로운 개체군을 다양한 수준으로 보호함으로써, 이해 당사자들의 우려에 대처할 수 있다. 예를 들어, 미국에서 개체군들은 **실험적으로 필수적**(*experimental essential*) 또는 **실험적으로 비필수적**(*experimental nonessential*)으로 지정될 수 있다(예를 위해서, 그림 6.10 참조). 실험적으로 필수적인 개체군은 미국 멸종위기종법에 의해서 해당 종의 생존에 중대하다고 간주되며, 자연적으로 존재하는 개체군만큼이나 엄격히 보호된다. 실험적으로 비필수적인 개체군은 법에 의해 덜 보호된다; 비필수적 개체군으로 지정하는 것은 종종 자신의 땅 위에 멸종위기종이 있음으로 해서 해당 토지가 관리·개발하는 데에 어떻게든 제한이 있으리라는 지역 지주들의 우려를 불식시키도록 돕는다.

재도입 프로그램이 기존의 야생 개체군과 서식지를 보호하는 대안이 아님을 입법자와 과학자 모두 이해해야 한다. 원 개체군은 그 종의 가장 완벽한 유전자풀을 소유하고, 생물 군집의 다른 구성원들과 가장 온전한 상호작용을 할 것이다. 많은 경우에서, 개발업자나 정부 부처는 개발사업의 결과로서 발생하는 서식지 훼손이나 위기종 개체군의 제거를 보상하기 위해 새로운 서식지 또는 새로운 개체군의 창출을 제안한다. 이는 일반적으로 **완화(mitigation)**라고 불린다. 완화는 종종 법적으로 보호되는 종과 서식지에 집중되고 다음 사항을 포함한다; (1) 피해 정도를 줄이기 위한 개발 계획의 조정, (2) 파괴에 대한 보상으로서 새로운 개체군과 서식지의 조성, (3) 개발 후 남아있는 개체군과 서식지의 증진. 위기종의 새로운 개체군을 창출하는 대부분의 시도가 시원치 않음을 고려할 때, 희귀종 또는 위기종을 위한 완화 계획은 신중하고 비판적으로 평가되어야 한다.

그림 8.6 켄팅 국립공원에서는 야생에서 절멸된 포모산시카사슴(*Cervus nippon taiouanus*)의 복원 프로그램에 대한 태도를 평가하기 위해 대만 남부 주민을 조사했다. 재도입 후 사슴은 농작물에 대한 위협(응답자의 48%)과 연관되었고, 응답자의 18%는 실제로 사슴에게 피해를 본 적이 있었다. 그럼에도 불구하고, 조사 대상자의 대다수는 사슴을 관광자원이라고 믿었고(87%), 재도입 프로그램을 지지했다(75%). (Yen et al. 2015.)

현지 외 보전 전략

학습 목표

이 절에서는 다음 내용에 주안점을 두기 바란다.

1. 현지 내와 현지 외 방법 모두를 포함하는 희귀식물을 위한 보전 계획을 세울 수 있어야 한다.
2. 종의 보전을 위해서는 현지 외 보전만으로는 충분하지 않은 이유를 설명할 수 있어야 한다.
3. 보전에 있어서 식물원, 동물원, 그리고 수족관의 역할을 평가할 수 있어야 한다.

생물다양성의 장기적 보전을 위한 최선의 전략은 [제7장에서 다룬 것처럼, **현지 내 보전(in situ conservation)**이라고 부르는] 생물군집과 개체군의 보전이다. 하지만 생물다양성에 대한 위협이 증가하고 있는 상황에서, 현지 내 보전에만 의존하는 것

기존 개체군 보호와 새로운 개체군 정착 노력이 함께 할 때, 현지 외 보전은 위기종을 보호하고 대중을 교육하기 위한 중요한 전략이다.

은 많은 희귀종과 위기종을 위한 가능한 선택이 될 수 없다. 예를 들어, 현지 내 보전 관리와 보전 프로그램 아래에서 조차도 우리가 앞서 다룬 이유들, 즉 서식지 파괴, 유전자 변이의 소실, 개체군 통계학적 불확실성과 환경적 불확실성 등 때문에 종은 여전히 야생에서 감소하고 멸종될 수 있다. 마찬가지로, 남아있는 개체군이 종을 유지하기에 너무 작거나, 보전 노력에도 불구하고 이들이 감소하고 있거나, 남아있는 개체들이 보호지역 외부에서 발견된다면, 현지 내 보전은 효력이 없다고 볼 수 있다. 이와 같은 상황에서 해당 종이 멸종하는 것을 방지할 수 있는 유일한 방법은 인간의 관리하에 인위적인 조건에서 개체들을 유지하는 것이다(Canessa et al. 2015).

현지 내 보전을 대신하거나 보완하기 위해 사용되는 **현지 외 보전(ex situ conservation)**은 일부 종에 대한 지속성과 멸종 사이의 차이를 의미할 수 있다. 이미 야생에서 절멸된 많은 종들이 포획 번식됨으로써 살아남았는데, 이 개념은 때때로 "(노아의 방주에 빗대어) 동물원 방주"라고 부른다(Odum 1995). 예를 들어, 아름다운 프랭크린나무(*Franklin alatamaha*)는 재배 상태로만 자라고, 야생에서는 더 이상 볼 수 없다. 스픽스마코앵무새(*Cyanopsitta spixii*; 제6장의 표지 사진 참조)도 마찬가지다.

동물 보전을 위한 현지 외 시설에는 동물원, 사냥터, 수족관뿐만 아니라 민간 육종가들의 시설도 있다. 식물은 식물원, 수목원, 종자은행에서 유지된다. 그러나 이러한 그룹에 의한 현지 외 보전은 단순한 "방주"로부터 적어도 5가지의 다른 방식을 통해 보전 문제를 해결하는 것으로 진화했다(Traylor-Holzer et al. 2018).

1. **연구 기회** 현지 외에서 개체들에 대한 연구는 야생 동물에서는 가능하지 않을 수 있는 한 종의 기초 생물학, 생리학, 그리고 유전학에 대한 통찰력을 제공할 수 있다. 즉, 현지 내 보전에 사용될 수 있는 정보를 제공할 수 있다. 포획 개체군을 연구하는 것은 질병과 같은 주요 문제를 식별하고 해결하는 데 매우 중요하다.
2. **위협에 대처** 위협을 식별하는 것 외에 현지 외 작업은 해양 생물에게 미치는 미세 플라스틱의 위험에 대해서 대중에게 경고하는 것과 같은 교육을 통해 위협에 대처할 수 있다. 동물원의 전문가들은 위협을 줄이기 위한 법안을 만들거나 산업계와 협력하려는 개인과 단체에게 중요한 자원이다. 장기간 스스로 유지하는 현지 외 개체군들은 또한 전시나 연구를 위해 야생에서 개체를 수집할 필요성을 줄일 수 있다.
3. **확률론적-개체군 통계학적 영향 및/또는 환경적 영향의 상쇄** 생존을 증가시키거나 번식을 증가시킴으로써 특정 생활 단계를 지원하는 것은 작은 개체군에게 매우 중요할 수 있다(제6장 참조). 또한, 현지 외 작업은 유전자 다양성을 보호하거나 개체군 사이의 유전자 흐름을 촉진해서 잠재적 적응을 보호할 수 있다.

4. 현저한 감소에 직면한 개체군의 "시간 벌이"의 한 방법 이것은 심각한 상태의 야생 개체군을 이주시키거나 보충을 위해 사용될 수 있는 보험 성격의 개체군을 만들어 내는 구조 프로그램이 될 수 있다.
5. 위협이 줄어든 후 개체군 복원 야생에서 절멸되었던 프르제발스키말(*Equus ferus przewalskii*)의 경우, 포획 번식 개체가 몽골의 한 국립공원에 14마리 방사되었으며, 현재 이들의 후손이 작은 무리를 이루고 있다(**그림 8.7A**).

따라서 우리는 현지 외와 현지 내 보전이 상호보완적인 전략이 될 수 있음을 알 수 있다(**그림 8.8**). 2016년 현지 내와 현지 외 보전을 추진하는 집단이 함께 모여서 보전 노력을 조정하고 계획하는 프로세스를 개발하였다(Traylor-Holzer et al. 2019). 그것은 IUCN에 의해 "통합 계획 접근"의 아이디어를 증진하기 위해 촉진되었다. 이것은 주어진 종이나 개체군에 대한 모든 현지 내 그리고 현지 외 관리와 보전 활동이 통합되어야 하고, 모든 책임 있는 당사자가 참여해야 하며, 명확하고 단일한 계획을 수립해야 한다는 생각이다.

(A)

(B)

그림 8.7 (A) IUCN은 프르제발스키말이 야생에서 절멸하였다고 선언했었다. 전 세계의 몇몇 동물원에서 개체군을 유지해 왔고, 이러한 동물들을 번식시키는 데 성공했다. 몽골에서 자연 분포 범위로 야생마를 재도입하는 데 성공하였으며, 개체군은 증가하고 있다. (B) 희귀한 콜롬비아 분지 피그미토끼는 반자연적인 큰 울타리 내에서 잘 번식하였다. 이후 개체들은 야생에 방사되었다.

현지 외 보전과 현지 내 보전 모두의 요소를 결합한 프로그램의 예로는 작은 보호구역에서 희귀종과 위기종의 개체군을 모니터링하고 관리하는 것이다. 그러한 개체군은 아직 일부가 야생에 존재하지만, 개체군 쇠퇴를 막기 위해 때로는 인간의 간섭이 필요할 수도 있다. 이러한 예로 희귀한 콜롬비아 분지 피그미토끼(*Brachylagus idahoensis*)가 있는데, 이들은 사육장에서 잘 번식하지 않는다(**그림 8.7B**). 이 종의 보전 전략의 일환으로서 피그미토끼 집단을 포식자로부터 격리하고, 토끼를 친숙한 환경에 두며, 번식을 장려하는 울타리가 쳐진 넓은 공간(2.5 ha)에 놓아두었다. 때때로 번식 프로그램의 일환으로 표시된 개체를 다시 야생으로 방사하였다.

이러한 성공에도 불구하고, 현지 외 보전은 몇 가지 한계가 있다. 첫째, 비용이 많이 든다. 동물원을 유지하는 데 드는 비용이 개발도상국에서 국립공원과 같은 많은 다른 보전 활동의 예산과 비교했을 때 너무 많이 든다. 예를 들어, 로스앤젤레스 동물원의 연간 운영비는 2,600만 달러가 넘고, 워싱턴 DC에 있는 국립 동물원은 판

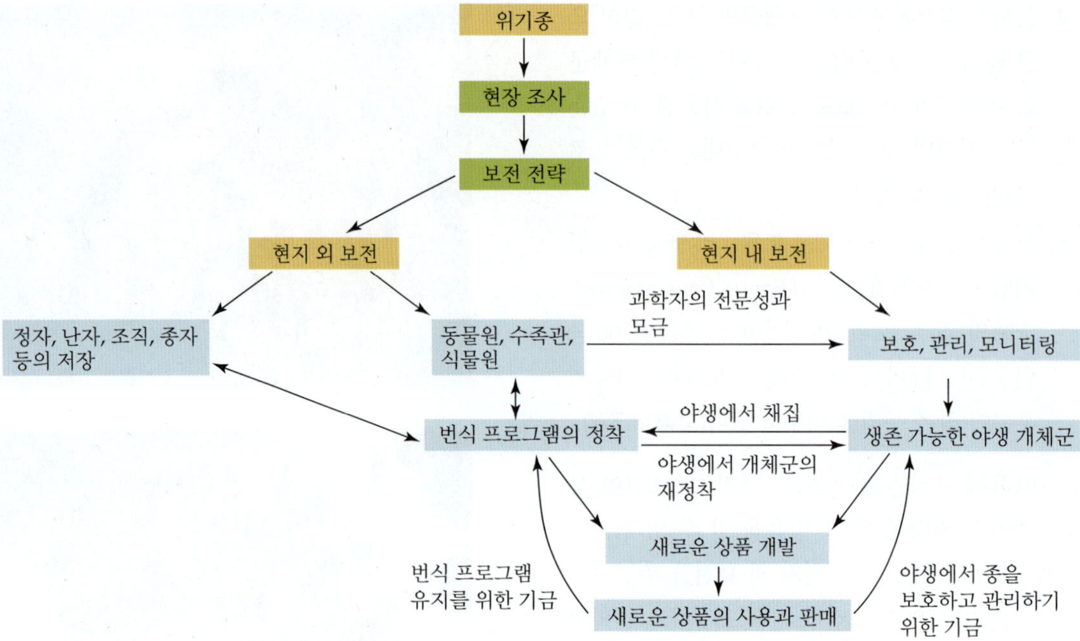

그림 8.8 이 모델은 현지 내와 현지 외 보전 노력이 상호 간에 유익하고, 대안적인 보전 전략을 제공할 수 있음을 보여준다. 이 이상적인 모델에 정확히 부합하는 종은 없지만 자이언트판다 프로그램(그림 8.11 참조)은 많은 요소를 지니고 있다. (After Maxted 2001. In S. A. Levin [Ed.], *Encyclopedia of Biodiversity* 2: 683–696. Academic Press, San Diego, CA.)

다 전시회에만 연간 260만 달러를 사용한다(Josephson 2018). 게다가, 현지 외 프로그램은 한 번에 한 종만 보호한다. 이와는 대조적으로, 한 종이 야생에서 보전될 때 아마도 수천 종으로 구성되는 전체 군집이 다양한 생태계 서비스와 함께 보전될 수 있을 것이다.

또한 현지 외 보전과 관련된 몇 가지 생태학적이고 진화적인 문제들이 있다. 자연 생물군집에서만 종들이 진화 적응 과정을 계속할 수 있다(Olivieri et al. 2016). 제2장에서 다룬 것처럼, 종들 사이의 생태계 수준에서의 상호작용은 희귀종의 지속적인 생존에 결정적인 역할을 종종 한다. 이러한 상호작용은 상당히 복잡할 수 있으며, 아마도 포획된 상태에서는 복제될 수 없을 것이다. 게다가, 포획된 동물 개체군은 일반적으로 유전자 부동을 통한 유전자 변이의 손실을 막을 만큼 충분하게 크지 않다. 재배되는 식물 종 개체들 사이에서 적절한 교차 교배를 보장하는 것을 어렵게 할 수 있는 특수한 수분 요구성을 가지는 경우에도 마찬가지일 수 있다. 그러한 종의 경우, 가장 좋은 해결책은 신중하게 서식지를 보호하고 관리하는 것을 포함하는 현지 내 보전일 것이다. 이러한 문제에도 불구하고, 현지 외 보전은 여전히 중요한 접근법으로 남아있어서 많은 종이 거의 절멸로부터 회복되는 것을 가능하게 한다.

위에 언급된 현지 외 보전의 중요한 공헌에 더하여, 전시되고 있는 포획 개체들은 그 종을 홍보하는 역할을 할 수 있고, 야생에서 종을 보전해야 할 필요성을 대중에게 알리는 데 도움을 줄 수 있다(이 장을 시작하는 사진 참조). 동물원, 수족관, 식물원 그리고 이곳을 정기적으로 방문하는 사람들은 현지 외 보전 프로그램에 돈과 전문지식을 기부한다(예를 위해, 그림 7.3 참조). 한편, 종의 현지 내 보전은 동물원, 수족관, 식물원이 현지 외 개체군을 스스로 유지하지 못하는 종을 지속적으로 전시하고자 하는 데에 있어서 매우 중요할 뿐만 아니라, 포획해서 키우기 어려운 종의 생존에 있어서도 매우 중요하다.

동물원

대부분 주요 동물원의 현재 목표는 희귀하고 멸종위기에 처한 동물로부터 생존 가능하고, 장기간의 포획 번식 개체군을 확립하는 것이다. **국제동물원연감**(*International Zoo Yearbook*)에서는 동물원 내 번식 동물의 출생과 사망을 보고하고 있다. 이 자료를 1972년 이후부터 검토한 결과에서, 멸종위기에 처한 포유류 5종을 제외한 모든 종은 시간이 지남에 따라 그 비율이 비록 감소했을지라도 포획 개체군 성장률의 중위값은 양의 값을 가졌음을 밝혀냈다(Alroy 2015). 대학교, 정부의 야생생물 부서, 보전 단체와 제휴하고 있는 동물원들은 현재 758,000마리가 넘는 동물을 보유하고 있으며, 이들 동물은 포유류, 조류, 파충류, 양서류로 구성된 거의 8,900종과 아종을 대표한다(**표 8.1**)(Species360 2019).

표 8.1 동물원에서 유지되는 육상 척추동물의 수[a]

위치	포유류	조류	파충류	양서류	총합
유럽	111,607	137,619	44,616	40,376	334,218
북미	53,513	65,688	32,737	40,252	192,190
중미	3,612	8,447	2,701	3,859	18,619
아시아	94,325	49,091	16,913	1,355	161,684
호주	10,496	15,420	5,163	2,096	33,175
아프리카	5,179	9,818	3,025	322	18,344
전 세계 합계					
개체수	278,731	286,106	105,155	88,260	758,252
분류군의 수[b]	2,142	3,946	2,184	627	8,899
희귀종의 개체수[c]	121,642	67,114	38,752	43,880	271,388
희귀종 분류군의 수	664	568	376	165	1,773
야생에서 태어난 개체의 백분율	4%	7%	12%	2%	

자료 출처: Data from Species360.org with assistance from Elizabeth Hunt and Nanette Reece.
[a]가축, 품종, 변종은 제외되었다.
[b]강 수준과 아종 수준에서 목록화된 동물을 포함하였다.
[c]희귀종은 IUCN의 범주에서 야생멸종, 위급, 위기, 취약, 또는 준위협에 해당하는 종이다.

동물원은 종종 현지 외 보전과 현지 내 보전 모두를 위해 그들의 전문성과 시설을 빌려주면서 보전 단체와 협력한다. 예를 들어, 파나마 양서류 구조와 보전 프로젝트(Panama Amphibian Rescue and Conservation Project, www.amphibianrescue.org)를 만들기 위해서 북미의 7개 동물원은 대학교 및 야생동물 보호단체와 제휴하였다. 이 제휴의 주요 목표는 야생에서 멸종되는 개구리와 다른 양서류의 번식 개체군을 정착시키는 것이다(**그림 8.9**). 다른 경우에, 동물원은 지역 보호단체 그리고 정부와 협력했다. 제1장에서 소개한 켐프각시바다거북의 보전 예시는 그러한 예 중의 하나이다. 이러한 현지 외 번식 프로그램이 가치 있는 만큼, 동물원에서 과학자가 행하는 현지 내 보전 작업도 마찬가지로 중요하다. 최근 미국 멸종위기종법에 따라 등재된 종에 대한 회복 프로그램을 검토한 결과에서, 동물원이 야생 개체군의 모니터링과 평가를 책임지는 경우가 빈번하다는 것을 발견했다(Che-Castaldo et al. 2018). 한 나라의 동물원은 종종 다른 나라에서의 현지 내 보전을 돕는다. 예를 들어, 제7장에서 다룬 보츠와나에서의 모자쓴독수리 모니터링 프로그램은 미국 덴버 동물원의 과학자와의 협력이었다(제7장의 표지 사진 참조).

(A)

(B)

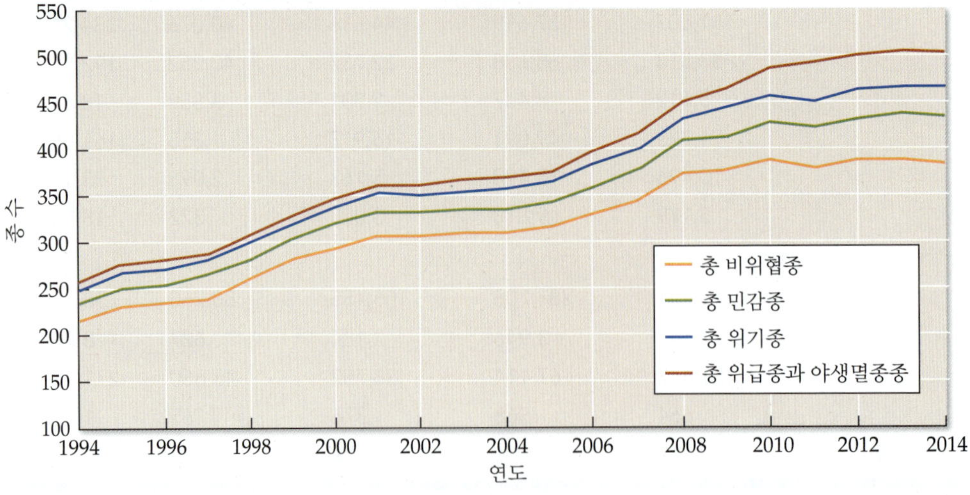

그림 8.9 (A) 한 소년이 담수 통에 있는 중국왕도롱뇽(*Andrias davidianus*)을 관찰하고 있다. (B) 1994년부터 동물원의 양서류 종 수는 비위협종뿐만 아니라, 민감종, 위기종, 그리고 위급종 및 야생멸종종에 있어서도 꾸준히 증가하고 있다. (B after: J. Dawson et al. 2016. *Conserv Biol* 30(1): 82–91.)

동물원은 또한 중요한 옹호 역할을 한다. 동물원의 소장된 동물은 생물다양성에 대한 위협을 사람들로 하여금 인식하게 하고, 대중이 전 세계 종들의 운명과 연관되어 있다고 느끼게 한다. 야생에서의 보전 노력과 동물원 프로그램을 연결시키고자 하는 세계동물원보전전략(World Zoo Conservation Strategy)의 일환으로, 2,000개에 달하는 전 세계 동물원과 수족관에서 생태학적 주제와 위기종이 겪는 위협에 대한 정보의 통합이 증가하고 있다. 동물원이 연간 약 6억 명의 방문객을 유치한다는 점을 고려할 때, 동물원의 잠재적인 교육적이고 재정적인 영향은 막대하다(**그림 8.10A**). 중요한 것은 방문객 입장료와 다른 프로그램으로부터 모금된 자금이 현지 내 보전 활동에 직접 지원된다는 것이다. 예를 들어, 2013년에서 2015년 사이에 2,890만 달러가 미국의 멸종위기종법에 따라 등재된 종에 사용되었다(Che-Castaldo et al. 2018).

(A)

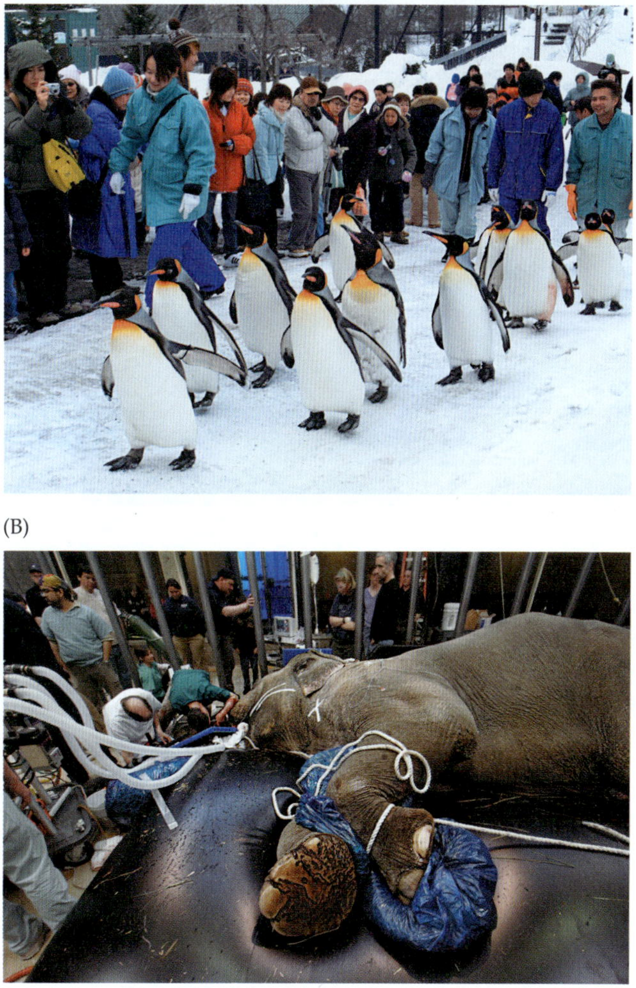

(B)

그림 8.10 (A) 동물원은 야생생물을 보호할 필요성에 관해 대중을 교육할 수 있다. 일본의 북쪽 섬인 홋카이도에 있는 아사히야마동물원을 방문하는 사람들은 황제펭귄(*Aptenodytes patagonicus*)의 퍼레이드를 즐긴다. (B) 포획된 아시아코끼리를 대상으로 수의사들이 치과 수술을 진행하고 있다. 이렇게 획득된 지식은 야생에서 이 종을 돕는 일에 기여할 수 있다.

동물원은 위기종의 사육 동물개체군을 정착시키기 위해서, 동물 보살피기, 수의학 약품, 동물 행동, 번식생물학, 유전학 등과 관련하여 필요한 지식 및 경험을 보유하고 있다(**그림 8.10B**). 동물원과 기타 관련된 보전 단체는 시설을 짓고서 사육 개체군의 유지에 필요한 기술을 개발하고, 야생에서 종을 보호하고 재도입하는 방법과 프로그램도 발전시켜 왔다(**그림 8.11**). 위스콘신에 있는 국제두루미재단(International Crane Foundation)이 운영하는 시설처럼, 이 중 일부 시설은 고도로 전문적이다. 국제두루미재단은 모든 두루미 종의 사육 번식 집단을 정착시키기 위해 노력하고 있다. 이러한 협력적인 노력은 결실을 맺었다.

사육 번식 프로그램의 성공은 희귀하고 위기에 처한 종들의 유지에 관한 지식을 수집하고 전파하는 노력으로 개선되었다. 종생존위원회(Species Survival Commission)의 보전 번식 전문가 집단(Conservation Breeding Specialist Group), IUCN

그림 8.11 중국의 자이언트판다(*Ailuropoda melanoleuca*)는 세계에서 가장 카리스마 있는 동물 중 하나로, 멸종위기종을 구하기 위한 투쟁의 상징이 되었다. 중국의 워룽국립보전지역과 다른 시설들에서 인공수정과 양육을 통한 자이언트판다의 번식에 성공했다. 워룽국립보전지역은 재도입 프로그램을 설정하였으나, 서식지의 소실과 더불어 양육된 개체는 야생에서의 생존에 필요한 행동적 기술을 갖고 있지 않다는 점이 판다의 재도입을 특히 어렵게 한다.

담당 집단, 그리고 동물원 및 수족관 연합(Association of Zoos and Aquariums), 유럽 동물원 및 수족관 연합(European Association of Zoos and Aquaria) 등의 관련 기관들은 위기종에 대한 적절한 보살핌과 취급 방법, 야생에 있는 동물의 행동과 상황에 대한 최신 정보를 다른 동물원에 제공한다(www.aza.org). 영양 요구, 수송과 치료 중에 동물을 무력화하고 스트레스를 줄이는 마취 기술, 최적의 거주지 조건, 질병 확산을 예방하기 위한 백신 및 항체, 번식 기록 등에 대한 정보가 수집된다. 이와 같은 노력은 Species360(이 전의 국제종정보시스템, International Species Information System)에 의해 유지되는 ZIMS(동물정보관리시스템, Zoological Information Management System)라는 중앙 데이터베이스의 도움을 받고 있다. Species360은 95개 국가의 1,096개 회원기관에 있는 2억 2천만 마리 이상의 동물에 대한 모든 관련 정보를 추적한다(www.species360.org).

대부분의 종은 좋은 사육 조건에서 자유롭게 번식하고, 결과적으로 개체군을 조절하기 위해 피임약을 사용해야 할 만큼 수가 많아진다. 그러나 코뿔소와 같은 일부 희귀 동물종은 사육에 적응하지 못하거나 번식하지 못한다(McCleery et al. 2014). 동물원에서는 이러한 문제를 극복하고 유전적으로 적절한 배우자의 번식 성공을 촉진할 수 있는 관리 방법을 찾기 위해 광범위한 연구를 수행한다. 일부 관리 방법은 의학 및 수의학에서 바로 얻지만, 버지니아 스미소니언 보전생물학연구소와 샌디에이고 동물보전연구 등 특정 연구기관에서 특정 종을 위해 개발한 신기술들이 있다.

동물원에서는 종종 멸종위기 동물의 건강한 번식 무리를 정착시키기 위해 최신의 수의학적 방법을 사용한다.

이러한 기술에는 보편종이 희귀종의 새끼를 키우는 **교차양육(cross-fostering)**, 이상적인 부화 환경 하에서 알의 **인공부화(artificial incubation)**, 성체가 교배에 관심이 없거나 다른 장소에 살고 있을 때의 **인공수정(artificial insemination)**, 보편종의 대리모에게 희귀종의 수정 난자를 착상시키는 **배아이식(embryo transfer, 그림 8.12)**이 있다. **게놈자원은행(genome resource banking, GRB)**으로 알려진 가장 특이한 기법 중의 하나는 정제한

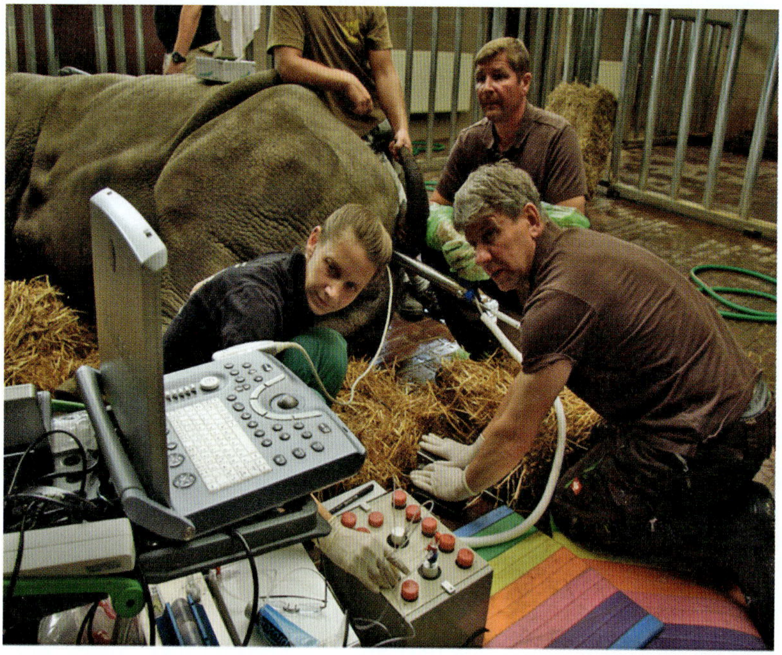

T. B. Hildebrandt et al. 2018. Nature Communications 9: 2589

그림 8.12 체외 수정 방법을 시험하기 위한 남부흰코뿔소(*Ceratotherium simum* ssp. *simum*)의 난자 채집. 만약 성공한다면, 이 접근법은 멸종위기에 처한 북부흰코뿔소(*C. simum* ssp. *cottoni*)에 적용될 것이다.

DNA, 난자, 정자, 배, 그리고 다른 조직들이 미래의 번식 프로그램에 기여하고, 유전적 다양성을 유지하며, 과학 연구를 위해 사용될 수 있도록 동결시키는 것이다. 하지만 이와 같은 기술의 대부분은 많은 비용이 들고, 종 특이적이다. 어떤 경우에도 GRB 또는 이와 유사한 선진화된 방법도 야생에서 생존에 필요한 생태적 관계와 행동을 보전하는 현지 내 보전 프로그램을 대치할 수 없다.

시설에서 동물을 키우는 것이 때로는 동물의 보전 가치를 줄이기도 한다. 포획 번식 시설에서 사는 동물은 야생에서의 생존에 필요한 행동을 상실할 수 있다. 나아가 시설에서 사육된 개체군은 야생으로 돌아갔을 때, 자연 환경에 대한 내성을 낮추는 유전적, 생리적, 형태적 변화를 겪을 수 있다. 시설에서 얻은 질병은 동물을 방사에 부적합하게 만들 수 있다(Minuzzi-Souza et al. 2016). 결과적으로, 연구자들이 한 종을 보전하기 위해 현지 외 프로그램을 설정할 때, 이들은 일련의 윤리적 문제를 고심해야 한다.

- 현지 외 개체군의 정착이 야생 개체군에게 어떠한 이득을 주겠는가?
- 한 종의 최후 몇 개체로 하여금 남은 시간을 야생에서 지내도록 하는 것이 나은가? 또는 야생 조건에 적응할 수 없을지도 모르는 포획 개체군으로서 번식하는 것이 나은가?
- 시설에서 사육되어, 자연 환경에서 어떻게 생존하는지를 모르는 개체들로 구성된 희귀종의 개체군이 진실로 그 종의 보전을 의미하는가?

- 시설에 잡혀 있는 희귀종의 개체는 주로 개체 자신의 이득을 위한 것인가? 아니면 전체 종의 이득을 위한 것인가? 또는 동물원의 경제적 이득이나 동물원 방문객의 즐거움을 위한 것인가?
- 시설에 있는 동물은 이들의 생물학적 필요에 맞춰서 적절한 보살핌을 받고 있는가?
- 보전 문제에 관한 대중 교육을 위해 충분한 노력이 이루어지고 있는가?

수족관

대부분 야생에서 채집한 약 600,000여 마리의 어류가 방문객에게 개방된 공공 수족관에서 유지되고 있다(**그림 8.13**). 야생에서 희귀종을 더 이상 채집하지 않고 수족관에서 유지될 수 있도록, 그리고 일부는 다시 야생으로 방류될 수 있기를 바라는 마음을 가지고서 사육 번식 기술을 개발하는 데 큰 노력을 기울이고 있다.

어류 번식 프로그램은 실내 수족관 시설, 반자연적 수체, 어류 부화장 및 양식장을 이용한다. 어류 생물학자는 원래 송어, 농어, 연어, 기타 상업용 종을 포함한 대규모의 비축 활동을 위해서 많은 어류 사육 번식 기술을 개발하였다. 다른 기술은 상업가가 수족관 관상어 거래시 판매 목적으로 열대 어류의 번식을 시도했을 때 개발되었다. 이 기술들은 현재 멸종위기에 처한 담수어에 적용되고 있다. 현재 공공단체와 민간단체 모두 번식시키기가 더 어려운 종의 번식 비밀을 해결하기 위해서 인상적인 노력을 기울이고 있다.

수족관은 멸종위기에 처한 고래류, 매너티, 바다거북, 그리고 다른 대형 해양 동물의 보전에 있어 점점 더 중요한 역할을 하고 있다. 수족관 종사자들은 종종 해변에 떠밀려오거나 얕은 물에 고립된 대형 해양 동물을 구조하려는 대중의 도움 요청에 응한다. 보편종을 다루는 과정에서 얻은 교훈은 위기종을 돕는 프로그램을 개발하기 위해서, 수족관 공동체에 의해 이용될 수 있다.

수생 생물다양성의 현지 외 보전은 2014년 인간의 소비를 위한 어류의 1차 공급원으로서, 야생에서 잡은 어류의 양을 뛰어 넘은 양식 어류의 극적인 증가로부터 추가적인 의미를 가진다. 어류 양식은 현재 총

© Jeff Greenberg/Alamy Stock Photo

그림 8.13 공공 수족관은 현지 내 보전과 현지 외 보전 프로그램 모두에 참여하며, 사람들에게 해양 보전 문제에 대해 교육하는 귀중한 기능을 제공한다.

생산의 60% 이상을 차지한다(Food and Agriculture Organization of the United Nations 2016). 양식업은 온대에서의 대규모 연어, 잉어 및 메기 양식장, 열대에서의 새우 양식장, 중국과 일본에서 키우는 1,200만 톤의 수산물을 포함한다. 어류, 개구리, 연체동물, 갑각류의 양식이 증가하고, 인간의 수요를 맞추기 위해 키워짐에 따라, 이들 종을 계속 개선하고, 질병, 기후 변화, 예견할 수 없는 위협으로부터 보호하기 위해서는 필요한 유전적 자원을 보전할 필요가 있다. 양식으로 인간의 식품 생산을 높일 필요성과 증가하는 인간 위협으로부터 수생 생물다양성을 보호할 필요성 사이에서 균형을 맞추는 것은 미래의 도전이 될 것이다.

식물원

세계에 있는 식물원 1,775곳은 살아있는 주요 식물을 수집하여 키우고 있으며, 현지 외 보전, 현지 내 보전 그리고 연구 교육을 통해서, 식물 보전을 위한 중요한 자원을 가진 대표적 기관이다(**그림 8.14**). **수목원(arboretum)**은 나무와 기타 목본 식물에 초점을 맞춘 전문적인 식물원이다. 세계의 식물원에는 현재 최소 105,634종—세계 식물상의 약 27%—을 대표하는 약 400만 개체가 있으며, 알려진 위협종의 41% 이상을 보전하는 데 도움을 준다(Mounce et al. 2017; www.bgci.org). 세계에서 가장 큰 규모의 식물원은 영국의 큐에 있는 왕립식물원(Royal Botanical Gardens)으로서, 전 세계 식물의 약 8%에 해당하는 30,000종 이상의 식물을 키운다. 이 중 약 2,700여 종은 IUCN 범주에 따라 위협종으로 등록되어 있다.

식물원은 점점 더 희귀식물 종과 멸종위기 식물 종의 재배에 그들의 노력을 집중하고 있으며, 많은 식물원에서는 특정 종의 식물을 전문으로 한다(이 장의 맨 앞에 있는 사진 참조). 많은 식물원이 식물 보전에 관여하고 있으며, 특히 희귀식물종과 멸종위기 식물종의 재도입과 파괴된 생태계의 복원에 관여하고 있다. 중국 윈난성에는 희귀 목련(*Magnolia sinica*)이 52개체만 야생에 남아있다. 그러나 이 종은 쿤밍 식물원에서 성공적으로 재배됨으로써 재도입이 가능할 것이라는 희망을 주고 있다.

> 식물원은 멸종위기 식물과 경제적으로 중요한 식물의 현지 외 보호와 이들에 대한 지식을 제공하는 살아있는 수집물(식물)과 종자은행을 보유한다.

식물원의 종사자들은 종종 식물의 동정, 분포, 보전 지위에 대해 인정받는 권위자이다. 더욱이 식물원은 보전 문제와 관련해서 연간 약 2억 명에 이르는 방문객들을 교육시킬 수 있다. 국제적인 수준에서, 국제식물원보전협회(Botanical Gardens Conservation International, BGCI)는 800곳 이상의 식물원에서의 보전 노력을 대표하고 조정한다(www.bcgi.org). 살아있는 식물의 채집물에 적게 반영되었거나 결여된 중요한 종들을 확인하고서 채집 활동을 지원하기 위해 세계적인 데이터베이스를 생산하는 것이 이 프로그램의 우선 사항이다. 이러한 프로젝트 중 하나는 온라인 PlantSearch 데이터베이스(www.bcgi.org/plant_search.php)이다. 이 데이터베이스는 현재 1,116개 식물원과 기타 기여 기관에서 자라는 555,500개 이상의 종과

그림 8.14 (A) 독일 뮌헨식물원의 아름다운 전시물은 식물과 대중을 연결하고, 야생에서 더 이상 살지 않는 종들을 보전함으로써 보전에 중요한 역할을 한다. (B) 남아프리카의 커스틴보쉬 국립식물원에 있는 시그니지는 방문객들에게 그들이 사는 곳에서 지역의 생물다양성을 증진시키는 방법에 대해 교육하고 있다. (C) 미주리 식물원의 마다가스카르 프로그램에 참여하는 야외 생물학자는 약효가 있을 수 있는 식물을 동정하고, 그들이 자라는 생물다양성 지역을 보호하기 위해 일하며, 재도입을 위해서 식물을 기른다. (D) 영국 큐 왕립식물원의 한 과학자가 새천년종자프로젝트(Millennium Seed Project)의 일환으로 보전된 종자를 검사하고 있다.

재배되는 변종을 탑재하고 있는데, 이 중 약 2,400종은 희귀종이거나 위협종이다.

종자은행

식물원과 연구기관 등은 식물 재배에 더해서, 야생 식물과 재배 식물에서 채집한, '**종자은행(seed bank)**'이라고 알려진 종자 수집을 개발했다. 이러한 종자은행은 그들의 살아있는 수집물에 중요한 여벌(backup)을 제공한다(**그림 8.15**). 대부분의 식물 종의 종자는 춥고, 건조한 환경에서 오랫동안 휴면할 수 있으며, 나중에 새로운 식물로 자라기 위해 발아할 수 있다. 이러한 종자의 휴면 능력은 많은 희귀종의 종자를 최소

(A) (B)

그림 8.15 (A) 종자은행에서 많은 식물 변종의 종자가 구분되고, 목록화되어, 영하의 온도에서 저장된다. (B) 종자는 매우 다양한 크기와 모양을 가진다. 각각의 종자는 유전적으로 독특하며, 휴면중인 개체이다.

한의 관리와 적은 비용으로 작은 공간에서 냉동 보관할 수 있게 해준다. 종자은행은 야생으로 다시 재도입될 필요가 있을 수 있는 희귀종 또는 위기종에서 특히 중요하다. 종자를 채집할 때, 종 분포지 전반에 걸쳐 자라는 개체군들에서 종자를 채집함으로써, 종에서 발견되는 다양한 유전적 변이를 포함하도록 노력한다.

전 세계적으로 1,000개 이상의 종자은행이 존재하며, 이들의 활동은 국제 단체에 의해 조정된다. 그들 중의 하나가 국제농업연구협의단(Consultative Group on International Agricultural Research, CGIAR)인데, 70개 국가 이상에서 3,000개 이상의 파트너와 협력하고 있다(www.cgiar.org). 80여 개 국가의 파트너들과 함께 만들어진 새천년종자은행파트너십(Millenium Seed Bank Partnership)은 전 세계에서 현지 외 보전을 위한 가장 큰 네트워크라고 주장한다. 이 가운데 큐 왕립식물원이 관리하는 웨이크허스트에 있는 새천년종자은행은 개별 은행 중 규모가 가장 큰 은행으로 3만 9,100여 종을 대표하는 종자 수가 8만 7,500여 개에 이른다(www.kew.org/science/collections/seed-collection). 식물보전센터(Center for Plant Conservation)는 미국과 캐나다의 39개 식물원과 수목원으로 구성된 네트워크를 조정해서, 800개 이상의 희귀하고 위기에 처한 식물의 종자를 보전한다. 그중 하나는 미주리 식물을 중심으로 하는 세인트루이스 교외의 쇼 자연보호구(Shaw nature Reserve)에 있는 특별한 시설이다.

일반적으로 종자는 −18°C와 −20°C 사이에서 종자를 보관하는 급속 냉동고에 저장하기 전에 건조된다. 그러나 전기 공급이 끊기거나, 장비가 고장나면, 냉동 수집물 전체가 손상될 수 있다. 이러한 손실을 막기 위해, 노르웨이 스발바르 영구 동토층 아래에 있는 스발바르세계종자은행(Svalbard Global Seed Vault)은 냉동 종자 표본 40만 개를 보관하고 있다. 이러한 표본의 위치 덕분에, 종자는 냉동 수집물을 위협할 수 있는 전력 손실의 위협으로부터 보호된다.

종자은행은 농업연구기관과 농산업에 의해서 농작물과 농작물의 근연관계종에 존재하는 유전적 변이를 보전하고 이용하는 데 있어 효과적인 자원으로 인식되었다. 이러한 유전적 다양성을 보전하는 것은 현대 작물의 높은 생산성과 산성비, 지구 기후 변화, 토양 침식 등 변화하는 환경 조건에 대응하는 능력을 유지하고 증가시키는 데 매우 중요하다(Jang et al. 2017). 전 세계의 전통적인 농부들이 표준적이고 고수익을 주는 변이를 선호하므로, 다양한 지역에서 작물 변종을 버리고 있다. 이에 따라, 연구자들은 이러한 유전적 변이를 보전하기 위한 시간과 다투고 있다. 예를 들어, 재배된 콩에는 원래의 유전적 다양성의 절반 미만만 존재하고 있으며, 계속 감소하고 있는 것으로 추정된다(Jough et al. 2015). 이러한 세계적인 현상은 1950년대 후반까지 2,000여 종의 변종 쌀을 재배하던 스리랑카 농민이 현재는 단 5종의 고수확 변종으로 전환한 데서도 잘 알 수 있다.

농업 종자은행 개발에서 가장 큰 논란은 작물 유전자원에 대한 소유권과 통제권이다. 농작물의 **재래종(land races**, 시간이 지남에 따라서 인간에 의해 개량된 지역종)과 작물종의 야생 근연종의 유전자는 현대 농업에 적합한 우수하고 고수확인 변종 개발에 필요한 구성 요소를 대표한다. 현대 농업에 필요한 유전자 변이의 약 96%가 인도, 에티오피아, 페루, 멕시코, 인도네시아, 중국 등 개발도상국에 존재하지만(**그림 8.16**), 우수한 계통에 대한 대부분의 기업 육종 프로그램은 북미와 유럽의 선진국에서 이루어지고 있다. 과거에는 유전 물질을 공짜로 가져가도 되는 것으로 인식했었다. 국제종자은행, 종자회사, 대학교 연구진 등이 개발도상국의 종자와 식물 조직을 자유롭게 수집해서 연구소와 종자회사에 전달했다. 정교한 육종 프로그램과 현장 실험을 통해 새로운 계통이 개발되었다. 종자회사는 그들의 이익을 극대화하도록 만들어진 종자를 높은 가격에 팔았는데, 그것의 총액은 종종 연간 수억 달러에 달하였다. 그러나 종자가 수집된 원래의 국가들은 이 활동으로부터 어떠한 이익도 얻지 못했다.

이 논쟁에 대한 한 가지 해결책은 새로운 제품과 이익의 몫을 받는 대가로 해당 국가들이 그들의 유전 자원을 공유하기로 동의하는 생물다양성협약(Convention on Biological Diversity)의 틀을 이용해서 협상하는 것이다(제12장 참조). 야생에서 채취된 종에 기반을 두는 제품의 개발에 대한 코스타리카 정부와 머크(Merck) 간 협정 등 몇 가지 계약이 타결되었다(유사한 예는 제3장 참조). 이들이 상호간 만족하는

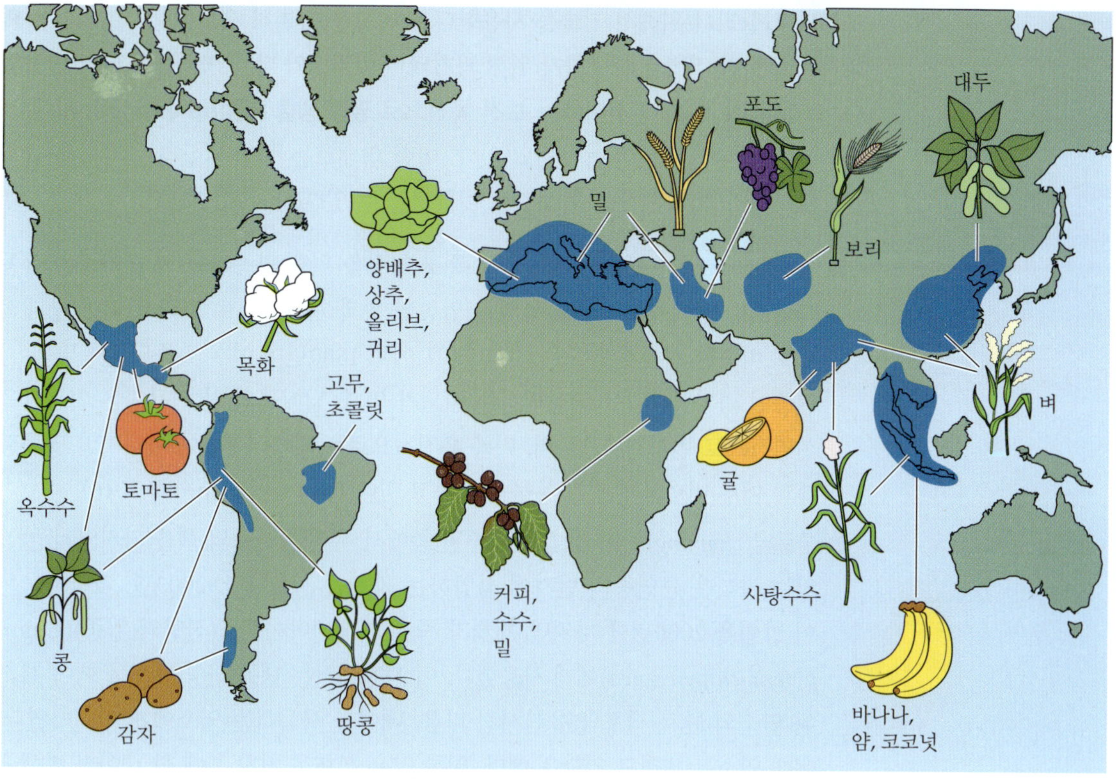

그림 8.16 농작물 종은 세계의 특정 지역에서 높은 유전적 다양성을 보여주며(파란색으로 표시됨), 그 종이 처음 인간에 의해 재배되었거나 전통적인 농업환경에서 여전히 자라고 있는 지역에 종종 나타난다. 이러한 유전적 다양성은 농작물의 생산성을 유지하는 데 국제적인 중요성을 가진다. (Map provided by G. Wilkes, 1993; data based on Vavilov's centers of origin as discussed in J. R. Harlan. 1976. *Sci Am* 235(3): 88–97.)

지, 장래 계약에 대한 모델로 작용할 수 있는지를 결정하기 위해서, 이러한 협정들은 세밀하게 검토될 것이다.

기술은 멸종된 종을 되살릴 수 있는가?

학습 목표

이 절에서는 다음 내용에 주안점을 두기 바란다.

1. 복원 방법을 설명할 수 있어야 한다.
2. 복원에 대한 찬성과 반대 모두에 대해 논쟁할 수 있어야 한다.

멸종된 종의 부활은 일부는 새롭고, 다른 것들은 잘 정착된 다양한 기술과 접근법을 "함께 적용"하는 것에 의해, 이제 우리의 손 안에 있다(Seddon 2017). 종을 멸종으로부터 되살리기 위해서 기술을 사용한다는 발상은 특별히 새로운 것이 아니다. 의학자는 유사한 질병을 예방하기 위해 과거의 바이러스와 다른 병원균을 다시 만들었다. 그러나 최근 몇 년 사이에는 보전 목적으로 **멸종 생물 복원(de-extinction)**에 적용하는가에 대한 관심이 높아지고 있다. 어떤 형태로든 종을 되살리는 과정은 잠재적으로 적어도 3가지 방법 중 하나로 이루어질 수 있다(Shapiro 2017).

1. 역육종(*back-breeding*) 이 경우, 특정 형질을 위해 멸종된 종의 근연종은 잡종화되거나 선택될 수 있다. 목적은 멸종된 종과 형태적으로 그리고 아마 생태적으로 비슷한 개체를 만드는 것이다. 그 예로 1800년대 이후 멸종된 얼룩말의 근연종인 콰가얼룩말을 되살리려는 시도가 있다. 남아공의 한 연구진은 얼룩말을 선별적으로 번식시킴으로써, 비록 유전적으로는 콰가얼룩말이 아니지만 멸종된 종과 매우 비슷하게 생긴 동물을 만들고 있다(Page and Hancock 2016).
2. 클로닝(*clonning*) 이 방법은 멸종된 종에서 온전한 세포의 핵을 가져와서 살아있는 가까운 근연종의 난자에 삽입하는 과정을 사용한다. 2003년, 과학자들은 이 방법을 2000년에 마지막 개체가 죽은 피레네아이벡스(산양의 일종)(*Capra pyrenaica pyrenaica*)에게 사용했다. 이 과정에서는 냉동 산양 세포를 핵이 제거된 염소의 난자 세포와 융합시킨 다음, 배아를 사육하는 염소에게 이식하였다. 이때 염소는 대리모 역할을 했다. 비록 많은 실험을 거친 후에 한 배아가 발생했지만, 복제된 산양은 심각한 기형을 가지고 태어났고, 태어난 지 몇 분 만에 죽었다. 온전한 세포의 필요성 때문에, 이 방법은 세포가 잘 보전되어 있는 최근에 멸종된 종에서만 가능하다.
3. 게놈 재현(*genomic reconstruction*) 분자 도구인 크리스퍼(CRISPR)를 이용해서 멸종된 종에서 유전자를 채취하여 살아있는 근연종의 게놈에 삽입하는 것은 이론적으로 가능하다. 예를 들어, 멸종된 나그네비둘기의 박물관 표본에서 추출한 유전자는 현존하는 긴띠무늬꼬리비둘기 난자의 게놈에 삽입될 수 있다. 이러한 결과로 나타난 자손은 적어도 나그네비둘기에서 나온 유전자를 가지고 있을 것이다. 이 방법은 핵 전체를 요구하기보다는, 약간의 온전한 DNA만을 필요로 한다. 이 요건은 클로닝과 마찬가지로 여전히 후보 종을 멸종된지 오래되지 않아 유전 물질이 완전히 분해되지 않은 종으로 제한된다. 이러한 DNA는 세심하게 보전된 박물관 표본뿐만 아니라 빙하나 혐기성의 산성이탄습지나 해양의 진흙, 심지어 연구자들의 냉동고에 보전된 일부분이나 전체 유기체로부터도 얻을 수 있다.

하지만 멸종된 종들의 이런 보전을 만드는 것이 좋은 생각일까? 그 가능성은 윤리성, 실용성, 그리고 보전의 근본적인 목적에 대한 의문을 제기한다. 어떤 이들은 인간 활동의 영향으로 인해 사라진 종을 되살려야 할 윤리적 책임이 있다고 주장하

멸종된 종을 되살리는 것의 이익은 비용과 위험에 대해 신중하게 평가되어야 한다.

는 반면에, 다른 이들은 멸종된 종을 되살리는 것이 비윤리적이라고 주장할 수 있다(Bennett et al. 2017). 서식지가 더 이상 존재하지 않는 경우, 한 종을 되살리는 것이 받아들일 만한 사항인가? 다음과 같은 다른 문제도 있다. 다시 태어난 나그네비둘기가 다른 비둘기 종에 의해 길러졌고, 멸종된 나그네비둘기의 무리, 먹이, 그리고 다른 행동이 부족하다면, 그것을 정말로 나그네비둘기라고 생각할 수 있는가? 부활한 나그네비둘기는 과거의 나그네비둘기와 같은 방식으로 생태계에서 기능할 것인가? 부분적으로는 관련 비용뿐만 아니라, 이러한 우려 때문에 되살리고자 하는 종의 후보자를 선택하는 것이 가장 중요하다. 비록 털매머드와 같은 카리스마를 가진 종들을 되살려야 한다고 제안되었지만, 다른 종들도 부활하는 것이 더 타당하거나/또는 생태적으로 더 가치가 있을 수 있다(Seddon et al. 2014).

멸종에서 되살리는 프로그램이 기존에 존재하는 보전 노력에 어떤 영향을 미치고 상호작용할 것인지도 불분명하다. 멸종에서 종을 되살리는 능력이 야생에서 종을 보전하려는 동기를 감소시킬 것인가? 아마도 가장 중요한 것은 멸종에서 종을 되살리고자 하는 연구와 노력에 대해, 현재 존재하는 종과 생태계를 보전하기 위한 연구와 보전 프로젝트의 자금을 전용할 것인가이다(Bennett et al. 2017).

이러한 흥미로운 새로운 기술에 의해 제기되는 사고방식의 질문은 보전생물학의 학제간 성격을 강조하는데, 이는 생명공학, 유전학, 생태학, 윤리학 및 경제학과 상당히 중복된다. 우리가 무언가를 할 수 있다고 해서 반드시 해야 한다는 것을 의미하지는 않는다. 멸종된 종을 되살리기 위해서 또는 생태계의 기능을 복원하기 위해서 멸종된 종을 복원하는 기술적 방법을 사용할지 여부는 새로운 보전 기술의 개발과 그들이 영감을 주는 사려 깊은 논의에 달려 있다.

국내 사례연구

한국의 현지 외 보전 기관

한국에서도 멸종위기 생물을 보전하고 증식시키기 위한 현지 외 보전 전략을 가지고 있다. 이를 위해서 환경부와 해양수산부에서는 '서식지 외 보전기관'이라는 명칭으로 각각 22개 기관과 15개 기관을 지정하여 현지 외 보전을 위한 노력을 하고 있다. 이때 각 기관은 지정 내역을 가지고 있으며, 이들 종의 보전에 힘을 기울이고 있다.

국립생태원 멸종위기종복원센터의 자료에 따르면 보전 대상 종 수는 포유류 13종, 조류 10종, 양서파충류 3종, 어류 10종, 곤충 5종, 육상식물 65종 등 총 106종이다. 멸종위기 야생생물 종 수를 기준으로 육상식물이 84.4%로 가장 많은 종이 보전대상이며, 조류가 16.4%로 가장 적은 종이 보전 대상이다. 환경부 지정 기관별 대상 종은 누리집(https://www.nie.re.kr/endangered_species/home/enspc/enspc05001i.do)에서 확인할 수 있다.

멸종위기 2급으로 보호되는 나도승마, (재)한택식물원

국내 사례연구

한국의 현지 외 보전 기관 *(계속)*

환경부 지정(2021.4.기준)	해양수산부(2019.6. 기준)
○ 서울대공원	○ SEA LIFE 부산아쿠아리움(멀린엔터테인먼트코리아(주))
○ 한라수목원	○ 한화아쿠아플라넷 63
○ (재)한택식물원	○ (주)네오엔비즈
○ (사)한국황새복원연구센터	○ 울산광역시남구도시관리공단(장생포고래생태체험관)
○ 내수면양식연구센터	○ 한화아쿠아플라넷 제주
○ 여미지식물원	○ 국립해양박물관
○ 삼성에버랜드동물원	○ 한화아쿠아플라넷 여수
○ 기청산식물원	○ 서울대공원
○ 한국자생식물원	○ (주)마린파크
○ (사)홀로세생태보존연구소	○ 한화아쿠아플라넷 일산
○ (사)한국산양⊠사향노루종보존회	○ 롯데월드아쿠아리움
○ (재)천리포수목원	○ 국립해양생물자원관
○ (사)곤충자연생태연구센터	○ 군산대학교 녹조적조연구센터
○ 함평자연생태공원	○ (주)경포아쿠아리움
○ 평강식물원	○ 코엑스아쿠아리움
○ 신구대학식물원	
○ 우포따오기복원센터	
○ 경북대조류생태환경연구소	
○ 고운식물원	
○ 강원도자연환경연구공원	
○ 한국도로공사 수목원	
○ (재)제주테크노파크	
○ 순천향대학교 멸종위기어류 복원센터	
○ 청주랜드	
○ 한국수달연구센터	
○ 국립낙동강생물자원관	
○ 경북 잠사곤충사업장	

요약

- 희귀하고 위기에 있는 종의 새로운 개체군은 포획-사육 또는 야생 포획 개체를 사용함으로써 야생에 정착될 수 있다. 또한 새로운 개체군은 한 종의 원래 분포지 밖에서도 정착될 수 있다.
- 한 종에 대한 위협 요인을 확인하고 줄이는 것은 재도입 프로그램의 성공에 있어서 매우 중요한 요소이다.
- 동물은 때로 방사된 후의 유지를 필요로 할 뿐만 아니라, 방사 전의 행동 훈련도 필요로 한다.
- 현지 외 보전은 특정 울타리 내에서 개체와 개체군을 보전하는 것이다. 동물원, 수족관, 식물원 그리고 종자은행은 보전에 있어서 중요한 역할을 한다. 이들은 현지 내 보전과 현지 외 보전의 상보적인 역할을 조명하고 있다.
- 기술은 멸종된 생물의 버전을 잠재적으로 되살릴 수 있는 기술이 개발되고 있지만, 이것은 실용적이지 않고 바람직하지 않을 수도 있다.

토론 주제

1. 재도입 프로젝트가 성공적인지를 어떻게 판단할 수 있는가? 프로젝트의 성공을 평가하기 위한 간단한, 이어서 보다 세부적인 기준을 개발하시오.
2. 아프리카의 코뿔소와 코끼리, 사자의 새로운 야생 개체군을 호주와 남미, 미국 서남부, 또는 동물들의 현 분포지 외 다른 지역에 조성하는 것은 좋은 아이디어인가? 관련된 법적, 경제적, 생태적 문제로는 어떤 것이 있을까?
3. 모든 종이 특정 울타리 내에서 사육된다면 생물다양성이 적절히 보호되는가? 이것이 가능한가? 이것이 현실적인가? 모든 종의 조직 표본을 동결시키는 것이 생물다양성 보호를 어떻게 도울 것인가? 다시 말해, 이것이 가능하거나 현실적인가?

해양보호구역(MPAs)은 이 사진처럼 피지의 산호초를 보전하기 위한 지역이다. 피지의 해양자원은 연간 11억 달러의 가치를 지니고 있으며, 피지의 해양지역관리 네트워크에서 운영된다. 네트워크는 마을의 대표, 연구소 및 국제 NGO 구성되어 있다

9

보호구역

보호지역은 보전에 있어서 가장 유용하고, 성공적이며, 탄력적 운영이 가능한 수단이다. **보호지역(protected areas, PA)**은 지리적으로 한정된 공간이고, 법으로나 다른 유용한 수단으로 인식된 지역으로서, 관련된 생태계 서비스 및 문화적 가치를 오랜 기간 잘 구현하는 방법이다. 보호지역 설정의 중요성은 유엔 생물다양성 협약에 명시된 아이치 생물다양성 타겟 11에도 잘 나타나 있다(제12장 참조).

> 2020년까지, 생물다양성 및 생태계 서비스가 가능한 최소한의 육지, 내수면의 17% 및 연안 및 해양지역의 10%, 효과적이고 균등하게 관리되어 보전되어야 하며, 생태적으로 상징적이며 보호지역과 다른 보전 수단을 통하여 잘 연결되고, 연안 경관 및 바다 경관이 통합되어야 한다.

보호지역의 세계 자료에 의하면, 지구 상의 육지와 내수면의 15% 그리고 바다지역의 7%가 보호지역으로 지정되어 있다(UN 환경 세계 보전 모니터링 센터, UNEP-WCMC 및 IUCN 2018). 이러한 자료 및 보호지역의 정보는 Protected Planet(www.pretectedplanet.net)에서 확인이 가능한데, 이곳은 UNEP에서 운영하는 웹사이트이다. 보호지역은 그 어느 때보다 많은 면적과 광범위한 생태계를 관리하고 있고, 특히 해양지역에서 진전이 이뤄지고 있지만 해야 할 일이

그림 9.1 전세계 첫번째 국립공원인 옐로스톤 국립공원(와이오밍주)의 버팔로.

더 많다. 2018년 Protected Planet 보고서에 따르면, 아이치 생물다양성 목표치 11을 충족시킴으로써 육지 및 내수면의 17%, 연안 및 해양지역의 10%가 보호될 수 있지만, 이렇게 되기 위해서는 국가 정부 및 국제기구로부터의 일치된 노력이 필요할 것으로 보인다.

인간의 개발로부터 지역을 보호하는 것에 대한 중요성은 오래전부터 인식되어 왔다. 1864년 에이브러햄 링컨 대통령이 서명한 요세미티 법에 의해 캘리포니아의 요세미티 계곡을 보호 황무지로 지정함으로써 미국 역사상 최초의 공식적인 보호구역으로 만들었다. 그 뒤를 이어 1872년에 설립된 옐로스톤 국립공원은 세계적인 국립공원 운동을 다시 촉발시킨 것으로 알려져 있다(**그림 9.1**). 요세미티와 옐로스톤이 처음은 아니며, 몽골의 보그드 칸 우울 보호구역(1778년)과 호주의 왕립국립공원(1879년)이 더 오래된 국가보호구역이다. 그 외에 콩고민주공화국의 비룽가 국립공원(1925년 알버트 국립공원)이 있다(Djosa 2018년).

일부에서는 보호구역을 설정하는 것만이 많은 종과 생태계를 보존할 수 있는 궁극적으로 유일한 방법이라고 주장한다. 특히 인간의 충격에 잘 적응하지 못하는 종과 서식지를 보존하는 데 있어서는 더욱 그러하다고 주장한다. 세계 자원연구소에 따르면(www.wri.org), 생태계 보존에는 다음의 내용이 포함된다:

1. 개별 보호 구역 설정

2. 보호구역의 네트워크 생성
3. 보호구역을 효과적으로 관리
4. 보호지역 밖에서 보존 조치 이행
5. 훼손된 서식지의 생물 공동체를 복원하는 것

위의 3가지 주제는 본 장에서 다루고, 마지막 두 주제는 제10장 및 제11장에서 다룬다.

보호구역의 설정과 분류

학습 목표

이 절에서는 다음 내용에 주안점을 두기 바란다.

1. IUCN 등급에 따라 지정된 보호지역에 대한 보호 수준을 결정할 수 있어야 한다.
2. 엄격한 보호의 이점을 보호구역의 "다중 관리"와 대조를 할 수 있어야 한다.
3. 해양 보호구역과 육상 보호구역의 성장률을 비교하고, 왜 다른지에 대하여 설명을 할 수 있어야 한다.

보호구역은 다양한 방법으로 설정할 수 있지만, 가장 일반적인 메커니즘은 (대략적으로 중요한 순서로) 다음과 같다.

- 정부 조치, 일반적으로 국가 수준이지만 때로는 지역 수준
- 개인 및 보전 단체에 의한 토지 매입 및 편의성
- 원주민과 전통사회의 행동
- 대학 및 다른 연구기관에서 운영하는 생물 현장의 개발(생물다양성 보호 및 보전 교육의 연구)

비록 입법과 토지 매입만으로는 서식지 보호를 보장하지 않지만, 서식지 보호를 위한 토대를 마련할 수는 있다. 개발도상국 정부 사이의 파트너십, 국제 보전 기구, 다국적 은행, 연구 및 교육 기관 그리고 선진국의 정부는 새로운 보호구역을 설정하기 위해서 자금, 훈련, 과학 및 관리와 관련된 전문지식을 한데 모으는 또 다른 방법이다.

전통적인 사회는 또한 그들의 삶의 방식을 유지하거나 단순히 그들의 땅을 보존할 목적으로 보호구역을 설정했다(Langton et al., 2014). 이러한 많은 보호구역은 오랜 기간 동안 존재해 왔으며, 지역주민의 종교적, 문화적 신념과 연결되어 있다. 미국, 캐나다, 콜롬비아, 브라질, 호주를 포함한 많은 나라의 정부는 그들이 살고, 사냥하며, 농사짓는 땅을 소유하고 관리하는 전통사회의 권리를 인정했다. 다만 토지 권리 인정이 법원, 언론, 땅 등에서 갈등을 빚은 뒤에야 이뤄지는 경우도 있다. 원주

민에 의해 소유되거나 관리되는 토지는 제10장에서 더 논의된다.

국제자연보전연맹(IUCN)은 보호지역 분류를 위한 6개 분류 체계를 개발했다(**표 9.1**). 보호구역의 자연 보존은 6개 범주 모두에서 주요 관리 목표이며, 범주 I~IV에서 토지는 엄격하게 보호되는 것으로 간주한다. 보호구역의 총량은 시간이 지남에 따라 증가하였는데, 특히 범주 VI(지속적인 천연 자원의 사용이 가능한 지역)에서 그러하다.

범주 V 및 VI의 보호구역은 생물다양성을 보존하기 위해서 뿐만 아니라, 목재나 가축처럼 천연자원을 생산하여 사람이 사용할 수 있도록 관리되므로, 다중 사용 또는 다중 관리 보호구역으로 간주된다. 이러한 다중 관리 보호구역은 다음과 같은

표 9.1 IUCN 보호구역 지정 I~VI

범주	설명
Ia. 엄격한 자연보호구 (Strict nature reserves)	범주 Ia는 인간의 방문, 사용 및 영향이 엄격하게 통제되고, 보존 가치의 보호를 위해 제한되는 생물다양성 및 지질학적/지형학적 특징을 보호하기 위해서 별도로 설정된 엄격하게 보호된 지역. 그러한 보호구역은 과학 연구와 모니터링을 위해 필수적인 참조 구역 역할을 할 수 있다.
Ib. 야생보호구역 (Wilderness areas)	범주 Ib 보호구역은 대개 수정되지 않았거나 약간 수정된 구역으로, 영구적이거나 중요한 인간 거주 없이 자연적 특성과 영향을 유지하며, 자연 상태를 보존하기 위해 보호되고 관리된다.
II. 국립공원(National parks)	범주 II 보호구역은 대규모 생태학적 과정을 보호하기 위해 별도로 설정된 대규모 자연 지역 또는 가까운 자연 지역으로, 이 지역들의 보완도 포함된다. 환경적, 문화적 양립, 정신적, 과학적 토대를 제공하는 지역 특유의 생물종과 생태계 교육, 오락 및 방문객의 기회를 제공한다.
III. 천연기념물 혹은 특징 (Natural monuments or Feature)	범주 III 보호구역은 특정 천연기념물을 위해 별도로 설정된다. 육지, 해수면, 해저 동굴, 지질학적인 것이 될 수 있는 기념비 동굴과 같은 특징들 또는 고대 숲처럼 살아있는 특징들이며, 그것들은 일반적으로 상당히 작은 보호구역으로서 방문자 가치가 높은 경우가 많다.
IV. 서식지/종 관리지역 (Habitat/species management areas)	범주 IV 보호구역은 특정 종 또는 서식지를 보호하는 것을 목표로 하며, 관리는 이 우선 순위를 반영한다. 많은 범주 IV 보호구역은 생물종이나 서식지를 유지하기 위한 특정 요구 사항을 해결하기 위해서는 정기적이고 적극적인 개입이 필요하지만, 반드시 요구되는 것은 아니다.
V. 육상 경관/해양 경관 보호구역 (Protected landscapes and seascapes)	보호구역은 시간이 지남에 따라 사람과 자연의 상호작용이 현저하고, 생태학적, 생물학적, 생물학적 특성을 가진 영역을 생성해 온 문화적, 경치적 가치 그리고 이 상호작용의 무결성을 보호하는 것이 지역 및 관련 지역을 보호하고 유지하는 데 필수적인 경우이다.
VI. 자연자원의 지속적 사용 가능 보호구역 (Protected area with sustainable use of natural resource)	범주 VI 보호구역은 관련된 문화적 가치 및 전통적인 천연자원 관리 시스템과 함께 생태계와 서식지를 보존한다. 일반적으로 크고, 대부분의 지역이 자연 상태이며, 이 중에 일부는 지속 가능한 천연자원 관리 하에 있고, 자연 보존과 양립하는 낮은 수준의 비산업적인 천연 자원의 사용이 해당 지역의 주요 목표 중 하나로 여겨지고 있다.

출처: IUCN 2013. *Protected Area Categories*. https://www.iucn.org/theme/protected-areas/about/protected-area-categories.

여러 가지 이유로 인하여 특히 중요하다:

- 다른 보호지역에 비해 넓은 지역이 필요하다.
- 많은 혹은 심지어 원래 종의 대부분을 포함할 수 있다.
- 종종 다른 보호구역에 인접하거나 둘러싸여 있다.
- 엄격하게 보호되는 지역보다 지역주민에게 혜택을 더 많이 제공할 수 있다.

IUCN은 보호지역에 대한 분류 체계를 개발하였는데, 이는 엄격한 보전지역으로 부터 관리된 자원 보호지역으로 구분되며, 인간의 영향과 자원에 대한 사회적 요구가 반영되었다.

165개의 보호구역에 대한 171개의 발표된 논문 보고서를 검토한 결과에서, 모든 유형이 확인되었다. (I~VI)는 지역주민에게 보다 긍정적인 영향을 미칠 가능성이 더 컸다. 다중 목적의 보호지역(V 및 VI)은 긍정적인 보존과 사회 경제적 결과를 지닐 가능성이 높은 것으로 나타났다(Oldekop et al. 2015). 이는 지역주민이 직접적인 혜택을 받고, 보호지역 운영에 더 많이 참여하기 때문일 것이다.

IUCN 범주 I~VI의 239,000개 이상의 보호구역이 전 세계적으로 지정되었다(www.wdpa.org). 이 중 약 2,000만 km^2는 육지에 있고, 600만 km^2는 해양 보호구역에 있다. 불행하게도, 대부분은 높은 고도에 있는 지역, 가파른 경사지, 그리고 종종 인간으로부터의 교란이 이미 최소화된 도로나 도시에서 멀리 떨어진 외딴 지역에 집중되어 있다. 예를 들어, 세계에서 가장 큰 공원은 사람이 살 수 없는 지형에 있으며, 면적은 972,000 km^2에 달한다. 보존에 훨씬 더 유리한 점은 보호구역의 설정이 제7장에서 설명한 종 보호를 위한 접근법 중 하나에 의한 경우이다. The Protected Planet Report에 따르면, 2018년 기준으로 주요 생물다양성 영역의 21%만이 완전한 보호 대상이었으며, 35%는 전혀 보호되지 않았다(UNEP-WCMC 및 IUCN 2018).

현재 모든 국가에 보호구역이 존재하지만, 국가와 지역마다 상당히 다르다(UNEP-WCMC, IUCN 2018). 남아메리카, 아프리카, 호주, 그리고 북아시아는 매우 큰 면적을 가지고 있는 반면에, 유럽 같은 지역은 더 많은 수의 작은 보호구역을 가지고 있다. 생물다양성 협약(**그림 9.2A**)에서 규정한 17% 이상의 보호 목표치에 도달한 각 지역에는 생태계가 존재한다. 최근 몇 년 동안 보호구역 네트워크를 크게 늘린 국가는 멕시코, 콜롬비아, 브라질 등이다.

보호구역이 유럽에서 기하급수적으로 증가하였다. 2017년 현재까지, 39개국(www.eea.europa.eu) 내에 150만 km^2에 달하는 100,000개 이상의 구역이 있다. 이 보호구역 네트워크는 육지와 내해를 포함하는 유럽 지역의 26%를 차지한다. EU는 2020년까지 최소 10%의 해안 및 해양 지역을 보호한다는 목표에 도달하였다. 다만, 대부분의 지역이 연안 수역으로 중복되며, 보호지역이 매우 작은 것이 문제이다(<30 km^2). 생물다양성 협약에 가입한 약 130개 국가와 지역이 이 협정에 서명한 약속에 따라서 향후 몇 년 동안 크게 증가할 것으로 예상되는데, 육지에는 450만 km^2

(A)

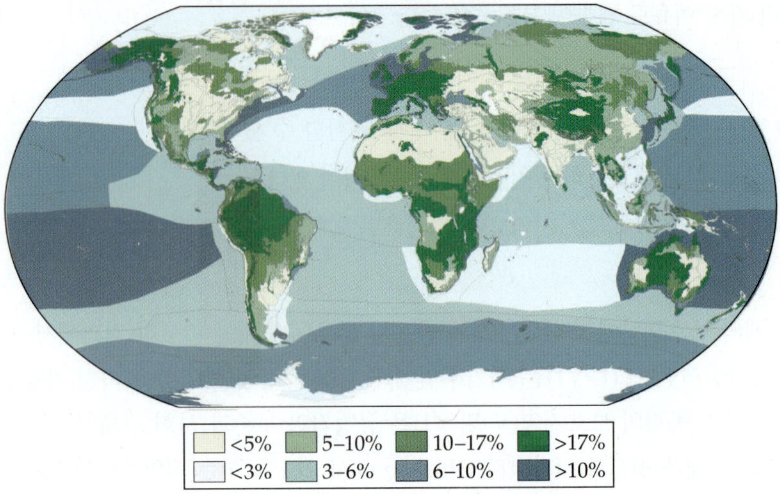

(B)

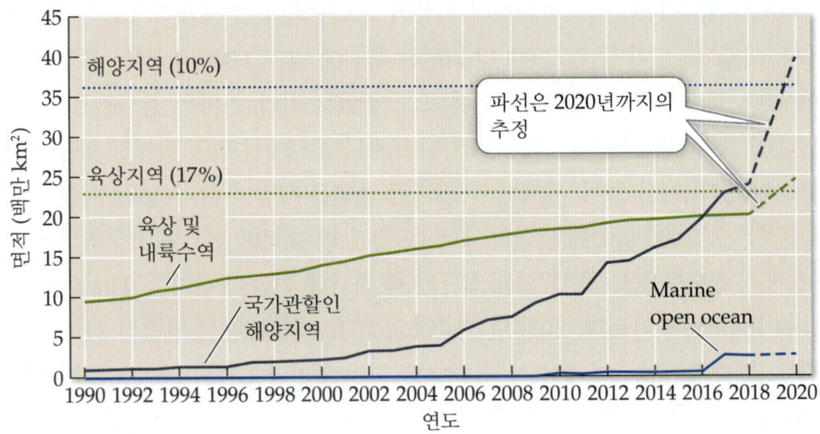

그림 9.2 (A) 보호되는 세계 육상(초록색) 및 해양(파란색) 생태계의 비율. 지도에서 가장 어두운 색은 생물학적 다양성 협약에 의해 규정된 목표에 도달한 지역들을 나타낸다. (B) 1990년 이후 육상(초록색)과 해양보호구역(파란색)의 면적이 증가하였다. 국가 관할의 해양지역(한 국가의 해안으로부터 0~200해리)은 개방된 해양 구역보다 훨씬 더 넓은 범위를 가지고 있다. 또한 그래프는 아이치 생물다양성 목표 11의 협약에 따른 목표 달성을 위한 국가와 지역의 약속을 바탕으로 해서 2020년까지의 적용 지역에 대한 예측을 보여준다. (After UNEP-WCMC, IUCN and NGS [2018]. *Protected Planet Report 2018*, based on *Protected Planet: The World Database on Protected Areas [WDPA], July 2018 version*. UNEP-WCMC, IUCN and NGS: Cambridge UK; Gland, Switzerland; Washington, D.C., USA, with unpublished data from the CBD Secretariat.)

가 추가되고, 해양에는 거의 1,600만 km^2가 추가된다(**그림 9.2B**; UNEP-WCMC 및 IUCN 2018).

보호구역의 수와 규모를 촉진하고 증가시키는 메커니즘은 보호구역의 우수 사례를 인정하는 최초의 글로벌 표준인 IUCN 보호·보존구역 그린 리스트(Green List of Protected and Conserved Areas)이며, 2014년에 제정되었다. IUCN 그린 리스트 인증을 받으려면, 보호구역이 (1) 좋은 거버넌스, (2) 건전한 설계 및 계획, 그리고 (3) 효과적인 관리 등을 포함해서, (4) 성공적인 보존 성과로 이어져야 한다. 처음에 표준을 충족하지 못한 구역은 후보 목록(candidate list)으로 남아 있을 수 있는데, 2019년 현재는 40개의 그린 리스트 구역과 250개의 다른 후보가 있다. 2018년에는 15개 구역이 새로 추가되었는데, 대표적으로 샤름 엘 셰이크(**그림 9.3**) 인근에 있는 이집트 해양 유적지인 라스 모하메드 국립공원이 있다. 이 해양 보호지역의 90%에는 산호가 있는데, 이는 기후변화의 영향을 고려했을 때 눈에 띄는 보존 기능을 갖추고 있는 것이다(그림 5.4 참조). 홍해에 있는 비보호지역에서는 산호초가 평균 30~40%에 불과하다.

해양 보호구역

해양 보전은 육상 보전 노력에 비해 일반적으로 뒤쳐져 왔다. 그러나 보호구역에서 가장 큰 성장이 해양 보호구역에서 현재 이루어지고 있다(MPA; 그림 9.2B 참조). 2016년 4월부터 MPA는 800만 km^2 이상 확장되었다(UNEP-WCMC 및 IUCN 2018). 보호구역이 1% 미만인 해양 생태계의 수는 22%에서 17%로 감소하였다(그림 9.2A 참조). 국가 관할 지역(해안으로부터 0~200해리)이 개방된 해양 지역(1.2%)보다 보호(16.8%)가 더 많이 이뤄지는 것으로 나타남에 따라 해양의 국제 협력 필요성이 강조되었다.

5,000개가 넘는 해양과 해안 보호구역이 있으며, 많은 국가들이 수십만 km2 해양생태계를 포함하는 보호구역을 지정하였다. 이 중 가장 큰 2곳이 2017년에 설립되었는데, 쿡 제도를 둘러싸고 있는 마래 모아나(190만 km^2)와 남극 로스해 지역 해양 보호구역(160만 km^2)이다.

2020년까지, 전체 해양 환경의 10%를 보호한다는 국제적인 목표는 부분적으로 감소된 상업적 어업을 관리하려는 의욕에서 비롯되었다(Rife et al. 2013). 그러나 전체 범위의 해안 및 해양 생물다양성을 보존하기 위해서는 훨씬 더 강력한 조치들이 필요할 수 있다(www.iucn.

© Hemis/Alamy Stock Photo

그림 9.3 라스 모하메드 국립공원(Ras Mohammed National Park)은 2018년 IUCN 그린 리스트 인증을 받은 이집트의 보호구역 중 하나이다. 인증은 입증된 보존 효과를 포함하여 세계 표준의 구현을 요구한다. 지금까지 전 세계적으로 40개 구역만이 이 인증을 획득했으며, 추가적인 후보지로서 250개 구역이 있다.

org). 새로운 MPA에 대한 현재 제안들 중 일부는 어업에 피해 입을 것을 우려하는 단체들로부터 압력을 받고 있지만, MPA는 물고기들에게 기회를 제공함으로써 산업에 이익을 줄 수 있다. 많은 MPA는 상업종의 생산 시설을 보존하고, 수질과 생태계의 물리적, 생물학적 특징을 모두 유지한다(Ban et al., 2017). 이 과정에서 고품질의 보호구역은 수영, 다이빙 등의 레크리에이션 활동과 관광 경제적 혜택도 제공할 수 있다. 예를 들어, 피지 지역 관리 해양 구역 네트워크는 그곳의 어업과 생태 관광산업 모두를 도와줌으로써 국가의 재정적 이익을 보호한다(제9장 사진 참조). 지역사회 기반의 생태 관광이 하나의 방법이다. 지역주민들은 MPA로부터 이익을 얻을 수 있음을 발견하였다. 말레이시아의 현지인들에서, 특히 환경 관련 지식 및/또는 재정적 이익에 대한 이해를 가지고 있을 때 지역사회 기반 생태 관광에 참여하려는 동기가 높게 나타났다(Masud et al., 2017).

불행하게도, 많은 MPA가 지도에만 존재하며, 과도한 수확과 오염을 막기에 불충분한 규제, 자금, 그리고 시행을 지원 받고 있다. 중앙 태평양에 위치한 잘 지원된 피닉스 제도 보호구역에서는 2015년 국제적인 압력으로 어업이 완전하게 종결되기 전까지 전체 면적의 3%에서만 조업을 금지했었다. 408,250 km^2(캘리포니아 주 면적 정도)에 이르는 이 MPA에서는 현재 모든 상업적인 어업을 금지하고 있으며, 지역주민이 사용할 수 있는 소규모의 지속 가능한 사용 지역만이 허용되고 있다.

보호구역의 효과성

연구에 따르면, 보호구역은 일반적으로 생태계 보호에 효과적이며, 특히 규제가 시행되고 구역이 지리적으로 고립될 때 효과적이다(Geldman et al. 2013). 지상 보호구역의 경우, 인력, 예산 및 장비의 적합성으로 측정했을 때, 척추동물의 풍부함은 가용 자원과 긍정적인 상관관계가 있는 것으로 확인되었다(Geldman et al. 2018). 13,669종의 척추동물, 무척추동물, 식물 등 156개 연구를 통해서 지상 보호구역의 영향을 메타 분석한 결과, 보호구역 외부에서 채취한 샘플에 비해 종의 풍요로움(14.5% 더 높음)과 종 풍부도(10.6% 이상)가 높게 나타났다(Gray et al. 2016). 마찬가지로, MPA의 효능에 대한 글로벌 평가에서는 금지한 어업지역에서 여러 기능 그룹의 어종이 더 풍부함을 발견했고, 이는 또한 조류를 줄임으로써 산호에게 간접적으로 도움을 주었다(**그림 9.4**).

아쉽게도, '보호구역 관리 효율성에 관한 글로벌 데이터베이스'에 따르면, 보호구역 적용 면적의 일부(20%)만이 공식 평가되어 있어서 보호구역이 생물다양성에 미치는 전 지구적 영향을 충분히 평가하기에는 어려운 실정이다. 또한 올림픽 개최를 위해 서부 코카서스의 소치 국립공원을 대규모 벌목한 것처럼, 보호구역을 시행한 정부에 의해서 보호 상태가 침해되는 경우도 있다(Bragina et al., 2015).

최근 평가에 따르면, 보호구역 내 평균 생태발자국은 지구 평균보다 50% 정도

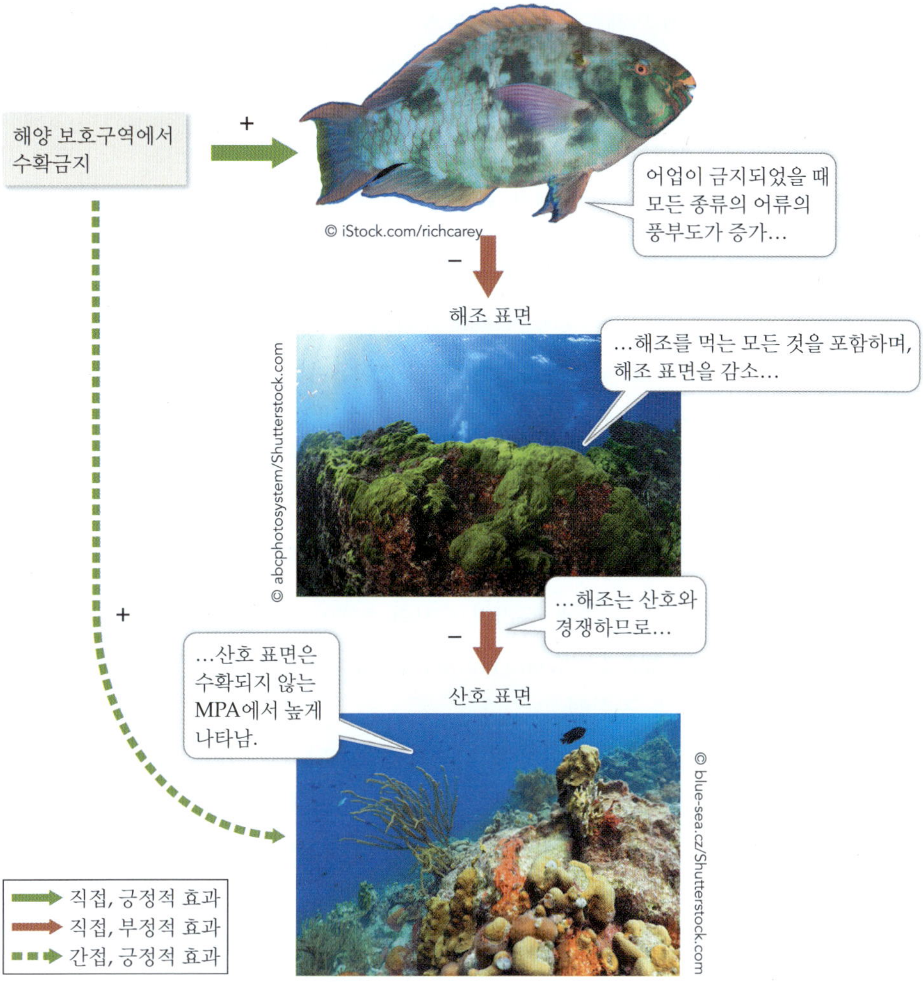

그림 9.4 낚시를 허용한 인접 지역과 비교했을 때, 낚시를 허용하지 않은 MPA는 더 높은 바이오매스와 연관되어 있다. 고려된 3가지 유형의 어류 모두 높은 생물 총량 감소와 관련이 있었는데, 이는 산호 덮개의 증가와 관련이 있었다. 조류는 공간과 빛을 얻기 위해 산호초와 경쟁한다. 따라서 해조류를 먹는 물고기의 존재는 산호에 도움이 되어, 산호초 MPA에 있어서 간접적 긍정적인 효과를 만들어 낸다. 화살표의 굵기는 효과의 강도를 나타내고, 색상은 양 또는 음의 관계를 나타낸다. (After E. M. A. Strain et al. 2018. *Divers Distrib* 25(1): 9–20.)

적고, IUCN 지역 I, II는 이보다 현저히 적다(Jones et al. 2018). 그러나 이 연구에서 전 세계 보호구역의 3분의 1이 농업, 도로 건설, 보호지역 경계 내의 인간 정착을 포함한 "강렬한 인간의 압박"의 영향을 받는다. 최근 몇 년 동안 인간의 압력이 증가했지만, 새로운 보호구역은 1990년대 또는 이전에 만들어진 지역보다 인간의 압력이 적음을 발견하였다.

그럼에도 불구하고, 오늘날 공식적으로 보호되는 지역이 내일도 보호된다는 보장은 없을 것이다. 특히 보호구역이 귀중한 천연자원을 포함하는 것으로 밝혀질 경비록 그 안에 살고 있는 종의 수가 보호구역의 생물다양성에 대한 중요한 지표이지만, 보호구역은 주요 종의 건전한 개체군과 건강한 생태계를 유지하는 데 필수적이다.

우, 정부에 의해 크기가 줄어들거나 채취를 위해 개방되거나 보호 상태가 **제거(degazettement)**될 수 있다(Mascia et al., 2014). 게다가, 많은 종의 개체와 생태계의 영역이 존재할 수 있기 때문에, 보호구역, 심지어 생태계 자체에서도 일부 종의 장기적인 생존이 여전히 의심스럽다는 것이 문제 시 됨으로써, 그 규모가 너무 축소되어 결국 멸종에 이를 수 있다.

보호구역의 효용성: 갭 분석

갭 분석(Gap analysis)은 생물다양성 우선순위를 기존 및 제안된 보호구역(예: Simaika et al. 2013)과 비교하지만 몇 가지 요인을 고려할 수 있다. 과거 환경보호론자들은 생태계와 생태학적 특징이 뚜렷한 지역마다 국립공원을 설립한 것처럼, 우선순위가 높은 지역을 보호하기 위하여 비공식적인 수단을 동원했다. 하지만 지금은 갭 분석을 포함하여 보다 체계적인 계획 프로세스를 사용하고 있다(Carrizo et al., 2017). 일반적으로, 갭 분석은 다음과 같은 단계로 구성된다.

1. 이 지역의 생물종, 생태계, 물리적 특징의 존재와 분포를 기술하는 데이터가 취합되는데, 이를 **보존 단위**(*conservation units*)라고 한다. 인적 밀도 및 경제적 요인에 대한 정보도 포함될 수 있다.
2. 각 생태계에 대해 보호되어야 할 면적의 양, 보호되어야 할 희귀종의 개체수, 야생과 혼합자원 관리 사이의 원하는 균형과 같은 보존과 사회적 목표가 확인된다.
3. 기존 보존 지역을 검토하여 이미 보호되고 있는 지역과 보호되지 않는 대상("적용 범위 격차 확인"이라고 함)을 결정한다.
4. 보존 목표 달성에 도움이 되는 추가 영역("갭 채우기")이 식별된다.
5. 이러한 추가 구역은 보다 상세하게 검토되고, 적절하고 실용적일 경우에는 어떤 방식으로든 보호된다(대개 국립공원으로 구입되거나 지정됨). 그런 다음 관리 계획을 개발하고 구현한다.
6. 새로운 보호구역을 모니터링해서 지정된 목표를 충족하는지 여부를 확인한다. 그렇지 않을 경우 관리 계획을 변경하거나, 목표를 달성하기 위하여 추가 영역을 획득할 수 있다.

또한 갭 분석은 국제적인 규모로 보존의 구멍을 식별하는 데 사용될 수 있다. 예를 들어, 27개 기관 및 단체의 연구진이 전 세계의 모든 기존 보호구역과 25,380종을 분석했다(Butchart et al., 2015). 그들은 보호구역이 현재 생물다양성을 위한 중요한 부지의 77~78%만을 포함하고 있으며, 그들이 평가한 종의 57%에 대한 적용 범위가 불충분하다고 계산했다(**그림 9.5**). 아이치 생물다양성 목표치에 도달하기 위해서는 기존 보호구역 외에 330만 km^{2}가 추가로 필요하다고 판단하였으며, 1,480만 km^2 추가 면적이 위협종에 대해 필요하다. 여기에 생물다양성, 개별 국가 및 생물 목표에

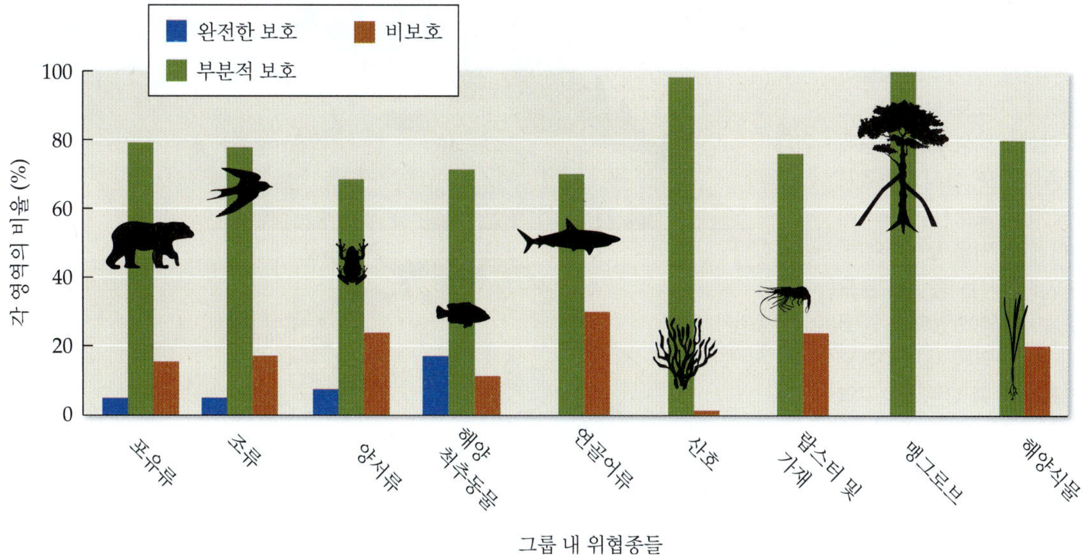

그림 9.5 다양한 동식물 그룹에 대해서 보호가 필요한 위치를 식별하기 위한 간격 분석의 1~3단계의 시각화. 위협종이 어떤 종류의 보호를 받는지에 대한 비율을 보여준다. 그룹에 따라, 10~30%의 멸종위기종은 분포 지역에 대한 보호가 부족하고, 대부분의 멸종위기종은 부분적인 보호만을 받고 있다. 비교적 적은 수의 멸종위기종만 완전히 보호받고 있다. (After S. H. M. Butchart et al. 2015. *Conserv Lett* 8(5): 329–337.)

대한 모든 문서화된 주요 영역을 포함하기 위해서는 보호되는 면적의 약 2배가 필요할 것으로 추정했다.

새로운 보호구역이 설정되어야 하는 위치와 격차가 존재하는 곳을 평가하기 위해서는 **지리정보시스템(geographic information systems, GIS)**이 필수적인 도구이다(제4장 참조). 갭 분석에서, GIS는 연구자들이 자연 환경에 대한 풍부한 데이터와 종 분포에 대한 정보를 통합하는 데 도움을 줄 수 있다(Iannella et al., 2018). 기본적인 GIS 접근법에는 식물 유형, 기후, 토양, 지형, 지질학, 수문학, 종 분포, 인간 거주지 및 자원 사용과 같은 요소들을 포함하는 많은 유형의 공간 데이터를 저장, 표시 및 조작하는 것이 포함된다(**그림 9.6**). 이러한 접근 방식은 경관의 비생물, 생물, 그리고 인간 요소들 사이의 상관관계를 지적할 수 있고, 다양한 생물공동체를 포함하는 공원을 계획하도록 도울 수 있으며, 희귀하고 보호되는 종을 지원할 가능성이 높은 장소를 제안할 수도 있다. 또한 지구 기후를 추적하여 위험 지역을 식별하는 데도 유용하다(그림 5.3 및 5.4b 참조). 항공사진과 위성사진은 GIS 분석을 위한 추가 데이터 소스이고, 지역 및 지역 규모에서 식물 구조와 분포의 패턴을 강조할 수 있다(제4장 도입부 사진 참조). 이러한 이미지는 현재 정부 정책이 제대로 작동하지 않으므로, 변경이 필요할 때를 극적으로 보여줄 수 있다.

GIS는 갭 분석에 효과적인 도구이며, 핵심 지역과 보호가 우선시되는 과정을 다양한 정보를 통해서 지적해 준다.

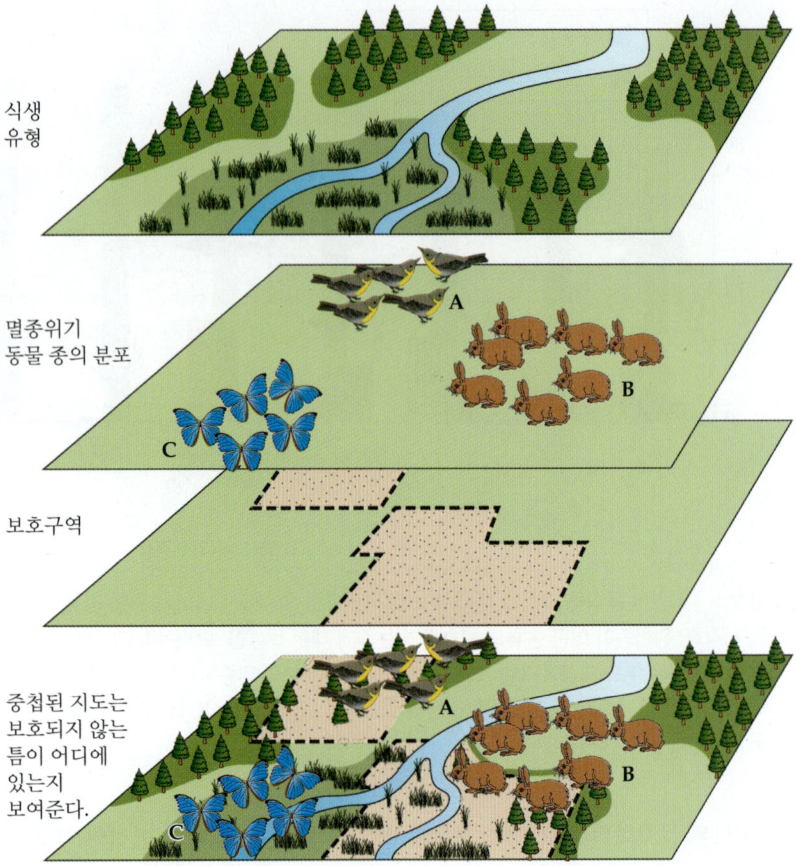

그림 9.6 지리정보시스템(GIS)은 매우 다양한 데이터를 종합하여 분석하고, 지도로 보여주는 도구이다. 예에서 식생 유형, 멸종위기 동물종의 분포, 그리고 보호구역을 중첩하여 보호지구로 더 지정되어야 할 지역을 보여주었다. 중첩된 지도에서는 종 A의 분포가 주로 보호구역에 있으나, 종 B는 단지 보호구역의 제한된 부분에만 분포하고, 종 C는 보호구역 밖에서만 분포함을 보여준다. 종 C의 분포 지역을 포함하는 새로운 보호구역의 지정이 가장 우선적으로 수행되어야 할 것이다. (After J. M. Scott et al. 1991. In D. J. Decker et al. [Eds.]. *Challenges in the Conservation of Biological Resources: A Practitioner's Guide*, pp. 167–179. Westview Press, Boulder, CO.)

보호구역 디자인하기

학습목표

이 절에서는 다음 내용에 주안점을 두기 바란다.

1. 형태, 치수, 기타 보호구역과의 근접성 및 기타 특징을 고려하여 지도상의 보호구역 효과를 평가할 수 있어야 한다.
2. 보호구역이 넓을 때와 좁을 때, 어떤 종이 유리할지 알 수 있어야 한다.

전 세계의 보호구역 크기와 위치는 사람들의 분포, 잠재적인 토지 가치, 보존 지향적인 시민들의 정치적 노력, 역사적 요인에 의해 결정된다(Mills et al., 2014). 이상적으로는, 새로운 보호구역의 선택은 특정 종, 생태계 또는 생물다양성 핫스팟을 보호하는 것과 같은 보존 우선순위를 따를 것이다(제7장 참조). 그러나 다른 가능한 시나리오가 있다. 도시 및 교외 지역의 경우는 민간 보전 단체, 부유층, 정부 부처 등의 활동이 어떤 지역을 확보하는지가 가장 중요한 요소가 될 수 있다. 그 밖의 경우에는 일정한 토지를 매수하여 물 공급이나 카리스마 있는 종을 확보할 수 있다. 또는 단순히 영향력 있는 시민의 영토에 인접해 있어서 획득될 수 있다. 이와 더불어서, 때로는 땅이 보존 보호를 위해 남겨지는데, 이는 많은 경우에서 당장의 가치가 없기 때문이다. 그린란드의 보호구역처럼 즉각적인 상업적 가치가 없다(Venter et al. 2018).

천연자원의 상업적 생산과 생물다양성 보호를 위하여 그들의 재산을 관리하도록 촉구 받거나 심지어 위임 받은 정부, 기업, 그리고 개인 토지소유주에게 있어서 보호구역의 설계는 큰 관심사이다. 그러나 모든 보존 상황에는 개별적인 고려가 필요하므로, 보존생물학자는 보호구역 설계에 단순하고 지나치게 일반적인 지침을 사용하는 것에 주의해야 한다. 이는 모든 보전 상황에는 특별한 고려가 필요하기 때문이다. 이러한 고려는 자연보호구역을 개발하려는 과학자, 실제로 새로운 보호구역을 만들고 있는 관리자, 기획자, 정책입안자 모두에게 도움이 되기 때문이다(Reed and Abernathy 2018).

보전생물학자는 아래 **4개의 R**을 고려하여야 한다.

1. **대표성**(*Representation*) 보호구역은 가능한 한 생물다양성의 많은 면(종, 생태계, 유전자 변이 등)을 포함하여야 한다.
2. **회복성**(*Resilience*) 보호구역은 기후변화의 예견되는 영향을 포함하여 가시적인 미래를 위해서 건강한 상태로 생물다양성의 모든 면을 유지할 정도로 충분히 커야 한다.
3. **중복성**(*Redundancy*) 보호구역은 생물다양성의 장기간 존속에 대한 확신을 얻기 위하여 생물다양성의 각 측면의 예를 충분히 포함하여야 한다.
4. **현실성**(*Reality*) 보호구역을 위해서 토지를 확보하고 보호할 수 있을 뿐만 아니라, 이들을 지속적으로 조절하고 관리할 수 있을 만큼 충분한 재정과 정치적 의지가 있어야 한다.

보호구역 설정 및 설계에 관한 다음의 보다 구체적인 질문은 보호구역의 건설 및 연계 방법에 관한 논의에도 유용하다.

- 보호지역이나 지역 네트워크에 지출해야 하는 금액을 고려할 때, 이를 지출하는 가장 효과적인 방법은 무엇인가?
- 생물다양성을 효과적으로 보호하기 위해서는 자연보호구역이 얼마나 커야 하는가?
- 보호구역은 큰 단일 구역이 더 나은가, 아니면 여러 개의 소규모 구역이 더 나은가?
- 보호구역의 네트워크가 생성될 때, 구역들이 서로 멀리 떨어져 있어야 하는가 혹은 서로 가까이 있어야 하는가? 또한 서로 분리되거나 연결되어 있어야 하는가?

그림 9.7 섬 생물지리학 이론에 부분적으로 기반을 둔 원리. 보호구역이 농경이나 목축, 산업 개발 등 인간의 활동으로 인해서 원종이 살 수 없게 된 토지로 둘러싸인 원생생물계의 '섬'이라고 상상해보자. 이러한 원칙의 실제 적용은 여전히 연구되고 논의되고 있지만, 일반적으로 오른쪽에 표시된 설계가 왼쪽에 표시된 설계보다 더 나은 것으로 간주된다. (After C. L. Shafer 1997. In M. W. Schwartz [Ed.], *Conservation in Highly Fragmented Landscapes*, pp. 345–378. Chapman and Hall: New York, based on Shafer 1994. In E. A. Cook and H. N. van Lier [Eds.], *Landscape Planning and Ecological Networks*, pp. 201–223. Elsevier: Amsterdam.) ▶

- 얼마나 많은 멸종위기에 처한 종들이 보호지역에 포함되어야만 그 지역의 멸종을 막을 수 있는가?
- 보호구역을 설계하여 보존 목표를 달성하는 가장 비용 효율적인 방법은 무엇인가?
- 자연보호구역의 가장 좋은 모양은 무엇인가?

보전론자들은 한 지역의 크기와 그것이 지원하는 종의 수 사이의 관계를 설명하는 맥아더와 윌슨(1967)의 도서생물지리학 모델을 사용하여 이러한 많은 문제들을 탐구하였다. 도서생물지리 모델과 보호구역의 데이터로 작업하는 연구자들은 보호구역 설계의 다양한 원칙을 제안하였는데, 이는 현재도 논쟁 중에 있다(**그림 9.7**).

보호구역에 적용할 때, 모델은 공원을 거주할 수 없는 지형들로 둘러싸인 매트릭스인 **서식지 섬(habitat island)**이라고 가정한다. 사실, 많은 종이 주변 서식지 매트릭스에서 살거나 흩어질 수 있다(제10장 참조). 이는 해양 섬의 종 다양성이 서식지 섬보다 크기에 따라 더 빠르게 증가한다는 것, 그리고 서식지 섬들 사이에서, 이러한 관계가 숲 섬보다는 도시 섬에서 더 강하다는 사실을 설명해줄 수 있다(Matthews et al., 2015).

> 보호구역 디자인의 원리는 보호구역의 연결 및 설정을 위해 토지관리자에 의해 가이드라인으로 개발되었다.

또한, 보호지역 모델의 대상이 육상종인지 해양종인지, 척추동물인지 고등식물인지 또는 무척추동물인지에 따라 다르다. 해양생물종의 많은 측면과 분산 메커니즘은 대부분 알려지지 않았다(Burgess et al. 2014). 보호구역 밖의 MPA 및 보완적 보전 노력은 일부 종의 높은 이동성과 다른 대상의 제한된 분산에 적합하도록 설계되어야 하며, 이동통로와 유전적 개체군이 보전되어야 한다.

보호구역의 크기 및 특징

보전생물학 초창기에, 동일한 면적의 크기일 때 보호구역의 크기를 크게 하나로 하는 것과 작게 여러 개로 하여 설정하는 것 중에서 종 풍부도를 극대화시킬 수 있는 것이 무엇인가에 관한 논란이 있었다(Soule and Simberloff 1986, McCarthy et al. 2006). 이 내용은 문헌에서 **SLOSS 논쟁**(*s*ingle *l*arge *o*r *s*everal *s*mall)으로 알려졌다. 예를 들어, 10,000 ha의 지역을 하나의 보호구역으로 할 것인가, 아니면 2,500 ha

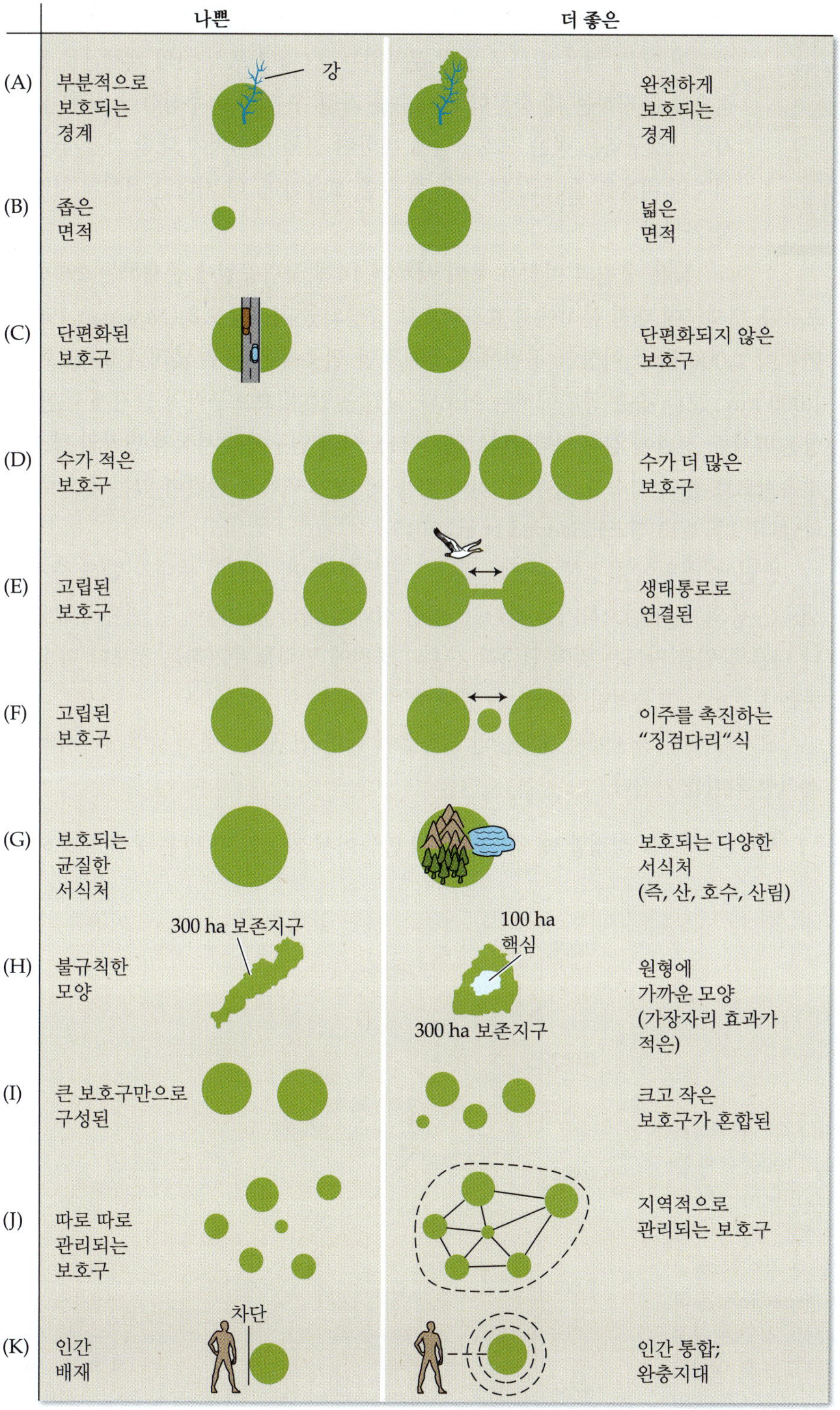
나쁜
더 좋은
(A)
부분적으로 보호되는 경계
강
완전하게 보호되는 경계
(B)
좁은 면적
넓은 면적
(C)
단편화된 보호구
단편화되지 않은 보호구
(D)
수가 적은 보호구
수가 더 많은 보호구
(E)
고립된 보호구
생태통로로 연결된
(F)
고립된 보호구
이주를 촉진하는 "징검다리"식
(G)
보호되는 균질한 서식처
보호되는 다양한 서식처 (즉, 산, 호수, 산림)
(H)
불규칙한 모양
300 ha 보존지구
100 ha 핵심
300 ha 보존지구
원형에 가까운 모양 (가장자리 효과가 적은)
(I)
큰 보호구만으로 구성된
크고 작은 보호구가 혼합된
(J)
따로 따로 관리되는 보호구
지역적으로 관리되는 보호구
(K)
인간 배재
차단
인간 통합; 완충지대

큰 보호구역은 많은 종을 유지하는 데 도움을 준다. 왜냐하면, 더 많은 개체군과 다양한 종류의 서식지를 제공하기 때문이다. 하지만 작은 보호구역은 특정 종과 생태계를 보호하는 데 중요하다.

의 4개 보호구역으로 할 것인가? 찬성하는 사람들은 넓은 보호구역이 서식 반경이 크고, 적은 밀도로 널리 분포하는 종(대형 포식자)의 개체군을 장기적으로 유지하는 데 충분한 개체수를 가질 수 있다고 주장한다. 또한 넓은 자연보호구역은 작은 보호구역에 비하여 전체 서식지에 대한 가장자리 서식지의 비율을 줄이고, 더 많은 종 수를 보유하며, 더 커다란 서식처 다양성을 가진다.

넓은 공원의 이점은 북미 서부의 14개 국립공원에 존재하는 299종의 포유류 개체군에 대한 분석에서 효과적으로 증명되었다(**그림 9.8**)(Newman 1995). 면적이 1,000 km^2 이상인 공원에서 국지적인 멸종률은 매우 낮거나 0이었으며, 1,000 km^2 보다 좁은 공원에서는 이보다 훨씬 높았다. 보호구역의 크기에 대한 영향은 분류군 전반에 걸쳐 나타났다(그림 7.11). 여러 연구에서 서식지 면적의 감소는 지속적으로 종의 지속성, 풍부성, 천이 비율 및 먹이 역학과 관련이 있는 것으로 나타났다(그림 4.12 참조)(Haddad et al., 2015).

반면에, 공원이 특정한 규모에 일단 도달하게 되면, 면적의 증대와 함께 증가된 새로운 종의 수가 감소하기 시작한다. 이런 점에서 가까운 거리에 두 번째의 공원이나 다른 공원을 만드는 것이 단순히 기존의 공원에 면적을 추가하는 것보다 더 많은 종을 보전하는 효율적인 전략일 수 있다.

크기가 다른 공원에서 개체군의 멸종률에 대한 연구는 다음과 같은 3가지의 실제적인 의미를 가진다.

1. 새로운 공원을 설정할 때 최대한 크게 만들어서 가능한 한 많은 종을 보호하고,

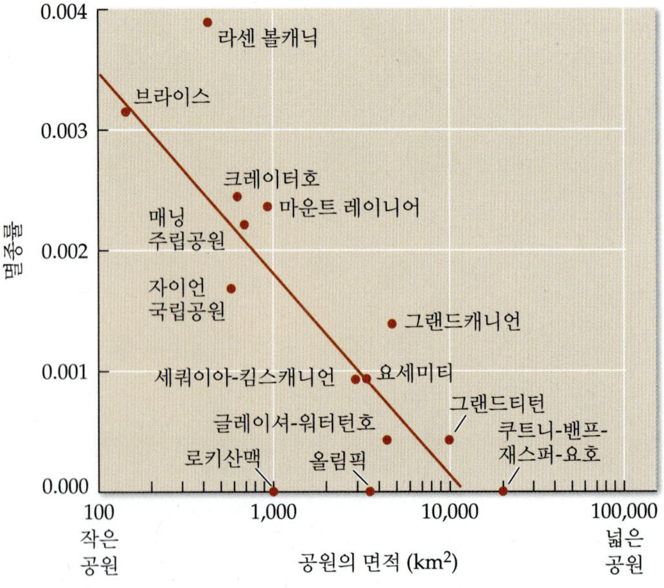

그림 9.8 포유류는 큰 공원보다 작은 공원에서 더 높은 멸종률을 가진다. 앞으로 100년 동안 같은 추세가 지속될 경우, 브라이스(Bryce) 같은 작은 공원은 포유류 종의 30% 이상을 잃을 것으로 전망되는 반면에, 요세미티 같은 큰 공원은 5%만 잃을 것이다. Kootenay-Banff-Jasper-Yoho는 어떤 종도 잃지 않을 것으로 예상된다. 각 점은 특정 미국 국립공원, 캐나다 국립공원 또는 둘 이상의 인접 공원의 포유류 개체수(매년 멸종된 종의 비율로 표현)의 실제 멸종률을 나타낸다. (After W. D. Newmark 1995, *Conserv Biol* 9: 512–527).

각 종의 큰 개체군이 포함되게 하며, 다양한 서식처와 자연 자원을 제공하여야 한다. 고도 경사와 같은 생물다양성을 높이는 서식지 특성에 더해서 핵심 자원도 포함되어야 한다.

2. 가능할 때마다, 보호구역에 인접한 토지는 현존하는 공원에 대한 외부의 위험을 줄이고 중요한 완충지대를 유지하기 위하여 보호구역에 포함되어야 한다. 예를 들어, 습지 주변의 육상 서식지는 뱀, 거북이와 같은 반수생 종이 살아 가는 데 필수적이다. 완전한 집수역이나 산맥과 같은 자연스런 생태적 단위는 외부 위험을 줄이는 수단으로서 보호구 경계 내에 포함될 때 가장 잘 보호될 것이다.
3. 현재의 그리고 예측되는 기후변화의 영향은 현존하는 보호구역 내에서 생태계를 변화시킬 것이다. 그 결과, 한 종을 위해 이용 가능한 서식지 면적이 줄어들 수 있고, 개체군 크기가 연속적으로 줄어듦으로써 멸종 가능성이 낮아질 수 있다. 보호구역은 이러한 변화에 대응하기 위해 확장될 필요가 있을 것이다.

연구에 따르면, 큰 공원이 여러 상황에서 보존 목표를 가장 잘 달성할 수 있을 것으로 보이지만, 여러 개의 작은 공원이나 크고 작은 공원이 혼합된 공원이 보전에 더 좋은 경우도 있다. 예를 들어, 뉴질랜드의 습지에 대한 연구는 특정한 희귀식물 종이 반드시 보호구역에 존재하는 것은 아니며, 몇몇 작은 보호구역이 그들의 서식지 보호에 있어서 더 효과적임을 밝혀냈다(Richardson et al. 2015).

크기가 1 ha 미만인 소규모 보호구역일지라도 희귀종의 고유한 서식지 유형을 포함하는 경우에 고립된 개체군을 효과적으로 보호할 수 있다(Laguna et al., 2016). 예를 들어, 러시아 북캅카스 잉구셰티아 공화국의 IUCN 범주 I인 Erzi 자연보호구역은 5,970 ha에 불과하지만, 코카스 식물의 18%인 1,100종의 식물을 지원하고 있다(Urbanavichus and Urbanavichene 2017). 또한, 지역 생물다양성은 일시적 습지, 동굴, 단일 나무 또는 노두 농작물(rock outcrops) 같은 작은 자연적 특징에 의존할 수 있다(Hunter et al. 2015). 이러한 특징은 핵심 자원(제7장에서 언급) 또는 생태 과정을 포함할 수 있기에, **프로도 효과** [1](*Frodo effect*: Tolkien의 반지의 제왕에서 따온 이름으로 작은 키에, 모든 사람의 미래를 책임짐)라 불리는데, 보전 가치가 불균형적으로 크다. 예를 들어, 많은 유기체가 습기와 건조기의 주기에 의존하기 때문에 증발성 사막 습지는 보호구역에 포함되도록 우선순위를 두어야 한다(Acuña and Ruhí 2016). 따라서 중요한 작은 자연 특징을 포함하는 몇몇 작은 보호구역은 이러한 특징들을 포함하지 않는 하나의 큰 지역보다 더 많은 종을 보전할 것이다.

비록 대규모 보호구역이 주어진 시스템에서 가장 많은 종을 보호한다고 해도, 관계자들은 종종 작은 보호구역에서 종과 생물공동체를 관리하는 것을 받아들여야 할 때도 있다. 예를 들어, 영국에서 국가적으로 지정된 4,335개의 보호구역은 평균

---

[1] 프로도 효과는 JRR 톨킨 '반지의 제왕'에서 가져온 이름이며, 키는 작지만 모두의 미래를 위해 책임은 지는 것을 말한다.

그림 9.9 하딩턴 무어 국립자연보호구역은 영국에 남아있는 유일한 초원의 일부를 보존하고 있다. 이곳은 비록 8.7 ha에 불과하지만, 영국에서 가장 큰 보호구역 중 하나이다. 영국의 총 보호구역은 1950년대 이후 꾸준히 증가하고 있다. 비록 대부분은 상대적으로 작지만, 영국의 100,000개 이상의 보호구역은 많은 종들에게 귀중한 보호를 제공한다.

면적이 0.17 km^{2}에 불과하다(**그림 9.9**)(Shwartz et al. 2017). 많은 국가는 중대형보다 더 많은 소규모 보호구역(100 ha 미만)을 가지고 있다. 이는 유럽, 중국, 동남아시아와 같은 곳에서 수세기 동안 집중적으로 개발된 지역의 특징이다.

싱가포르는 소규모 보호구역이 수많은 종들에게 장기적인 보호를 어떻게 제공하는지를 보여주는 훌륭한 예이다. 1860년 이후 고립된 보호구역은 현재 싱가포르의 원래 서식지 5%를 보호하지만, 여전히 조류 350종, 포유류 26종을 포함하여 원래 고유종의 절반 정도를 포함하고 있다(Cortlett 2013). 또한 인구밀집지역 인근에 위치한 소규모 보호구역은 중요한 이슈에 대한 대중의 인식을 발전시켜서 보전생물학의 장기적인 목표를 더욱 발전시키는 우수한 보전 교육과 자연학습센터를 만든다. 2030년까지 전 세계 인구의 60% 이상이 도시에 거주하게 될 것이며, 따라서 이러한 공공 이용과 교육을 위한 보전 장소를 개발할 필요가 있다.

일반적으로 보호구역은 가장자리 효과를 최소화하도록 설계되어야 한다. 모양이 둥근 보전구역은 가장자리 대 면적 비율을 최소화하며, 중앙은 다른 공원 형태보다 가장자리에서 더 멀리 떨어져 있다. 긴 선형 공원이 가장 큰 가장자리를 갖고, 모든 지점이 가장자리에 가깝다. 결과적으로, 4개의 일직선이 있는 공원이라면, 정사각형이 같은 면적의 긴 직사각형보다 더 나은 디자인이다. 지금까지 대부분의 공원은 불규칙한 모양을 가지고 있었다. 이는 토지 취득이 일반적으로 설계보다는 기회의 문제이기 때문이다. 많은 공원들은 하천과 강을 따라가므로 선형적이다.

제4장에서 논의한 바와 같이, 파편화는 분리에 대한 장벽을 만들고 단일 개체군을 여럿으로 분리시키므로, 도로, 울타리, 농업, 벌목 및 기타 인간 활동에 의한 보호구역의 내부 단편화를 가능한 한 피해야 한다. 또한 파편화는 토착종을 해칠 수 있는 침입종(invasive species)의 진입점을 제공하고, 더 바람직하지 않은 주변 효과를 발생시킨다.

보호구역의 네트워크

학습목표

이 절에서는 다음 내용에 주안점을 두기 바란다.

1. 특정 종의 길드에 혜택을 주는 보호구역의 네트워크를 설계할 수 있어야 한다.
2. 그림 9.12에 표시된 것과 같이, 이동 통로와 기존 보호구역을 연결하는 것의 가치에 대하여 논의할 수 있어야 한다.

보호구역의 크기에 대한 단편화 및 제한의 영향을 극복하기 위해서, 보전학자들은 크고 작은 보호구역을 더 큰 보전 네트워크로 통합하는 전략을 개발하였다. 네트워크는 메타 개체군 역학을 수용하는 데도 중요하다(제7장 참조). 현재 세계에서 가장 큰 협력 보호구역 네트워크는 Natura 2000으로, EU 육지 면적의 18%와 해양 면적의 거의 6%를 포함한다(**그림 9.10**). 여기에는 연방으로 보호되는 공원 및 보호구역이 포함되지만, 대부분의 토지는 개인 소유이고 혼합 용도이다(ec.europa.eu/environment/nature/natura2000). 대상 지역은 유럽에서 가장 가치 있고, 위협적인 종과 서식지의 장기적 생존을 보장하는 것으로 확인된 지역들이다. EU 회원국은 이러한 토지의 관리가 네트워크의 목표를 지지하는지 확인할 의무가 있다.

공공 및 민간 토지소유자의 협조는 이러한 네크워크를 구축하는 데 있어서 중요한데, 특히 개발된 대도시 지역과 다른 정부 기관 및 민간 기관에 의해 통제되는 많은 작고 고립된 공원이 많은 다른 지역에서는 더욱 그러하다. 도시 보호구역을 네트워크화하기 위한 협력의 훌륭한 예는 시카고 대도시의 3개 주에 걸쳐 500개 이상의 조직과 2,205 km^2의 보호구역으로 구성된 시카고 와일더니스 프로젝트이다(www.chicagowilderness.org). 이 협업은 해안선, 높은 초원, 삼림지대, 강, 하천 및 기타 습지를 보호하고, 산업 대도시의 보존 노력과 교육을 조정한다.

서식지 통로

보호구역은 종종 숲, 방목지, 농경지처럼 인간이 사용하기 위해 관리하는 더 큰 서식지의 매트릭스에 포함되어 있다. 생물다양성 보호가 이러한 영역에서 평가되고 관리계획에 포함되는 경우, 이러한 지역을 혼합적으로 조성한 보호구역 네트워크는 완

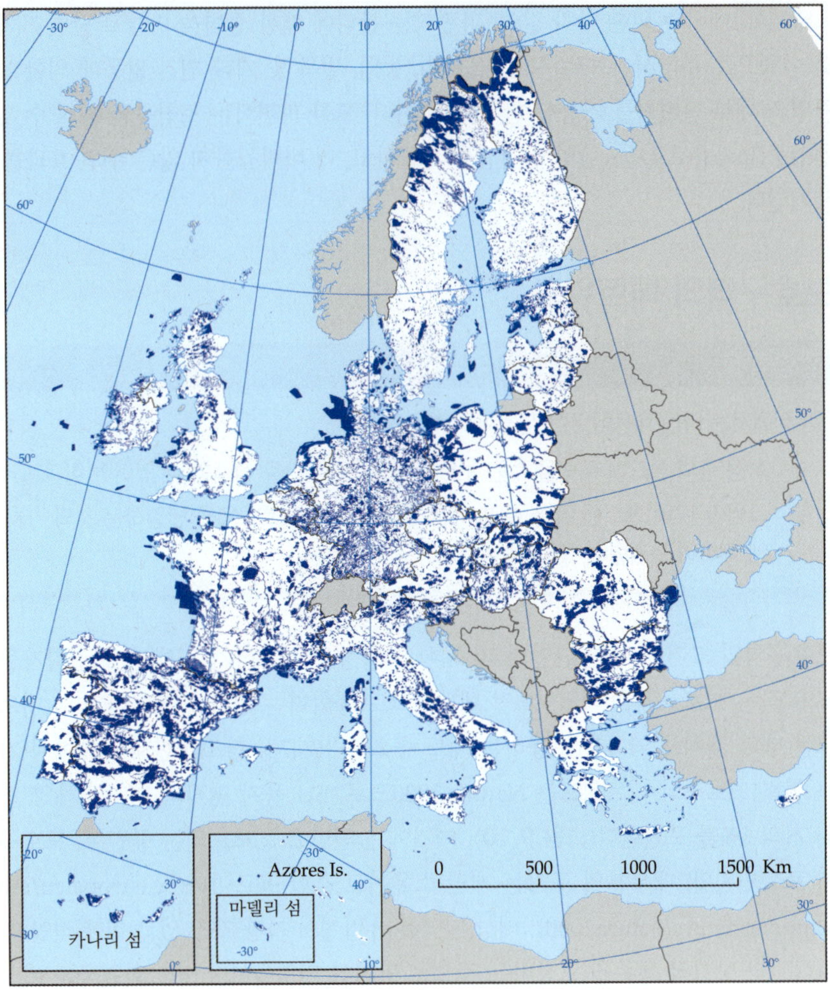

그림 9.10 2019년 현재 Natura 2000 사이트. 1992년에 설립된 세계에서 가장 큰 보호구역 네트워크. (Map © European Environment Agency, 2010.)

서식지통로의 구축은 고립된 지역을 연결하여 하나의 단일 메타개체군으로 만드는 것이다.

충 지역, 경로 또는 기타 주요 구성요소로 사용될 수 있다. 자원을 위한 서식지 관리는 야생동물의 중요한 이차 지역(secondary)이 될 수 있으며, 고립된 보호구역의 연결 통로로 사용된다. 연결 네트워크의 관점에서 희귀종의 통합 메타 개체군은 유전 자원의 흐름 및 개체군의 이주를 촉진시킨다 (Andrello et al. 2015).

많은 보전학자는 연결성을 중요하게 간주하고 있는데, 그들은 **서식지 경로(habitat corridors)**를 이용하여 고립된 보호구역을 대규모 시스템으로 연결하는 네트워크(habitat corridors)를 만들도록 조처하고 있다(Magrach et al. 2012). **보존 경로(conservation corridors)** 또는 **이동 경로(movement corridors)**로도 알려진 이러한 서식 통로는 식물과 동물이 하나의 보호구역에서 다른 보호구역으로 분산되도록 함으로써, 유전자 흐름과 적절한 장소의 식민지화를 촉진할 수 있다.

서식지 통로는 먹이와 물을 얻기 위해 계절적 이동을 하는 야생동물에게 매우 긴요하다. 아프리카 사바나의 초식동물(큰영양, 코끼리, 얼룩말 등)이 만약 울타리, 농장, 그리고 다른 인공적인 요소에 의해서 하나의 보호구역에 있도록 제한된다면 굶을지도 모른다. 유효 경로에 필요한 너비는 종, 경로의 길이 및 기타 요인에 따라 달라진다. 이러한 연결 통로는 더 사람의 거주지와 농업에 의해 점점 위협 받고 있다(Ojwang et al., 2017). 자연 이동의 패턴을 용이하게 하는 연결 통로는 아마도 종을 보호하는 데 가장 성공적일 것이다. 예를 들어, 큰 초식동물들은 종종 물과 최상의 식물을 찾기 위해 범위와 지역에 걸쳐 일정한 패턴으로 이동한다(**그림 9.11**). 동물들은 계절에 따라 건조한 사바

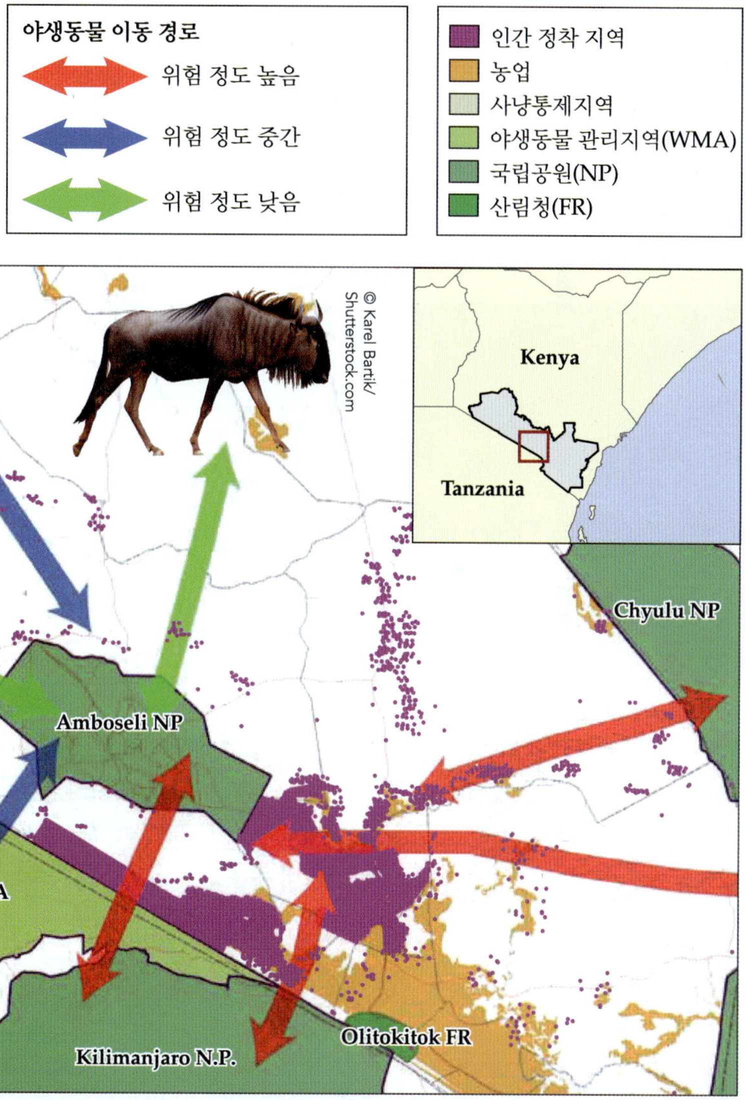

그림 9.11 케냐 남부의 이동 경로는 야생동물, 코끼리, 얼룩말을 포함한 많은 동아프리카 종에게 중요하다. 보호구역 사이에는 주요 야생동물의 이동 통로 상태가 표시되어 있다. 정착촌과 농업은 동쪽의 이동 통로를 상당히 위협하고 있다(After G. O. Ojwang et al. 2017. *Wildlife Migratory Corridors and Dispersal Areas: Kenya Rangelands and Coastal Terrestrial Ecosystems*. Kenya Vision 2030, Kenya Wildlife Service).

나 서식지에서 하천과 강을 따라 자라는 삼림지대로 종종 이주한다. 산간 지역에서는, 많은 새와 포유류가 1년 중 따뜻한 시기 동안 정기적으로 높은 고도로 이동한다. 예를 들어, 코스타리카에서는 이주하는 새를 보호하는 2개의 야생동물 보호구역인 브라울리오 카리요 국립공원과 라셀바 생물지역을 연결하기 위한 이동통로를 설치하였다. 가로 7,700 ha, 세로 18 km의 숲 통로는 조나 프로텍토라 라스 타블라스(Zona Protectora Las Tablas)로 알려져 있으며, 최소 75종의 새들이 2개의 큰 보전구역 사이를 이동할 수 있게 해 준다.

많은 지역에서 도로는 서식지 통로의 주된 장애물이다(**그림 9.12A**). 이 경우 수로, 터널 및 고가도로는 파충류, 양서류 및 포유류가 서식지 파편 또는 보호구역 사이를 이동할 수 있는 도로와 철도 하부 및 상행 통로를 만들 수 있다(Soanes et al., 2013). 이러한 통로의 또 다른 이점은 동물과 차량 간의 충돌을 줄여서 생명과 재산을 절약한다는 것이다. 메타 분석 결과, 유도 울타리와 도로 횡단 구조의 조합에 의해서 로드 킬이 83% 감소하는 등 전반적인 완화 노력이 제어장치 대비 로드 킬을 40% 감소시켰다(Rytwinski et al. 2016).

일부 보전생물학자들은 서식지 통로를 정말 거대한 규모로 계획하기 시작했다. Wildlands Network는 Western Wildway Network(이전의 "Spine of the Continent Initiative")라고 불리는 세부 계획을 가지고 있다. 미국 서부와 캐나다에서는 서식지 이동 통로에 의해서, 곰이나 쿠거 같은 대형 포유류가 인간 사회와 공존할 수 있는 시스템을 만들고 있다.

(A)

(B)

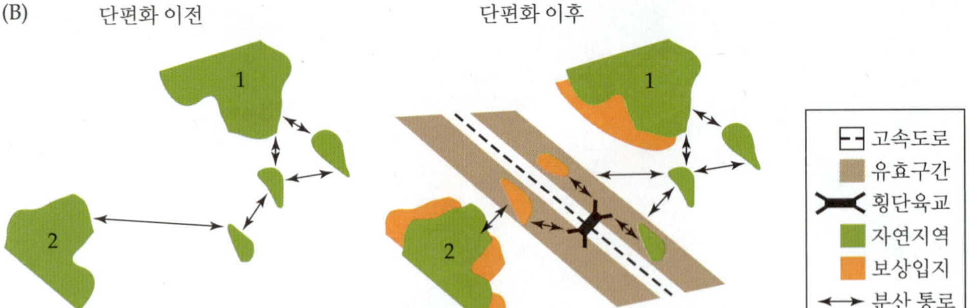

그림 9.12 (A) 고속도로 위의 고가도로는 동물이 숲이 우거진 두 지역 사이를 안전하게 이동할 수 있게 한다. (B) 한 종의 개체는 작은 보호구역을 디딤돌로 사용하여 2개의 큰 보호구역(면적 1, 2, 왼쪽 그림) 사이에 자연스럽게 분산된다. 오른쪽 패널은 새로운 도로로 인한 서식지 파괴와 넓은 가장자리 효과 구역이 이주 경로를 차단했음을 보여준다. 도로의 영향을 상쇄하기 위해 보호구역 체계에 보상부지(주황색)를 추가하고 고속도로 상공에 고가도로를 건설함으로써 분산이 가능하도록 했다(B). (B after R. Cuperus et al. 1999. *Biol Cons* 90: 41–51.)

기후가 변화함에 따라서, 많은 종들이 높은 고도와 높은 위도로 이동하고 있다(제5장 참조). 강 계곡, 능선 및 해안선과 같은 예상 경로를 보호하기 위한 통로를 만드는 것은 유용한 예방책이 될 것이다. 예상 이동 방향으로 기존의 보호구역을 확장하면, 장기적인 개체군을 유지하는 데 도움이 될 수 있다(Nuñez et al. et al., 2013). 또한 고도, 강우, 토양의 경사를 가로지르는 이동 통로는 더 유리한 장소로 종의 지역적 이동을 허용할 수 있다.

통로의 개념은 직관적으로 매력적이지만, 몇 가지 단점이 있다(Ogden 2015). 특히, 통로는 해충과 질병의 이동을 촉진시킬 수 있다; 통로를 이용한 침입은 연결된 모든 자연보호구역으로 빠르게 확산되어서 희귀종의 모든 개체군을 멸종시킬 수 있다. 또한 동물 포식자뿐만 아니라, 사냥꾼도 야생동물에게 이용되는 경로에 집중하는 경향이 있기 때문에 통로를 따라서 흩어지는 동물이 더 큰 위험에 노출된다. 마지막으로, 경우에 따라서 비용이 많이 들고 건설이 어려운 통로가 의도했던 종에게 사용되지 않을 수도 있다.

현재까지의 연구는 통로의 보존 가치를 일부 지지하는 반면, 다른 연구에서는 아무런 효과도 보이지 않았다(Gilbert-Norton et al. 2010; Pardini et al. 2005). 또한 새들이 연간 이동 경로의 비행로를 따라 정지점으로 사용하는 보호지역과 같은 징검다리 패턴(**그림 9.12B**)으로 이동하는 것을 용이하게 하기 위해서, 대규모 보전구역 사이에 작은 서식지를 남겨두는 것도 가치가 있을 것이다.

경관생태학 및 보호구역 설계

학습목표

이 절에서는 다음 내용에 주안점을 두기 바란다.

1. 경관 다양성 관점에서 종 다양성과 다른 방식으로 보호구역 설계에 접근하는 것을 고려할 수 있어야 한다.

사람의 토지 이용 패턴, 보존 이론 및 공원 설계의 상호작용은 물리적 환경, 생태 공동체, 생태계 프로세스 및 사람-생태계의 상호작용의 모자이크 내 패턴을 지역 및 지역 규모로 조사하는 **경관생태학(landscape ecology)**의 분야에서 분명하다(**표 9.2**). 육상 생태계에 초점을 맞추고 있지만, 해양 및 다른 수중 시스템에도 동일한 접근 방식이 적용될 수 있다(Jelinski 2015).

경관생태학은 전통 농업과 산림의 장기적 관리를 통해 경관 패턴을 형성한 유럽과 아시아에서 가장 집중적으로 연구되어 왔다. 유럽의 시골에서는 경작된 들판과 목초지, 울타리가 번갈아 나타남으로써, 야생종의 분포에 영향을 미치는 모자이크를 만든다. 마찬가지로, 사토야마(*satoyama*)로 알려진 일본의 전통적인 풍경에서,

표 9.2 생물다양성 보존을 위한 경관 디자인 기본 계획안

1. 선택된 경관의 토지 표면(예: 논, 건초 밭, 숲, 마을)의 다른 부분을 구분하고 기술한다.
2. 패치가 변경되지 않은(사람의 사용 감소) 지역 vs. 변경된(사람의 사용 증가) 토지 지역으로 분류한다.
3. 토지 이용 계획(예: 경제적, 사회적, 정치적)에 대한 제약을 확인한다.
4. 이러한 제약을 감안해서, 특히 물 주변(예: 일부 버려진 건초 밭을 숲으로 복원하여)의 변경되지 않은 토지 총량과 다양성을 극대화하는 경관 계획을 수립한다.
5. … 특히 물 주변(예: 숲을 통한 도로 제거)에서 변경된 토지 내에서 사람에 의한 교란을 최소화해야 한다.
6. … 특히 물로부터 멀리 떨어진 고강도 토지 이용과 관련된 변경된 토지(예: 현재 변경되지 않은 지역이 아닌 기존 마을 주변의 향후 개발을 계획함)를 통합한다.

출처: After S. A. Gagne et al. 2015. *Landsc Urban Plan* 136: 13–27.

침수된 논, 건초 밭, 마을, 숲은 잠자리, 양서류, 물새와 같은 습지 종에게 풍부한 서식지를 제공한다(Jiao et al. 2019)(**그림 9.13**). 사람이 만들어낸 자연적 특징의 혼합을 포함하는 이러한 이질적인 풍경은 일부 종의 생존에 있어 매우 중요하다. 그러나 어떤 곳에서는 더 많은 기계와 비료를 포함한 집중적인 농업 관행으로 전환했다. 이러한 상황에서 생물종과 생태계를 보호하기 위한 보호구역의 설계 및 관리에는 전통 경관을 보조하거나 자원봉사자가 토지를 관리하게 하여 전통 경관을 유지하는 전략이 포함된다.

동물의 수와 다양성을 증가시키기 위해서, 야생동물 관리자는 때때로 일부 보호구역, 특히 사냥과 낚시를 위해 주로 관리되는 피난처 또는 다른 구역의 경계 내에서 가능한 한 가장 많은 양의 경관 변화를 만들어낸다. 밭과 목초지가 조성되어 유지되고, 작은 덤불이 장려되며, 과수와 농작물이 무리지어 심어지고, 군데군데 뿌리가 돋아난다. 숲은 주기적으로 관리되고, 작은 연못과 댐이 발달하며,

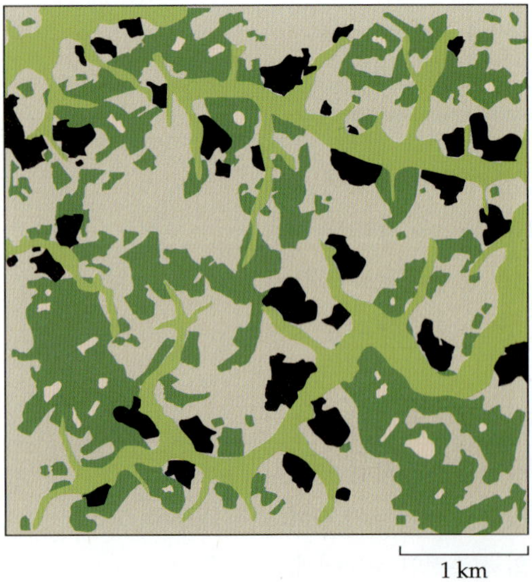

그림 9.13 마을(검은색), 이차 숲(암녹색), 논 또는 젖은 논(연녹색), 건초 밭(베이지색)이 번갈아 나타나는 일본 도쿄 근교의 전통적인 농촌 풍경 도식. 이러한 풍경은 과거에 흔했지만, 일본 농업의 기계화 증가, 농장을 벗어난 인구의 이동, 도쿄 지역의 도시화 등으로 인해서 지금은 희귀해지고 있다. 면적은 약 4 km × 4 km이다. (After H. Kobori and R. B. Primack. 2003. *Ambio* 32: 307–311.).

수많은 오솔길과 흙길이 모든 구역을 가로지르고 있다. 이러한 조경은 종종 공원의 주요 방문객이자 재정적인 기여자인 대중에게 매력적일 수 있다. 그러나 이 지역 종은 주로 인간의 방해에 의존하는 흔한 종(혹은 외래종)일 가능성 이 높으며, 현지화된 접근 방식을 개선하기 위해서, 일반적으로 곰, 쿠거, 호랑이 같은 큰 동물은 지역적 경관 수준에서 가장 잘 관리된다. 이 지역 단위의 크기는 종의 자연 개체수 및 이동 패턴과 더 밀접하게 연관되어 있다(Wikramanayake et al., 2011).

몇몇 경우에서, 장기적인 활용 방법이 생물다양성을 증가시키고 경관 패턴을 향상시킬 수 있다.

보호구역의 관리

학습목표

이 절에서는 다음 내용에 주안점을 두기 바란다.

1. 보호구역 관리에서 "자연은 가장 잘 알고 있다"는 관점에 대한 찬반양론을 모두 펼칠 수 있어야 한다.
2. 식물종 다양성을 극대화하는 것을 목표로 하는 보호구역에 대한 모니터링 계획을 설계할 수 있어야 한다.
3. 보호구역의 일부분을 활용하여 전환 구역으로 사용하는 것에 대한 비용-편익 분석을 실시할 수 있어야 한다.

어떤 사람은 "자연은 가장 잘 알고 있다"고 믿으면서, 인간이 생물다양성을 적극적으로 관리할 필요가 없다고 여긴다. 일단 보호구역이 법적으로 확립되면, 보존 작업은 대체로 완료된다. 그러나 현실은 종종 매우 다르다. 인간이 많은 지역 환경을 너무 많이 개조함으로써, 살아남은 종과 생태계는 생존을 위해 인간의 감시와 개입을 필요로 한다. 전 세계는 정부의 법령에 의해 만들어진 '종이 공원(paper park)'으로 어지럽혀져 있음에도 아무런 관리 없이 허우적거리고 있다. 이러한 보호구역은 점차적으로 변화해 왔다. 서식지 질이 저하됨에 따라서 종의 유실이 일어나고 있다. 어떤 국가에서는 사람들이 보호구역에서 손쉽게 농사를 지을 뿐만 아니라, 통나무, 지뢰, 사냥, 어업 등을 한다. 왜냐하면, 그들은 정부의 땅이 "모든 사람"에게 소유된다고 여겨서, 아무나 원하는 것을 가져갈 수 있고, 개입할 의향이 없기 때문이다("tragedy of the commons", 57쪽 참조).

그 대신 쇠퇴를 막기 위하여 치밀하게 마련한 **관리 계획(management plans)**에 따라 많은 공원을 적극 관리하고 있다. 관리 계획에서 중요한 고려사항으로는 생물다양성 보호, 생태계 서비스 및 건강 유지, 역사적 풍경 보존, 지역주민과 방문객을 대상으로 하는 자원 및 가치 경험 제공 등이 있다(Hobbs et al. 2010). 관리 계획의 일부는 대중에게 어떤 활동(예: 야생동물 사진)이 장려되고, 어떤 활동이 금지되

Both photos by Anna Sher

그림 9.14 보호구역의 관리에는 방문객을 대상으로 하여 야생동물에게 해를 입히지 않는 방법에 대하여 조언하는 것도 포함된다. 남아프리카공화국의 희망봉에 위치한 테이블 마운틴 국립공원의 주차장에 설치된 이 표지판도 마찬가지이다.

는지(예: 사냥)를 인식하게 한 다음 규칙을 시행하는 것이다. 일반 대중에게 생태관광의 부정적인 영향을 완화하는 데 도움이 되는 행동에 참여하도록 장려할 수 있다(**그림 9.14**).

경작, 목축, 방목의 전통이 잘 확립된 많은 유럽, 아시아, 아프리카 국가들에서는 수백 년 그리고 심지어 수천 년 동안 이어진 인간 활동에 의해서 삼림지, 목초지, 그리고 산울타리와 같은 서식지가 형성되어 왔다. 이러한 서식지는 유지되어야 하는 전통적인 토지 관리 관행의 결과로서 높은 종 다양성을 지원한다(Baiamonte et al. 2015). 마찬가지로, 과거에 큰 야생동물이나 소처럼 길들여진 동물에 의해 방목되었던 초원은 여전히 방목되어야 하는데, 이는 이러한 유형의 교란에 의해서만 가장 풍부하고 생산성이 높은 초지를 유지할 수 있기 때문이다(**그림 9.15**). 이러한 유형의 서식지를 포함하는 보호구역이 관리되지 않으면, 예측 가능하고 점진적인 변화인 **생태계 천이(ecological succession)**가 일어나고, 시간이 지남에 따라 몇몇 종의 관목과 나무가 우점종이 되면서 특징적인 종들이 사라지고 종의 구성에 변화가 생길 것이다.

하지만, 관리할 때 주의를 기울여야 한다. 어떤 경우에는 생태계에 대한 완전한 이해 부족이나 관리 목표의 충돌로 인해서 관리 관행이 비효율적이거나 심지어는 해를 입힐 수도 있다. 일부 보호구역은 다음 작업을 촉진하기 위해 관리된다. 사냥을 위한 사슴과 같은 종의 풍부함을 위해 관리된다. 마찬가지로, 관리에는 늑대나 쿠거와 같은 상위 포식자를 제거하는 것이 종종 포함된다. 하지만, 통제할 포식자가 없다면, 사슴(혹은 질병을 퍼뜨릴 위험이 있는 설치류)과 같은 개체수가 때때로 생각 이상으로 증가함으로써, 과잉 방목, 서식지 감소, 동식물 공동체의 붕괴를 초래할 것이다.

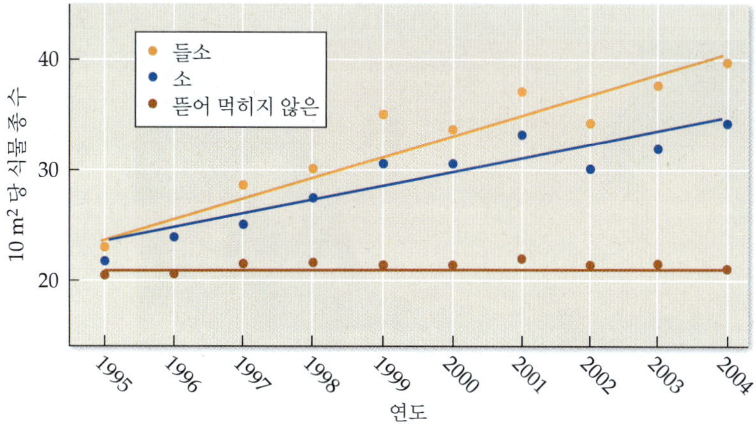

그림 9.15 대형 초식동물은 원래 미국 중서부의 키가 큰 식물 초원에서 풀을 뜯어 먹었었다. 이 초식동물이 사라지자 생태계가 변화하였고, 그 결과 식물 종이 사라지게 되었다. 소와 들소에 의한 초식이 포함된 관리에 의해서 10년 동안 이뤄진 초지 연구 장소에서는 식물 종이 초식이 일어나지 않은 대조 장소에 비해 점진적으로 증가하였다. (After E. G. Towne et al. 2005. *Ecol Appl* 15: 1550–1559.)

과욕적인 공원관리자가 공허하거나 죽은 나무, 썩은 통나무, 그리고 공원의 외관을 "개선"하기 위해 덤불을 제거할 때, 특정 동물 종, 씨앗 발아를 위한 희귀식물, 그리고 모든 종에서 영양소 순환의 필수적인 부분으로 중요한 키스톤 자원을 무의식적으로 제거할 수도 있다. 이러한 경우, "깨끗한" 공원은 생물학적으로 무균 공원이 될 수 있다. 마찬가지로, 많은 공원에서 화재는 자연생태학의 일부분이다(Nimmo et al. 2013). 화재를 완벽하게 진압 시 비용이 많이 들고 부족한 관리자원을 낭비하게 된다. 정상적인 화재 주기를 억제할 경우, 화재에 의존하는 종의 손실과 더불어서 거대한 화재로도 이어질 수 있다.

Photo courtesy of Jim Peaco/US National Park Service

지역의 관리

공원 관리자는 모든 또는 특정한 생태적 천이 단계가 존재하고, 각 단계의 종들이 지속적이고 번성할 수 있는 장소를 갖도록 하기 위해 현장을 적극적으로 관리해야 한다. 몇몇 야생동물 보호구역에서는 초원과 들판을 유지하기 위해서, 가축의 방목, 불태우기, 베기, 나무 베기, 또는 얕은 쟁기질로 열린 서식지를 보존한다. 이를 위한 한 가지 일반적인 방법은 초원, 관목 지대 및 숲에서 주기적으로 국지적이고 통제된 화재를 발생시켜 연속적인 과정을 다시 시작하는 것이다(Middleton 2013). 분명하게, 이러한 화재는 인근 재산의 손상을 방지하기 위하여 합법적이고 신중하게 시행되어야 한다(**그림 9.16A**). 또한, 화재를 내기 전에, 토지 관리자는 지역주민에게 자연의 균형을 유지하는 데 있어서 불의 역할을 설명하는 공교육 프로그램을 개발해야 한다. 다른 상황에서는 보호구역의 일부를 주의 깊게 관리해서 사람에 대한 피해와 화재를 최소화해야 한다(**그림**

보존 목표와 실천적 방법을 명확하게 설명하는 관리 계획이 필요하다. 관리 행동에는 화재의 통제, 사용 제한 시행, 물을 포함한 키스톤 자원 유지 등이 포함된다.

9.16B).

키스톤 자원 많은 보호구역에서, 종들이 의존하는 키스톤 자원을 유지, 보충하는 것이 필요할 수 있다(제2장 참조). 이러한 자원에는 다른 먹이가 거의 또는 전혀 없을 때 열매를 공급하는 나무, 건기 동안의 물웅덩이, 노출된 광물 등이 포함된다. 키스톤 자원과 키스톤 종은 관리 보전구역에서 강화되어 줄어든 종의 개체수를 늘릴 수 있다.

식용 식물을 구역에 심고, 인공 연못을 건설함으로써, 방해 받지 않는 서식지의 종 분포에 대한 연구를 기반으로 추측되었던 것보다, 더 작은 보전구역과 더 높은 밀도에서도 종을 유지하는 것이 가능할 수 있다. 예를 들어, 인공 연못은 잠자리처럼 사람들이 즐겨 보는 곤충의 서식지를 제공해 줄 수 있고, 도시 지역의 공교육 중심지 역할을 할 수 있다(Oertli 2018). 마찬가지로, 살아 있는 나무와 죽은 나무에 지어진 둥지나 뚫린 구멍은 새와 포유류에게 대체 대피소를 제공할 수 있다(Rueegger 2017).

(A)

Photo by Elise Smith, US Fish and Wildlifr Service

(B)

Courtesy of U.S. National Park Service

그림 9.16 보전 관리: 간섭 vs. 그대로 내버려 두기. (A) 매사추세츠 주 케이프 코드에 있는 황야지대는 개방된 식생 서식지를 유지하고, 야생화와 다른 희귀종을 보호하기 위해 규칙적으로 들불을 일으킨다. (B) 때로는 관리를 통해 인간의 교란을 극도로 최소화시키기도 한다. Muir Woods National Monument는 오래 자란 미국 해안 삼나무림(redwoods)으로 샌프란시스코 만의 도심지 중앙에서 보호되고 있다.

각각의 경우, 한 극단에서는 인간의 영향으로부터 자유로운 자연보호구역을 설정하고, 다른 극단에서는 식물과 동물이 사람에게 의존하는 준자연 정원을 조성하는 사이에서 균형을 이루어야 한다. 또한, 어떤 경우에서는 인간 대체나 자원의 확장이 비효율적인데, 예를 들면 새가 필요로 하는 작은 나무에 번식 둥지를 조성하는 것이다(Le Roux et al. 2015).

강, 호수, 늪, 하류, 연못, 호수, 그리고 다른 모든 종류의 습지들은 생태계 과정을 유지하기 위해 충분한 양의 깨끗한 물을 공급받아야 한다. 그러나 보호지역은 농업용 관개사업, 주거용 및 공업용수 공급 수요, 홍수 방지 계획 및 수력 발전 댐과 함께 물을 확보하는 데 서로가 경쟁관계일 수 있다. 습지는 종종 서로 연결되어 있기 때문에, 한 장소에서 수위와 수질에 영향을 미치는 결정이 다른 지역에도 영향을 미칠 것이다. 특히 주요 하천에 댐을 건설하면, 환경 조건이 완전히 바뀌어 토종 어종을 비롯한 많은 어종(Fitzpatrick and Neeson 2018)의 풍부도를 제거하거나 감소시키는 경우가 많다. 따라서 습지를 유지하기 위한 한 가지 전략은 주어진 보호구역 내의 전체 집수역을 포함하는 것이다.

보호지역 모니터링

보호지역 관리의 중요한 측면은 물의 질과 양 같은 생물다양성에 중요한 요소들을 감시하는 것이다. 연못과 하천, 희귀종과 멸종위기종 개체수, 약초, 관목 및 나무의 밀도 이러한 구성 요소를 모니터링하는 방법에는 표준 관찰 기록, 조사 수행 및 고정 지점에서 사진 촬영 등이 포함된다(Pocock et al. 2015). 한 지역의 생물다양성을 감시하는 것은 사회적, 경제적 측면을 감시하는 것과 결합되는데, 이는 사람과 보전의 관계 때문이다. 특히 인근 생태계에서 얻는 식물·동물 등 물질의 양과 가치를 모니터링하는 것이 중요한 경우가 많다.

관리자는 모니터링에서 얻은 정보를 지속적으로 평가하고 적응적으로 조정하여 자신의 보존 목표를 달성해야 하는데, 이를 '**적응적 관리(adaptive management)**'라고 한다(**그림 9.17**). 하지만, 모니터링 프로그램은 자금이나 관심 부족으로 인해 몇 년 후에 중단되는 경우가 많다. 장기적인 모니터링 및 기준 재고 부족이 이에 해당된다. 산성비, 기후 변화와 같은 장기적은 문제를 가지는 현상에 대해 민감하고, 지속적인 영향을 파악하기 위한 관리계획을 평가하는 것은 어렵거나 불가능한 경우

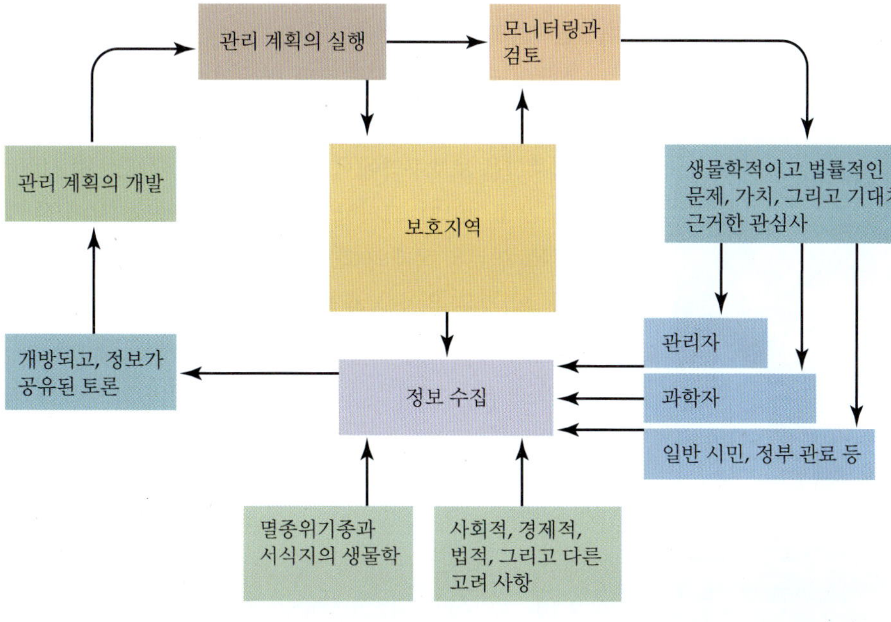

그림 9.17 보호지역의 적응 관리 과정 모델. 이 모델은 의사 결정 단계를 강조한다. 여러가지 자원으로부터 입력된 후 계획을 만들고, 실시하고, 모니터링한다. (After S. J. Cork et al. 2000. *Conserv Biol* 14: 606–609.)

보호구역은 그들의 목표가 충족되고 있는지 여부, 그리고 관리 계획은 모니터링의 새로운 정보에 기초하여 조정되어야 할 필요가 있을 수 있다.

이다(제7장 참조). 이러한 상황을 해결하기 위해, 많은 과학 연구 기관들과 정부 기관들은 수십 년, 수세기 동안 생태계의 변화를 감시하고 연구하는 프로그램들을 만들기 시작했다. 미국 국립과학재단(그림 7.13 참조)이 설립한 장기생태연구(LTER) 현장 시스템, 국립생태관측소 네트워크, 유엔교육과학문화기구(UNESCO)의 세계 생물권보전망 등이 여기에 포함된다.

모니터링의 규모와 방법은 관리 요구에 적합해야 한다. 외딴 지역에 있는 큰 공원의 경우, 인공위성을 이용한 원격 감지, 드론과 비행기가 벌목, 이동 재배, 채굴 및 기타 활동을 감시하는 효과적인 방법이 될 수 있다(Fawzi et al. 2018; Grecchi et al. 2017). 전문 장비가 필요하지 않은 모니터링은 시민 과학자도 활용할 수 있다(제7장 참조).

관리와 지역주민

공원 관리 계획의 중심 부분은 공원 자원을 이용하는 사람이나 그룹에 관한 정책이어야 한다. 특히 개발도상국에서는 이전에 원주민이 사용했던 보호구역 자원의 사용을 제한하게 되면, 이 지역에서의 보존에 반대할 수도 있다(Brockington and Wilkie 2015). 많은 공원들은 그 지역 또는 그 근처에 사는 사람들로부터 받는 지원, 방임 또는 적대감의 정도에 따라 영향을 받고서 번성하거나 파괴된다. 최상의 시나리오에서, 지역주민은 공원 관리와 계획에 참여하게 되고, 공원 당국에 의해 훈련되고 고용되며, 공원 내 생물다양성의 보호와 활동 규제의 혜택을 받는다(**그림 9.18**).

불행히도, 생태계의 건강과 멸종위기종이 위협받을 정도로 합법적이든 불법적이든 자원이 과잉 수확되고 있을 때는 지역주민을 보호구역에서 제외하는 것이 때때로 필요하다(Packer et al. 2013). 그러한 훼손과 생물다양성의 손실은 과도한 방목, 연료용 목재의 과도한 수집 또는 사냥에서 비롯될 수 있다. 이 경우 유일한 해결책은 "펜스와 벌금(fences and fines)" 전략이다.

최악의 경우, 지역주민과 정부 사이에 악연과 불신의 역

그림 9.18 지역주민이 공원에 참여하는 경우, 관리 및 이점, 보호구역은 더 큰 성공 가능성을 가진다. 케이프타운에서 동쪽으로 약 200 km 떨어진 남아프리카 공원 시스템의 작은 보호구역인 본테복(Bontebok) 국립공원 감시자의 모습.

사가 있거나 공원 용도가 제대로 설명되지 않으면 주민들은 공원 개념을 거부하고 규제를 무시할 수도 있다. 이 경우, 지역주민이 공원 직원과 갈등을 빚게 되어 보존 목표를 해칠 수 있다. 공원 직원과 심지어 무장한 군인들이 불법 행위를 막기 위해 끊임없이 순찰을 해야 할지도 모른다. 공원 인력과 지역주민들이 위협, 부상 또는 심지어 사망하는 명백한 충돌로 이어질 수 있다. 놀라운 사례로서, 한 기자가 원주민들이 콩고 공화국의 메속 차(Mesok Dja) 공원 관리인들로부터의 "억압"과 다른 학대들을 두려워했다는 WWR 보고서를 찾아냈다(Baker and Warren 2019).

지역주민의 참여는 종종 보전 전략에서 누락된 중요한 요소이다. 지역주민은 참여자, 직원 및 리더로서 보전 프로그램에 참여해야 한다.

갈등 요구를 위한 해법으로 구역화

상충되는 요구에 대한 해결책으로 영역 설정 **구역화(Zoning)**를 들 수 있다. 특정 활동을 허용하거나 우선권을 주는 지정된 지역을 설정하고, 공원의 전반적인 관리 목표를 고려하는 것이다. 예를 들어, 숲의 일부 지역은 목재 생산, 사냥, 야생동물 보호, 자연 탐방로 또는 분수령 정비를 위해서 지정될 수 있다. 다른 지역들은 멸종위기종의 복구, 퇴화된 공동체의 복원, 그리고 과학적 연구를 위해 설립될 수 있다. 지역 구획의 과제는 사람들이 기꺼이 받아들일 수 있는 절충안을 찾고, 자연 자원의 장기적이고 지속 가능한 사용을 제공하는 것이다. 관리자는 종종 공원의 특정 영역에서 수용 가능한 활동을 대중에게 알리고, 공원 규정을 시행하는 데 상당한 노력을 기울여야 한다(Pristupa et al. 2018).

예를 들어, MPA는 특정 지역에서의 낚시는 허용하지만 다른 지역에서의 낚시는 엄격히 금지할 수 있다; 특정 지역에서는 서핑, 수상 스키, 레크리에이션 다이빙을 위해 지정될 수 있지만, 다른 곳에서는 이러한 스포츠가 금지될 수 있다. 어업에서의 구역 지정은 어려움을 겪는다. 어부들은 어업 배제 구역이 존재하는 가장자리에서 어업하는 것이 생산성을 높이므로 종종 MPA 주변지역에서 남획으로 이어지기 쉽다. 지역 참여, 홍보, 교육, 명확한 경고 표지 게시 및 가시적인 시행을 조합하면, 특히 해양 환경에서 구역화의 성공을 크게 높일 수 있다(Fox et al. 2012).

Zoning은 상호배타적인 활동의 분리가 가능하다. MPA는 낚시 금지구역과 연관되어 어류와 다른 해양 생물이 수확으로부터 회복할 수 있는 공간을 제공한다.

생물권 보전지역

유네스코는 전통적인 토지 이용 패턴(예: 농업, 방목, 산림 관리), 연구, 자연환경 보호, 때로는 한 장소에서 관광을 통합한 세계생물권보호계획 하에서 **생물권 보호구역(biosphere reserves)**이라고 불리는 또 다른 구역 접근법을 개척했다. 현재까지 122개국에 686개의 생물권 보호구역이 있다. 이러한 장소들은 안정된 인간 거주지와 경치 좋은 풍경을 가지고 있다.

생물권 보전 프로그램의 특징은 다양한 사용 수준을 설명하는 구역이 있는 시스템이다(**그림 9.19A**). 그 중심에는 생태계가 엄격히 보호되고, 인간의 모든 활동이 금지되거나 엄격히 규제되는 핵심 영역(core)이 있다. 이 영역은 식용식물, 소형 연료용 목재 채취 등 전통적인 인간 활동을 감시하고 생태 연구를 하는 완충지대(buffer)로 둘러싸여 있다. 완충지대를 둘러싼 것은 소규모 농업 등 지속 가능한 개발이 허용되는 전이지구(transition)이다. 또한 선택적 벌목과 실험 연구 같은 행동도 가능하다. 핵심 보전구역을 완충구역과 전이구역으로 둘러싸는 이 일반적인 전략은 지역주민들이 보호구역의 목표를 지지하도록 설계되어 있다. 다만 이들 지역은 지도 위에 그리기가 쉽지만, 실제로는 생물권 보호구역 내 또는 인근에 거주하는 주민에게 해당 구역이 어디에 있는지, 어떤 용도로 사용할 수 있는지 알려주거나 동의를 얻

(A)

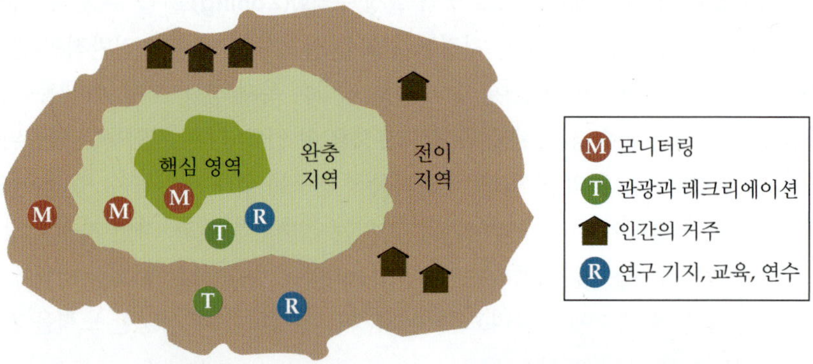

(B)

(C)

그림 9.19 (A) 생물권 보전지역의 일반적인 유형: 핵심 보호구역은 완충구역으로 둘러싸인다. 완충구역에서는 인간의 활동이 가능되고 관리되며, 연구가 수행된다; 완충구역은 전이구역에 둘러싸이며, 지속가능한 개발과 실험연구가 수행된다. (B) 유네스코 생물권 보전지역. 개발지역과 농업으로 둘러싸인 캐나다 퀘벡 주의 힐에어. 어두운 부분은 호수이다. 여기에는 1,000 ha 이상의 주 숲을 포함하는 골트 자연 보호구역이 포함된다. 맥길 대학교가 소유 및 관리하고 있으며 연구 및 레크리에이션에 사용된다. (C) 큰보라색프링겐트난초(*Planthera grandiflora*)는 2015년에 조사하던 중 보호구역에서 발견된 희귀한 종 가운데 하나이다.

기가 어렵다.

핵심 보전구역을 완충구역과 전이구역으로 둘러싼 전략의 가치는 여전히 논쟁거리이다. 그 접근 방식은 이점이 있다: 지역주민들이 공원으로 접근할 수 있게 허용될 경우 공원 보전에 참여할 수 있고, 인간이 활용하는 경관의 모양이 더 유지될 수 있다(예: 농장, 정원, 천이 초기 단계). 또한 완충구역은 공원이 고립되는 것을 막을 수 있으며, 고도로 보호되는 핵심 보전구역 사이의 동물 분산을 용이하게 하는 통로로 활용될 수 있다. 그러나 다중 사용 및 자원 추출을 위한 구역제는 핵심 영역(core)이 모든 주요 종을 보호할 수 있을 만큼 충분히 크고, 사람들이 구역과 지정된 사용을 존중할 의향이 있는 경우에만 작동할 수 있다. 세계의 다른 지역들 그리고 다른 사회적 상황들 사이에서 공원 관리, 정치적 의지, 토지 소유가 느슨한 지역에서 완충구역은 소유되지 않고 관리되지 않는 구역으로 간주되며, 이는 효과를 크게 감소시킨다.

생물권 보호구역의 한 예는 캐나다 몬트리올 근처에 있는 1978년에 설립된 몽스트 힐레어(Mont St. Hilair)이다(**그림 9.19B**). 보호구역은 500 ha의 핵심 면적을 가지고 있으며, 퀘벡(UNESCO 2019)에 마지막으로 남아 있는 구식 낙엽수림 일부를 보호하고 있다. 핵심 지역은 600 ha 이르는 전이 구역으로 둘러싸여 있으며, 그 외곽은 교외 개발지와 농업지역으로 둘러싸여 있다. 생물권 보호구역에는 33종의 멸종위기에 처한 식물종과 400년 이상된 개별 나무를 포함하는 많은 중요한 유기체가 포함되어 있다(**그림 9.19C**). 한 조사 결과에서, 보호구역에 존재하는 식물종은 보호구역 설정 이전의 485종에서 50년 동안 683종(Elliott and Davies 2019)으로 증가한 것으로 나타났다. 하지만, 대부분의 종들은 진화적 특수성이 적은 외래종 식물이었고, 멸종된 종은 훨씬 더 높은 생태적 특징을 가지고 있는 것으로 나타났다. 이 결과는 보호구역의 이점과 한계를 모두 지적하고 있다. 외부로부터의 압력이 있는 한, 여전히 종들의 손실이 있을 수 있다.

보호지역 관리의 도전

학습목표

이 절에서는 다음 내용에 주안점을 두기 바란다.

1. 보호지역 관리의 주요 문제에 대한 과제와 잠재적인 해결책을 열거할 수 있어야 한다.

보호된 영역의 관리자는 많은 과제에 직면해 있다. 이러한 과제 중 가장 기본적이고 피할 수 없는 것은 인구 성장과 자연자원 활용을 요구하는 개발 압력이다. 제4장에서 논의된 종에 대한 모든 위협 내용은 보호지역과 관련이 있지만, 다음 내용은 특히 우려되는 것의 일부이다.

밀렵

인구는 향후 수십 년 동안 극적으로 계속 증가할 것이며, 이로 인해 연료용 목재, 약용 식물, 야생 육류와 같은 자원들을 찾기가 어려워질 것이다. 마찬가지로, 가난하고 배고픈 사람들은 허가 여부에 관계없이 그들이 사는 데 필요한 것을 가져가기 위해서 근처의 보호구역으로 들어갈 것이다(제5장의 "과잉 이용" 참조).

보호구역 내에서, 공원 관리인들이 저임금을 받는다면, 관리 자원을 불법적으로 수확하고 판매하고자 하는 동기가 생길지도 모른다. 빈곤을 해결하고 규제를 강화하는 것은 밀렵을 해결하기 위한 가장 중요한 요소이다(제13장 참조).

트로피 사냥

보존에 있어서 사냥의 역할에 대해 상당한 논쟁이 있다. 많은 나라들은 주로 사냥의 판매로부터 보전에 필요한 자금을 조달한다. 개발도상국들의 경우, 부유한 외국인들에 의한 코뿔소나 물소 사냥과 같은 대형 동물의 사냥에 초점을 맞추고 있다(제3장 참조). 트로피 사냥이 엄격하게 규제되는 경우, 공원 내 전체 개체수에 적은 영향을 미치며 관리도구로서 2배의 효과를 가져올 수 있다. 특정한 늙은 수컷 코뿔소를 사냥하는 비싼 면허를 파는 것은 어린 코뿔소를 죽이고 어린 수컷이 짝짓기를 하는 것을 방해하는 개체를 제거하는 일이다. 그러나 스포츠 사냥을 허용하는 것은 동물들을 죽이는 것이 허용될 수 있다는 잘못된 메시지를 전달할 뿐만 아니라, 불법 트로피 사냥을 조장하는 것을 지지할 수도 있다. 이것은 사자 세실(Cecil the Lion)을 죽인 것에서도 알 수 있다(제3장 서문 참조). 아프리카는 사자 사냥을 허용한다, 미국에서 온 사냥꾼은 그가 사냥하고 있는 사자가 보호받는 지역에 서식하는 종이라는 것을 몰랐을지도 모른다. 지역 사냥 가이드들이 공원에서 훔치도록 동기를 부여할 만큼 재정적인 공원가이드가 불법을 저지르는 이득이 클 것이다. 케냐 정부가 수 톤의 상아를 태웠을 때처럼 모든 트로피 사냥을 불법으로 만들고, 트로피가 유통되는 것을 제거하는 것이 불법을 막는 일이다(그림 7.24 참조).

인간과 동물의 충돌

더 많은 사람들이 야생동물이 모여 사는 근처에 살면서, 농사를 지음에 따라 충돌은 불가피하다. 동물은 배가 고프면, 공원을 떠나 근처의 농경지와 마을로 먹이를 찾으러 갈 것이다. 코끼리, 영장류, 그리고 새떼 모두 중요한 농작물 사냥꾼이 될 수 있지만, 호랑이와 같은 육식동물은 인근 주민들에게 다른 문제를 제기한다. 일부 비영리 단체와 정부는 지역주민이 동물로부터 이익을 얻을 수 있는 기회를 창출하고, 그들의 손실을 보상하며, 울타리나 다른 억지력을 구축하는 데 도움을 줌으로써 이러한 문제를 해결한다(**그림 9.20**).

악화

다중 이용지역은 채굴, 소 방목, 석유 탐사 등 관리나 정책 집행의 미흡으로 인해 관리가 부실하게 진행될 수 있다. 심지어 엄격하게 보호되는 지역조차도 산불, 쓰레기, 파편화, 비포장지역 운전으로 인한 침식으로 인하여 퇴화의 위험에 처해 있다(제3장 참조). 또한 엄격하게 보호된 지역도 같은 악화를 겪을 수 있는데, 이는 전체 감독의 부재나 불법사용 때문이다. 일반적으로 쇠퇴는 감독 및 이를 규제하는 정책이 있는 다목적 지역에서 최소화된다.

© Steve Taylor ARPS/Alamy Stock Photo

그림 9.20 보호지역의 코끼리는 지역 농장을 훼손하여 보전을 꺼리게 한다. 코끼리의 접근을 방해하기 위해 설치된 펜스인근의 훼손된 벌집.

기후변화

기후변화에 직면하여 종과 생태계가 얼마나 지속할 수 있을지는 중요한 질문이며, 조사 중에 있다(Regos et al. 2016). 기후변화가 지속될 경우, 종이 보호구역에서 지속되지 못할 수 있고, 관련 식물이 크게 변화할 수 있다. 예를 들어, 스페인 남부에 있는 도아나(Donana) 국립공원은 **세계문화유산지역(World Heritage site)**으로서, 광업, 농업, 물의 이동으로 인해 "매우 높은 위협"지역으로 유네스코에서 지정하였다(Scheffer et al. 2015). 이곳에는 유럽에서 가장 중요한 겨울철새 이동 서식지가 포함되어 있지만, 이러한 습지대는 점점 더 더워지고 건조해지는 기후로 인해 향후 수십 년 내에 고갈될 수 있다. 이와 유사하게, 중국의 윈난성(Yunnan)에 대한 연구에서 지역의 65%가 2050년이 되면 다른 기후 지역으로 변화할 것이며, 그 지역 종들은 이에 적응하지 못할 것이라고 결론지었다(Zomer et al. 2015). 이처럼 급변하는 환경에서는 종과 생태계가 기후변화에 대응하여 점차 확산될 수 있도록 고도 및 환경 구배, 생태 통로, 기후 역류 등의 요소들을 보존하는 것이 중요하다.

자금과 인력

공원 관리가 효과적이려면, 공원 정책을 실행할 의지가 있는 장비가 잘 갖춰지고, 적절히 훈련되고, 합리적으로 지불되고, 동기가 부여된 충분한 수의 공원 직원들을 위한 자금이 있어야 한다(Becker et al. 2013; Tranquili et al. 2012). 공원을 관리하기 위해서는 건물, 통신 장비 및 기타 기반 시설의 적절한 요소가 필요하다. 세계의 많은 지역에서, 특히 개발도상국뿐만 아니라, 선진국들에서도 보호구역은 인력이 부족

국내 사례연구

한국의 서해안 갯벌, 세계 자연유산에 등재되다

충남 서천의 서천갯벌을 비롯한 '한국의 갯벌'이 유엔 교육과학문화기구(UNESCO·유네스코) 세계자연유산에 등재됐다(2021. 7. 28). 유네스코 세계유산위원회는 "동아시아와 오세아니아 지역의 철새를 포함한 지구 상의 생물다양성 보전을 위한 중요한 서식지로서 탁월한 보편적 가치(OUV·Outstanding Universal Value)를 인정받았다"고 등재 사유를 밝혔다. 이번에 세계유산으로 등재된 갯벌은 서천갯벌, 고창갯벌(전북 고창), 신안갯벌(전남 신안), 보성-순천갯벌(전남 보성 순천) 등 5개 지자체에 걸쳐 있는 총 4개 갯벌이다. 이들 지역은 지리학적, 해양학적 그리고 기후학적 조건을 충족하였으며, 해양의 다양한 퇴적시스템이 조성된 곳이다.

이 지역은 생물다양성이 높은 곳으로서, 2,150종의 식물 및 동물이 확인되었으며, 이 중 22종은 국제적 멸종위기종이다. 47개의 고유종과 5개의 해양무척추 동물이 존재하며, 118종의 이동철새의 서식지를 제공하는 등 우수한 생태계를 가지고 있다. 한국의 갯벌이 전 세계적으로 보전이 필요한 멸종위기종의 서식지이자 생태계 보고임을 인정받은 것이다.

우리나라 역사상 한국의 세계자연유산 등재는 지난 2007년 등재된 제주도 화산섬과 용암동굴 에 이어 14년 만에 두 번째로 등재된 세계자연유산이다. 다만, 이번에 한국 갯벌 면적의 30% 이상을 차지하고 있는 경기도 및 인천광역시 강화도 갯벌 등이 이번 등재에 빠져 있는 것은 아쉬운 대목이다.

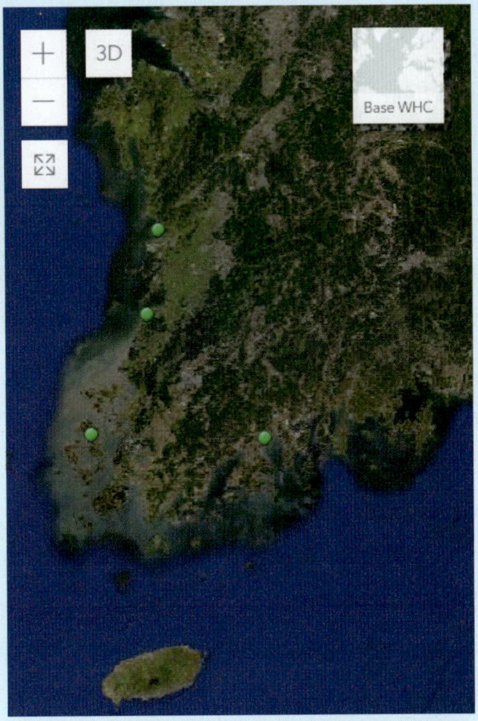

2021년 세계자연유산에 등재된 한국의 4개 갯벌지역
(자료: https://whc.unesco.org/en/list/1591)

보성-순천 갯벌

하고, 지역을 순찰할 장비가 부족하다. 충분한 라디오와 차량이 없으면, 그들은 사무실 근처 지역으로만 활동이 제한될 수도 있고, 이로 인해 그들 자신의 공원에서 무슨 일이 일어나고 있는지 알지 못하게 될 수도 있다. 국제보존기구와 정부기관에서는 개발도상국의 보호지역 관리를 위한 기금을 정기적으로 지원하지만, 종종 이 기금은 불충분한 상태이다. 정부기관 및 보존 조직에는 보호구역 관리를 위한 자금 조달이 우선적으로 이루어져야 한다(Watson et al. 2014).

마지막으로, 보전생물학자들은 보호지역 관리가 명시된 목표를 달성했는지와 자금이 효과적으로 사용되었는지에 대하여 설명할 필요가 있다. 세계 대부분의 영역에서 인간의 영향력이 증가함에 따라, 보호구역의 생물다양성 중요성도 증가할 것이다(Regos et al. 2016).

요약

- 서식지 보호는 생물다양성을 보존하는 가장 효과적인 방법이다. 현재 육지와 민물의 거의 15%와 바다의 7% 이상이 보호되고 있다. 증가된 보호구역의 대부분은 해양이다.
- 보전생물학자가 보호지역 설계를 위한 지침을 개발하고 있다. 보호구역은 가능하면 넓어야 하고, 분할되어서는 안 되며, 관리자는 최대한의 보호를 위하여 보호구역 네트워크를 만들어야 한다.
- 보호구역을 연결하는 서식지 통로는 종 분산이 일어날 수 있도록 하여야 하며, 기존의 이동 경로를 유지하는 데 있어서 특히 중요할 수 있다.
- 보호구역은 생물다양성을 유지하기 위하여 적극적으로 관리되어야 한다. 모니터링은 관리 활동이 의도된 목표를 달성하는지 또는 조정해야 하는지를 평가하는 데 필요한 정보를 제공한다.
- 관리에는 특정 활동이 허용되거나 금지되는 영역을 설정하기 위한 영역 설정이 포함될 수 있다. 지역주민과의 상호작용 관리는 보호구역의 성공에 있어서 매우 중요하므로 관리 계획의 일부가 되어야 한다.
- 공원 관리를 위해서는 적절한 인력과 자금이 필요하다.

토론 주제

1. 보호지역(자연보호구역 및 공원)과 다중 이용 관리지역이 표시된 마을, 주 또는 국가의 지도를 펼쳐 보자. 각 구획의 토지는 누가 책임지며, 관리 목표는 무엇인가? 수생 서식지(연못, 호수, 강, 해안 지대 등)에서도 동일한 문제를 고려해보자.
2. 지도 상의 추가 영역을 보호할 수 있다면, 해당 영역은 어디에 있으며, 그 이유는 무엇인가? 정확한 위치, 크기 및 모양을 보여주고 당신의 선택을 정당화하라.
3. 방문한 국립공원이나 자연보호구역에 대해 생각해 보라. 어떤 면에서 잘 운영되었는가 혹은 운영되지 않았는가? 이 보호구역의 목표는 무엇이었으며, 더 나은 관리를 통해서 이를 달성할 수 있는 방법은 무엇인지 생각해 보라.
4. 해안가, 섬 또는 호수 같은 수중 보존지역의 관리에 있어서 지역(terrestrial)의 관리자들이 직면하지 않을 특별한 어려움이 존재할 수 있는가?

캘리포니아 바다사자(*Zalophus californianus*)는 보호구역의 외부에서 매우 잘 정착한 종의 한 예로, 인간이 변경한 환경에 잘 적응하였다. 과잉 사냥으로부터 보호를 받아 개체군이 3배로 늘어났다.

10

보호구역 외부에서의 보전

온전한 생태계를 보호구역으로 설정하는 것은 종 보전을 위해서 필수적이다. 하지만 생물다양성을 보전하기 위해서, 정부가 지정한 보호구역(PA)에만 의존하는 것은 근시안적이다. 이러한 의존은 보호구역 내부의 종과 생태계를 보전할 수 있지만, 보호구역의 외부에서 동일한 종과 생태계가 훼손될 수 있는 모순된 상황을 만들 수 있으며, 결과적으로 보호구역 내부의 생물종 다양성의 감소로 이어진다(Kinnaird and O'Brien 2013). 이러한 감소는 다음의 3가지 이유 때문이다.

1. 대부분의 보호구역은 많은 종(특히, 큰 동물과 철새 종)을 생존 가능한 개체군 크기가 될 때까지 장기간 보호하기에는 면적이 너무 작다.
2. 많은 종들이 보호구역 외부에서 이용할 수 있는 자원에 매력을 느낀다. 예를 들어, 영장류 종이 살고 있는 보호구역에 인접한 마을에서는 영장류가 영양이 풍부한 작물을 먹는 것을 흔하게 볼 수 있다.
3. 많은 종들이 추위와 다른 극한 기후를 피하기 위해, 짝을 찾기 위해, 물과 음식 및 다른 자원을 구하기 위해, 계절에 따라서 보호구역 사이를 이동한다.

그림 10.1 도시 공원과 정원에 다양한 종을 심는 것은 인간이 지배하는 경관에서 생물다양성을 지원할 수 있는 한 가지 방법이다. 많은 곤충, 조류 및 기타 분류군은 보호지역 사이를 이동하기 위해 이러한 서식지 징검돌에 의존한다.

일반적으로 보호구역이 작을수록, 생물다양성을 장기간 유지하기 위해 인접한 비보호 토지에 더 많이 의존한다. 보전 전략의 중요한 구성 요소는 보호구역에 바로 인접하거나 멀리 떨어져 있는 내부와 외부의 생물다양성 보호이어야 한다(Troupin and Carmel 2014). 가장 낙관적인 예측을 따른다고 해도 미래에는 전 세계 토지의 80% 이상이 보호구역의 외부로 남게 될 것이다. 이러한 현실을 감안할 때, UN 생물다양성 협약(제12장 참조)은 보호구역과 그들이 "기타 효과적인 지역 기반 보전 조치"(OECMs, Aichi Target 11)라고 부르는 것을 모두 포함하는 국제 보전 목표를 설정했다. 보전생물학자는 "효과적인 보존"을 정의하고, OECM이 국제 목표에 어느 정도 기여하는지 결정하는 데 도움을 주어야 한다(Watson et al. 2016). 일부 보전생물학자들은 사람들이 현재 얼마나 많은 땅을 차지하고 있는지를 고려해서, 인간이 지배하는 경관에서 생물다양성을 촉진할 방법을 찾아야 한다고 주장한다(**그림 10.1**). 이것이 **화해 생태학(reconciliation ecology)**을 명명한 생태학자인 Michael Rosenzweig(2003)의 생각이다. 여기에는 일반적으로 공원을 확장하거나 식물을 심어 녹색 지붕을 만들거나, 건물의 정원에 식재를 하는 등과 같이 도시 환경에서 다양한 서식지를 만들어 환경 복잡성을 증가시키는 활동이 포함된다(Loke et al. 2015). 화해 생태학의 또 다른 예는 태양열 전지판 배열 아래에 수분매개자 서식지를 만드는 것이다(Semeraro et al. 2018). 현재 미국 에너지부의 에너지 효율과 재생 에너지국이 자금을 지원하는 프로젝트에서는 꿀벌 및 기타 수분매개체를 지원하는 종을 심을 수 있는 잠재적인 장소로서, 미국 전역에서 2,800개 이상의 태양열 에너지 시설을 찾고 있다(http://www.evs.anl.gov/news/2018/09-05-solar save-bees.cfm). 인간이 크게 변화시킨 환경에서 어떻게 자연을 촉진시킬 수 있는지에 대한 다른 예와 이 접근 방식의 일부 문제에 대해서는 본 장의 뒷부분에서 자세히 다룬다.

> 많은 멸종위기종과 독특한 생태계가 보호받지 못하는 지역에서 부분적으로 또는 전부가 발견된다. 결과적으로, 이러한 장소의 생물다양성 보전을 고려해야 한다.

보호구역에 대한 IUCN(International Union for Conservation of Nature) 전문가인 제프 맥닐리(Jeff McNeely 1989)는 공원 경계를 "너무 자주 심리적 경계로 여겨서, 국립공원이 자연을 보호하고 있다고 여겨 우리로 하여금 주변 땅을 남용하게 하여 국립공원을 일상적으로 증가하는 위협에 노출되는 서식지의 '섬'으로 격리시키고 있다."고 말한다. 최악의 경우, 공기와 물을 오염시키는 황폐한 경관이 보호구역을 망가뜨리고, 동식물의 산포와 이동을 차단시킨다. 그러나 가장 좋은 경우에, 보호구역을 둘러싼 보호받지 않는 지역은 생태계 프로세스와 새로운 개체군을 위한 추가 공간을 제공한다. 보호구역 외부의 보호받지 않는 지역의 생태계 건강성을 합리적으로 유지하는 것은 여러 면에서 보호구역과 보호받지 않는 생태계를 최대한 유사하게 하려는 노력이다(Radeloff et al. 2010).

이 장에서는 보전을 위한 보완 전략으로, 공식적인 보호구역 외부의 관리 목표로서 생물다양성 보호를 포함하는 전략에 대해 살펴본다.

보호받지 않는 서식지의 가치

학습 목표

이 절에서는 다음 내용에 주안점을 두기 바란다.

1. 특정 종이 보호구역 외부에서 살 수 있는 잠재적 서식지를 식별할 수 있어야 한다.
2. 그림 10.3의 지도를 사용하여 플로리다표범에 대해 보호구역 외부에 있는 잠재적 서식지의 비율과 이 지역에 관하여 우리에게 알려주는 표범의 이동 패턴을 확인할 수 있어야 한다.
3. 군용지 사용에 가장 적합한 종을 식별할 수 있어야 한다.

보호받지 않는 땅에 있는 생태계의 이용은 다양하지만, 거의 모든 국가에서 수많은 희귀종과 생태계가 보호받지 못하는 공공 토지 또는 사유지에서 주로 출현하거나 그곳에서만 출현한다(**그림 10.2**). 미국에서는 전 세계적으로 희귀하거나 미국 멸종위기종법(US Endangered Species Act)에 등재된 종의 최소 80%가 서식지의 일부 또는 전 지역에 분포하고 있다(Camacho et al. 2017). 목재 수확, 목장, 광산 개발 또는 다른 경제적인 용도로 사용하는 땅에 대한 적절한 관리도 멸종위기종의 보전을 지원할 수 있다. 예를 들어, 인도네시아에 남아있는 오랑우탄의 75%는 보호구역의 숲 밖에서, 종종 벌목된 숲과 나무 농장에서 살고 있다(Meijaard et al. 2010). 보호받지 않는 지역에 대한 인간의 요구와 보전 노력을 조정하기 위한 전략은 보전 계획을 성공시키기 위해 매우 중요하다.

플로리다표범(Felis [Puma] concolor coryi)의 상황은 보호받지 않는 서식지의 중요성에 대한 좋은 예를 제공한다. 멸종위기에 처한 퓨마 아종인 이 표범은 플로리다 남부에 서식하는데, 성체 수가 120~230마리에 불과하다(USFWS 2017). 비록 이 수는 작지만, 2014년에 성체 100~180마리를 기록한 이후 잠재적으로 빠르게 증가한 것이며, 회복 목표(USFWS 2008)인 240마리에 근접한 것이다. 1967년 멸종위기종법에 의해서 처음으로 멸종위기종으로 등재되었을 당시 20마리에 불과했었다는 점을 고려하면, 이러한 수는 공식적인 보호의 중요성과 주와 연방 기관이 행한 보전 노력의 성공을 보여준다. 그럼에도 불구하고, 플로리다표범은 개발로 인한 서식지 손실에서부터, 차량 충돌 사고, 고양이 범백혈구 감소증(feline distemper)에 이르기까

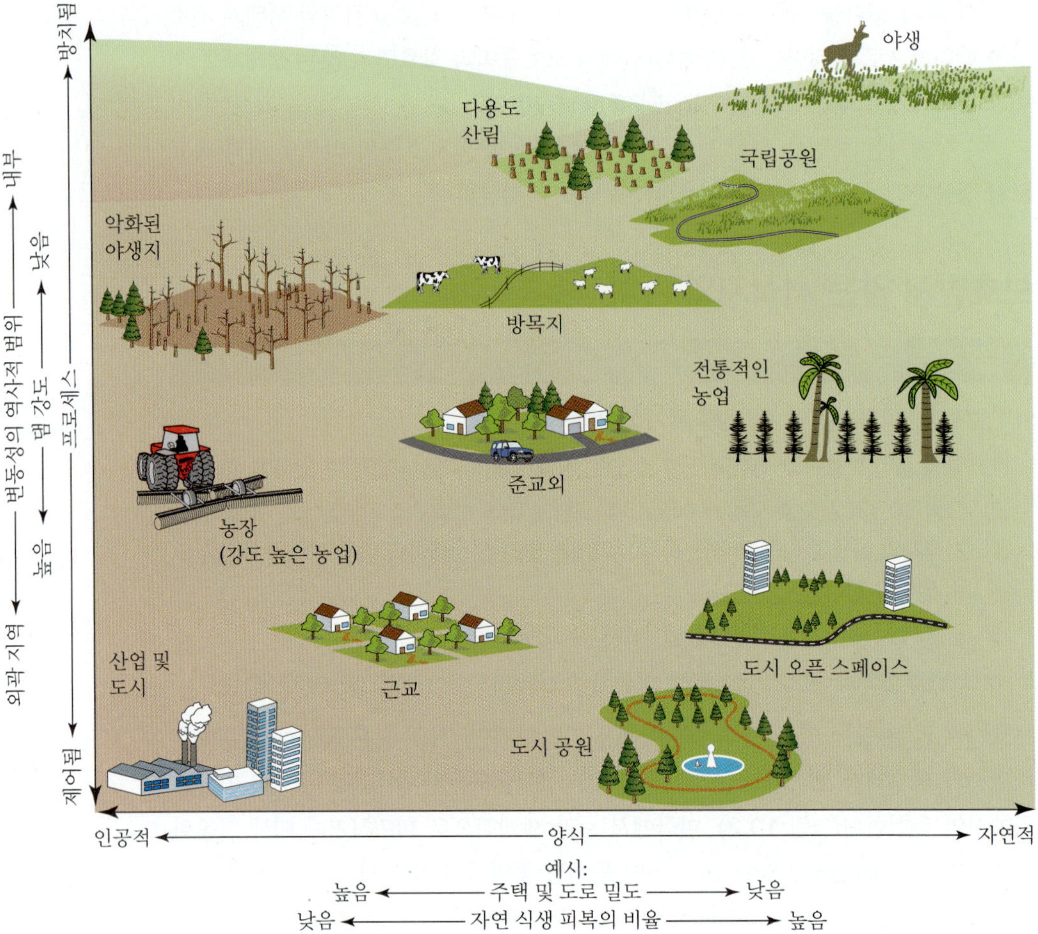

그림 10.2 인간이 농업, 도로 건설 및 주택과 같은 활동을 통해서, 종 구성과 자연 식생의 패턴을 변경한 정도에 따라 경관이 달라진다. 생태계 과정(물 흐름, 영양 순환 등)도 화재 통제 활동, 댐 건설 및 식생의 피도(cover)를 변경하는 기타 활동으로 인해 다양하게 변화한다. 야생 지역은 대부분 원래 생태계의 패턴과 과정을 간직하고, 도시 지역은 가장 적게 유지하며, 다른 경관들은 다양한 중간 상태를 유지한다. (After D. M. Theobald, 2004. *Front Ecol Environ* 2: 139–144.)

지 여전히 심각한 위협에 직면해 있다(Chiu et al. 2019). 또한 플로리다표범은 기후 변화와 관련된 해수면 상승의 결과로 인해 서식지를 잃을 것으로 나타났다(Catano et al. 2014). 이러한 모든 위협은 보호구역 외부에서의 위험을 강조한다. 특히, 도로는 플로리다표범의 움직임에 상당한 영향을 미치는 것으로 나타났다(Criffield et al. 2018). 남부 플로리다는 공유지와 사유지의 조각들로 구성되며, 전파발신기로 추적한 많은 동물이 사유지에서 시간의 일부 또는 대부분을 보낸다는 것을 보여준다(FFWCC 2018; **그림 10.3**). 플로리다 주 토지 면적의 약 30%가 어느 정도 보호되고 있으며, 그중에서 2.6%는 민간단체 또는 개인에 의해 보호되고 있다(Florida

(A)

Courtesy of Larry Richardson, USFWS

그림 10.3 (A) 플로리다표범(*Puma concolor coryi*)은 플로리다 남부의 공유지와 사유지 모두에서 발견된다. (B) 음영 처리된 부분은 적절한 번식 서식지를 나타내고, 파란색 점은 2017년부터 2018년까지 17마리의 깃이 있는 표범의 무선 원격 측정 기록을 나타낸다. 공유지는 빨간색 윤곽선으로 표시되어 있다. (B after Florida Fish and Wildlife Conservation Commission. 2018. *Annual report on the research and management of Florida panthers: 2017–2018.* Fish and Wildlife Research Institute & Division of Habitat and Species Conservation, Naples, FL, USA; R. A. Frakes et al. 2015. PLOS ONE 10[7]: e0133044/CC0; Florida Natural Areas Inventory. Florida Conservation Lands, April 2019. https://www.fnai.org/webmaps/ConLandsMap/.)

(B)

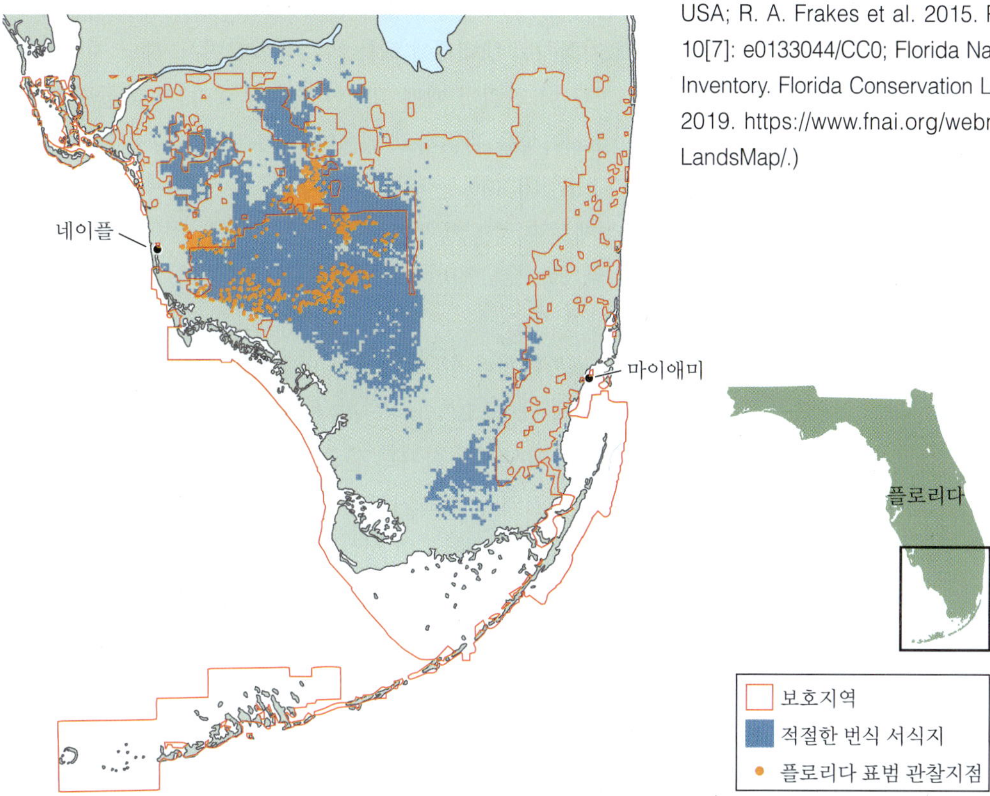

Natural Areas Inventory 2019). 그러나 그림 10.3B에서 볼 수 있듯이, 플로리다표범의 자연 분포지역의 대부분은 보호받지 않는 땅에 있었다. 이 지역에서 플로리다표범을 보호할 수 있는 두 가지 가능성은, 보전의 가치에 대하여 토지 소유주를 교육하는 것과 토지 소유주가 표범을 지속적으로 존재하도록 허용하는 관리 옵션을 실행하도록 보상금을 지불하는 것이었다. 특히, 여기에서는 서식지 파편화를 최소화하고, 표범이 선호하는 서식지인 경재림과 사이프러스 숲을 유지하는 것을 포함했다. 또한 자동차와의 충돌로 인한 표범의 죽음을 줄이기 위해서 도로에 특별한 지하 통로를 건설했다.

다른 종의 큰 고양이과 동물도 종종 보호구역 외부에 산다. 예를 들어, 남부 아프리카의 사자는 Kavango-Zambezi Transfrontier Conservation Area(KAZA)를 둘러싼 보호받지 않는 땅을 가로질러야 하므로, 이 지역에서 인간과의 갈등을 최소화하는 것이 보전 계획의 최우선 과제이다(Cushman et al. 2018).

다음으로 전통적인 보호구역에 포함되지 않지만, 생물다양성 보전에 중요한 여러 유형의 토지의 중요성에 대해 살펴본다.

군용지

토착종은 종종 보호받지 않는 지역에서 계속 살 수 있다. 특히, 정부 시설 주변의 보안구역이나 군사보호지역처럼 생태계에 해를 끼치지 않으면서, 해당 지역이 다른 목적을 위해 따로 보호받거나 관리될 때에 그러한 경우가 많다. 예를 들어, 미국 국방부(DoD)는 2,500만 ha 이상을 관리하고 있으며, 대부분 미개발 상태로 남아 있다. 대규모 군사시설(>2 km^2)의 80%는 많은 자연자원으로 인하여 적극적인 관리 계획을 가지고 있다. 실제로 미국 국방부가 관리하는 지역은 연방 토지관리기관(US DoD 2016) 중 멸종위기종으로 연방에 등재된 종들의 밀도가 가장 높다. 희귀하고 멸종 위기에 처한 사막거북(*Gopherus agassizii*), 매너티(*Trichechus manatus*), 붉은 딱따구리(*Picoides borealis*), 흰머리독수리, 대서양흰삼나무(*Chamaecyp aris thyoides*), 그리고 가장 작은 벨스비레오(*Vireo bellii pusillus*) 모두 군사보호지역에서 안전한 피난처를 찾았다. 뉴멕시코의 화이트 샌즈 미사일 레인지의 면적은 약 100만 ha로 옐로스톤국립공원과 거의 같은 크기이다. 군사보호지역의 특정 구역은 군사 활동으로 인해 손상될 수 있지만, 대부분의 서식지는 접근이 제한된 미개발 완충지대로 남아 있다. 이 지역이 더 이상 군사 목적으로 필요하지 않게 된 후에는 보호지역에 대한 우수한 후보지가 된다. 독일 연방의 자연보전청은 거의 31,000 ha의 이전 군사기지를 자연보호구역으로 전환했다(*Huffington Post* 2015).

이제 보전 목표가 여러 국가의 군사 훈련 활동 계획과 관리에 정식으로 통합되고 있다. 영국 국방부는 자체 환경 잡지인 성역(Sanctuary)도 보유하고 있다. 멸종위기종법의 집행을 담당하는 미국 어류 및 야생 동물 서비스국은 미국 국방부와 적극적으로 협력한다. 1991년부터 2015년까지 국방부는 571종의 보호종에 12억 2천만 달러를 지출했다(DoD 2016).

서식지 보호에 초점을 맞춘 공식적인 군사 작전 외에도 영국의 육군 조류학협회 날아다니는 바다새 보존 프로젝트처럼 보전을 수행하는 제휴 그룹이 있다. 이 자원봉사 단체는 포클랜드 제도(Sanctuary 2018)에서 질 높은 개체군 자료를 수집하기 위해서 “군인 자연주의자”로 구성되었다. 이 단체는 휴가를 포기하고 보전을 위해 개인 자금을 기부하는 군인과 여성들에 의해 운영된다.

군용지, 특히 훈련장뿐만 아니라 무력 충돌과 관련된 토지는 여러 가지 이유들로 보전에 유리할 수 있다(Hanson 2018에서 수정).

- 군사용으로 사용하기로 한 넓은 토지는 개발과 자원 개발로부터 보호된다.
- 일부 종은 훈련을 통해 생성된 교란 체제의 혜택을 받는다.
- 분쟁이 있는 국경을 따라서 지정된 완충지대 또는 "평화공원"을 포함한 지역에서는 인간 활동이 감소한다.

반면에 많은 군사기지에는 독성 폐기물 처리장이 있고, 화학적 오염물질이 높은 수준으로 축적되어 있다. 또한 폭탄 폭발, 포병 연습, 무거운 중장비 차량 사용과 같은 심각한 교란은 서식하는 야생 동물에게 매우 부정적인 영향을 미칠 수 있다.

보호받지 않는 생태계

일반적으로 식물, 동물 및 기타 생물들에게 귀중한 서식지를 제공할 수 있는 몇 가지 보호받지 않는 생태계 유형이 있다. 이들 지역의 관리 유형과 질은 보전 가치에 큰 영향을 미칠 수 있다.

숲 긴 벌목 주기로 선택적으로 벌목하거나 전통적인 이동경작법으로 경작을 위해 벌목한 산림에는 원래 살고 있던 생물들이 많이 살고 있고, 대부분의 생태계 서비스를 유지하고 있다(MacKay et al. 2014). 특히, 화재와 침식으로 인해 토양이 돌이킬 수 없을 만큼 손상되지 않고, 토착종이 가파른 산비탈, 늪, 강, 숲처럼 인근의 교란이 없었던 땅으로부터 이동하여 그 지역에 정착할 수 있는 경우에 그렇다. 또한 이들 지역에 대한 관리가 중요하다. 스페인에서 수행한 한 연구에 따르면, 인근의 의회(*juntas vecinales*)가 관리하는 산림지가 인접 국립공원인 Picos de Europa 내부와 같거나 더 높은 수준의 식물 다양성을 가지고 있음이 밝혀졌다 (Guadilla-Sáez et al. 2018)(**그림 10.4**). 또 다른 예로, 아프리카 열대우림에서 고릴라, 침팬지 및 코끼리

© Juan Vilata/Alamy Stock Photo

그림 10.4 식물의 다양성은 스페인의 이웃 의회(*juntas vecinales*)에 의해서 통제되는 지역처럼 지역적으로 관리하는 지역과 연방에서 관리하는 산림 모두에서 높을 수 있다.

는 적극적인 밀렵 방지 순찰에 의해서 사냥 수준이 통제되는 경우에만, 선택적 벌목과 낮은 수준의 교란을 수반하는 기타 토지 사용으로부터 견뎌 낼 수 있다(Stokes et al. 2010).

초원 길가의 가장자리는 종종 희귀종인 나비(terflies)와 같은 많은 종의 중요한 자원인 개방된 초원 군집을 제공한다(Zeilin et al. 2016). 송전선이 지나가는 매우 넓은 벌판이 비슷한 서식지를 제공한다. 미국에서는 송전선 통행을 위한 회랑이 200 ha 이상을 차지한다. 잔디를 가끔 깎고, 제초제를 사용하지 않고서 관리하는 송전선 통로는 새, 곤충 및 기타 동물의 밀도를 높게 유지시킨다(King et al. 2009). 이러한 관리 관행을 송전선이 통과하는 더 많은 지역으로 확장될 수 있다면, 이 지역들은 곤충과 다른 다양한 종들의 추가 서식지가 될 수 있다.

보호받지 않는 수생태계 심하게 변형된 많은 수생 생태계도 보전 가치가 있을 수 있다. 예를 들어, 상업적 어업을 위해 관리되는 강어귀와 바다에서는 상업적인 종과 비상업적인 종 모두에 손상되지 않은 화학적 및 물리적 환경이 필요하기 때문에 많은 토착종이 남아 있다. 대부분의 해양 식물 다양성(해초 및 맹그로브)은 기존 해양보호지역(MPA, 제9장 참조)의 외부에 분포하는 것으로 확인되었다(Daru and le Roux 2016). 또한 연어, 고래, 바다거북과 같은 많은 해양 동물은 보호받지 않는 지역을 포함하여 먼 거리로 이동한다. 더 작은 생물의 경우에도 해양보호지역간 이동이 중요할 수 있다(**그림 10.5**). 이동 패턴은 서식지 파편화의 영향을 종종 받는 반면에, 따뜻해지는 해수 온도는 어류와 다른 해양 동물의 유충 단계에서, 해양보호지역 간 분산에 장벽을 만들 수도 있다(Álvarez-Romero et al. 2018). 댐, 저수지, 운하, 준설 작업, 항구 시설 및 해안 개발이 토착 수생 군집에 해를 끼치더라도, 일부 조류, 어류 및 기타 수생 생물 종은 물이 오염되지 않은 경우에 변형된 조건에서도 적응할 수 있다. 예를 들어,

Photo by Octavio Aburto ©

Satellite imagery by ESRI, DigitalGlobe Vivid Mexico, 2013 (Álvarez-Romero et al. 2008)

현재의 연결성

해양 온난화에 따른 연결성

그림 10.5 레오파드 그루퍼(*Mycteropcera rosacea*, 농어목의 물고기)는 멕시코 캘리포니아 만에서 MPA 간의 이동을 연구한 물고기이다. 지구온난화는 해양보호구역(MPA, 점과 선으로 표시됨) 사이의 연결을 상당히 방해할 것이다. 이는 온도가 높으면, 유충이 생존하고 산포할 수 있는 시간이 줄어들기 때문이다. (Álvarez-Romero et al. 2018.)

캘리포니아바다사자는 밀매가 심한 연안 해역에서 번성한다(본 장 표지 사진 참조). 그러나 명백한 오염이 없는 경우에도 많은 종이 외부보다 해양보호구역 내에서 더 많이 분포한다고 보고한 연구가 많이 있다(예: Pikesley et al. 2016).

인간에게 바람직하지 않은 땅

인구 밀도가 낮고, 이용가치가 적어서 법으로 보호하지 않는 지역에 보호종이 분포할 수 있다. 앞에서 언급했듯이, 북한과 남한 사이의 비무장지대(DMZ, Demilitarized Zone)와 같은 국경지역은 개발되지 않았고, 사람들이 살지 않기 때문에 야생동물이 비교적 풍부하다. 정부는 종종 너무 가파르거나, 개발하기에 접근이 어려운 산악 지역을 안정적인 물 공급과 돌발 홍수 및 침식을 방지하는 보호 유역으로 관리한다. 거기에는 중요한 자연 군집들이 분포하고 있다. 마찬가지로, 사막과 툰드라에 사는 종들과 생태계는 보호받지 않은 다른 지역 군집보다 위험이 적을 수 있다. 그러한 지역은 인간이 살기 힘들고 사용에 한계가 있기 때문이다. 그러나 북극과 같은 지역에서는 현재의 기후 온난화로 인해서 교통 인프라가 더욱 발전하고 있으며, 소위 "바람직하지 않은 땅" 지역에 있는 석유, 가스 및 광물 채굴에 대한 관심이 커지고 있다.

사유지

세계의 많은 지역에서, 부자들은 개인 재산과 사냥을 위해 넓은 땅을 보유하고 있다. 이 토지는 종종 토지 소유자가 대규모 야생 동물 개체군을 유지하기 위해서 일부러 낮은 강도로 자주 사용하고 있다. 특히, 유럽의 일부 사유지에서는 수백 년 동안 소유하고 보호해 온 독특한 성숙림을 보전하고 있다. 점점 더 많은 개인들이 자선 활동과 투자의 교차점에서 보전을 위해 부동산을 구매하고 있다(Gooden and Grenyer 2019). 이러한 개인 소유 토지는 개인, 가족, 기업 또는 부족 소유 여부와는 관계없이 종종 생물다양성의 중요한 측면을 종종 포함하고 있다.

또한 아프리카의 많은 지역과 기타 지역에서 야생 동물이 생태 관광이나 사냥을 위해 관리되는 사유지 보호구역의 인기가 높아지고 있다(표지 사진 참조). 제3장에서 설명한 것처럼, 생물다양성에 유익한 많은 매장지가 있음에도, 이러한 활동은 비용 없이 제공되지 않는다. 이에 대해서는 338쪽의 채굴 매장지 부분에서 자세히 다룰 것이다.

물론 생물다양성에 대한 관리는 토지 소유자마다 상당히 다를 수 있다. 인디애나 주의 산림 및 야생 지대 분류 프로그램에 등록된 토지 소유자를 대상으로 한 연구에서 땅이 넓은 토지 소유자, 환경적 동기가 있는 토지 소유자, 토지를 개선해서 이익을 얻는 소유주가 좋은 청지기일 가능성이 높다는 사실을 발견했다(Farmer et al. 2016). 토지 소유주와 정부의 토지 관리자가 희귀종과 생태계를 보호하도록 장려하는 전략이 생물다양성의 장기적인 보전에 반드시 필요하다. 이러한 전략에 대해서는

(A)

(B)

Photos by Anna Sher

그림 10.6 (A) 플로리다 주 레이크 워스에 있는 이 주택 개발지에는 주로 지역 주택 소유자협회에서 집중 관리하는 습지보호구역이 있다. 이와 같은 보호구역을 만드는 이유는 개발자가 집의 가치를 높이면서도 이주시킨 서식지에 대한 부정적인 영향을 법적으로 완화할 수 있는 하나의 방법이기 때문이다. (B) 이러한 보전지역의 중요성은 샌드힐두루미(*Grus canadensis*)와 같이, 사람들의 집 마당에 자주 나타나는 식물과 동물의 다양성에 의해 분명해진다. 많은 샌드힐두루미는 매년 겨울 북쪽의 보호지역에서 이동하는데, 이동한 두루미는 이러한 잔존 서식지에 의존한다. 어떤 두루미는 일 년 내내 그곳에 거주하기도 한다.

이 장과 제12장에서 설명한다.

작은 마당과 집 정원도 곤충의 생물다양성을 유지하는 데 유용할 수 있다(Ribeiro et al. 2016). 국립야생동물연맹(National Wildlife Federation)에는 주택 소유자가 자신의 사유지에 식량원, 물, 보호와 생식을 위해 덮개 역할을 하는 식물을 포함하여 야생 동물 서식지의 모든 요소가 포함되어 있음을 확인받은 후, 인증서를 받을 수 있는 뒷마당 "야생 생물 인증 프로그램"이 있다. 주택 소유자협회는 생물다양성을 지원하기 위해 토종 식물을 사용하거나 조경에 최소한의 나무를 사용하도록 요구할 수 있으며, 주택 소유자협회가 재산의 가치를 높이는 자연 지역의 개발을 감독할 수도 있다(**그림 10.6**). 종종 풀을 가끔씩 깎는 것과 같은 간단한 방법을 통해서도 더 높은 수준의 곤충 다양성을 유지할 수 있다.

도시와 그 밖의 인간이 지배하는 지역의 보존

학습 목표

이 절에서는 다음 내용에 주안점을 두기 바란다.

1. 주어진 도시 경관의 보전 가치를 평가할 수 있어야 한다.
2. "친환경" 자동차 인증 프로그램을 설계할 수 있어야 한다. 인증을 위한 요구 사항이 무엇인지 파악할 수 있어야 한다.

인간이 지배하는 지역은 생물다양성에 독특한 도전을 제기할 수 있다. 많은 종들이 우리와 함께 진화하여 우리의 동료로서 잘 살고 있지만, 이들은 전 세계적으로 동일한 종인 경향이 있어서 "스트립 몰" 현상을 일으킨다. 즉, 지역 생태계의 고유한 특성이 어디에서나 살 수 있는 비둘기, 쥐, 잡초 및 기타 인간 사회에 잘 적응한 종들이 우점함에 따라 상실되고 있다. 실제로 도시 환경은 상당한 선택적 압력을 가할 수 있다(Schilthuizen 2019). 그러나 인간이 지배하는 지역은 많은 종들에게 외래종과의 경쟁, 서식지 소실, 오염, 인간의 선호에 맞게 변경된 교란 체제를 갖는 생태계로 인식된다. 예를 들어, 토착종이 적응하여 다양성을 증진시킬 수 있는 화재와 홍수는 일반적으로 억제된다. 하지만, 이러한 도전 속에서도 생물다양성이 높은 지역을 종종 발견할 수 있으며, 인간이 지배하는 지역도 적절하게 관리하면 종 다양성을 강화할 수 있다.

도시 지역

많은 토착종들이 공원, 개울, 연못을 포함하는 도시지역의 변형이 덜된 서식지에서 살 수 있다(Meffert and Dziock 2012). 도시는 때때로 다양한 종에 적합한 서식지를 제공한다. 인간이 지배하는 지역에서 이러한 생물다양성의 잔재를 보존하고 관리하는 것은 특별한 도전을 제시할 뿐만 아니라, 생물다양성 보전에 대한 대중교육을 할 수 있는 독특한 기회를 제공한다. 예를 들어, 유럽에서는 황새(*Ciconia ciconia*)가 종종 굴뚝과 탑에 둥지를 틀기도 하고, 송골매(*Falco peregrinus*)와 흰머리독수리(*Haliaeetus leucocephalus*)와 같은 멸종위기에 처한 맹금류가 번화가의 고층 건물에 둥지를 틀고서 새끼를 키운다. 뉴욕에서는 수많은 작은 동물(도심에서 흔히 볼 수 있는 비둘기와 쥐 포함)이 풍부한 식량원을 제공한다(그림 10.7). 도시 지역의 골프 코스에 있는 연못과 건축 자재를 위해 파낸 자갈 구덩이조차도 물이 오염되지 않은 경우에, 특정 영원(도롱뇽 종류), 잠자리 및 기타 습지 종에 적합한 서식지가 될 수 있다. 호주의 27개 인공 수역에서 수행한 한 연구에서, 연구진은 어류의 지역적 다양성의 70% 이상이 인공구조물에서 발견될 수 있음을 밝혔다(Davis and Moore

© D. Bruce Yolton

그림 10.7 "창백한 수컷"(왼쪽)은 1991년부터 뉴욕시의 5번가 거주지에서 살았던 유명한 붉은꼬리매이다. 비정상적으로 밝은 색의 이 매는 지금까지 8번의 짝짓기를 하였고, 아버지가 되었다. 이 매는 웹 사이트(www.palemale.com), 최소 3권의 아동 도서, 심지어 영화에도 영감을 주었다. 또한 이 매는 이 도시의 건물에서 둥지를 짓는 것으로 알려진 최초의 매 중 한 마리이며, 주택 소유자가 둥지를 제거해서 매를 옮기려고 시도했을 때 지역의 조류 애호가들이 둥지를 유지하도록 항의하기도 했다. 창백한 수컷이 당시 짝인 로라와 함께 있다.

2015). 의도적이든 아니든, 이들은 인간과 다른 종들이 공존할 수 있는 방식을 보여주는데, 이는 화해 생태학의 한 예이다.

도시 적응에 대한 그러한 예는 흥미롭지만, 모든 종이 인간이 지배하는 경관에서 살 가능성이 있다고 할 수 없다. 예를 들어, 일부 선진국에서 발견되는 생물다양성에 대한 도시공원의 가치가, 빠르게 성장하는 대도시에는 적용되지 않을 수도 있다. 남미의 도시공원에서 우점종은 유럽 잡초인 것으로 밝혀졌다(Fischer et al. 2016). 우리는 다양한 종들에게 중요한 서식지와 교란 요소가 무엇인지 알 필요가 있고, 이러한 특성을 도시와 교외 경관에 어떻게 통합적으로 적용할지에 대해서도 알아야 할 것이 많다. 일반적으로 토지 이용의 강도를 높이면, 한 지역에서 발견되는 토착종의 수가 줄어들고, 일반종(종종 비토착 침입종)이 잘 정착하고 적응하는 경향이 있다. 경관 크기와 배치에 대한 특성은 살 수 있는 종과 생태계 과정을 결정한다. 일반 보전 원칙이 특정 지역에 어떻게 적용되는지를 평가하기 위해서는 더 많은 작업이 필요하다.

도시 경관에서 야생 동물을 늘리는 것이 동물과 사람 모두에게 상당히 심각한 결과를 가져올 수 있다. 예를 들어, 캘리포니아와 미국 남서부에서 삼림지대와 산 협곡이 도시화되거나 교외 지역으로 변함에 따라, 사람들은 사슴이 이끌리는 집 마당과 정원을 조성하는 경향이 있다. 사슴은 그들에게 많은 문제를 가져온다. 사슴은 라임병과 로키 산 홍반열과 같은 질병을 인간에게 전염시키는 진드기를 옮길 수 있다. 또한 사슴은 도로에서 중대한 잠재적 위험 요소이다. 사슴은 짝짓기 시즌 동안 인간을 공격할 수 있다. 일부 개발 지역에서 사슴이 퓨마와 같은 포식자를 끌어들임으로써, 희귀하고 생태학적으로 중요한 최고 육식동물과 인간이 충돌할 가능성을 높이기도 한다.

생태학, 생태계 과정 및 인간의 토지 이용 특성을 이해하는 것은 보호되지 않은 도시 지역에서 보전을 촉진하는 정책을 구현하는 데 중요하다. 그러나 적절한 도구를 결정하려면, 생태학 및 복잡한 도시 인간-자연 시스템에 대한 좋은 정보와 사람들이 친환경적으로 행동하도록 동기를 부여하는 가장 좋은 방법에 올바른 지식이 필요하다. 이러한 연구 분야가 성장하고 있고, 도시 지역의 보전을 개선하는 통찰력을 제공하기 시작했다.

인간이 지배하는 기타 경관

대부분의 세계 경관은 인간 활동에 의해 다양한 방식으로 영향을 받았지만, 다행스럽게도 잘 관리되거나 낮은 강도로 이용하는 전통 농업 시스템, 방목지, 사냥 보호지, 산림 농장 및 휴양지에서는 상당한 수준의 생물다양성이 유지될 수 있다(Carrière et al. 2013). 새, 곤충을 비롯한 다양한 동물과 식물 종들이 종종 작은 들판, 울타리 및 삼림지대가 혼합된 전통적인 농업 경관에서 풍부하게 출현한다. 일부 종은 이러한 전통적인 인간이 지배하는 서식지에서 거의 독점적으로 발견된다. 보다 집약적이고 현대적인 농업 관행(시장에서 판매되는 작물의 높은 수확량, 기계화 및 외부 투입물을 강조함)과 비교할 때, 이러한 전통적인 경관은 제초제, 비료 및 살충제에 대해 노출이 적고, 이질성이 더 높다. 유사하게, 유기농법으로 농사를 짓는 농지에서는 비유기농법의 농지보다 더 많은 새들이 살아 갈 수 있다. 유기농 방식의 농장에는 새가 먹을 곤충이 더 많기 때문이다. 그러나 세계의 많은 지역에서, 사람들이 도시 지역으로 떠남에 따라 이용에 덜 적합한 토지는 버려지는 반면에, 최고의 농경지는 더 집중적으로 사용되고 있다(Phelps et al. 2013).

보전생물학자는 전통적 또는 유기농법과 같은 저강도의 인간 활동이 생물다양성의 일부 요소와 공존할 수 있는 **토지 공유(land sharing)** 전략의 가치를 점점 더 많이 고려하고 있다. 대안은 **토지 절약(land sparing)**으로, 현대 농업과 같은 집중적인 인간 활동을 일부 토지에서 실행하고, 나머지는 자연 상태로 유지하는 것이다. 특정 지역에 대한 최선의 전략은 지역의 상황, 토지 및 농작물 가격, 잠재적인 재정적 인센티브에 따라 달라진다(Baudron and Giller 2014).

농업 환경에서 생물다양성을 보전하는 한 가지 주목할 만한 예를 열대 국가의 전통적인 그늘 커피 농장에서 확인할 수 있다. 이곳에서는 커피를 농장당 40여 종에 이르는 다양한 나무 아래에서 재배한다(Philpott et al. 2007, 그림 10.8). 전 세계적으로 이러한 커피 농장의 면적은 약 9억 9천만 ha이다(FAO Coffee 2019). 이러한 농장은 다양한 높이의 여러 식생층을 가진 인접한 자연림과 유사해서, 다양한 새와 곤충이 사는 구조적 복잡성을 가진 생물다양성이 풍부한 저장 창고라 할 수 있다(Rodrigues et al. 2018). 이러한 커피 농장의 존재는 잠재적으로 삼림 벌채 속도를 늦출 수 있다(Hylander et al. 2013). 따라서 농민들이 그늘에서 재배하는 커피 농장

(A) (B)

그림 10.8 두 가지 유형의 커피 관리 유형. (A) 그늘 커피는 다양한 나무 수관 아래에서 재배되어 새, 곤충 및 기타 동물이 살 수 있는 숲 구조를 제공한다. (B) 양지 커피는 그늘을 지우는 나무 없이 단일 재배로 재배된다. 단일 재배 유형에서는 동물이 크게 감소한다.

> 주로 자연자원 생산을 위해서 관리되는 생태계조차도 상당한 수준의 생물다양성을 유지할 수 있으며, 보전 노력의 목표 달성에 중요하다.

을 유지하고, "환경친화적인" 그늘에서 재배한 커피를 비싼 비싼 가격으로 판매할 수 있게 장려하고 보조하는 프로그램이 개발되고 있다. 그러나 현재 그늘 커피에 대한 통일된 기준이 없으므로 구매자들은 주의해야 한다. 따라서 "친환경 그늘 커피"로 판매되는 일부 커피는 몇 그루의 작은 나무만 산재해 있어서 태양에 노출된 양지 커피로 재배된 것일 수도 있다. 그늘에서 재배한 초콜릿과 기타 열대나무 작물도 마찬가지로 규제되지 않는다. 그러나 특정 표준을 준수하는 재배자임을 인증하는 제3의 감사자가 있다. 커피에 대한 가장 강력한 인증 중 하나가 스미소니언 철새 센터(Smithsonian Migratory Bird Center)에서 개발되었다. 인증 기준에는 우점 목본 종이 토착종이고, 그늘 덮개 역할을 하는 나무의 40% 이상에서 키가 12 m 이상이어야 하며, 유기농 인증을 받은 커피여야 한다는 것이 포함된다(www.coffeehabitat.com/certification-guide/).

보전생물학자는 개발도상국의 농촌 지역에 사는 지역 주민들이 코뿔소, 호랑이, 고릴라 및 기타 보전 대상 종을 포함한 주요 종의 개체와 개체군을 보호하도록 하기 위해서 돈을 직접 지불하는 혁신적인 프로그램을 시작했다(Dinerstein et al. 2013). 동물이 잘 유지되면, 주민들은 직접 급여를 받거나 마을을 개선할 수 있는 자금을 지원 받는다(다음 사례 연구 참조).

많은 국가들이 정부 소유 토지의 큰 구획을 **다용도 서식지(multiple-use habitat)**로 지정하고 있다. 즉, 다양한 상품과 생태계 서비스를 제공하도록 관리된다. 새롭게 부상하고 있는 중요한 연구 분야는 벌목, 채광, 목장, 종 보존 및 관광과 같은 토지 사용에 대한 경쟁적인 주장들을 조정하는 혁신적인 방법의 개발을 포함한다. 이를 위해서는 환경과 사회경제적 요구의 우선순위와 관련한 대안 개발 옵션을 추구할 때의 거래에 대한 신중한 분석과 고려가 필요하다(Koh and Ghazoul 2010). 다른 접근 방식은 규제, 법률 시스템 및 정치적 압력을 사용해서, 공공 토지에서의 이러한 활동이 멸종위기에 처한 종의 생존을 위협하는 경우에 정부가 승인한 활동을 방지하는 것이다.

미국의 토지관리국은 네바다 주의 83%와 유타, 와이오밍, 오리건 및 아이다호를 포함하여 1억 1천만 ha 이상의 넓은 지역을 관리한다. 국유림은 로키 산맥, 캐스케이드 산맥, 시에라네바다 산맥, 애팔래치아 산맥 및 알래스카 남부 해안을 포함하여 8,300만 ha 이상이다. 이 땅들은 과거에 벌목, 채광, 방목, 야생 동물 및 레크리에이션을 위해 관리되었다. 이러한 각각의 활동들이 자체적으로 관리되지만, 누적 효과가 생물다양성을 종종 위협한다는 것이 문제다. 다양한 용도로 이용하는 토지들에 대해 종, 생물군집 및 생태계 서비스를 보호하는 능력을 평가하고 관리하는 경우가 점점 많아지고 있다(Kemp et al. 2013). 1973년 미국의 멸종위기종법 및 1976년 국립산림관리법(National Forest Management Act)과 같은 기타 유사한 법률에 따라 정부 기관을 포함한 토지 소유자는 등재된 종을 위협하는 활동을 피해야 한다. 그러한 활동 중의 하나가 과도한 가축 방목지에서 소에 의해 행해지고 있다. 과도한 방목지에서 가축 방목이 줄어들거나 제거되면, 이러한 생태계 중 일부는 몇 년 또는 수십 년 내에 회복될 수 있다(Earnst et al. 2012).

인간이 지배하는 경관에서 생물다양성을 보호하는 또 다른 접근법은 자원 사용이 생물다양성에 해를 끼치지 않도록 모범 사례의 표준을 정하는 것이다. 산림관리협의회는 지속 가능하게 관리되는 산림에서 생산한 목재의 인증을 촉진하기 위해 노력하는 조직 중의 하나이다. 산림관리협의회와 유사한 조직이 인증을 부여하려면, 장기적으로 환경 건강성을 위해 산림을 관리하고 모니터링해야 하며, 지역 주민과 근로자의 권리와 복지를 보호해야 한다. 인증된 목재 제품을 자주 요청하는 유럽의 구매자에 대한 응답으로써, 세계 여러 지역에서 산림 인증이 빠르게 증가하고 있다. 동시에 벌목, 광업 및 농업과 같은 산업을 대표하는 주요 산업 조직은 일반적으로 모니터링 요구 사항이 낮고, 관행이 지속 가능한지를 판단하는 기준이 약한 자체 대체 인증 프로그램을 위해 로비하고 있다.

생태계 관리

학습 목표

이 절에서는 다음 내용에 주안점을 두기 바란다.

1. 해당 지역의 토지 관리를 평가하여 "생태계 관리"를 할 가치가 있는지 평가할 수 있어야 한다.

전 세계의 자원 관리자는 특히 기후 변화에 따른 종의 분포와 생태계 구성의 변화를 고려할 때, 더 큰 지리적 규모를 고려하도록 정부와 보전 조직으로부터 요구받고 있다. 전통적으로, 이러한 관리자들은 목재의 양이나 공원 방문자 수처럼, 지역 규모로 관리할 수 있는 상품과 서비스의 생산에 집중했을 수 있다. 그러나 오늘날, 이러한 관리자들은 생물다양성 보전과 생태계 과정의 보호를 포함하는 더 넓은 관점으로 강조점을 확대하도록 요청받고 있다(Altman et al. 2011). 즉, 여러 이해 당사자가 참여하는 대규모 관리 시스템인 **생태계 관리**(ecosystem management)로 전환하고 있는데, 주요 목표는 현재 사회의 요구를 충족시키면서 생태계의 구조와 생태계 과정을 장기간 보존하는 것이다(**그림 10.9**). 각 정부 기관, 민간 보전 조직, 사업체 또는 지주가 자신의 이익을 위해 독립적으로 행동하는 대신에 공동의 목표를 달성하기 위해서 협력할 수 있는 생태계 관리를 모색하고 있다(Redpath et al. 2013). 예를 들어, 해안을 따라 숲이 우거진 대규모 유역에서의 생태계 관리에서는 산림 관리인, 농부, 사업체, 마을 주민 및 어민을 포함해서 거주민들과 사용자들을 연결시킨다.

> 생태계 관리는 대규모 공동 작업을 용이하게 하는 계획의 틀 속에서 민간과 공공 토지 소유자, 기업 및 보전 조직을 연결시킨다.

그림 10.9 생태계 관리는 대규모 생태계에 영향을 미치고, 그로부터 혜택을 받는 모든 이해 당사자들을 모으는 것을 포함한다. 이 경우, 유역은 다양한 목적으로 관리되어야 하며, 그중 다수는 서로 영향을 미친다. (After WRI/ IUCN/UNEP. 1992. *Global Biodiversity Strategy: Guidelines for Action to Save, Study, and Use Earth's Biotic Wealth Sustainably and Equitably*. World Resources Institute, Washington, DC.)

생태계 관리의 중요한 주제는 다음과 같다.

- 가능한 최고의 과학 기술을 사용해서 지속 가능한 지역에 대한 조정된 계획을 개발한다. 여기에는 생물학적, 경제적, 사회적 요소가 포함된다. 그리고 그것을 모든 수준의 정부뿐만 아니라, 사업 이익, 보호단체 및 민간 시민이 공유한다.
- 모든 종의 생존 가능한 개체군 크기를 보장하고, 모든 생물 군집과 천이 단계의 대표적인 사례, 건강한 생태계 기능을 유지한다.
- 개체부터 개체군, 군집, 생태계, 지역 및 지구 수준까지 생태계 계층 구조의 모든 수준과 규모 간의 연결을 찾고 이해한다.
- 생태계의 중요한 구성 요소(주요 종의 개체 수, 식피율, 수질 등)를 모니터링하고, 필요한 데이터를 수집한 다음, 그 결과를 사용하여 적응적 관리 방식으로 조정한다(그림 9.17 참조).

생태계 관리의 성공적인 사례 중 하나는 목장주와 자연보호단체, 토지 소유자, 과학자 및 정부 기관과 같은 보전 조직 간의 협력을 촉진하는 기타 지역 토지 소유자에 의해 형성된 비영리 협력 기업인 Malpai Borderlands Group의 작업이다(www.malpaiborderlandsgroup.org). 이곳에는 고유종인 굴드칠면조와 흰자위토끼의 서식지를 포함해 연방에 등록된 희귀종이 많이 있다. 이곳은 주로 100가구 미만의 목장주인 사람들이 사는 집이기도 하다. 이 그룹은 애리조나와 뉴멕시코 국경을 따라 약 400,000 ha의 독특하고, 거친 산과 사막 서식지로 구성된 말파이(Malpai) 계획 지역에 걸쳐서 협력 네트워크를 개발하고 있다. Malpai Borderlands Group은 통제된 불을 관리 도구로 사용하고, 자생 풀을 재도입하고, 가축 방목에 혁신적인 접근 방식을 적용하고, 관리 계획에 과학적 연구를 통합하고, 주거지 개발을 방지하기 위한 **보전 지역권(conservation easements**, 토지 개발 금지 계약)을 이용하여 서식지 분할을 방지한다.

생태계 관리의 논리적 확장은 보호를 인간의 사용과 통합하고, 종종 카리브해 또는 호주의 대보초와 같은 하나의 거대 생태계 또는 중앙아메리카의 보호지역과 같은 일련의 연결된 생태계에 초점을 맞추는 **생물지역 관리(bioregional management)**이다. 생물지역적 접근 방식은 국경을 넘는 하나의 연속적인 대규모 생태계가 있거나, 한 국가 또는 지역의 활동이 다른 국가의 생태계에 직접적인 영향을 미칠 때 특히 적합하다. 예를 들어, 유럽연합과 UNEP(유엔 환경 프로그램) 지중해 행동 계획(MAP Phase II)에 참여하는 21개 국가의 경우, 밀폐된 지중해에는 해안선을 따라 인구가 많이 살기 때문에, 중유 유조선 수송, 도시, 농업 및 산업에 기인한 오염을 신속하게 제거할 수 없는 약한 조수 분야에서 생물지역적 협력이 필요하다(**그림 10.10**). 이러한 문제의 조합은 바다, 주변 땅, 관련 관광 및 어업 산업을 포함한 전

© lkpro/Shutterstock.com

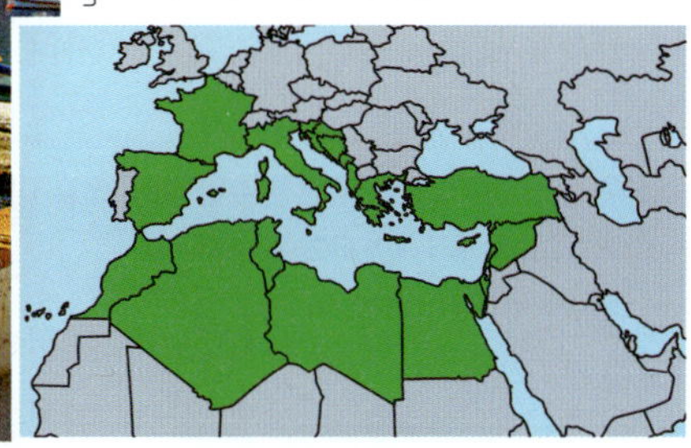

그림 10.10 생물다양성과 인간의 필요에 대한 보호는 UNEP 지중해 행동 계획의 국제적인 대규모 관리 계획에 통합되어 있다. 유럽연합과 21개 국가가 이 지역의 지속 가능한 사용을 위해 협력하고 있다(삽입 그림). (Map © UN Environment.)

체 지중해 생태계의 건강을 위협한다. 한 국가의 오염이 인접 국가의 자연 자원에 큰 피해를 줄 수 있기 때문에 국경 간의 관리도 필요하다.

지역 주민들과의 협력

학습 목표

이 절에서는 다음 내용에 주안점을 두기 바란다.

1. 생태 식민주의를 피할 수 있는 몇 가지 방법을 나열할 수 있어야 한다.
2. 원주민을 포함하는 두 가지 다른 프로그램의 결과와 효과를 비교할 수 있어야 한다.
3. 생태계 서비스(PES)에 대한 지불이 어떻게 작동하는지 예를 들어 설명할 수 있어야 한다.

정부와 일반 대중이 "야생지역"이라고 여기는 외딴 지역은 인구가 적고 드문 경우가 많다. 현대 기술 측면에서 상대적으로 외부 영향이 거의 없는 농촌 지역에서 전통적인 생활 방식을 실천하는 사회를 "부족민", "원주민", "토착민" 또는 보다 일반적으로 "전통민족"이라고 부른다(www.iwgia.org). 이 사람들은 자신을 그 지역의 원래 거주자 또는 오랜 거주자로 생각하며, 종종 지역사회나 마을 수준으로 조직된다. 이러한 사람들이 보전하는 토지를 '토착 및 지역사회 보전 영역과 지역(Indigenous and Community Conserved territories and Areas, ICCA)'이라고 한다. ICCA 등록소는 이러한 토지에 대한 정보를 수집하기 위한 전용 데이터베이스이다(www.iccaregistry.org).

전 세계적으로, 70개 이상의 국가에 2억~2억 5천만 명의 전통을 지키면서 사는 사람들이 있으며, 이들이 사는 지역은 지구 지표면의 약 20%에 이른다(indigenouspeople.net). 이러한 기존 전통 민족은 최근에 정착해서 주변 생물 군집의 건강에 관심이 없거나, 그곳에 서식하는 종과 토지의 생태적 한계에 대해 잘 알지 못하는 정착민과 구분할 필요가 있다. 이들은 원시 환경에 대한 위협이 되기보다, 어떤 경우에는 수천 년 동안 이러한 환경에 반드시 있어야 할 중요한 부분으로 살아왔다(Middleton 2013). 많은 생물군집에서 현재의 식물과 동물의 분포와 상대적 밀도에는 그 지역 사람들의 낚시, 사냥 동물의 선택적 사냥, 휴경지에 유용한 식물 종을 심거나 장려하는 것과 같은 역사적 활동들이 반영되어 있을 수 있다. 이러한 활동은 인구 밀도가 낮고, 토지와 자원이 풍부하면 환경을 악화시키지 않는다. 많은 전통사회에는 강력한 보전 윤리가 있다.

세계 여러 지역에서 생물다양성이 높은 지역에는 자원 보호와 사용을 위한 오랜 체제를 갖춘 원주민이 거주하고 있다. 그 지역의 보전 노력에는 이 사람들이 반드시 필요할 것이다.

이러한 윤리는 종종 서양의 보전 신념보다 더 미묘하고, 덜 명확하게 표현되지만, 아마도 서양의 신념보다 더 많은 사람들의 일상생활에 영향을 미치는 경향이 있다(Ban et al. 2013). 생물다양성 보전에 대한 기대와 경제적 압력 사이에서 미세한 경계를 걷는 이들 그룹과 협력하여 보전 프로그램을 개발하는 것이 중요하다(Kohler and Brondizio 2017).

생계와 전통적 가치의 필수적인 부분으로서 보전을 지지하는 지역 주민은 종종 생물다양성 보호에 앞장서도록 격려를 받는다. 그들이 전통적으로 소유한 토지에 대한 **법적 소유권(legal title**; 정부가 인정하는 소유권에 대한 권리)을 얻도록 지원함으로써, 그들에게 권한을 부여하는 것은 개발도상국에서 지역적으로 종종 관리되는 보호지역을 구축하려는 노력의 중요한 구성 요소이다(Rai and Bawa 2013). 오늘날 원주민 지역사회는 87개 국가 또는 지역에 걸쳐 최소 3,800만 km^2를 소유하거나 관리하고 있다(Garnett et al. 2018). 여기에는 파푸아 뉴기니 토지의 97%와 브라질 아마존 분지의 1억 ha(22%)가 포함된다. 호주의 부족민은 보전을 위한 가장 중요한 많은 지역을 포함하여 9,000만 ha를 관할한다. 이러한 토지는 전 세계적으로 육상 보호지역의 40%를 차지하며, 전 세계 생물다양성의 상당한 비율을 차지하는 것으로 추정된다(**그림 10.11**).

따라서 보호지역 내부와 외부지역 보호 프로그램 및 정책 개발에 이러한 지역 주민들을 포함시키기 위한 전략을 개발해야 한다(Gavin et al. 2015). 전통적인 지역민들, 정부 기관 및 보전 단체가 함께 협력하는 동반 관계를 **공동 관리(co-management)**라고 한다(Borrini-Feyerabend et al. 2004). 공동 관리에는 관리 정책의 결정과 그 결과를 공유하는 것이 포함된다. 새로운 전략은 **생태 식민주의(ecocolonialism)**, 일부 정부의 관행 및 지역 주민의 전통적 권리와 관행을 무시하는 보전 조직을 피하기 위한 노력으로 개발되었다. 이들 관행은 과거 식민지 권력에 의한 원주민

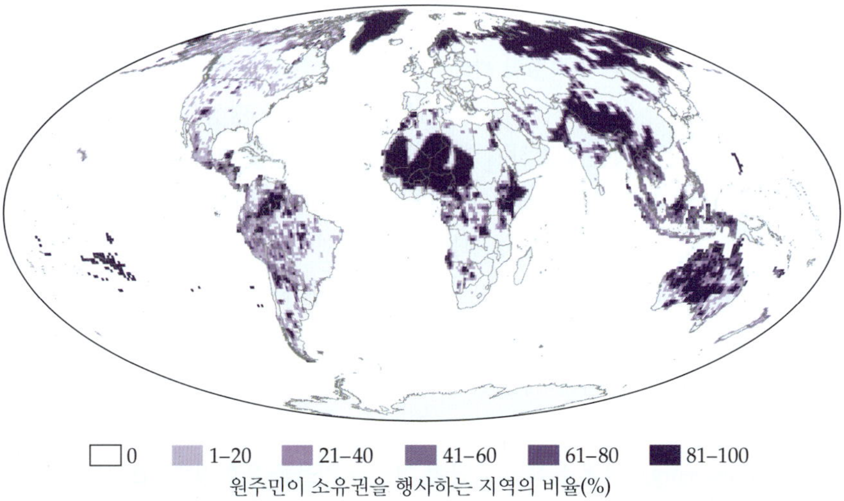

그림 10.11 원주민은 모든 대륙에 걸쳐서, 최소 3,800만 km^2 이상의 소유권을 관리하거나 보유한다. 여기에서 원주민이 소유하거나 관리하는 지역의 면적 비율을 확인할 수 있다. (From S. T. Garnett 2018. *Nat Sustain* 1: 369–374.)

권리의 역사적 남용과 유사하기 때문에 생태 식민주의라고 불린다. 지역 주민들이 자신의 땅을 보전하는 데 참여하는 것은 사회 정의의 문제이다(제12장 참조).

많은 새로운 보전 프로젝트에 지역 주민들의 경제적 요구가 보전 관리 계획에 포함되어 지역 주민들과 보호지역 모두에게 이익을 준다(Roe et al. 2013). **통합 보전 개발 프로젝트(integrated conservation development projects, ICDPs)**로 알려진 이러한 프로젝트는 이장의 뒷부분에서 설명하는 것처럼, 실제로 실행하는 데 문제가 있는 경우가 많지만, 이제는 진지하게 고려할 가치가 있는 것으로 간주된다. 야생 동물 관리 프로젝트에서부터 생태 관광에 이르기까지 통합 보전 개발 프로젝트로 분류할 수 있는 많은 가능한 전략이 있으며, 이러한 전략에는 보호구역을 포함할 수도 있고 포함하지 않을 수도 있다. 이러한 프로젝트는 생물다양성 보호와 전통 사회의 관습을 경제 발전 측면과 결합해서, 빈곤 해소, 일자리 창출, 건강 개선, 식량 안보 보장 등의 문제들을 종합적으로 해결하려고 한다. 이러한 프로그램이 지난 25년 동안 많이 시작되어 평가와 개선의 기회를 제공했다. 지속적인 모니터링 노력에 지역 주민을 참여시키면 정보가 증가하고, 사람들이 프로젝트의 이점과 문제를 어떻게 인식하는지 결정하는 데 도움이 될 수 있다(Braschler 2009). 그러한 프로젝트의 희망은 지역 주민이 지역 자원의 지속가능한 이용이 그러한 자원의 파괴적인 이용보다 더 가치 있음을 인식하고, 이들이 생물다양성 보전에 참여하겠다고 결정하는 것이다. 아래 내용은 현재 실행 중인 통합 보전 개발 프로젝트 유형의 몇 가지 예이다.

통합 보전 개발 프로젝트(ICDPs)는 지역 주민을 생물다양성 보전과 경제 개발을 결합한 지속가능한 활동에 참여시킨다.

생물권 보전지역

유네스코의 세계 생물권 보전지역 네트워크에서 전통을 지키는 원주민은 엄격하게 보호되는 핵심지역 주변에 지정한 완충 지대에서 자원을 사용할 수 있다(제9장과 그림 9.20 참조). 생물권 보전지역 프로그램은 자연 경관을 형성하는 데 있어서, 인간의 역할과 인간이 환경을 훼손하지 않으면서 자연 자원을 지속가능하게 사용할 수 있는 방법을 찾을 필요성을 인식하고 있다. 이들 중 하나는 아프리카 북서부 해안의 카나리아 제도에 있는 La Gomera 생물권 보전지역이다(**그림 10.12**). 이 스페인 군도에는 종려나무 잎을 이용하여 휘파람 언어를 사용하는, 공예로 유명한 작은 원주민 지역사회가 있다. 핵심지역에는 섬에만 서식하는 268종을 포함해 1,063종의 고유종이 분포하고 있다. 또 다른 예는 이란 이슬람 공화국의 Kopet Dag 생물권 보전지역이다. 이 지역에는 2개의 산맥이 있으며, 삼림 지대가 이 지역의 80%를 차지하고 있다(en.unesco.org). 몇몇 유목민 집단이 여름과 겨울을 위한 방목지로서 이 지역을 사용하고 있다. 이곳의 주요 원주민은 Kormanj(Kurdish)와 Tukmen 부족이다. 생물권 보전지역은 많은 멸종위기에 처한 종을 보호하는 생물다양성 보전을 위한 요충지들이다.

© Hemis/Alamy Stock Photo

그림 10.12 La Gomera는 카나리아 제도에 위치한 생물권 보전지역이다. 총면적은 84,522 ha이고, 핵심지역의 면적은 13,134 ha이다. 약 23,000명의 인구를 가지며, 군도에서 인구가 가장 적은 섬이다. 섬에는 4,000종이 넘게 분포하고 있다.

현장 농업의 보전

현대 농업의 장기적인 건강 상태(지속가능성)는 전통 농부가 재배한 지역 품종의 작물에서 유지되는 유전적 다양성의 보전에 달려 있다. 한 가지 혁신적인 제안은 국제 농업 연구 자문 그룹과 같은 국제 농업 단체가 전통 품종의 작물 종(www.cgiar.org)의 지역(현장) 관리인으로서 마을에 보조금을 지원하는 것이다.

전통적인 농업과 유전자 보전을 연결하는 다른 접근 방식이 미국 남서부의 건조한 지역에서 시행되고 있는데, 가뭄에 대한 내성이 있는 건조지 작물의 보전에 중점을 두고 있다. 민간 조직인 Native Seeds/SEARCH는 장기 보존을 위해, 1,800개의 전통 작물 품종의 씨앗을 수집했다. 이 조직은 또한 4,600명의 농부와 다른 회원들로 구성된 네트워크를 장려해서 전통 작물을 재배하도록 하고, 전통 품종의 씨앗을 제공하며, 판매되지 않은 생산물을 구매한다. 그들은 또한 아메리카 원주민 부족의 구성원에게 종자를 무료로 또는 저렴한 비용으로 제공한다. 이러한 유전자 보전 프로그램의 가치는 점점 더 중요하게 인식되고 있다(Jarvis et al. 2016).

각 국가들은 또한 야생 근연종과 상업용 작물의 고대 경작지를 포함하는 지역을 보전하기 위한 특별 보호구역으로 설정했다. 종 보전 프로젝트는 이스라엘의 밀, 귀리, 보리와 인도의 감귤류 야생 근연종을 보호하고 있다.

채취 보전구역

세계의 많은 지역에서 수십 년, 심지어 수세기 동안 전통 부족민들은 자연 군집에서 다양한 제품을 생산했다. 이러한 천연 제품의 사용, 판매 및 물물교환은 사람들의 생계에서 중요한 부분을 차지한다(그림 3.5와 3.14 참조). 당연하게, 지역 주민은 주변 시골에서 천연물을 계속 수집할 수 있는 권리를 유지하고 싶어 한다. 이러한 생산이 전통 사회의 필수적인 부분을 차지하는 지역에서, 전통적인 천연물 채취를 배제한 국립공원의 설립은 천연 자원의 착취 및 다른 용도로의 전환을 위한 토지 획득과 마찬가지로, 지역사회의 거센 저항에 부닥칠 것이다. **천연물 채취 보전구역(extractive reserve)**으로 알려진 보호지역의 유형은 이 문제에 대한 지속가능한 해결책을 제시할 수 있다.

이러한 사례 중 하나를 브라질 아마존에서 발견할 수 있다. 정부는 정착민이 약용 식물, 식용 종자, 고무, 수지 및 브라질 견과류와 같은 천연 재료를 산림 생태계에 대한 피해를 최소화하는 방식으로 수집할 수 있는 채취 보전구역을 만듦으로써, 지역 주민의 합법적인 요구를 해결하고 있다(Duchelle et al. 2012, **그림 10.13**). 약 300만 ha에 달하는 이 채취 보전구역은 지역 주민이 그들의 삶의 방식을 계속할 수 있는 능력을 보장하고, 토지가 가축 목장과 농업으로 전환될 가능성을 막아준다. 그러나 채취 보전구역에 있는 큰 동물의 개체수는 종종 현지 사람들의 생계를 위한 사냥으로 인해 실질적으로 감소하고 있고, 브라질 견과 묘목의 밀도는 성숙한 견과의 집중 채집에 의해서 감소하고 있다.

동부와 남부 아프리카의 많은 국가들은 야생 동물 개체수를 보전하기 위한 노력에서 지역사회 개발과 지속가능한 수확 전략을 적극적으로 적용하기 시작했다. 정부는 마을 수준에서 운영할 수 있고, 지역 주민에게 분명한 혜택을 제공할 수 있는 트로피 사냥과 야생 동물을 이용한 생태 관광을 통해서 수입을 창출하는 프로그램 개발을 시도하고 있다(Naidoo et al. 2016). 하나의 예는 정부와 협력하는 지역사회가 사자와 코끼리 같은 고가 트로피 종의 스포츠 사냥 권리를 사파리 회사에 판매하는 지역사회 기반 천연물 자원 관리(CBNRM) 프로그램이다(제3장 참조). 관광 시설 운영에 따른 수익도 창출하고 있다. 필요한 야생 동물의 밀도를 유지하려면, 정부 관리들과 함께 마을 공동체가 불법 사냥을 방지하기 위해서 협력해야 한다.

그림 10.13 브라질에 설립된 채취 보전구역은 삼림을 유지하는 이유를 제공한다. 야생 고무나무의 줄기는 홈을 따라 컵으로 흘러들어 가는 라텍스를 얻기 위해 절개된다. 라텍스는 나중에 가공되어 천연 고무 제품을 만드는 데 사용된다.

특히, 지역 주민이 관여하는 경우에는 종을 보전하는 수단으로서 사냥 면허를 판매하는 것에 대한 일부 보전생물학자의 지원이 있었다(예: Di Minin et al. 2016). 그러나 트로피 사냥은 순전히 (음식이 아닌) 스포츠를 위해 죽이는 것이므로, 도덕적으로 잘못되었다고 믿으며 결과주의(즉, 목적이 수단을 정당화한다는 잘못된 이유)를 지적하는 사람들로부터 윤리적으로 비판을 받을 수 있다(Nelson et al . 2016). 더욱이 그들은 보전을 위한 트로피 사냥의 수입이 불충분하고, 이익이 지역사회로 대부분 전달되지 못하며, 부패로 인해 감소한다고 말한다(Lindsey et al. 2016). 최근 아프리카 게임 보전지역에 대한 평가에 따르면, 주로 정부의 관리가 부실해져서 이 지역에서의 부의 생성이 오히려 야생생물 보전에 부정적인 영향을 주는 것으로 나타났다(Pitman et al. 2017). 마지막으로, 사냥 면허 시장은 Cecil 사례에서 볼 수 있듯이, 필연적으로 밀렵으로 이어지는 "동물 생산"에 대한 압력을 유발한다(제3장, Richard Reading, 개인적 교류). 따라서 스포츠 사냥이 음식, 장작 또는 기타 자원으로 지역 주민을 지원하는 채취 보전구역과 동일한 범주에 속하는 지에 대해서는 의문이 남아있다.

지역사회 기반 이니셔티브

많은 지역사회와 주민들은 이미 집 근처의 숲, 야생 동물, 강, 연안 해역과 같은 자연 지역과 자원을 보호하고 있다. **지역사회가 보전하는 지역** 또는 **지역사회 기반 보전(community-based conservation, CBC)**이라고도 부르는 이러한 지역의 보호는 지역 주민들에게 분명한 혜택을 주기 때문에 종종 마을 주민들이 적극적으로 따른다(제12장 참조). 이러한 혜택에는 자연 자원(예: 식량 공급 및 식수) 유지와 종교 및 전통 관습을 위한 토지 사용이 포함된다. 생물다양성의 보호는 지역민 믿음의 본질적인 측면일 수도 있다(그림 1.4 참조). 지역사회 기반 보전의 목표는 생태적, 경제적, 사회적 목표를 이러한 방식으로 조정하는 것이다. 전 세계 136개의 지역사회 기반 보전 프로젝트를 검토한 결과, 지역 참여 정도, 환경 교육 및 기술 훈련 프로그램이 모두 사람과 생물다양성에 대한 윈-윈 결과에 크게 기여한 것으로 나타났다(Brooks 2017). 그러나 가장 중요한 특징은 제도적 역량 구축, 즉 인프라와 대화 통로 및 의사결정 과정을 개선하려는 노력이었다. 정부와 보전 단체는 단순히 전통적인 토지에 대한 법적 소유권을 제공하는 것 외에도 필요한 인프라를 개발하기 위해, 과학적 전문 지식, 교육 프로그램 및 재정 지원에 대한 수단을 제공함으로써 지역 보전 이니셔티브를 지원할 수 있다.

지역 이니셔티브의 한 가지예는 벨리즈 동부지역의 개코원숭이 보전을 위한 협약(Community Baboon Sanctuary)인데, 이는 이 지역에서 검은고함치는원숭이(현지에서는 개코원숭이로 알려짐)의 지역 개체군이 요구하는 숲 서식지를 유지하기 위한 마을 조직 간의 단체 협약에 의해 생성되었다. 보호구역을 방문하는 생태 관광객은 마을 조직에 요금을 지불하고, 하룻밤 머물면서 현지 가족과 함께 식사를 하면 추가 비용을 지불한다. 현장에서 일하는 보전생물학자는 지역에 대한 자연 가이드를 교육했고, 지역의 야생 동물에 대한 과학 정보를 제공했으며, 지역의 자연사 박물관 마련을 위한 기금 모금을 도왔고, 마을 지도자를 위한 비즈니스 교육을 제공했다.

태평양의 사모아 섬에서, 열대우림 토지와 산림지역의 대부분은 원주민 공동체가 소유하는 "관습적 소유" 상태이다(Boydell 및 Holzknecht 2003). 마을 사람들은 학교와 기타 필수품을 구입하기 위해 숲의 목재를 팔아야 한다는 압력을 받고 있다. 이러한 상황에도 불구하고, 원주민은 숲의 종교적, 문화적 중요성과 약초 및 기타 제품에 대한 가치 때문에 토지를 보전하려는 강한 열망을 가지고 있다. 이러한 상충되는 요구를 충족시키기 위한 다양한 해결책이 개발되고 있다. 1988년, 미국(또는 동부) 사모아 토지의 약 90%는 관습적 소유가 되어 있었으므로, 미국 정부는 새로운 국립공원(americansamoa.noaa.gov)을 만들기 위해 마을로부터 산림과 해안 토지를 임대했다. 이 합의에 따라 마을은 필요한 수입과 함께 토지의 소유권과 전통적인 사냥과 천연물 채취권도 얻을 수 있었다(www.nps.gov).

생태계 서비스에 대한 지불

중요한 생태계와 그들이 제공하는 서비스를 보호하기 위하여 개별 토지 소유주와 지역사회에 돈을 직접 지불하여 이들을 지역사회의 실제적인 좋은 토지 관리인이 되도록 하는 창의적인 전략이다(Wunder 2013). 이러한 유형의 프로그램은 때때로 **생태계 서비스(payments for ecosystem services, PES)**에 대한 지불이라고 불리며, 점점 대중화되고 있다(**그림 10.14**). 정부, 비정부 보전 단체 및 기업은 생태계 보호 및 복원을 통해서 지역 주민과 토지 소유자가 참여할 수 있는 시장

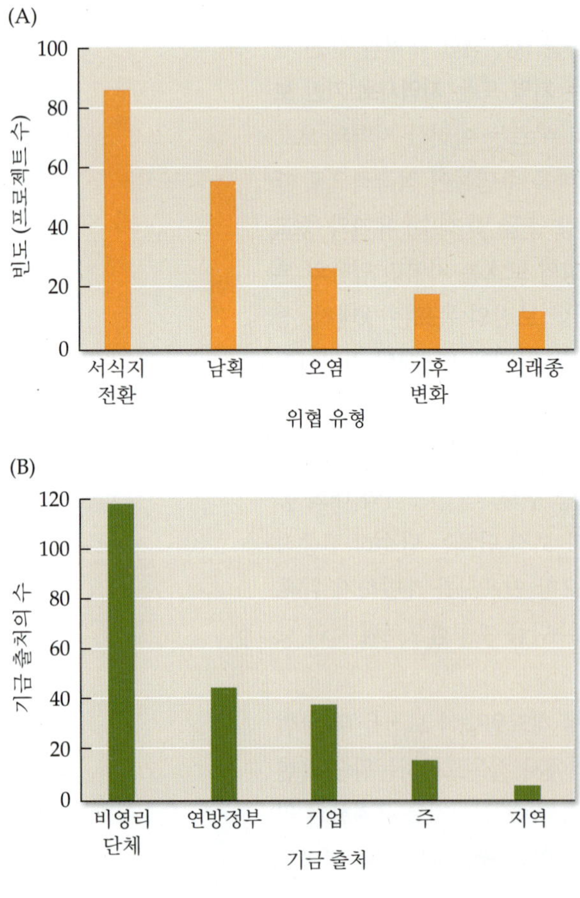

그림 10.14 37개국 103개 생태계 서비스(PES) 프로젝트에 대한 지불 유형. (A) 다양한 유형의 위협을 다루는 프로젝트의 수. 대부분의 프로젝트는 서식지 전환(산림에서 농지로) 및 나무 과다 벌목 문제를 해결한다. (B) 프로젝트의 자금 출처는 주로 비영리(NP) 보전 조직이지만, 국가, 주 및 지방 수준의 정부 기관과 기업도 포함된다. (After H. R. Tallis et al. 2009. *Front Ecol Environ* 7: 12–20.)

을 개발한다. 예를 들어, 산림 소유자는 홍수 통제와 식수 공급처럼 산림이 제공하는 생태계 서비스에 대해서 도시 정부로부터 돈을 지급받을 수 있다. 지역 토지 소유자와 농부들은 늑대, 곰, 호랑이, 퓨마와 같은 큰 포식자가 그들의 땅에 살도록 허용함으로써 대가를 지불받을 수 있으며, 가축이 공격을 받은 경우에는 보상금이 추가로 지급된다(Dickman et al. 2011).

물 공급을 유지하기 위해 산림을 보호하거나, 이산화탄소를 흡수하기 위해 나무를 심는 것과 같은 생태계 서비스를 제공할 목적으로, 지역 주민과 토지 소유자에게 돈을 지불하는 새로운 시장이 개발되고 있다. 기후 변화 문제를 다루는 프로그램은 앞으로 더 보편화될 것으로 예상된다.

농촌 사람들은 생태계 서비스(www.ecosystemmarketplace.com), 특히 대기 수준의 온실 가스를 줄이기 위한 탄소 배출권을 거래하는 프로그램을 위해서 새로이 개발되는 국제 시장에 끌릴 수 있다. 케냐 남동부의 삼림 벌채와 산림 파괴로 인한 배출을 줄이는 카시 가우 회랑(REDD) 프로젝트에서, 마을 주민은 차보 이스트 국립공원과 차보 웨스트 국립공원 사이의 코끼리 자연 이동 통로를 보호한다(**그림 10.15**). 마을 주민은 독립적인 외부 평가에 의해 결정된 대로, 숲을 보호하고 야생 동물 개체수를 유지하기 위한 국제 프로그램을 통해 탄소 배출권과 자금을 얻는다. 이 프로그램의 자금은 야생 동물 순찰비를 지불하고, 학교 및 기타 인프라를 건설하며, 지역 사업을 시작하는 데 사용되었다. 그 과정에서 350개의 새로운 일자리가 만들어졌고, 총 120만 달러의 수익을 냈다(Dinerstein et al. 2012). 탄소 격리 및 기후 변화를 다루는 프로그램은 향후 몇 년 동안 크게 확장될 것이며, 이를 통해서 토지 보호를 위한 상당한 자금을 제공할 수 있을 것이다. 그러나 현재 이러한 프로그램은 토지 소유자가 토지를 다른 용도로 전환하는 것을 방지할 만큼 충분한 금액을 지불하지 못하는 경우도 있다(Banerjee et al. 2013).

그림 10.15 케냐의 코끼리(*Loxodonta africana*)가 2개 국립공원 사이를 매년 이동하기 위해서는 이 야생 동물 통로에 의존해야 한다. 이 통로는 재정적으로 혜택을 받는 지역 주민들이 관리한다.

PESs는 자연림 보전 프로그램(Tuanmu et al. 2016)의 일환으로 중국의 자이언트판다(*Ailuropoda melanoleuca*)의 서식지 개선에 효과적이었다. 실제적인 식생의 변화를 평가한 결과, 정부가 관리하는 지역보다 지역 주민들이 관리하는 지역에서 더 많은 개선이 이루어졌음이 밝혀졌다. 하지만, 이러한 성공은 재정적 인센티브가 매우 높을 때만 발생했다.

전통 사회를 포함하는 보전 이니셔티브 평가

안타깝게도, 외부 자금 지원이 종료되고 추가적인 예상 수입원이 없다면 지역사회와 관련된 많은 보전 프로젝트는 급작스럽게 종료된다. 성공한 것으로 보이는 프로젝트의 경우도 프로젝트 목표가 달성되고 있는지 여부를 결정하기 위한 생태학적 및 사회적 매개 변수를 모니터링하지 않는 경우가 많다. 모든 보전 프로그램 설계에는 취해진 조치의 진행과 성공 여부를 평가하기 위한 모니터링 과정이 포함되어야 한다.

이전 절에서 논의한 많은 프로젝트 성공의 핵심 요소는 보전생물학자가 효과적인 지도자 및 유능한 정부 기관과 함께 안정적이고 유연한 지역사회를 보완하고 협력할 수 있는 기회이다(Baker et al 2012). 이러한 요소가 존재하는 경우, 특정 지역사회 보전 프로젝트는 생물다양성 보호와 지속가능한 개발 및 빈곤 감소를 결합하는 데 성공한 것으로 보인다. 많은 주요 보전 단체, 기업 및 정부가 공동 후원하는 UN의 적도 이니셔티브(Equator Initiative)는 이러한 노력에 자금을 지원하고 홍보하는 데 도움을 주고 있다(www.equatorinitiative.org).

그러나 많은 경우, 지역사회는 내부 갈등을 겪고 있고, 열악한 리더십을 가지고 있어 보전 프로그램을 성공적으로 관리할 수 없다. 더욱이 최근의 이민자나 빈곤하고 무질서한 지역 주민과 관련된 보전 이니셔티브는 수행하기 어려울 수 있으며, 이 프로젝트를 수행하는 정부 기관은 효과가 없거나 부패할 수도 있다. 결과적으로, 지역 주민과 함께 일하는 것이 바람직한 목표일 수 있지만, 어떤 경우에는 불가능하기도 하다.

사례 연구: 나미비아와 케냐

학습 목표

이 절에서는 다음 내용에 주안점을 두기 바란다.

1. 나미비아의 CBNRM 프로그램을 평가할 수 있어야 한다.
2. 사하라 사막 이남 아프리카의 보전에 대한 도전과 현재의 관리 접근 방식을 통해서, 이를 해결하는 방법을 확인할 수 있어야 한다.

전 세계적으로, 생물다양성 보호가 토지 관리의 중요한 목표에 포함되고 있다. 보호지역 밖에서의 생물다양성 관리에 대한 어려움과 성공을 보여준 나미비아와 케냐의 성공적인 CBNRM 프로그램에 대한 2가지 사례 연구를 검토하면서 이 장을 마무리한다.

아프리카의 CBNRM 프로그램은 지역 토지 소유자와 공동체가 자신의 재산에서 야생 동물을 관리하고, 이익을 얻을 수 있는 권한을 부여하는 접근 방식이다. 많은 아프리카 국가에서 국립공원 안팎의 야생 동물을 정부 관료가 직접 관리하고 있어서 지역 주민은 자국의 야생 동물로부터 경제적 이익을 거의 또는 전혀 얻지 못하는 경우가 많아서 야생 동물을 보호해야 할 동기가 없다. 관리 시스템을 CBNRM으로 변경함으로써, 정부 관리와 보전 단체는 지역 야생 동물을 위협하는 압력을 상쇄하는 동시에 농촌 경제 발전에 기여하고자 한다. 아프리카에서 CBNRM 프로그램의 오랜 역사가 있었지만, 효과적으로 관리되고 경제적으로 실행 가능한 안정적인 프로그램을 개발하기가 어려웠다.

야생 동물을 관리하는 지역사회를 위한 가장 야심찬 프로그램 중 하나가 남아프리카의 나미비아에서 발견된다. 나미비아의 인구는 250만 명이 넘으며, 17.4%가 빈곤층이다(World Bank 2018). 나미비아에는 68,400 km^{2}의 산림이 있는데, 전체 면적의 23.2%가 보호지역이다. 나미비아에는 사막으로부터 아열대 사바나까지 4개의 서로 다른 생물 군계가 분포한다(**그림 10.16**).

1996년부터, 나미비아 정부는 자국에서의 야생 동물을 이용하고 관리할 권리를 전통적인 마을 공동체에 부여했다. 이러한 권리를 얻기 위해서는 공동체가 관리위원회를 구성하고, 관리 계획을 개발하며, 토지의 경계를 결정해야 한다. 그런 후에, 정부는 이 그룹을 "지역사회 보호단체"로 지정한다. 보호단체를 형성하고서 야생 동물 관리에 참여하면, 다음과 같은 4가지 이익을 얻을 수 있다.

1. 총수입의 약 5~10%를 보호단체에 지불하는 투어 운영자와 보호단체는 합작 투자를 할 수 있다. 일부 주민이 관광 사업을 위해 직원으로 보호단체에 고용된다. 합작 투자의 수익은 야생 동물 개체군을 모니터링하고, 밀렵을 방지하는 공동체에 고용된 게임 경비원을 교육하고 지불하는 데 사용된다.
2. 합작 투자의 자금을 사용하여, 보호단체 회원은 관광 단체를 위한 캠프장을 건설하고 운영할 수 있으며, 보호단체에 직접 수입, 고용 및 경험을 제공할 수 있다.
3. 보호단체는 정부에 트로피 사냥 할당량을 신청할 수 있으며, 정부는 모니터링의 결과에 따라 야생 동물 개체수가 충분히 많을 경우에 이를 허용한다. 그런 다음, 사냥 면허를 전문 사냥꾼에게 팔거나 경매할 수 있으며, 이들은 아프리카에서의 사냥을 경험하기 위해 높은 대가를 지불할 의사가 있는 부유한 외국인 관광객을 데려온다. 사자와 코끼리와 같은 고부가가치 동물은 보호소에 지불하는 금액이 마리당 $11,000 정도까지 될 수 있다. 사냥한 동물의 고기는 추가 혜택으

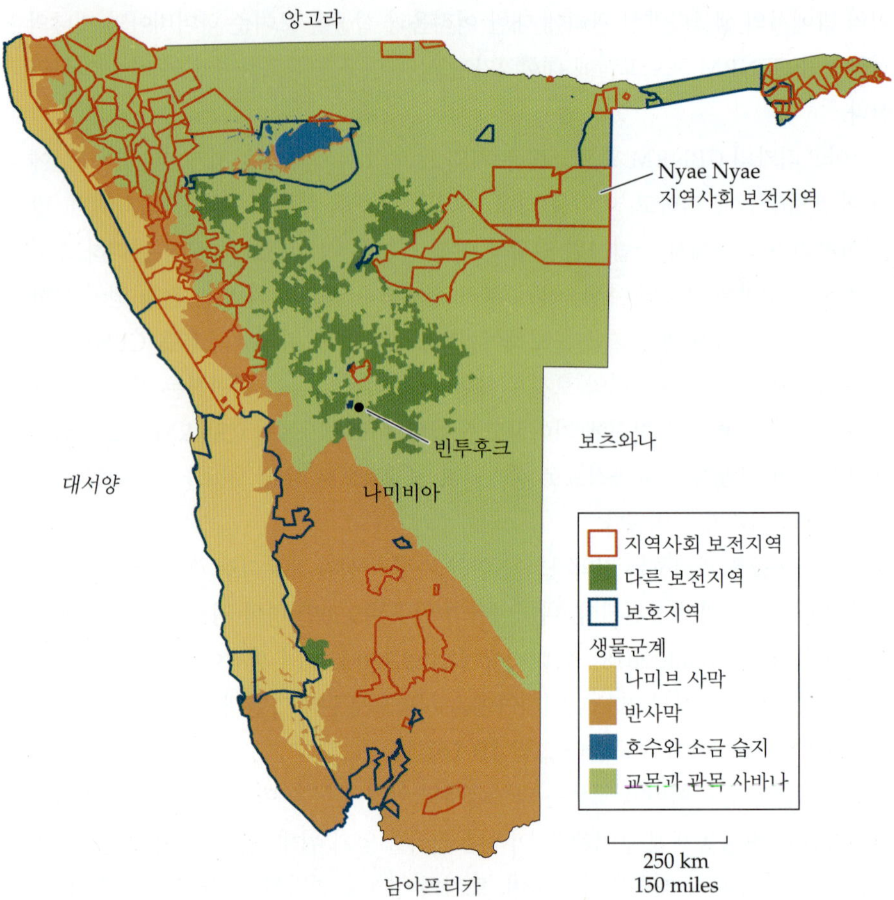

그림 10.16 나미비아에서 공동체가 생물다양성을 보호하기로 동의한 현재 및 신흥 지역사회 보호단체의 분포. 국가 보호 토지도 표시되어 있다. "기타 보호 구역"의 범주는 공동체가 야생 동물을 보호하기 위한 보호구역 형성에 아직 헌신하지 않은 지역을 나타낸다. 여기에서, 여러 생물군계가 공식적인 보호구역보다 이러한 지역사회 보호지역에서 더 많이 나타난다는 것을 알 수 있다. (After NACSO 2008. *Namibia's communal conservancies: A review of progress in 2008*. NACSO, Windhoek, Namibia. Updated data from B. Riehl et al. 2015. *PLOS ONE* 10[5]: e0125531.)

로 보호단체 구성원에게 배포된다. 그러나 이러한 자금 조달 방식에 논란이 없는 것은 아니다(이 장의 제3장과 "채취 보호구역" 참조). 일부 경제 분석에 따르면, 관광(사냥 없이)만으로는 운영 비용을 충당하기에 충분하지 않다(Naidoo et al. 2016).

4. 보호단체가 야생 동물 관리계획을 수립하면, 젬스복, 스프링복, 쿠두, 멧돼지 등 4종의 야생 동물을 사냥할 수 있다. 실제로, 게임 경비원과 전문 사냥꾼에 의해 종종 사냥이 이루어지고, 고기는 지역사회의 모든 사람에게 배분된다.

지난 20년 동안, 나미비아에는 79개의 보전 시설이 설립되었는데, 이는 국토의

19%를 차지한다(Riehl et al. 2015, 그림 10.16 참조). 보전 시설의 초기 설립시 미국 국제개발기구와 같은 외부 자금 지원 기관의 도움을 받았다. 보전 회원들은 정부와 민간 부문의 지원을 받기 위한 효과적인 지지를 받았고, 관광, 금융 및 마케팅에 대한 추가 교육을 받았다. CBNRM의 재정적 이득이 잘 기록되었고, 인접 지역에 비해서 이러한 지역의 건강 개선과 같은 사회적 혜택이 기록되었지만, 교육과 같은 다른 기대되는 사회적 혜택이 개선되었는지 여부는 확실하지 않다(Riehl et al. 2015). 이것은 부분적으로 많은 관광을 하는 보전과 관광을 할 수 없는 보전 사이의 큰 변동성 때문이다. 일부 분석에 따르면, 보전 시설의 사냥과 관광은 가축 사육보다 단위 면적당 더 많은 수입을 올릴 수 있지만(Lindsey et al. 2013), 장기적으로는 보전 시설이 경제적으로 실행되지 않을 수도 있다(Humavindu and Stage 2015). 생존 문제를 해결하기 위해서 생태계 서비스 보전 지불제(PES)와 기타 수익 공유 시스템이 제안되었다(Lapeyre 2015).

지금까지, 공동 관리 시스템은 보전에 긍정적인 영향을 미치는 것으로 보인다. 나미비아는 현재 세계에서 가장 큰 규모의 치타와 검은코뿔소가 서식하고 있다고 주장한다. 많은 대형 포유류 종, 특히 유제류는 보호되지 않은 인접한 땅보다 보호지역 내에서 더 많은 수가 분포하는 것으로 나타났다(Lindsey et al. 2015).

다른 아프리카 국가에도 나미비아와 유사한 프로그램이 있다. 예를 들어, 케냐에서는 기린, 코끼리, 얼룩말, 타조를 포함한 65만 마리의 큰 동물 중 약 2/3가 상업용 목장에서 사용하는 공원 경계 밖의 방목지나 현지인의 전통 방목지에서 살고 있다(Western et al. 2009). 그러나 공원 밖의 방목지는 울타리, 밀렵 및 농업 개발로 인해 야생 동물이 점점 더 접근할 수 없게 됨에 따라서, 야생 동물이 점차적으로 감소되었다.

동아프리카의 케냐도 규제, 지역사회 참여 및 경제적 인센티브를 결합함으로써, 다양한 어려움 속에서도 야생 동물 개체군의 지속에 상당히 기여하고 있다(Kinnaird and O'Brien 2013). 일부 지역에서는 가축과 야생 동물이 각기 다른 먹이 자원을 사용하므로, 생태 관광과 육류를 위해 야생 동물과 가축을 함께 관리하는 개인 목장은 가축을 단독으로 관리하는 것보다 수익성이 더 높다. 나미비아에서와 마찬가지로, 많은 목장에서 야생 동물을 보고 싶어 하는 외국인 관광객을 위한 시설도 개발해서, 이러한 종을 보호하기 위한 추가 수입원과 인센티브를 창출하고 있다.

일반적으로, 사하라 사막 이남 아프리카의 지역사회 기반 관리 프로그램은 긍정적인 생태적 결과를 가져 왔지만, 사회적 및 경제적 결과가 케냐와 나미비아에서처럼 항상 긍정적인 것은 아니다(Galvin et al. 2018). 많은 경우에 있어서, 외부로부터의 기부, 정부와 보전 및 개발 조직의 관광 및 보조금에 의존하면 취약해질 수 있다. 이러한 외부 보조금이 중단될 때 야생 동물 프로그램도 종료되는 경우가 많으며, 이는 프로그램이 자체적으로 실제로 수익을 내지 못하는 경우에서 발생한다. 일부 지방 정

국내 사례연구

한국의 산림습원

습지는 물기가 있는 축축한 땅이다. 전 세계적으로 습지는 연안에서 산정까지 다양한 공간에 형성된다. 전 세계적으로 습지의 발굴, 유형 분류 및 가치평가에 대한 연구가 많이 이루어지고 있다. 한국에서는 2000년대에 들어서면서 습지의 탐색, 유형 분류 및 정밀조사와 모니터링 연구가 진행되고 있다. 한국에서는 갯벌을 포함한 내륙습지는 환경부에서, 산지에 형성된 산림습원은 산림청에서 습지를 발굴하고, 유형을 구분하며, 보전과 관리를 맡고 있다.

한국은 산지 면적이 넓고, 백두대간을 중심으로 여러 산계가 연결되어 있다. 한국의 산맥과 하천은 생물다양성 보전을 위한 주요 생태축이다. 대부분의 하천은 산지와 밀접하게 연결되어 있어서 하천의 상류는 산지에 형성된 다양한 유형의 산림습원과 연결된다. 따라서 산림습원은 수생태계 네트워크와 육상생태계 네트워크의 연결고리라고 할 수 있다. 산림 생태계 네트워크에서 물, 물질, 에너지 및 생물들이 모이는 장소(sink), 확대 재생산 후 물, 물질, 에너지 및 생물들을 배급해주는 거점(source)로서 물질순환과 생물다양성 보전의 핵심요소(hotspots)이다. 또한, 산림습원은 물의 저장 및 흐름 완충, 탄소원의 저장 등 기후변화에 대한 완충지대이며, 국민들의 휴식, 치유 및 생태관광에 중요한 핵심 생태계임에도 불구하고, 그 중요성이 아직까지 간과되고 있다.

한국의 산림습원 분포도(산림청, 국립수목원 2016)

산림청은 전국의 산지(6,370만 ha)에 대한 현장조사를 통하여 1,264개소(약 390 ha)의 산림습원을 발굴하였다. 한국에서 산림습원은 산지 계곡형과 묵논형이 다수이지만, 고층습원을 비롯하여 다양한 유형의 산림습원이 분포한다. 한국 내 산지의 약 0.06%의 아주 작은 면적만이 산림습원으로 구성되어 있음에도 불구하고, 산림습원에서 서식하는 육상관속식물은 135과 545속 1101종 136변종 16품종의 1,261분류군(한국 전체 식물 4,049종류의 31.1%)에 이른다.

산림습원은 매우 다양한 한국특산식물, 희귀식물 및 멸종위기식물의 서식지로 식물 보전의 핵심 장소일 뿐만 아니라 재도입 프로그램을 진행하기에 좋은 생태계이다. 그러나 보전가치가 충분한 산림습원의 상당수가 사유림에 분포하고 있으며, 일부만이 국립공원이나 산림유전자원보호구역으로 지정되어 있다. 대부분의 산림습원은 국유림지역으로 방치되거나 언제든 개발되거나 훼손될 수 있는 사유림에 위치하고 있다. 향후에 보전가치가 큰 산림습원은 보호구역으로 지정 관리를 확대할 필요가 있다. 또한, 사유림 지역에 위치한 중요한 산림습원은 매입하거나 생태계서비스 지불제도를 도입하는 등의 철저한 보전 노력을 기울일 필요가 있다. 모든 산림습원은 육화될 가능성이 크므로 산림습원으로서 기능을 다하도록 유지하고 관리할 필요가 있다. 또한, 한반도 생물다양성 보전에서 중요한 위치에 있는 훼손된 산림습원은 복원사업을 진행할 필요가 있다. 산림습원은 보전생물학에서 제시하는 다양한 이론을 적용해 볼 수 있는 좋은 실험 장소이다.

국내 사례연구

한국의 산림습원 *(계속)*

대암산 용늪

대암산 용늪

제주도 1100습지

제주도 1100습지

강릉시 성산면 어흘리 산림습원

평창 대관령면 횡계3리 산림습원

한국의 산림습원

부 기관의 비효율적인 성과와 부패는 그러한 프로그램이 실패할 수 있는 추가 요인이다. 이러한 지역사회 야생 동물 프로그램은 야생 동물을 보호하고, 지역 주민들에게 안정적인 수입원을 제공할 수 있음을 입증할 때 성공적이라 평가할 수 있다.

요약

- 보호구역(PA) 외부, 특히 다중 사용 자원 추출을 위해서 관리되는 서식지에는 상당한 수준의 생물다양성이 있다. 거의 모든 국가에서 PA가 전체 면적의 적은 비율을 차지하기 때문에, 이러한 보호받지 않는 서식지는 보전에 필수적이다. PA에 사는 동식물은 종종 보호되지 않는 지역으로 흩어져서 사냥과 수확, 서식지 손실 및 인간의 위협에 대해서 취약해진다.
- 정부는 점점 더 산림, 방목지, 농업 지역, 군사 보호 구역 및 도시 지역을 포함한 다목적 토지에 대한 우선순위를 매겨 생물다양성 보호를 위해 노력하고 있다. 이들 모든 지역은 보전을 위해 관리할 수 있으며, 그것은 보전에 관심을 두는 개체군을 증가시킬 수 있다.
- 정부 기관, 민간 보전 단체, 기업 및 토지 소유자는 대규모 생태계 관리 프로젝트에 협력하여 보전 목표를 달성하고, 자연 자원을 지속 가능하게 사용할 수 있다. 생물지역 관리에는 종종 국경을 넘나드는 대규모 생태계를 관리하기 위한 대규모 지역 간의 협력이 포함된다.
- 지역사회 보전 프로젝트는 생물 다양성을 보호하고, 지역사회에 혜택을 제공하는 방식으로 보전 활동에 지역 주민을 참여시킨다. 이러한 프로젝트에는 인근 보호구역(PA)과의 협력, 전통 농업 유지 및 생태계 서비스에 대한 지불이 포함될 수 있다.
- 아프리카에서는 특징적인 대형 동물의 대부분이 주로 공원 밖에서 발견된다. 지역 주민과 지주는 종종 다양한 목적을 위해 토지에 야생 동물을 유지한다. 지역 공동체는 이제 트로피 사냥을 포함하여 야생 동물 관리와 생태 관광을 결합하여 수입을 창출하고 있다.

토론 주제

1. 벌목, 사냥 및 채광을 위해 수십 년 동안 사용한 국유림을 생각해보자. 이 숲에서 멸종위기에 처한 식물 종이 발견되면, 이러한 활동을 중단해야 할까? 벌목, 사냥 및 채광이 멸종위기에 처한 종과 공존할 수 있을까? 그렇다면 어떻게 해야 할까? 벌목을 중지하거나 축소해야 하는 경우, 벌목 회사나 그 직원이 보상을 받아야 할까? 당신은 어떻게 생각하는가?
2. 사유지에서 트로피 사냥(사냥을 오락처럼 여겨서 하는 선택적으로 사냥하는 행위)이 종을 보전하는 좋은 수단이라고 생각하는가? 그 이유는 무엇인가? 이 결정은 경제적, 윤리적, 과거의 성공 또는 보전을 위한 미래 잠재력 중 무엇을 기반으로 해야 하는가?
3. 흑해, 라인 강, 카리브 해, 세인트로렌스 강 또는 남중국해처럼, 둘 이상의 국가를 포함하는 대규모 수 생태계를 선택해 보자. 생태계의 장기적인 건강성을 보장할 책임이 있는 기관 또는 조직은 무엇인가? 그들은 지역 관리에 어떤 방식으로 협력할 수 있는가?

자원봉사자와 학생들이 지역의 해양 생태계를 복원하기 위해서, 인도네시아 자바 동부 해안에 위치한 콘당 메락에 맹그로브 나무를 심고 있다.

11

복원 생태학

생태계가 인간의 활동에 의해 훼손되거나 파괴된 경우, 때때로 생태계 서비스와 훼손된 종의 서식지를 복구하기 위한 노력으로 일정 수준까지 재건할 수 있다. 채굴, 목장, 벌목과 같은 집약적인 인간 활동으로 인한 피해는 종종 생태계가 **생태계의 복원력(ecological resilience)**이나 자연회복력을 잃게 하므로 때로는 적극적인 복원이 필요하다. 어떤 생태계는 인간의 도움이 없다면 회복하는 데 수세기 또는 수백만 년이 필요하다. 생태계 복원은 종 보호, 경관 개선, 레크리에이션 기능 개선, 생태계 기능이나 생태계의 연결성 강화, 생태계 서비스 재구축에 의해서 동기가 부여될 수 있다(Alexander et al. 2016). 손상된 생태계를 복구하여 보호 구역을 확대, 강화 및 연결할 수 있고, 보호구역 주변에 완충 지대를 만들 수도 있다(제9장 참조).

파괴된 생태계는 역사적으로 분포했던 종과 군집를 복원하는 데 도움을 줄 수 있는 연구 결과를 적용할 수 있는 중요한 기회를 제공한다(Palmer et al. 2016). **생태복원(ecological restoration)**은 과거 어느 시점에 한 장소를 점유했지만, 손상되거나 사라진 종과 파괴된 생태계를 복원하는 것이다(www.ser.org)(**그림 11.1**). **복원생태학(restoration ecology)**은 복원을 위한 과학으로서 개체군, 군집 및 생태계의 복원에 관한 과학적 연구이다(Martin 2017). 복원생태학은 다양한 학문 분야 간의 협업이 필요한 학문이다. 생태학적 복원 과정은 일부 생태계는 인간의 활동에 의해 매우 저하되어 회복력 또는 자체 복구 능력이 심각하게 제한된다. 생태복원은 원래 종의 일부 또는 전부 또는 때때로 다른 종의 그룹과 함께 기능하는 생태계를 재건한다.

유용한 과학적 데이터를 제공하는 반면에, 복원생태학은 개선된 방법으로 이어질 수 있는 방식으로 복원 프로젝트를 해석하고 평가한다.

복원생태학은 생물다양성 보전에 중요한 역할을 한다. 이 과학에 대한 지식이 증가하면 생태계에 가해진 피해 중 적어도 일부를 복구할 수 있다. 많은 훼손된 지역은 비생산적이고 경제적 가치가 거의 없기 때문에, 정부는 종종 경제적 생산성과 보전 가치를 높이기 위해서 지역을 복원하려고 한다. 예를 들어, 훼손된 지역에서 토양 침식과 홍수 위험이 증가할 수 있다. 이러한 경우 복원은 인간의 생명이나 재산에 대한 위협을 완화하려는 열망에 의해 동기가 부여될 수 있다. 복원 노력은 **보상 완화(compensatory mitigation)**나 **생물다양성 상쇄(biodiversity offsets)**의 일부가 될 수 있다. 개발로 인해 다른 곳에서 파괴된 부지에 대한 보상을 위해서 새로운 부지가 만들어지거나 복원되기도 한다(Rohr et al. 2018). 이는 특히 많은 관할 지역에서 "순손실 제로 정책"을 채택한 습지의 경우에 해당된다. 다른 경우에는 생태계보다 생태학적 과정을 복원해야 한다. 예를 들어, 댐과 제방의 건설로 인해 방해를 받는 연간 홍수 또는 화재 진압 노력으로 멈춘 자연 화재는 이러한 과정의 부재가 종과 생태계에 해로운 것으로 판명되면 재도입할 수 있다.

생태복원은 습지 생성(홍수 방지), 토양 추가와 식생 재조성(토양 방지와 수원의 오염방지)을 이용한 폐광지 복원사업, 과방목된 토지의 관리(풀생산 증가), 개간지에 나무 심기를 촉진하는 기술(토양 침식 감소, 목재 및 기타 생태계 가치 증진)처럼, 생태계 기능 또는 알려진 경제적 가치가 있는 종을 복원하려고 시도한 오래된 응용 기술에서 유래되었다. 그러나 이러한 접근법은 종종 지나치게 단순화되거나 스스로를 유지할 수 없는 생물군집을 만들어낸다. 생물다양성에 대한 우려가 커

(A)

(B)

Photographs courtesy of K. Matthews/USFS

그림 11.1 (A) 인간 활동에 의해 훼손된 하천 서식지. (B) 소의 침입을 막기 위해 울타리를 설치하고, 토착종을 심고, 바위로 하천 둑을 보강하여 복원한 송어 하천 서식지.

지면서 복원 계획은 원래 또는 역사적인 종들이 모인 군집과 생태계 과정의 재확립을 주요 목표로 포함시켰다. 이러한 목표를 달성하기 위해서는 보전생물학자의 의견이 필요하다.

어디에서 시작할까?

학습 목표

이 절에서는 다음 내용에 주안점을 두기 바란다.

1. 복원생태학에 대한 네 가지 주요 접근 방식을 비교하고, 각각의 예를 제공할 수 있어야 한다.
2. 그림 11.2의 흐름도를 사용하여 복원 프로젝트를 위한 계획을 만들 수 있어야 한다.

장기적으로 복원 프로젝트가 성공하려면, 먼저 명확한 목표를 설정한 다음 해당 목표를 달성할 수 있는지 여부를 결정하기 위해 현장 조건을 평가해야 한다(**그림 11.2**). 복원 노력의 목표는 기능이나 종 구성면에서 기존 **참조 생태계(reference sites)**와 비교할 수 있는 생태계를 만드는 것이다(McDonald et al. 2016). 참조 생태계는 복원 개념의 핵심이다. 그들은 비교 생태계 역할을 함으로써, 명시적인 복원 목표를 제공하고 프로젝트의 성공에 대한 정량적인 측정을 가능하게 한다. 복원되지 않은 영역은 복원 조치의 영향을 추가로 결정하기 위해서 "부정적인" 참조 생태계 또는 조절자 역할을 할 수 있다(González et al. 2015). 모든 경우에 첫 번째 단계는 생태적 파괴의 원인을 파악하고 완화하는 것이다. 예를 들어, 호수 생태계의 오염원은 생태계가 복원되기 전에 식별되고 통제되어야 한다.

성공적으로 복원한 생태계는 가능하다면 토착종이 우점하고, 종의 모든 주요 기능 그룹의 대표자를 포함하고 있으며, 토착종 및 생태계 과정에 적합한 물리적 환경을 가져야 하며 유해한 외부 교란으로부터 안전해야 한다. 건조하고 추운 지역과 같은 일부 생태계에서는 그러한 회복을 달성하는 데 수십 년 또는 수백 년이 걸릴 수 있다.

그러나 토착종의 재정착이 항상 회복의 목표가 되어야 하는가? 생태계의 조건이나 자원의 제한으로 인해 목표달성을 원하지 않거나 불가능하게 할 수 있다. 생물 군집과 생태계의 복원을 고려할 때 결과를 정의하는 4가지의 주요한 접근 방식이 있다(**그림 11.3**).

1. **조치 없음(방치)**. 복원 비용이 너무 비싸거나 이전 시도가 실패했거나 생태계가 저절로 회복될 것이라는 경험이 있는 지역에서 행해진다. 생태계가 스스로 회복되도록 하는 **수동적 복원(passive restoration)**은 북미 동부의 오래된 농경지에

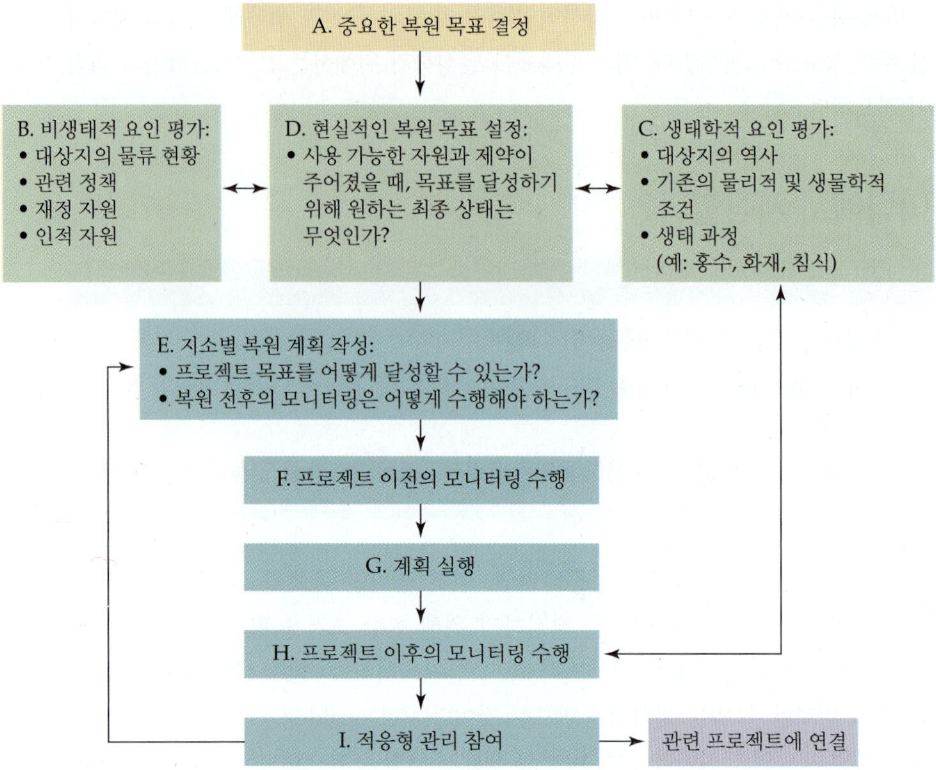

그림 11.2 복원에 대한 과학적 접근 방식의 흐름도. 첫 번째 단계는 (A) 복원 프로젝트의 중요한 목표를 명확히 하는 것이다(예: 부지의 생물 다양성 증대). 그런 다음, 이것을 어떻게 달성할 것인지 결정하기 위해 (B) 프로젝트에 사용할 수 있는 돈과 같은 비생물학적 요인과 (C) 토양 상태와 같은 생태학적 요인을 모두 평가해야 한다. 현재 대상지역에서 발견되는 식물 종을 파악한다. 이것은 더 높은 수준에서 다양성을 촉진할 식물 종을 정착시키는 것과 같은 복원을 위한 특정 목표를 알리고 (D) 영향을 받는다. 이러한 조치를 취한 후에야 (E) 잡초 제거, 토양 개량 또는 씨앗 파종과 같은 복원 실행 방법에 대한 구체적이고 현실적인 계획을 만들 수 있다. 계획의 실행은 사전 및 사후 모니터링(F~H)을 동반해야 한다. 복원 목표의 진행 상황을 모니터링하면 대상지와 향후 프로젝트가 진행될 대상지 모두에서 시간이 지남에 따라서 (I) 개선이 촉진된다. (After P. B. Shafroth et al. 2008. *Restor Ecol* 16(1): 97–112.)

서 일반적인데, 때로는 버려진 후 수십 년 이내에 숲으로 회복된다(González et al. 2016). 그러나 이 경우에도 특히 숲 바닥의 종 구성은 매우 달라질 수 있다(Holmes and Matlack 2018).

2. **복구**. 훼손된 생태계는 이전과 다르지만, 생산적인 생태계 유형으로 대체되며 일부 비토착종을 포함할 수도 있다. 예를 들어, 황폐화된 산림을 생산적인 목초지 또는 조림지로 대체할 수 있다. **복구(rehabilitation)**라는 용어는 원래 종의 대부분을 회복하지 못한 채 원래 생태계 기능의 일부를 획득한 경우에도 적용된다(SER 2018). 단지 몇 개의 종만을 대체할 수 있고, 그들 중 일부는 토착종이 아

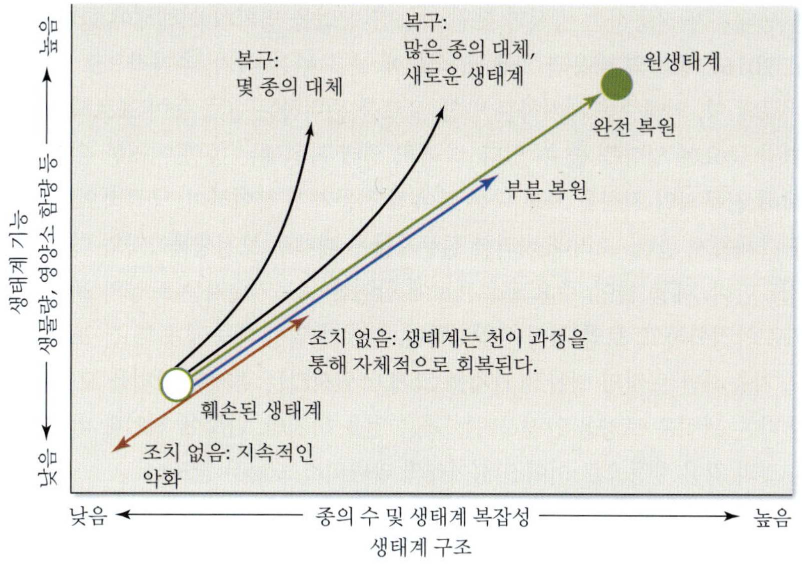

그림 11.3 최선의 조치에 따라 훼손된 대상지를 완전 복원(녹색 화살표)할 것인지, 부분 복원할 것인지(파란색 화살표), 다른 종을 도입하는 복구를 시행할 것인지(검은색 화살표) 또는 조치를 취하지 않을 것인지에 대한 결정을 내려야 한다(빨간색 화살표). (After A. D. Bradshaw. 1984. *Landsc Plan* 11: 35–48.)

니거나, 또는 많은 종들의 대규모 대체가 시도될 수 있다. 궁극적인 목표가 원래 생태계를 복원하는 것이 아니기 때문에 일부 학자들은 복구라는 용어를 복원(*restoration*)된 생태계에 붙이는 데 부적절하다고 생각한다(Aronson et al. 2018).

3. **부분 복원.** 생태계 기능 중 적어도 일부와 원래의 우점종 중 일부를 복원한다. 예를 들어, 황폐화된 초원을 생존할 수 있는 몇 가지 종으로 재배치하는 것이다. 부분적 복원은 일반적으로 생태계 기능에 중요한 우점종 또는 특히 회복력이 빠른 종에 초점을 맞추고, 완전한 복원 프로그램의 일부가 될 희귀하고 덜 흔한 종에 대한 조치를 지연시킨다.
4. **완전 복원.** 이 지역은 원래 종이 살던 부지의 개선과 재도입 프로그램에 의해 원래의 종 구성과 구조로 완전히 복원시킨다. 자연적인 생태 과정은 생태계의 회복을 돕고 장기적인 회복력에 기여하기 때문에 다시 확립시켜야 한다. 완전한 복원이 이상적이지만 실제로 달성되는 경우는 거의 없다. 일부에서는 교란 이전 상태로 완전하게 되돌리는 것은 불가능하다고 주장한다(González et al. 2018; Hobbs 2018).

실제 생태복원 사업은 복원 속도, 비용, 결과의 신뢰성, 그리고 추가적인 유지 보수가 없어도 대상 군집이 지속될 수 있는가를 고려해야 한다. 생태 복원 실무자는 자연 생태계가 작동하는 방식과 복원 가능한 방법을 명확히 이해해야 한다(Palmer et al. 2016). 종자의 비용과 가용성, 식물에 물을 주는 시기, 추가적으로 주어야 하는 비료의 양, 외래종을 제거하는 방법, 표토를 준비하는 방법 등이 프로젝트의 결과에 가장 중요한 영향을 줄 수 있다. 다행히 생태 복원에는 종종 이러한 유형의 질문에 대해 전문적인 지식을 가진 다른 분야의 전문가가 참여하며, 궁극적으로 복원 과정을 다채롭게 한다. 그러나 이러한 실무자들은 때때로 보전생물학자와 다른 목표를 갖기도 한다. 예를 들어, 주요 프로젝트에 참여한 토목기술자는 토양의 표면을 영구적으로 안정화하고, 토양 침식을 방지하며, 부지가 일반 대중에게 더 잘 보이도록 만들고, 가능하면 토지의 생산적 가치를 크게 복원시키는 경제적 방법을 모색한다. 이러한 다른 관점은 토양을 안정시키는 좋은 일을 하지만, 나중에 침입할 비토착 종을 심는 것과 같은 행동으로 이어진다(아래의 타마리스크 나무 참조).

생태계의 변형 정도는 일반적으로 어떤 유형의 조치가 필요한지를 결정한다. 가장 심하게 훼손된 생태계는 서식지에 생물학적 및 물리적 변경을 모두 필요로 할 것이다(**그림 11.4**). 피해가 토양 침식이나 수위 저하와 같은 비생물적 요인으로 인해 발생한 경우, 종을 재건하기 전에 문제의 원인을 해결하거나 최소한 고려되어야 한다(González et al. 2018).

크게 훼손된 생태계를 복원하는 데 한 가지 특별한 난관은 생태 군집의 구성 순서이다. 즉, 생태계의 특정 구성 요소를 언제 어떤 순서로 다시 구성해야 할까? 영양단계가 분명할 때(예: 포식자는 먹이 종의 정착을 필요로 함) 결정은 분명해 보이지만, 많은 종간의 기능적 관계가 겹칠 때에는 그러한 결정을 복잡하게 한다. 예를 들어, 아프리카의 황폐화된 공원에는 유사한 생태학적 역할을 가진 수십 종 이상의 유제류 종이 있을 수 있다. 이러한 경우에 어떤 순서로 재도입하는 것이 좋을까? 개별 종의 특정 생태에 대한 지식은 이처럼 복잡한 결정을 내리는 데 도움이 될 수 있다.

> 복원 프로젝트는 비용과 복구 속도와 같은 목표가 충족되고 있는지 확인하기 위한 모니터링을 필요로 한다. 이러한 프로젝트는 생태적 과정에 대한 새로운 통찰력을 제공할 수도 있다.

또 다른 중요한 문제는 복원 장소로 재도입하는 식물 종의 유전자형이다. 일반적으로, 지역에 잘 적응한 유전자형에 우선순위를 부여하는 지역 우선(local-is-best, LIB) 접근법을 따르는 것이 좋다. 이것은 적어도 2가지 이유로 중요하다. 첫째, 복원 장소에서 번성할 가능성이 더 높거나 더 낮을 수 있는 종내 지역적 적응이 있을 수 있다. 둘째, 비지역적 유전자형을 도입하면 외교배 약세나 지역 개체군 유전자 교란의 위험이 있다(제6장 참조). 하지만, 이러한 접근 방식은 그러한 유전적 일치를 실행하기 불가능하거나 불가능할 수도 있다는 것이 내포된 문제를 발생시킨다(Smith et al. 2007). 다른 경우에서, 복원을 위해 야생 토종 식물을 채집한다면 원산지 개체군에 해를 끼칠 위험이 있거나(Meissen et al. 2015), 지역 유전자형이 복원 장소에서 근친 교배 약세를 일으킬 정도로 유전적 다양성이 낮아질 수 있다. 이러한 이유로 복원 실무자들은 관련성이 적은 식물 종이나 심지어 비토착 종에 의존할 수도 있다. 어떤

그림 11.4 생태계 기능의 복원을 위한 임계값이 고려된 개념적인 모델. 일반적으로 가장 심하게 훼손되어 기능을 할 수 없는 대상지에서는 비토착 침입종이 우점하는 밭을 갈거나, 강에서 제방을 철거하거나 산호가 자랄 수 있는 구조물을 설치하는 것과 같이 문제를 일으키는 비생물적 제약을 극복해야 한다. 생물적 장벽은 토착종을 심거나, 누락된 영양 단계의 생물을 재도입하거나, 식량 공급원을 제공함으로써 극복할 수 있다. 물론, 생물적 변화는 침입성 식물 종이 화재의 빈도 또는 강도를 증가시키는 것과 같은 비생물적 변화를 일으킬 수 있다. 생태계가 대부분 온전하고 기능이 원활하다면 복원보다는 관리의 개선이 필요하다. (After Parks Canada, and Canadian Parks Council. 2008. *Principles and Guidelines for Ecological Restoration in Canada's Protected Natural Areas*. National Parks Directorate/Parks Canada Agency, Gatineau, Quebec, based on S. Whisenant 1999. *Repairing Damaged Wildlands: A Process-Oriented, Landscape-Scale Approach*. Cambridge University Press, Cambridge.)

경우에는 손으로 채집했거나 특별하게 기른 종자보다는 더 싸고 상업적인 종자를 사용하는 것이 생태학적으로 악영향을 미치지 않을 수도 있다(Reiker et al. 2015). 또한 복원에는 기후 변화 효과를 예상하여 따뜻한 지역의 유전자형 도입을 고려해야 한다(제8장, 이동 지원 참조)(Dumroese et al. 2015).

복원이 시작되면, 이러한 목표가 달성되고 있는지 확인하기 위해 복원 대상지와 참조 생태계를 시간에 따라 모니터링해야 한다. 복원 노력은 개별 대상지에 맞게 정의해야 하기 때문에 다양한 복원 방법을 실험적으로 점검하는 것이 좋다(Bischoff et al. 2018; Schlatter et al. 2017). 이렇게 복원한 대상지는 관리 목표가 얼마나 잘 달성되고 있는지와 추가적인 개입이 필요한지 여부를 결정하기 위해 수년 또는 수십 년 동안 모니터링해야 한다[**적응적 관리(adaptive management)**라고 하는 접근 방식(제9장 참조)]. 특히, 토착종이 생존하지 못한 경우에는 재도입해야 할 수 있으며, 침입종이 여전히 많거나 다른 침입종에 의한 **2차 침입(secondary invasion)**이 있는 경우에는 제거해야 할 수 있다(González et al. 2017).

복원생태학은 우리가 생물 군집을 얼마나 잘 이해하는지에 대한 시금석을 제공하기 때문에 폭 넓은 생태학을 이해하는 데 가치를 가진다. 기능적인 생태계를 구성요소로부터 성공적으로 재구성할 수 있는 수준은 우리 지식의 깊이와 부족함을 보여준다(Bradshaw 1990; Palmer et al. 2016). 예를 들어, Grman et al.(2014)은 미시간 남서부 지역에서 29개의 복원 프로젝트를 검토한 후 초원에 식물 군집을 조립하는 규칙을 정의했다.

훼손된 육상 군집을 복원하려는 노력에는 일반적으로 대부분의 생물량 회복을 포함하고, 동물과 군집의 다른 요소를 위한 구조를 제공하기 때문에 원래 식물 군집의 구성이 강조된다. 그러나 일부 연구자들은 미래의 복원 생태학이 영양상의 상호작용과 먹이 그물을 포함하여 군집의 다른 주요 구성 요소에 더 많은 관심을 기울여야 한다고 주장한다(Fraser et al. 2015; Vander Zanden et al. 2016). 곰팡이와 박테리아는 토양 분해와 영양 순환에서 중요한 역할을 한다(제2장 참조). 토양의 무척추동물은 토양을 형성하는 데 중요하다. 초식 동물은 식물 경쟁을 줄이고 종다양성을 유지하는 데 중요하다. 새와 곤충은 필수적인 수분매개자이다. 많은 새와 포유류는 곤충 포식자, 흙을 뒤집는 자 및 종자 분산자로서 중요한 기능을 수행한다(예: Thompson et al. 2018). 많은 새, 곤충 및 기타 동물이 스스로 분산하여 대상지에 재정착할 수도 있지만, 다른 대형 동물과 지상무척추 동물은 기존 개체군이나 사육 개체군(제8장 참조)으로부터 재도입해야 할 수도 있다. 복원 노력은 특정 식물 분류군을 심는 것이 아니라 홍수 사건이나 화재 주기와 같은 토착 군집을 지원하는 생태적 과정을 재구축하는 데 집중함으로써 성공할 수도 있다(Moreno-Mateos et al. 2015b).

복원 프로젝트에서 실질적으로 고려해야 할 또 다른 사항은 지역 이해 관계자의 지원과 참여를 구하는 것이다. 많은 복원 노력은 건강한 환경과 사람들의 개인적, 경제적 복지 사이의 직접적인 연관성을 인식하기 때문에 지역 보전 그룹에 의한 지원에 의해서 시작한다(Derak et al. 2018)(제3장 참조).

도시 지역의 복원

학습 목표

이 절에서는 다음 내용에 주안점을 두기 바란다.

1. 명확하게 정의된 목표와 함께 주어진 도시 지역에서 복원을 위한 후보 대상지를 식별할 수 있어야 한다.
2. 도시 복원 프로젝트의 특별한 이점을 설명할 수 있어야 한다.

눈에 잘 띄는 복원 노력이 많은 도시 지역에서 이루어지고 있다. 이러한 노력은 생태계에 대한 인간의 강렬한 영향을 줄이고 도시 거주자의 삶의 질을 향상시키기 위한 것이다(Honold et al. 2016). 지역 시민 단체는 종종 황폐해진 도시 지역을 복원하기 위해 정부 기관 및 보전 단체와 협력할 수 있는 기회를 환영한다. 매력적이지 않은 콘크리트 암거의 배수로를 큰 암석으로 경계를 이루면서 토착 습지종이 심어진 구불구불한 시내로 대체할 수 있다(Neale and Moffett 2016). 공터와 방치된 땅에는 토종 관목, 교목 및 야생화를 다시 심을 수 있다. 자갈 구덩이는 흙으로 채워 연못으로 복원할 수 있다. 이와 같이 도시 지역에 토종 식물종으로 이루어진 식생을 만들면 토착 조류와 곤충 개체수가 증가하는 경우가 많다(Archibald et al. 2017). 이러한 노력은 주민들의 자부심을 키우고 공동체 의식을 형성하며 재산 가치를 향상시키는 추가적인 이점을 가지고 있다(**그림 11.5**). 중국 남부에서 한 사례를 찾을 수 있는데, 광저우의 하천 복원이 부동산 가치를 5% 증가시킬 것이라고 예상했다(Chen 2017). 그러나 이러한 복원은 규모가 작고 상당히 변형된 도시 환경에서 이루어지기 때문에 부분적인 서식지 복원에 그치는 경우가 많다. 사람과 생물다양성이 공존할 수 있는 도시 개발은 화해생태학(*reconciliation ecology*, 조정생태학)의 일부일 수 있다(제10장 참조).

생태계에 대한 인간의 강력한 영향을 줄이고, 도시 거주자의 삶의 질을 향상시키기 위해 많은 도시 지역에서 복원 노력이 두드러지게 진행되고 있다.

거대한 매립지에 자연 군집을 복원하는 것은 도시 복원을 위한 가장 특이한 기회 가운데 하나이다. 미국에서는 매년 1억 5천만 톤의 쓰레기가 5,000개 이상의 매립지에 묻히고 있다. 매립지가 최대 용량에 도달하면, 일반적으로 독성 화학 물질과 오염 물질이 스며 나오는 것을 방지하기 위해 플라스틱 덮개와 점토층으로 덮는다. 이 장소를 그대로 두면, 종종 잡초가 많은 외래종 우점지역이 된다. 그러나 이러한 눈에 거슬리는 현상은 보전 노력의 초점이 될 수 있다. 토종 관목과 교목을 심는 것은 다양한 토착종의 씨앗을 가져와서 흩뿌릴 새와 포유류를 끌어

© Alex Barlow/Getty Images

그림 11.5 한국 서울의 중심부에서 도로 밑에 있던 청계천의 복원은 매우 성공적인 도시복원 프로젝트로 인정받는다. 10.9 km^2의 공원은 현재 많은 생태계 서비스를 제공하고 주민들의 삶의 질을 높였고 주요 관광 명소로 자리 잡았다.

Rendering by Field Operations; image courtesy of the City of New York

그림 11.6 Fresh kills는 세계에서 가장 큰 매립지(뉴욕 Staten Island에 있는 Fresh Kills) 위에 건설 중인 8.9 km^2 크기의 공공 공원이다. 2001년에 가정용 쓰레기의 접수를 중단한 후 복원 활동을 진행 중이다. 이는 사람에게 레크리에이션 기회를 제공하고, 토착종에게는 서식지를 제공하기 위한 것이다.

들인다. 뉴욕시의 Staten Island에 있는 Fresh Kills 복원 매립지는 그러한 복원 관행의 좋은 예이다(www.nycgovparks.org/park-features/freshkills-park). 이 장소는 약 1000 ha에 이르는 넓이의 부지에 자유의 여신상 만큼 높은 쓰레기 더미가 있었는데, 그 양이 이집트의 기자 대피라미드의 25배에 이르렀다. 매립지는 2001년에 폐쇄되었으며, 현재는 자생 생태계의 많은 요소를 가진 거대한 공공 공원으로 재생하기 위해 복원 중이다. 이 프로젝트는 2036년까지 6단계로 완료할 예정이다(**그림 11.6**). 궁극적인 목표는 풍부한 야생 동물과 많은 레크리에이션, 문화 및 교육 시설을 갖춘 대규모 공공 공원 지역(뉴욕시 센트럴 파크의 거의 3배 크기)을 만드는 것이다. 농구장, 축구장 그리고 놀이터는 완공되었으며, 지금은 야생 동물 피난처를 조성 중이다.

생물을 이용한 복원

학습 목표

이 절에서는 다음 내용에 주안점을 두기 바란다.

1. 재야생화(rewilding) 개념에 대한 생태학적 근거를 설명할 수 있어야 한다.
2. 생물학적 조절의 비용과 이점을 고려하고 그것의 유리한 부분을 파악할 수 있어야 한다.

동물과 다른 생물들은 불가능할 수도 있는 규모로 복원을 촉진할 수 있다.

복원은 관련 비용으로 인해 지리적 범위가 제한되는 경우가 많지만, 특정 생태계의 동태를 재구축하여 경우에 따라서는 대규모로 생태계를 복구하는 방법을 고려하는 움직임이 증가하고 있다. 동물(그리고 박테리아 또는 곰팡이와 같은 다른 유형의 생물)을 도입하면 물류 또는 재정적으로 불가능한 일을 달성할 수 있다. **재야생화(rewilding)**라는 용어는 생태계 먹이망의 위에서 아래로 조절할 목적으로 최고차 소비자인 육식 동물을 생태계에 재도입하는 것을 설명하기 위해서, Michael Soulé가 1990년대 중반에 도입하였다(Svenning et al. 2018). 그 이후로 재야생화라는 용어는 다양한 맥락에서 사용되어 왔으며, 특히 11,000년 전의 **홍적세 재야생화**(*pleistocene rewilding*)라고 불리우는, 홍적세 시대에서 마지막으로 존재했던 생태계의 측면을 복원하려는 시도에서 사용되었다. 이들 중 가장 유명한 것은 옐로스톤 국립공원의 늑대 재도입이다(제8장과 그림 8.1 참조). 하나 이상의 누락된 동물 기능 그룹을 재도입함으로써 전체 생태계의 복원을 촉진할 수 있다는 생각은 **영양단계 재야생화**(*trophic rewilding*)라고 부르는 접근 방식이다(Svenning et al. 2019).

영양단계의 재야생화가 성공한 곳 중 하나는 네덜란드의 수도인 암스테르담(www.staatsbosbeheer.nl/English)으로부터 불과 52km 떨어진 인구 밀집 지역에 있는 약 56 km^{2}를 차지하는 자연보호구역인 Oostvaardersplassen("동쪽 항해 습지")이다. 유럽의 경관은 세계 어느 곳보다도 인간의 활동에 의해 더 많이 바뀌었다. 숲, 강, 초원, 습지 등 유럽의 거의 모든 생태계가 인간의 영향을 받았다. 그러나 네덜란드 정부 과학자인 Frans Vera는 수백 년 동안 경관에 없었던 대형 초식 동물을 재도입하면 Oostvaardersplassen을 이전의 기능적인 상태로 되돌릴 수 있다고 믿었다. 도입하려는 종들의 대부분이 현재 멸종되었기 때문에, 그는 현재의 포유류를 생태 대리자로 도입했다. 1980년대부터, 그는 멸종된 오록스(야생 소) 대신 Heck 소를, 유럽의 마지막 야생마인 타판 대신 Konik 조랑말을 도입했다(그림 11.7). Vera는 또

Photo by Richard Primack

그림 11.7 네덜란드의 Oostvaardersplassen에서 재도입된 말과 기타 대형 초식 동물은 방목을 통해 나무의 우점도를 줄이는 데 도움을 주었다.

한 지역의 원래 초식 동물 중 하나였던 붉은 사슴을 재도입하였다.

재야생화의 노력은 경관에 놀라운 영향을 미쳤다. 말과 사슴의 개체수가 폭발했고, 목본 식물이 쇠퇴하면서 초원과 습지가 번성하기 시작했으며, 새로 생긴 서식지에는 멸종 위기에 처한 많은 새들이 자리를 잡았다. 2013년 네덜란드에서 늑대의 사체가 발견되었는데, 이는 19세기 이후 처음으로 모습을 드러낸 것이다. 그러나 늑대는 아직 Oostvaardersplassen에 도입되지 않았다. 이 지역에서는 식량을 찾기 위해 고립된 보호구역을 넘어 다른 지역으로 확장할 기회가 없는 포식자가 많이 부족하였기에 초식 동물 개체군이 급증했다. 굶주린 동물의 사진과 동영상이 텔레비전과 다른 매체에 실렸고, 사람들은 자연적인 과정임에도 불구하고 동물에 대한 잔인한 '치료'에 반대하여 고통받는 동물의 고통을 줄이기 위해 쏘아 죽이는 새로운 관리 정책으로 이어졌다(Barkham 2018). 육식 동물을 재도입하는 것은 초식 동물을 줄이기 위한 보장된 방법과는 거리가 멀지만, 왜 관리자가 최고 포식자를 재도입하지 않은 채 스스로 도착하기를 기다리는 가에 대한 공개 토론이 있었다(Alston et al. 2019).

보호구역에 대한 향후 계획에는 포식자의 자연스런 확산을 촉진하고 초식 동물의 이동을 허용하기 위해서, 보호구역의 유럽 네트워크의 일부로서 다른 자연보호구역에 연결하는 통로 개발이 포함된다. 여론이 때때로 비판적이었지만, 250만 명의 인구가 있는 대도시 지역에 대한 보호구역의 근접성은 막대한 교육적 가치를 가지고 있어 방문객들이 수천 년 전과 같이 작동하기 시작한 생태계를 목격할 수 있도록 한다. 보다 완화된 도시와 교외 복원 프로젝트도 비슷한 목적을 달성할 수 있지만, 유럽 기준으로는 이것이 중요한 성과이다.

동물에 의한 복원의 또 다른 유형은 생물학적 조절과 생물학적 치료 생물의 방출이다. 재야생화와는 달리, 이러한 생물학적 도입은 역사적 조건을 모방하여 생태적 균형을 회복하는 데 도움이 되지 않으며, 오히려 인간이 도입한 원하지 않는 요소를 제거하는 데 사용된다. **생물학적 치료(bioremediation)**는 기름 유출로부터 기름을 분해하는 원핵생물이나 농업 유출수의 물을 정화하기 위해 도입하는 습지 식물처럼, 오염 물질을 제거하기 위해 생물을 사용하는 것이다(제3장의 "생태계 서비스"절 참조). **생물학적 조절(biological control**, 생물 방제라고도 함)은 침입성 식물과 같은 바람직하지 않은 다른 종을 관리하기 위해 곤충과 같은 생물을 사용하는 것이다. 역사적으로 인간의 욕구에 초점을 맞추면, 일부의 경우에는 방출한 생물 자체가 해충이 됨으로써 문제가 발생했다(제5장 참조). 그리고 어떤 경우에는 침입종의 방제 이후에 바로 두 번째 침입종이 우점하였다. 그러나 이러한 경험은 전체 생태계를 고려하는 더 넓은 관점에 정보를 제공함으로써, 보전 지향적 목표를 가진 복원 맥락에서 생물학적 치료와 생물학적 조절 모두를 사용할 수 있게 한다(Seastedt 2015).

생태 복원을 위한 생물학적 조절 사용의 한 가지 사례는 미국 서부의 강을 따라 떠다니는 잎벌레(*Diorhabda* spp.)의 방출이다. 강과 강변의 식물 군집은 종종 복원 노력의 대상이 되지만 때때로 발생한 문제의 지리적 규모는 종종 할 수 있는 일을 제한한다(González et al. 2015). 텍사스, 뉴멕시코, 애리조나 및 기타 서부 주에서 복원 노력의 초점은 현재 많은 강기슭 지역에서 우점하고 있는 이국적인 타마리스크(*Tamarix* spp.) 나무를 제거하는 것이다. 이종의 침입은 식물과 동물 모두에게 부정적인 영향을 미치는 여러 문제와 관련이 있다(Sher 2013). 불도저나 제초제로 나무를 제거하려는 노력은 토착종에 해를 끼칠 위험이 있고, 외딴 지역에서 사용하기 어려우며, 대규모로 시행하기에는 너무 비싸다. 이러한 문제를 해결하기 위해 10년이 넘게 연구된 타마리스크의 생물학적 조절에 대한 연구결과를 믿고 정부 과학자들은 타마리스크 잎벌레를 2003년 야생에 방사하였다(Bean and Dudley 2018). 2018년까지 잎벌레는 수백 마일의 강을 덮을 만큼 퍼져서 타마리스크 잎을 먹음으로써, 침입종인 나무가 우점했던 지역을 갈색으로 변모시켰다. 목표는 토착 수목과 기타 종의 복구를 촉진하는 것이었는데, 일부 지역에서 그러한 결과가 확인되고 있다(**그림 11.8**)

그림 11.8 (A) 도입된 타마리스크(소금 삼나무, *Tamarix*)는 2007년 유타의 콜로라도 강 사진에서 볼 수 있듯이 순군락을 형성하였다. (B) 이렇게 접근 불가능한 지역은 2013년 사진에서 볼 수 있듯이, 타마리스크 잎을 먹으며, 갈색으로 변하는 생물학적 조절 곤충인 타마리스크 잎벌레(*Diorhabda* spp., 삽입)의 방출에 의해 복원되고 있다. (C) 이 사진에 있는 녹색 버드나무와 같은 토착종이 회복 될 수 있다.

(Sher et al. 2018). 그러나 특히 기후 변화의 맥락에서 생태계의 장기적인 반응을 결정하기에는 아직 이르다(Henry et al. 2018; Nagler et al. 2018).

재야생화 프로젝트에서 문제가 없지 않았던 것처럼, 생물학적 조절의 경우에도 야생 생물 특히 헤르페토파우나(파충류 및 양서류)(Bateman et al. 2014) 및 일부 새 종에 미치는 의도하지 않은 효과에 대하여 비판이 있었다(Darrah and van Riper 2018). 타마리스크에 둥지를 틀고 사는 연방에 등재된 멸종위기종인 새에 대한 우려로 인해서, 환경 단체가 잎벌레를 방출한 기관을 상대로 소송을 제기했다. 몇몇 과학자들은 타마리스크 감소에 따른 전반적인 생태학적 이점이 그러한 문제를 상쇄할 만큼 가치가 있다고 주장했다(Bloodworth et al. 2016). 이 사례는 복원 노력의 이점을 항상 인지할 수 있는지, 잠재적인지, 그리고 실제적인 비용으로 평가할 수 있는지를 살펴야 한다는 점을 보여준다.

> 복원은 경우에 따라 경제적 비용이나 생태계에 대한 부정적인 영향으로 복원이 바람직하지 않을 수도 있다.

재야생화와 생물학적 조절 복원 프로젝트에 대한 빈번한 과학적 비판은 실무자들이 활동적인 보전 사업에 너무 많은 자원을 소비하고, 결과를 모니터링하여 연구하며, 발표물을 만드는 데 충분한 노력과 비용을 들이지 않는다는 것이다. 이 문제는 대부분 제한된 자금으로 인해 발생한다. 이러한 프로젝트는 만성적으로 자금이 부족하며 자원 봉사자와 비영리 지원에 의존한다. 특히 세계 최대 규모의 재야생화 프로젝트에서 생성한 과학적 출판물이 부족한 것은 더 많은 대중성 확보와 지지를 얻지 못하는 부분적인 이유이다. 이와 같은 장기적인 노력은 속도는 느리지만 다른 곳의 복원 노력에 중요한 교훈을 제공한다.

복원 대상의 이동

학습 목표

이 절에서는 다음 내용에 주안점을 두기 바란다.

1. 외래종이 침입한 숲과 복원된 생태계가 모두 "새로운 유형의 생태계(novel ecosystem)"로 간주되는 이유를 설명할 수 있어야 한다.

생태계는 기후 변화, 식생 천이, 다양한 일반 종의 풍부도 및 기타 요인들이 시간이 지남에 따라 변한다. 따라서 복원 목표도 시간이 지남에 따라 변경하거나 현실성을 유지하기 위해서 시간적 동태를 포함하도록 수정할 수도 있다. 인간 활동이 환경을 극적으로 변화시킨 경우가 많은 상황에서 일부 생물학자들은 원생태계 또는 참조생태계와 달리, 군집에 토착종과 비토착종이 공존할 수 있는 **새로운 생태계(novel ecosystems)**를 수용해야 한다고 주장한다(Higgs 2017; Hobbs et al. 2013). 이러한 새로운 유형의 생태계(novel ecosystem)는 종의 변화하는 특성, 환경의 변화, 심지어 인간의 가치까지 반영하므로, 역사적 조건과 비교하였을 때 종 구성과 기능이 다를 수 있다(Harris et al. 2006; Hertog and Turnhout 2018).

많은 생태계가 단순히 전통적인 의미로 복원될 수 없다는 것이 분명해지면서, 복원생태학에서는 복원 대상에 대한 이동 문제를 점점 더 많이 다루고 있다(Arthington et al. 2014). 토양 화학이나 물 이용 가능성이 너무 다르거나 도입한 종의 제거가 비현실적이거나 더 나아가서 그 종이 누락된 토착종과 유사한 생태학적 역할을 수행할 수 있다면 제거는 바람직하지 않을 수 있다. 예를 들어, 하와이의 자생 숲과 새로운 유형의 숲 생태계에 대한 연구에 따르면, 토착종과 외래종을 모두 포함하는 새로운 숲 생태계에서 종 풍부도가 더 높고 전체 식물 생물량과 영양 염류 순환이 자생 숲과 유사하거나 더 크다는 사실을 발견했다(Mascaro et al. 2012). 이 생태계에서 토종 식물 종이 감소하고 있지만, 새로운 유형의 생태계 지지자들은 그러한 새로운 숲을 복원 노력의 허용 대상으로 받아들이자고 주장한다. 이러한 관점에 대응하여 다른 연구자들은 새로운 생태계를 옹호하는 것이 문제가 된다고 주장한다. 왜냐하면, 개발 옹호자들이 그렇게 하지 않았으면 복원이 가능했음에도 완전 복원을 시도하지 않는 변명거리로서, 새로움(novelty)을 주장할 수 있기 때문이다(Miller and Bestelmeyer 2016).

주요 군집의 복원

학습 목표

이 절에서는 다음 내용에 주안점을 두기 바란다.

1. 습지 복원과 대초원의 복원에 대한 도전을 비교할 수 있어야 한다.
2. 대초원 복원이 특히 어려운 이유를 설명할 수 있어야 한다.
3. 생물 문화 복원 프로그램의 중요성과 도전에 대해 토론할 수 있어야 한다.

생태계 복원을 위한 많은 노력이 강, 습지, 호수, 대초원 및 숲에서 진행되고 있다. 이러한 장소들은 인간 활동에 의해 심하게 변경되어 복원이 가능한 후보지들이다.

습지

늪과 습지를 포함한 습지에서 가장 광범위한 복원 작업이 수행되었다(Moreno-Mateos et al. 2015b). 습지 보호와 습지의 순손실이 없는 미국 정부의 깨끗한 물법의 시행으로 인해 습지를 손상시키는 대규모 개발 프로젝트는 습지를 회복시키거나 회복할 수 없는 피해를 보상하기 위해 새로운 습지를 조성하도록 했다(Goldberg and Reiss 2016). 이러한 노력의 초점은 이 지역의 자연적인 수리수문을 재창조하고 토착종을 심는 데 있었다. 이 법으로 많은 복원 프로젝트가 성공적으로 이루어졌다. 그러나 모니터링과 장기적 관리의 부족으로 인해 기대에 못 미쳤다. 단기적인 성공은 종종 몇 년이 지난 후 프로젝트 목표를 달성하지 못한 채 실패로 판명되었다(Clare and Creed 2014). 강의 생물다양성을 복원하기 위한 전략에는 댐과 기타 구조물의 완전한 제거(Foley et al. 2017) 및 댐에서 물의 통제된 방출(Glenn et al. 2017)이 포함된다. 원예용 이탄을 수확함으로써 황폐화된 이탄지의 경우, 잘 알려진 복원 접근법은 이끼층 이식 기술이다. 이 기술은 자연 이탄의 상위 10cm에서 수집한 토종 식물 재료를 복원된 지역에 퍼뜨려서 종과 생태계 과정의 재확립을 용이하게 한다(Chimner et al. 2017).

그러나 습지 복원은 생물다양성에 대한 관심 이상의 동기를 부여한다. 2005년 허리케인 카트리나에 의한 뉴올리언스와 기타 걸프 해안 도시의 파괴 그리고 카트리나 직후에 이어진 허리케인 리타에 의한 피해는 부분적으로 허리케인의 힘으로부터 해안을 보호했던 지역의 습지를 파괴한 개발 활동의 결과이다. 이어지는 자연 재해는 생물 군집과 인간의 지역사회 공동체 모두에게 생태계 서비스의 중요성을 강조하는 전형적인 예가 되었다(제3장 참조). 아이러니하게도, 이러한 허리케인에 따른 피해는 잃어버린 습지를 복원하기 위한 즉각적인 조치가 필요하다고 강조했던 루이지애나 해안 습지 보존과 복원 태스크 포스(1998)에 의해 7년 전에 예측되었었다. 허리케인 이후 복원 프로젝트가 다시 시작되었지만, 충분한 자금이 지원되지 않거나 범위가 충분히 크지 않다면, 뉴올리언스는 또 다른 파괴적인 홍수로부터 취약한 상태로 남을 것이다. 현재 뉴올리언스 근처의 미시시피 강 삼각주에 8억 달러 규모의 습지 복원 프로젝트가 진행되고 있는데, 여기에는 막대한 양의 퇴적물 이동도 포함된다. 이 프로젝트를 완료하는 데 최소 10년이 소요될 것으로 예상된다(Associated Press 2019).

경험에 따르면, 습지를 복원하려는 노력의 결과는 가끔 참조생태계 지역의 종 구성이나 수리수문학적 특성과 일치하지 않게 된다. 종 구성, 물의 이동, 토양의 미묘함과 대상지의 역사는 일치시키기 매우 어려울 수 있다. 외래 침입종이 복원된 습지대에서 종종 우점한다(Cooper et al. 2017). 그러나 복원된 습지는 일반적으로 일부 습지식물 종 또는 적어도 유사한 종을 가지고 있으며, 참조생태계의 일부 기능을 제공할 수도 있다(Baldwin et al. 2019). 복원한 습지는 또한 홍수 조절 및 오염 감소와 같은 유익한 생태계 특성을 가지고 있으며, 야생 동물 서식지로서 가치가 있는 경우가 많다. 복원 방법에 대한 추가적인 연구는 추가적인 개선을 가져올 수 있다.

수생태계

모든 유형의 담수와 해양 생태계가 오염, 자원의 과잉 착취, 지구 온난화 및 기타 요인(제4장 및 제5장 참조)에 의해 훼손되는 경우, 복원 후보지가 될 수 있다. 수생태계 복원은 또한 수질 화학, 외래종과의 영양 관계, 해안이나 제방의 물리적 조건과 관련된 문제를 처리해야 할 수도 있다. 수생태계는 종종 육상 생태계보다 더 탄력적인 것으로 간주되지만, 손상이 심각해지면 복원이 더 복잡해질 수 있다.

호수 복원은 수질을 개선하고 원래 종 구성과 군집 구조를 복원하는 데 도움이 된다. 생태적 복원은 보전을 위한 중요하고 성장하는 도구이지만 기존의 생물다양성을 보호하는 것이 최우선 과제이다.

호수와 연못에 대한 가장 일반적인 피해 유형 중 하나는 **문화적 부영양화(cultural eutrophication)**로, 인간 활동으로 인해 물에 과도한 영양분이 축적되는 것이다. 부영양화의 징후로는 조류 종(특히, 청록색 조류의 표면 부유물)의 증가, 물의 투명도와 산소 함량 감소, 물고기 죽음, 부유 식물과 기타 수생식물의 성장 증가 등이 있다. 많은 호수에서 더 나은 하수 처리를 통해 물에 들어가는 미네랄 영양소의 양을 줄이거나 오염된 물을 전환함으로써 부영양화 과정을 되돌릴 수 있다. 호수 복원의 가장 극적이고 비용이 많이 투입된 사례 중 하나는 이리호를 복원하려는 노력이었다(Bullerjahn et al. 2016). 이리호는 1950년대와 1960년대에 오대호 중 가장 오염된 곳으로, 수질 악화, 광범위한 조류 번성, 심해의 산소 고갈, 토착 어류의 개체수 감소, 상업 어업 붕괴로 인해 고통받았다. 이 문제를 해결하기 위해서 미국과 캐나다 정부는 1972년부터 폐수 처리 시설에 수십억 달러를 투자하여 호수로의 연간 인 배출량을 1970년대 초 15,000톤에서 오늘날 약 2,000톤으로 줄였다(International Joint Commission 2014).

호수 복원과 관련된 많은 문제는 해양 생태계에도 똑같이 적용된다. 여기에는 해안선, 산호초, 염습지 및 맹그로브가 포함된다. 미국 동부의 체서피크만을 포함하여 많은 대규모 프로젝트에서 인간 활동으로 인해 손상된 하구와 만을 복원하고 있다(그림 11.9). 체서피크만은 미국에서 가장 중요한 어장과 휴양지 중 하나이다. 그러나 만에 접해 있는 주거지, 농업 및 산업 토지의 오염으로 인해 수질이 급격히 악화하여 생물다양성의 모든 측면에 악영향을 미쳤다. 이 오염의 경제적 결과도 분명했다. 어패류의 수확량이 감소하고 안전하게 수영할 수 없는 물이 되었다. 전체 경관에서 발생하는 이러한 유형의 일반 오염을 **비점오염원(nonpoint source pollution)**이라고 하는데, 단일 오염원을 쉽게 식별하고 억제할 수 없어서 포괄적인 복원 접근 방식이 필요하다. 1987년 만을 담당하는 연방, 주 및 지방 정부 기관은 주로 물을 공급하는 하천과 유역의 건강을 개선함으로써 만으로 유입되는 영양분과 퇴적물 부하를 40%까지 줄이기로 합의했다. 가장 많은 수의 프로젝트는 시내와 하천 복원을 포함하고 있는데, 여기에는 경사면 재구성과 토착종 초목 심기가 포함된다. 하지만, 가장 많은 자금이 수처리 프로젝트에 사용되었다.

해양 복원 프로젝트에 대한 235건의 연구를 검토한 결과, 이러한 프로젝트에 수백만 달러가 지출되고 있지만, 성공 여부는 지출한 금액보다 생태계 유형(염습지와 산호초의 생물 생존율이 가장 높음)과 부지 선택 및 기술과 더 관련이 있었다(Bayraktarov et al. 2015). 또한 대부분의 프로젝트는 수명이 짧았으며, 모니터링이 제대로 이루어지지 않는 것으로 나타났다. 예를 들어, 체사피크만 복원 프로젝트의 주요 약점은 이러한 프로젝트의 5%만이 식생 구조에 대해서만 모니터링하였고, 더 적은 수의 수질 모니터링을 통해 영양분만으로 퇴적물 부하를 줄이고자 하였던 원래

(A)

(B)

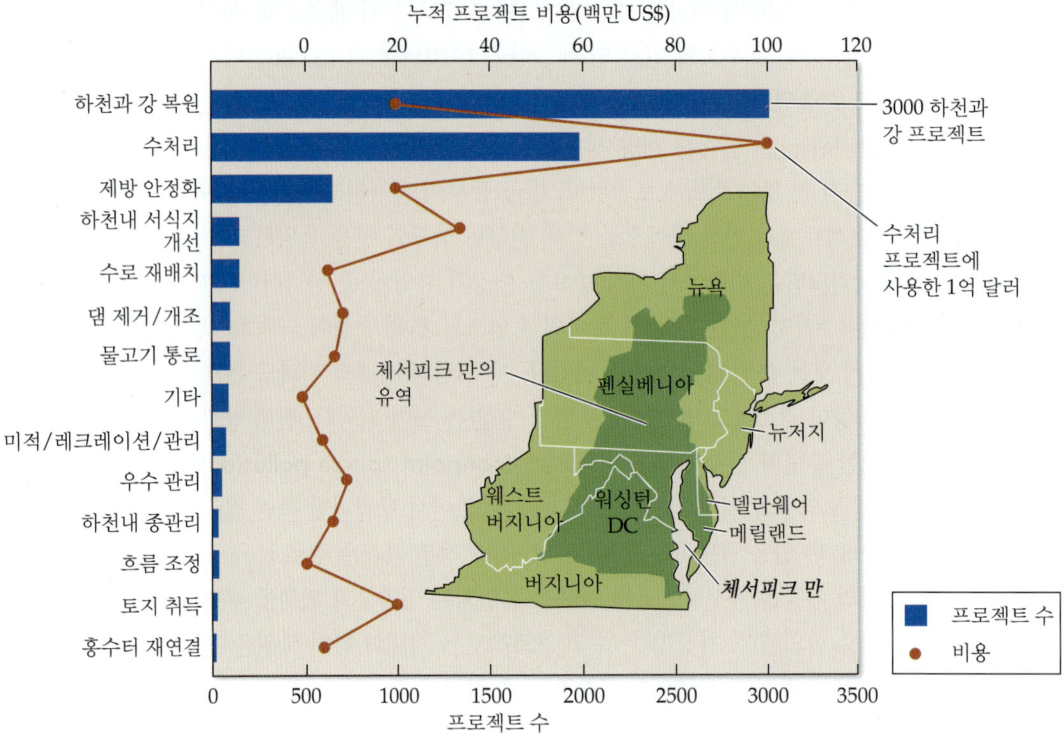

그림 11.9 (A) 체서피크만 생태계의 건강을 회복하기 위해 다양한 조치가 취해졌다. (B) 지도는 만으로 배수되는 유역을 보여준다. 그래프는 각 프로젝트 유형 및 프로젝트 수에 대한 누적 비용을 보여준다. 시내와 하천 복원은 가장 일반적인 유형의 프로젝트이며 가장 많은 돈이 수처리 프로젝트에 사용되었다. (B after B. M. Hassett et al. 2005. *Front Ecol Environ* 3: 259–267.)

목표의 달성 여부를 결정했다는 것이다. 이 프로젝트와 다른 프로젝트의 사례들은 사회에서, 대규모 수생태계를 복원할 필요성을 받아 들였지만 기대에 못 미쳤기에, 과학자들은 프로젝트가 약속한 서비스를 제공하도록 보장하는 더 나은 작업을 수행함을 보여준다.

대초원과 농지

대초원에는 종이 풍부하고, 아름다운 야생화가 많으면서도 수년 내로 재건될 수 있기에 복원 작업을 위한 이상적인 곳이다(Denning and Foster 2018). 매디슨의 위스콘신 대학의 혁신적인 사상가들은 연구책임자였던 Aldo Leopold의 지도 아래 1930년대에 대초원을 복원한 선구자였다(그림 11.10). 많은 기술이 대초원 복원에 사용되었지만, 기본적인 방법은 대초원 종이 존재하는 경우 얕은 쟁기질, 태우기 및 갈퀴

(A)

U.S. National Archives and Records Administration

(B)

© Brian A. Wolf/Shutterstock.com

그림 11.10 (A) 1930년대 후반, 민간인 보전 봉사단(대공황 기간 동안 고용을 촉진하기 위해 프랭클린 루즈벨트 대통령이 만든 조직 중 하나)의 구성원이 위스콘신 대학교의 중서부 대초원의 야생종을 복원하는 프로젝트에 참여했다. (B) 현재의 대초원 모습.

질을 하지만, 외래종만 존재하는 경우 제초제를 사용하거나 쟁기질로 모든 식생을 제거해서 현장 준비하는 것을 포함하였다. 다른 곳에서 구한 토종 식물 종을 대초원에 이식하거나, 종자에서 발아하여 자란 개체를 심거나, 야생 또는 재배지에서 가져온 종자를 대초원에 뿌림으로써 정착시켰다. 가장 간단한 방법은 자생 초원에서 건초를 모아 준비된 부지에 뿌리는 것이다. 토착종은 비료가 없을 때 정착될 가능성이 더 높으며, 비토착종이 비료를 더 선호하는 경향이 있다. (물론 식물 종, 토양 구조 및 무척추동물의 전체 범위를 재구성하는 데는 수세기가 걸리거나 재구성되지 않을 수도 있다.)

대초원에서의 작업으로 설명되는 복원 생태학의 수수께끼는 생태계의 목표 상태를 결정하는 것이다. 인간은 수세기 또는 수천 년 동안 많은 생태계에 영향을 미쳤다. 예를 들어, 초기 인간은 12,000년 전에 많은 북미 포유류를 사냥해서 멸종시켰다. 북미의 초원은 유럽인 정착 이전(수백 년 전)으로 복원되어야 하는가? 아니면 인간 정착 이전(12,000년 전)과 유사하게 복원되어야 하는가?

제안된 가장 야심찬 복원 중 하나는 Dakotas에서 Texas까지, Wyoming에서 Nebraska까지 약 380,000 km^{2}의 지역을 짧은 키의 대초원 생태계로 또는 "버팔로 커먼즈"로 재현하는 것이다(Davenport 2018). 이 토지의 일부는 현재 환경적인 피해를 받고 있고 때로 수익성이 없는 농업과 방목에 사용되며 정부 보조금이 지원된다. 이 지역의 인구는 농부와 마을 사람들이 사업을 중단하고 젊은이들이 이사를 가면서 감소하고 있다. 생태학적, 사회학적, 경제적 관점에서 볼 때 이 지역의 대부분을 장기적으로 사용하는 가장 좋은 방법은 대초원 생태계의 복원일 수 있다. 이 지역의 인구는 관광, 야생 동물 관리, 소와 들소에 의한 낮은 수준의 방목과 같은 손상되지 않은 핵심 산업을 중심으로 안정될 수 있으며 농업에서 가장 좋은 땅만 남길 수 있다. 이 장의 앞부분(생물을 이용한 복원 절에서)에서 언급했듯이, 일부는 코끼리, 치타, 낙타, 심지어 사자와 같은 아프리카와 아시아의 대형 게임 동물이 방출되는 북미 재야생화 과정을 주장했다. 인간이 대륙에 도착하기 전에 북미에서 발생한 생태학적 상호작용의 유형을 재현하려는 시도이다(Hayward 2009). 제안된 프로젝트는 모두 논란의 여지가 있는데, 그 지역의 많은 농부와 목장주들이 현재의 생활 방식을 변경하지 않고 계속하기를 원하고 과학자와 정부의 원하지 않는 조언과 간섭에 매우 분개하는 경향이 있기 때문이다. 이 프로젝트는 북미 생태계에서 비토착 포유류의 방출이 제안되었기 때문에 논란이 되고 있다.

코스타리카의 열대 건조림

1985년 이후 코스타리카 북서부에서 흥미로운 복원 과정이 진행되고 있다. 중앙 아메리카의 열대 건조림은 가축 목장과 농장으로의 대규모 전환으로 인해 오랫동안 어려움을 겪어 왔다. 국제 과학과 대중의 관심이 중남미의 다른 지역에 있는 더 매력적인 열대 우림에 맞춰져 있었기에, 이러한 파괴는 눈에 거의 띄지 않았다(예: 제2장과 제4장 참조). 미국의 생태학자인 다니엘 얀젠(Daniel Janzen)과 위니 홀 워치(Winnie Hall wachs)는 코스타리카의 환경부, 주민 직원 및 Guanacaste 건조림 보전기금과 협력하여 130,000 ha의 황폐화된 산림과 방목지 그리고 Guanacaste 보전지역 안의 남획이 이루어진 43,000 ha의 해양 서식지에서 생물학과 문화적 연결성을 복원하고 있다(Hallwachs and Janzen 2016; www.acguanacaste.ac.cr)(**그림 11.11**).

이러한 주변 목장, 품질이 낮은 농장 및 산림 조각들의 복원에는 사람들이 시작한 덤불 화재의 제거, 벌목과 사냥 금지, 때때로 도입된 아프리카 풀을 제거하기 위한 토착종과 외래종 나무의 식재 등이 포함된다. 가벼운 가축 방목은 처음에 풀의 식피율을 줄였고, 이후 자연의 동물과 바람 매개 종자 분산을 통해 숲이 회복되면서 단계적으로 폐지되었다. 29년 동안 진행된 이 과정은 수만 헥타르의 목초지와 오래된 들에서 다양한 종류의 많은 증가하는 토착 동물 개체군과 함께 종이 풍부하고 울

(A)

(B)

Photographs by Brad Zlotnick

(C)

그림 11.11 Area de Conservación Guanacaste(ACG)는 복원 생태학 실험으로 코스타리카의 황폐하고 조각난 열대 건조림을 복원하려는 시도이다. (A) 산림 조각들이 흩어져 있는 메마른 초원은 소에 의해 풀을 심하게 뜯겼고 불에 자주 탔다. (B) 소와 화재가 사라진지 17년 만에 이 숲에 토착종과 다른 종들이 다시 이 어린숲에 자리를 잡았다. 척도는 왼쪽 하단에 있는 사람을 참고. (C) 미국의 생태학자 다니엘 얀젠(D. Janzen)은 Guanacaste의 복원 프로젝트를 이끈 원동력이다. 이 사진에서, 그는 Guanacaste 건조림 보전기금의 이사회에 토지 구매 계약에 대해 설명하고 있다.

창한 어린 숲으로 바꾸는 과정이었다. 그럼에도 불구하고 ACG(Area de Conservación Guanacaste)는 Guanacaste의 원래 산림의 구조를 되찾기 위해 약 200~500년이 소요될 것으로 예측한다.

이 복원 계획의 핵심 요소는 **생물 문화 복원(biocultural restoration)**이라고 불리는 것이다. 즉, ACG 직원은 ACG의 핵심 임무로서 인근 53개 학교의 4~6학년 학생 2,500명을 대상으로 기초 생물학과 생태학을 현장에서 알려주고, 시민 그룹에게는 발표자료를 제공한다. ACG 스태프 및 행정 직원 95명 모두가 코스타리카인이라는 사실과 결합된 이러한 노력은 ACG가 배제된 "국립공원"이 아닌 지역 사회를 위한 "야생지역의 자원"을 생산하는 대규모 목장인 것처럼 주민들이 ACG를 바라보는 보게 하는 결과를 가져왔다." Janzen(얀젠 1988에서 인용)은 Guanacaste 지역과 같은 시골 지역에서 자연에 대해 배우는 기회를 제공하는 것이 보전된 야생 지대의 가장 가치 있는 기능 중 하나가 될 수 있다고 믿는다. "생물 문화 복원의 목표는 사람들에게 그들의 조부모가 가졌던 자연사에 대한 이해를 되찾게 하는 것이다. 이 사람들은 이제 더 이상 읽거나 음악을 듣거나 색을 볼 수 없는 것처럼 문화를 박탈당하고 있다." 이러한 복원 노력은 많은 성과를 거두었으며, 부분적으로는 개인인 얀젠이 자신이 열정적으로 믿는 대의에 자신이 가진 대부분의 시간과 자원을 투입하였기에 많은 관심을 끌 수 있었다. 얀젠의 열정과 비전은 다른 많은 사람들에게 그의 대의에 동참하도록 영감을 주었다. 그는 한 개인이 어떻게 보전을 위한 강력한 힘이 될 수 있는지를 보여준 대표적인 예이다.

복원생태학의 미래

학습 목표

이 절에서는 다음 내용에 주안점을 두기 바란다.

1. 향후 몇 년 동안, 완전한 복원에 집중되지 않을 수 있는 이유를 고려하여야 한다.

윌슨(E. O. Wilson)은 1992년에 "대멸종 현상을 종식시킬 수 있는 방법이 있다. 다음 세기는 생태 복원의 시대가 될 것이다."라고 예측했다. 그가 옳을 수도 있다. 복원생태학 분야는 생태복원학회외에도, 점점 더 많은 저널이 만들어져 빠르게 발달하고 있는 학문 분야이다. 주요 저널로 **복원생태학, 생태복원, 생태계복원 저널, 생태적 관리와 복원** 등이 있다. 이 분야에서 개발한 방법을 사용하여 생태계를 복원하고, 주제에 대한 책을 쓰고 있으며, 더 많은 대학에서 새로운 과정을 가르치고 있다. 과학자들은 점점 더 다양해지는 출판된 연구를 활용하고 복원 기술의 개선을 제안할 수 있다. 최상의 상태에서 복원된 토지는 생물 다양성을 보호하고 자연에 대한 인식을 불러일으킬 수 있는 새로운 기회를 제공할 수 있다.

이 분야의 보전생물학자들은 복원 노력이 단순히 "평상시처럼 사업"을 계속하는 데에 관심이 있는 환경에 피해를 주는 기업에서 행하는 홍보 노력이 아님을 확인해야 한다. 눈에 잘 띄는 곳에 위치하는 5 ha의 "시연" 또는 "모범 사례" 프로젝트가 다른 곳에서 손상된 수천 또는 수만 헥타르의 면적을 보상할 수 없으므로, 보전생물학자들은 이를 적절하다고 받아들이지 말아야 한다. 새로운 장소에 유사한 종 집합체를 구축해서 온전한 생물 군집의 파괴를 완화하거나 상쇄하려는 시도는, 거의 확실하게 동일한 종의 서식지 또는 유사한 생태계 기능을 제공하지 않을 것이다(Moreno-Mateos et al. 2015a). 그러나 새로운 세대의 복원 실무자들은 원생태계로의 거의 불가능한 완전한 복구와 사회가 일부 핵심 생태계 서비스를 제공하는 기능적 생태계를 실용적으로 추구하는 것 사이에서 타협점을 찾아야 한다. 이를 위해서는 관리자와 과학자 간의 더 나은 정보 공유, 겸손, 객관성 및 혁신(Hobbs 2018), 이전 프로젝트의 모니터링과 결과에 대한 체계적인 평가를 기반으로 하는 보다 효과적인 복원이 필요하다(Cooke et al. 2018). 또한 생태복원학회와 기타 관련 사회단체들은 대규모로 변화와 복원을 구현할 수 있는 다국적 기업, 대규모 조직 및 정부 부서에 이러한 뜻을 전달하기 위한 노력을 계속해야 한다(Perring et al. 2018).

최고의 장기적인 전략은 자연에서 발견되는 생물 군집을 보호하고 관리하는 것이다. 많은 연구자들은 모든 종의 장기 생존에 대한 요구 사항이 그곳에서 발견될 가능성이 가장 높고, 손상되지 않은 생태계의 보호는 일반적으로 훼손된 생태계를 회복시키는 것보다 저렴하고 쉽다고 주장한다. 더불어서, 기후 변화의 영향을 예상하여 생태계 복원을 고려해야 한다(제5장 참조)(Perry et al. 2015). 미래의 복원생태학자와 관리자에게는 우리가 종으로서 해 왔던 손상을 복구하기 위해서 노력으로 해결해야 할 기술적, 과학적, 물류 및 경제적 과제가 많이 남겨져 있다.

국내 사례연구

한국의 해안사구

한국은 삼면이 바다로 둘러싸여 있어 갯벌과 해안사구가 많이 분포하고 있다. 한국은 인구밀도가 높고, 국토가 좁으며, 해안도시에 많은 인구가 집중되어 있다. 따라서 해안에 대한 개발과 이용에 대한 요구가 많으며, 해안지형의 훼손이 많이 이뤄지고 있다. 해안사구는 해류에 의해 운반된 모래가 바람에 의해 날려가 낮은 언덕을 만든 지형이다. 한반도 서해안의 사구는 하천으로부터 공급되는 모래의 양이 많고, 입자 크기가 가늘며, 북서계절풍의 영향으로 내륙으로 이동하는 모래의 양이 많으므로, 내륙 쪽으로 폭이 넓은 사구가 발달한다. 이에 비해 동해안의 사구들은 모래입자의 크기가 상대적으로 크고, 북서계절풍의 영향이 작아 주로 파랑작용에 의해 사구가 길게 발달한다.

해안사구는 육지 환경과 해안 환경의 전이대로서 국토의 해안선을 보호하고 고유 생태계를 형성한다. 또한 해안사구는 모래의 저장창고로서 해안 제방 역할을 하고, 육지와 해양 간 물질 교환을 매개하여 양쪽 생태계의 유지에 기여하며, 지하수를 저장하여 물을 공급하고, 염수의 유입을 방지한다. 이뿐만 아니라 해안사구는 빛이 많고, 자외선이 강하며, 양분이 적고, 염분구배가 형성되어 육지와는 다른 독특한 환경조건을 조성함으로써 사구지대 고유의 생물 서식지를 제공한다. 그 외에 해안사구는 과거 환경(해안사구 형성시의 환경, 과거의 폭풍해일, 해수면 변동 등)을 과학적으로 분석할 자료를 제공하는 지시자로서 작용한다. 이러한 모든 점은 자라나는 미래세대에게 자연보전의 가치를 교육할 중요한 장소를 제공해준다. 무엇보다도 해안사구는 중요한 관광자원으로 해안지역 경제의 중심이다. 이처럼 해안사구는 귀중한 자연자원이자 반드시 지켜야 할 생태계이다.

해안사구에 대한 정부와 국민의 인식이 해안사구를 나지 또는 이용해야 하는 자원으로 여김으로써, 골재채취, 해수욕장, 농경지, 관광지 등으로 개발하고 활용함에 따라 심각하게 훼손되고 있다. 해안사구는 사구의 모래를 매개로 해서 주변 생태계와 밀접하게 연결되어 있다. 사구의 모래는 산에서 하천을 거쳐 바다로 이동한 후 사구에 전달되는 것, 사구 주변의 암석이 파도에 깎이고 풍화되어 형성된 것이 옮겨온 것, 그리고 조개와 같은 해양생물로부터 기원한 것으로 구분할 수 있다. 사구를 형성하는 모래는 대부분 산에서 기원한 것으로, 산지의 보전 상태와 기후변화가 모래 공급에 영향을 준다. 또한 하천의 보와 해양의 시설물들이 모래의 이동에 영향을 미친다. 전체적으로 모래의 공급과 소실의 균형이 중요한데, 사구들에 공급되는 모래의 양은 숲의 발달과 함께 줄어들고 있고, 해수면의 상승과 개발로 인해 해안침식이 심해지고 있다.

한국의 해안사구는 2000년대 초반 207개이었던 것이 2016년 현재 189개로 줄어들었고, 사구의 총면적은 약 36.5%나 감소하였다. 한국의 해안사구에는 넓은 면적의 해안림이 조성되어 있다. 사구의 해안림은 순기능과 부작용이 있다. 특히 사구 전면의 해안림은 사구 발달을 방해하고, 사구 고유의 식생 정착을 방해해서 사구 생태계의 기능을 변화시킬 수 있다. 해안사구를 지키고 보전하는 가장 좋은 방안은 국립공원으로 지정하거나 생태경관보전지역으로 지정하는 것이다. 한국에서는 서해안의 일부 사구가 국립공원에 포함되어 있고, 일부는 생태경관보호지역이나 해양보호지역에 포함되어 있다. 그러나 대부분의 사구는 특별한 보호조치 없이 개발 압력에 직면해 있다.

한국에서는 지금까지 해안사구에 대한 이용을 고려한 정책이 주로 시행되어 왔다. 이제부터라도 해안사구의 보전과 복원을 고려하고 지속가능한 이용 방법을 모색할 때이다. 이를 위해서는 우선적으로 해안 고유 식생을 살리고, 모래가 살아 움직일 수 있는 활동 사구 공간을 확대할 필요가 있다.

국내 사례연구

한국의 해안사구 (계속)

제주도 신양사구

제주도 사계사구

강릉 안목사구

강릉 하시동사구

대청도 옥죽동사구(1)

대청도 옥죽동사구(2)

한국의 사구 풍경

요약

- 생태 복원은 서식지가 훼손되거나 손상되거나 파괴된 곳을 포함하는 개체군, 생태계 및 경관을 재건하는 것이다. 복원생태학은 훼손된 서식지에서 종, 생물 군집 그리고 생태계의 기능을 재건하는 방법을 제공한다.
- 훼손되거나 버려진 부지에 새로운 군집을 만들면, 생물 다양성을 향상시킬 수 있는 기회를 제공하고 그 지역에 사는 사람들의 삶의 질을 향상시킬 수 있다. 또한 복원생태학은 과학자들이 생태 과정에 대해 더 많이 배우고, 일반 대중이 보전 노력에 참여할 수 있는 기회를 제공할 수 있다.
- 복원 프로젝트는 생태계 복구를 방해하는 요인을 제거하거나 무력화하는 것으로 시작된다. 그런 다음 부지를 준비하고, 서식지를 관리하면서 원래 종을 재도입하는 등을 통해서 조합한 군집이 지정된 참조생태계의 종과 생태계 특성을 회복시킬 수 있다. 서식지 복원 시도를 모니터링해서 특유의 역사적 종과 생태계의 기능을 가진 군집으로 재확립하고 있는지 확인해야 한다.
- 생물학적 조절은 곤충과 같은 생물을 이용하여 침입종을 제거할 수 있는 도구이다. 생물학적 치료는 박테리아와 같은 생물을 이용하여 오염 물질을 정화한다.
- 어떤 경우에는 퇴화의 성격이나 정도, 침입종의 존재 또는 기후 변화로 인해서 이전 상태로의 복원이 비현실적이거나 불가능하다. 이러한 경우, 원생태계와 동일한 기능을 일부 가진 새로운 유형의 생태계를 고려할 수 있지만, 이 생태계를 자연 생태계 이상으로 평가할 수 없다.
- 보상적 완화 또는 생물학적 상쇄로 알려진 다른 곳에서 잃어버린 서식지를 대체하기 위한 새로운 서식지를 만드는 것은 가치가 있지만, 자연적으로 발생하는 종과 생태계의 보호를 포함하는 전체 보전 전략의 일부로 간주해야 한다.

토론 주제

1. 복원생태학자들은 생물 군집을 복원하는 능력을 향상시키고 있다. 이러한 능력이 생물 군집을 경관 주변으로 이동시키고 인간 활동의 추가 확장을 방해하지 않는 편리한 장소에 배치할 수 있음을 의미하는가?
2. 복원 프로젝트의 성공 여부를 모니터링하고 평가하기 위해 어떤 방법과 기술을 사용할 수 있는가? 복원 성공 여부를 판단하기 위해서는 어떤 시간 규모를 이용하여야 하는가?
3. 복원하기 가장 쉬운 생태계는 무엇이라고 생각하는가? 가장 어려운 생태계는 무엇인가? 왜 그런가?
4. 알도 레오폴드는 건강한 생태계를 유지하기 위해 인간에게 "톱니와 바퀴 모두를 유지"하도록 권고했다. 사라진 모든 종을 복원된 생태계로 되돌리는 것이 필요하거나 가능한가?

오만의 어부들은 생태적으로 지속가능하면서 수익성 있는 어업을 위하여 농림수산부, 세계은행, 어업관계자와 공동협력함으로써 이익을 얻는다.

12

지속가능한 개발의 도전

생물다양성을 보전하기 위한 노력은 사람들의 실질적(real)인 요구와 인식속 (perceived) 요구 사이에서 충돌을 일으키기도 한다(**그림 12.1**). 많은 보전생물학자, 정책입안자, 토지경영자는 지속가능한 개발, 즉 생물다양성에 미치는 영향을 최소화하고 생태계가 작동을 하면서 현재와 미래에 필요한 자원과 고용 모두를 창출할 수 있는 경제 개발의 필요성을 인식하고 있다(Selomane et al. 2015). 지속가능성(*Sustainability*)과 혼용되기도 하는 **지속가능한 개발(sustainable development)**은 비지속가능한 전형적인 개발과 크게 대비될 수 있다. 비지속가능 개발은 자원을 파괴하거나 고갈시키기 때문에 무한정 지속될 수 없다. 일부 환경경제학자들이 정의한 바에 의하면, **경제 개발(economic development)**은 자원 이용 혹은 자원 소비를 필수적으로 수반하지 않는 기타의 경제 활동의 효율, 체계, 분배의 향상을 의미한다. 경제 개발은 자원소비량의 실질적 증가로 정의되는 **경제 성장(economic growth)**과 확연히 구별된다. 지속가능한 개발은 보전생물학자에게 유용하고 중요한 개념이다. 왜냐하면, 지속가능한 개발은 현재의 경제 개발 향상과 비지속적인 경제 성장을 제한하는 데에 중점을 두기 때문이다.

그림 12.1 지속가능한 개발은 인간의 욕구에 따른 개발과 자연계의 보전 사이에 존재하는 갈등 해결 방안을 모색한다.

Top: © FloridaStock/Shutterstock; bottom: © kavram/Shutterstock

덜 파괴적인 벌목과 어업방식처럼 지역사회에 생물다양성 보호를 증진시키고 수익 기회를 제공하는 국립공원 기반시설 투자는 지속가능한 개발을 위한 한 예이다. 특히 개발도상국가에서 지속가능성은 사회정의 이슈와 단단히 얽혀 있어서 모든 당사자에 대한 이익 보장 없이 지속가능한 개발은 있을 수 없다. 이것은 환경의 질적 악화가 불균형적으로 가난한 사람들에게 영향을 미치므로, 어떤 면에서는 사실이다. 지속가능한 개발로 명시된 환경, 경제, 사회적 고려의 조합은 환경적 편익과 더불어 필연적으로 더 나은 삶의 질, 기업 이윤과 사람의 건강으로 이어질 수 있다(Dernbach and Cheever 2015).

불행하게도, *Sustainable development*(지속가능한 개발)이라는 용어는 남용되고 있고 때로는 오용되고 있다. 정치인과 비지니스에서 지속가능한 개발에 반대하는 경우는 거의 없다. 따라서 많은 대형회사와 그들이 투자한 정책 기구는 지속가능한 개발이라는 개념을 어떠한 실질적인 변화도 없이 그들의 산업활동을 "감추려고" 오용한다. 이러한 경우 생태계와 사람들 모두 고통 받게 될 것이다.

지속가능한 경제 개발의 목표는 종, 생태계, 생물다양성의 여러 측면을 보호함과 동시에 인간사회의 현재와 미래의 요구들을 제공하는 것이다.

예컨대, 삼림지대의 한복판에 시행되는 거대 광산복합단지 건립계획은 그 구역의 조그마한 비율만이 공원으로써 남겨지므로, 정당하게 지속가능한 개발이라고 말할 수 없다. 중요한 서식처를 잃을 뿐만 아니라 그 숲에서 생산되는 자원에 의존하는 현지인들도 영향을 받을 것이다. 광산 쓰레기는 물고기와 사람에게도 해롭다. 마찬가지로 "에너지 효율적인(energy-efficient)" 제품들로 가득 찬 거대한 집을 짓는 것과 최근의 에너지 절약형 기술을 자량하지만 일상적으로 장거리를 운행하는 자동차의 실제 에너지 사용이 증가한다면 지속가능한 개발 또는 "녹색 기술(green technology)"로 불릴 수는 없는 것이다. 이에 반하여, 일부 사람들은 지속가능한 개발을 광활한 지역의 개발을 전혀 허용하지 않고서 그대로 두거나 야생으로 되돌리는 것이라는 정반대의 극단적인 주장을 한다. 이러한 논쟁은 보전 목표나 사람에게도 최고의 선택이 아닐 수 있다. 예컨대, 모든 사람이 불가피하게 지역 이익에 해를 끼치지 않고 생물다양성을 잘 보호하기 위해서, 어떤 장소는 적극적인 복원(제11장 참조)이나 적극적인 관리(제9장과 제10장 참조)가 필요할 것이다.

지속가능한 개발의 주요 쟁점은 강자와 약자 사이에 있는 것처럼 사람과 자연의 사이에 있지 않다. 이러한 모든 논쟁과 마찬가지로 정통한 학자와 시민은 이 논쟁의 쟁점을 주의 깊게 연구하고, 어떤 단체가 어떤 입장을 왜 주장하는지를 살펴본 후에 인간 사회에서 필요한 것과 생물다양성과 생태계의 보호에 동시에 부합되도록 신중하게 결정을 내려야 한다. 이러한 쟁점은 많은 경우에서 절충안을 수반하며, 이러한 절충안은 대부분의 경우에 정부기관과 법원에 의한 갈등 해결과 더불어 정부정책과 법률의 토대를 이룬다.

지역적 수준에서의 지속가능한 개발

학습 목표

이 절에서는 다음 내용에 주안점을 두기 바란다.

1. 개선될 수 있는 방법을 확인하여 여러분들 지역의 보전 정책을 평가할 수 있어야 한다.
2. 보전 임대차계약, 보전은행, 보전개발, 생태계 서비스 비용지불, 보전 허가(일정 구역 내에서의 독점적으로 허용되는 토지 사용권)의 전략들의 차이를 비교할 수 있어야 한다.

생물종과 서식처의 보존과 인간 사회의 필요를 동시에 충족시키기 위한 모든 노력은 이와 관련된 시민, 보전단체, 정부 관료들의 발의에 의존한다. 이러한 노력들은 다양한 형태로 나타나지만, 경제적, 문화적, 생물학적, 과학적 또는 여가활용 가치를 보존하기 위하여 서식처와 생물종의 파괴를 방지하려는 개인과 집단의 결단에서 출발한다. 이러한 발의의 결과는 종종 환경규제나 법률로 성문화된다.

지방/지역 보전 규정

현대사회에서 지방/지역(local-시, 읍, regional-자치주, 주, 도) 정부는 생물종과 서식처의 보호를 위한 법률을 통과시킴과 동시에 사회의 지속적인 필요를 위하여 개발을 허용하고 있다. 항상은 아니지만, 이러한 지방/지역 법률은 종종 특히 깨끗한 물과 대기의 보호에 대해서는 국가 법률과 동등하거나 더 엄격한 반면, 멸종위기종의 보호에 대해서는 덜 엄격하다. 지역주민과 정치지도자는, 그들이 다수의 뜻을 대변하고 사회에 장기적으로 이익을 제공한다고 여기고 있기에 그러한 법률들은 대부분 통과된다. 중요한 지역 법률은 보통 사냥과 낚시를 할 수 있는 때와 장소(**그림 12.2**), 포획 가능한 동물의 크기, 숫자, 종, 그리고 사용 가능한 총기의 종류, 덫, 기타 장비들을 정해 놓고 있다. 이러한 규제는 면허증 발급 조건과 사냥 감독관 및 경찰의 순찰을 통해 집행된다. 일부 보호구역에서는 사냥과 낚시가 전적으로 금지된다. 비슷한 법률이 식물, 해산물과 조개류 채취에도 적용된다. 생물 생산물의 원산지 증명은 야생 개체군이 불법적인 채집이나 수확을 통해 감소되지 않았다는 것을 확인하기 위해서 요구될 수 있다. 이러한 규제는 송어와 사슴 같은 특정 동물과 난초, 진달래 및 선인장과 같은 원예식물에 오래전부터 적용되고 있다. 최근에는 관상용 어류, 목재와 기타 생산품의 원산지에 대한 증명 프로그램이 적용되고 있다.

토지 이용 방법을 규제하는 법률은 생물다양성을 보호하는 또 다른 수단이다(Reed et al. 2014). 예컨대 더 지역적인 수준에서 교통수단 그리고 심지어 도보까지도 조류의 둥지 장소, 늪지, 사구, 야생화 분포지, 상수원처럼 피해에 민감한 서식처와 자원으로부터 제한될 수 있다. 통제할 수 없는 화재는 서식처에 심각한 피해를 유발하므로, 우발적 화재가 발생할 수 있는 캠프파이어와 같은 행위는 엄격히 제한되기도 한다. 가장 강력하고 광범위하게 사용되는 규제 가운데 토지사용제한법(zoning law)은 종종 연안사주와 범람원과 같이 민감한 지역에서의 건축을 금지하고 있다. 개발이 허가되는 지역조차도 건축 허가는 멸종위기종이나 생태계, 특히 습지에 피해

Photo by Tim Carlson

그림 12.2 350 콜로라도 주 야생동물 구역은 276,000 ha에 이르며, 사냥, 낚시, 도보여행, 야생생물 보호 등을 관리한다.

가 이루어지지 않도록 신중하게 평가된다. 환경영향평가서는 댐, 수로, 광산과 제련 작업, 기름 추출, 고속도로 건설과 같은 주요 지역적 및 국가적 사업을 추진하는 데 있어서 이러한 사업들이 유발할 수 있는 잠재적인 피해를 기술하고, 환경적으로 더욱 세심한 방식으로 이루어질 수 있도록 준비되어야만 한다.

지방/지역 수준에서 생물다양성을 보호하는 가장 강력한 전략 중 하나는 자연보호구역이나 보전지역, 주립공원과 숲, 도립공원과 숲과 같은 원시 그대로의 생물군집을 지정하는 것이다(제9장, 그림 12.2 참조). 정부기관은 땅을 매입하고 여가선용을 위한 지역공원, 생물다양성을 유지하기 위한 보존지역, 목재 생산이나 기타 용도를 위한 산림, 물 공급을 위한 유역 등과 같이 다양한 용도로 보호지역을 설정한다.

지역 수준에서 보전 관련 법률의 통과와 시행은 지역사회를 편 가르는 감정적 상황이 될 수 있으며, 심지어는 폭력에 이르게 하기도 한다. 그러한 역효과의 결과를 피하기 위해서 환경보호활동가들은 사려 깊고 지속가능한 방식의 자원 활용이 지역사회에 가장 장기적인 이익을 창출한다는 것을 일반 국민들에게 납득시켜야만 한다. 일반 국민들은 자원의 신속하고 파괴적인 착취를 통한 즉각적인 이익보다는 멀리 바라보아야 한다. 예컨대, 도시는 물 공급을 유지하기 위하여 유원지(watershed areas) 개발을 제한하기도 한다. 이는 주택과 기업체가 이러한 민감한 지역에 지어지지 못하고, 토지 소유자는 그러한 기회를 잃어버린 데에 대해서 보상을 받을 수 있다는 것을 의미한다. 보전생물학자들은 생물다양성과 생태계 보호를 위한 규제 이유에 대해서 명확하게 소통하는 것이 필수적이다. 그러한 규제에 의해 영향을 받는 사람들은 만약 그들이 이러한 제한적 접근의 중요성과 장기적인 이익을 이해한다면 자원보호를 위해 협력할 수 있다. 그리고 이러한 사람들과의 의사결정 과정을 통해 정보 공유와 협의가 반드시 이루어져야 한다. 보전생물학자들은 교섭과 타협, 다른 사람들에게 보호 활동 권장과 그들의 관점 이해, 상황 설명과 규제 및 제한사항 설명을 위하여 최상의 과학을 겸비한 필수 기술을 개발해야만 한다. 이러한 기술은 성장하는 보존심리학 분야의 단편이기도 하다(Clayton and Myers 2015). 자신의 대의명분에 대한 강렬한 믿음을 갖는 것만으로는 더 이상 충분하지 않다.

토지 신탁과 관련 전략

많은 나라에서 비영리 사설 보호단체는 보전을 목적으로 토지를 매입하는 선두 그룹이다(Hardy et al. 2018). 미국에서만 2,200만 ha 이상의 토지가 지역 수준에서 1,363개의 **토지 신탁(land trusts**, 토지와 자연자원 보호를 위해 설립된 비영리 사설단체)으로 보호받고 있다(www.landtrustalliance.org). 토지 신탁은 유럽에서 일반적이다. 예컨대, 네덜란드에서는 보호지역의 약 절반이 사유지이다. 영국에서는 380만 명 이상의 회원과 6만 2천명의 자원봉사자가 내셔널 트러스트(the National Trust)에 참여하며, 57개 국가

토지 신탁은 토지를 구입하고 보호하는 사적인 보전단체이다. 또한 토지 신탁은 생물다양성을 보호할 수 있는 토지 면적을 증가시키기 위해 보전지역권과 개발제한 협정을 이용한다.

자연보호구역, 466개의 특별지정구역(Sites of Special Scientific Interest), 355개의 자연경관우수지역, 4만개의 고고학적 유적지를 포함하는 약 250만 ha의 땅(대부분은 농경지)을 소유하고 있다. 영국 왕립조류보호협회는 100만 명 이상의 회원이 있으며, 13만 ha의 토지에서 200개의 자연보호구역을 관리하고 있다. 이러한 많은 보호지역은 일선 학교와 연계한 자연보전과 교육에 중점을 두고 있다.

미국에서 가장 큰 토지 신탁은 TNC(The Nature Conservancy)로, 토지 구입뿐만 아니라 토지를 보호하는 지방정부나 단체에게 토지를 이양하는 것을 포함하여 다양한 역할을 보조하면서 토지를 보호한다(**그림 12.3**). 간단하게는 토지를 구입하는 것이 보전을 위한 가장 간단한 방편일 수 있으나 실제 재산법(property law)은 꽤 복잡할 수 있고 종 보호를 위한 가장 좋은 선택이 아닐 수도 있다. 다행스럽게도 아래에 기술한 것처럼, 토지를 보호하기 위하여 토지 신탁과 정부에 의해 이루어지는 다양한 접근 방법이 있다.

정부 그리고 TNC와 같은 보전단체는 토지 매입 외에도 **보전협약(conservation covenants)**이라고 불리는 **보전지역권(conservation easements)**을 통해서 토지를 보호한다. 토지 소유자는 토지의 개발, 건축, 분할 할 권리를 포기하는 대신 금전상

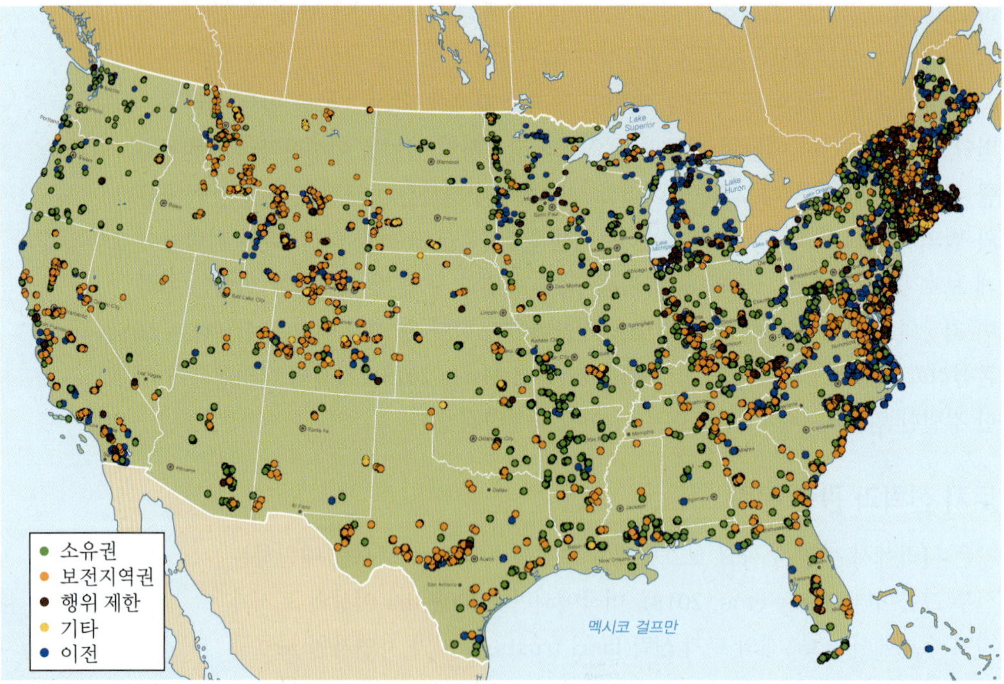

그림 12.3 토지 신탁은 토지를 소유하고서 관리하거나 특별협정을 통해 지방정부 또는 국가에 토지를 이양할 수 있다. TNC는 북미에서 현재 가장 큰 토지 신탁 단체이다. 이 지도는 TNC가 종 다양성을 위해 서식처 보호를 돕고 있는 많은 방식과 장소를 보여준다. (After The Nature Conservancy, http://www.tnclands.tnc.org/.)

의 보상, 토지세의 감면, 여타 다른 세제상의 혜택을 얻는다(Graves et al. 2019). 보전지역권은 생물종이나 서식지의 보호 유무에 대한 다양한 목표를 가질 수 있다. 이러한 목표들은 보전지역권이 어떻게 관리되는지와 보존과 결부된 효과에 대하여 중요한 사항을 담고 있다(그림 12.4). 많은 토지 소유주에게 있어서 보전지역권은 토지를 소유하고 있으면서도 금전적인 이익과 함께 보존의 목적에 일조한다고 느끼기 때문에 매력적인 선택이 된다. 일반적으로, 토지 소유주는 보수를 많이 받으면서, 합의 기간이 영구적이기보다는 수년 동안만 지속되는 단기이고, 법적인 계약이 없을 때에 보전지역권을 가장 기꺼이 고려하려고 한다(Sorice et al. 2013). 물론 세제의 경감이나 금전적인 혜택이 항상 필수적인 것은 아니다. 많은 토지 소유주들은 어떠한 보상도 받지 않은 채 자발적으로 보전 규제를 수용한다.

관련 접근법에 "미연방정부의 회전 자금(revolving funds)" 사용이 있는데, 이는 보전 단체가 토지를 구입한 후 토지를 영구적으로 보호하기에 적합한 보전지역권이나 보전협정과 함께 토지를 자연보호를 옹호하는 소유주에게 파는 것이다. 호주, 캐나다, 칠레와 미국을 포함하는 몇몇의 나라에서는 회전자금 사용이 가능한 정책을 마련하고 있다. 이러한 나라에서는 68만 4천 ha 이상의 토지를 보호하기 위해서 회전자금으로 3억 8,400만 달러를 운용한 것으로 파악되었다(Hardy et al. 2018).

토지 신탁과 지방/지역 정부가 이용하는 또 다른 전략은 **보전적 발전(conservation development)**으로 알려진 **개발제한(limited development)**에 합의하는 것이다(Mockrin et al. 2017). 이러한 상황에서 토지 소유주, 부동산 개발업자, 정부기관, 또는 보전단체들은 일정 부분의 토지는 상업적으로 개발하고, 나머지 부분은 보전지역권으로 보호하는 것에 합의한다. 개발제한은 인간사회의 확장을 위해 필요한 건축물과 여타의 사회 기반 시설을 허락한다. 개발제한 사업들은 보전지역과 인접해 있는 관계로 개발지역의 가치가 향상되기 때문에 성공적인 경우가 많다.

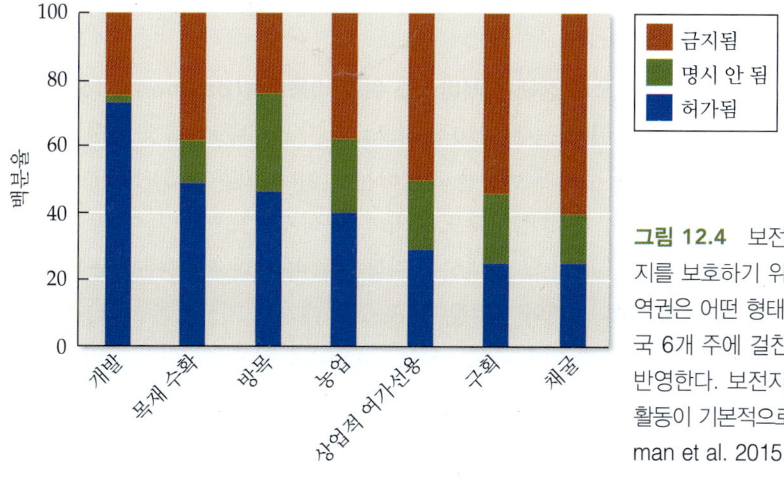

그림 12.4 보전지역권은 내버려 두었으면 개발되었을 토지를 보호하기 위한 것이다. 그러나 많은 부분에서 보전지역권은 어떤 형태의 개발과 활용을 허용한다. 이 그림은 미국 6개 주에 걸친 269개의 보전지역권 문서 검토 자료를 반영한다. 보전지역권 활동이 명시되지 않았을 때에는 그 활동이 기본적으로 허용된 것으로 본다. (From A. R. Rissman et al. 2015. *Conserv Lett* 8(1): 68–76.)

정부와 보전단체는 토지 소유주가 환경에 피해를 가하는 활동을 중단하고 보전 활동을 하도록 보상하는 방식을 통해 사유지 보전을 장려할 수 있다(Knoot et al. 2015). **보전임대차계약(conservation leasing)**은 생물다양성 보호를 위해 토지를 잘 관리하는 토지 소유주에게 금액을 변제하는 방법이다. 제초, 통제된 산불, 야생동물을 위한 나무에 둥지구멍 만들기, 토착종의 이입/식재처럼, 복원이나 관리에 따르는 모든 비용이 소득공제와 세금납부시 변제될 수 있다. 어떤 경우에는 토지 소유주가 심지어 멸종위기에 처한 생물종이 그곳에 살게 된다고 하더라도 추후 토지 개발을 허용할 수도 있다.

관련 사항으로 **보전은행(conservation banking)**이 있는데, 토지 소유주는 멸종위기종을 보호하거나 습지와 같은 서식지를 보호하고 훼손된 서식지를 복원하여 새로운 서식지를 의도적으로 만든다. 보전은행은 금융은행과 같고 안정적인 보호기관으로 돈 대신 자연자원의 가치를 보호한다. 미국야생동물보호국(USFWS)은 생물종의 부정적 영향이 예견되는 상황에 대처하기 위하여 새로운 보전은행의 제안서를 평가한다. 일단 승인이 되면, 미국야생동물보호국은 생물종을 위하여 토지를 영구적으로 보호하고 관리하는 대가로 토지 소유주에게 서식지나 종 크레딧(habitat or species credits)을 부여한다. 이러한 크레딧은 어딘가에서 개발사업에 의해 파괴되고 있는 비슷한 서식지의 보상 또는 생물다양성의 상쇄(offset)로써 개발업자가 구입할 수 있다(Apostolopoulou and Adams 2017). 예를 들어, 동부 오클라호마에 있는 Muddy Boggy Conservation Bank는 멸종위기에 처한 풍뎅이(American burying beetle, *Nicrophorus americanus*, 그림 6.10 참조) 보호를 통한 522 크레딧으로 거의 230 ha의 부지를 확장하였다(BusinessWire 2015). 이러한 보전은행은 만약 멸종위기종이 그 지역에서 발견되었다면 폐쇄되었을지 모르는 에너지 개발, 파이프라인 건설, 운송사업과 같은 오클라호마 산업을 견인하기 위해 특별히 설립되었다. 멸종위기에 처한 풍뎅이 보호를 위하여 Muddy Boggy Conservation Bank를 지원하는 데 사용되는 크레딧 구입을 통해서, 이러한 산업활동이 그 풍뎅이에게 영향을 미칠지에 대한 책임이 경감될 수 있다.

추가적인 보전 전략으로 **생태계 서비스를 위한 비용지불(payments for ecosystem services, PES)**이 있는데(제10장 참조), 토지 소유주가 특정 보전 서비스를 제공할 때에 토지 소유주에게 비용을 지불하는 것이다(**그림 12.5**)(Naeem et al. 2015). 공익기업(예: 전기, 가스, 상하수도 등의)은 서식지보호(예를 들어, 토지 소유주에게 숲을 벌목하지 않는 대신에 지불하는 비용)와 복원(예를 들어, 토지 소유주에게 나무 식재와 새로운 숲 조성의 대가로 지불하는 비용)을 위한 비용지불을 통해 탄소배출권(carbon credits)을 얻을 수 있다. 그리고 이러한 탄소배출권은 화석연료 소각을 통한 탄소 배출을 저감시키기 위해 사용된다. 더 큰 규모에서 정부와 국제협력을 통한 탄소 저감 비용지불은 온실

보전 구역은 지속적인 관리와 감독을 요구하지만, 지역사회와 경제에 광범위한 이익을 제공하기도 한다.

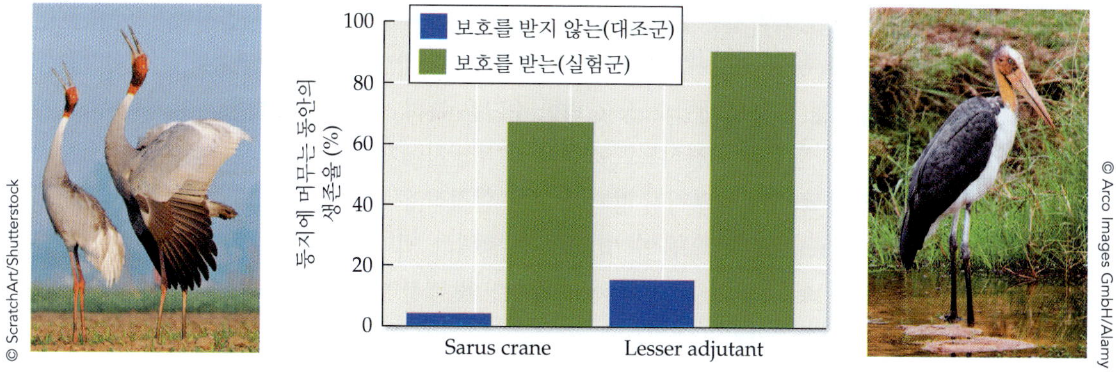

그림 12.5 캄보디아의 북부평원에서 마을주민들에 의해 보호를 받거나 받지 않는 2종(Sarus crane(*Grus antigone*), Lesser adjutant(*Leptoptilos javanicus*)의 이소성공률 비교. 이러한 보전 프로그램에 참여하는 마을주민들은 미국에 기반을 둔 국제 보전단체인 야생동물보호협회(Wildlife Conservation Society)로부터 지원을 받는다. 마을 주민들은 둥지를 보호하면서 추가 장려금을 지급받아 그들의 수입을 충분히 충족시킬 수 있다. (From T. H. Clements et al. 2013. *Biol Conserv* 157: 50–59.)

가스 배출을 보상하기 위해 사용될 수 있다(Gonçalves and Anselmi 2018). PES 프로그램은 토지 소유주에게 하류의 홍수 조절과 상수원 공급에 중요한 그들 사유지의 식생을 보호하는 대가로서 비용을 지불하기도 한다.

혁신적인 접근 방식인 **보전허가(conservation concessions)**는 보전단체가 토지소유 목적이 아닌 토지를 사용하고 보호할 권리를 위해서 벌목회사와 같은 채굴 산업체보다 토지에 더 비싼 가격을 매기도록 한다. 정부나 대규모의 토지 소유주는 벌목회사가 보전단체에 지불한 비용만큼 보전단체로부터 동일한 연소득을 얻고 그 지역의 동식물들은 파괴되기는 커녕 오히려 보호받을 수 있게 된다.

집행 및 공공 이익

본 장과 이 책의 어딘가에서 기술된 보전 수단은 특히 훼손된 장소가 쉽게 회복되지 않는 경우에 규제와 법이 집행되는지와 협약이 실행되고 있는지 확인하기 위하여 지속적으로 모니터링해야 한다는 것이다. 하나의 시나리오는 개발자가 개발의 정도를 제한하거나 숲 지역을 보호하는 데 동의하겠지만, 개발 허가를 취득한 이후 합의를 무시한 채 수목을 모두 베어버리는 상황이 발생할 수도 있다. 개발업자를 멈추게 할 수 있는 조치를 취할 즈음에는 그들이 제공했던 수목과 서식처가 사라져버려서 쉽게 대체할 수 없는 상황일 것이다. 벌금이나 채권 몰수와 같은 제재가 부과된다고 하더라도 개발업자는 잠재적인 이익이 그러한 제재보다 더 크다고 여길 것이고, 관리자들과 공무원들은 대개 "한 일은 이미 끝난 일(what's done is done)"로 받아들여서 개간된 땅을 개발할 수 있도록 허락한다. 보전 노동자들은 개인 재산에 끼치는 유사한 범죄와 같은 심각성을 지닌 환경에 대해 일반 국민과 사법체계가 '약속 위반(breach of promise)'으로 인식할 수 있도록 경각심을 높여야 한다.

법률 집행에 대한 가장 강력한 수단은 특히 보전기금이 훼손된 토지 복원과 같은 보전 활동에 직접적으로 적용될 때 위반자에게 벌금을 부과하는 것이다. 보전지역권의 조건이 지켜지지 않거나 다른 환경적 위해가 가해질 때 복원치료법(restoration remedy)이 있을 수 있다. 다시 말해서, 법과 규정을 위반한 사람은 가능한 한 훼손된 소유지를 원상 복구하는 데 비용을 지불해야 할 것이다. 예를 들어, 토지 신탁이 보전지역권의 조건하에서 수목을 보전할 의무가 있으면서도 이러한 나무들의 벌목을 허락한다면, 토지 신탁은 그 토지 자체의 가격보다 훨씬 많은 비용으로 나무를 이식하고 성숙할 때까지 관리할 의무가 있을 것이다.

대중의 인식도 문제의 원인일 수 있다. 토지 신탁은 토지 및 재산세 세입이 줄어듦에도 불구하고, 이를 활용할 정도로 재산이 많은 개인에게만 세금우대 조치를 제공하기 때문에, 토지를 보호하기 위한 토지 신탁의 지역적 노력이 엘리트 주의자로 비난을 받기도 한다. 다른 분석가들은 농업이나 상업 활동을 위한 다른 방식으로 사용되는 토지가 더욱 생산적이라고 주장한다. 비록 신탁된 토지가 초기에 세입을 낮추기는 하지만 보호지역 인근의 가구와 토지의 가치가 상승해서, 결과적으로 그 지역의 재산세가 증가함에 따라 세입 감소를 상쇄시키는 경우가 많다. 게다가 고용, 여가선용 활동, 관광객 지출, 자연보호구역 및 기타 보호구역과 연계된 연구 프로젝트는 지역주민에게 혜택이 돌아가도록 지역 경제 전반에서 수입을 증대시킨다(Di Minin et al. 2013). 최종적으로 경관과 자연공동체의 중요한 특징을 보존함으로써, 궁극적으로 지속가능한 개발이 가능하다는 관점에서 지역의 자연보호구역은 지역사회의 문화유산을 보호하고 가치를 향상시킨다.

국가적 수준의 보전

학습 목표

이 절에서는 다음 내용에 주안점을 두기 바란다.

1. 생물다양성 보호를 위한 중앙정부의 다양한 접근들을 기술할 수 있어야 한다.

현대 사회에서 중앙정부는 보전 활동에 주도적인 역할을 하고 있다. 정부의 보전 활동의 수준은 일정 영역 내에서 보전 성과에 크게 영향을 미친다. 보전 이행 과정에서 정부 관료와 지역주민들 사이의 갈등과 정부의 재정지원 부족은 멸종위기종을 복원하는데 관여하는 당사자들이 직면한 2가지 주요 문제이다(Crees et al. 2016). 보전 생물학자들은 법, 규정과 관리 활동이 생물다양성을 보호할 것이라는 희망과 기대를 가지고서, 정부 관료들에게 생물다양성의 위협 요인과 지역 상황에 대한 주요 정보를 제공함으로써, 이러한 보전 활동에 기여한다(그림 12.6).

그림 12.6 현장생물학자가 서식지 파편화와 생물다양성 감소가 어떻게 설치류 집단의 증가에 기여하는지와 라임질병의 발생 정도가 증가하는지를 설명하기 위하여 미국 하원의원을 산림지대로 안내하고 있다.

지방/지역 정부와 마찬가지로 중앙정부는 그들의 수입과 권위를 활용하여 보전에 필요한 토지를 구입할 수 있다. 미국에서는 국가적 수준에서 보전 목적의 토지 구입을 위한 토지 유산 이니셔티브(Lands Legacy Initiative)와 토지 및 수질보전기금(Land and Water Conservation Fund)과 같은 특별회계가 작동한다. 국립공원 구축은 보전 전략상 매우 중요한 부분이다(제9장 참조). 국립공원은 많은 국가에서 단일규모로는 가장 큰 보호구역이다. 예를 들면, 코스타리카 국립공원은 약 130만 ha에 이르며 국토의 약 25%를 보호하고 있다(www.costarica-nationalparks.com). 보호지역 밖에서는 산림벌채가 급격히 진행되고 있기에, 머지않아 전 국토에서 국립공원이 유일하게 훼손되지 않은 서식처와 목재와 같은 천연자원을 제공하는 장소가 될 것이다. 미국의 국립공원관리공단(Natural Park Service)은 419개 지역에서 약 8,500만 ha를 보호하고 있고, 미국정부는 3억 3,800만 ha에 이르는 832개 이상의 국립야생동물보호지역에서 생물다양성을 보호하고 있다. 또한 토지관리국 국가경관보전시스템은 국가보전지역, 천연기념물과 자연보호구역을 포함하여 1,300만 ha에 이르는 874개 지역을 관리하고 있다.

입법 및 중앙 행정기관은 환경오염을 제한하는 정책 개발 주요기관이다. 법률은 입법부에서 통과되어 정부기관에 부여된 규제의 형식으로 실행된다. 대기 배출, 하수 처리, 폐기물 투기, 습지 조성에 영향을 미치는 법률과 규정은 국민의 건강과 재산, 식수, 산림, 어장과 같은 자연자원을 보호하기 위하여 제정된다. 이러한 법률의 시행 수준은 시민의 건강과 자연자원 보전에 대한 국가의 의지를 가늠할 수 있게 한다. 동시에 이러한 법률은 오염과 여타 인간의 활동에 의해서 파괴될 수 있는 생물군집을 보호한다. 예를 들면, 사람의 호흡기 질환을 악화시키는 대기오염은 상업적 가치가 있는 산림과 생물군집을 파괴하고, 식수를 못 쓰게 만드는 오염은 거북이, 물고기와 수생식물과 같은 육상 및 수서생물종을 죽게 한다.

중앙정부는 국경, 항구, 산업과 상업을 통제함으로써 생물다양성 보호에 상당한 효과를 발휘할 수 있다. 또한 산림을 보호하고 이들의 활용을 규제하기 위해서, 정부는 태국에서 벌목 이후 비참한 홍수를 겪었던 사례를 통해, 벌목을 금지시키고, 자연을 훼손하는 벌목회사를 처벌할 수 있다. 또한, 다른 형태의 환경적으로 파괴적인 광산 개발도 금지할 수 있으며, 기름과 독성 화학물질의 운송 방식도 통제할 수 있다. 보전생물학자들은 적절한 정책의 틀을 개발하기 위한 주요 정보를 정부 관료에게 제공하고, 자원관리자들은 생물다양성을 보호하기 위하여 관련 법률과 규정을 활용할 수 있다.

중앙정부는 국경 안에서 멸종위기종을 보호하고, 국립공원을 수립하며, 환경보호에 대한 법률을 집행한다.

많은 국가들에서 멸종위기종, 산림, 습지와 생물다양성의 다른 면모들을 보호하기 위한 법률을 제정함에도 불구하고, 중앙정부는 환경을 보호하기 위한 보전 단체의 요구에 대해 묵묵부답일 때도 있다. 정부는 자연자원과 경제 개발을 촉진하기 위하여 법적으로 보호받는 국립공원의 지위, 신성시되는 숲과 다른 보존지구를 해제하기도 한다(*degazettement*; 제9장 참조)(Hardy et al. 2017). 정부에서는 자연자원과 경제 개발에 대한 지역과 사회적 필요성이 지역주민, 환경, 또는 생태 서비스의 필요성보다 중요하다고 판단했을 때, 그러한 결정을 하기도 한다. 보호지역의 훼손, 축소, 해제는 개인적으로 이익을 얻는 특정 국가 관료들과 결부되는 경우도 있다. 일부의 경우에, 중앙정부는 지역주민들이 그들 자신이 사는 곳에서 가까이 있는 생태계를 가장 잘 보호할 수 있음을 인식하고서, 이들 자원에 대한 통제권을 지방정부, 마을 의회, 그리고 보전 단체에 부여한다.

지속가능한 개발을 위한 국제적 접근

학습 목표

이 절에서는 다음 내용에 주안점을 두기 바란다.

1. 생물다양성을 보호하기 위한 국제적 협정의 주요성과들을 알아야 한다.
2. 생물다양성을 보호하기 위하여, 국가들이 왜 함께 노력할 필요가 있는지 설명할 수 있어야 한다.

인간의 미래 행복에 필요한 생물다양성은 열대지역의 개발도상국에 집중되어 있다. 이들 대부분의 나라들은 상대적으로 빈곤하고 급격한 인구성장률을 겪고 있으며, 개발과 서식지 파괴가 이루어지고 있다(그림 2.18 참조). 개발도상국은 생물다양성을 보존할 의지는 있지만, 이러한 과제에 요구되는 서식지 보호, 연구, 관리에 필요한 재정을 지출할 여력이 없을 경우도 있다. 더욱이 신흥공업국들은 그들의 개발 노력이 생물다양성에 심각하게 부정적인 영향을 끼치지 않는다는 것을 보증해야만 한다. 예를 들어, 중국의 일대일로 계획(China's Belt and Road Initiative)은 철도와 에너지 파이프라인을 포함한 사회 기반 시설을 확충할 것이다(Ascensão et al. 2018). 이러한 개발은 극단적으로 서식지를 축소 및 단편화시키는데, 세계보전기금(WWF) 리포트에 따르면 제시된 무역 통로들이 1,739개의 주요 조류보호구역이나 주요 생물다양성 보전지역과 46개의 생물다양성 주요 지역, 전 세계 200대 생태지역을 관통하게 된다(WWF 2017). 미국, 캐나다, 일본, 호주와 많은 유럽 국가들을 포함하는 전 세계 선진국과 중국과 같은 신흥 공업국가는 그들 자신의 개발에 대한 영향에 대해 감독해야만 한다. 더불어 전 세계적으로 요구되는 생물다양성을 보존하기 위해서는 개발도상국가와 협력하여야 한다.

이동성 종의 경우와 국가 간 위협이 발생하는 상황에 대비하여 생물다양성 보호를 위한 국제적 협력과 협정이 필요하다.

현재 전 세계에 존재하는 주요한 법적, 정책적 수단이 개별 국가에 기초하지만, 생물다양성을 보호하기 위한 국제적 협력이 다음과 같은 몇 가지 이유로 인해서 필요하다.

- **생물종은 국가 간의 경계를 넘어서 이동한다.** 보전을 위한 노력은 모든 범위에서 이루어져야 한다. 어떤 한 나라의 노력은 주요한 서식처가 생물종이 이동하는 다른 나라에서 파괴되는 경우에 효과가 없을 것이다(Ripple et al. 2014). 예를 들어, 북부 유럽의 철새 보전 노력은 아프리카의 월동지가 파괴될 경우에는 효과를 발휘할 수 없다.
- **생물에서 얻어지는 생산물의 국가 간 거래는 통상적인 일이다.** 한 나라에서 어떤 생산물에 대한 강력한 수요는 이 요구를 제공하는 다른 나라에서 종의 남획을 초래한다(제5장 참조).
- **생물다양성은 국제적으로 중요한 이익을 제공한다.** 국제사회는 농업, 의약과 산업에서 사용되는 생물종과 유전적 변이, 기후를 조절하는 데 일조하는 생태계, 국제적이고 과학적이며 관광적 가치를 지닌 국립공원과 여타의 보호구역을 통해 이익을 얻는다(McCarthy et al. 2012).
- **생태계를 위협하는 많은 환경오염 문제는 국제적 규모로 일어난다.** 이러한 위협은 대기오염, 산성비, 호수, 강과 해양오염(4장 참조), 온실가스 생산과 지구의 기후변화, 오존층 파괴를 포함한다(Lin et al. 2015)(제5장 참조).

국제적 지구 정상회의

국제회의에서, 정상들이 보전 이슈에 대하여 함께 함으로써 진전을 보인 계기가 있었다. 지속가능한 개발이라는 관점에서 환경 이슈를 고려한 가장 중요했던 정상회의는 다음과 같다.

- 유엔 인간 환경 회의(United Nations Conference on the Human Environment) (1972)
- 환경과 개발에 관한 세계협정(World Commission on Environment and Development) (1987)
- 유엔환경개발회의(United Nations Conference on Environment and Development) (1992)
- 환경에 관한 특별총회(General Assembly Special Session on the Environment) (1997)
- 지속가능 개발을 위한 세계정상회의(World Summit on Sustainable Development) (2002)
- 지속가능 개발을 위한 유엔회의(United Nations Conference on Sustainable

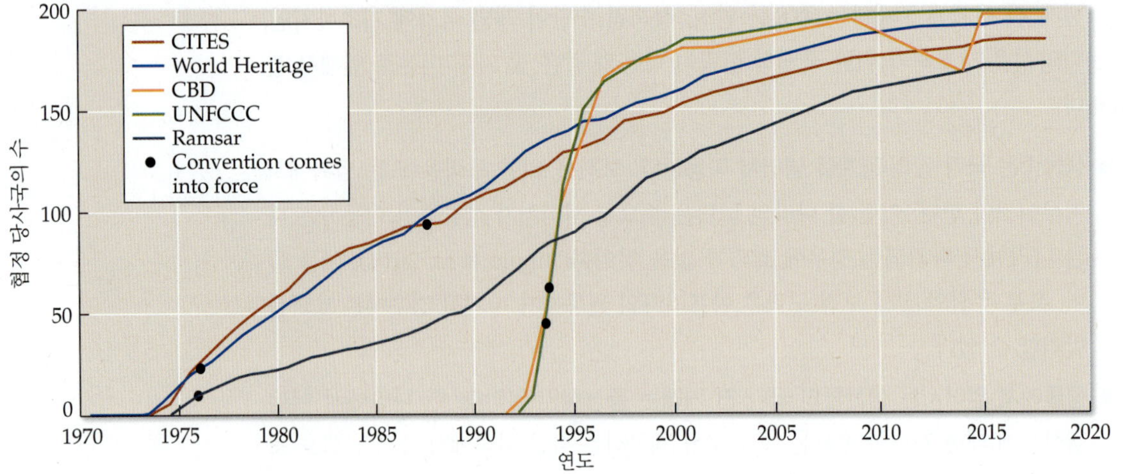

그림 12.7 주요 다자국간 환경협정(MEAs)은 협상이 된 후 협정이나 조약의 조항에서 "당사자(parties)" 또는 참가자가 되는 개별 국가의 정부에 의해 비준된다. 조약은 점으로 표시된 것처럼 일정 수의 국가들에 의해 서명되면 그 조약은 발효되기 시작한다(국가가 조약의 조항을 따르기 시작한다). 선은 서식지(국제적 주요 습지에 대한 람사르 협약, 세계문화자연유산 보호에 관한 세계유산협정), 생물종(멸종위기종에 대한 국가 간 무역협정, 생물다양성협약), 환경(기후변화 유엔 기본협약) 보호를 통하여 생물다양성 보호를 위한 많은 조약들을 비준한 국가 수를 표시한다(After WRI 2003. *World Resources 2002–2004: Decisions for the Earth: Balance, Voice, and Power*. World Resources Institute, Washington, DC, adapted from UNEP 1999. GEO-2000. Earthscan Publication Ltd., London, UK, with updates from MEA websites.)

Development) (2012)

- 파리 기후회의(Paris Climate Conference) (2015)

이러한 회의들 일부는 국가 간 생물종, 서식지, 생태계 프로세스, 유전적 다양성을 보호하는 데 상호 협력할 수 있는 기본적인 틀을 제공하는 "협약(conventions)"으로 불리는 중요한 국제협정을 이끌었다. 국제회의에서 협상된 조약은 일정 수의 국가들에 의하여 비준되고, 국가적 수준에서 실행되어 집행될 때 효력이 발생한다(**그림 12.7**). 멸종위기종에 대한 국가 간 무역협정(CITES)과 같이 생물종을 구체적으로 보호하는 조약은 제7장에서 논의되었다. 여기서는 지속가능한 개발이라는 관점에서 일반적으로 서식지 이용에 영향을 미치는 가장 중요한 국제회의와 여타 국가 간 협정에 대해서 설명할 것이다.

1992년 6월 브라질 리우 데 자네이루에서 12일간 개최된 유엔환경개발회의(UNCED)는 건전한 환경 관리를 위해 지구적 접근 방향이 채택된 가장 중요한 단계 중 하나이다. 비공식적으로 **지구정상회의(Earth Summit)** 또는 **리우정상회의(Rio Summit)**로 알려진 이 회의에는 국가 정상, 유엔 지도자, 주요 보전단체 대표, 종교와 원주민을 대표하는 178개국의 대표들이 한 자리에 모였다. 이 회의의 목적은 상대적으로 가난한 나라들에서 지속가능한 경제적 발전과 함께 지속적인 환경보호를 조화시키는 방법을 논의하는 것이었다(United Nations 1993).

많은 새로운 프로젝트 착수와 더불어 회의 참가자들은 다음과 같이 현재 정책을 다듬고 있는 4개의 주요 기초 문서를 논의하였고, 대부분의 국가가 서명하였다.

1. 리우 선언(*The Rio Declaration*) 이 구속력이 없는 선언은 환경과 개발 이슈에 대한 부유한 나라와 가난한 나라 모두가 취해야 할 행동강령에 대한 일반 원칙을 제시한다. 자연자원에 대한 경제적, 사회적 개발을 위하여 활용할 수 있는 각국의 권리는 다른 나라의 환경을 해치지 않는 범위 내에서 인정된다. 이 선언에서는 회사나 정부가 유발한 환경 피해에 대해서는 그 당사자가 재정적인 책임을 져야 한다는 "오염자 부담(polluter pays)" 원칙을 천명하고 있다.
2. 기후변화 유엔기본협약(*UNFCCC*) 거의 보편적으로 비준된(194개국 조인) 이 협약은 산업국가가 이산화탄소와 기타 지구 온실가스의 배출을 줄이고, 이의 진전에 대해서 유엔에 정기적으로 보고서를 작성할 것을 요구한다. 비록 특정 배출 한도를 결정하지 못하였지만, 이 협약은 온실가스가 지구의 기후에 지장을 주지 않는 수준에서 안정화되어야 한다고 명시하고 있다.
3. 생물다양성협약(*CBD*) 이 협약은 다음의 3가지 목적을 가지고 있다. (1) 생물다양성의 다양한 요소 보호, (2) 다양한 요소들의 지속가능한 이용, (3) 야생종과 가축종의 유전적 자원으로 창출되는 새로운 생산품의 공유(www.cbd.int)가 그것이다. 국가, 생물공학회사, 지역주민들 간에 생물다양성의 재정적 이익을 공평하게 공유하는 지적재산권의 국제적 법률을 개발하는 것은 이 협약의 주요 도전 중 하나이다. 생물학적 재료의 오용에 대한 우려 때문에 일부 개발도상국에서는 연구를 위한 생물 시료 채집을 원하는 과학자에 대한 허가절차를 아주 엄격하게 하고 있다(Watanabe 2015). 또한, 새로운 연구시설물이 개발도상국에 만들어지고 지역주민이 과학적 절차를 훈련받게 되면서 생물시료를 더 이상 반출할 필요가 없어졌다. 2010년에 CBD 참가자들은 **Aichi Biodiversity Targets** (www.cbd.int/sp/targets)이라 불리는 지속가능성을 확보하기 위한 목록을 발전시켰다. 이들의 주요 목표는 인간의 활동에 대한 영향을 감소시켜서 생물다양성 손실을 늦추거나 멈추게 하는 것이다. 이러한 목표는 국가 정책을 변경하거나 육지와 바다의 보호구역을 증가시킴으로써 일정부분 달성되고 있다. 목표는 아직 충족되지는 않았지만, 중요한 진전이 최근에 이루어지고 있다(그림 9.2 참조).
4. 어젠다 *21*(*Agenda 21*) 어젠다 21은 환경적으로 건전한 개발을 실행하는 데 필요한 정부의 정책을 종합적으로 기술한 획기적인 시도를 제시한 800페이지 분량의 문서다. 어젠다 21은 아동복지, 빈곤, 젠더 이슈, 기술 이전, 부의 불공평한 분배와 같은 대부분 개별적으로 간주되는 환경과 여타의 개발 이슈를 연결한다. 실행계획에서는 대기, 육상과 수생 오염, 토지 황폐화와 사막화, 산지 개발, 지속

가능하지 않은 농업과 지방 개발, 산림벌채의 문제점들을 언급한다. 어젠다 21에는 정부가 실행계획을 시행하는 데 이용할 수 있는 재정, 기관, 법, 교육 방법들이 소개되어 있다.

UNFCC 이후, 세계 온실가스 배출을 1990년도 수준 이하로 줄이기 위한 국제적 협정이 1997년 12월에 교토의정서와 함께 재개되었다. 이 협정은 UNFCC에 의해 2004년에 비준되었고, 많은 국가가 주로 이산화탄소와 같은 온실가스 배출 저감을 위한 정책을 수립하게 되었다. 2007년 12월에 발리, 2009년 12월에 코펜하겐, 2013년 11월에 바르샤바, 2015년 12월에 파리에서 추가적인 논의가 있었다. **파리협정(Paris Accord)**은 195개국 모든 국가에게 실행을 요구하며, 현재까지 기후변화에 관한 가장 강력한 국제적 협정이다. 이전의 협정에서는 온실가스 배출에 가장 큰 원인을 제공하고 있는 중국의 감축을 요구하지 않았다. 파리협정의 목표는 세계의 기온이 산업화 이전의 수준보다 2°C 이상 증가하는 것을 막기 위한 조치를 포함한다. 이미 186개국이 공유하는 국가기후대책(National Climate Action Plans)은 세계 온실가스 배출의 절반이 감축될 것으로 기대하고 있다(Davenport 2015). UNFCC는 재정지원을 포함한 현안 문제를 타결하기 위한 모임을 매년 갖는다. 각 모임은 "당사자 회의(COP)"로 불리며, 24번째 당사자 회의("COP 24")는 2018년에 폴란드 카토비체에서 열렸다(**그림 12.8**). 기후변화 대처에 협력해 온 국가들은 파리협정 탈퇴를 위한 미국정부의 의도된 공표에 따라서 그 역량을 제대로 발휘하지 못하게 되었다.

2002년에 남아프리카 요하네스버그에서 개최된 **지속가능한 발전을 위한 세계 정상회의(World Summit on Sustainable Development)**는 지속가능한 사회 경제적 목표의 달성을 강조하고 있다. 리오 정상회의에서부터 시작된 이러한 초점의 변화는 보존에 대한 주안점이 빈곤한 사람들의 이익을 위해서 자연자원의 지속가능한 활용을 증진시켜야만 되는지에 대한 주요 논쟁 사항을 강조한다(Roe et al. 2013).

그림 12.8 2018년 폴란드 카토비체에서 개최된 국제 당사자회의(COP24)를 보여주는 워드 클라우드(특정 단어의 빈도나 중요성을 글자의 크기로 나타낸 이미지).

2012년에 개최된 **지속가능한 개발을 위한 유엔회의(UN Conference on Sustainable Development**, 비공식적으로 리오+20이라 통칭)는 지속가능한 발전과 기후변화와 생물다양성 보존을 연결하였고, 시장 기반 해결책을 위한 필요성을 강조하였다(Carrière et al. 2013). 이 회의는 2030 어젠다로 불리며, 169개의 실행 목표가 담겨있다. 이 회의의 실무 그룹은 2015년도 유엔 지속가능 개발 정상회의에서 발표된 17개의 지속가능한 개발 어젠다 목록을 작성하였다. 2016년 1월 1일에는 17개 실행 목표가 빈곤퇴치, 평등(사회정의), 기후 변화 중단과 같은 야심찬 목표와 함께 이 회의를 통해서 공식적으로 시행되었다.

> 국가들은 람사르 협약, 세계유산 협약, 생물권 보전 프로그램 등을 통한 보호지역을 통해서 국제적 위상을 얻는다. 국경지역의 트랜스프론티어(transfrontier) 공원은 보존과 국제적 협력 기회를 제공한다.

서식지를 보호하기 위한 국제 협약

7개의 국제 협약은 직접적으로 또는 서식지 보호(**표 12.1**)를 통해 생물다양성을 보호하며, 각각의 협약은 개발의 필요성과 보전 관심과 균형을 추구한다. 이러한 국제 협약은 토지 사용에 관한 조항을 포함하고, 지속가능한 발전은 (1) **습지보전을 위한 람사르 협약**, (2) **세계 유산 협약**(혹은 **세계 문화와 자연 유산 보호를 위한 협약**), (3) **생물다양성 협약**을 포함한다.

습지보전을 위한 람사르 협약(www.ramsar.org)은 특히 수금류의 이동에 관여하는 습지의 지속적인 파괴를 중단시키고, 습지의 생태학적, 과학적, 경제학적, 문화적, 여가선용 가치를 인식시키기 위해서 1971년에 설립되었다(**그림 12.9**). 람사르

표 12.1 7개 생물다양성 관련 국제 협정과 그들의 주요 목표들

	협약	주요 목표
	생물다양성 협약 (CBD)	생물다양성 보존, 지속가능한 활용, 이익의 공평한 분배 증진
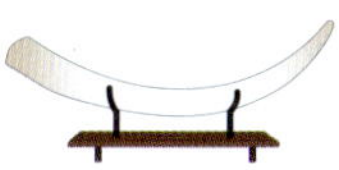	멸종위기종에 대한 국제 무역 협정(CITES)	동식물 거래가 그들의 생존을 위협하지 않도록 보증
	이동성 야생동물 종의 보존에 관한 협약	서식 영역에서 이동하는 동물의 보전과 지속가능한 이용을 위한 기준 제시
	습지보전을 위한 람사르 협약(RCoW)	생물다양성과 인간의 행복에 동시에 기여하는 습지와 그들의 자원 보전과 지속가능한 이용 증진
	식량과 농업을 위한 식물 유전 자원에 관한 국제조약	식물 유전 자원의 보존과 그들로부터 기인한 이익의 공평한 분배 증진
	세계유산협약(WHC)	특정 지역 목록 보호를 통한 세계 문화와 자연 유산의 확인과 보존 명령

출처:생물다양성협약, www.cdb.int/brc/.

© BSIP/UIG/Getty Images

그림 12.9 세네갈의 주지(Djoudj) 국립 조류보호구역은 가을에 유럽에서 남쪽으로 연중 이동하는 동안 기착하는 펠리컨(Great White Pelican, *Pelecanus onocrotalus*)과 같은 수백만 마리의 물새류로 유명한 람사르 목록에 등재된 지역이다.

협약은 담수, 하구, 해안 서식지를 포함하고, 2억 700만 ha에 이르는 2,170개 지역이 지정되어 있다. 람사르 협약에 서명한 168개 국가는 습지자원의 보호와 적어도 1개 이상의 습지를 국제적으로 보호가 필요한 습지로 지정하는 데에 동의한다. 4번째 람사르 전략회의가 2015년 8월 21일에 착수되었는데, 이는 2016년부터 2024년까지의 기간을 다룬다.

세계유산협약의 목표는 세계유산협약 프로그램을 통해서 국제적으로 문화적, 자연적으로 가치 있는 지역을 보호하는 것이다(whc.unesco.org). 이 협약은 자연 지역의 중요성을 생물학적, 문화적으로 강조한다는 점이 특이한데, 전 세계가 이 지역을 재정적으로 지원하는 것을 의무화하고 있다. 세계유산지역에 대한 일부 재정지원은 기술적인 원조를 함께 제공하는 유엔 재단으로부터 비롯된다. 람사르 협약처럼, WHC는 국가 법률로 처음 설정된 보호구역에 대해서 국제적 승인을 하거나 지원하는 것을 추구한다. 자연 지역을 보호하고 있는 981개의 세계유산지역은 약 1억 4천만 ha를 차지하는데, 예로써 몇 가지를 들면 탄자니아의 세렝게티 국립공원, 스리랑카의 신하라자 삼림보호지역, 브라질의 이과수폭포(**그림 12.10**), 페루의 마누 국립공원, 호주의 퀸스랜드 우림, 인도네시아의 코모도 국립공원, 미국의 그레이트 스모키 산맥 국립공원과 같은 세계 최고의 보전지역을 포함한다(세계 유산 산호초 지도에 대한 그림 5.4B 참조).

유네스코의 생물권 보존 세계 네트워크는 1971년에 설립되었다. 생물권 보전은 제9장과 제10장에서(그림 9.19와 10.12 참조) 기술하였듯이, 지역주민의 이익을 위한 보전 노력과 지속가능한 개발의 양립성을 증명하는 모델로서 고안되었다. 122개국에서 686개의 생물권 보전지역을 지정하고 있는데, 유럽과 북미에서 292개, 아시

그림 12.10 세계유산지역은 브라질의 이과수 폭포처럼 세계에서 가장 추앙받고 잘 알려진 보호지역의 일부를 포함한다.

아와 태평양에서 152개, 라틴 아메리카와 카리브해에서 130개, 아프리카에서 79개, 아랍연합에서 33개를 지정하고 있다(www.unesco.org). 각국은 이 협약에서 보호지역을 철회할 권한도 가지고 있다, 예를 들어, 미국은 2017년에 기존의 47개 지역 가운데 17개 지역을 철회하였다. 이러한 사례는 정치 지도자에 따라 변경되는 국제 협정의 취약성을 여실히 드러내는 것이다.

여타의 국제 협정은 환경에 지역적이고, 국제적인 위협을 가하는 오염을 억제하거나 제한하기 위해서 비준되고 있다. 예를 들어, 유럽 국가 간의 장거리 이동 대기오염에 관한 협정은 대기오염 물질의 장거리 이동이 산성비, 호수 산성화, 삼림쇠퇴에 일정 역할을 한다는 것을 인식하고 있다. 오존층 보호협약은 염화불화수소(프레온 가스)의 사용을 제한하고 중단시키기 위하여 1985년에 서명되었다. 해양법에 관한 국제협약(Convention on the Law of the Sea)은 세계 바다의 평화로운 이용과 보전을 증진시킨다.

보전 관리 방안(Conservation measures)은 국가 간 협력을 증진시키는 데 기여할 것이다. 이러한 보전 관리 방안은 국가들이 보호구역을 총괄적으로 관리할 때 필요하다. 전 세계의 많은 지역에서 국가 간 경계는 사람이 살지 않는 산맥들로 국가 간의 경계를 구분하고 있다. 이러한 지역은 각 나라가 그들의 야생동물과 생태계를 관리하는 국립공원으로 지정되어 있다. 다른 대안으로, 각 나라들은 전체 생태계를 공동으로 관리하기 위하여 양쪽의 국경에 있는 접경지역을 국립공원으로 설정할 수 있고, 이를 통해서 큰 규모로 보존을 증진시킬 수 있다(Thondhlana et al. 2015). 이러한 공동협력의 초기 사례를 워터톤-글레이셔 국제 평화공원으로 알려진 미국의 글레이셔 국립공원과 캐나다의 워터톤 호수국립공원을 관리하기 위한 결정에서 찾을 수 있다. 오늘날 짐바브웨, 모잠비크, 남아프리카 공화국의 보호지역과 국립공원을 연결하여 그레이터 림포포 접경공원(Greater Limpopo Transfrontier Park)과 다른 큰 관리 단위를 조성하려는 많은 노력이 이루어지고 있다(**그림 12.11**). 이러한 공동 관리의 가장 큰 이점은 계절별로 이동하는 대형 동물들의 이동경로를 보호할 수 있다는 것이다. 또 다른 사례로서, 이스라엘과 요르단 사이의 홍해 해상 평화공원의 설립은 전쟁으로 파괴된 지역에 보전뿐만 아니라 신뢰 구축을 위한 잠재적 보전 가능성을 위해서도 중요하다.

해양 오염은 한 나라가 통제할 수 없는 광범위한 국제 수역으로, 한 지역에서 유출된 오염물질이 다른 지역으로 전파되기 쉽기 때문에 또 다른 중요한 관심 대상이다. 해양 오염을 다루는 협정들은 해양법에 관한 국제협약, 유엔 환경 프로그램 산하의 지역 해양 프로그램, 폐기물과 다른 물질의 투기에 의한 해양오염방지협약 등이 있다(UNEP 지중해 시행계획에 대한 그림 10.10 참조). 지역적 협정은 북동 대서양, 발틱해, 특히 북대서양 지역에 있는 일부 특정 지역을 포함한다. 외해의 먼 바다(해안선으로부터 먼 해양 지역)는 여전히 철저하게 조사되지 않은 상태로, 신속한 보호가 필요한 지역이다.

그림 12.11 Gonarezhou 국립공원, Kruger 국립공원, Limpopo 국립공원과 몇 개의 소규모의 보전지역을 포함하는 그레이터 림포포(Greater Limpopo) 접경공원은 남아프리카공화국, 모잠비크와 짐바브웨에서 야생동물 관리 활동을 통합할 수 있는 가능성을 지닌다. 더 큰 접경지역 보전구역에는 지나브 국립공원, 반히네 국립공원, 사냥금지 사유지역, 사유 농장과 목장이 포함된다. (After Peace Parks Foundation. 1991. K. Tinley and W. van Riet. F*irst map ever of Great Limpopo Transfrontier Park*. WWF South Africa. https://www.peaceparks.org/first-map-ever-of-great-limpopo-transfrontier-park/.)

보전을 위한 재정지원

학습 목표

이 절에서는 다음 내용에 주안점을 두기 바란다.

1. 지역적 수준에서부터 국제적 수준에 이르기까지 보전을 위한 재정지원의 재원을 열거할 수 있어야 한다.
2. 총 금액과 GDP 대비 금액으로 보전노력에 대한 각국의 상대적 기여도를 평가할 수 있어야 한다.

적절하게 전 세계의 생물다양성을 보호하는 데 연간 990억~4,400억 달러가 소요되는 것으로 추산된다(Dinerstein et al. 2017; UNDP 2018). 이 금액은 커 보이지만, 자연 자원이 제공하는 24조 달러의 가치에 비해서는 적은 규모이다(**그림 12.12**). 불행하게도 실제 지출은 상당히 적어서 198억 달러(Waldron et al. 2013)에서 520억 달러(Parker et al. 2012)로 추산된다. 이러한 재정지원은 다양하며, 국가 예산과 국제 개발 원조("공식 개발 원조", 396쪽 참조)를 포함한다. 하지만, 일반적으로 다양한 접근 방식을 위하여 지역납세자의 자금에 의존하는 재정지원 보전 노력에서 탈피하고 있다. 예를 들면, 산업과 개발업계로 하여금 완화 비용을 지불할 것을 요구하는 비정부 기구와 정책들은 선진국에서 재정지원의 주요 재원이 되었다.

한편, 개발도상국에서 보전을 위한 재정지원은 수월하게 이루어지지 않고 있다. 국제회의와 조약에서 가장 쟁점 사안 중 하나는 지속가능한 개발, 보전과 기후

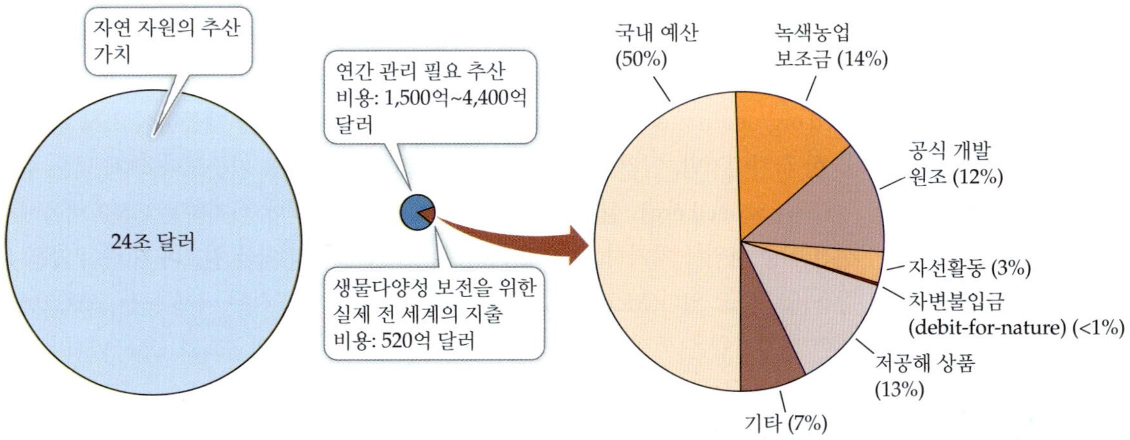

그림 12.12 전 세계의 생물다양성의 가치와 소요 필요 비용 및 현재의 상황(왼쪽), 그러한 재정지원의 재원 명세(오른쪽) 비교. 거의 절반에 가까운 많은 부분이 정부("국내 예산")로부터 나온다. (After UNDP 2018. *The BIOFIN Workbook 2018: Finance for Nature.* The UNDP Biodiversity Finance Initiative, New York; and C. Parker et al. 2012. *The Little Biodiversity Finance Book.* Global Canopy Programme, Oxford.)

변화와 관련한 CBD(생물다양성협약)와 기타 프로그램과 같은 제안에 어떻게 재정지원을 할 것인지를 결정하는 것이다. 지난 20년간, 선진국, 재단 및 개인 후원에 의해 조성된 보전에 대한 국제 재정은 비록 필요한 것보다는 적었지만 증가하였다(Barbier et al. 2018). 2015년 9월에 유엔 지속가능개발 정상회의를 앞두고서, 많은 국가의 관계자들이 제3회 개발을 위한 재정지원 국제회의(FFD3)를 에티오피아의 수도에서 개최하였다. 그들은 포스트 2015-어젠다를 어떻게 실행하고 지원할지에 대한 전 세계적 계획으로 아디스 아바바 어젠다(Addis Ababa Agenda)를 만들었다(Bhattacharya et al. 2015). 그러나 이러한 유형의 많은 합의와 마찬가지로 야심차고 좋은 의도의 합의는 늘어난 재정지원을 충족시키기 위한 구체적인 책임이나 "약속(teeth)"이 결여되어 있다는 비판을 받고 있다(Barcia 2015).

국제적 지원과 세계은행

지구 정상회의 당시에 보전 프로그램의 비용은 연간 약 6,000억 달러로 추산되었고, 이 중 1,250억 달러는 **정부개발원조(official development assistance, ODA)**의 일환으로 선진국에서 제공되었다. 1990년대 초기에는 모든 국가로부터의 ODA 수준이 대략 연간 600억 달러였기에, 이러한 협약들을 시행하기 위해서는 그 당시 원조 약속의 10배 정도로 증액해야 했다. 선진국들은 이러한 재정 증액에 대해서 동의하지 않았지만, 그 대신 다음과 같은 대안을 제시하였다. 즉, 각 국가는 2000년까지 총 해외 원조를 국민 총생산(GNP)의 0.7 %로 늘리기로 했는데, 이는 선진국의 ODA를 약 2배 늘리는 것이다. 지난 20년 동안, ODA는 꾸준히 증가하였고, 2000년에 비해서는 66%가 증가하였다. 그러나 2018년도에는 아랍에미리트(1.02%), 터키(0.95%)와 더불어 룩셈부르크(0.99%), 스웨덴(1.02%), 노르웨이(0.99%), 덴마크(0.74%), 영국(0.70%) 등의 일부 부유한 북부 유럽 국가들만이 GNP 기준을 충족시켰다(data.oecd.org/oda/net-oda.htm). 미국은 2017년에 341억 달러를 제공하여 가장 큰 기여를 한 국가이지만, 이러한 금액은 GNP의 0.18%로 0.70% 기준보다 크게 낮은 수치이다(www.oecd.org). 실제 미국은 국제 보전 프로그램에 기여하는 GNP 비율에서 선진국 중 하위를 차지하고 있고, 최근에는 모든 형식의 외국 원조에 대하여 많은 삭감을 요구하고 있다(McBride 2018). 미국 정부에서 제공하는 국제 보전 프로그램을 위한 재정지원은 국제개발국, 국립과학재단, 스미스소니언협회와 USFWS(미국 야생동물보호국)를 포함한 여러 부처에서 이루어지고 있다.

1980년대까지, 보전 프로젝트의 ODA 재정지원은 대략 연간 2억달러 규모였다. 그러나 이러한 재정은 1990년도 초기부터 연간 10억 달러로 증가하였고, 현재는 40~120억 달러의 규모일 것으로 추산된다(http://unstats.un.org/sdgs/indicators/database/). 2017년에 영국은 협정을 통해 달성할 232개 지표와 함께 지속가능 목표를 위한 전 세계 규모의 지표 틀과 지속가능한 개발을 위한 2030 어젠다(http://

undocs.org/A/RES/71/313)의 목표에 동의하였다. 이들 중에 "목표 15.a는 생물다양성과 생태계를 보호하고 지속가능하게 이용하기 위하여 모든 방면으로부터 재정자원을 동원하고 크게 확충하는 것이다." 이 목표를 향한 진척도를 추적하는 것은 중요한데, 유엔의 자료를 보면 개발도상국으로부터 받은 총 지원이 시간이 갈수록 현저히 증가하고 있다(**그림 12.13A**). 그러나 보전에 할당된 전체 ODA의 비율은 정치 지도자에 따라 국가별 그리고 연도별로 상이하다. 예를 들어, 미국의 보전 ODA 재

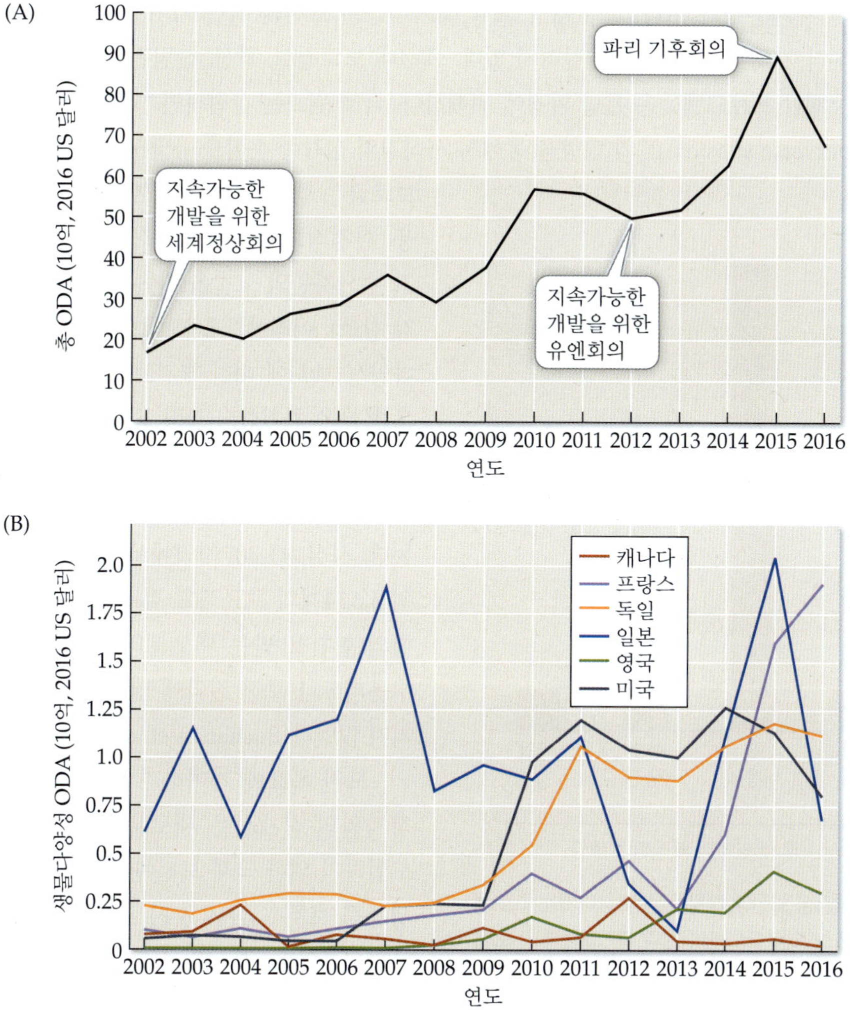

그림 12.13 (A) 생물다양성과 생태계의 보전과 지속가능한 이용을 위한 개발도상국으로부터의 총 정부개발원조(ODA) (연도별, 100만 US 달러 단위). 주요 국제 협약이 명시됨. (B) 원조국에 의한 생물다양성에 관한 ODA. 프랑스와 같은 일부 국가에서는 최근에 ODA 기여가 크게 증가한 반면, 일본과 미국을 포함한 기타 국가에서는 이 분야에서 ODA가 감소하였다. (After United Nations 2019. http://unstats.un.org/sdgs/indicators/database/.)

정지원은 2015년과 2016년 사이에 30% 정도 감소하였다(그림 12.13B).

최근에 선진국에 의한 많은 보전 자금은 **세계은행**(www.worldbank.org)과 관련 **지구환경기금**(GEF)(www.thegef.org/gef)을 통해 처리된다. 세계은행은 국제 무역과 경제활동을 증진시키기 위해 설립된 다국적 개발은행이다. 세계은행은 주로 선진국에 의해 좌우되며, 이들의 활동 일부만이 보전 활동과 관련되어 있다. 지구환경기금은 선진국에서 개발도상국의 보전과 환경 프로젝트로의 자금 창구로서 설립되었는데, 이는 세계은행, 지역적 현안에 초점을 둔 여타 다국적 개발은행, 유엔 개발 프로그램에 의해서 많은 재정이 배분되고 있다.

세계은행과 여타 국제 재정 조달 메커니즘은 보전을 위한 기여보다는 반대쪽에 더 기여를 하는 것으로 알려져 있다. 예컨대 도로건설, 광산, 산림관리와 같은 많은 개발 프로그램들은 분명 환경에 위해하다. 국제 원조는 간접적인 "왜곡된 보조금(perverse subsidies)"의 영향을 통해서 서식지의 심각한 손실을 유발시킨다. 이러한 보조금은 화석연료의 과도한 사용, 물 사용, 환경적으로 위해한 농경법을 독려하고 수산자원의 고갈을 가속화시킨다(제3장 참조). 이러한 "왜곡된 보조금"은 생물다양성 보호에 대한 투자보다도 훨씬 많은 부분을 차지한다(그림 12.14). 이러한 점은 개발에 대한 국제 원조가 항상 생물다양성을 해친다는 것을 의미하지는 않는다. 사실, 41,307지역에서 실행된 최근의 3,534개의 프로젝트 검토에서 세계은행의 협찬을 받는 대부분의 프로젝트는 수목피도나 보전 결과에 영향을 거의 미치지 않았다(Buchanan et al. 2018).

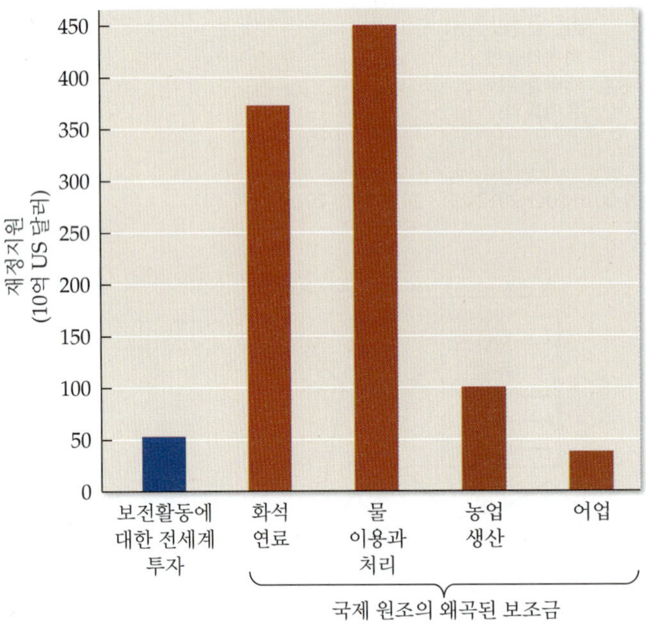

그림 12.14 국제 원조는 생물다양성 보전에 해로운 영향을 미치는 프로젝트를 지원할 수도 있기에 "왜곡된 보조금"으로 간주된다. 이 그림에서, 보전 활동에 소요되는 국제 원조 금액과 비교하여 보전 활동을 저해하는 활동의 다양한 분야에서 사용되는 상대적인 비용을 볼 수 있다. 이러한 자료는 몇 가지 출처로부터 정리를 하였는데, 연간 지출은 2010년부터 2016년까지의 특정 연도를 기반으로 하고 있어서, 절대 수치가 아닌 상대적인 수치로만 고려해야 한다. (After UNDP 2018. *The BIOFIN Workbook 2018: Finance for Nature*. The IUCN Biodiversity Finance Initiative, New York, based on sources within).

보전 목표에 기여하기 위한 국제 재정지원의 잠재성은 새로운 프로그램을 도입하기 위한 국제 보전 단체인 세계 야생동물 보호기금(WWF), 전 세계 여러 나라의 1억 ha 이상의 삼림 보호와 관리를 위한 산림연합(worldwildlife.org)과 세계은행의 합류에 의해서 확실하게 보여주고 있다. 또한, 세계은행은 인도네시아를 포함한 열대 국가들에서 벌채에 의해 야기된 이산화탄소 배출을 감소시키기 위한 선두주자 가운데 하나이다. 회사들과 선진국들은 이러한 열대 산림지역을 산림 탄소 파트너십 퍼실리티(Forest Carbon Partnership Facility)를 통하여 관리하기 위해 탄소배출권(carbon credits)을 구입함으로써 현재의 온실가스의 생산을 상쇄시킬 수 있다. 세계은행은 그러한 프로그램을 수행하는 데 WWF 및 다른 큰 NGO와 함께 협력하고 있다.

국제 보전 NGO(또는 INGOs로 불리는)(예컨대, WWF, 국제보호협회, BirdLife International, TNC, 야생동물보전협회)들은 정확하게 연결된 우선순위와 프로그램들을 통하여 보전 활동들을 직접적으로 실행한다(Robinson 2012). 이러한 NGO들은 회비로부터의 기금, 부유한 개인들로부터의 기부, 기업으로부터의 후원, 재단과 국제개발은행으로부터의 교부 모금을 함으로써, 보전 활동 재정의 주요 원천으로 부각되고 있다(**그림 12.15**). 비록 재단과 보전 단체들이 생물다양성 프로젝트에 적은 비중의 자금을 제공한다고 하더라도, 그들은 더욱 융통성 있고 혁신적인 소규모의 프로젝트에 자금을 지원할 수 있으며, 전형적으로 정부지원금을 받는 프로젝트보다 더욱 집중적인 관리를 제공할 수 있다.

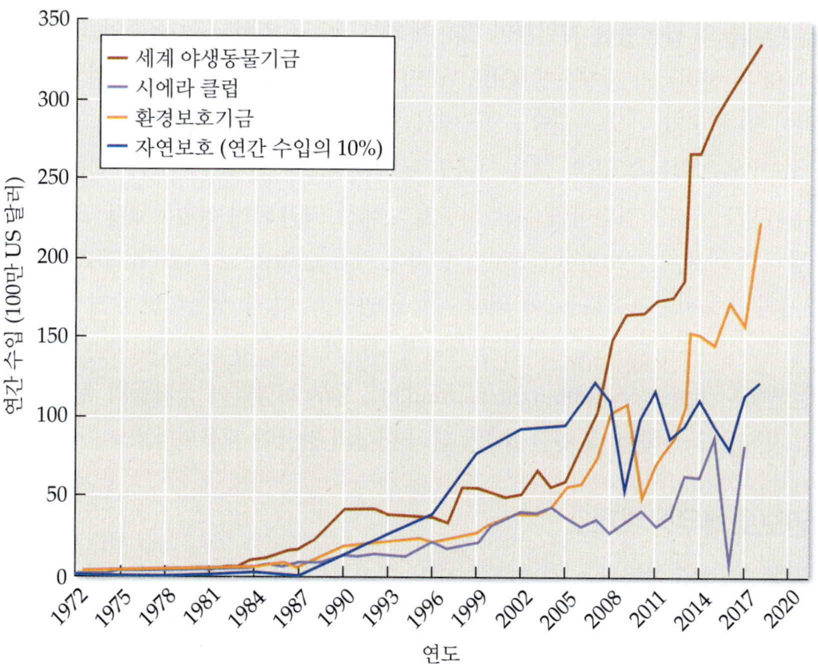

그림 12.15 지난 50년 동안 미국에 있는 4개의 대규모 NGO들(TNC, WWF, Environmental Defense Fund, Sierra Club)의 수입을 표시한 것과 같이, 많은 보전 단체들의 연간 기여도가 급격히 증가하고 있다. TNC의 수입은 10을 곱해야 한다; 2018년에는 약 13억 달러를 기여하였다. (After P. Zaradic et al. 2009. *PLOS ONE* 4: 37367/CC BY 4.0, with updates from P. Zaradic and M.Sher.)

국제 NGO들은 보전 프로그램을 운영하는 개발도상국에서의 지역 NGO와 정부기구 설립, 강화, 재정지원 등에 있어 적극적이다(Cohen-Shacham et al. 2015). WWF와 같은 INGO의 관점에서 보면, 개발도상국에서 지역 단체와 함께 활동하는 것은 효과적인 전략 중 하나이다. 왜냐하면, INGO는 지역적 지식에 의존하고 향후에 보전 활동을 지지하게 될 그 지역 내의 시민 그룹을 훈련시키고 지원하기 때문이다. NGO들은 정부기구보다 보전 프로젝트를 수행하는 데 더욱 효율적이라고 알려져 있다. 그러나 NGO에 의해서 시작된 프로그램들은 재정 지원이 고갈될 경우, 수년 후에 중지될지도 모르며, 효과가 지속되지 않을 수도 있다. 더욱이 NGO들의 수입은 경제 상황에 따라서 상당히 가변적일 수 있다.

환경신탁기금

세계은행과 기타 기관에 의해 제공되는 프로젝트를 위한 직접적인 보조금 및 융자와 더불어, 개발도상국에서 보전 활동을 위한 안전하고 장기적 지원을 제공하는 데 사용되는 또 다른 중요한 메커니즘은 **국가환경기금(national environmental fund, NEF)**이다. NEF는 보통 보전신탁기금이나 재단으로 설립되는데, 담당 정부, 보전기구, 기부 단체의 대표자들로 구성된 이사회는 불충분하게 지원된 정부기구와 비정부 보전 단체들의 활동들을 지원하기 위하여 기부금으로 조성된 연간 수입금을 할당한다. NEF는 선진국과 세계은행, GEF, WWF와 같은 주요 단체에서 기부한 자금을 활용하여 50개 국가 이상의 개발도상국에서 설립되었다.

초기에 설립된 NEF의 중요 사례인 부탄환경보전 신탁기금(BTFEC)은 세계은행과 WWF가 공동협력하여 부탄 정부에 의해서 1991년에 설립되었다. BTF는 2천만 달러의 목표치를 초과한 5,330만 달러의 자금을 이미 받고 있다. 2017년도에는 193개의 프로젝트가 BTFEC에 의해 지원을 받았고, 이 중 생물다양성 보전 또는 생태계 관리를 하는 데 48%, "보전과 사회적 요구가 교차"되도록 고려하는 데 32%를 지원 받았다(http://www.bhutantrustfund.bt). 동부 히말라야 국가들의 풍부한 생물학적 자원을 조사하는 데 연간 100만 달러 이상의 자금이 제공된다.

자연보호채무상계제도

많은 개발도상국가들에는 상환할 수 없는 많은 국제적 부채가 쌓여 있다. 결과적으로, 일부 개발도상국가들은 융자상환금의 상환기한을 연장하거나 일방적으로 채무상환을 낮추거나 또는 상환 전체를 중지하기도 한다. 채무 상환의 낮은 기대 때문에 이러한 채무를 맡고 있는 상업은행은 때때로 채무를 국제 2차 채무시장에 가격을 크게 낮춰서 팔기도 한다. 예를 들어, 코스타리카의 부채는 액면가의 14~18%에 거래되었다.

혁신적인 접근 중 하나로써, 개발도상국가의 부채는 소위 **자연보호채무상계제도**

(**debt-for-nature swaps**, 채무 이행 대신에 자연보호를 요구하는 제도) 하에서 생물다양성을 보호하기 위한 재정지원 프로젝트의 수단으로서 사용되어 왔다(Cassimon et al. 2014). 하나의 일반적인 형태의 자연보호채무상계제도에서 국제보호협회와 같은 선진국에서의 NGO는 개발도상국의 부채를 매수한 후, 보전 활동을 수행하는 국가를 대신해서 채무를 탕감 받는다. 이러한 활동은 보전 목적의 토지구입, 공원관리, 보전교육, 또는 지속가능한 개발 프로젝트를 수반한다. 또 다른 형태의 채무변제는 개발도상국의 채무를 확보하고 있는 선진국의 정부가 그 개발도상국이 국가환경기금이나 다른 보전 활동에 기여하는 것을 조건으로 일정 비율의 부채를 탕감해주는 것이다.

이러한 자연보호채무상계제도에 의해서, 콜롬비아, 폴란드, 필리핀, 마다가스카르와 12개에 이르는 다른 국가들에서 15억 달러에 상당하는 부채가 보전과 지속가능한 개발활동으로 전환되었다. 그러나 보전 프로그램에 비용을 지불하는 것은 개발도상국이 자국에서 필요로 하는 프로그램인 의료, 학교, 농업 개발 등으로 전용될 수도 있다. 더욱이 이러한 프로그램들은 일반적으로 대외채무가 그렇게 큰 탕감을 받을 수 없고 새로운 보호구역 설립과 부채 삭감의 유효성에 대한 의문이 제기되어 왔기 때문에 덜 보편화되어 있다.

기타 자금 재원

대부분의 보전 관련 자금이 적어도 NGO나 정부기구에 의해 관리되거나 모금된다 하더라도, 민간의 기부금에 의해 직접적으로 지원되는 보전 활동의 사례가 증가하고 있다. 개인에 의한 보전 목적의 토지 구입이 그러한 사례 중 하나인데, 제10장에서 논의하였다. 또 다른 사례로는 특정 목표를 위한 사유재가 연구, 청원 활동, 현장 보전 업무를 포함하는 다양한 보전 활동의 측면에 적용되어 온 크라우드펀딩과 같은 소셜미디어의 활용이다. 72개의 모금 플랫폼 보고서는 577개의 보전 중점 프로젝트에 기반을 두고 있으며, 2009년과 2017년 사이에 4,790,634달러를 모금하였다(Gallo-Cajiao et al. 2018). 일례로, 미시간호에 있는 아르카디아 습지 자연보호구역을 확대하기 위한 크라우드소싱을 통해 284,000달러 이상이 모금되었다. 그러나 이러한 모금은 매력적인 종에 불균형적으로 도움을 줄 것이며, 이러한 모금 활동에서 제시한 주요 208개 종은 조류와 포유류에 국한되어 있다. 예를 들어, 아르카디아 습지에서 강조되는 가치는 멸종위기에 처해 있거나 멸종 위협을 받고 있는 17종에 대한 서식지로서의 가치이다.

보전기금은 얼마나 효과적인가?

보전 단체들은 투자된 프로젝트의 효율성을 평가하기 위한 많은 수단을 개발시켰다(Mascia et al. 2014). 지금까지 GEF, 세계은행으로부터 지원받은 프로젝트들은 엇

갈린 평가를 받아왔다(www.thegef.org/gef). 긍정적인 측면으로는 보전과 생물다양성 프로젝트, 국가 생물다양성 전략과 법률 계획, 주요 생태계와 서식지 확인과 보호, 직원 교육 강화 등에 사용되는 재정지원을 늘릴 수 있었다. 반면, 지역단체, 지역 과학자와 정부 지도자의 참여 부족, 외국 컨설턴트에 대한 지나친 의존, 세밀하고 시간이 많이 걸리는 신청 절차들은 주요 문제점으로 지적된다. 또 다른 문제는 빈곤한 나라들의 단기간의 지원과 장기간의 필요 사이에서 오는 불일치이다.

국제 원조에 의해 유지되는 많은 환경 프로젝트들은 "4Cs"(관심, 계약, 능력, 원인)을 다루는 데 실패했기 때문에 문제의 지속적인 해결책을 제시하지 못한다. 환경 원조는 다음과 같은 경우에만 효과적일 수 있다.

- 기증자와 수혜자 모두가 진심으로 그 문제를 해결하기를 원한다. 주요 인물들이 진심으로 프로젝트의 성공을 원하는가, 아니면 단지 돈을 원하는가?
- 프로젝트에 대하여 상호 만족할 만하고 구속력 있는 계약이 체결된다. 자금이 지원될 때 실제 업무가 수행될 것인가? 자금이 사적으로 유용될 것인가?
- 기관, 개인, 사회 기반 시설 측면에서 프로젝트를 수행할 능력이 있다. 사람들은 그 업무를 수행할 기술을 가지고 있는가? 일을 수행하는 데 있어서 운송수단, 연구장비, 건물, 정보 접근과 같은 필수 자원을 가지고 있는가?
- 문제의 원인이 파악된다. 프로젝트가 문제의 근본적인 원인을 다룰 것인가 아니면 일시적 징후의 완화를 제공할 것인가?

이러한 문제들에도 불구하고, 보전 프로젝트에 대한 국제적 자금 지원은 계속되고 있다. 과거의 경험은 새로운 프로젝트에 더욱 효과적으로 적용되지만, 경험에 대한 응용과 회계 과정은 복잡하고 시간이 많이 소요되는 결과도 함께 초래한다.

생물다양성의 재정 증액 요구는 지역적, 국가적, 국제적 수준에서 필요하다. 단 하나의 국제보전연맹(IUCN) 범주(예, GS1에서 GS2까지)로 모든 국제적 멸종위기종의 멸종위험을 줄이는 데 연간 34억~48억 달러가 소요되고, 그러한 종과 함께 모든 지역을 적절히 관리하고 보호하는 데 연간 760억 달러가 소요되는 것으로 추산된다(McCarthy et al. 2012). 760억 달러는 막대한 비용이지만, 2019년에 미국 국방부에서 사용한 6,860억 달러에 비하면 적은 규모다. 이와 비슷하게 미국 정부와 세계은행에서 제공되는 보전기금이 커 보이지만, 이들 미국 정부, 세계은행, 다른 주요 국제단체가 지원하는 다른 활동 지원금보다는 적은 금액이다. 분명히 전 세계적 우선순위로 생물다양성 보호에 더욱 많은 자원이 제공되어야 한다(Rands et al. 2010).

"녹색 상품(green products)"을 출시하는 데 보전 단체와 비지니스가 함께 해야 할 역할이 있다. 이러한 녹색상품들은 세계 보전 기금에 중요한 역할을 지속적으로 하고 있다(그림 12.12 참조). 예를 들면, 산림관리협의회와 관련 단체들은 지속가능한 방법으로 관리되는 산림과 코코아로부터 산림생산물에 대한 인증제를 도입하였으며(그림 13.3 참조), 커피회사는 그늘에서 자란 커피를 마케팅하고 있다(그림 10.8 참조).

마지막으로, 열대 산림을 보호하기 위한 잠재적으로 거대한 새로운 자금 재원이 기후변화에 대처하기 위한 국제적 노력의 일환으로 채택되었다. 전 세계 온실 가스 배출량의 약 20 %가 열대우림 파괴로 인해 발생하는 것이기 때문에, **REDD(Reducing Emissions from Deforestation and Forest Degradation)**라 불리우는 재정 메커니즘이 열대우림 보호를 보호하기 위하여 지급된다(Munawar et al. 2015). REDD는 산림을 보존하여 탄소를 저장한 대가로써, 빈곤한 국가에 재정적인 지원을 한다. 이러한 기금이 개발도상국에서 산림을 보호하고 빈곤을 저감하는 데 활용되는지 혹은 다른 목적으로 전용되거나 다른 지역에서 더 심한 산림벌채를 야기하는지에 대한 우려가 크다(Phelps et al. 2013). 모든 보전에 관련된 조직(단체)은 REDD가 실질적인 효과를 거두는지에 대한 프로젝트 디자인, 실행과 모니터링에 참여하게 될 것이다. 이러한 새로운 형식의 현존하는 재정지원 메커니즘은 생물다양성을 보호하기 위한 국제적 노력의 일환으로, 향후 수년 이내에 모두 필요하게 될 것이다.

국내 사례연구

국내 최서남단의 가거도와 국흘도

가거도는 한반도 최서남단에 위치한 섬으로 행정구역상 전라남도 신안군 흑산면 가거도리에 속한다. 가거도는 목포에서 남서쪽으로 약 140 km, 흑산도 남서쪽으로 약 70 km 지점에 위치하며, 총 면적은 9.18 km^2, 해안선의 길이는 22 km로 섬 중앙에 독실산(639 m)이 있다. 여름에는 해양성 기후를 나타내고, 겨울에는 대륙성 기후의 특색을 보여 여름과 겨울로 나누어진 계절 변화가 뚜렷하다.

가거도에는 독실산을 중심으로 난온대성 상록활엽수림인 구실잣밤나무군락, 붉가시나무군락, 후박나무군락, 참식나무군락 등이 발달되어 있다. 독실산 일대의 식생을 보면 층상구조가 잘 발달해 있으며, 정상 부근에 참나무과인 붉가시나무, 종가시나무, 개붉가시나무, 중간에는 녹나무과인 후박나무, 센달나무, 생달나무, 참식나무, 하단 부근에는 예덕나무 등이 있다. 후박나무군락과 구실잣밤나무군락은 가거도 일대에 광범위한 면적을 차지하고 있다. 특히, 가거도 일대의 후박나무군락은 지역주민들에 의해 주변 식생의 주기적인 간벌과 인위적인 간섭을 통해 지속적으로 유지·관리되고 있다. 가거도 일대에는 내풍성과 내염성이 있는 대단위의 초본류가 자생하며, 적정 수준의 염소 방목과 같은 인위적인 간섭을 통해 초지가 유지됨에 따라 다양한 야생화가 공존한다. 이러한 다양한 식생과 서식환경은 생물종의 다양성 확보에 중요한 역할을 하고 있다.

국흘도는 가거도에서 약 2.5 km 거리에 있으며, 예덕나무 등의 목본이 분포하고 밀사초가 우점하고 있다. 국흘도는 뿔쇠오리, 바다제비, 슴새의 번식지로써 천연기념물로 보호받고 있으며, 전 세계 바다제비 개체군의 60~70%가 번식하는 주요 번식지이다. 1980년대 초반까지 염소 방목, 밀사초 및 쇠무릎 등의 채취 등이 빈번하게 이루어졌는데, 이러한 인위적인 간섭이 바닷새의 안정적인 번식에 일정부분 영향을 미친 것으로 보인다. 번식지가 1984년에 천연기념물(제 341호)로 지정된 이후 쇠무릎에 날개가 걸린 바다제비의 집단 폐사 등이 보고되고 있다. 지속가능한 생물다양성 확보를 위해 주변 자연환경과 서식지의 보호 및 체계적인 관리가 요구된다.

한반도 최서남단에 위치한 가거도

한반도 최서남단에 위치한 국흘도

요약

- 지속가능한 개발은 생물다양성에 영향을 최소화하면서 인간사회의 현재와 미래의 요구를 충족시키는 경제적 개발로써 정의된다. 지속가능한 개발의 달성은 보전생물학과 사회에의 도전이다.
- 생물다양성 보호를 위한 법적 노력은 지역(지방) 수준 및 국가 수준에서 일어나고, 이러한 법적 노력은 사유지와 공유지에 영향을 미치는 활동들을 규제한다. 정부 및 사유지 신탁은 보전 활동을 목적으로 토지를 구입하거나 미래의 보호를 위해서 보전지역권과 개발 권리를 취득한다. 관련 법률은 오염을 억제하고 특정 개발을 규제하거나 금지하며, 사냥과 기타 활동들에 대한 규칙을 제정한다. 이러한 모든 노력은 생물다양성을 보전하고 사람의 건강을 증진시키기 위한 목적을 가진다.
- 생물다양성 보전을 위한 국제 협정과 협약은 생물종들의 국가 간 이동, 생물 생산물의 국제 거래, 국제적으로 중요한 생물다양성에 따른 혜택, 생물다양성 위협에 대한 국제적 접근과 협력이 요구되기에 필요하다.
- 국제 보호에 관한 진척 현황을 측정하기 위한 가장 중요한 메커니즘(수단) 중 하나는 생물다양성 협약에서 구축한 Aichi Biodiversity Targets(아이치 생물다양성 목표의 달성 여부)이다.
- 보전 그룹, 선진국의 정부, 세계은행은 개발도상국의 생물다양성을 보호하기 위하여 자금을 제공한다. 국가환경기금과 자연보호채무상계제도는 보전 활동을 지원하기 위하여 사용된다. 그러나 재정적 지원금은 여전히 문제 해결을 다루기에 불충분하다.

토론 주제

1. 생물다양성의 보전에 있어서 정부기구, 사설 보전 단체, 사업가, 지역사회 단체, 개인의 역할은 무엇인가? 그들은 함께 일할 수 있는가 또는 그들의 관심은 필연적으로 서로 대립되는가?
2. 보전생물학자는 기초과학과 일반 환경운동에 어떤 연결고리를 제공할 수 있는가? 보전생물학자와 환경운동가가 경제적으로 그리고 환경적으로 안정적인 세상을 이루는 데 상호 격려하고 함께 나아갈 수 있는 방법은 무엇인가?
3. 생물다양성을 위한 지구 정상회의나 지구온난화에 대한 파리협정에서 수립된 지규 규모의 목표(global targets)를 달성하는 데 성공할 것으로 믿는가? 믿는다면 혹은 믿지 않는다면 그 이유는 무엇인가? 만약 지구 규모의 목표가 달성되지 못한다면 그들을 설정하는 것이 가치가 있는가?

자연 그대로의 경관과 생물다양성의 보전은 현세대와 미래세대의 헌신을 요구한다.

13

미래를 향한 어젠다

이 책을 통해 다루어 왔던 것처럼, 생물다양성의 전 세계적인 급감 원인은 더 이상 수수께끼가 아니다. 생태계는 파괴되고 있고, 생물종들은 인간의 자원 남용으로 멸종에 이르고 있다. 이러한 생태계 파괴와 생물의 멸종은 단순히 생존을 위한 많은 지역민의 욕구, 부유한 사람과 국가의 과도한 자원 소비, 돈을 벌기 위한 욕구로 인해 가속화되고 있다(von Weizsacker and Wijkman 2017). 이러한 파괴는 지역민, 외부 지역에서 최근에 정착한 주민, 지역 상권, 도심에서의 대규모 사업, 교외에서 시골로의 무분별한 확산, 다른 국가에서의 다국적 기업, 군사적 충돌, 정부, 기타 사항에 의해서 발생된다. 더욱이 사람들은 자연계에 미치는 인간 활동의 영향에 대하여 무지하거나 무관심하다. 비록 많은 사람들이 새로운 종을 기록하는 데 이전부터 참여해 오지 않았다하더라도 수많은 생물종이 아직 발견되지 않았고, 심지어 이름조차 명명되기도 전에 사라지기도 한다(Costello et al. 2015).

보전 정책의 실천을 위해서는 사회 각계각층의 사람들이 생물다양성 보전이 그들 자신의 이익과 직결된다는 믿음이 있어야 한다(Manfredo et al. 2016). 만약 보전생물학자가 생물다양성을 보호하는 것이 그것을 파괴하는 것보다 훨씬 가치가 있다는 것을 증명할 수 있다면, 국민과 정부는 생물다양성을 흔쾌히 보전하려 할 것이다. 이러한 평가는 즉각적인 금전적인 가치뿐만 아니라, 존재 가치, 선택 가치, 본질적 가치를 포괄하는 덜 유형적인 측면을 포함시켜야 한다(제3장 참조). 최근의 평가는 보전과 지속가능성을 위한 국제적인 목표에 도달하는 것은 가능하지만, 생산, 관리 및 생물 다양성 평가에 있어 "관례대로"의 사업 관행에 커다란 변화가 필요할 것이라고 제안한다(Tallis et al. 2018).

현안 문제들과 가능한 해결책

학습 목표

이 절에서는 다음 내용에 주안점을 두기 바란다.

1. 오늘날 생물다양성의 보전에 직면한 주요 문제들에 해결책을 제시할 수 있어야 한다.
2. 생물다양성 보전과 지역주민의 행복 증진 간의 관련성을 파악할 수 있어야 한다.

생물다양성을 보전하려는 노력이 많은 주요 문제에 직면하고 있다는 것과 특정 변화에는 정책과 실무로 대처해야 한다는 것에 있어서 보전생물학자들 사이에 의견이 일치한다. 앞으로 이러한 문제점의 일부를 나열하고서 해결책을 논의할 것이다. 이 책의 목적상 포괄적이고 현실성 있는 대안을 제시해야 하는 복잡한 내용들은 배제하고 해결책들만 간략히 제시하였다.

문제점: 전 세계 대부분의 생물종은 과학자에 의해서 기술되지 않은 상태이거나 일반인들에게 알려지지 않은 경우 생물다양성을 보호하기 어렵다. 더욱이, 대부분의 생태계는 그들이 시간에 따라 어떻게 변해 가는지 판단하기 위한 모니터링이 부족하다.

해결책: 생물종과 생태계를 식별하고, 분류하고 모니터할 수 있는 더욱 많은 과학자와 열정적인 아마추어를 육성하고, 이 분야에 재정적 지원을 확대해야 한다(Costello et al. 2015). 특히, 개발도상국에서 더 많은 과학자를 훈련시키고 연구 기관을 설립할 필요가 있다. 시민 과학 또한 보전생물학자로부터 일부 훈련과 지도를 받을 수 있다면 생물다양성을 보호하고 모니터링 하는 데 중요한 역할을 할 수 있다(제2장 참조). 보전생물학에 관심을 갖고 있는 사람은 종 동정과 환경 모니터링 기술과 같은 기초 실력을 배워야만 한다. 예를 들면, 시민 과학자에 의한 모니터링 활동에서 제왕나비(*Danaus plexippus*, 제왕나비속)의 개체수 감소를 보고하였고, 이 종이 멸종위기에 처한 종 보호 협약하에서 위협받고 있는 종에 등재하기 위한 청원으로 이어지고 있다(Agrawal and Inamine 2018)(**그림 13.1**). 다른 예로는 Budburst 프로젝트(기후변화의 영향을 추적하는 방법으로써, 일반 대중이 개체의 계절주기 정보인 생물기후학적 자료를 제공하게 하는 프로젝트)와 iNaturalist(아마추어가 식물과 야생동물의 출현을 기록할 수 있도록 한 국제 프로그램)가 있다(그림 2.16 참조). 이러한 시민 과학 프로그램은 특히 시민 과학자들을 모집하여 훈련을 통해 역량을 향상시키고, 그들이 수집한 자료를 온라인에 등록함으로써, 보전 활동에서 점점 일

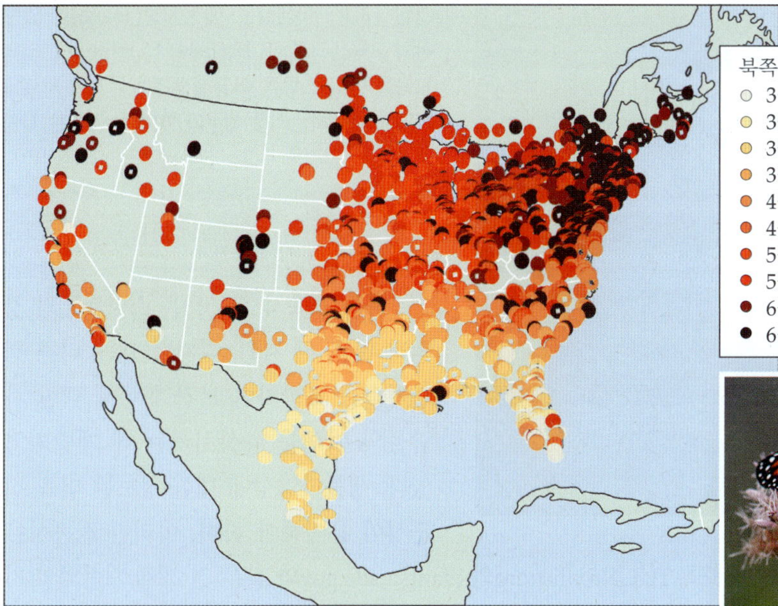

그림 13.1 매년 봄, 많은 시민 관찰자, 특히 학생들은 그들의 관찰을 Journey North website에 올린다. 이러한 자료들은 제왕나비가 중부 멕시코의 월동 장소로부터 3월에 미국 남부로 이동하고, 5월 말과 6월에 북미와 남부 캐나다에 도착한다는 것을 알려준다. 캘리포니아, 플로리다와 텍사스에는 제왕나비의 2차 월동지들이 있다. 이러한 모니터링을 통해 제왕나비의 개체수 변화와 이동 시기를 확인할 수 있다. (After Journey North. 2018. https://maps.journeynorth.org/map/?year=2018&map=monarch-adult-first.)

반화되고 있으며, 가치가 부여되고 있다. 연구에 의하면, 이러한 훈련은 시민 과학자들이 수집한 생물학적 자료를 질적으로 향상시키는 데 매우 효과적인 것으로 나타났다(Gaddis 2018).

또 다른 형식의 시민-과학 프로그램은 보전 교육에 기초한 프로그램이다(**그림 13.2**). 이러한 프로그램은 학생, 고령자나 국립공원 근처에 거주하는 시골 사람들처럼 특별한 주체에게 특정 정보를 제공하며, 보전 지향적인 행동을 고취시킨다(McKinley et al. 2017). 이러한 형태의 프로젝트에서 자원봉사자들은 과학과 보전을 수행하는 방법을 관찰할 뿐만 아니라, 실제 보전활동을 수행하게 된다. 이러한 방식을 통해서, 자원봉사자들은 그 프로젝트에 대한 봉사의식과 귀속감을 경험하며, 때로는 이러한 프로젝트 활동의 지지자가 되기도 한다. 다른 경우에 이러한 활동은 보전 활동에 있어서 지속적인 진전으로 전환되며, 학생들이 이 분야에서 경력을 쌓을 수 있도록 유도할 수 있다. 많은 보전생물학자와 생태학자는 이 분야에 대한 그들의 열정이 이러한 프로그램에서 제공한 활동과 같은 다양한 야외 체험들 덕분이라고 여긴다.

보전생물학자는 일반 시민 회원의 교육과 그들을 프로젝트에 참여시킴으로써 보전 활동에 대한 메시지를 전파할 수 있고 더 나은 과학을 수행할 수 있다. 이러한 시민들은 생물다양성 보호에 대한 지지자가 되기도 한다.

그림 13.2 학생들은 케냐 차보(Tsavo)에 있는 야외 교육센터인 타이타(Taita) 디스커버리 센터의 교육을 받아 조류를 어떻게 동정하는지와 자료를 어떻게 수집하는지를 배운다. 이러한 경험은 사람을 자연과 연결해 주고, 다음 세대의 보전생물학자를 양성한다.

다른 교육적 접근들은 스마트폰의 창의적 활용, 웹 자원, 디지털 사진, 다른 첨단기술을 포함하여 보전 활동에 대한 사람들의 이해를 향상시키는 데 개발되고 있다. 생물다양성에 대한 정보는 더욱 접근성이 용이해야 하며, 이러한 접근성은 목적에 부합되도록 IUCNredlist.org와 plants.usda.gov와 같은 전 세계 기반의 디지털 식물 표본 데이터베이스 기반의 사용자 친화적이고 전문적으로 구조화된 자료뿐만 아니라, 시민 과학 데이터를 포함하는 웹사이트를 통해 일정 부분 구축될 수 있다. 과학, 보전, 시민과학의 교육적 결과와 여타의 교육 기술을 어떻게 향상시킬 수 있는지에 대한 질문은 활발한 연구 영역 중 하나이다.

문제점: 많은 보전 이슈는 범세계적이고 많은 국가가 관련되어 있기에, 보전 활동이 중요함에도 조정하기가 어렵다. 더욱이 전 세계적인 협정은 불이행에 따른 문제 제기로 인해 강제하기가 극히 어렵다.

해결책: 우리는 성공적인 국제적인 노력에 집중하고, 이를 기반으로 문제점을 해결하여야 한다. 많은 국가에서는 기후변화에 관한 2018 회의에서처럼, 국제적인 보전 이슈를 적극적으로 다루고자 한다(제12장 참조). 또한 생물다양성 협약, 유엔기후변화 협약, 멸종위기종에 관한 국가 간 무역협정(그림 12.7 참조)과 같은 조약을 적극적으로 승인하고 실행하려 한다. 국제적인 보전 활동의 노력이 증가하고 있으며, 보전생물학자와 일반 대중에 의한 이러한 보전 활동의 참여가 권장되고 있다. 또 다른 긍정적인 전개는 국경을 가로지르는 공원을 구축하려는 추세인데, 이러한 공원은 야생동물에게 혜택을 주는 동시에 국가 간에도 공동협력의 발판을 마련한다(그림 12.11 참조).

선진국의 국민과 정부는 전 세계의 자원의 과잉소비와 그들이 구입하는 특정 생산품을 통해 생물다양성이 파괴되는 것에 대하여 책임을 져야 하고, 그들의 생활방식의 변화가 생물다양성에 도움이 될 수 있다는 것을 알아야만 한다(Collins et al. 2018). 예를 들면, 인증 프로그램은 소비자들이 커피(제10장 참조), 코코아, 목재, 해산물과 같은 지속가능한 실천(sustainable practice)을 지지하는 선택을 할 수 있게

(A) (B)

M. H. Siddall

그림 13.3 (A) 콜럼비아 카세레스시 Isla de la Amargura에 있는 한 농부가 공정거래에 따라 판매되는 코코아를 수확하고 있다. (B) 지속가능하게 생산된 초콜릿은 점점 많은 상점에서 구입할 수 있고, 주로 포장지 위에 로고가 표시된 다양한 인증서를 포함한다. 일부 상품은 매우 특별한 환경 친화적인 상품이라고 홍보된다.

도울 수 있다(**그림 13.3A**). 2018년에 코코아, 커피와 차에 대한 2개의 가장 큰 인증 프로그램인 UTZ(네덜란드 이외 지역의 프로그램)와 열대우림연맹이 합병됨으로써, 이러한 2개의 인증 프로그램에 대한 비용을 지불하지 않아도 되었다. 이에 따라 재배농가들은 생산비용을 절감했을 뿐 아니라 소비자들에게 상품 전달 과정을 간소화시켰다. 이러한 프로그램은 대개 환경적으로 지속가능한 경영뿐만 아니라 사회적으로 적정 임금 및 근로조건 보장과 같은 책임이 따르는 사안을 다룬다. 포장 라벨은 마케팅의 수단 중 하나로 소비자가 좋은 선택을 할 수 있도록 돕는다(**그림 13.3B**).

보전생물학자는 사람에 대한 혜택 제공과 생물다양성 보호라는 접근을 뒷받침할 필요가 있다. 한 가지 접근 방식은 토지 소유주와 지역 주민에게 그들의 토지가 제공하는 생태계 서비스에 대해 보상하는 것이다.

법률 제정을 권장하기 위하여 보전 전문가는 지역 수준에서 개개인의 행동과 생활방식이 어떻게 변화하는지, 더 큰 규모에서 도시 및 국가의 행동과 생활방식이 그 지역사회를 훨씬 뛰어 넘어서 긍정적인 영향을 발휘할 수 있는지를 증명해야 한다. 보전심리학 이해의 향상은 보전적 사고방식의 행동을 고취시키는 프로그램의 설계에 도움을 줄 것이다.

문제점: 개발도상국은 생물다양성을 보호하고자 하지만 수입원 창출을 위한 자연자원 개발에 대한 강한 압박에 직면해 있다.

해결책: 유엔과 세계은행과 같은 국제 단체뿐만 아니라 보전 단체, 동물원, 수족관, 식물원, 자연사 박물관, 정부, 심지어 선진국의 기업까지도 특히 보호구역 설립과 유지 같은 보전 활동을 위해 개발도상국에 기술적, 재정적 지원을 지속적으로 제공해야 한다. 예를 들어, 동물원 및 수족관협회는 보전 활동을 위하여 연간 1억 6천만

달러의 기부금을 지원하고 있다(https://www.aza.org/conservation-funding)(제8장 참조). 이러한 조직들이 개발도상국에서 보전생물학자의 교육 훈련을 지원하는 것은 중요하며, 이러한 지원을 통해서 지역주민이 그들 국가에서 생물다양성 보호를 위한 지지자가 될 수 있게 한다(Paknia et al. 2015). 선진국의 지원은 개발도상국이 그들 자신의 자원과 인력으로 생물다양성을 보호할 수 있을 때까지 지속되어야 한다. 그 시기까지 선진국에게 지원을 요구하는 것은 공정하고 합당하다. 왜냐하면, 선진국은 이러한 자연공원을 지원할 자금을 가지고 있고, 자연자원을 소비함으로써 생물다양성의 저하에 상당한 영향을 초래하였고, 개발도상국에서 자연자원을 착취하여 혜택을 누리고 있으며, 그들의 농업, 산업, 연구 프로그램, 동물원, 수족관, 식물원과 교육 시스템에 생물학적 자원을 이용하고 있기 때문이다. 개발도상국의 경제적, 사회적 문제에 대한 해결책은 빈곤 감소 및 무력 분쟁과 결부시켜서 동시에 고려되어야 한다(제12장 참조). 다양한 재정 메커니즘이 이러한 목적을 달성하기 위해 존재한다. 이러한 재정 메커니즘은 직접 보조금, 생태계 서비스에 대한 비용지불, 자연보호 채무상계제도, 신탁기금 등을 포함한다. 선진국의 개개인은 돈을 기부하거나 보전 목표를 진전시키기 위해 보전 단체와 보전 프로그램에 참여할 수도 있다.

문제점: 경제 분석은 거짓으로 환경을 훼손하는 개발 프로젝트의 고무적인 면을 부각시킨다. 경제적 의사결정은 생태계 서비스와 생태계의 본질적 가치를 포함시키지 못하거나 이러한 생태계 서비스와 가치를 평가하지 못하기도 한다.

해결책: 비용-편익 분석은 토양 침식, 대기와 수질오염, 온실 가스 생산, 자연 생산품과 여타 생태계 서비스의 가용성 저하, 사람이 살 수 있는 장소의 손실과 같은 환경과 인적 비용을 포함한 모든 범위의 비용과 함께 잠재적인 프로젝트의 이익을 비교해서 철저히 개발 프로젝트를 평가해야 한다(Alamgir et al. 2017). 지역 공동체와 일반 대중은 모든 가능한 정보를 제공 받아야 하며, 의사결정 과정에 대한 의견 제공을 받아야 한다. 우리는 산업, 정부, 개개인이 그들의 활동에 의해 초래된 환경 훼손을 복구시키기 위해 비용을 지불해야 한다는 "오염자 부담의 원칙"을 채택하여야 한다(Zhu and Zhao 2015). 살충제, 비료, 운송수단, 석유화학, 벌목, 어업, 담배 산업처럼 환경을 해치는 산업에 주어지는 재정적 보조금, 특히 인간의 건강에 위해를 가하는 산업에 보조금을 지원하는 것은 그만두어야 한다(제3장 참조). 이러한 왜곡된 보조금을 통한 기금은 자신의 토지를 일반인을 위해 생태계 서비스를 제공하는 소유주에게 환경과 인간의 행복을 증진시키기는 활동으로서 전용되어야 한다(표 12.2 참조).

문제점: 전 세계의 많은 지역에서 단지 생존을 위해 노력하는 혜택 받지 못한 사람들이 생물다양성 파괴에 책임을 져야 할 수도 있다.

해결책: 지역적 활동이 생물다양성의 손실을 초래하는 장소에서, 보전주의자는

환경에 해를 끼치지 않는 지속가능한 경제 활동을 체계화하고 개발하기 위해서, 지역주민을 도울 여력이 있는 개발 및 인도주의 단체를 모집하는 데에 도움을 줄 수 있다(Berrueta et al. 2017). 보전생물학자와 보전 단체는 지속적으로 빈곤한 시골지역을 위한 프로그램에 참여하는데, 이러한 프로그램은 소가족을 육성하고, 신뢰할 수 있는 식량 공급을 수립하며, 경제적으로 유용한 기술 훈련을 제공하고(Miller et al. 2018), 물질적 소유에 반하여 긍정적인 경험의 혜택과 즐거움을 제공한다. 이들 프로그램은 기본 인권, 특히 토지 소유권과 건강한 환경에 대한 권리 인식을 목표로 한 사회정의 노력과 밀접히 관련되어야 한다(제12장 참조).

보전 단체와 기업은 지역 공동체와 공유하는 이익의 일부와 함께 지역공동체에서 생산된 그린 상품(저공해 상품)을 광고하는 데 함께 하여야 한다. 이미 언급한 것처럼, 인증 프로그램은 지역 공동체가 혜택을 받게 보장하는 메커니즘이어야 한다. 예를 들면, 환경, 노동과 개발 기준에 부합된 생산품은 공정거래 인증을 받을 수 있다(그림 13.3B 참조). 74개 개발도상국과 150만 명 이상의 농부와 노동자를 대변하는 1,210개 이상의 단체들은 바나나, 차, 목화, 신선한 과일을 포함한 공정거래 상품 판매 인증을 받았다(www.fairtrade.net). 비록 이러한 인증 상품이 다소 비싸다고 할지라도 만약 소비자가 비인증 상품대신 인증 상품을 구입한다면, 그들의 구입은 지역과 국제적 보전 노력을 견고히 할 것이고, 시골 지역에서 혜택 받지 못한 사람들에게 유형의 이익을 제공할 것이다. 그러나 이러한 상품의 원천이 인증 프로그램의 실행과 목표에 부합되는지 확인하기 위해서 신중히 검토되어야 한다. 일부의 경우에서, 조사자들은 공정거래와 전통적인 와인 부문 사이에 유의미한 차이가 없다는 것을 발견하였다. 예를 들면, 국제산림관리협의회(FSC)의 연구에 의하면 멕시코의 산림벌채 비율은 어떠한 중대한 영향도 발견되지 않았다(Blackman et al. 2018).

작은 규모에서, 보전 프로젝트는 지역 경제에 이익을 창출할 수 있다. 예를 들면, BirdLife International Global Seabird Programme는 멸종 위기에 처한 알바트로스가 미끼 바늘에 겁을 먹고서 달아나게 하는 낚시줄을 생산하기 위하여 나미비아에 있는 Walvis Bay의 여성권한이양 단체에서 수행하는 Meme Itumpapo 프로젝트와 협력하고 있다. 이러한 노력은 지역주민에게 수입을 제공함으로써, 폐사하는 바닷새의 수를 감소시키는 데 아주 효과적이다(RSPB and BirdLif International 2018). 페루에서는 보전생물학자에 의해 시작된 또 다른 여성협동조합이 멸종위기에 처한 개구리를 통해 부수적인 수입을 제공하는 데 일조하고 있다(**그림 13.4**). 이러한 협동생산물에는 그 지역 고유의 개구리가 그려진 모자를 포함하며, 더 나아가 인식의 변화를 일깨운다.

문제점: 중앙정부가 관련 지역의 주민과 단체의 의견을 고려하지 않은 채 보호구역 설정과 관리를 주로 결정한다. 결과적으로, 지역주민은 보전 프로젝트에 대해 소외감을 느끼고 그러한 보전 프로젝트를 지지하지 않게 된다.

그림 13.4 페루의 푸노에 있는 여성 협동조합이 관광객에게 팔기 위하여 멸종 위기에 처한 티티카카 호수의 개구리가 그려진 모자를 만들어 판매하고 있다. 이 협동조합은 동물보호에 참여하지 않는 지역주민의 이익 창출을 추구하는 덴버 동물원과 함께 보전생물학자에 의해서 시작되었다.

Photograph by Richard Reading

해결책: 보전 프로젝트를 성공하기 위해서, 지역주민은 그들이 보전 프로젝트로부터 혜택을 얻을 것이고, 그들의 참여가 중요하다는 것을 알아야만 한다(제12장 참조). 이러한 목표를 달성하기 위해서는 환경영향평가, 경제 전망, 다른 프로젝트의 정보 등이 프로젝트 개발과 실행의 모든 단계에서 공개적인 토론이 장려되도록 해야만 한다. 지역주민은 그러한 보전 프로젝트를 이해하고 평가하기 위해 필요한 도움을 제공받아야 한다. 또한 그들의 생계, 삶의 질, 심지어 그들의 생존이 자연환경을 보호하는 것에 달려있다는 것을 이해하고 있기에, 생물다양성과 관련 생태계 서비스를 보호하기를 원할 것이다(Gupta et al. 2015).

정부 기관, 보전 단체, 지역 공동체와 기업은 데이터와 경영 결정 접근권을 공유하도록 메커니즘을 수립하여야 한다. 다른 경우에서, 서식지 보전 계획이나 공동체 보전 계획과 같은 지역적 전략은 생물종과 생태계를 보호할 필요성과 일부 개발(이에 따르는 서식지 손실)의 필요성을 조화시키면서 개발해야 할 것이다. 국립공원과 다른 보호구역에서 일하는 보전생물학자는 인근의 공동체와 학교 단체에게 그들 업무의 목적과 결과를 설명하고, 지역주민이 말하는 것을 경청하기 위한 의미 있는 대화에 관여할 특별한 책임을 지닌다.

문제점: 국립공원 및 다른 보호구역과 연계한 수익, 기업 활동, 과학적 연구가 주변의 공동체에 살고 있는 사람들에게 직접적인 혜택을 주지 않을 수 있다.

해결책: 지역 공동체에 살고 있는 사람들이 비용을 부담하면서도 인근 보호구역으로부터 혜택을 받지 못하는 경우가 있다. 이러한 문제점을 해결하기 위해서는 지역 공동체에 이익을 줄 수 있는 메커니즘 개발이 필요하다. 예를 들어, 가능하다면

지역 기반의 지식을 사용하거나 수입을 제공하는 방법을 통해서 지역주민이 보호구역에서 훈련받거나 고용되어야 한다(그림 9.18 참조). 정부나 단체는 관광과 여타 공원 활동과 연계한 비지니스를 개발하는 데 지역 사람들을 지원할 수 있다. 공원 수입의 일부는 전체 마을, 시, 지역에 혜택을 주는 기반 시설인 학교, 병원, 도로, 문화 활동, 공동체 비지니스와 같은 지역 공동체 프로젝트에 지원해야 한다. 이러한 프로젝트는 보전 프로그램과 지역사회의 개선을 이어준다.

문제점: 국립공원과 보전지역은 보전 활동을 위해 지불할 예산이 부족하다.

해결책: 입장권, 숙박, 식사 비용을 올려서 국립공원 관리를 위한 기금을 확충할 수 있고, 이러한 비용 산정은 그 지역을 유지관리 하는 데 실제적 비용을 반영하게 한다. 예를 들면, 필리핀에서 가장 큰 해상 보호구역인 El Nido-Taytay Managed Resource Protected Area에서는 다이버와 스노클러에게 해상보호구역에 들어갈 때마다 매번 1인당 4달러의 비용을 요구한다. 국립공원과 인근에서 상품과 서비스를 파는 영업허가자(Concessions)는 국립공원의 운영에 그들 수입의 일부를 기부하여야 한다.

문제점: 많은 멸종위기 생물종과 생태계는 사유지에서 발생하거나 목재 생산, 방목, 광산, 기타 다른 활동을 관리하는 정부 소유의 토지에서 발생한다. 정부로부터 삼림을 임대한 목재 회사와 방목장을 임대한 목장주인은 생물다양성을 해치기도 하고, 단기간의 이익 추구로 토지의 생산 능력을 저하시키기도 한다. 사유지 소유주는 그들의 땅에 있는 멸종위기 생물종을 짐으로 간주하고는 하는데, 그 이유는 그들의 서식처 활용에 대한 규제 때문이다.

해결책: 생태계의 건강을 유지할 때만 목재를 수확하고 방목지를 사용하기 위해서는 임대 허가를 받도록 하는 다양한 법률이 통과되어야 한다. 정부는 자연자원의 고갈을 장려하는 왜곡된 조세 보조금을 없애야 하고, 보전을 고취시키는 사유지의 토지 관리에 대한 비용지불을 수립해야 한다. 또한, 토지 소유주는 멸종위기에 처한 생물종을 보호하기 위한 교육을 받아야 하며, 그들의 노력에 대해 공개적으로 칭송받아야 한다. 생물다양성, 야생동물, 시골의 생활방식은 모두 밀접히 관련되어 있기 때문에 농부, 목장주, 보전생물학자, 사냥 단체와 낚시 단체 사이의 연결고리를 만드는 것은 아주 중요하다.

우리는 생물다양성에 대한 고려를 지역과 국제적 수준에서 환경에 의존하거나 또는 일정부분 관계되어 있는 계획, 정책, 실행과 통합하는 방법을 찾아야만 한다(Redford et al. 2015). 이를 더욱 효과적이게 하기 위해서는 생태계 서비스를 원하는 사람과 생태계 그 자체에 더욱 관심이 있는 사람 사이에 의사소통이 필요하다(QUINTESSENCE Consortium 2016). 이러한 접근은 **주류 생물다양성**(*mainstreaming biodiversity*)이라고 일컬어지며, 유엔과 다른 국제 조약기구에서 자주 사용된다. 생물다양성협약(CBD) 조약의 10(a)항은 "가능하고 합당하다면 생물자원의 보전과 지속가능한 이용을 국가적 의사결정"으로 통합할 것을 요구한다. 그러한 협약들과 함께 더욱 지역적인 동기유발 요인에 자극받아 정부는 지속적으로 생물다양성 보호를 정식 법률과 표준 관행으로 통합하려 한다.

문제점: 많은 나라에서 정부는 비효율적이고 과도한 규제에 얽매여 있다. 결과적으로, 정부는 멸종위기에 처한 생물종과 생태계를 보호하기에 더디고 비효율적이다.

해결책: 지역의 비정부기구(NGOs)와 시민단체는 보전 활동에 대한 경제적 장려책과 같은 정부의 정책에 협력한다면 보전을 증진시키는 가장 효과적인 기구를 대표한다(G. Wright et al. 2015). 그러므로 이러한 시민단체들은 정치적으로, 과학적으로, 재정적으로 격려와 지원을 받아야만 한다. 보전생물학자는 시민을 대상으로 지역의 환경 이슈에 대해서 교육시켜야 하며, 그들이 필요시 조치를 취할 수 있도록 격려하여야 한다. 보전 관련 정책을 평가하고, 제안하고, 실행하기 위해서, 대학, 전국 매체와 NGOs의 능력을 구축하는 것은 효과적으로 국가 수준의 보전 활동을 고취시킨다. 개인, 단체와 기업이 보전 노력을 재정적으로 지원하기 위해서는 새로운 기금을 마련해야만 한다. 보전 기금과 정책의 가장 중요한 경향 가운데 한 가지는 약 5백만 명의 회원을 지닌 세계자연보호기금과 왕립조류보호협회와 같은 국제 NGOs의 영향력이 증가한 것이다. 많은 NGOs들이 지난 수십 년간 급격히 증가하였으며, 지역, 국가, 국제적 수준에서 지역 보전 프로그램과 환경 정책에 상당한 영향을 미칠 수 있다.

문제점: 많은 기업, 은행, 정부에서는 여전히 보전 이슈에 관심이 없거나 반응이 없다.

해결책: 만약 기업, 은행, 정부의 지도자들이 더욱 지속가능한 실천의 혜택에 대한 추가적인 정보를 받거나 보전 계획에 대하여 강력한 대중적 지지를 받는다면, 그들은 보전 노력에 아낌없이 지원하게 될 것이다(Addison and Bull 2018). 상당히 개방적인 사회를 갖는 국가들은 정치인과 여타 관료들이 대개 나쁜 평판을 피하려고 하기 때문에 보전 이슈에 대한 로비 활동과 이와 비슷한 노력들이 아무런 반응을 보이지 않는 기관들의 정책을 바꾸는 데 효과적일 수 있다. 만약 이러한 변화의 요구가 무시된다면, 민원, 집회, 편지쓰기 캠페인, 경제적 불매운동 등과 같이 모두에게 각각의 역할이 있다. 많은 경우에, 그린피스와 PETA와 같은 급진적인 단체가 극적인 홍보활동과 함께 언론의 관심을 지배하고, 이후 주류 보전 단체들이 절충안을 협상하도록 한다. 폐쇄된 사회에서는 정부에 반대하는 사람들이 직면하는 위험 때문에 주요 지도자를 부각시키고 교육시키는 것에 중점을 두는 것이 일반적으로 더 좋은 전략이다. 서로 다른 문화가 생물다양성에 미치는 다양한 가치의 이해는 지속가능한 실천을 증진시키는 데 도움을 줄 것이다.

> 보전생물학자는 생물학적 다양성을 보호하기 위하여 주로 환경활동가 및 비정부기구와 공동으로 일을 한다. 이것은 가능한 최선의 과학 활동과 정치 표방 사이에서의 균형 추구를 의미한다.

보전생물학자의 역할

학습 목표

이 절에서는 다음 내용에 주안점을 두기 바란다.

1. 보전생물학자의 서로 다른 역할을 평가할 수 있어야 한다.
2. 여러분들의 지역에서 보전 활동에 영향을 미칠 수 있는 기회를 확인할 수 있어야 한다.

여기에 서술한 문제점과 해결책은 보전 활동 노력에 주로 참여하는 사람들 가운데 보전생물학자의 중요성을 분명히 보여준다. 보전생물학은 생물종, 유전적 변이, 생물군집, 생태계의 기능과 같은 모든 형태의 생물다양성을 보전하는 데 적극적인 역할을 하기 때문에, 많은 다른 과학 분야와 차이가 있다. 결과적으로, 보전생물학자는 정치적 표방과 그들의 과학적 연구에 가능한 최대의 객관성을 유지하는 과학적 신뢰성과 균형을 맞추어야 한다(Horton et al. 2016). 보전생물학에 기여하는 다양한 분야의 구성원은 단순히 생물다양성에 대해 조사하거나 논의하기보다는 실질적인 생물다양성 보호의 보편적인 목표를 공유한다(Correa Ayram et al. 2016). 이러한 목표를 달성하기 위해서 보전주의자는 실제 상황을 다루기 위한 실질적인 해결책을 제공하기 위하여 많은 파트너들과 협력해야 한다(Owley et al. 2017). 문헌조사 결과, 이러한 협력에서 많은 진전이 이루어지고 있다(Godet and Devictor 2018).

함께 협력하는 것은 말처럼 쉽지 않으며, 생물다양성의 본질적 가치를 위해 생물다양성을 보호하는 것과 사람을 위한 생물다양성의 수단적 가치(가치 활용; 제3장 참조)를 강조하는 것 사이의 불일치는 보존 활동의 미래에 위협을 초래한다고 일부 보전생물학자들은 우려를 표명한다(Piccolo et al. 2018). 다양한 관점의 조정은 생물다양성의 가치에 대한 도전과 기회를 모두 대변한다.

보전생물학자의 도전

공원관리와 생물종 보호에 대한 결정은 보전생물학의 아이디어와 이론을 점차적으로 더 결합시킨다(Natural Resource Stewardship and Science 2015). 큰 공원을 유지하고 대규모의 멸종위기에 처한 생물종의 집단을 보호하기 위한 필요성은 학문과 대중문학 모두에서 광범위한 주목을 받아왔다. 비록 신중하게 보호되고 관리된다고 할지라도 국지적 멸종에 이르기 쉬운 작은 규모 집단의 취약성, 생물종 멸종의 위험 수위, 독특한 전 세계 생태계의 파괴가 널리 알려지고 있다. 이러한 홍보의 결과, 생물다양성을 보호하기 위한 필요성은 정치적인 논쟁이 되었고, 정부의 보전 프로그램에서 우선시되고 있다. 동시에 식물원, 박물관, 네이처 센터, 동물원, 국립공원, 수족관들은 생물다양성 보호와 지구에의 책무 개념(concepts of Earth stewardship) 수용의 도전에 직면하여 그들의 보전 프로그램을 재조정하고 있다(제8장 참조). 북극곰과 펭귄처럼, 극한 기후에서 서식하는 많은 멸종위기 생물종들이 온난화와 해빙 감소로 인해 위협에 직면해 있다는 것을 인식함으로써 절박감이 고조되고 있다. 그러나 궁극적으로 필요한 것은 보전생물학의 원리를 더 넓은 국내 정책 분야와 경제 계획 과정에 반영시키는 것이다. 정책과 연구에 관여하는 758개의 보전 및 환경 지도자에 대한 국제 조사에서 과학을 정책과 어떻게 결부시키는지에 대하여 광범위한 동의가 있었다(Rose et al. 2018). 이러한 입안자들은 주요 장애로서 대중의 지지 부족을 제시하였다. 보전생물학을 경제 정책과 결부시키는 것과 국내 정책 목표를 재조정하는 것은 상당한 공교육과 정치적 노력이 수반된다는 것을 강조하고 있다.

어젠다(의제) 달성

보전 문제 해결은 보전생물학자에게 몇 가지 활발한 역할을 부여한다. 보전주의자들은 교실에서 뿐만 아니라 공개 포럼에서도 더욱 더 실질적인 **교육자**, **지도자**, **동기부여자**가 되어야 한다(**그림 13.5**). 보전생물학자는 생물다양성 손실로부터 기인하는 문제에 대해서 가능한 한 다양한 범위의 사람들에게 교육시키고 해야 할 일에 대하여 긍정적인 메시지를 전달한 이후에 몇 가지 성공의 예를 제시할 필요가 있다(Laurance 2013). 보전생물학협회는 지식 보급을 새로운 윤리 규정의 첫 번째 항목으로 지정하고 있다. 보전생물학자는 현대사회에서 빈번히 접하는 비관주의와 수동성을 극복할 수 있는 실행 가능한 연구와 통솔력을 제공하여야 한다(Carlson 2013). 국제자연보전연맹은 자연의 종말에 대하여 단순히 무미건조한 사실을 전하는 것보다는 자연에 대한 사람들의 긍정적인 감정을 사로잡으려는 시도로서, "Love. Not Loss"를 강조하는 캠페인을 통해 이러한 시도를 증명하고 있다(www.iucn.org). 낚시꾼, 사냥꾼, 탐조가, 도보여행자, 종교단체, 예술가를 포함하는 많은 단체가 보전 이슈를 알게 되거나 그들 각자의 관심사나 감성적 행복이 보전 활동에 의존한다는 것을 인식한

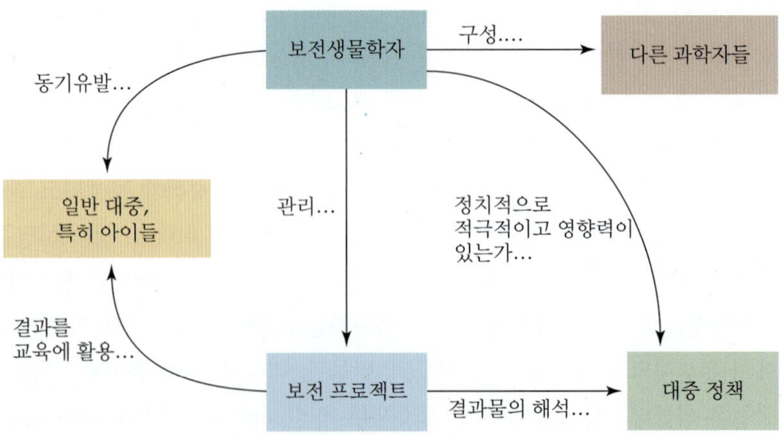

그림 13.5 보전생물학자는 보전생물학의 목표 달성과 생물다양성 보호를 위해 다방면에서 적극적이어야 한다. 모든 보전생물학자가 각자의 역할에 적극적일 수 없지만, 그럼에도 모든 역할들은 중요하다.

다면 보전 노력에 일조할 것이다(Granek et al. 2008). 일부의 증거는 그러한 관심이 인도와 같은 개발도상국을 포함하여 전 세계적으로 증가하고 있다는 것이다(Varma et al. 2015).

보전생물학자는 초등학교와 중등학교, 공원, 이웃 집회, 종교 단체를 포함하여 학계를 넘어 다양한 부류의 사람들에게 다가가야 한다. 보전생물학자는 대중들이 이해할 수 있도록 라디오, TV, 다른 대중매체뿐만 아니라 논문 작성, 신문, 잡지, 블로그의 사설 등에 많은 시간을 할애하여야 한다(Primack and MacKenzie 2019). 인스타그램, 유튜브, 페이스북, 트위터, 블로그와 같은 소셜미디어를 보전 이슈에 대하여 효과적인 지원활동과 의사소통에 활용할 수 있다(Lamb et al. 2018). 이러한 접근으로부터의 자료는 과학자가 그들의 메시지를 전달하는 데 있어서 얼마나 효과적인지, 그들의 의도된 청중에게 다가가는지 여부를 평가하는 데 사용될 수 있다(Bombaci et al. 2016)(**그림 13.6**).

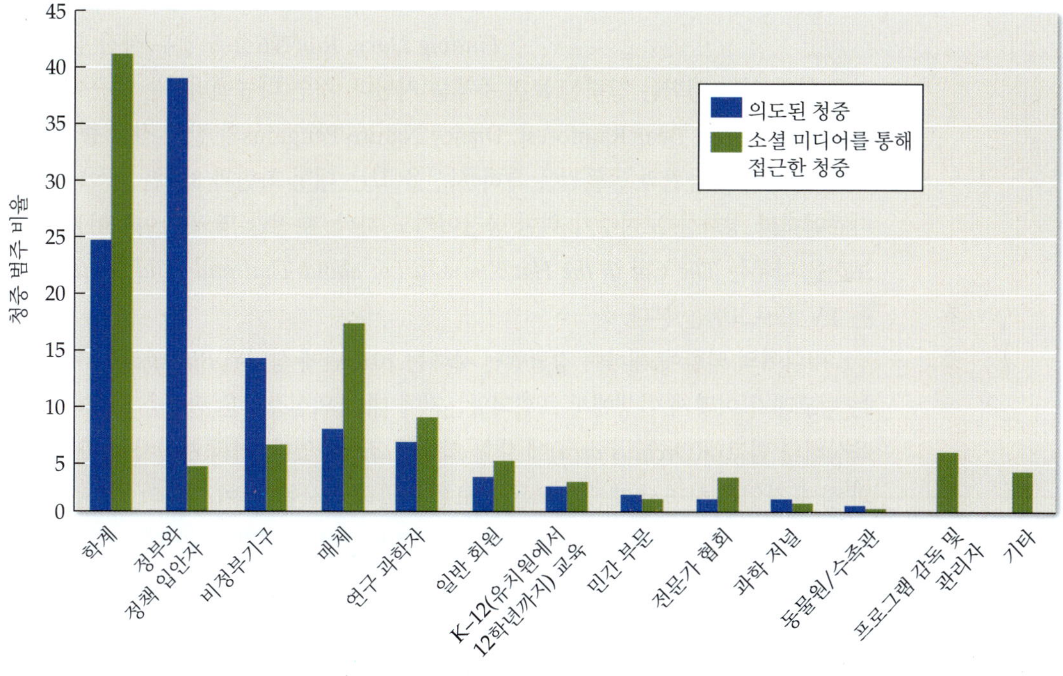

그림 13.6 2013 국제 보전생물회의 기간에 의사소통의 효과를 발표자가 의도한 청중(설문조사를 통해 결정된)과 트위터를 통해 접근한 청중과 비교하여 평가하였다. "접근한 청중"은 회의 기간 동안 700개의 생중계 트윗과 1,711개의 리트윗을 보낸 사람 그리고 받는 사람의 수를 통해 결정되었다. 트위터와 리트위터에 대한 평균 접속수는 2,404개였고, 이 중 40%가 40개국에서 10,000개 이상의 접속자를 가지고 있는데, 이는 1,500명의 회의 참석자들보다 상당히 많은 수이다. 이러한 결과는 미디어의 관심을 만들기 위해서 소셜 미디어를 사용하는 것은 과학자들이 정책 입안자들이 아닌 일반 대중에게 접근하는 좋은 방법 중 하나가 될 것이라고 제안하고 있다. (After S. P. Bombaci et al. 2016. *Conserv Biol* 301(1): 216–225.)

그림 13.7 해양학자인 Sylvia Earle는 보전활동 옹호뿐만 아니라, 해양생물학의 과학적 기여로 전 세계적으로 유명하다. TED award 수상 이후, 그녀는 다큐멘터리 영화인 *Mission Blue*라고 불리는 새로운 해양 보호구역을 구축하기 위하여 비영리단체를 설립하였다.

보전생물학자는 보전 이슈를 다루는 대학생을 가르치거나 전문적인 분야의 글을 쓰지만, 이러한 활동은 수십 명이나 기껏해야 몇 천 명만이 과학 논문을 읽을 정도로 제한적인 독자에 국한된다. 반면, 수많은 사람들이 매일 유튜브 화면을 보고, 팟캐스트를 듣고 소셜 미디어를 읽는다. "TED Talks"와 같은 비디오는 강력한 보전 주제를 다룰 수 있고, 페이스북이나 트위터를 통해 입소문을 탄다. 해양생물보전에 대한 Sylvia Earle 박사의 이야기는 *Mission Blue*라는 넷플릭스의 다큐멘터리로 유명해진 하나의 예이다(**그림 13.7**). 영화는 폭넓은 대중에 접근할 수 있어서 특히 보전 활동에 영향력이 크다(Silk et al. 2018). 예를 들어, *Aquaman*, *Finding Dory*, *Rio*(제6장 도입부 사진 참조)와 같은 인기 있는 영화는 강력한 보전 주제를 지닌다. 자연 다큐멘터리는 최근에 개봉된 Pandas, Great Bear Rainforest, Disney Nature Penguins와 같이 점점 증가하고 있다. 자연사 박물관과 동물원은 특히 시선을 끄는 대형 화면과 3차원 형식의 자연 다큐멘터리 영화를 보여주기 위한 공간이기도 하다. 수천만 명의 아이들이 자연과 보전을 다루는 *The Cat in the Hat Knows a Lot about That and Wild Kratts*와 같은 TV 프로그램을 본다.

미디어의 역할에 대하여 강렬했던 사례는 2013년에 상영된 *Blackfish*로, 이 영화는 범고래가 어떻게 야생에서 포획되었는지에 대한 의심스러운 관행을 포함하여 사육상태의 범고래(*Orcinus orca*)에 대한 학대를 조명하였다. 영화 제작사는 과학자들과 함께 작업을 하면서 개봉된 모든 정보를 엄밀히 조사한다. 이 영화의 커다란 반향에 의해서, 범고래를 보호하기 위하여 2014년에 뉴욕과 캘리포니아에서 발의된 법률제정에 영향을 주었고(A. J. Wright et al. 2015), 의회는 사육 상태의 해양포유류에 관한 규정을 갱신하기 위하여 미 농업 세출법 개정안을 만장일치로 통과시켰다(Charky 2014). 더 나아가 SeaWorld 테마파크는 현재 그들의 관리 하에 있는 범고래가 마지막이 될 것이라고 2016년 3월 16일에 표명하였다(CNN 2016). 2019년에 러시아는 범죄수사를 촉발시킨 드론 영상을 통해 10마리의 범고래를 포함한 거의 100마리의 불법 포획 고래를 풀어줄 것이라고 발표했다(MacFarquhar and Nechepurenko 2019). 이러한 고래들은 2018년 여름에 포획된 후 중국 수족관과 해양공원에 판매할 목적으로 우리에 갇혀 있었다. 수요가 있는 한 범고래와 같은 생물종은 위험에 처할 것이지만, 보전생물학자와 보전활동에 고무적이고 지식을 갖춘 일반 대중의 압력은 이러한 위협을 완화시키는 데 일조할 것이다.

Merlin Tuttle(박쥐 연구 전문 보전생물학자)과 국제박쥐보전협회(BCI)의 노력은 비인기 생물종에 대한 대중의 태도를 어떻게 변화시킬 수 있는지 분명히 보여준다. BCI는 미국과 전 세계에서 식충성이고 꽃가루 매개자이며, 씨앗 산포자의 역할을 하는 생태계 건강에 있어서 박쥐의 중요성을 일반인에게 교육시키기 위한 캠페인을 하고 있다. 이러한 노력의 중요한 부분은 특출한 아름다움을 지닌 박쥐 사진과 영화를 만드는 데 관여해 온 것이다. 텍사스 주의 오스틴에서 Tuttle은 시민들이 도심 다리 밑에 서식하는 수십만 마리의 박쥐(Brazilian free-tailed bats, *Tadarida brasiliensis*)를 박멸하려는 시정부에 탄원할 때에 개입하였다. 그와 그의 동료들은 사람들에게 박쥐 관찰의 즐거움과 중요한 농작물을 먹고 사람을 무는 곤충 개체군을 조절하는 데 박쥐의 중요성을 확신시켰다. 상황은 급반전되어 현재 정부는 시민의 자랑과 실질적인 해충 방제로서 박쥐를 보호하고, 수많은 시민과 관광객은 먹이활동을 위해 밤마다 다리 밑에서 출현하는 박쥐 무리를 보기 위하여 매일 저녁 시간에 모여든다(**그림 13.8**).

보전생물학자는 공공 정책과 새로운 법 제정에 영향을 미치기 위해서, **정치적으로 적극적인 지도자**(*pollically active leaders*)가 되어야 한다. 과학자의 전문적인 신뢰성을 희생하지 않으면서 참여하여야 하고, 개인의 가치와 자금출처의 역할을 기꺼이 밝혀야 한다(Garrard et al. 2015). 이러한 행동의 필요성은 184개국 15,364명의 과학자가 서명한 "전 세계 과학자의 인류에 대한 경고: 2번째 통지"라는 문서에 명백

그림 13.8 시민과 관광객은 텍사스 주 오스틴의 국회길 다리 아래쪽에 있는 보금자리로부터 나오는 Brazilian free-tailed bats들을 보기 위해서 저녁 시간에 모인다.

히 나타난다(Ripple et al. 2017). 이러한 행동에 대한 요청은 17개 언어로의 번역과 1,400만 명에 달하는 트위터에 8,000개 이상의 트윗을 포함하여 폭넓게 전파되었다(Ripple et al. 2018).

정치적 과정에서의 참여는 보전생물학자로 하여금 생물다양성 보전을 지원하는 새로운 법안의 통과에 영향을 미치게 하며, 생물종이나 생태계에 해로운 것으로 판명된 법안에 반론을 제기하게도 한다. 이러한 과정에서의 중요한 첫 단계는 보전단체나 주류 정당에 참여해서 보전 이슈에 대하여 함께 일을 하고 많이 배워서 그들의 입지를 견고히 하는 것이다. 그들 스스로 각자의 일을 하는 것을 좋아하는 사람들에게도 이러한 참여에 관여할 수 있는 여지가 있다는 것 또한 중요하다. 미의회에서 멸종위기종 보호법 재허가, 기후변화에 대한 생물다양성협약(CBD)과 유엔협약 비준을 이끌어내기 어렵기 때문에, 이러한 협약의 즉각적인 조치를 하지 못했을 때의 영향을 잘 알고 있는 과학자들의 더 강력한 정치활동이 요구된다. 비록 많은 정치적 과정에서 시간이 많이 소요되어 지루하다고 할지라도, 이러한 정치적 과정은 새로운 보전지구 조성이나 성숙림의 착취 방지와 같은 주요 보전 목표를 달성하는 유일한 방법이기도 하다. 보전생물학자는 법률 및 정치적 과정의 언어와 방법을 숙달해야 하고, 환경 변호사, 시민단체와 정치인과도 효과적으로 협력을 해야만 한다.

보전생물학자와 다른 단체들 간의 협력 효용성을 보여주는 하나의 예로서, 최근 몽고의 Dornogobi 지역에 있는 Ikh Nart 자연보호구역의 확장을 들 수 있다. 덴버 동물원, 몽고 국립대학, 몽고 국립교육대학, 버몬트 대학, 몽고과학원은 2001년부터 멸종위기에 처한 독수리(*Aegypius monachus*)(제7장 도입부 사진 참조), 양(*Ovis ammon*), 염소(*Capra sibirica*) 개체군과 다른 많은 동식물 종을 모니터링해 왔다(IkhNart.com). 과학자들은 연구 결과를 지방정부와 협의하였고, 이를 통해 13만 ha에 이르는 국립공원의 규모를 2배로 늘리고, 심각하게 훼손된 일부 지역을 복원하는 계기가 되었다(Reading 2015). 이 공원은 2018년도에만 연구를 통해 생물학자가 적어도 10편의 논문을 포함해서 많은 과학적 정보를 제공하고 있다.

보전생물학자의 주요 역할 중 하나는 **번역가**(*translators*)이다. 다시 말해, 보전생물학자는 보전 과학의 자료와 결과를 얻을 수 있고, 이를 법안, 공공 정책과 관리 조치로 번역할 수 있는 과학자를 말한다(Courchamp et al. 2015). 보전생물학자는 대부분의 또는 모든 이해당사자의 가치관과 우려를 존중하면서 그들 연구의 타당성에 대해 의사소통하여야 하며, 그들의 발견이 왜곡되지 않았다는 것을 증명하여야 한다. 보전과학자는 보전 프로그램에 영향을 미칠 수 있는 많은 이슈를 알아야 하며, 일반 대중이 이해할 수 있는 용어로 전달할 수 있어야만 한다. 보전생물학자는 그들의 전문지식이 필요한 만큼 솔선수범해야 한다.

보전생물학자는 다양한 부류의 사람들이 보전 활동을 지지하도록 설득하거나 인식을 개선시키기 위한 공식적인 마케팅 캠페인을 돕는 **동기부여자**(*motivator*)가되어야 한다(A. J. Wright et al. 2015). 보호지역에 대한 태도 연구는 외부적 동기부여 요인이 내부적 동기부여 요인보다 덜 중요하다는 것을 알려주며, 이러한 연구는 자연의 가치, 사회정의, 지역 공동체의 행복에 중심을 두는 것이 효과적인 전략이 될 수 있음을 제시한다(Cetas and Yasué 2017). 일반적으로 보전주의자는 지역주민에게 자연보호가 생물종과 생태계를 보호할 뿐만 아니라, 그들의 가족과 공동체의 장기간의 건강, 경제적 행복, 삶의 질을 향상시킨다는 것을 증명해야만 한다(Morrison 2016). 공개 토론, 교육과 홍보는 다른 어떤 프로그램보다 중요한 부분이어야 하며, 이러한 프로그램은 신뢰, 소속감과 공동체 의식을 심어주는 방법으로 전달되어야 한다. 특히, 보전주의자는 보전 노력을 지원하는 업계 지도자와 정치인을 설득하는 데 세심한 주의를 기울여야 한다. 국가 지도자는 다양한 관심사에 대해서 반응해야 하기 때문에 설득하기 가장 어려운 부류에 속한다. 그러나 그들의 의식 전환이 이성이나 정서, 또는 직업상의 사리사욕 때문에 발생하는지 여부는 일단 그들이 보존의 대의에 동참하면, 이러한 지도자들은 중대한 기여를 할 수 있는 위치에 놓이게 될 것이다.

마지막으로 가장 중요한 것은, 보전생물학자는 보전 프로젝트에 있어 효과적인 **경영자**이고 **전문가**가 되어야만 한다. 그들은 오염되면 실제 무슨 일이 일어나는지, 문을 두드려 지역주민들과 대화하고, 위험을 감수하면서 기꺼이 현장으로 나아가야 한다. 보전생물학자는 그들이 보호하고자 하는 종과 군집에 관한 모든 것을 배운 다음, 다른 사람에게 손쉽게 이해될 수 있는 형태의 유용한 지식으로 만듦으로써 의사결정 과정에 영향을 미칠 수 있다.

보전생물학의 목표는 새로운 지식을 도출하는 것이 아니라 이 지식을 생물다양성 보호에 활용하는 것이다. 보전생물학자는 자신의 일을 실질적으로 적용하는 것을 배워야 한다.

만약 보전생물학자가 그들의 계획을 기꺼이 실행에 옮기고, 공원관리자, 토지이용계획가, 정치가 그리고 지역주민과 함께 일하고자 한다면, 많은 진전이 따르게 될 것이다. 올바른 모델 정립, 새로운 이론, 혁신적인 접근법, 실질적인 사례 등은 이 분야의 궁극적인 성공을 이끄는 핵심이 될 것이다. 일단 이러한 균형이 확립되면 활기찬 시민 그리고 정부 관료와 함께 일하는 보전생물학자는 이러한 전례 없는 변화의 시기 동안 전 세계의 생물다양성을 보호할 수 있는 위치에 서게 될 것이다.

국내 사례연구

한국의 비무장지대 및 철원 두루미 보전활동

비무장지대(Demilitarized Zone)는 길이가 서쪽에서부터 동쪽까지 155마일(248 km)이고, 폭은 4 km이며, 면적은 992 km^2에 달한다. 한반도의 허리를 가로지르고 있으며, 1953년 휴전 이후 인간의 출입이 통제되면서 자연 보전 상태가 이어져 왔다. 동부 지역은 람사르 등록 1호 습지인 대암산 용늪의 고층습원을 비롯한 우수한 산림생태계를 유지하고 있고, 서해안 지역은 철새의 휴식처 및 번식처로 다양한 해양 서식지를 제공하고 있다. 비무장지대는 산악지대와 평야지대를 가로지르는데, 그 사이사이에 계곡과 분지 그리고 여러 개의 강이 포함되어 있다. 따라서 산악지대 생태계, 내륙습지, 그리고 담수 및 해안 생태계가 함께 존재하는 생물 지리적으로 매우 중요한 곳으로, IUCN 국제적 보호종뿐만 아니라 많은 천연기념물과 멸종위기종이 서식하고 있다.

그 중 강원도 철원지역은 겨울철새인 두루미, 재두루미가 도래하는 지역으로, 세계적으로는 두루미 서식처로 잘 알려진 가운데, 자연 상태에서 두루미의 여러 종이 공존하는 매우 독특한 생태계를 유지하고 있다. 철원 평야로 날아드는 두루미의 종류로는 천연기념물 제202호인 두루미, 203호인 재두루미부터 큰기러기, 쇠기러기 등 수 만 마리가 찾고 있으며, 11월 중순 이후에는 독수리, 흰꼬리수리 등 약 110여 종의 조류가 찾아오는 지역이다. 철원지역의 두루미 보전을 위한 지역단체의 활동도 활발히 이루어지고 있다. DMZ 두루미평화타운(DMZ Peace Town, https://www.cwg.go.kr)에서는 지역주민 및 지역단체, 관계 기관, 전문가 등으로 구성된 협의체를 구성하고서, 철원 두루미 서식지의 보전과 현명한 이용을 위하여 연구사업 및 시범사업을 추진하고 있다.

두루미, 재두루미 무리의 겨울나기. 2020년 겨울에는 약 7,000마리가 이 지역을 방문하였는데, 이는 2013년 이후 최대이다.

요약

- 생물다양성 보호는 우리에게 몇 가지 도전 과제를 제시한다. 이러한 문제점을 해결하기 위해서는 많은 정책과 관행들을 바꿔야 한다. 이러한 변화는 지역, 국가, 국제적 수준에서 일어나야 하며, 개인, 보전 단체, 국가 부분에 대한 조치를 요구할 것이다.
- 보전생물학자는 이론의 실제적 가치와 그들 각 분야의 접근법을 증명하여야 하고, 생물다양성을 보호하고 환경의 훼손 요소를 복원하기 위하여 사회의 모든 구성요소들과 적극적으로 함께 일하여야 한다.
- 보전생물학의 장기적 목표를 달성하기 위해서, 전문가들은 보전 교육과 정치적 과정에 참여할 필요가 있다.

토론 주제

1. 뉴스에서 생물다양성 보전을 둘러싼 현재의 갈등을 고려해보자. 제13장에서 제공된 하나 또는 여러 문제점/해결책과 부합하는가? 당신이 지금 알고 있는 것을 고려하면 그러한 갈등에 가능한 해결책은 무엇인가?
2. Heather Tallis와 그녀의 동료들은 보전과 기후변화에 대한 국제적 목표를 달성하는 방법으로서, "달성 가능한 글로벌 비전"(Tallis et al. 2018; Suggested Readings 참조) 개요를 서술하였다. 그들의 제안 사항 중 어떤 것이 실현가능하다고 생각하는가? 왜 그러한가?
3. 보전생물학 연구의 결과로써, 당신은 생활방식이나 정치활동 수준을 바꾸기로 결정하였는가? 당신이 세상을 바꿀 수 있다고 생각하는가? 그렇다면 어떤 방식으로 세상을 바꿀 수 있다고 생각하는가?

부록

환경단체 및 정보 소스

The following are useful printed resources:

Conservation Directory 2017: The Guide to Worldwide Environmental Organizations (2016), published by Carrel Press. This directory lists over 4000 local, national, and international conservation organizations; conservation publications; and more than 18,000 leaders and officials in the field of conservation.

Pursuing Sustainability: A Guide to the Science and Practice (2016), published by Princeton University Press. A framework for connecting science with practice that draws upon the current literature.

Online searches, especially using Google, provide a powerful way to search for information concerning people, organizations, places, and topics. The following are more specialized searchable databases.

Catalogue of Life, 2019 Annual Checklist
www.catalogueoflife.org/annual-checklist/2019
The most comprehensive database available of described species on Earth.

Encyclopedia of Life
www.eol.org
Developing resource for species biology.

Global Biodiversity Information Facility
www.gbif.org
Free and open access to biodiversity data.

IUCN Red List
www.iucnredlist.org
Information on all plants, fungi, and animals that have been globally evaluated for conservation status.

USDA Plants List
plants.usda.gov
Data on plants, including distribution, nativity, and wetland status.

Below is a list of some major conservation organizations and resources:

Association of Zoos and Aquariums (AZA)
8403 Colesville Road, Suite 710
Silver Spring, MD 20910 USA
www.aza.org
Preservation and propagation of captive wildlife.

BirdLife International
The David Attenborough Building, 1st floor
Pembroke Street
Cambridge, CB2 3QZ, UK
www.birdlife.org
Determines status, priorities, and conservation plans for birds throughout the world.

Catalogue of Life
www.catalogueoflife.org
An index of the world's known species.

Center for Plant Conservation
15600 San Pasqual Valley Road
Escondido, CA 92027 USA
saveplants.org
Major center for worldwide plant conservation activities.

CITES Secretariat of Wild Fauna and Flora
International Environment House
11 Chemin des Anémones
CH-1219 Châtelaine, Geneva, Switzerland
www.cites.org
Regulates trade in endangered species.

Conservation International (CI)
2011 Crystal Drive, Suite 600
Arlington, VA 22202 USA
www.conservation.org
Active in international conservation efforts and developing conservation strategies; home of the Center for Applied Biodiversity Science.

Convention on Biological Diversity Secretariat
413 Rue Saint-Jacques, Suite 800
Montreal, Quebec, H2Y 1N9, Canada
www.cbd.int
Promotes the goals of the CBD: sustainable development, biodiversity conservation, and equitable sharing of genetic resources.

Earthwatch Institute
1380 Soldiers Field Road
Boston, MA 02135 USA
www.earthwatch.org
Clearinghouse for international conservation projects in which volunteers can work with scientists.

Employment Opportunities
Various organizations have websites with environmental and conservation opportunities and internships throughout the world: www.webdirectory.com/employment and www.ecojobs.com, to name a few. A publication of interest is *Careers in the Environment* by Mike Fasulo and Paul Walker, published by McGraw-Hill.

Environmental Defense Fund (EDF)
1875 Connecticut Avenue NW, Suite 600
Washington, DC 20009 USA
www.edf.org
Involved in scientific, legal, and economic issues.

European Center for Nature Conservation (ECNC)
P.O. Box 90154
5000 LG Tilburg, the Netherlands
www.ecnc.org
Provides the scientific expertise that is required for formulating conservation policy.

Fauna Europeaea
fauna-eu.org
A database on the distribution of 130,000 terrestrial and freshwater species.

Fauna & Flora International
The David Attenborough Building
Pembroke Street
Cambridge, CB2 3QZ, UK
www.fauna-flora.org
Long-established international conservation body acting to protect species and ecosystems.

Food and Agriculture Organization of the United Nations (FAO)
Viale delle Terme di Caracalla
00513 Rome, Italy
www.fao.org
A UN agency supporting sustainable agriculture, rural development, and resource management.

Friends of the Earth
1101 15th Street NW, 11th floor
Washington, DC 20036 USA
www.foe.org
Attention-grabbing organization working to improve and expand environmental policy.

Global Biodiversity Information Facility
www.gbif.org
An intergovernmental collaboration to facilitate access to biodiversity data.

Global Environment Facility (GEF) Secretariat
1899 Pennsylvania Avenue NW
Washington, DC 20006 USA
www.thegef.org
Funds international biodiversity and environmental projects.

Greenpeace International
Ottho Heldringstraat 5
1006 AZ Amsterdam, the Netherlands
www.greenpeace.org/international
Activist organization known for grassroots efforts and dramatic protests against environmental damage.

iNaturalist
www.inaturalist.org
An app and database of crowd-sourced species identifications across the globe.

National Audubon Society
225 Varick Street, 7th floor
New York, NY 10014 USA
www.audubon.org
Involved in wildlife conservation, public education, research, and political lobbying, with emphasis on birds.

National Council for Science and the Environment (NCSE)
740 15th Street NW, Suite 900
Washington, DC 20005 USA
www.ncseonline.org
Works to improve the scientific basis for environmental decision making; their website provides extensive environmental information.

National Wildlife Federation (NWF)
11100 Wildlife Center Drive
Reston, VA 20190 USA
www.nwf.org
Advocates for wildlife conservation. Publishes the *Conservation Directory 2005–2006*, as well as the children's publications *Ranger Rick* and *Your Big Backyard*.

Natural Resources Defense Council (NRDC)
40 West 20th Street, 11th floor
New York, NY 10011 USA
www.nrdc.org
Uses legal and scientific methods to monitor and influence government actions and legislation.

The Nature Conservancy (TNC)
4245 North Fairfax Drive, Suite 100
Arlington, VA 22203 USA
www.nature.org
Emphasizes land preservation.

NatureServe
2511 Richmond Highway, Suite 930
Arlington, VA 22202 USA
www.natureserve.org
Maintains databases of endangered species for North America.

The New York Botanical Garden (NYBG) Institute of Economic Botany (IEB)
International Plant Science Center, the New York Botanical Garden
2900 Southern Boulevard
Bronx, NY 10458 USA
www.nybg.org
Conducts research and conservation programs involving plants that are useful to people.

Ocean Conservancy
1300 19th Street NW, 8th floor
Washington, DC 20036 USA
www.oceanconservancy.org
Focuses on marine wildlife and ocean and coastal habitats.

PREDICTS (Projecting Responses of Ecological Diversity in Changing Terrestrial Systems) database
www.predicts.org.uk
A global database of terrestrial species' responses to human pressures.

Protected Planet
www.protectedplanet.net
Database on protected areas managed by UNEP-WCMC with support from IUCN.

Rainforest Action Network
425 Bush Street, Suite 300
San Francisco, CA 94108 USA
www.ran.org
Works for rainforest conservation and human rights.

Royal Botanic Gardens, Kew
Richmond, Surrey, TW9 3AB, UK
www.kew.org
The famous Kew Gardens are home to a leading botanical research institute and an enormous plant collection.

Sierra Club
2101 Webster Street, Suite 1300
Oakland, CA 94612 USA
www.sierraclub.org
Leading advocate for the preservation of wilderness and open space.

Smithsonian National Zoological Park
3001 Connecticut Avenue NW
Washington, DC 20008 USA
www.nationalzoo.si.edu
The National Zoo and the nearby U.S. National Museum of Natural History represent a vast resource of literature, biological materials, and skilled professionals.

Society for Conservation Biology (SCB)
1133 15th Street NW, Suite 300
Washington, DC 20005 USA
www.conbio.org
Leading scientific society for the field. Develops and publicizes new ideas and scientific results through the journal *Conservation Biology* and annual meetings.

Student Conservation Association (SCA)
4245 North Fairfax Drive, Suite 825
Arlington, VA 22203 USA
www.thesca.org
Places volunteers and interns with conservation organizations and public agencies.

United Nations Development Programme (UNDP)
1 United Nations Plaza
New York, NY 10017 USA
www.undp.org
Funds and coordinates international economic development activities.

United Nations Environment Programme (UNEP)
United Nations Avenue, Gigiri
P.O. Box 30552, 00100
Nairobi, Kenya
www.unep.org
International program of environmental research and management.

United Nations Environment Programme World Conservation Monitoring Centre (UNEP-WCMC)
219 Huntingdon Road
Cambridge, CB3 0DL, UK
www.unep-wcmc.org
Monitors global wildlife trade, the status of endangered species, natural resource use, and protected areas.

United Nations Sustainable Development Goals Tracker
sdg-tracker.org
Presents data on all available indicators from the global development targets adopted in 2015, to be achieved by 2030.

United States Fish and Wildlife Service (USFWS)
Department of the Interior
1849 C Street NW
Washington, DC 20240 USA
www.fws.gov
The leading U.S. government agency concerned with conservation research and management, with connections to state governments and other government units, including the National Marine Fisheries Service, the U.S. Forest Service, and the Agency for International Development, which is active in developing nations. The *Conservation Directory 2005–2006*, mentioned previously, shows how these units are organized.

Wetlands International
P.O. Box 471
6700 AL Wageningen, the Netherlands
www.wetlands.org
Focus on the conservation and management of wetlands.

The Wilderness Society
1615 M Street NW
Washington, DC 20036 USA
www.wilderness.org
Devoted to preserving wilderness and wildlife.

Wildlife Conservation Society (WCS)
2300 Southern Boulevard
Bronx, NY 10460 USA
www.wcs.org
Leaders in wildlife conservation and research.

The World Bank
1818 H Street NW
Washington, DC 20433 USA
www.worldbank.org
Multinational bank involved in economic development; increasingly concerned with environmental issues.

World Conservation Union (IUCN)
Rue Mauverney 28
1196, Gland, Switzerland
www.iucn.org
Coordinating body for international conservation efforts. Produces directories of specialists and the Red List of endangered species.

World Database on Protected Areas (WDPA)
https://www.iucn.org/theme/protected-areas/our-work/quality-and-effectiveness/world-database-protected-areas-wdpa
A project of the IUCN; the most comprehensive global database on protected areas.

World Resources Institute (WRI)
10 G Street NE, Suite 800
Washington, DC 20002 USA
www.wri.org
Produces environmental, conservation, and development reports.

World Wildlife Fund (WWF)
1250 24th Street NW
Washington, DC 20037 USA
www.wwf.org
Major conservation organization, with branches throughout the world. Active in national park management.

The Xerces Society
628 NE Broadway, Suite 200
Portland, OR 97232 USA
www.xerces.org
Focuses on the conservation of insects and other invertebrates.

Zoological Society of London (ZSL)
Outer Circle, Regent's Park
London, NW1 4RY, UK
www.zsl.org
Center for worldwide activities to preserve nature.

용어설명

A

adaptive management(적응 운영) 운영계획 및 일에 잘 활용되는지를 파악하여 그 결과를 운영계획에 적응하는 일.

adaptive restoration(적응 복원) 복원 목표를 달성하기 위해 적응 운영을 관찰한 자료를 활용하는 것.

Allee effect(앨리효과) 개체군의 크기가 일정 이상을 유지하여야만 종 사이에 협동이 이루어져서 최적 생장과 생존을 유지하게 되는 현상.

alleles(대립유전자) 한 쌍의 상동염색체에서 같은 위치(locus)에 존재하면서 서로 다른 특성 형질을 나타내는 유전자(사람에게 있어서 대립유전자는 다른 혈액형을 유도함).

alpha diversity(알파 다양성) 군집에 있어 다른 종류의 종들의 수. 즉, 종 풍부도.

amenity value(쾌적성 가치) 생물다양성의 생태관광을 포함한 레크리에이션 가치.

arboretum(수목원) 나무나 다른 관속 식물을 모아 둔 지역.

artificial incubation(인공 부화) 자연적이 아닌, 사람의 힘으로 동물의 새끼나 알을 돌보는 생물보전 전략.

artificial insemination(인공 수정) 자연적인 방법이 아닌, 인공적인 방법을 통해 정자를 암컷의 생식기로 들여보내는 것. 멸종위기종의 번식성공률을 높이기 위해 사용된다.

assisted colonization(보조 정착) 사람들에 의해 희귀종이나 멸종위기종의 개체군을 원 분포지역에서 적합한 지역으로 이동시키며, 이는 기후변화 등의 영향으로 현재지역이 서식에 부적합하기 때문이다.

B

beneficiary value bequest value 참조.

bequest value(수혜자 가치) 미래세대를 위해 자연이나 종을 보전함으로써 이익을 얻는 사람들과 후대에게 이익을 주기 위한 목적으로 경비를 지불하고자 하는 계량적 가치. beneficiary 가치라고도 함.

beta diversity(베타 다양성) 한 구간에 변화하는 종의 구성 비율.

binomial(이명법) 분류학에서 사용되는 종에게 주어진 속과 종으로 구성된 라틴어 이름. 예를 들면, 회색늑대의 이명법은 *Canis lupus*이고, 인간의 이명법은 *Homo sapiens*이다. 또한 반드시 이탤릭체로 쓴다.

biodiversity(생물다양성) 개별종과 이를 구성하는 생물군집과 생태계 및 유전적 변이를 두루 포함한다. 생물학적 다양성이라고도 한다.

biodiversity indicators(생물다양성 지표) 종이나 종의 그룹으로 지역의 전체 생물종을 파악할 수 없는 경우에 생물다양성을 평가하는 데 사용된다. 대리종이라고도 불리운다.

biological community(생물군집) 특정한 지역에 서식하는 종들의 집합.

biological definition of species(종의 생물학적 정의) 생물학자에게 있어서 종의 정의 가운데 가장 보편적인 정의로서, 개별집단은 야생에서 그들끼리 번식할 수 있고, 다른 그룹의 종들과는 교배를 하지 않는다. 종의 형태적 정의와 비교할 수 있다.

biological diversity(생물학적 다양성 (= 생물다양성)) biodiversity 참조.

biomagnification(생물증폭) 독성 물질이 먹이사슬의 상위로 올라갈수록 점점 농축되는 현상.

biophilia(생명사랑 기질(바이오필리아)) 인간에게 내재된 살아있는 것들의 다양함에 이끌리는 마음.

biopiracy(생물자원 수탈) 상업적, 과학적 혹은 개인적인 사용을 위해 필요한 절차 없이 생물들의 자원을 수집하는 것.

bioprospecting(생물 부품) 생물산업을 위해 생물의 부품을 수집하는 행위.

bioregional management(생물적 지역관리) 정치적, 행정적 경계선을 넘어서 생태계를 연결하는 목적으로 만드는 관리경계 시스템.

biosphere reserve(생물권 보전지역) 유네스코 프로그램의 일종으로 지역민의 생물다양성 보전과 지속가능성을 위해 설정하는 생물권 보전지역.

biota(생물상) 지역의 식물 및 동물을 포함하는 생물상.

bushmeat(야생동물 고기) 야생동물로부터 얻는 고기.

bushmeat crisis(야생동물 식량 위기) 식량을 위해 야생동물을 사냥함으로써 개체군의 급격한 감소를 초래하는 것.

bycatch(부수어획) 어업을 하는 도중에 상업적 가치가 없음에도 불구하고, 야생동물 특히 해양동물 및 바다거북 등을 포획하는 행위.

C

carnivore(육식동물) 다른 동물을 먹는 동물.

carrying capacity(환경수용력) 생태계 유지가 가능한 개체군이나 생물중량의 크기.

census(조사) 개체군을 파악하기 위한 개체수의 조사.

CITES(싸이티스) Convention on International Trade in Endangered Species 참조.

citizen science conservation project(시민과학자 참여 보전 프로젝트) 대중 참여를 포함하는 보존 프로젝트.

co-management(공경영) 정부기관이나 보전단체와 함께 참여하는 지역주민.

commodity value(상품가치) 직접적 사용에 의한 가치.

community conserved area(군집 보전지역) 지역주민에 의해 설정된 보호지역.

compensatory mitigation(보상완화) 훼손이나 저감되는 지역이 발생할 경우에 새로운 지역의 창조 혹은 복원.

conservation banking(보전은행) 훼손이나 저감되는 지역에 대해 개발자가 토지소유주에게 보전 혹은 멸종위기종의 서식지를 위해 비용을 지불하는 제도.

conservation biology(보전생물학) 생물다양성의 위협을 찾아내고, 생물다양성의 유지 및 보전을 위해 모든 수준의 연구를 수행하는 과학 분야.

conservation concession(보전 이권) 보전단체가 정부나 토지소유주에게 그 지역을 개발로부터 보전하기 위해 비용을 지불하는 방법.

conservation corridor(보전 통로) corridor 참조.

conservation development(보전 개발) limited development 참조.

conservation easement(보전 지역권) 토지소유주가 세금감면 혹은 금전적 이익을 취할 목적으로 자신의 토지권리를 포기하는 방법.

conservation leasing(보전 임대차) 생물다양성 보호를 목적으로 토지소유주에게 비용을 지불하는 것.

conservation units(보전 단위) 보전활동을 하는 단체가 보호를 목적으로, 종, 생태계 및 지역의 특징 자료를 수집하는 것.

consumptive use value(소비적 사용 가치) 지역에서 수집되고 소비되는 상품의 가치.

Convention Concerning the Protection of the World Cultural and Natural Heritage(세계문화 및 자연유산의 보호를 위한 협약) World Heritage Convention 참조.

Convention on Biological Diversity (CBD)(생물다양성 협약) 지구 상에 존재하는 생물종의 보전을 위한 협약. 지역 및 국가가 생물다양성의 사용으로 얻는 경제적 이익을 보장하도록 함.

Convention on International Trade in Endangered Species (CITES)(싸이티스) 국제조약으로 금지되거나, 통제 및 관리되어야 하는 종의 목록을 정하는 멸종위기종 국제 거래에 관한 협약.

corridor((생태) 통로) 생물의 이동과 분산을 도울 목적으로 보호지역을 연결하는 것으로 보전 통로, 서식지 통로 혹은 이동 통로로도 불린다.

cost-benefit analysis(비용편익 분석) 프로젝트 및 자원의 이용에 대한 비용과 이익을 통합적으로 분석하는 것.

cross-fostering(교차 양육) 어린 개체를 유사종이 양육하는 보전 전략.

cultural eutrophication(배양 부영양화) 수중에 의한 부영양화를 인위적으로 촉진시키는 것.

D

debt-for-nature swap(자연보호 외채상계 제도) 개도국의 대외채무를 선진국 또는 국제기구가 변제해 주는 대신 해당 개도국은 변제된 채무액 만큼을 자연 보호에 투자하도록 하는 제도.

decomposer(분해자) 죽은 식물이나 동물을 먹고사는 종. 일명 잔해물 섭식자라고도 함.

deep ecology(심층생태학) 모든 생명의 평등주의로 생물종 보호 및 다양성 공생을 우선적으로 고려하는 인간 활동 및 정치적 변화.

demographic stochasticity(개체군 확률성) 출생, 사망, 번식 등이 적은 개체군에서 일어나는 것으로 전체 개체군의 크기를 급격하게 감소시킴.

demographic study(개체군 연구) 개별종 및 개체군의 성장률, 번식 및 생존율을 장기간에 거쳐 파악하는 연구.

demographic variation(개체군 변이) demographic stochasticity 참조.

desertification(사막화) 인간 활동에 의한 생태계 기능을 상실하고 토지가 황폐화되면서 생산성을 상실하는 현상.

detritivore(분해자) decomposer 참조.

direct use value(직접적 사용 가치) 목재나 동물처럼 사람에 의해 직접적으로 활용되어 발생하는 가치. 상품가치를 말한다.

E

Earth Summit(지구 정상 회담) 1992년 브라질의 리우에서 개최된 국제회의로 새로운 환경 의제를 도출함. 리우회담으로 불린다.

ecocolonialism(생태식민주의) 토지권리와 지역민의 전통 유지를 무시하고서, 새로운 보전지역의 설정을 위한 정부와 보전단체의 실행.

ecological economics(생태경제학) 경제 분석에 있어 생물다양성의 가치를 포함하는 학술 분야.

ecological restoration(생태복원) 원래 생태계를 다시 정착시키는 변화 방법.

ecologically extinct(생태적 멸종) 한 종의 개체수가 너무 적어져서 생물군집에 미치는 영향이 거의 없는 상태.

economic development(경제적 발전) 자원의 소비 증가를 반드시 수반하지 않는 조직이나 효율의 증가에 중점을 두는 경제적 활동.

economic growth(경제적 성장) 자원의 양과 재화나 서비스 생산의 증가를 가져오는 경제적 활동.

ecosystem(생태계) 물리적, 화학적 환경을 포함한 생물학적 군집.

ecosystem diversity(생태계 다양성) 한 지역에 존재하는 다양한 생태계.

ecosystem management(생태계 관리) 다양한 이해당사자를 포함하며, 생태계의 구성 및 과정의 보전을 우선적으로 고려하는 대규모의 관리.

ecosystem services(생태계 서비스) 생태계로부터 얻는 다양한 이득으로서, 홍수예방, 맑은 물 및 오염의 감소를 포함한다.

ecotourism(생태관광) 특이한 생물의 다양한 군집 및 지역에 독특한 종을 관람하기 위해 행해지는 관광으로, 특히 개발도상국에서 보편화되어 있음.

edge effect(주변 효과) 파편화된 지역의 가장자리에 나타나는 변화된 생물 환경.

effective population size (N_e)(유효개체군(N_e)) 개체군에 존재하는 번식에 참여하는 개체수.

embryo transfer(배아 전이) 대리모에게 배아를 수술로 이식하는 방법으로, 희귀종의 개체수의 증가를 위해 사용된다.

endangered species(멸종위기종) 가까운 미래에 야생에서 멸종의 위협에 처해 있는 종; IUCN과 미국의 멸종위기종법에 의해 분류된다.

Endangered Species Act (ESA)(멸종위기종법) 멸종위기종과 그들이 서식하는 생태계를 보호하기 위한 미국의 법.

endemic(지역의 고유) 사람에 의한 도움 없이 그 지역에 자연적으로 나타나는 종(예, 캐나다에 고유한 회색늑대).

endemic species(고유종) 한 지역에만 나타나며, 다른 지역에서 볼 수 없는 종(예, 마다가스카르산 여우원숭이).

environmental economics(환경경제학) 환경 정책이나 환경 결정에 경제적 영향을 주는 학술 분야.

environmental ethics(환경윤리) 환경보호 및 자연의 내재적 가치에 대해 사람의 의무를 설명해 주는 철학 분야.

environmental impact assessment(환경영향평가) 개발사업 시행 시 환경의 영향에 대해 현재 및 미래의 변화를 평가하는 것.

environmental justice(환경 정의) 주로 가난하거나 사회적 약자에게 그들이 처한 환경의 보호에 대하여 방법을 찾는 것; 이런 과정을 통해 삶의 질과 생물다양성의 보호가 이루어진다.

environmental stochasticity(환경 확률성) 생물학적 물리적 환경에 있어서 나타나는 임의적 변이. 작은 개체군에서는 멸종위협을 증가시킨다.

environmentalism(환경주의) 자연환경의 보호를 목적으로 형성된 정치적 운동.

eutrophication(부영양화) 질소나 인의 과다한 유입으로 대량 조류발생과 수중 산소 고갈을 일으키는 수생태 환경.

ex situ conservation(현지외 보전) 인위적인 조건에 의한 종의 보전 방법으로 동물원, 수족관, 식물원에서 주로 사용한다.

existence value(존재 가치) 서식지 훼손, 종의 멸종, 유전변이의 상실이 이루어지지 않도록 하기 사람들이 지불하려는 비용을 산정하는 방법으로 얻을 수 있는 혜택.

exotic species(외래종) 원래 범위 밖에서 사람의 활동으로 출현하게 된 종. 고유종의 반대.

extant(현존) 현재 생존하는; 멸종이 아닌.

externalities(외부적 성질) 직접적인 활동이 아닌 방법으로 개인이나 사회가 얻는 이익 혹은 숨겨진 비용.

extinct(멸종) 종이나 그의 구성원이 현재 서식하지 않는 현상.

extinct in the wild(야생에서 멸종) 야생에서 더 이상 존재하지 않는 종으로 동물원, 식물원 혹은 다른 인간이 조성한 지역에서는 존재할 수 있다.

extinction cascade(멸종 연속) 한 종의 멸종이 다른 종의 멸종을 연속적으로 가져오는 것.

extinction debt(멸종 채무) 현재 인간 활동의 결과로 인해 향후 여러 종에게 나타나는 피할 수 없는 멸종.

extinction vortex(멸종 소용돌이) 적은 개체군으로 인해 멸종에 이르게 하는 경향.

extirpated(근절되다) 다른 지역에 존재할 수도 있지만, 한 지역에서 나타나는 지역적 멸종.

extractive reserve(채취 보전지역) 지속적인 자연물의 채취가 가능한 보호구역.

F

fitness(적응) 개별종의 성장, 생존 및 번식 능력.

flagship species(깃대종) 보전 활동의 상징으로 대중적 관심을 끌 수 있는 종으로 보호지역이나 생태관광에 필수적이다.

focal species(중심 종) 보호지역을 조성하는 데 필요하게 사용되는 종.

food chain(먹이사슬) 다른 영양물질 단계에서 종들 사이에 먹이로 연결되는 관계.

food web(먹이망) 종들 사이의 먹이 관계로 연결되는 것.

founder effect(창시자 효과) 새로운 지역에 적은 개체수가 정착될 때 나타나는 유전적 변이의 감소.

G

Gaia hypothesis(가이아 가설) 지구의 생물학적, 물리적 화학적 요소들이 상호작용하여 대기권 및 기후를 조절한다는 이론.

gamma diversity(감마 다양성) 대규모 지리적 지역에 서식하는 종의 수.

gap analysis(갭 분석) 멸종위기종 및 생물군집의 현재 분포 및 미래 보호지역 설정에 대비하여 보호가 필요한 지역을 찾아내는 방법.

gap species(갭 종) 현재 분포하는 부분에 있어 보호를 받지 못하는 종.

gene(유전자) DNA에서 특정 염기서열로 이루어진 유전 정보의 개별적 단위.

gene pool(유전자 풀) 한 집단에서 모든 개체에 존재하는 대립유전자들의 집합.

genetic diversity(유전적 다양성) 종 안에서 발견되는 유전적 변이의 범위.

genetic drift(유전자 부동) 작은 개체군일 경우 다음 세대로 예측할 수 없는 우연에 의해 발생하는 유전적 변이의 손실.

genetic swamping(유전적 편승) 외래종에 의해 토착종과 외래종의 유전적 차이가 불분명해 지는 것.

genetic variation(유전적 변이) 개체군 내에 개별종들 간의 유전자 DNA 조성의 차이.

genetically modified organism (GMO)(유전체변형생물) 유전공학 기법에 의해 DNA 조합이 사람에 의해 이루어진 생명체.

genome resource bank (GRB)(유전체자원은행) DNA, 난, 정자, 배아 등 생명체의 다른 부분이 연구 및 번식 프로그램을 위해 냉동되어 보관된 곳.

genotype(유전자형) 한 생물체의 유전적 또는 대립유전자의 구성.

geographic information systems (GIS)(지리정보시스템) 축적된 공간 자료를 활용하여 자연환경, 생태계, 종분포, 보호지역 및 인간활동을 파악하는 컴퓨터 분석.

global climate change(지구 기후변화) 인간 활동에 의해 발생되는 기후 특성에 따라 현재 및 미래의 변화를 파악하는 것.

Global Environment Facility (GEF)(지구환경금융) 주로 개발도상국의 보전 활동을 돕기 위한 국제적 기금.

global warming(지구온난화) 주로 인간 활동에 의한 이산화탄소 및 다른 지구온난화 가스 증가로 인해 현재 및 미래의 기온 증가.

globalization(세계화) 지구 경제를 매개로 이루어지는 국제적 연결성.

globally extinct(국제적 멸종) 지구 상에서 찾아볼 수 없는 개별종.

greenhouse effect(온실효과) 대기에 축적된 이산화탄소와 다른 기체가 반사된 태양의 적외선을 흡수하고, 이 일부를 다시 지구로 반사시켜서 유발되는 지구의 온난화.

greenhouse gases(온실기체) 대기 중의 기체로서, 이산화탄소 등의 형태로 지구 표면에 머물러 태양의 열을 가둠으로써 지구 표면의 온도를 상승시키는 기체.

guild(길드) 비슷한 자원을 사용하며, 같은 수준의 먹이 단계에 존재하는 종의 집합.

H

habitat conservation plans (HCPs)(서식지 보전 계획) 지역 수준의 계획으로 한 지역에서 개발이 허용되나 다른 지역은 생물다양성 보전지역으로 관리되는 것.

habitat corridor(서식지 통로) corridor 참조.

habitat fragmentation(서식지 파편화) 연속적인 서식지역이 여러 개의 소규모 서식지로 분할되는 과정.

hard release(경성 정착) 새로운 서식지 정착에 있어서, 외부에서 유입되는 개체가 다른 도움이 없는 상태.

healthy ecosystem(건강한 생태계) 인간의 활동이 최소한인 곳에서 생태계의 과정이 정상적으로 수행되는 곳.

herbivore(초식동물) 식물이나 광합성을 하는 생물을 먹는 종으로 일차 소비자.

heterozygous(이형접합자) 한 유전자가 서로 다른 대립유전자를 가지고 있는 것.

homozygous(동형접합자) 한 유전자가 2개의 동일한 대립유전자를 가지고 있는 것.

hotspot(핫스팟) 토착종 등 다양한 종이 나타나는 지역으로, 인간 활동에 의한 직접적 위협이 있는 곳.

hybrid(잡종) 서로 다른 두 종에 의해 개체의 교잡으로 생겨난 자손.

hybrid vigor(잡종 우세) 잡종에 의한 자손의 적응력이 증가되는 것.

I

in situ conservation(서식지 내 보전) 야생의 멸종위기종의 개체군 및 자연군집의 보전.

inbreeding(근친교배) 가까운 친척에 의한 번식 또는 자가수분.

inbreeding depression(근교약세) 근친교배 또는 자가수분에 의한 자손의 번식 약화.

indicator species(지표종) 생태계 내에서 보전을 목적으로 사용되는 생태적 의미가 있는 종.

indirect use values(간접적 사용 가치) 수확이나 직접적으로 훼손되지 않는 (예, 수질, 토양, 레크레이션 또는 교육 등) 상태의 생물다양성 가치. 공공재로 평가된다.

integrated conservation and development project (ICDP)(직접 보전 및 개발 프로젝트) 지역주민에게 경제적 또는 사회보장적 가치를 제공하는 보전 계획.

Intergovernmental Panel on Climate Change (IPCC) (기후변화에 관한 정부간 협의체) UN에 의해 주도되어 증가되는 인간 활동에 의해 나타나는 기후와 생태계의 영향을 분석하는 과학자들의 모임.

International Union for Conservation of Nature (IUCN) IUCN 참조.

intrinsic value(내재적 가치) 생물종이나 생물다양성 자체의 존재로 인한 가치.

introduction program(도입 프로그램) 멸종위기종이나 원래종의 분포지역이 아닌 지역으로 종을 정착시키는 방법.

invasive species(침입종) 원 분포지역이 아닌 곳에 도입되어 정착하는 종.

island biogeography model(도서 생물지리학 모델) 섬의 크기 및 출현종의 수를 결정짓는 모델로서, 서식지를 섬으로 모형삼아 출현종의 멸종확률을 산정하는 기법.

IUCN(세계자연보전연맹) 국제적으로 종의 보전을 위해 조직된 단체로 WCC로 불린다.

K

keystone resource(핵심 자원) 여러 종의 생존에 절대적으로 필요한 생태계의 자원(예, 물 웅덩이).

keystone species(핵심 종) 군집에 있어 수적(혹은 생물중량)의 열세에도 불구하고 영향이 지대한 종. 핵심 종의 손실은 군집에 많은 영향을 준다.

L

land trust(토지신탁) 토지의 보전 및 관리를 통해 보전목적을 달성하는 단체.

landscape ecology(경관생태학) 서식지 유형 및 종의 분포와 생태계 과정의 변화를 연구하는 학문.

legal title(본권) 토지의 소유에 대한 권리로서, 정부 및 법적 시스템에 의해 형성되며 원주민들은 이 권리로 인하여 불이익을 자주 받는다.

limited development(제한된 개발) 토지소유주 및 개발자와 지역의 개발을 제한하는 단체와 협상하여 중재안을 찾는 것.

limiting resource(제한된 자원) 한 지역에 있어 개체군이 서식하는 데 필요한 제한된 자원. 물은 사막에서 제한된 자원이다.

locally extinct(지역적 멸종) 이전에 서식하던 종이 더 이상 해당 지역에 존재하지 않는 것으로, 다른 곳에서는 발견된다.

Long-Term Ecological Research (LTER) (장기생태연구) 생태계의 점진적 변화를 연구하는 미국 정부 프로그램.

M

management plan(관리계획) 정착을 포함한 지역의 생물다양성을 보호하는 선언.

marine protected area (MPA)(해양보호지역) 해양생물다양성의 유지 및 관리를 목적으로 조성된 해양 및 해안선 지역.

market failure(시장 실패) 공통된 자원의 관리 실패로 인해 일부 해당자 및 사회가 많은 비용을 지불하는 것.

maximum sustainable yield(최대지속가능수확) 매년 지속적인 수확이 가능한 최대 자원으로 원 자원에 대한 사용 없이 이루어지는 수확.

metapopulation(메타개체군) 동일종들 사이에 서로 간의 연결성으로 인해 개체군의 분포가 변화되는 것.

minimum dynamic area (MDA)(최소 역학지역) 미래의 생존 가능성이 매우 높은 개체군 서식에 필요한 지역.

minimum viable population (MVP)(최소 존속개체군) 한 종이 종의 수를 유지하고 생존할 수 있는 가장 작은 개체군의 크기.

mitigation(완화) 한 지역이 훼손되었을 경우, 새로운 개체군 및 서식지가 조성되는 과정.

morphological definition of species(형태학적 종) 형태적으로, 생리적으로 혹은 생화학적으로 분류가 가능한 개체의 집합. 생물학적 종에 대한 정의와 비교됨.

morphospecies(형태종) 학명은 없지만, 형태에 의해 분류가 가능한 개체.

movement corridor(이동통로) corridor 참조.

multiple-use habitat(다목적 서식지) 다양한 재화나 서비스를 제공하는 지역.

mutations(돌연변이) 생물체 유전자나 염색체의 변화로 새로운 이형접합체나 유전적 변이가 나타남.

mutualistic relationship(상리적 관계) 두 종이 상호 간에 이익을 주는 것.

N

national environmental fund (NEF)(국가환경기금) 보전 활동을 도울 목적으로 매년 발생하는 수익을 사용하는 조성된 기금이나 단체.

natural history(자연사) 종의 특이성 및 생태적 특성.

natural resources(자연자원) 사람에 의해 사용되거나 가치가 인정되는 상품이나 물자.

non-use value(비사용가치) 현재 사용되지 않는 것에 대한 가치로서, 존재가치가 이에 해당된다.

nonconsumptive use value(비소비가치) 자원을 훼손하지 않으며, 생물다양성의 관점에서 제공되는 가치로서, 수질, 토양보호, 레크레이션 및 교육의 목적으로 활용된다.

nongovernmental organization (NGO)(비정부조직) 사회의 공익을 위해 조직된 단체로 보전을 목적으로 많은 단체가 조직되어 있음.

normative discipline(규범적인 훈련) 윤리적 중립성보다는 윤리적 해결을 중요하게 삼는 원칙.

O

omnivore(잡식동물) 식물과 동물을 함께 먹이로 살아가는 종.

open-access resources(공유자산자원) 개인에 의해 통제되는 것이 아니라 사회 전체가 사용할 수 있는 자원.

option value(선택 가치) 인류사회의 미래 이익을 제공하는 생물다양성 가치(예, 새로운 생물 추출 의약품).

outbreeding(이계교배) 종류는 같지만 계통이 다른 품종을 교배하는 것. 일반적으로 이계교배는 진화적 적응력을 향상시키는 유전적 변이를 유도하는 잡종강세를 나타낸다.

outbreeding depression(이계교배 기능저하) 자손을 생

산하는 데 다른 종이나 다른 개체군과 번식을 시도할 때 적응력을 떨어뜨리는 현상.

overexploitation(과잉개발) 자원이나 종의 과다한 수확으로 개체군 감소 및 손실을 일으키는 것.

P

payment for ecosystem services (PES)(생태계 서비스 지불) 종이나 중요한 생태계를 보호하는 데 개인 토지소유주나 지역사회가 필요한 경비를 직접 지불하는 것.

perverse subsidies(역효과 보조) 환경 파괴 행위의 결과를 초래하는 정부 보조 및 재정적 인센티브.

phenotype(표현형) 특별한 환경에 따라 유전자에 의해 결정되는 생물체의 물리적, 생리적, 생화학적 형질.

photochemical smog(광화학 스모그) 인간 활동에 의해 발생하는 화학적 성분이 태양광에 의해 변형되는 대기오염물질.

polymorphic gene(다형유전자) 개체군 내에서 한가지 이상의 형태나 대립유전자를 가지는 유전자.

population(개체군) 지역적으로 격리되어 있으며, 서로 간의 교배가 가능한 동일한 종의 집합. 메타개체군과 비교할 것.

population biology(개체군 생물학) 개체군의 생태적 유전학적 특성을 연구하는 학문으로 개체군 내의 수에 주로 초점을 맞춘다.

population bottleneck(개체군 병목) 개체군 크기의 급격한 감소로 인해서(예, 질병의 발생) 유전적 변이의 손실을 가져온다.

population viability analysis (PVA)(개체군 존속 분석) 일정한 시간 내에 개체군이 존재하는가에 대한 인구집단 통계학적 분석으로 다양한 관리기법과 연결된다.

precautionary principle(사전예방원칙) 해로운 영향에 대해 선행적인 방법으로 대응하는 원칙.

predator(포식자) carnivore 참조.

prey(피식자) 다른 종에 의해 먹히는 동물.

primary consumer(일차소비자) herbivore 참조.

primary producer(일차생산자) 녹색식물, 조류, 해조류 등 광합성에 의해 에너지를 얻는 생물체. 독립영양생물이다.

private goods(민간재) direct use value 참조.

productive use value(생산적 사용 가치) 시장에서 거래되는 제품에 의한 가치.

protected area(보호지역) 주로 생물다양성의 관리를 목적으로 지정되는 지역.

R

Ramsar Convention on Wetlands(람사르협약 습지) 국제적으로 중요한 습지의 보호를 목적으로 만들어진 국제조약.

rapid biodiversity assessments(급격한 생물다양성 평가) 새로운 보호지역을 조성하는 데 필요한 정보를 제공하기 위해 만들어지는 종 목록이나 식생지도. RAP로 불린다.

recombination(재조합) 양 부모로부터의 DNA가 교차에 의해 하나의 DNA로 결합되어 생기는 염색체(즉, 난자와 정자의 양쪽 염색체를 포함함). 유전적 변이를 조성하는 데 매우 중요함.

reconciliation ecology(조화 생태학) 사람과 생물다양성이 공존하도록 조성된 도심생태지역을 조성하는 학문.

Red Data Books(적색자료집) IUCN과 다른 보전단체에 의해 작성된 멸종위기종 목록.

Red List criteria(적색리스트 판단) 멸종확률을 근거로 종의 위협을 계량적으로 평가하는 방법.

Red Lists(적색목록) IUCN에 의해 작성된 멸종위기종 목록.

Reducing Emissions from Deforestation and Forest Degradation (REDD) 주로 개발도상국의 산림 전용과 황폐화를 방지하고 지구온난화 가스의 감소를 위한 산림 보전 활동 지원 프로그램.

reference site(기준 현장) 종, 군집 구조 및 생태계 과정의 관점에서 생태복원의 표준을 제공할 목적으로 조성되는 지역.

reintroduction program(재도입 프로그램) 인공적으로 사육된 종을 현지 서식지에 도입하는 프로그램으로 현재 지역은 종이 멸종된 상태이다.

replacement cost approach(대체비용법) 동일한 제품에 대해 사용이 가능하다면, 이에 대해 지불하고자 하는 비용.

representative site(표준 지역) 종과 생태계의 특징을 포함하는 대표되는 보호지역.

resilience(탄성(회복력)) 훼손이 진행된 이후 원래 상태로 돌아가려는 생태계의 능력.

resistance(저항력) 현재 훼손에 대해 원래 상태로 남으려는 생태계의 능력.

restocking program(재보충 프로그램) 현재 개체군의 크기 및 유전적 변이의 증가를 위해 개별종이 추가되는 프로그램.

restoration ecology(복원생태학) 개체군, 군집 및 생태계를 회복하려는 학문 분야.

Rio Summit(리우정상회담) Earth Summit 참조.

S

secondary consumer(이차소비자) carnivore 참조.

seed bank(종자 은행) 야생 및 경작된 식물에서 조성된 종자들의 집합으로 보전 및 농업 프로그램을 위해 사용된다.

shifting cultivation(이동 경작) 산림을 벌채하고 불에 태워 작물을 생산한 후, 다른 지역으로 이동함으로써 토양 침식을 가속시키는 농업 기법으로 화전농법이라고도 한다.

sink population(싱크(개수) 개체군) 공급 개체군으로부터 이동되는 종을 받는 개체군.

sixth extinction episode(6번째 멸종) 현재 새로이 시작된 대규모 멸종.

SLOSS debate(SLOSS 논쟁) 보전에 대한 접근으로 한 개의 단일 혹은 여러 개의 작은 서식지가 유리한가에 대한 논쟁.

soft release(연성 정착) 새로운 서식지 정착을 위해서 개별종이 외부의 도움을 받는 것. 경성 정착과 비교할 것.

source population(공급 개체군) 새로운 정착 지역에 개체군을 공급하여 서식하게 되는 개체군.

species diversity(종다양성) 특정 지역에 나타나는 출현종의 전체.

species richness(종 풍부도) 군집에서 발견되는 종의 수.

stable ecosystem(안정적 생태계) 인간의 방해나 불규칙한 날씨 등의 외부 환경요인에도 불구하고 동일한 구성을 유지할 수 있는 건전한 생태계.

stochasticity(확률성) 임의적 변이 등으로 변이가 우연하게 일어나는 확률.

succession(천이) 종 구성, 식생 구조나 생태계의 특징이 자연이나 인위적 방해로부터 점진적으로 나타나는 현상.

survey(조사) 반복적인 표본 추출로 개체군의 크기, 밀도 혹은 다른 생물다양성 특징을 찾아내는 방법.

sustainable development(지속적인 개발) 경제개발 방법으로 환경이나 생물다양성의 훼손 없이 현재 및 미래세대의 수요를 충족하는 것.

symbiotic relationship(공생 관계) 서로 다른 2종의 생물이 직접적이고 친밀한 접촉에 의해 함께 살아가는 생태적 관계.

T

taxonomist(분류학자) 종의 분류 및 동정을 연구하는 과학자.

threatened(멸종 위협적인) 멸종이나 멸종위기에 처할 위험이 높은 종으로서 IUCN 분류에 의해 결정된다. 미국의 멸종위기법에 의하면 멸종위협이 높은 종으로서 멸종위기종 보다는 낮은 단계이다.

tragedy of the commons(공유지의 비극) 통제되지 않은 상태의 공공자원의 사용으로 자원을 고갈시키는 것.

trophic cascade(영양 붕괴) 핵심종의 손실로 인해 생물다양성 및 식생의 변화를 일으키는 것.

trophic levels(영양 단계) 생물군집의 수준으로 에너지의 저장 및 이동이 생태계 내 다양한 종에서 이루어지는 것. 일차생산자, 초식동물, 포식자, 분해자 참조.

U

umbrella species(우산종) 우산종의 보호는 다른 종의 보호로 이어진다.

UNESCO Biosphere Reserves Program(유네스코 생물권보전프로그램) biosphere reserve 참조.

use value(사용 가치) 생물다양성의 가치로 직접적, 간접적 가치를 모두 포함한다.

W

World Bank(세계 은행) 개발도상국의 경제 발전을 지원할 목적으로 설립된 국제 은행.

World Heritage Convention(세계유산협약) 국제적으로 중요한 문화 및 자연지역을 보호할 목적으로 설립된 조약.

World Heritage site(세계유산지역) 세계적으로 문화적, 자연적 가치가 있어 유네스코에서 지정한 지역.

Z

zoning(권역) 정해진 장소에서 일정한 행동이 제약되거나 허락된 보호지역.

참고문헌

Chapter 1

Bevan, E., T. Wibbels, B. M. Z. Najera, M. A. C. Martinez, et al. 2014. In situ nest and hatchling survival at Rancho Nuevo, the primary nesting beach of the Kemp's ridley sea turtle, *Lepidochelys kempii*. *Herpetological Conservation and Biology* 9: 563–577.

Bradshaw, C. J. A., and B. W. Brook. 2014. Human population reduction is not a quick fix for environmental problems. *Proceedings of the National Academy of Sciences USA* 111: 16610–16615.

Bullot, N. J., W. P. Seeley, and S. Davies. 2017. Art and science: A philosophical sketch of their historical complexity and codependence. *Journal of Aesthetics and Art Criticism* 75(4): 453–463.

Burivalova, Z., R. A. Butler, and D. S. Wilcove. 2018. Analyzing Google search data to debunk myths about the public's interest in conservation. *Frontiers in Ecology and the Environment* 16(9): 509–514.

Burlin, N. C. (Ed.). 1907. *The Indians' Book: An Offering by the American Indians of Indian Lore, Musical and Narrative, to Form a Record of the Songs and Legends of Their Race*. Harper and Brothers, New York.

Caillouet, C. W., Jr., S. W. Raborn, D. J. Shaver, N. F. Putman, et al. 2018. Did declining carrying capacity for the Kemp's ridley sea turtle population within the Gulf of Mexico contribute to the nesting setback in 2010–2017? *Chelonian Conservation and Biology* 17: 123–133.

Caillouet, C. W., Jr., B. A. Robertson, C. T. Fontaine, T. D. Williams, et al. 1997. Distinguishing captive-reared from wild Kemp's ridleys. *Marine Turtle Newsletter* 77: 1–6.

Carson, R. 1962. *Silent Spring*. Houghton Mifflin Company, Boston.

Ceballos, G., P. R. Ehrlich, A. D. Barnosky, A. García, et al. 2015. Accelerated modern human–induced species losses: Entering the sixth mass extinction. *Science Advances* 1(5): e1400253.

Cole, T. 1965. Essay on American scenery. *In* J. W. McCoubrey (ed.), *American Art, 1700–1960*, pp. 98–109. Prentice-Hall, Englewood Cliffs, NJ.

Ebbin, S. 2009. Institutional and ethical dimensions of resilience in fishing systems: Perspectives from co-managed fisheries in the Pacific Northwest. *Marine Policy* 33: 264–270.

Emerson, R. W. 1836. *Nature*. James Monroe and Co., Boston.

Garrard, G. E., F. Fidler, B. C. Wintle, Y. E. Chee, et al. 2016. Beyond advocacy: Making space for conservation scientists in public debate. *Conservation Letters* 9(3): 208–212.

Godet, L., and V. Devictor. 2018. What conservation does. *Trends in Ecology & Evolution* 33: 720–730.

Grove, R. 2002. Climatic fears: Colonialism and the history of environmentalism. *Harvard International Review* 23(4): 50.

Hautier, Y., D. Tilman, F. Isbell, E. W. Seabloom, et al. 2015. Anthropogenic environmental changes affect ecosystem stability via biodiversity. *Science* 348: 336–340.

International Union for Conservation of Nature (IUCN). 2019. *The IUCN Red List of Threatened Species. Version 2019-1. www.iucnredlist.org* Downloaded on May 8, 2019.

Korngold, J. 2008. *God in the Wilderness: Rediscovering the Spirituality of the Great Outdoors with the Adventure Rabbi*. Doubleday, New York.

Leopold, A. 1949. *A Sand County Almanac and Sketches Here and There*. Oxford University Press, New York.

Leopold, A. C. 2004. Living with the land ethic. *BioScience* 54: 149–154.

Lindenmayer, D., and M. Hunter. 2010. Some guiding concepts for conservation biology. *Conservation Biology* 24: 1459–1468.

Linnell, J. D., P. Kaczensky, U. Wotschikowsky, N. Lescureux, et al. 2015. Framing the relationship between people and nature in the context of European conservation. *Conservation Biology* 29(4): 978–985.

Mathevet, R., F. Bousquet, and C. M. Raymond. 2018. The concept of stewardship in sustainability science and conservation biology. *Biological Conservation* 217: 363–370.

Martin, T. G., A. E. Camaclang, H. P., Possingham, L. A. Maguire, et al. 2017. Timing of protection of critical habitat matters. *Conservation Letters* 10(3): 308–316.

Mazaris, A. D., G. Schofield, C. Gkazinou, V. Almpanidou, et al. 2017. Global sea turtle conservation successes. *Science Advances* 3(9): e1600730.

Muir, J. 1901. *Our National Parks*. Houghton Mifflin, Boston.

Pimm, S. L, C. N. Jenkins, R. Abell, T. M. Brooks, et al. 2014. The biodiversity of species and their rates of extinction, distribution, and protection. *Science* 344: 1246752.

Pinchot, G. 1947. *Breaking New Ground*. Harcourt Brace, New York.

Reich, K. J., M. C. López-Castro, D. J. Shaver, C. Iseton, et al. 2017. δ13C and δ15N in the endangered Kemp's ridley sea turtle *Lepidochelys kempii* after the *Deepwater Horizon* oil spill. *Endangered Species Research* 33: 281–289.

Roman, J., M. M. Dunphy-Daly, D. W. Johnston, and A. J. Read. 2015. Lifting baselines to address the consequences of conservation success. *Trends in Ecology and Evolution* 30(6): 299–302.

Shafer, C. L. 2001. Conservation biology trailblazers: George Wright, Ben Thompson, and Joseph Dixon. *Conservation Biology* 15: 332–344.

Singh, S., M. Youssouf, Z. A. Malik, and R. W. Bussmann. 2017. Sacred groves: Myths, beliefs, and biodiversity conservation—a case study from Western Himalaya, India. *International Journal of Ecology* 2017: 3828609.

Society for Conservation Biology. 2016. What is SCB? Organizational Values. *conbio.org/about-scb/who-we-are*

Soulé, M. E. 1985. What is conservation biology? *BioScience* 35: 727–734.

Tilman, D., M. Clark, D. R. Williams, K. Kimmel, et al. 2017. Future threats to biodiversity and pathways to their prevention. *Nature* 546(7656): 73.

U.S. Energy Information Administration. 2018. International Energy Statistics 2008–2011. *www.eia.gov/tools/faqs/faq.cfm?id=85&t=1*

Wibbels, T., and E. Bevan. 2015. New riddle in the Kemp's ridley saga. In *State of the World's Sea Turtles Report*. Oceanic Society.

Wibbels, T., and E. Bevan. 2016. A historical perspective of the biology and conservation of the Kemp's ridley sea turtle. [Special Issue on Kemp's Ridley Sea Turtle.] *Gulf of Mexico Science* 33: 129–137.

Wilhere, G. F. 2012. Inadvertent advocacy. *Conservation Biology* 26: 39–46.

Wilson, E. O. 2017. Biophilia and the conservation ethic. *In* D. J. Penn and I. Mysterud (eds.), *Evolutionary Perspectives on Environmental Problems*, pp. 263–272. Routledge, Abingdon, United Kingdom.

World Bank. *www.worldbank.org*

Chapter 2

Alva-Basurto, J. C., and J. Arias-Gonzalez. 2014. Modelling the effects of climate change on a Caribbean coral reef food web. *Ecological Modelling* 289: 1–14.

Baker, T. R., R. T. Pennington, K. G. Dexter, P. V. Fine, et al. 2017. Maximising synergy among tropical plant systematists, ecologists, and evolutionary biologists. *Trends in Ecology & Evolution* 32(4): 258–267.

Barlow, J., F. França, T. A. Gardner, C. C. Hicks, et al. 2018. The future of hyperdiverse tropical ecosystems. *Nature* 559(7715): 517.

Beschta, R. L., and W. J. Ripple. 2016. Riparian vegetation recovery in Yellowstone: The first two decades after wolf reintroduction. *Biological Conservation* 198: 93–103.

Bhatta, K. P., J. A. Grytnes, and O. R. Vetaas. 2018. Scale sensitivity of the relationship between alpha and gamma diversity along an alpine elevation gradient in central Nepal. *Journal of Biogeography* 45(4): 804–814.

Bowen, B. W., L. A. Rocha, R. J. Toonen, S. A. Karl, et al. 2013. The origins of tropical marine biodiversity. *Trends in Ecology and Evolution* 28: 359–366.

Brockman, F. J., and C. J. Murray. 2018. The Microbiology of the Terrestrial Deep Subsurface. In *Microbiology of the Terrestrial Deep Subsurface*, pp. 75–102. CRC Press, Boca Raton, FL.

Carbone, C., and J. L. Gittleman. 2002. A common rule for the scaling of carnivore density. *Science* 295: 2273–2276.

Carstensen, D. W., K. Trøjelsgaard, J. Ollerton, and L. P. C. Morellato. 2018. Local and regional specialization in plant–pollinator networks. *Oikos* 127(4): 531–537.

Cilleros, K., A. Valentini, L. Allard, T. Dejean, et al. 2019. Unlocking biodiversity and conservation studies in high-diversity environments using environmental DNA (eDNA): A test with Guianese freshwater fishes. *Molecular Ecology Resources* 19: 27–46.

Chan, Y. F., K.-P. Chiang, J. Chang, Ø. Moestrup, et al. 2015. Strains of the morphospecies *Ploeotia costata* (Euglenozoa) isolated from the Western North Pacific (Taiwan) reveal substantial genetic differences. *Journal of Eukaryotic Microbiology* 62: 318–326.

Cockle, K. L., and K. Martin. 2015. Temporal dynamics of a commensal network of cavity-nesting vertebrates: Increased diversity during an insect outbreak. *Ecology* 96(4): 1093–1104.

Conservation International and K. J. Caley. 2008. Biological diversity in the Mediterranean Basin. *In* C. J. Cleveland (ed.), *Encyclopedia of Earth*. Environmental Information Coalition, National Council for Science and the Environment, Washington, DC. *www.eoearth.org/article/Biological_diversity_in_the_Mediterranean_Basin*

Coogan, S. C., D. Raubenheimer, G. B. Stenhouse, N. C. Coops, et al. 2018. Functional macronutritional generalism in a large omnivore, the brown bear. *Ecology and Evolution* 8(4): 2365–2376.

Cook, L. M., B. S. Grant, I. J. Saccheri, and J. Mallet. 2012. Selective bird predation on the peppered moth: The last experiment of Michael Majerus. *Biology Letters* 8(4): 609–612.

Corlett, R. T., and R. B. Primack. 2010. *Tropical Rain Forests: An Ecological and Biogeographical Comparison*, 2nd ed. Blackwell Publishing, Malden, MA.

Dawud, S. M., K. Raulund-Rasmussen, S. Ratcliffe, T. Domisch, et al. 2017. Tree species functional group is a more important driver of soil properties than tree species diversity across major European forest types. *Functional Ecology* 31(5): 1153–1162.

De la Riva, E. G., F. Lloret, I. M. Pérez-Ramos, T. Marañón, et al. 2017. The importance of functional diversity in the stability of Mediterranean shrubland communities after the impact of extreme climatic events. *Journal of Plant Ecology* 10(2): 281–293.

Delgado-Baquerizo, M., F. Reith, P. G. Dennis, K. Hamonts, et al. 2018. Ecological drivers of soil microbial diversity and soil biological networks in the Southern Hemisphere. *Ecology* 99(3): 583–596.

Díaz, S., and M. Cabido. 2001. Vive la difference: Plant functional diversity matters to ecosystem processes. *Trends in Ecology & Evolution* 16(11): 646–655.

Domisch, S., S. C. Jahnig, J. P. Simaika, M. Kuemmerlen, et al. 2015. Application of species distribution models in stream ecosystems: The challenges of spatial and temporal scale, environmental predictors and species occurrence data. *Fundamental Applied Limnology* 186(1–2): 45–61.

East, J. L., C. Wilcut, and A. A. Pease. 2017. Aquatic food-web structure along a salinized dryland river. *Freshwater Biology* 62(4): 681–694.

Encyclopedia of Life. *eol.org.*

Fadeeva, N., V. Mordukhovich, and J. Zograf. 2015. New deep-sea large free-living nematodes from marobenthos in the Kuril-Kamchatka trench (the North-West Pacific). *Deep-Sea Research II* 111: 95–103.

Fisher, R., R. A. O'Leary, S. Low-Choy, K. Mengersen, et al. 2015. Species richness on coral reefs and the pursuit of convergent global estimates. *Current Biology* 25: 500–505.

Gagic, V., I. Bartomeus, T. Jonsson, A. Taylor, et al. 2015. Functional identity and diversity of animals predict ecosystem functioning better than species-based indices. *Proceedings of the Royal Society B* 282: 20142620.

Gessner, M. O., C. M. Swan, C. I. Dang, B. G. McKie, et al. 2010. Diversity meets decomposition. *Trends in Ecology and Evolution* 25: 372–380.

Goldberg, C. S., K. M. Strickler, and A. K. Fremier. 2018. Degradation and dispersion limit environmental DNA detection of rare amphibians in wetlands: Increasing efficacy of sampling designs. *Science of the Total Environment 633:* 695–703.

Grassle, J. F. 2001. Marine ecosystems. *In* S. A. Levin (ed.), *Encyclopedia of Biodiversity, Vol. 4,* pp. 13–26. Academic Press, San Diego, CA.

Hale, S. L., and J. L. Koprowski. 2018. Ecosystem-level effects of keystone species reintroduction: A literature review. *Restoration Ecology* 26(3): 439-445.

Healey, A. J., N. J. McKeown, A. L. Taylor, J. Provan, et al. 2018. Cryptic species and parallel genetic structuring in Lethrinid fish: Implications for conservation and management in the southwest Indian Ocean. *Ecology and Evolution* 8(4): 2182–2195.

Hollings, T., M. Jones, N. Mooney, and H. McCallum. 2014. Trophic cascades following the disease-induced decline of an apex predator, the Tasmanian devil. *Conservation Biology* 28: 63–75.

Hughes, A. R., S. L. Williams, C. M. Duarte, K. L. Heck, Jr., et al. 2009. Associations of concern: Declining seagrasses and threatened dependent species. *Frontiers in Ecology and the Environment* 7: 242–246.

Human Microbiome Consortium. 2012. *www.human-microbiome.org/*

Hunter, M. L., Jr., V. Acuña, D. M. Bauer, K. P. Bell, et al. 2017. Conserving small natural features with large ecological roles: A synthetic overview. *Biological Conservation* 211: 88–95.

Iknayan, K. J., M. W. Tingley, B. J. Furnas, and S. R. Beissinger. 2014. Detecting diversity: Emerging methods to estimate species diversity. *Trends in Ecology and Evolution* 29(2): 97–106.

International Union for Conservation of Nature (IUCN). 2019. *The IUCN Red List of Threatened Species. Version 2019-1. www.iucnredlist.org* Downloaded on May 8, 2019.

Joppa, L. N., D. L. Roberts, and S. L. Pimm. 2011. The population ecology and social behavior of taxonomists. *Trends in Ecology and Evolution* 26: 551–553.

Jones, C. G., J. H. Lawton, and M. Shachak. 1996. Organisms as ecosystem engineers. *In* F. B. Samson and F. L. Knopf (eds.), Ecosystem Management, pp. 130–147. Springer, New York.

Larsen, B. B., E. C. Miller, M. K. Rhodes, and J. J. Wiens. 2017. Inordinate fondness multiplied and redistributed: the number of species on earth and the new pie of life. *Quarterly Review of Biology* 92(3): 229–265.

Lindenmayer, D. B. 2017. Conserving large old trees as small natural features. *Biological Conservation* 211: 51–59.

Molles, M., and A. A. Sher. 2018. *Ecology Concepts and Applications*, 8th ed. McGraw Hill Education, New York.

Mori, A. S., K. P. Lertzman, and L. Gustafsson. 2017. Biodiversity and ecosystem services in forest ecosystems: A research agenda for applied forest ecology. *Journal of Applied Ecology* 54(1): 12–27.

Mukherjee, S., R. Seshadri, N. J. Varghese, E. A. Eloe-Fadrosh, et al. 2017. 1,003 reference genomes of bacterial and archaeal isolates expand coverage of the tree of life. *Nature Biotechnology* 35(7): 676.

Naniwadekar, R., U. Shukla, K. Isvaran, and A. Datta. 2015. Reduced hornbill abundance associated with low seed arrival and altered recruitment in a hunted and logged tropical forest. *PLOS ONE* 10(3): e0120062.

Ricketts, T. H., E. Dinerstein, D. M. Olson, C. J. Loucks, et al. 1999. *Terrestrial Ecoregions of North America: A Conservation Assessment*. Island Press, Washington, DC.

Ripple, W. J., and R. L. Beschta. 2012. Trophic cascades in Yellowstone: The first 15 years after wolf reintroduction. *Biological Conservation* 145: 205–213.

Romero, G. Q., T. Gonçalves-Souza, C. Vieira, and J. Koricheva. 2015. Ecosystem engineering effects on species diversity across ecosystems: A meta-analysis. *Biological Reviews* 90(3): 877–890.

Rosen, C. E., and N. W. Palm. 2017. Functional Classification of the Gut Microbiota: The Key to Cracking the Microbiota Composition Code: Functional classifications of the gut microbiota reveal previously hidden contributions of indigenous gut bacteria to human health and disease. *BioEssays*, 39(12), 1700032.

Ryan, M. E., J. R. Johnson, B. M. Fitzpatrick, L. J. Lowenstine, et al. 2013. Lethal effects of water quality on threatened California salamanders but not on co-occurring hybrid salamanders. *Conservation Biology* 27: 95–102.

Savage, A. E., K. P. Mulder, T. Torres, and S. Wells. 2018. Lost but not forgotten: MHC genotypes predict overwinter survival despite depauperate MHC diversity in a declining frog. *Conservation Genetics* 19(2): 309–322.

Sender, R., S. Fuchs, and R. Milo. 2016. Revised estimates for the number of human and bacteria cells in the body. *PLOS Biology* 14(8): e1002533.

Simaika, J. P., M. J. Samways, J. Kipping, F. Suhling, et al. 2013. Continental-scale conservation prioritization of African dragonflies. *Biological Conservation* 157: 245–254.

Szczecińska, M., G. Sramko, K. Wołosz, and J. Sawicki. 2016. Genetic diversity and population structure of the rare and endangered plant species *Pulsatilla patens* (L.) Mill in east central Europe. *PLOS ONE* 11(3): e0151730.

Tittensor, D. P., C. Mora, W. Jetz, H. K. Lotze, et al. 2010. Global patterns and predictors of marine biodiversity across taxa. *Nature* 466: 1098–1101.

Valls, A., M. Coll, and V. Christensen. 2015. Keystone species: Toward an operational concept for marine biodiversity conservation. *Ecological Monographs* 85(1): 29–47.

van't Hof, A. E., P. Campagne, D. J. Rigden, C. J. Yung, et al. 2016. The industrial melanism mutation in British peppered moths is a transposable element. *Nature* 534(7605): 102.

Vidal, M. C., and S. M. Murphy. 2018. Bottom-up vs. top-down effects on terrestrial insect herbivores: A meta-analysis. *Ecology Letters* 21(1): 138–150.

Wiens, J. J. 2007. Species delimitations: New approaches for discovering diversity. *Systematic Biology* 56(6): 875–878.

Wimp, G. M., S. M. Murphy, D. Lewis, and L. Ries. 2011. Do edge responses cascade up or down a multi-trophic food web? *Ecology Letters* 14(9): 863–870.

Xu, W., Y. Xiao, J. Zhang, W. Yang, et al. 2017. Strengthening protected areas for biodiversity and ecosystem services in China. *Proceedings of the National Academy of Sciences USA* 114(7): 1601–1606.

Zellweger, F., V. Braunisch, F. Morsdorf, A. Baltensweiler, et al. 2015. Disentangling the effects of climate, topography, soil and vegetation on stand-scale species richness in temperate forests. *Forest Ecology and Management* 349: 36–44.

Zeng, Y.-X., Y. Yu, Z.-Y. Qiao, H.-Y. Jin, et al. 2014. Diversity of bacterioplankton in coastal seawaters of Fildes Peninsula, King George Island, Antarctica. *Archives of Microbiology* 196: 137–147.

Zhou, J., W. Liu, H. Kong, and W. Gong. 2018. Identification and characterization of microsatellites in *Aconitum reclinatum* (Ranunculaceae), a rare species endemic to North America. *Applications in Plant Sciences* 6(6): e01161.

Chapter 3

Angelsen, A., P. Jagger, R. Babigumira, B. Belcher, et al. 2014. Environmental income and rural livelihoods: A global-comparative analysis. *World Development* 64: S12–S28.

Angula, H. N., G. Stuart-Hill, D. Ward, G. Matongo, et al. 2018. Local perceptions of trophy hunting on communal lands in Namibia. *Biological Conservation* 218, 26–31.

Barbier, E. B., J. C. Burgess, J. T. Bishop, and B. A. Aylward. 1994. *The Economics of the Tropical Timber Trade*. Earthscan Publications, London.

Bateman, I. J., A. R. Harwood, G. M. Mace, R. T. Watson, et al. 2013. Bringing ecosystem services into economic decision-making: land use in the United Kingdom. *Science* 341: 45–50.

Bearzi, G. 2009. When swordfish conservation biologists eat swordfish. *Conservation Biology* 23: 1–2.

Becker, N., A. Greenfeld, and S. Zemah Shamir. 2018. Cost–benefit analysis of full and partial river restoration: The Kishon River in Israel. *International Journal of Water Resources Development, https://doi.org/10.1080/07900627.2018.1501349.*

Bhagwat, S. A., N. Dudley, and S. R. Harrop. 2011. Religious following in biodiversity hotspots: Challenges and opportunities for conservation and development. *Conservation Letters* 4: 234–240.

Bluffstone, R., J. Coulston, R. G. Haight, J. Kline, et al. 2017. Estimated values of carbon sequestration resulting from forest management scenarios.

In L. Wainger and D. Ervin (eds.), *The Valuation of Ecosystem Services from Farms and Forests: Informing a Systematic Approach to Quantifying Benefits of Conservation Programs*. Report 0114-301. Washington, DC: Council on Food, Agricultural and Resource Economics (C-FARE).

Borsetto, C., and E. M. Wellington. 2017. Bioprospecting soil metagenomes for antibiotics. *In* R. Paterson and N. Lima (eds.), *Bioprospecting*, pp. 113–136. Springer, Cham.

Braunisch, V., J. Coppes, S. Bachle, and R. Suchant. 2015. Underpinning the precautionary principle with evidence: A spatial concept for guiding wind power development in endangered species' habitats. *Journal for Nature Conservation* 24: 31–40.

Brienen, R. J., O. L. Phillips, T. R. Feldpausch, E. Gloor, et al. 2015. Long-term decline of the Amazon carbon sink. *Nature* 519(7543): 344.

Buenz, E. J., R. Verpoorte, and B. A. Bauer. 2018. The ethnopharmacologic contribution to bioprospecting natural products. *Annual Review of Pharmacology and Toxicology* 58: 509–530.

Büscher, B., and R. Fletcher. 2017. Destructive creation: Capital accumulation and the structural violence of tourism. *Journal of Sustainable Tourism* 25(5): 651–667.

Catlin, J., M. Hughes, T. Jones, R. Jones, et al. 2013. Valuing individual animals through tourism: Science or speculation? *Biological Conservation* 157:93–98.

Chan, H. K., H. Zhang, F. Yang, and G. Fischer. 2015. Improve customs systems to monitor global wildlife trade. *Science* 348(6232): 291–292.

Chen, W. Y. 2017. Environmental externalities of urban river pollution and restoration: A hedonic analysis in Guangzhou (China). *Landscape and Urban Planning* 157: 170–179.

CNN. 2015. Zimbabwean officials: American man wanted in killing of Cecil the Lion. July 28, *https://www.cnn.com/2015/07/28/africa/zimbabwe-lion-killed/index.html*.

Corlett, R. T. 2017. Frugivory and seed dispersal by vertebrates in tropical and subtropical Asia: An update. *Global Ecology and Conservation* 11: 1–22.

Costanza, R., R. de Groot, P. Sutton, S. van der Ploeg, et al. 2014. Changes in the global value of ecosystem services. *Global Environmental Change* 26: 152–158.

Crosmary, W. G., S. D. Côté, and H. Fritz. 2015. The assessment of the role of trophy hunting in wildlife conservation. *Animal Conservation* 18(2): 136–137.

De Groot, R. S., R. Alkemade, L. Braat, L. Hein, et al. 2010. Challenges in integrating the concept of ecosystem services and values in landscape planning, management and decision making. *Ecological Complexity* 7(3): 260–272.

Devall, B., and G. Sessions. 1985. *Deep Ecology*. Perigrine Smith, Salt Lake, UT.

Devine, J. A. 2017. Colonizing space and commodifying place: Tourism's violent geographies. *Journal of Sustainable Tourism* 25(5): 634–650.

Di Minin, E., N. Leader-Williams, and C. J. Bradshaw. 2016. Banning trophy hunting will exacerbate biodiversity loss. *Trends in Ecology & Evolution* 31: 99–102.

Donovan, G. H., D. T. Butry, Y. L. Michael, J. P. Prestemon, et al. 2013. The relationship between trees and human health: Evidence from the spread of the emerald ash borer. *American Journal of Preventive Medicine* 44: 139–145.

Ehrlich, P. R., and A. H. Ehrlich. 1982. *Extinction: The Causes and Consequences of the Disappearance of Species*. Gollancz, London.

Ekor, M. 2014. The growing use of herbal medicines: Issues relating to adverse reactions and challenges in monitoring safety. *Frontiers in Pharmacology* 4: 177.

Evaluate Pharma. 2018. World Preview 2018, Outlook to 2024. *http://info.evaluategroup.com/WP2018-EPV.html*.

FAO. 2018. The State of World Fisheries and Aquaculture 2018: Meeting the Sustainable Development Goals. Rome.

Gardiner, S., S. Caney, D. Jamieson, and H. Shue. 2010. *Climate Ethics: Essential Readings*. Oxford University Press, New York.

Garnett, K., and D. J. Parsons. 2017. Multi-case review of the application of the precautionary principle in European Union law and case law. *Risk Analysis* 37: 502–516.

Gilstad-Hayden, K., L. R. Wallace, A. Carroll-Scott, S. R. Meyer, et al. 2015. Research note: Greater tree canopy cover is associated with lower rates of both violent and property crime in New Haven, CT. *Landscape and Urban Planning* 143: 248–253.

Grossi-de-Sá, M. F., P. B. Pelegrini, I. M. Vasconcelos, C. R. Carlini, et al. 2017. Entomotoxic plant proteins: Potential molecules to develop genetically modified plants resistant to insect-pests. *Plant Toxins* 415–447.

Haines-Young, R., and M. Potschin. 2018. *Common International Classification of Ecosystem Services (CICES) V5.1 and Guidance on the Application of the Revised Structure*. EEA. *www.cices.eu*.

Handa, I. T., R. Aerts, F. Berendse, M. P. Berg, et al. 2014. Consequences of biodiversity loss for litter decomposition across biomes. *Nature* 509: 218.

Hanley, N., L. P. Dupuy, and E. McLaughlin. 2015. Genuine savings and sustainability. *Journal of Economic Surveys* 29(4): 779–806.

Hardin, G. 1968. The tragedy of the commons. *Science* 162: 1243–1248.

Hautier, Y., D. Tilman, F. Isbell, E. W. Seabloom, et al. 2015. Anthropogenic environmental changes affect ecosystem stability via biodiversity. *Science* 348: 336–340.

Huveneers, C., M. G. Meekan, K. Apps, L. C. Ferreira, et al. 2017. The economic value of shark-diving tourism in Australia. *Reviews in Fish Biology and Fisheries* 27(3): 665–680.

Iftekhar, M. S., M. Polyakov, D. Ansell, F. Gibson, et al. 2017. How economics can further the success of ecological restoration. *Conservation Biology* 31(2): 261–268.

Ingram, V. J., O. Ndoye, M. Iponga, et al. 2012. Nontimber forest products: Contribution to national economy and strategies for sustainable management. *In* C. de Wasseige, P. de Marcken, and N. Bayolet (eds.), *The Forests of the Congo Basin. State of the Forest 2010*. Office des publications de l'Union Européenne, Luxembourg.

Jiang, Z., and B. Lin. 2014. The perverse fossil fuel subsidies in China—The scale and effects. *Energy* 70: 411–419.

Kilpatrick, A. M., D. J. Salkeld, G. Titcomb, and M. B. Hahn. 2017. Conservation of biodiversity as a strategy for improving human health and well-being. *Philosophical Transactions of the Royal Society B* 372(1722): 20160131.

Kremen, C. 2018. The value of pollinator species diversity. *Science* 359(6377): 741–742.

Krisfalusi-Gannon, J., W. Ali, K. Dellinger, L. Robertson, et al. 2018. The role of horseshoe crabs in the biomedical industry and recent trends impacting species sustainability. *Frontiers in Marine Science* 5: 185.

Kubiszewski, I., R. Costanzaa, C. Francob, P. Lawn, et al. 2013. Beyond GDP: Measuring and achieving global genuine progress. *Ecological Economics* 93: 57–68.

Lambin, E. F., H. K. Gibbs, R. Heilmayr, K. M. Carlson, et al. 2018. The role of supply-chain initiatives in reducing deforestation. *Nature Climate Change* 8: 109–116.

Lawrence, G. B., T. C. McDonnell, T. J. Sullivan, M. Dovciak, et al. 2018. Soil base saturation combines with beech bark disease to influence composition and structure of sugar maple-beech forests in an acid rain-impacted region. *Ecosystems* 21(4): 795–810.

Leopold, A. 1949. *A Sand County Almanac and Sketches Here and There*. Oxford University Press, New York.

Leopold, A. 1953. *Round River: From the Journals of Aldo Leopold*. Oxford University Press, New York.

Liu, J., M. Wilson, G. Hu, J. Liu, et al. 2018. How does habitat fragmentation affect the biodiversity and ecosystem functioning relationship? *Landscape Ecology* 33: 341–352.

Louv, R. 2005. *Last Child in the Woods: Saving Our Children from Nature-Deficit Disorder*. Algonquin Books, Chapel Hill, NC.

Luck, G. W., P. Davidson, D. Boxall, and L. Smallbone. 2011. Relations between urban bird and plant communities and human well-being and connection to nature. *Conservation Biology* 25: 816–826.

Lyngdoh, S., V. B. Mathur, and B. C. Sinha. 2017. Tigers, tourists and wildlife: Visitor demographics and experience in three Indian tiger reserves. *Biodiversity and Conservation* 26(9): 2187–2204.

Martin, T. G., L. Kehoe, C. Mantyka-Pringle, I. Chades, et al. 2018. Prioritizing recovery funding to maximize conservation of endangered species. *Conservation Letters* 11(6): e12604.

Martín-López, B., E. Gómez-Baggethun, M. García-Llorente, and C. Montes. 2014. Trade-offs across value-domains in ecosystem services assessment. *Ecological Indicators* 37: 220–228.

McNeely, J. A., K. R. Miller, W. Reid, R. Mittermeier, et al. 1990. *Conserving the World's Biological Diversity*. IUCN, World Resources Institute, CI, WWF-US, and the World Bank. Gland, Switzerland, and Washington, DC.

Meadows, D. H., D. L. Meadows, J. Randers, and W. W. Behrens III. 1972. *The Limits to Growth: A Report for the Club of Rome's Project on the Predicament of Mankind*. Universe Books, New York.

Melin, A. 2016. Biodiversity and Christian ethics: A critical discussion. *In* S. Bergmann, P. M. Scott, M. Jansdotter Samuelsson, and H. Bedford-Strohm (eds.), *Nature, Space and the Sacred*, pp. 95–104. Routledge, Abingdon, United Kingdom.

Merckx, T., and H. M. Pereira. 2015. Reshaping agri-environmental subsidies: From marginal farming to large-scale rewilding. *Basic and Applied Ecology* 16: 95–103.

Millennium Ecosystem Assessment (MEA). 2005. *Ecosystems and Human Well-being*. 4 volumes. Island Press, Covelo, CA.

Moat, J., T. W. Gole, and A. P. Davis. 2018. Least Concern to Endangered: Applying climate change projections profoundly influences the extinction risk assessment for wild Arabica coffee. *Global Change Biology* 25(2): 390–403.

Monticini, P. 2010. The ornamental fish trade production and commerce of ornamental fish: Technical-managerial and legislative aspects. GLOBEFISH Research Programme, Vol. 102. Rome, FAO 2010. p. 134.

Muiños, G., E. Suárez, S. Hess, and B. Hernández. 2015. Frugality and psychological wellbeing. The role of voluntary restriction and the resourceful use of resources. *Psyecology* 6(2): 169–190.

Naess, A. 1989. *Ecology, Community and Lifestyle*. Cambridge University Press, Cambridge, United Kingdom.

Naess, A. 2008. *The Ecology of Wisdom: Writings by Arne Naess*. A. Drengson and B. Devall (eds.). Counterpoint, Berkeley, CA.

Narayan, S., M. W. Beck, P. Wilson, C. J. Thomas, et al. 2017. The value of coastal wetlands for flood damage reduction in the northeastern USA. *Scientific Reports* 7(1): 9463.

Nguyen, D. H., S. de Leeuw, and W. E. Dullaert. 2018. Consumer behaviour and order fulfilment in online retailing: A systematic review. *International Journal of Management Reviews* 20: 255–276.

Ostroumov, S. 2017. Aquatic ecosystem service: Improving water quality. Multifunctional role of the biota in water self-purification in marine and freshwater ecosystems. *Caucasus Economic and Social Analysis Journal* 7: 38–41.

Øverland, M., and A. Skrede. 2017. Yeast derived from lignocellulosic biomass as a sustainable feed resource for use in aquaculture. *Journal of the Science of Food and Agriculture* 97(3): 733–742.

Oyebode, O., N. B. Kandala, P. J. Chilton, and R. J. Lilford. 2016. Use of traditional medicine in middle-income countries: A WHO-SAGE study. *Health Policy and Planning* 31(8): 984–991.

Paranunzio, R., M. Chiarle, F. Laio, G. Nigrelli, et al. 2018. New insights in the relation between climate and slope failures at high-elevation sites. *Theoretical and Applied Climatology, https://doi.org/10.1007/s00704-018-2673-4.*

Peterson, M. J., D. M. Hall, A. M. Feldpausch-Parker, and T. R. Peterson. 2010. Obscuring ecosystem function with the application of the ecosystem services concept. *Conservation Biology* 24: 113–119.

Phelps, J., and E. L. Webb. 2015. "Invisible" wildlife trades: Southeast Asia's undocumented illegal trade in wild ornamental plants. *Biological Conservation* 186: 296–305.

Potschin-Young, M., B. Czucz, C. Liquete, J. Maes, et al. 2017. Intermediate ecosystem services: An empty concept? *Ecosystem Services* 27: 124–126.

Powell, K. I., J. M. Chase, and T. M. Knight. 2013. Invasive plants have scale-dependent effects on diversity by altering species-area relationships. *Science* 339: 316–318.

Prescott-Allen, C., and R. Prescott-Allen. 1986. *The First Resource: Wild Species in the North American Economy.* Yale University Press, New Haven, CT.

Reyers, B., R. Biggs, G. S. Cumming, T. Elmqvist, et al. 2013. Getting the measure of ecosystem services: a social-ecological approach. *Frontiers in Ecology and the Environment* 11: 268–273.

Robinson, J. G. 2011. Ethical pluralism, pragmatism, and sustainability in conservation practice. *Biological Conservation* 144: 958–965.

Rolston, H., III. 2012. *Environmental Ethics.* Temple University Press, Philadelphia, PA.

Rust, N. A. 2015. Media framing of financial mechanisms for resolving human–predator conflict in Namibia. *Human Dimensions of Wildlife* 20(5): 440–453.

Schebek, L., J. T. Mizgajski, R. Schaldach, and F. Wimmer. 2018. Land-use change and CO_2 emissions associated with oil palm expansion in Indonesia by 2020. *In* B. Otjacques, P. Hitzelberger, S. Naumann, and V. Wohlgemuth (eds.), *From Science to Society*, pp. 49–59. Springer, Cham.

Selier, S. A. J., B. R. Page, A. T. Vanak, and R. Slotow. 2014. Sustainability of elephant hunting across international borders in southern Africa: A case study of the greater Mapungubwe Transfrontier Conservation Area. *Journal of Wildlife Management* 78(1): 122–132.

Shutt, K., M. Heistermann, A. Kasim, A. Todd, et al. 2014. Effects of habituation, research and ecotourism on faecal glucocorticoid metabolites in wild western lowland gorillas: Implications for ecotourism. *Biological Conservation* 172: 72–79.

Smith, A. 1909. An inquiry into the nature and causes of the wealth of nations. *In* J. L. Bullock (ed.), *The Harvard Classics.* P. F. Collier and Sons, New York.

Smith, A. C., P. A. Harrison, M. P. Soba, F. Archaux, et al. 2017. How natural capital delivers ecosystem services: A typology derived from a systematic review. *Ecosystem Services* 26: 111–126.

Smith, I. A. 2016. *The Intrinsic Value of Endangered Species.* Routledge, Abingdon, United Kingdom.

Stenmark, M. 2017. *Environmental Ethics and Policy-Making.* Routledge, Abingdon, United Kingdom.

Swanson, F. J., C. Goodrich, and K. D. Moore. 2008. Bridging boundaries: Scientists, creative writers, and the long view of the forest. *Frontiers in Ecology and the Environment* 6: 499–504.

Taylor, P. J., I. Grass, A. J. Alberts, E. Joubert, et al. 2018. Economic value of bat predation services: A review and new estimates from macadamia orchards. *Ecosystem Services* 30: 372–381.

TEEB and P. Kubar. 2010. *The Economics of Ecosystems and Biodiversity Ecological and Economic Foundations.* Earthscan, London and Washington.

Thompson, R. A., A. J. Lymbery, and S. S. Godfrey. 2018. Parasites at risk–Insights from an endangered marsupial. *Trends in Parasitology* 34: 12–22.

Thoreau, H. D. 1854. *Walden; or, Life in the Woods.* Ticknor and Fields, Boston.

Tietenberg, T. H., and L. Lewis. 2016. *Environmental and Natural Resource Economics.* Routledge, Abingdon, United Kingdom.

Tietge, D. J. 2018. Experiencing nature through cable television. *In* K. Rutten, S. Blancke, and R. Soetaert (eds.), *Perspectives on Science and Culture*, pp. 3–18. Purdue University Press, West Lafayette, IN.

Traer, R. 2018. *Doing Environmental Ethics.* Routledge, Abingdon, United Kingdom.

Van Ooij, C. 2016. Combining traditional medicine and modern chemistry to fight malaria. *Annals of Translational Medicine* 4(24): 550.

Vanbergen, A. J., and the Insect Pollinator Initiative. 2013. Threats to an ecosystem service: Pressures on pollinators. *Frontiers in Ecology and the Environment.* 11: 251–259.

Wabnitz, C. C., A. M. Cisneros-Montemayor, Q. Hanich, and Y. Ota. 2018. Ecotourism, climate change and reef fish consumption in Palau: Benefits, trade-offs and adaptation strategies. *Marine Policy* 88: 323–332.

Wagg, C., M. J. O'Brien, A. Vogel, M. Scherer-Lorenzen, et al. 2017. Plant diversity maintains long-term ecosystem productivity under frequent drought by increasing short-term variation. *Ecology* 98(11): 2952–2961.

Wardle, C., R. Buckley, A. Shakeela, and J. G. Castley. 2018. Ecotourism's contributions to conservation: Analysing patterns in published studies. *Journal of*

Ecotourism, https://doi.org/10.1080/14724049.2018.1424173.

Waterman, C., L. Calcul, J. Beau, W. S. Ma, et al. 2016. Miniaturized cultivation of microbiota for antimalarial drug discovery. *Medicinal Research Reviews* 36(1): 144–168.

Western Hemisphere Shorebird Reserve Network. 2015. WHSRN: An international strategy for saving shorebirds and their habitats. Manomet Center for Conservation Sciences, Manomet, MA.

Witoszek, N., and M. L. Mueller. 2017. Deep ecology. *Worldviews: Global Religions, Culture, and Ecology* 21(3): 209–217.

Wood, S. A., and M. A. Bradford. 2018. Leveraging a new understanding of how belowground food webs stabilize soil organic matter to promote ecological intensification of agriculture. *In* B. K. Singh (ed.), *Soil Carbon Storage*, pp. 117–136. Academic Press, London.

World Travel & Tourism Council. 2018. *Travel & Tourism Economic Impact 2018, World.*

WWF. 2018. *Living Planet Report: 2018: Aiming Higher*, M. Grooten and R. E. A. Almond (eds). WWF, Switzerland.

Yi, B. L. 2016. Islamic clerics issue a fatwa against poachers in Indonesia and Malaysia. Public Radio International. *https://www.pri.org/stories/2016-01-07/islamic-clerics-issue-fatwa-against-poachers-indonesia-and-malaysia.*

Chapter 4

Adams, S., and E. K. M. Klobodu. 2017. Urbanization, democracy, bureaucratic quality, and environmental degradation. *Journal of Policy Modeling* 39(6): 1035–1051.

Aguirre-Acosta, N., E. Kowaljow, and R. Aguilar. 2014. Reproductive performance of the invasive tree *Ligustrum lucidum* in a subtropical dry forest: Does habitat fragmentation boost or limit invasion? *Biological Invasions* 16(7): 1397–1410.

Alroy, J. 2017. Effects of habitat disturbance on tropical forest biodiversity. *Proceedings of the National Academy of Sciences USA* 114: 6056–6061.

Alton, L. A., and C. E. Franklin. 2017. Drivers of amphibian declines: Effects of ultraviolet radiation and interactions with other environmental factors. *Climate Change Responses* 4(1): 6.

Alvarado, R., and E. Toledo. 2017. Environmental degradation and economic growth: Evidence for a developing country. *Environment, Development and Sustainability* 19(4): 1205–1218.

Austin, K. G., M. González-Roglich, D. Schaffer-Smith, A. M. Schwantes, et al. 2017. Trends in size of tropical deforestation events signal increasing dominance of industrial-scale drivers. *Environmental Research Letters* 12(5): 054009.

Bouwman, H., R. Bornman, C. Van Dyk, and I. Barnhoorn. 2015. First report of the concentrations and implications of DDT residues in chicken eggs from a malaria-controlled area. *Chemosphere* 137: 174–177.

Bradshaw, C. J. A., and B. W. Brook. 2014. Human population reduction is not a quick fix for environmental problems. *Proceedings of the National Academy of Sciences USA* 111: 16610–16615.

Campbell, M. 2018. Apple investing to protect mangrove forest in Colombia to offset carbon emissions. *Apple Insider. https://appleinsider.com/articles/18/09/13/apple-investing-to-protect-mangrove-forest-in-colombia-to-offset-carbon-emissions.*

Carbutt, C., W. D. Henwood, and L. A. Gilfedder. 2017. Global plight of native temperate grasslands: Going, going, gone? *Biodiversity and Conservation* 26(12): 2911–2932.

Clark, M., and D. Tillman. 2017. Comparative analysis of environmental impacts of agricultural production systems, agricultural input efficiency, and food choice. *Environmental Research Letters* 12(6): 064016.

Comeau, S., R. C. Carpenter, C. A. Lantz, and P. J. Edmunds. 2015. Ocean acidification accelerates dissolution of experimental coral reef communities. *Biogeosciences* 12(2): 365–372.

Coomes, O. T., and B. C. Miltner. 2017. Indigenous charcoal and biochar production: Potential for soil improvement under shifting cultivation systems. *Land Degradation & Development* 28(3): 811–821.

Corlett, R. T., and R. B. Primack. 2010. *Tropical Rain Forests: An Ecological and Biogeographical Comparison*, 2nd ed. Blackwell Publishing, Malden, MA.

Crist, E., C. Mora, and R. Engelman. 2017. The interaction of human population, food production, and biodiversity protection. *Science* 356(6335): 260–264.

Curtis, P. G., C. M. Slay, N. L. Harris, A. Tyukavina, et al. 2018. Classifying drivers of global forest loss. *Science* 361(6407): 1108–1111.

Daru, B. H., K. Yessoufou, L. T. Mankga, and T. J. Davies. 2013. A global trend towards the loss of evolutionarily unique species in mangrove ecosystems. *PLOS ONE* 8(6): e66686.

Davidson, N. C. 2014. How much wetland has the world lost? Long-term and recent trends in global wetland area. *Marine and Freshwater Research* 65(10): 934–941.

Díaz-Ortega, G., and E. A. Hernández-Delgado. 2014. Unsustainable land-based source pollution in a climate of change: A roadblock to the conservation and recovery of Elkhorn Coral *Acropora palmata* (Lamarck 1816). *Natural Resources* 5(10): 561.

Didham, R. K. 2017. Ecological consequences of habitat fragmentation. *eLS, https://doi.org/10.1002/9780470015902.a0021904.*

Dolmen, D., A. G. Finstad, and J. K. Skei. 2018. Amphibian recovery after a decrease in acidic precipitation. *Ambio* 47(3): 355–367.

Donofrio, S., P. Rothrock, and J. Leonard. 2017. Supply change: Tracking corporate commitments to deforestation-free supply chains, 2017. Forest Trends, Washington, DC.

Ehrlich, P. R., P. M. Kareiva, and G. C. Daily. 2012. Securing natural capital and expanding equity to rescale civilization. *Nature* 486(7401): 68–73.

Elliott, J. E., and K. H. Elliott. 2013. Tracking marine pollution. *Science* 340: 556–558.

Elrich, P. R., and J. P. Holdren. 1971. Impact of population growth. *Science* 171: 1212–1217.

EPA. 2016. National Rivers and Streams Assessment, *www.epa.gov/national-aquatic-resource-surveys/nrsa*

Fahrig, L. 2017. Ecological responses to habitat fragmentation per se. *Annual Review of Ecology, Evolution, and Systematics* 48: 1–23.

Fahrig, L., V. Arroyo-Rodríguez, J. R. Bennett, V. Boucher-Lalonde, et al. 2019. Is habitat fragmentation bad for biodiversity? *Biological Conservation* 230: 179–186.

Fan, J. L., Y. J. Zhang, and B. Wang. 2017. The impact of urbanization on residential energy consumption in China: An aggregated and disaggregated analysis. *Renewable and Sustainable Energy Reviews* 75: 220–233.

FAO. 2011. The state of the world's land and water resources for food and agriculture (SOLAW)—Managing systems at risk. Food and Agriculture Organization of the United Nations, Rome, and Earthscan, London.

Franco, S., V. R. Mandla, and K. R. M. Rao. 2017. Urbanization, energy consumption and emissions in the Indian context: A review. *Renewable and Sustainable Energy Reviews* 71: 898–907.

Geist, H. 2017. *The Causes and Progression of Desertification.* Routledge, Abingdon, United Kingdom.

Germanov, E. S., A. D. Marshall, L. Bejder, M. C. Fossi, et al. 2018. Microplastics: No small problem for filter-feeding megafauna. *Trends in Ecology & Evolution* 33(4): 227–232.

Global Footprint Network. 2018. National Footprint Accounts, *https://data.footprintnetwork.org.*

Guedes-Alonso, R., Z. Sosa-Ferrera, and J. J. Santana-Rodríguez. 2017. Determination of steroid hormones in fish tissues by microwave-assisted extraction coupled to ultra-high performance liquid chromatography tandem mass spectrometry. *Food Chemistry* 237: 1012–1020.

Guo, Q., B. Fu, P. Shi, T. Cudahy, et al. 2017. Satellite monitoring the spatial-temporal dynamics of desertification in response to climate change and human activities across the Ordos Plateau, China. *Remote Sensing* 9(6): 525.

Haddad, N. M., L. A. Brudvig, J. Clobert, K. F. Davies, et al. 2015. Habitat fragmentation and its lasting impact on Earth's ecosystems. *Science Advances* 1(2): e1500052.

Hansen, M. C., P. V. Potapov, R. Moore, M. Hancher, et al. 2013. High-resolution global maps of 21st-century forest cover change. *Science* 342(6160): 850–853.

Huang, J., C. C. Xu, B. G. Ridoutt, X. C. Wang, et al. 2017. Nitrogen and phosphorus losses and eutrophication potential associated with fertilizer application to cropland in China. *Journal of Cleaner Production* 159: 171–179.

Hughes, T. P., H. U. I. Huang, and M. A. Young. 2013. The wicked problem of China's disappearing coral reefs. *Conservation Biology* 27(2): 261–269.

Hughes, T. P., M. L. Barnes, D. R. Bellwood, J. E. Cinner, et al. 2017. Coral reefs in the Anthropocene. *Nature* 546(7656): 82.

Huhta, E., and J. Jokimäki. 2015. Landscape matrix fragmentation effect on virgin forest and managed forest birds: a multi-scale study. *In* J. A. Daniels (ed.), *Advances in Environmental Research, Volume 36,* pp. 95–111. Nova Science Publishers, Inc., Hauppauge, New York.

Jakes, A. F., P. F. Jones, L. C. Paige, R. G. Seidler, et al. 2018. A fence runs through it: A call for greater attention to the influence of fences on wildlife and ecosystems. *Biological Conservation* 227: 310–318.

Khaniabadi, Y. O., G. Goudarzi, S. M. Daryanoosh, A. Borgini, et al. 2017. Exposure to PM 10, NO2, and O3 and impacts on human health. *Environmental Science and Pollution Research* 24(3): 2781–2789.

Kim, K. H., E. Kabir, and S. A. Jahan. 2017. Exposure to pesticides and the associated human health effects. *Science of the Total Environment* 575: 525–535.

Köhler, H. R., and R. Triebskorn. 2013. Wildlife ecotoxicology of pesticides: Can we track effects to the population level and beyond? *Science* 341(6147): 759–765.

Krausmann, F., K.-H. Erb, S. Gingrich, H. Haberi, et al. 2013. Global human appropriation of net primary production doubled in the 20th century. *Proceedings of the National Academy of Sciences USA* 110(25): 10324–10329.

Krauze-Gryz, D., J. Gryz, and J. Goszczyński. 2012. Predation by domestic cats in rural areas of central Poland: An assessment based on two methods. *Journal of Zoology* 288(4): 260–266.

Kroll, G. 2015. An environmental history of roadkill: Road ecology and the making of the permeable highway. *Environmental History* 20(1): 4–28.

Landrigan, P. J., R. Fuller, N. J. Acosta, O. Adeyi, et al. 2018. The Lancet Commission on pollution and health. *Lancet* 391(10119): 462–512.

Lauria, V., G. Garofalo, F. Fiorentino, D. Massi, et al. 2017. Species distribution models of two critically endangered deep-sea octocorals reveal fishing impacts on vulnerable marine ecosystems in central Mediterranean Sea. *Scientific Reports* 7(1): 8049.

Lavauden, L. 1927. Les forêts du Sahara. *Revue des Eaux et Forêts* 7(65): 329–341.

Loyd, K. A. T., S. M. Hernandez, J. P. Carroll, K. J. Abernathy, et al. 2013. Quantifying free-roaming domestic cat predation using animal-borne video cameras. *Biological Conservation* 160: 183–189.

Mancini, M. S., A. Galli, L. Coscieme, V. Niccolucci, et al. 2018. Exploring ecosystem services assessment through Ecological Footprint accounting. *Ecosystem Services* 30: 228–235.

Máñez, K. S., G. Krause, I. Ring, and M. Glaser. 2014. The Gordian knot of mangrove conservation: Disentangling the role of scale, services and benefits. *Global Environmental Change* 28: 120–128.

Maxwell, S. L., R. A. Fuller, T. M. Brooks, and J. E. Watson. 2016. Biodiversity: The ravages of guns, nets and bulldozers. *Nature* 536(7615): 143–145.

McCarthy, S. 2017. Loss of Great Plains grasslands puts critical ecosystems at risk. *https://www.worldwildlife.org/press-releases/loss-of-great-plains-grasslands-puts-critical-ecosystems-at-risk*

McKinley, D. C., A. J. Miller-Rushing, H. L. Ballard, R. Bonney, et al. 2017. Citizen science can improve conservation science, natural resource management, and environmental protection. *Biological Conservation* 208: 15–28.

Ménesguen, A., and G. Lacroix. 2018. Modelling the marine eutrophication: A review. *Science of the Total Environment* 636: 339–354.

Miller-Rushing, A. J., A. S. Gallinat, and R. B. Primack. 2019. Creative citizen science illuminates complex ecological responses to climate change. *Proceedings of the National Academy of Sciences* 116: 720–722.

Mills, E.C., J. R. Poulsen, J. M. Fay, P. Morkel, et al. 2018. Forest elephant movement and habitat use in a tropical forest-grassland mosaic in Gabon. *PLOS ONE* 13(7): e0199387.

Mills Busa, J. H. 2013. Deforestation beyond borders: Addressing the disparity between production and consumption of global resources. *Conservation Letters* 6: 192–199.

Mitsch, W. J., and J. G. Gosselink. 2015. *Wetlands*. John Wiley and Sons, New York.

Moreno-Mateos, D., M. E. Power, F. A. Comín, and R. Yockteng. 2012. Structural and functional loss in restored wetland ecosystems. *PLOS Biology* 10(1): 45.

Mukul, S. A., and J. Herbohn. 2016. The impacts of shifting cultivation on secondary forests dynamics in tropics: A synthesis of the key findings and spatiotemporal distribution of research. *Environmental Science and Policy* 55: 167–177.

Nijssen, M. E., M. F. WallisDeVries, and H. Siepel. 2017. Pathways for the effects of increased nitrogen deposition on fauna. *Biological Conservation* 212: 423–431.

Numata, I., S. Silva, M. Cochrane, and M. D'Oliveira. 2017. Fire and edge effects in a fragmented tropical forest landscape in the southwestern Amazon. *Forest Ecology and Management* 401: 135–146.

Ostfeld, R. S., T. Levi, F. Keesing, K. Oggenfuss, et al. 2018. Tick-borne disease risk in a forest food web. *Ecology* 99(7): 1562–1573.

Peters, R., W. J. Ripple, C. Wolf, M. Moskwik, et al. 2018. Nature divided, scientists united: US–Mexico border wall threatens biodiversity and binational conservation. *BioScience* 68: 740–743.

Pfeifer, M., V. Lefebvre, C. A. Peres, C. Banks-Leite, et al. 2017. Creation of forest edges has a global impact on forest vertebrates. *Nature* 551: 187

Pikaar, I., S. Matassa, K. Rabaey, B. Laycock, et al. 2018. The urgent need to re-engineer nitrogen-efficient food production for the planet. *In* S. Hülsmann and R. Ardakanian (eds.), *Managing Water, Soil and Waste Resources to Achieve Sustainable Development Goals*, pp. 35–69. Springer, Cham.

Ravikumar, A., R. R. Sears, P. Cronkleton, M. Menton, et al. 2017. Is small-scale agriculture really the main driver of deforestation in the Peruvian Amazon? Moving beyond the prevailing narrative. *Conservation Letters* 10(2): 170–177.

Reynoso, J. A., and G. Williams-Linera. 2017. Herbivory damage on oak seedlings at the edge of cloud forest fragments. *Botanical Sciences* 80: 29–34.

Rockström, J., J. Williams, G. Daily, A. Noble, et al. 2017. Sustainable intensification of agriculture for human prosperity and global sustainability. *Ambio* 46(1): 4–17.

Rossetti, M. R., T. Tscharntke, R. Aguilar, and P. Batáry. 2017. Responses of insect herbivores and herbivory to habitat fragmentation: A hierarchical meta-analysis. *Ecology Letters* 20(2): 264–272.

Sayre, N. F., R. R. McAllister, B. T. Bestelmeyer, M. Moritz, et al. 2013. Earth stewardship of rangelands: Coping with ecological, economic, and political marginality. *Frontiers in Ecology and the Environment* 11: 348–354.

Schaider, L. A., R. A. Rudel, J. M. Ackerman, S. C. Dunagan, et al. 2014. Pharmaceuticals, perfluorosurfactants, and other organic wastewater compounds in public drinking water wells in a shallow sand and gravel aquifer. *Science of the Total Environment* 468: 384–393.

Sharma, S., and S. Chatterjee. 2017. Microplastic pollution, a threat to marine ecosystem and human health: A short review. *Environmental Science and Pollution Research* 24(27): 21530–21547.

Sinha, E., A. M. Michalak, and V. Balaji. 2017. Eutrophication will increase during the 21st century as a result of precipitation changes. *Science* 357(6349): 405–408.

Thomas, N., R. Lucas, P. Bunting, A. Hardy, et al. 2017. Distribution and drivers of global mangrove forest change, 1996–2010. *PLOS ONE* 12(6): e0179302.

Tilman, D., M. Clark, D. R. Williams, K. Kimmel, et al. 2017. Future threats to biodiversity and pathways to their prevention. *Nature* 546(7656): 73.

Turcotte, M. M., H. Araki, D. S. Karp, K. Poveda, et al. 2017. The eco-evolutionary impacts of domestication and agricultural practices on wild species. *Philosophical Transactions of the Royal Society B* 372(1712): 20160033.

Valdez, M. 2018. Washington state builds bridge to keep wildlife off highway. Associated Press. *https://www.apnews.com/36755628e4c44fdabb01cb9599fa5aef.*

Vieilledent, G., C. Grinand, F. A. Rakotomalala, R. Ranaivosoa, et al. 2018. Combining global tree cover loss data with historical national forest cover maps to look at six decades of deforestation and forest fragmentation in Madagascar. *Biological Conservation* 222: 189–197.

Vivanco, D. F., R. Kemp, and E. van der Voet. 2016. How to deal with the rebound effect? A policy-oriented approach. *Energy Policy* 94: 114–125.

Wackernagel, M., and W. Rees. 1996. *Our Ecological Footprint: Reducing Human Impact on the Earth (New Catalyst. Bioregional Series).* New Society Publishers, Gabriola Island, BC.

Wade, L. 2013. Gold's dark side. *Science* 341: 1448–1449.

Weinzettel, J., D. Vačkář, and H. Medková. 2018. Human footprint in biodiversity hotspots. *Frontiers in Ecology and the Environment* 16(8): 447–452.

With, K. A. 2015. How fast do migratory songbirds have to adapt to keep pace with rapidly changing landscapes? *Landscape Ecology* 30(7): 1351–1361.

World Wildlife Fund (WWF). 2018. Living Planet report–2018: Aiming higher. M. Grooten and R. E. A. Almond (Eds.). WWF, Gland, Switzerland.

Wright, C. K., and M. C. Wimberly. 2013. Recent land use change in the Western Corn Belt threatens grasslands and wetlands. *Proceedings of the National Academy of Sciences USA* 110(10): 4134–4139.

Yang, S. L., J. D. Milliman, K. H. Xu, B. Deng, et al. 2014. Downstream sedimentary and geomorphic impacts of the Three Gorges Dam on the Yangtze River. *Earth-Science Reviews* 138: 469–486.

Chapter 5

Abatzoglou, J. T., and A. P. Williams. 2016. Impact of anthropogenic climate change on wildfire across western US forests. *Proceedings of the National Academy of Sciences* 113: 11770–11775.

Bagla, P. 2010. Hardy cotton-munching pests are latest blow to GM crops. *Science* 327: 1439.

Bateman, I. J., A. R. Harwood, G. M. Mace, R. T. Watson, et al. 2013. Bringing ecosystem services into economic decision-making: land use in the United Kingdom. *Science* 341: 45–50.

BBC. December 2018. Japan whale hunting: Commercial whaling to restart in July. *https://www.bbc.com/news/world-asia-46682976.*

Beans, C. M., and D. A. Roach. 2015. An invasive plant alters pollinator-mediated phenotypic selection on a native congener. *American Journal of Botany* 102: 50–57.

Benedetti, F., F. Guilhaumon, F. Adloff, and S. D. Ayata. 2018. Investigating uncertainties in zooplankton composition shifts under climate change scenarios in the Mediterranean Sea. *Ecography* 41(2): 345–360.

Burgess, M. G., S. Polasky, and D. Tilman. 2013. Predicting overfishing and extinction threats in multispecies fisheries. *Proceedings of the National Academy of Sciences USA* 110: 15943–15948.

Bussière, E., L. G. Underhill, and R. Altwegg. 2015. Patterns of bird migration phenology in South Africa suggest Northern Hemisphere climate as the most consistent driver of change. *Global Change Biology* 21(6): 2179–2190.

Calmy, A., E. Goemaere, and G. Van Cutsem. 2015. HIV and Ebola virus: Two jumped species but not two of a kind. *AIDS* 29(13): 1593–1596.

Campos-Cerqueira, M., W. J. Arendt, J. M. Wunderle, Jr., and T. M. Aide. 2017. Have bird distributions shifted along an elevational gradient on a tropical mountain? *Ecology and Evolution* 7(23): 9914–9924.

Carey, M. P., B. L. Sanderson, K. A. Barnas, and J. D. Olden. 2012. Native invaders—Challenges for science, management, policy, and society. *Frontiers in Ecology and the Environment* 10(7): 373–381.

Cazzolla Gatti, R. 2016. Trends in human development and environmental protection. *International Journal of Environmental Studies* 73: 268–276.

Christian, C., D. Ainley, M. Bailey, P. Dayton, et al. 2013. A review of formal objections to Marine Stewardship Council fisheries certifications. *Biological Conservation* 161: 10–17.

Coll, M., and E. Wajnberg. 2017. Environmental pest management: A call to shift from a pest-centric to a system-centric approach. *In* M. Coll and E. Wajnberg (eds.), *Environmental Pest Management: Challenges for Agronomists, Ecologists, Economists and Policymakers,* pp. 1–18. Wiley and Sons, Hoboken, NJ.

Crowley, S. L., S. Hinchliffe, and R. A. McDonald. 2017. Conflict in invasive species management. *Frontiers in Ecology and the Environment* 15(3): 133–141.

Davies, T. E., S. M. Maxwell, K. Kaschner, C. Garilao, et al. 2017. Large marine protected areas represent biodiversity now and under climate change. *Scientific Reports* 7(1): 9569.

Davis, M. A. 2009. *Invasion Biology.* Oxford University Press, Oxford, UK.

De la Riva, I., and S. Reichle. 2014. Diversity and conservation of the amphibians of Bolivia. *Herpetological Monographs* 28(1): 46–65.

Drus, G. M., T. L. Dudley, M. L. Brooks, and J. R. Matchett. 2013. The effect of leaf beetle herbivory on the fire behaviour of tamarisk (*Tamarix ramosissima* Lebed.). *International Journal of Wildland Fire* 22(4): 446–458.

Eklund, L., and D. Thompson. 2017. Differences in resource management affects drought vulnerability across the borders between Iraq, Syria, and Turkey. *Ecology and Society* 22(4).

Epanchin-Niell, R. S. 2017. Economics of invasive species policy and management. *Biological Invasions* 19: 3333–3354.

Erisman, B., W. Heyman, S. Kobara, T. Ezer, et al. 2017. Fish spawning aggregations: Where well-placed management actions can yield big benefits for fisheries and conservation. *Fish and Fisheries* 18(1): 128–144.

Esquivel-Muelbert, A., T. R. Baker, K. G. Dexter, S. L., Lewis, et al. 2019. Compositional response of Amazon forests to climate change. *Global Change Biology* 25(1): 39–56.

Estrada, A., P. A. Garber, A. B. Rylands, C. Roos, et al. 2017. Impending extinction crisis of the world's primates: Why primates matter. *Science Advances* 3(1): e1600946.

Fernandes, J. A., E. Papathanasopoulou, C. Hattam, A. M. Queirós, et al. 2017. Estimating the ecological, economic and social impacts of ocean acidification and warming on UK fisheries. *Fish and Fisheries* 18(3): 389–411.

Galetti, M., and R. Dirzo. 2013. Ecological and evolutionary consequences of living in a defaunated world. *Biological Conservation* 163: 1–6.

Gallardo, B., M. Clavero, M. I. Sánchez, and M. Vilá. 2016. Global ecological impacts of invasive species in aquatic ecosystems. *Global Change Biology* 22(1): 151–163.

Gilmour, J. P., L. D. Smith, A. J. Heyward, A. H. Baird, et al. 2013. Recovery of an isolated coral reef system following severe disturbance. *Science* 340: 69–71.

Gutiérrez, J. L., and C. Bernstein. 2014. Ecosystem impacts of invasive species. BIOLIEF 2011 2nd World Conference on Biological Invasion and Ecosystem Functioning, Mar del Plata, Argentina, 21–24 November 2011. *Acta Oecologica* 54: 1–138.

Hannah, L., P. R. Roehrdanz, M. Ikegami, A. V. Shepard, et al. 2013. Climate change, wine, and conservation. *Proceedings of the National Academy of Sciences USA* 110: 6907–6912.

Henson, S. A., C. Beaulieu, T. Ilyina, J. G. John, et al. 2017. Rapid emergence of climate change in environmental drivers of marine ecosystems. *Nature Communications* 8: 14682.

Hobbs, R. J., E. S. Higgs, and C. M. Hall. 2013. *Novel Ecosystems: Intervening in the New Ecological World Order.* Wiley-Blackwell, Oxford, United Kingdom.

Hönisch, B., A. Ridgwell, D. N. Schmidt, E. Thomas, et al. 2012. The geological record of ocean acidification. *Science* 335: 1058–1063,

Hulme, P. E., G. Brundu, M. Carboni, K. Dehnen-Schmutz, et al. 2018. Integrating invasive species policies across ornamental horticulture supply chains to prevent plant invasions. *Journal of Applied Ecology* 55(1): 92–98.

Intergovernmental Panel on Climate Change (IPCC). 2018. Global warming of 1.5°C. An IPCC special report on the impacts of global warming of 1.5°C above pre-industrial levels and related global greenhouse gas emission pathways, in the context of strengthening the global response to the threat of climate change, sustainable development, and efforts to eradicate poverty. *https://www.ipcc.ch/sr15/.*

International Union for Conservation of Nature (IUCN). 2016. The IUCN Red List of Threatened Species. Version 2016–1. *www.iucnredlist.org.*

Janssen, J., and S. C. Chng. 2018. Biological parameters used in setting captive-breeding quotas for Indonesia's breeding facilities. *Conservation Biology* 32: 18–25.

Johannes, J., L. Roux, M. David, and R. U. John. 2017. Level of environmental threat posed by horticultural trade in Cactaceae. *Conservation Biology* 31(5): 1066–1075.

Joint Ocean Commission Initiative. 2017. Invasive species threaten the Great Lakes economy and ecosystem, *https://oceanactionagenda.org/story/invasive-species-threaten-great-lakes-economy-ecosystem/.*

Keeling, C. D., R. B. Bacastow, A. F. Carter, S. C. Piper, et al. 1989. A three-dimensional model of atmospheric CO2 transport based on observed winds: 1. Analysis of observational data. *In* D. H. Peterson (ed.), *Aspects of Climate Variability in the Pacific and the Western Americas*, pp. 165–236. Geophysical Monograph Series, Vol. 55, American Geophysical Union.

Keledjian, A., G. Brogan, B. Lowell, J. Warrenchuk, et al. 2014. Wasted catch: Unsolved problems in US fisheries. *Oceana, https://oceana.org/reports/wasted-catch-unsolved-problems-us-fisheries*

Klein, T., R. Cahanovitc, M. Sprintsin, N. Herr, et al. 2019. A nation-wide analysis of tree mortality under climate change: Forest loss and its causes in Israel 1948–2017. *Forest Ecology and Management* 432: 840–849.

Kopf, R. K., D. G. Nimmo, P. Humphries, L. J. Baumgartner, et al. 2017. Confronting the risks of large-scale invasive species control. *Nature Ecology and Evolution* 1: 0172.

Kuebbing, S. E., L. Souza, and N. J. Sanders. 2014. Effects of co-occurring non-native invasive plant species on old-field succession. *Forest Ecology and Management* 324: 196–204.

Lembo, V., D. Folini, M. Wild, and P. Lionello. 2018. Inter-hemispheric differences in energy budgets and cross-equatorial transport anomalies during the 20th century. *Climate Dynamics, https://doi.org/10.1007/s00382-018-4572-x.*

Love, S. A., N. J. Lederman, R. L. Anderson, J. A. DeBoer, et al. 2018. Does aquatic invasive species removal benefit native fish? The response of gizzard shad (*Dorosoma cepedianum*) to commercial harvest of bighead carp (*Hypophthalmichthys nobilis*) and silver carp (*H. molitrix*). *Hydrobiologia* 817: 403–412.

Magera, A. M., J. E. M. Flemming, K. Kaschner, L. B. Christensen, et al. 2013. Recovery trends in marine mammal populations. *PLOS ONE* 8(10): e77908.

Mainwaring, M. C., I. Barber, D. C. Deeming, D. A. Pike, et al. 2017. Climate change and nesting behaviour in vertebrates: A review of the ecological threats and potential for adaptive responses. *Biological Reviews* 92(4): 1991–2002.

Marbuah, G., I. M. Gren, and B. McKie. 2014. Economics of harmful invasive species: A review. *Diversity* 6: 500–523.

Meinhardt, K. A., and C. A. Gehring. 2013. Tamarix and soil ecology. *In* A. Sher and M. Quigley (eds.), *Tamarix: A Case Study of Ecological Change in the American West.* Oxford University Press, New York.

Merow, C., S. T. Bois, J. M. Allen, Y. Xie, et al. 2017. Climate change both facilitates and inhibits invasive plant ranges in New England. *Proceedings of the National Academy of Sciences* 114: E3276–E3284.

Molinos, J. G., B. S. Halpern, D. S. Schoeman, C. J. Brown, et al. 2016. Climate velocity and the future global redistribution of marine biodiversity. *Nature Climate Change* 6(1): 83.

Mollot, G., J. H. Pantel, and T. N. Romanuk. 2017. The effects of invasive species on the decline in species richness: A global meta-analysis. *In* D. A. Bohan and A. J. Dumbrell (eds.), *Advances in Ecological Research,* pp. 61–83. Academic Press, Cambridge, MA.

Morand, S. 2018. Biodiversity and disease transmission. *In* C. J. Hurst (ed.), *The Connections between Ecology and Infectious Disease,* pp. 39–56. Springer, Cham.

Munson, S. M., and A. A. Sher. 2015. Long-term shifts in the phenology of rare and endemic Rocky Mountain plants. *American Journal of Botany* 102(8): 1268–1276.

Murray, D. L., M. J. L. Peers, Y. N. Majchrzak, M. Wehtje, et al. 2017. Continental divide: Climate-mediated fragmentation of species distributions in the boreal forest. *PLOS ONE* 12(5): e0176706.

Nellemann, C., R. Henriksen, A. Kreilhuber, D. Stewart, et al. 2016. The rise of environmental crime: A growing threat to natural resources, peace, development and security. United Nations Environment Programme (UNEP).

Nelson, E. J., P. Kareiva, M. Ruckelshaus, K. Arkema, et. al. 2013. Climate change's impact on key ecosystem services and the human well-being they support in the US. *Frontiers in Ecology and the Environment* 11: 483–493.

NOAA. 2018. Personal communication from the National Marine Fisheries Service, Fisheries Statistics Division.

Nuñez, T. A., J. J. Lawler, B. H. Mcrae, D. J. Pierce, et al. 2013. Connectivity planning to address climate change. *Conservation Biology* 27: 407–416.

Palmer, J. M., K. P. Drees, J. T. Foster, and D. L. Lindner. 2018. Extreme sensitivity to ultraviolet light in the fungal pathogen causing white-nose syndrome of bats. *Nature Communications* 9(1): 35.

Pardee, G. L., D. W. Inouye, and R. E. Irwin. 2018. Direct and indirect effects of episodic frost on plant growth and reproduction in subalpine wildflowers. *Global Change Biology* 24(2): 848–857.

Pellegrini, A. F., A. Ahlström, S. E. Hobbie, P. B. Reich, et al. 2018. Fire frequency drives decadal changes in soil carbon and nitrogen and ecosystem productivity. *Nature* 553(7687): 194.

Perry, G., and D. Vice. 2009. Forecasting the risk of brown tree snake dispersal from Guam: A mixed transport-establishment model. *Conservation Biology* 23: 992–1000.

Quiroga, L. B., M. D. Moreno, A. A. Cataldo, J. H. Aragón-Traverso, et al. 2015. Diet composition of an invasive population of *Lithobates catesbeianus* (American Bullfrog) from Argentina. *Journal of Natural History* 49: 1703–1716.

Ramirez, K. S., L. B. Snoek, K. Koorem, S. Geisen, et al. 2019. Range-expansion effects on the belowground plant microbiome. *Nature Ecology & Evolution* 3(4): 604–611.

Reading, R. R., T. J. Weaver, J. R. Garcia, R. Elias Piperis, et al. (eds.). 2011. Lake Titicaca's Frog (*Telmatobius culeus*) Conservation Strategy Workshop. December 13–15, 2011. Bioscience School, Universidad Nacional del Altiplano, Puno, Peru. Conservation Breeding Specialist Group CBSG/(SSC/IUCN) Mesoamerica.

Reino, L., R. Figueira, P. Beja, M. B. Araújo, et al. 2017. Networks of global bird invasion altered by regional trade ban. *Science Advances* 3(11): e1700783.

Rignot, E., J. Mouginot, B. Scheuchl, M. van den Broeke, et al. 2019. Four decades of Antarctic Ice Sheet mass balance from 1979–2017. *Proceedings of the National Academy of Sciences USA* 116(4): 1095–1103.

Riskas, K. A., M. M. Fuentes, and M. Hamann. 2016. Justifying the need for collaborative management of fisheries bycatch: A lesson from marine turtles in Australia. *Biological Conservation* 196: 40–47.

Robinson, J. E., and P. Sinovas. 2018. Challenges of analyzing the global trade in CITES-listed wildlife. *Conservation Biology* 32: 1203–1206.

Russell, J. C., H. P. Jones, D. P. Armstrong, F. Courchamp, et al. 2016. Importance of lethal control of invasive predators for island conservation. *Conservation Biology* 30(3): 670–672.

Russell, J. C., J. G. Innes, P. H. Brown, and A. E. Byrom. 2015. Predator-free New Zealand: Conservation country. *BioScience* 65(5): 520–525

Russell, J. C., J. Y. Meyer, N. D. Holmes, and S. Pagad. 2017. Invasive alien species on islands: Impacts, distribution, interactions and management. *Environmental Conservation* 44: 359–370.

Sanford, E., B. Gaylord, A. Hettinger, E. A. Lenz, et al. 2014. Ocean acidification increases the vulnerability of native oysters to predation by invasive snails. *Proceedings of the Royal Society of London B* 281(1778): 20132681.

Schmeller, D. S., A. Loyau, K. Bao, W. Brack, et al. 2018. People, pollution and pathogens–Global change impacts in mountain freshwater ecosystems. *Science of the Total Environment* 622: 756–763.

Schuur, E. A. G., A. D. McGuire, C. Schädel, G. Grosse, et al. 2015. Climate change and the permafrost carbon feedback. *Nature* 520(7546): 71–179.

Seddon, A. W., M. Macias-Fauria, P. R. Long, D. Benz, et al. 2016. Sensitivity of global terrestrial ecosystems to climate variability. *Nature* 531: 229.

Shackelford, N., R. J. Hobbs, N. E. Heller, L. M. Hallett, et al. 2013. Finding a middle ground: The native/non-native debate. *Biological Conservation* 158: 55–62.

Siers, S. R., B. S. Dorr, A. B. Shiels, F. M. Chlarson, et al. 2018. Assessment of brown tree snake activity and bait take following large-scale snake suppression in Guam. USDA APHIS Wildlife Services National Wildlife Research Center Rep. QA-2438. Hilo, HI, 10 pp.

Spatz, D. R., K. M. Zilliacus, N. D. Holmes, S. H. Butchart, et al. 2017. Globally threatened vertebrates on islands with invasive species. *Science Advances* 3: e1603080.

Sunday, J. M., K. E. Fabricius, K. J. Kroeker, K. M. Anderson, et al. 2017. Ocean acidification can mediate biodiversity shifts by changing biogenic habitat. *Nature Climate Change* 7(1): 81.

Terraube, J., and V. Bretagnolle. 2018. Top-down limitation of mesopredators by avian top predators: A call for research on cascading effects at the community and ecosystem scale. *Ibis* 160(3): 693–702.

Tsatsakis, A. M., M. A. Nawaz, V. A. Tutelyan, K. S. Golokhvast, et al. 2017. Impact on environment, ecosystem, diversity and health from culturing and using GMOs as feed and food. *Food and Chemical Toxicology* 107: 108–121.

Turcotte, M. M., H. Araki, D. S. Karp, K. Poveda, et al. 2017. The eco-evolutionary impacts of domestication and agricultural practices on wild species. *Philosophical Transactions of the Royal Society B* 372: 20160033.

van Velden, J., K. Wilson, and D. Biggs. 2018. The evidence for the bushmeat crisis in African savannas: A systematic quantitative literature review. *Biological Conservation* 221: 345–356.

Vincent, A. C., Y. J. Sadovy de Mitcheson, S. L. Fowler, and S. Lieberman. 2014. The role of CITES in the conservation of marine fishes subject to international trade. *Fish and Fisheries* 15(4): 563–592.

Vitousek, P. M. 1994. Beyond global warming: Ecology and global change. *Ecology* 75: 1861–1876.

Vitousek, P. M., L. L. Loope, and R. Westbrooks. 2017. Biological invasions as global environmental change. *American Scientist* 84: 218–228.

Waltz, E. 2017. First genetically engineered salmon sold in Canada. *Nature News* 548(7666): 148.

WWF. 2018. Living Planet Report 2018: Aiming higher. M. Grooten and R. E. A. Almond (Eds)., WWF, Gland, Switzerland.

Xu, H., X. Pan, Y. Song, Y. Huang, et al. 2014. Intentionally introduced species: More easily invited than removed. *Biodiversity and Conservation* 23(10): 2637–2643.

Zylberberg, M., K. A. Lee, K. C. Klasing, and M. Wikelski. 2013. Variation with land use of immune function and prevalence of avian pox in Galapagos finches. *Conservation Biology* 27: 103–112.

Chapter 6

Abascal, F., A. Corvelo, F. Cruz, J. L. Villanueva-Cañas, et al. 2016. Extreme genomic erosion after recurrent demographic bottlenecks in the highly endangered Iberian lynx. *Genome Biology* 17(1): 251.

Allee, W. C. 1931. *Animal Aggregations: A Study in General Sociology*. University of Chicago Press, Chicago, IL.

Allendorf, F. W., and G. Luikart. 2007. *Conservation and the Genetics of Populations*. Blackwell Publishing, Oxford, United Kingdom.

Arima, E. Y., R. T. Walker, S. Perz, and C. Souza, Jr. 2016. Explaining the fragmentation in the Brazilian Amazonian forest. *Journal of Land Use Science* 11(3): 257–277.

Basset, Y., H. Barrios, S. Segar, R. B. Srygley, et al. 2015. The butterflies of Barro Colorado Island, Panama: Local extinction since the 1930s. *PLOS ONE* 10(8): e0136623.

Bonsall, M. B., C. A. Dooley, A. Kasparson, T. Brereton, et al. 2014. Allee effects and the spatial dynamics of a locally endangered butterfly, the high brown fritillary. *Ecological Applications* 24: 108–120.

Brooks, T. M., S. L. Pimm, V. Kapos, and C. Ravilious. 1999. Threat from deforestation to montane and lowland birds and mammals in insular Southeast Asia. *Journal of Animal Ecology* 68(6): 1061–1078.

Burkhead, N. M. 2012. Extinction rates in North American freshwater fishes, 1900–2010. *BioScience* 62(9): 798–808.

Butchart, S. H., S. Lowe, R. W. Martin, A. Symes, et al. 2018. Which bird species have gone extinct? A novel quantitative classification approach. *Biological Conservation* 227: 9–18.

Ceballos, G., P. R. Ehrlich, A. D. Barnosky, A. García, et al. 2015. Accelerated modern human–induced species losses: Entering the sixth mass extinction. *Science Advances* 1(5): e1400253.

Connor, E. F., and E. D. McCoy. 2001. Species–area relationships. *In* S. A. Levin (ed.), *Encyclopedia of Biodiversity* 5, pp. 397–412. Academic Press, San Diego, CA.

Darwin, C. 1859. *The Origin of Species; And, the Descent of Man*. Modern Library, New York.

Di Marco, M., B. Collen, C. Rondinini, and G. M. Mace. 2015. Historical drivers of extinction risk: Using past evidence to direct future monitoring. *Proceedings of the Royal Society B* 282(1813): 20150928.

Dullinger, S., F. Essl, W. Rabitsch, K. Erb, et al. 2013. Europe's other debt crisis caused by the long legacy of future extinctions. *Proceedings of the National Academy of Sciences USA* 110: 7342–7347.

Feng, S., Q. Fang, R. Barnett, C. Li, et al. 2019. The genomic footprints of the fall and recovery of the crested ibis. *Current Biology* 29(2): 340–349.

Fisher, D. O., and S. P. Blomberg. 2012. Inferring extinction of mammals from sighting records, threats, and biological traits. *Conservation Biology* 26: 57–67.

Forsman, A. 2014. Effects of genotypic and phenotypic variation on establishment are important for conservation, invasion, and infection biology. *Proceedings of the National Academy of Sciences USA* 111(1): 302–307.

Frankham, R. 2005. Genetics and extinction. *Biological Conservation* 126: 131–140.

Frankham, R. 2015. Genetic rescue of small inbred populations: Meta-analysis reveals large and consistent benefits of gene flow. *Molecular Ecology* 24(11): 2610–2618.

Frankham, R. 2016. Genetic rescue benefits persist to at least the F3 generation, based on a meta-analysis. *Biological Conservation* 195: 33–36.

Frankham, R., C. J. A. Bradshaw, and B. W. Brook. 2014. Genetics in conservation management: Revised recommendations for the 50/500 rules, Red List criteria, and population viability analyses. *Biological Conservation* 170: 56–63.

Frankham, R., J. D. Ballou, and D. A. Briscoe. 2009. *Introduction to Conservation Genetics*, 2nd ed. Cambridge University Press, Cambridge, United Kingdom.

Gibson-Reinemer, D. K., K. S. Sheldon, and F. J. Rahel. 2015. Climate change creates rapid species turnover in montane communities. *Ecology and Evolution* 5(12): 2340–2347.

Habel, J. C., and T. Schmitt. 2018. Vanishing of the common species: Empty habitats and the role of genetic diversity. *Biological Conservation* 218: 211–216.

Haddad, N. M., L. A. Brudvig, J. Colbert, K. F. Davies, et al. 2015. Habitat fragmentation and its lasting impact on Earth's ecosystems. *Science Advances* 1(2): e1500052.

Hasegawa, K. 2017. Displacement of native white-spotted charr *Salvelinus leucomaenis* by non-native brown trout *Salmo trutta* after resolution of habitat fragmentation by a migration barrier. *Journal of Fish Biology* 90(6): 2475–2479.

Hogg, C. J., A. V. Lee, C. Srb, and C. Hibbard. 2017. Metapopulation management of an endangered species with limited genetic diversity in the presence of disease: The Tasmanian devil *Sarcophilus harrisii*. *International Zoo Yearbook* 51(1): 137–153.

International Union for Conservation of Nature (IUCN). 2019. The IUCN Red List index. *https://www.iucnredlist.org/assessment/red-list-index*.

IPBES. 2019. IPBES Global Assessment Preview. *https://www.ipbes.net/news/ipbes-global-assessment-preview*.

Laikre, L., M. Jansson, F. W. Allendorf, S. Jakobsson, et al. 2013. Hunting effects on favourable conservation status of highly inbred Swedish wolves. *Conservation Biology* 27: 248–253.

Lucena-Perez, M., L. Soriano, J. V. López-Bao, E. Marmesat, et al. 2018. Reproductive biology and genealogy in the endangered Iberian lynx: Implications for conservation. *Mammalian Biology* 89: 7–13.

MacArthur, R. H., and E. O. Wilson. 1967. *The Theory of Island Biogeography*. Princeton University Press, Princeton, NJ.

Mace, G., H. Masundire, J. Baillie, T. Ricketts, et al. 2005. Biodiversity. In R. Hassan, R. Scholes, and N. Ash (eds.), Ecosystems and Human Well-Being: Current State and Trends: Findings of the Condition and Trends Working Group, pp. 77–122. Island Press, Washington, DC.

Maslo, B., K. Leu, T. Pover, M. A. Weston, et al. 2019. Optimizing conservation benefits for threatened beach fauna following severe natural disturbances. *Science of the Total Environment* 649: 661–671.

McCallum, M. L. 2015. Vertebrate biodiversity losses point to a sixth mass extinction. *Biodiversity and Conservation* 24(10): 2497–2519.

McCauley, D. J., M. L. Pinsky, S. R. Palumbi, J. A. Estes, et al. 2015. Marine defaunation: Animal loss in the global ocean. *Science* 347(6219): 1255641.

Menges, E. S. 1992. Stochastic modeling of extinction in plant populations. *In* P. L. Fiedler and S. K. Jain (eds.), *Conservation Biology: The Theory and Practice of Nature Conservation, Preservation and Management*, pp. 253–275. Chapman and Hall, New York.

Mikheyev, A. S., A. Zwick, M. J. Magrath, M. L. Grau, et al. 2017. Museum genomics confirms that the Lord Howe Island stick insect survived extinction. *Current Biology* 27(20): 3157–3161.

Miller-Rushing, A. J., and R. B. Primack. 2008. Global warming and flowering times in Thoreau's Concord: A community perspective. *Ecology* 89: 332–341.

Munilla, I., C. Diez, and A. Velando. 2007. Are edge bird populations doomed to extinction? A retrospective analysis of the common guillemot collapse in Iberia. *Biological Conservation* 137: 359–371.

Munson, L., K. A. Terio, R. Kock, T. Mlengeya, et al. 2008. Climate extremes promote fatal co-infections during canine distemper epidemics in African lions. *PLOS ONE* 3: e2545.

O'Connor, J. E., J. J. Duda, and G. E. Grant. 2015. 1000 dams down and counting. *Science* 348(6234): 496–497.

Palomares, F., J. A. Godoy, J. V. López-Bao, A. Rodriguez, et al. 2012. Possible extinction vortex for a population of Iberian lynx on the verge of extirpation. *Conservation Biology* 26: 689–697.

Pimm, S. L., and L. N. Joppa. 2015. How many plant species are there, where are they, and at what rate are they going extinct? *Annals of the Missouri Botanical Garden* 100(3): 170–177.

Pimm, S. L, C. N. Jenkins, R. Abell, T. M. Brooks, et al. 2014. The biodiversity of species and their rates of extinction, distribution, and protection. *Science* 344: 1246752.

Pimm, S. L., and C. N. Jenkins. 2005. Sustaining the variety of life. *Scientific American* 293(33): 66–73.

Polishchuk, L. V., K. Y. Popadin, M. A. Baranova, and A. S. Kondrashov. 2015. A genetic component of extinction risk in mammals. *Oikos* 124(8): 983–993.

Portman, Z. M., V. J. Tepedino, A. D. Tripodi, A. L. Szalanski, et al. 2018. Local extinction of a rare plant pollinator in southern Utah (USA) associated with invasion by Africanized honey bees. *Biological Invasions* 20(3): 593–606.

Primack, R. B., A. J. Miller-Rushing, and K. Dharaneeswaran. 2009. Changes in the flora of Thoreau's Concord. *Biological Conservation* 142: 500–508.

Purvis, A., J. L. Gittleman, G. Cowlishaw, and G. M. Mace. 2000. Predicting extinction risk in declining species. *Proceedings of the Royal Society of London B* 267(1456): 1947–1952.

Quan, N. H., T. Q. Toan, P. D. Dang, N. L. Phuong, et al. 2018. Conservation of the Mekong Delta wetlands through hydrological management. *Ecological Research* 33(1): 87–103.

Rejmánek, M. 2018. Vascular plant extinctions in California: A critical assessment. *Diversity and Distributions* 24(1): 129–136.

Ribeiro, J., G. R. Colli, J. P. Cladwell, and A. M. Soares. 2016. An integrated trait-based framework to predict extinction risk and guide conservation planning in biodiversity hotspots. *Biological Conservation* 195: 214–223.

Ripple, W. J., J. A. Estes, R. L. Beschta, C. C. Wilmers, et al. 2014. Status and ecological effects of the world's largest carnivores. *Science* 343(6167): 1241484.

Riverá Ortíz, F. A., R. Aguilar, M. D. C. Arizmendi, M. Quesada, et al. 2014. Habitat fragmentation and genetic variability of tetrapod populations. *Animal Conservation* 18(3): 249–258.

Schleuning, M., and D. Matthies. 2009. Habitat change and plant demography: Assessing the extinction risk of a formerly common grassland perennial. *Conservation Biology* 23: 174–183.

Schwitzer, C., R. A. Mittermeier, S. E. Johnson, G. Donati, et al. 2014. Averting lemur extinctions amid Madagascar's political crisis. *Science* 343: 842–843.

Semper-Pascual, A., L. Macchi, F. M. Sabatini, J. Decarre, et al. 2018. Mapping extinction debt highlights conservation opportunities for birds and mammals in the South American Chaco. *Journal of Applied Ecology* 55(3): 1218–1229.

Sharma, N., M. D. Madhusudan, and A. Sinha. 2014. Local and landscape correlates of primate distribution and persistence in the remnant lowland forests of the Upper Brahmaputra Valley, northeastern India. *Conservation Biology* 28: 95–106.

Tende, T., B. Hansson, U. Ottosson, M. Åkesson, et al. 2014. Individual identification and genetic variation of lions (*Panthera leo*) from two protected areas in Nigeria. *PLOS ONE* 9(1): e84288.

Tilman, D., R. M. May, C. L. Lehman, and M. A. Nowak. 1994. Habitat destruction and the extinction debt. *Nature* 371: 65–66.

Todesco, M., M. A. Pascual, G. L. Owens, K. L. Ostevik, et al. 2016. Hybridization and extinction. *Evolutionary Applications* 9(7): 892–908.

Urban, M. C. 2018. Escalator to extinction. *Proceedings of the National Academy of Sciences USA* 115(47): 11871–11873.

Vranckx, G., H. Kacquemyn, B. Muys, and O. Honnay. 2012. Meta-analysis of susceptibility of woody plants to loss of genetic diversity through habitat fragmentation. *Conservation Biology* 26: 228–237.

Waller, D. M. 2015. Genetic rescue: A safe or risky bet? *Molecular Ecology* 24(11): 2595–2597.

Weiser, E. L., C. E. Grueber, and I. G. Jamieson. 2013. Simulating retention of rare alleles in small populations to assess management options for species with different life histories. *Conservation Biology* 27(2): 335–344.

Willi, Y., M. van Kleunen, S. Dietrich, and M. Fischer. 2007. Genetic rescue persists beyond first-generation outbreeding in small populations of a rare plant. *Proceedings of the Royal Society B* 274: 2357–2364.

Wilson, E. O. 1989. Threats to biodiversity. *Scientific American* 261(3): 108–116.

Wood, J. R., J. A. Alcover, T. M. Blackburn, P. Bover, et al. 2017. Island extinctions: Processes, patterns, and potential for ecosystem restoration. *Environmental Conservation* 44(4): 348–358.

Woodward, A. 2019. Trump's $5 billion border wall plan could wreak environmental havoc, causing rivers to flood and animals to become "zombie species." *Business Insider, https://www.businessinsider.in/trumps-5-billion-border-wall-plan-could-wreak-environmental-havoc-causing-rivers-to-flood-and-animals-to-become-zombie-species/articleshow/67446908.cms*

Wright, S. 1931. Evolution in Mendelian populations. *Genetics* 16: 97–159.

World Wildlife Fund (WWF) International. 2018. Species list. *https://www.worldwildlife.org* and *https://www.panda.org.*

Yoder, A. D., J. W. Poelstra, G. P. Tiley, and R. C. Williams. 2018. Neutral theory is the foundation of conservation genetics. *Molecular Biology and Evolution* 35(6): 1322–1326.

Chapter 7

Amel, E., C. Manning, B. Scott, and S. Koger. 2017. Beyond the roots of human inaction: Fostering collective effort toward ecosystem conservation. *Science* 356(6335): 275–279.

Arizmendi-Mejía, R., C. Linares, J. Garrabou, A. Antunes, et al. 2015. Combining genetic and demographic data for the conservation of a Mediterranean marine habitat-forming species. *PLOS ONE* 10(3): e0119585.

Beissinger, S. R. 2015. Endangered species recovery criteria: Reconciling conflicting views. *BioScience* 65(2): 121–122.

BirdLife South Africa. 2017. Bird of the Year 2017: Threats to vultures. *www.birdlife.org.za/documents/bird-of-the-year/981-fact-sheet-3-threats-to-vultures-1*

Buchalski, M. R., A. Y. Navarro, W. M. Boyce, T. W. Vickers, et al. 2015. Genetic population structure of Peninsular bighorn sheep (*Ovis canadensis nelsoni*) indicates substantial gene flow across US–Mexico border. *Biological Conservation* 184: 218–228.

Creech, T. G., C. W. Epps, R. H. Monello, and J. D. Wehausen. 2014. Using network theory to prioritize management in a desert bighorn sheep metapopulation. *Landscape Ecology* 29(4): 605–619.

Cruickshank, S. S., A. Ozgul, S. Zumbach, and B. R. Schmidt. 2016. Quantifying population declines based on presence-only records for Red List assessments. *Conservation Biology* 30(5): 1112–1121.

Dieter, C. D., and D. J. Schaible. 2014. Distribution and population density of jackrabbits in South Dakota. *Great Plains Research* 24(2): 127–134.

Evans, D. M., J. P. Che-Castaldo, D. Crouse, F. W. Davis, et al. 2016. Species recovery in the United States: Increasing the effectiveness of the Endangered Species Act. *Issues in Ecology*, Report 20. Ecological Society of America.

Ferreira, C., G. Bastille-Rousseau, A. M. Bennett, E. H. Ellington, et al. 2016. The evolution of peer review as a basis for scientific publication: Directional selection towards a robust discipline? *Biological Reviews* 91(3): 597–610.

Flather, C. H., G. D. Hayward, S. R. Beissinger, and P. A. Stephens. 2011. Minimum viable populations: Is there a "magic number" for conservation practitioners? *Trends in Ecology and Evolution* 26: 307–316.

Forrester, T. D., M. Baker, R. Costello, R. Kays, et al. 2017. Creating advocates for mammal conservation through citizen science. *Biological Conservation* 208: 98–105.

Goetz, S. J., M. Sun, S. Zolkos, A. Hansen, et al. 2014. The relative importance of climate and vegetation properties on patterns of North American breeding bird species richness. *Environmental Research Letters* 9(3): 034013.

Gray, C. L., S. L. Hill, T. Newbold, L. N. Hudson, et al. 2016. Local biodiversity is higher inside than outside terrestrial protected areas worldwide. *Nature Communications* 7: 12306.

Haase, P., J. D. Tonkin, S. Stoll, B. Burkhard, et al. 2018. The next generation of site-based long-term ecological monitoring: Linking essential biodiversity variables and ecosystem integrity. *Science of the Total Environment* 613: 1376–1384.

Hedges, S., A. Johnson, M. Ahlering, M. Tyson, et al. 2013. Accuracy, precision, and cost-effectiveness of conventional dung density and fecal DNA based survey methods to estimate Asian elephant (*Elephas maximus*) population size and structure. *Biological Conservation* 159: 101–108.

Henson, P., R. White, and S. P. Thompson. 2018. Improving implementation of the Endangered Species Act: Finding common ground through common sense. *BioScience* 68(11): 861–872.

Himes Boor, G. K. 2014. A framework for developing objective and measurable recovery criteria for threatened and endangered species. *Conservation Biology* 28: 33–43.

Homan, R. N., M. A. Holgerson, and L. M. Biga. 2018. A long-term demographic study of a spotted salamander (*Ambystoma maculatum*) population in central Ohio. *Herpetologica* 74(2): 109–116.

Hunter, R. N., G. Meigs-Friend, J. A. Ferrante, A. T. Kalma, et al. 2018. Surveys of environmental DNA (eDNA): A new approach to estimate occurrence in vulnerable manatee populations. *Endangered Species Research* 35: 101–111.

Ibanez, T., E. Blanchard, V. Hequet, G. Keppel, et al. 2017. High endemism and stem density distinguish New Caledonian from other high-diversity rainforests in the Southwest Pacific. *Annals of Botany* 121(1): 25–35.

Jewell, A. 2013. Effect of monitoring technique on quality of conservation science. *Conservation Biology* 27: 501–508.

King, T., C. Chamberlan, and A. Courage. 2014. Assessing reintroduction success in long-lived primates through population viability analysis: Western lowland gorillas *Gorilla gorilla gorilla* in Central Africa. *Oryx* 48(02): 294–303.

Kuussaari, M., R. Bommarco, R. K. Heikkinen, A. Helm, et al. 2009. Extinction debt: A challenge for biodiversity conservation. *Trends in Ecology and Evolution* 24(10): 564–571.

Ma, B., S. Lei, Q. Qing, and Y. Wen. 2018. Should the endangered status of the giant panda really be reduced? The case of giant panda conservation in Sichuan, China. *Animals* 8(5): 69.

Manlik, O., D. Chabanne, C. Daniel, L. Bejder, et al. 2018. Demography and genetics suggest reversal of dolphin source-sink dynamics, with implications for conservation. *Marine Mammal Science, https://doi.org/10.1111/mms.12555.*

Manlik, O., J. A. McDonald, J. Mann, H. C. Raudino, et al. 2016. The relative importance of reproduction and survival for the conservation of two dolphin populations. *Ecology and Evolution* 6(11): 3496–3512.

McCaffery, R., C. L. Richards-Zawacki, and K. R. Lips. 2015. The demography of *Atelopus* decline: Harlequin frog survival and abundance in central Panama prior to and during a disease outbreak. *Global Ecology and Conservation* 4: 232–242.

Meissen, J. C., S. M. Galatowitsch, and M. W. Cornett. 2017. Assessing long-term risks of prairie seed harvest: What is the role of life-history? *Botany* 95(11): 1081–1092.

Meyer, C., W. Jetz, R. P. Guralnick, S. A. Fritz, et al. 2016. Range geometry and socio-economics dominate species-level biases in occurrence information. *Global Ecology and Biogeography* 25(10): 1181–1193.

Miller, J. K., J. M. Scott, C. R. Miller, and L. P Waits. 2002. The Endangered Species Act: Dollars and sense? *BioScience* 52: 163–168.

Milligan, B. G., F. I. Archer, A. L. Ferchaud, B. K. Hand, et al. 2018. Disentangling genetic structure for genetic monitoring of complex populations. *Evolutionary Applications* 11(7): 1149–1161.

Nantel, P. L., J. Jones, and C. Drake. 2018. Viability of multiple populations across the range of a species at risk: The case of Pitcher's thistle, *Cirsium pitcheri*, in Canada. *Global Ecology and Conservation* 16: e00445.

Ore, J., S. Elbaum, A. Burgin, and C. Detweiler. 2015. Autonomous aerial water sampling. *In* L. Mejias, P. Corke, and J. Roberts (eds.) *Field and Service Robotics*, pp 137–151. Springer, Switzerland.

Pe'er, G., M. A. Tsianou, K. W. Franz, Y. G. Matsinos, et al. 2014. Toward better application of minimum area requirements in conservation planning. *Biological Conservation* 170: 92–102.

Phipps, W. L., M. Diekmann, L. M. MacTavish, J. M. Mendelsohn, et al. 2017. Due South: A first assessment of the potential impacts of climate change on Cape vulture occurrence. *Biological Conservation* 210: 16–25.

Pretorius, Y., M. E. Garaï, and L. A. Bates. 2018. The status of African elephant *Loxodonta Africana* populations in South Africa. *Oryx, https://doi.org/10.1017/S0030605317001454.*

Reading, R. P., J. Bradley, P. Hancock, R. Garbett, et al. 2019. Home-range size and movement patterns of Hooded Vultures *Necrosyrtes monachus* in southern Africa. *Ostrich* 90(1): 73–77.

Ríos-Saldaña, C. A., M. Delibes-Mateos, and C. C. Ferreira. 2018. Are fieldwork studies being relegated to second place in conservation science? *Global Ecology and Conservation* 14: e00389.

Sæther, B. E., and S. Engen. 2015. The concept of fitness in fluctuating environments. *Trends in Ecology and Evolution* 30(5): 273–281.

Shaffer, M. L. 1981. Minimum population sizes for species conservation. *BioScience* 31: 131–134.

Stork, N. E., D. S. Srivastava, P. Eggleton, M. Hodda, et al. 2017. Consistency of effects of tropical-forest disturbance on species composition and richness relative to use of indicator taxa. *Conservation Biology* 31(4): 924–933.

Sweka, J. A., and T. C. Wainwright. 2014. Use of population viability analysis models for Atlantic and Pacific salmon recovery planning. *Reviews in Fish Biology and Fisheries* 24(3): 901–917.

Swengel, A. B., and S. R. Swengel. 2018. Long-term population monitoring of the Karner blue (*Lepidoptera: Lycaenidae*) in Wisconsin, 1990–2004. *Great Lakes Entomologist* 38(3–4): 11.

Taylor, M. F. J., K. F. Suckling, and J. J. Rachlinski. 2005. The effectiveness of the Endangered Species Act: A quantitative analysis. *BioScience* 55: 360–366.

Terwissen, C., G. Mastromonaco, and D. Murray. 2013. Influence of adrenocorticotrophin hormone challenge and external factors (age, sex, and body region) on hair cortisol concentration in Canada lynx (*Lynx canadensis*). *General and Comparative Endocrinology* 194: 162–167.

Thiollay, J. M. 1989. Area requirements for the conservation of rainforest raptors and game birds in French Guiana. *Conservation Biology* 3: 128–137.

U. S. Fish and Wildlife Service (USFWS). 2013. Federal and state endangered and threatened species expenditures fiscal year 2013, *www.fws.gov/endangered/esa-library/pdf/2012.EXP.FINAL.pdf.*

World Wildlife Fund (WWF) Global. *wwf.panda.org.*

World Wildlife Fund (WWF) International. www.worldwildlife.org and *www.panda.org.*

Zepelini, C., V. J. Giglio, R. C. Carvalho, M. G. Bender, et al. 2017. Assessing fishing experts' knowledge to improve conservation strategies for an endangered grouper in the southwestern Atlantic. *Journal of Ethnobiology* 37(3): 478–493.

Chapter 8

Alroy, J. 2015. Limits to captive breeding of mammals in zoos. *Conservation Biology* 29(3): 926–931.

Baker, C. M., M. Bode, and M. A. McCarthy. 2016. Models that predict ecosystem impacts of reintroductions should consider uncertainty and distinguish between direct and indirect effects. *Biological Conservation* 196: 211–212.

Bencatel, J., C. C. Ferreira, A. M. Barbosa, L. M. Rosalino, et al. 2018. Research trends and geographical distribution of mammalian carnivores in Portugal (SW Europe). *PLOS ONE* 13(11): e0207866.

Bennett, J. R., R. F. Maloney, T. E. Steeves, J. Brazill-Boast, et al. 2017. Spending limited resources on de-extinction could lead to net biodiversity loss. *Nature Ecology & Evolution* 1(4): 0053.

Berger-Tal, O., D. T. Blumstein, S. Carroll, R. N. Fischer, et al. 2016. A systematic survey of the integration of behavior into wildlife conservation and management. *Conservation Biology* 30(4): 744–753.

Boast, L. K., E. V. Chelysheva, V. van der Merwe, A. Schmidt-Küntzel, et al. 2018. Cheetah translocation and reintroduction programs: Past, present, and future. *Cheetahs: Biology and Conservation*, pp. 275–289. Academic Press, London.

Bocci, A., S. Menapace, S. Alemanno, and S. Lovari. 2016. Conservation introduction of the threatened Apennine chamois *Rupicapra pyrenaica ornata*: post-release dispersal differs between wild-caught and captive founders. *Oryx* 50(1): 128–133.

Botanic Gardens Conservation International (BGCI). 2005. *www.bgci.org*

Canessa, S., S. J. Converse, M. West, N. Clemann, et al. 2016. Planning for ex situ conservation in the face of uncertainty. *Conservation Biology* 30(3): 599–609.

Carter, I., J. Foster, and L. Lock. 2017. The role of animal translocations in conserving British wildlife: An overview of recent work and prospects for the future. *EcoHealth* 14: 7–15.

Che-Castaldo, J. P., S. A. Grow, and L. J. Faust. 2018. Evaluating the contribution of North American zoos and aquariums to endangered species recovery. *Scientific Reports* 8(1): 9789.

Díaz, M., J. D. Anadón, J. L. Tella, A. Giménez, et al. 2018. Independent contributions of threat and popularity to conservation translocations. *Biodiversity and Conservation* 27(6): 1419–1429.

Dolný, A., H. Šigutová, S. Ožana, and L. Choleva. 2018. How difficult is it to reintroduce a dragonfly? Fifteen years monitoring *Leucorrhinia dubia* at the receiving site. *Biological Conservation* 218: 110–117.

Feldberg, S. 2019. Scientists are getting creative to save this muppet-faced, flightless parrot. *National Geographic, https://www.nationalgeographic.com/animals/2019/03/endangered-kapako-breeding-technology/.*

Fisher, M. 2016. Fall, resurrection and uncertainty: An Arabian tale. *Oryx* 50(1): 1–2.

Food and Agriculture Organization of the United Nations. 2016. *The State of World Fisheries and Aquaculture.* Rome.

Harding, G., R. A. Griffiths, and L. Pavajeau. 2016. Developments in amphibian captive breeding and reintroduction programs. *Conservation Biology* 30(2): 340–349.

Harrington, L. A., A. Moehrenschlager, M. Gelling, R. P. D. Atkinson, et al. 2013. Conflicting and complementary ethics to animal welfare considerations in reintroductions. *Conservation Biology* 27: 486–500.

He, X., M. L. Johansson, and D. D. Heath. 2016. Role of genomics and transcriptomics in selection of reintroduction source populations. *Conservation Biology* 30(5): 1010–1018.

Hendricks, S. A., P. R. S. Clee, R. J. Harrigan, J. P. Pollinger, et al. 2016. Re-defining historical geographic range in species with sparse records: Implications for the Mexican wolf reintroduction program. *Biological Conservation* 194: 48–57.

IUCN/SSC. 2013. *Guidelines for Reintroductions and Other Conservation Translocations.* Version 1.0. IUCN/SSC, Gland, Switzerland.

Josephson, A. 2018. The economics of zoos. *https://smartasset.com/taxes/the-economics-of-zoos.*

Kolby, J. E., K. M. Smith, S. D. Ramirez, F. Rabemananjara, et al. 2015. Rapid response to evaluate the presence of amphibian chytrid fungus (*Batrachochytrium dendrobatidis*) and ranavirus in wild amphibian populations in Madagascar. *PLOS ONE* 10(6): e0125330.

Liu, H., H. Ren, Q. Liu, X. Wen, et al. 2015. Translocation of threatened plants as a conservation measure in China. *Conservation Biology* 29(6): 1537–1551.

Lunt, I. D., M. Byrne, J. J. Hellmann, N. J. Mitchell, et al. 2013. Using assisted colonisation to conserve biodiversity and restore ecosystem function under climate change. *Biological Conservation* 157: 172–177.

Malone, E. W., J. S. Perkin, B. M. Leckie, M. A. Kulp, et al. 2018. Which species, how many, and from where: Integrating habitat suitability, population genomics, and abundance estimates into species reintroduction planning. *Global Change Biology* 24(8): 3729–3748.

McCleery, R., J. A. Hostetler, and M. K. Oli. 2014. Better off in the wild? Evaluating a captive breeding and release program for the recovery of an endangered rodent. *Biological Conservation* 169: 198–205.

Minuzzi-Souza, T. T. C., N. Nitz, M. B. Knox, F. Reis, et al. 2016. Vector-borne transmission of *Trypanosoma cruzi* among captive Neotropical primates in a Brazilian zoo. *Parasites and Vectors* 9(1): 1.

Moro, D., M. W. Hayward, P. J. Seddon, and D. P. Armstrong. 2015. Reintroduction biology of Australian and New Zealand fauna: Progress, emerging themes and future directions. *In* D. P. Armstrong, M. W. Hayward, D. Moro, and P. J. Seddon (eds.), *Advances in Reintroduction Biology of Australian and New Zealand Fauna*, p. 178. CSIRO Publishing, Clayton, Australia.

Moss, A., E. Jensen, and M. Gusset. 2017. Probing the link between biodiversity-related knowledge and self-reported pro-conservation behaviour in a global survey of zoo visitors. *Conservation Letters* 10(1): 33–40.

Mounce, R., P. Smith, and S. Brockington. 2017. Ex situ conservation of plant diversity in the world's botanic gardens. *Nature Plants* 3(10): 795.

Odum, R. A. 1995. Zoos: The Ark and a whole lot more. *Zoo Biology* 14(1): 45–47.

Olivieri, I., J. Tonnabel, O. Ronce, and A. Mignot. 2016. Why evolution matters for species conservation: Perspectives from three case studies of plant metapopulations. *Evolutionary Applications* 9(1): 196–211.

Ottewell, K., J. Dunlop, N. Thomas, K. Morris, et al. 2014. Evaluating the success of translocations in maintaining genetic diversity in a threatened mammal. *Biological Conservation* 171: 209–219.

Page, T., and C. Hancock. 2016. Zebra cousin became extinct 100 years ago. Now, it's back. *CNN. https://www.cnn.com/2016/01/25/africa/quagga-project-zebra-conservation-extinct-south-africa/index.html*

Parlato, E. H., and D. P. Armstrong. 2013. Predicting post-release establishment using data from multiple reintroductions. *Biological Conservation* 160: 97–104.

Reiter, N., J. Whitfield, G. Pollard, W. Bedggood, et al. 2016. Orchid re-introductions: An evaluation of success and ecological considerations using key comparative studies from Australia. *Plant Ecology* 1–15.

Rood, S. B., S. Kaluthota, K. M. Gill, E. J. Hillman, et al. 2016. A twofold strategy for riparian restoration: Combining a functional flow regime and direct seeding to re-establish cottonwoods. *River Research and Applications*. 32(5): 836–844.

Samojlik, T., N. Selva, P. Daszkiewicz, A. Fedotova, et al. 2018. Lessons from Białowieża Forest on the history of protection and the world's first reintroduction of a large carnivore. *Conservation Biology* 32(4): 808–816.

Sarmento, P., C. Carrapato, C. Eira, and J. P. Silva. 2019. Spatial organization and social relations in a reintroduced population of endangered Iberian lynx *Lynx pardinus*. *Oryx* 53(2): 344–355.

Schmitz, P., S. Caspers, P. Warren, and K. Witte. 2015. First steps into the wild: Exploration behavior of European bison after the first reintroduction in western Europe. *PLOS ONE* 10(11): e0143046.

Seddon, P. J. 2017. The ecology of de-extinction. *Functional Ecology* 31(5): 992–995.

Seddon, P. J., C. J. Griffiths, P. S. Soorae, and D. P. Armstrong. 2014a. Reversing defaunation: Restoring species in a changing world. *Science* 345(6195): 406–412.

Seddon, P. J., A. Moehrenschlager, and J. Ewen. 2014b. Reintroducing resurrected species: Selecting de-extinction candidates. *Trends in Ecology & Evolution* 29(3): 140–147.

Shapiro, B. 2017. Pathways to de-extinction: How close can we get to resurrection of an extinct species? *Functional Ecology* 31(5): 996–1002.

Soorae, P. S. (ed.). 2016. *Global Reintroduction Perspectives: 2016: Case Studies from Around the Globe.* IUCN/SSC Re-introduction Specialist Group & Environment Agency, Abu Dhabi, UAE

Species360 Zoological Information Management System (ZIMS). 2019. *zims.Species360.org.*

Stringer, A. P., and M. J. Gaywood. 2016. The impacts of beavers *Castor* spp. on biodiversity and the ecological basis for their reintroduction to Scotland, UK. *Mammal Review* 46(4): 270–283.

Traylor-Holzer, K., K. Leus, and K. Bauman. 2018. *Global Integrated Collection Assessment and Planning Workshop for Canids and Hyaenids: Final report.* IUCN SSC Conservation Planning Specialist Group, Apple Valley, MN.

Traylor-Holzer, K., K. Leus, and K. Bauman. 2019. Integrated Collection Assessment and Planning (ICAP) workshop: Helping zoos move toward the One Plan Approach. *Zoo Biology* 38(1): 95–105.

West, R. S., D. T. Blumstein, M. Letnic, and K. E. Moseby. 2019. Searching for an effective pre-release screening tool for translocations: Can trap temperament predict behaviour and survival in the wild? *Biodiversity and Conservation* 28(1): 229–243.

Wilson, H. B., E. Meijaard, O. Venter, M. Ancrenaz, et al. 2014. Conservation strategies for orangutans: Reintroduction versus habitat preservation and the benefits of sustainably logged forest. *PLOS ONE* 9(7): e102174.

Yochim, M. J., and W. R. Lowry. 2016. Creating conditions for policy change in national parks: Contrasting cases in Yellowstone and Yosemite. *Environmental Management* 57(5): 1041–1053.

Zhang, H., N. Mittal, L. J. Leamy, O. Barazani, et al. 2017. Back into the wild—Apply untapped genetic diversity of wild relatives for crop improvement. *Evolutionary Applications* 10(1): 5–24.

Zhou, Z. K., Y. Jiang., Z. Wang, Z. H. Gou, et al. 2015. Resequencing 302 wild and cultivated accessions identifies genes related to domestication and improvement in soybean. *Nature Biotechnology* 33: 408–414.

Chapter 9

Abesamis, R. A., and G. R. Russ. 2005. Density-dependent spillover from a marine reserve: Long-term evidence. *Ecological Applications* 15: 1798–1812.

Andrello, M., M. N. Jacobi, S. Manel, W. Thuiller, et al. 2015. Extending networks of protected areas to optimize connectivity and population growth rate. *Ecography* 38(3): 273–282.

Baiamonte, G., G. Domina, F. M. Raimondo, and G. Bazan. 2015. Agricultural landscapes and biodiversity conservation: A case study in Sicily (Italy). *Biodiversity and Conservation* 24(13): 3201–3216.

Baker, K. J. M., and T. Warren. 2019. WWF says indigenous people want this park. An internal report s some fear forest ranger "repression." Buzzfeed News. *https://www.buzzfeednews.com/article/katiejmbaker/wwf-eu-messok-dja-fears-repression-ecoguards*

Ban, N. C., T. E. Davies, S. E. Aguilera, C. Brooks, et al. 2017. Social and ecological effectiveness of large marine protected areas. *Global Environmental Change* 43: 82–91.

Bragina, E. V., V. C. Radeloff, M. Baumann, K. Wendland, et al. 2015. Effectiveness of protected areas in the Western Caucasus before and after the transition to post-socialism. *Biological Conservation* 184: 456–464.

Brockington, D., and D. Wilkie. 2015. Protected areas and poverty. *Philosophical Transactions of the Royal Society B* 370(1681): 20140271.

Burgess, S. C., K. J. Nickols, C. D. Griesmer, L. A. K. Barnett, et al. 2014. Beyond connectivity: How empirical methods can quantify population persistence to improve marine protected-area design. *Ecological Applications* 24: 257–270.

Butchart, S. H. M., M. Clarke, R. J. Smith, R. E. Sykes, et al. 2015. Shortfalls and solutions for meeting national and global conservation targets. *Conservation Letters* 8(5): 329–337.

Carrizo, S. F., S. Lengyel, F. Kapusi, M. Szabolcs, et al. 2017. Critical catchments for freshwater biodiversity conservation in Europe: Identification, prioritisation and gap analysis. *Journal of Applied Ecology* 54(4): 1209–1218.

Corlett, R. T. 2013. Singapore: Half full or half empty? *In* N. S. Sodhi, L. Gibson, and P. H. Raven (eds.), *Conservation Biology: Voices from the Tropics*, pp. 142–147. Wiley-Blackwell, Oxford, United Kingdom.

Djossa, C. 2018. These are the world's first national parks. *National Geographic. https://www.nationalgeographic.com/travel/national-parks/worlds-first-protected-lands-conservation-yellowstone/.*

Elliott, T. L., and T. J. Davies. 2019. Phylogenetic attributes, conservation status and geographical origin of species gained and lost over 50 years in a UNESCO Biosphere Reserve. *Biodiversity and Conservation*, 28(3): 711–728.

Fawzi, N. I., V. N. Husna, and J. A. Helms. 2018. Measuring deforestation using remote sensing and its implication for conservation in Gunung Palung National Park, West Kalimantan, Indonesia. *IOP Conference Series: Earth and Environmental Science* 149: 012038.

Fox, H. E., M. B. Mascia, X. Basurto, A. Costa, et al. 2012. Reexamining the science of marine protected areas: Linking knowledge to action. *Conservation Letters* 5: 1–10.

Geldmann, J., M. Barnes, L. Coad, I. D. Craigie, et al. 2013. Effectiveness of terrestrial protected area in reducing habitat loss and population declines. *Biological Conservation* 161: 230–238.

Geldmann, J., L. Coad, M. D. Barnes, I. D. Craigie, et al. 2018. A global analysis of management capacity and ecological outcomes in terrestrial protected areas. *Conservation Letters* 11(3): e12434.

Gilbert-Norton, L., R. Wilson, J. R. Stevens, and K. H. Beard. 2010. A meta-analytic review of corridor effectiveness. *Conservation Biology* 24: 660–668.

Gray, C. L., S. L. Hill, T. Newbold, L. N. Hudson, et al. 2016. Local biodiversity is higher inside than outside terrestrial protected areas worldwide. *Nature Communications* 7: 12306.

Grecchi, R. C., R. Beuchle, Y. E. Shimabukuro, L. E. Aragão, et al. 2017. An integrated remote sensing and GIS approach for monitoring areas affected by selective logging: A case study in northern Mato Grosso, Brazilian Amazon. *International Journal of Applied Earth Observation and Geoinformation* 61: 70–80.

Haddad, N. M., L. A. Brudvig, J. Colbert, K. F. Davies, et al. 2015. Habitat fragmentation and its lasting impact on Earth's ecosystems. *Science Advances* 1(2): e1500052.

Hobbs, R. J., D. N. Cole, L. Yung, E. S. Zavaleta, et al. 2010. Guiding concepts for park and wilderness stewardship in an era of global environmental change. *Frontiers in Ecology and the Environment* 8: 483–490.

Hunter, M. O., M. Keller, D. Morton, B. Cook, et al. 2015. Structural dynamics of tropical moist forest gaps. *PLOS ONE* 10(7): e0132144.

Iannella, M., F. Cerasoli, P. D'Alessandro, G. Console, et al. 2018. Coupling GIS spatial analysis and Ensemble Niche Modelling to investigate climate change-related threats to the Sicilian pond turtle *Emys trinacris*, an endangered species from the Mediterranean. *PeerJ* 6: e4969.

International Union for Conservation of Nature (IUCN). *www.iucn.org*

Jelinski, D. E. 2015. On a landscape ecology of a harlequin environment: The marine landscape. *Landscape Ecology* 30(1): 1–6.

Jiao, Y., Y. Ding, Z. Zha, and T. Okuro. 2019. Crises of biodiversity and ecosystem services in Satoyama landscape of Japan: A review on the role of management. *Sustainability* 11(2): 454.

Jones, K. R., O. Venter, R. A. Fuller, J. R. Allan, et al. 2018. One-third of global protected land is under intense human pressure. *Science* 360(6390): 788–791.

Laguna, E., S. Fos, J. Jiménez, and S. Volis. 2016. Role of micro-reserves in conservation of endemic, rare and endangered plants of the Valencian region (eastern Spain). *Israel Journal of Plant Sciences* 63(4): 320–332.

Langton, M., L. Palmer, and Z. Ma Rhea. 2014. Community-oriented protected areas for indigenous peoples and local communities. *In* S. Stevens (ed.), *Indigenous Peoples, National Parks, and Protected Areas: A New Paradigm Linking Conservation, Culture, and Rights*, pp. 84–107. University of Arizona Press, Tucson, AZ.

Le Roux, D. S., K. Ikin, D. B. Lindenmayer, G. Bistricer, et al. 2016. Enriching small trees with artificial nest boxes cannot mimic the value of large trees for hollow-nesting birds. *Restoration Ecology* 24(2): 252–258.

MacArthur, R. H., and E. O. Wilson. 1967. *The Theory of Island Biogeography*. Princeton University Press, Princeton, NJ.

Magrach, A., A. R. Larrinaga, and L. Santamaría. 2012. Effects of matrix characteristics and interpatch distance on functional connectivity in fragmented temperate rainforests. *Conservation Biology* 26: 238–247.

Mascia, M. B., S. Pallier, R. Krithivasan, V. Roshchanka, et al. 2014. Protected area downgrading, downsizing, and degazettement (PADDD) in Africa, Asia, and Latin America and the Caribbean, 1900–2010. *Biological Conservation* 169: 355–361.

Masud, M. M., A. M. Aldakhil, A. A. Nassani, and M. N. Azam. 2017. Community-based ecotourism management for sustainable development of marine protected areas in Malaysia. *Ocean & Coastal Management* 136: 104–112.

Matthews, T. J., F. Guilhaumon, K. A. Triantis, M. K. Borregaard, et al. 2016. On the form of species–area relationships in habitat islands and true islands. *Global Ecology and Biogeography* 25(7): 847–858.

McCarthy, M. A., C. J. Thompson, and N. S. G. Williams. 2006. Logic for designing nature reserves for multiple species. *American Naturalist* 167: 717–727.

Middleton, B. A. 2013. Rediscovering traditional vegetation management in preserves: Trading experiences between cultures and continents. *Biological Conservation* 158: 271–279.

Mills, M., J. G. Alvarez-Romero, K. Vance-Borland, P. Cohen, et al. 2014. Linking regional planning and local action: Towards using social network analysis in systematic conservation planning. *Biological Conservation* 169: 14–53.

Newmark, W. D. 1995. Extinction of mammal populations in western North American national parks. *Conservation Biology* 9: 512–527.

Nimmo, D. G., L. T. Kelly, L. M. Spence-Bailey, S. J. Watson, et al. 2013. Fire mosaics and reptile conservation in a fire-prone region. *Conservation Biology* 27: 345–353.

Nuñez, T. A., J. J. Lawler, B. H. Mcrae, D. J. Pierce, et al. 2013. Connectivity planning to address climate change. *Conservation Biology* 27: 407–416.

Oertli, B. 2018. Freshwater biodiversity conservation: The role of artificial ponds in the 21st century. *Aquatic Conservation: Marine and Freshwater Ecosystems* 28(2): 264–269

Ogden, L. E. 2015. Do wildlife corridors have a downside? *BioScience* 65(4): 452–452.

Ojwang, G. O., P. W. Wargute, M. Y. Said, J. S. Worden, et al. 2017. Wildlife migratory corridors and dispersal areas: Kenya rangelands and coastal terrestrial ecosystems. Ministry of Environment and Natural Resources, Nairobi.

Oldekop, J. A., G. Holmes, W. E. Harris, and K. L. Evans. 2015. A global assessment of the social and conservation outcomes of protected areas. *Conservation Biology* 30(1): 133–141.

Packer, C., A. Loveridge, S. Canney, T. Caro, et al. 2013. Conserving large carnivores: Dollars and fence. *Conservation Letters* 16: 635–641.

Pardini, R., S. M. de Souza, R. Braga-Neto, and J. P. Metzger. 2005. The role of forest structure, fragment size and corridors in maintaining small mammal abundance and diversity in an Atlantic forest landscape. *Biological Conservation* 12: 253–266.

Pocock, M. J., S. E. Newson, I. G. Henderson, J. Peyton, et al. 2015. Developing and enhancing biodiversity monitoring programmes: a collaborative assessment of priorities. *Journal of Applied Ecology* 52(3): 686–695.

Pristupa, A. O., M. Tysiachniouk, A. P. Mol, R. Leemans, et al. 2018. Can zoning resolve nature use conflicts? The case of the Numto Nature Park in the Russian Arctic. *Journal of Environmental Planning and Management* 61(10): 1674–1700.

Protected Planet. *www.wdpa.org*

Reed, M. G., and P. Abernethy. 2018. Facilitating co-production of transdisciplinary knowledge for sustainability: Working with Canadian Biosphere Reserve Practitioners. *Society & Natural Resources* 31(1): 39–56.

Regos, A., M. D'Amen, N. Titeux, S. Herrando, et al. 2016. Predicting the future effectiveness of protected areas for bird conservation in Mediterranean ecosystems under climate change and novel fire regime scenarios. *Diversity and Distributions* 22(1): 83–96.

Richardson, S. J., R. Clayton, B. D. Rance, H. Broadbent, et al. 2015. Small wetlands are critical for safeguarding rare and threatened plant species. *Applied Vegetation Science* 18(2): 230–241.

Rife, A. N., B. Erisman, A. Sanchez, and O. Aburto-Oropeza. 2013. When good intentions are not enough...Insights on networks of "paper park" marine protected areas. *Conservation Letters* 6: 200–212.

Rueegger, N. 2017. Artificial tree hollow creation for cavity-using wildlife: Trialling an alternative method to that of nest boxes. *Forest Ecology and Management* 405: 404–412.

Rytwinski, T., K. Soanes, J. A. Jaeger, L. Fahrig, et al. 2016. How effective is road mitigation at reducing road-kill? A meta-analysis. *PLOS ONE* 11: e0166941

Scheffer, M., S. Barrett, C. Carpenter, C. Folke, et al. 2015. Creating a safe operating space for iconic ecosystems. *Science* 347(6228): 1317–1319.

Shwartz, A., Z. G. Davies, N. A. Macgregor, H. Q. Crick, et al. 2017. Scaling up from protected areas in England: The value of establishing large conservation areas. *Biological Conservation* 212: 279–287.

Simaika, J. P., M. J. Samways, J. Kipping, F. Suhling, et al. 2013. Continental-scale conservation prioritization of African dragonflies. *Biological Conservation* 157: 245–254.

Soanes, K., M. C. Lobo, P. A. Vesk, M. A. McCarthy, et al. 2013. Movement re-established but not restored: Inferring the effectiveness of road-crossing mitigation for a gliding mammal by monitoring use. *Biological Conservation* 159: 434–441.

Soulé, M. E., and D. Simberloff. 1986. What do genetics and ecology tell us about the design of nature reserves? *Biological Conservation* 35: 19–40.

Tranquilli, S., M. Abedi-Lartey, F. Amsini, L. Arranz, et al. 2012. Lack of conservation effort rapidly increases African great ape extinction risk. *Conservation Letters* 5: 48–55.

UNEP-WCMC, IUCN and NGS (2018). *Protected Planet Report 2018*. Gland, Switzerland, and Washington, DC.

UNESCO. *http://www.unesco.org/new/en/natural-sciences/environment/ecological-sciences/biosphere-reserves/europe-north-america/canada/mont-saint-hilaire/*

Urbanavichus, G. P., and I. N. Urbanavichene. 2017. Contribution to the lichen flora of Erzi Nature Reserve, Republic of Ingushetia, North Caucasus, Russia. *Willdenowia* 47(3): 227–237.

Venter, O., A. Magrach, N. Outram, C. J. Klein, et al. 2018. Bias in protected-area location and its effects on long-term aspirations of biodiversity conventions. *Conservation Biology* 32(1): 127–134.

Watson, J. E., N. Dudley, D. B. Segan, and M. Hockings. 2014. The performance and potential of protected areas. *Nature* 515: 67–73.

Wikramanayake, E., E. Dinerstein, J. Seidensticket, S. Lumpkin, et al. 2011. A landscape-based conservation strategy to double the wild tiger population. *Conservation Letters* 4: 219–227.

Zomer, R. J., J. Xu, M. Wang, A. Trabucco, et al. 2015. Projected impact of climate change on the effectiveness of the existing protected area network for biodiversity conservation within Yunnan Province, China. *Biological Conservation* 184: 335–345.

Chapter 10

Altman, I., A. M. H. Blakeslee, G. C. Osio, C. B. Rillahan, et al. 2011. A practical approach to implementation of ecosystem-based management: A case study using the Gulf of Maine marine ecosystem. *Frontiers in Ecology and the Environment* 9: 183–189.

Álvarez-Romero, J., A. Munguia-Vega, M. Beger, M. Del Mar Mancha-Cisneros, et al. 2018. Designing connected marine reserves in the face of global warming. *Global Change Biology* 24: e671–e691.

Baker, J., E. J. Milner-Gulland, and N. Leader-Williams. 2012. Park gazettement and integrated conservation and development as factors in community conflict at Bwindi Impenetrable Forest, Uganda. *Conservation Biology* 26: 160–170.

Ban, N. C., M. Mills, J. Tam, C. C. Hicks, et al. 2013. A social-ecological approach to conservation planning: Embedding social considerations. *Frontiers in Ecology and the Environment* 11: 194–202.

Banerjee, S., S. Secchi, J. Fargione, S. Polasky, et al. 2013. How to sell ecosystem services: A guide for designing new markets. *Frontiers in Ecology and the Environment* 11: 297–304.

Baudron, F., and K. E. Giller. 2014. Agriculture and nature: Trouble and strife? *Biological Conservation* 170: 232–245.

Borrini-Feyerabend, G., M. Pimbert, T. Farvar, A. Kothari, et al. 2004. *Sharing Power: Learning by Doing in Co-Management of Natural Resources throughout the World.* IIED and IUCN/CEESP/CMWG, Cenesta, Tehran.

Boydell, S., and H. Holzknecht. 2003. Land—caught in the conflict between custom and commercialism. *Land Use Policy* 20: 203–207.

Braschler, B. 2009. Successfully implementing a citizen-scientist approach to insect monitoring in a resource-poor country. *BioScience* 59: 103–104.

Brooks, J. S. 2017. Design features and project age contribute to joint success in social, ecological, and economic outcomes of community-based conservation projects. *Conservation Letters* 10(1): 23–32.

Camacho, A. E., M. J. Robinson-Dorn, A. Yildiz, and T. Teegarden. 2017. Assessing state laws and resources for endangered species protection. *Environmental Law Reporter*, 47.

Carrière, S. M., E. Rodary, P. Méral, G. Serpantié, et al. 2013. Rio +20, biodiversity marginalized. *Conservation* 6: 6–11.

Catano, C. P., S. S. Romanach, J. M. Beerens, L. G. Pearlstine, et al. 2015. Using scenario planning to evaluate the impacts of climate change on wildlife populations and communities in the Florida Everglades. *Environmental Management* 55(4): 807–823.

Chiu, E. S., S. Kraberger, M. Cunningham, L. Cusack, et al. 2019. Multiple introductions of domestic cat feline leukemia virus in endangered Florida panthers. *Emerging Infectious Diseases* 25(1): 92.

Criffield, M., M. van de Kerk, E. Leone, M. W. Cunningham, et al. 2018. Assessing impacts of intrinsic and extrinsic factors on Florida panther movements. *Journal of Mammalogy* 99(3): 702–712.

Cushman, S. A., N. B. Elliot, D. Bauer, K. Kesch, et al. 2018. Prioritizing core areas, corridors and conflict hotspots for lion conservation in southern Africa. *PLOS ONE* 13(7): e0196213.

Daru, B. H., and P. C. Le Roux. 2016. Marine protected areas are insufficient to conserve global marine plant diversity. *Global Ecology and Biogeography* 25(3): 324–334.

Davis, A. M., and A. R. Moore. 2016. Conservation potential of artificial water bodies for fish communities on a heavily modified agricultural floodplain. *Aquatic Conservation: Marine and Freshwater Ecosystems* 26(6): 1184–1196.

Di Minin, E., N. Leader-Williams, and C. J. A. Bradshaw. 2016. Banning trophy hunting will exacerbate biodiversity loss. *Trends in Ecology and Evolution* 31(2): 99–102.

Dickman, A. J., E. A. Macdonald, and D. W. Macdonald. 2011. A review of financial instruments to pay for predator conservation and encourage human-carnivore coexistence. *Proceedings of the National Academy of Sciences USA* 108: 13937–13944.

Dinerstein, E., K. Varma, E. Wikramanayake, G. Powell, et al. 2013. Enhancing conservation, ecosystem services, and local livelihoods through a wildlife premium mechanism. *Conservation Biology* 27(1): 14–23.

Duchelle, A. E., M. R. Guariguata, G. Less, M. A. Albornoz, et al. 2012. Evaluating the opportunities and limitations to multiple use of Brazil nuts and timber in western Amazonia. *Forest Ecology and Management* 268: 39–48.

Earnst, S. L., D. S. Dobkin, and J. A. Ballard. 2012. Changes in avian and plant communities of aspen woodlands over 12 years after livestock removal in the Northwestern Great Basin. *Conservation Biology* 26: 862–871.

Ecosystem Marketplace. 2010. The Katoomba Group. *www.ecosystemmarketplace.com*

Equator Initiative. *www.equatorinitiative.org.*

FAO Coffee. 2019. *www.fao.org/faostat/en/#search/coffee.*

Farmer, J. R., Z. Ma, M. Drescher, E. G. Knackmuhs, et al. 2017. Private landowners, voluntary conservation programs, and implementation of conservation-friendly land management practices. *Conservation Letters* 10(1): 58–66.

Fischer, L. K., V. Rodorff, M. von der Lippe, and I. Kowarik. 2016. Drivers of biodiversity patterns in parks of a growing South American megacity. *Urban Ecosystems* 19(3): 1231–1249.

Florida Fish and Wildlife Conservation Commission. 2018. *Annual Report on the Research and Management of Florida Panthers: 2017–2018*. Fish and Wildlife Research Institute & Division of Habitat and Species Conservation, Naples, FL.

Florida Natural Areas Inventory. 2019. *https://fnai.org/PDF/Maacres_201902_FCL_plus_LTF.pdf.*

Galvin, K., T. Beeton, and M. Luizza. 2018. African community-based conservation: A systematic review of social and ecological outcomes. *Ecology and Society* 23(3): 39.

Garnett, S. T., N. D. Burgess, J. E. Fa, Á. Fernández-Llamazares, et al. 2018. A spatial overview of the global importance of Indigenous lands for conservation. *Nature Sustainability* 1(7): 369.

Gavin, M. C., J. McCarter, A. Mead, F. Berkes, et al. 2015. Defining biocultural approaches to conservation. *Trends in Ecology and Evolution* 30(3): 140–145.

Gooden, J., and R. Grenyer. 2019. The psychological appeal of owning private land for conservation. *Conservation Biology* 33(2): 339–350.

Guadilla-Sáez, S., M. Pardo-de-Santayana, V. Reyes-García, and J. C. Svenning. 2019. Biodiversity conservation effectiveness provided by a protection status in temperate forest commons of north Spain. *Forest Ecology and Management* 433: 656–666.

Hanson, T. 2018. Biodiversity conservation and armed conflict: A warfare ecology perspective. *Annals of the New York Academy of Sciences* 1429(1): 50–65.

Huffington Post. 2015. Germany to turn 62 military bases into nature sanctuary for birds, beetles and bats. *www.huffingtonpost.com/2015/06/19/german-military-bases-nature-reserves_n_7623882.html*

Humavindu, M. N., and J. Stage. 2015. Continuous financial support will be needed. *Animal Conservation* 18(1): 18–19.

Hylander, K., S. Nemomissa, J. Delrue, and W. Enkosa. 2013. Effects of coffee management on deforestation rates and forest integrity. *Conservation Biology* 27: 1011–1019.

Indigenous Peoples Literature. 2009. *indigenouspeople.net.*

International Work Group for Indigenous Affairs (IWGIA). *www.iwgia.org*

Jarvis, D. I., T. Hodgkin, A. H. Brown, J. Tuxill, et al. 2016. *Crop Genetic Diversity in the Field and on the Farm: Principles and Applications in Research Practices*. Yale University Press, New Haven, CT.

Kemp, D. R., H. Guodong, H. Xiangyang, D. L. Michalk, et al. 2013. Innovative grassland management systems for environmental and livelihood benefits. *Proceedings of the National Academy of Sciences USA* 110: 8369–8374.

King, D. I., R. B. Chandler, J. M. Collins, W. R. Petersen, et al. 2009. Effects of width, edge and habitat on the abundance and nesting success of scrub-shrub birds in powerline corridors. *Biological Conservation* 142: 2672–2680.

Kinnaird, M. F., and T. G. O'Brien. 2013. Effects of private land use, livestock management, and human tolerance on diversity, distribution, and abundance of large African mammals. *Conservation Biology* 27: 1026–1039.

Koh, L. P., and J. Ghazoul. 2010. Spatially explicit scenario analysis for reconciling agricultural expansion, forest protection, and carbon conservation in Indonesia. *Proceedings of the National Academy of Sciences* 107(24): 11140–11144.

Kohler, F., and E. S. Brondizio. 2017. Considering the needs of indigenous and local populations in conservation programs. *Conservation Biology* 31(2): 245–251.

Lapeyre, R. 2015. Wildlife conservation without financial viability? The potential for payments for dispersal areas' services in Namibia. *Animal Conservation* 18(1): 14–15.

Lindsey, P. A., C. P. Havemann, R. M. Lines, A. E. Price, et al. 2013. Benefits of wildlife-based land uses on private lands in Namibia and limitations affecting their development. *Oryx* 47(1): 41–53.

Lindsey, P. A., G. A. Balme, P. J. Funston, P. Henschel, et al. 2016. Life after Cecil: Channeling global outrage into funding for conservation in Africa. *Conservation Letters* 9(4): 296–301.

Loke, L. H., R. J. Ladle, T. J. Bouma, and P. A. Todd. 2015. Creating complex habitats for restoration and reconciliation. *Ecological Engineering* 77: 307–313.

MacKay, A., M. Allard, and M. A. Villard. 2014. Capacity of older plantations to host bird assemblages of naturally regenerated conifer forests: A test at stand and landscape levels. *Biological Conservation* 170: 110–119.

Malpai Borderlands Group. 2010. *www.malpaiborderlandsgroup.org.*

McNeely, J. A. 1989. Protected areas and human ecology: How national parks can contribute to sustaining societies of the twenty-first century. *In* D. Western and M. Pearl (eds.), *Conservation for the Twenty-first Century*, pp. 150–165. Oxford University Press, New York.

Meffert, P. J., and F. Dziock. 2012. What determines occurrence of threatened bird species on urban wastelands? *Biological Conservation* 153: 87–100.

Meijaard, E., G. Albar, Nardiyono, Y. Rayadin, et al. 2010. Unexpected ecological resilience in Bornean orangutans and implications for pulp and paper plantation management. *PLOS ONE* 5(9): e12813.

Middleton, B. A. 2013. Rediscovering traditional vegetation management in preserves: Trading experiences between cultures and continents. *Biological Conservation* 158: 271–279.

Millennium Ecosystem Assessment (MEA). 2005. *Ecosystems and Human Well-Being.* 4 volumes. Island Press, Covelo, CA.

Naidoo, R., L. C. Weaver, R. W. Diggle, G. Matongo, et al. 2016. Complementary benefits of tourism and hunting to communal conservancies in Namibia. *Conservation Biology* 30(3): 628–638.

Namibia Association of CBNRM Support Organisations (NACSO). 2008. *Namibia's Communal Conservancies: A Review of Progress in 2008.* NACSO, Windhoek, Namibia.

Namibia Association of CBNRM Support Organisations (NACSO). 2014. *The State of Community Conservation in Namibia: A Review of Communal Conservancies, Community Forests and Other CBNRM Initiatives (2013 Annual Report).* Windhoek: Namibia Association of CBNRM Support Organizations.

National Marine Sanctuary of American Samoa. *americansamoa.noaa.gov*

Native Seeds/SEARCH: Southwestern Endangered Aridland Resource Clearing House. 2009. *www.nativeseeds.org*

Nelson, M. P., J. T. Bruskotter, J. A. Vucetich, and G. Chapron. 2016. Emotions and the ethics of consequence in conservation decisions: Lessons from Cecil the Lion. *Conservation Letters* 9(4): 302–306.

Phelps, J., L. R. Carrasco, E. L. Webb, L. P. Koh, et al. 2013. Agricultural intensification escalates future conservation costs. *Proceedings of the National Academy of Sciences USA* 110: 7601–7606.

Philpott, S. M., P. Bichier, R. Rice, and R. Greenberg. 2007. Field testing ecological and economic benefits of coffee certification programs. *Conservation Biology* 21: 975–985.

Pikesley, S. K., B. J. Godley, H. Latham, P. B. Richardson, et al. 2016. Pink sea fans (Eunicella verrucosa) as indicators of the spatial efficacy of Marine Protected Areas in southwest UK coastal waters. *Marine Policy* 64: 38–45.

Pitman, R. T., J. Fattebert, S. T. Williams, K. S. Williams, et al. 2017. The conservation costs of game ranching. *Conservation Letters* 10(4): 403–413.

Radeloff, V. C., S. I. Stewart, T. J. Hawbaker, U. Gimmi, et al. 2010. Housing growth in and near United States protected areas limits their conservation value. *Proceedings of the National Academy of Sciences USA* 107: 940–945.

Rai, N. D. and K. S. Bawa. 2013. Inserting politics and history in conservation. *Conservation Biology* 27: 425–428.

Redpath, S. M., J. Young, A. Evely, W. M. Adams, et al. 2013. Understanding and managing conservation conflicts. *Trends in Ecology and Evolution* 28: 100–109.

Ribeiro, J., G. R. Colli, J. P. Caldwell, and A. M. Soares. 2016. An integrated trait-based framework to predict extinction risk and guide conservation planning in biodiversity hotspots. *Biological Conservation* 195: 214–223.

Riehl, B., H. Zerriffi, and R. Naidoo. 2015. Effects of community-based natural resource management on household welfare in Namibia. *PLOS ONE* 10(5): e0125531.

Rodrigues, P., G. Shumi, I. Dorresteijn, J. Schultner, et al. 2018. Coffee management and the conservation of forest bird diversity in southwestern Ethiopia. *Biological Conservation* 217: 131–139.

Roe, D., E. Y. Mohammed, I. Porras, and A. Giuliani. 2013. Linking biodiversity conservation and poverty reduction: De-polarizing the conservation–poverty debate. *Conservation Letters* 6: 162–171.

Rosenzweig, M. L. 2003. *Win-Win Ecology: How the Earth's Species Can Survive in the Midst of Human Enterprise.* Oxford University Press, New York.

Sanctuary: The Ministry of Defense Sustainability Magazine. 2018. Environmental Project Award Runner Up. 47: 6.

Schilthuizen, M. 2019. *Darwin Comes to Town: How the Urban Jungle Drives Evolution.* Picador, New York.

Semeraro, T., A. Pomes, C. Del Giudice, D. Negro, et al. 2018. Planning ground based utility scale solar energy as green infrastructure to enhance ecosystem services. *Energy Policy* 117: 218–227.

Stokes, E. J., S. Strindberg, P. C. Bakabana, P. W. Elkan, et al. 2010. Monitoring great ape and elephant abundance at large spatial scales: Measuring effectiveness of a conservation landscape. *PLOS ONE* 5(4): e10294.

Troupin, D., and Y. Carmel. 2014. Can agro-ecosystems efficiently complement protected area networks? *Biological Conservation* 169: 158–166.

Tuanmu, M. N., A. Vina, W. Yang, X. Chen, et al. 2016. Effects of payments for ecosystem services on wildlife habitat recovery. *Conservation Biology* 30(4): 827–835.

United States Fish and Wildlife Service (USFWS). 2008. Florida panther recovery plan (*Puma concolor coryi*), 3rd revision. *https://www.fws.gov/uploadedFiles/Panther%20Recovery%20Plan.pdf.*

United States Fish and Wildlife Service (USFWS). 2017. Florida panther population estimate updated. *https://www.fws.gov/southeast/news/2017/02/florida-panther-population-estimate-updated/.*

US Department of Defense. 2016. Threatened and endangered species on DoD lands: "Enabling the mission, defending the resources" (Department of Defense Natural Resources Program). *http://www.dodworkshops.org/TE_Species_Fact_Sheet_8–12–2016.pdf.*

US National Park Service. 2009. National Park of American Samoa. *www.nps.gov/npsa/index.htm*

US National Park Service. *www.nps.gov*

United Nations Environment Programme Mediterranean Action Plan (UNEPMAP). 2016. Countries agree ambitious conservation measures for Mediterranean, *www.unep.org/Documents.Multilingual/Default.asp?DocumentID=27058&ArticleID=35947&l=en.*

Watson, J. E., E. S. Darling, O. Venter, M. Maron, et al. 2016. Bolder science needed now for protected areas. *Conservation Biology 30(2): 243–248.*

Western, D., R. Groom, and J. Worden. 2009. The impact of subdivision and sedentarization of pastoral lands on wildlife in an African savanna ecosystem. *Biological Conservation* 142: 2538–2546.

World Bank. 2018. Namibia. *https://data.worldbank.org/country/namibia.*

Wunder, S. 2013. When payments for environmental services will work for conservation. *Conservation Letters* 6: 230–237.

Zielin, S. B., J. Littlejohn, C. E. de Rivera, W. P. Smith, et al. 2016. Ecological investigations to select mitigation options to reduce vehicle-caused mortality of a threatened butterfly. *Journal of Insect Conservation* 20(5): 845–854.

Chapter 11

Alexander, S., J. Aronson, O. Whaley, and D. Lamb. 2016. The relationship between ecological restoration and the ecosystem services concept. *Ecology and Society* 21(1): 34.

Allen, W. H. 1988. Biocultural restoration of a tropical forest: Architects of Costa Rica's emerging Guanacaste National Park plan to make it an integral part of local culture. *BioScience* 38: 156–161.

Alston, J. M., B. M. Maitland, B. T. Brito, S. Esmaeili, et al. 2019. Reciprocity in restoration ecology: When might large carnivore reintroduction restore ecosystems? *Biological Conservation* 234: 82–89.

Archibald, C. L., M. McKinney, K. Mustin, D. F. Shanahan et al. 2017. Assessing the impact of revegetation and weed control on urban sensitive bird species. *Ecology and Evolution* 7(12): 4200–4208.

Área de Conservación Guanacaste (ACG). *www.acguanacaste.ac.cr.*

Aronson, J. C., D. Simberloff, A. Ricciardi, and N. Goodwin. 2018. Restoration science does not need redefinition. *Nature Ecology and Evolution* 2(6): 916.

Arthington, A. H., J. M. Bernardo, and M. Ilhéu. 2014. Temporary rivers: Linking ecohydrology, ecological quality and reconciliation ecology. *River Research and Applications* 30(10): 1209–1215.

Associated Press. 2019. Louisiana hires contractor for wetland restoration project. NewOrleansCityBusiness.com, April 10, *https://neworleanscitybusiness.com/blog/2019/04/10/louisiana-hires-contractor-for-wetland-restoration-project/*

Baldwin, A. H., R. S. Hammerschlag, and D. R. Cahoon. 2019. Evaluating restored tidal freshwater wetlands. *In* G. M. E. Perillo, E. Wolanski, D. R. Cahoon, and C. S. Hopkinson (eds.), *Coastal Wetlands: An Integrated Ecosystem Approach*, pp. 889–912. Elsevier, Amsterdam, Netherlands.

Barkham, P. 2018. Dutch rewilding experiment sparks backlash as thousands of animals starve. *The Guardian*, 27 April 2018, *https://www.theguardian.com/environment/2018/apr/27/dutch-rewilding-experiment-backfires-as-thousands-of-animals-starve*

Bateman, H. L., D. M. Meritt, E. P. Glenn, and P. L. Nagler. 2014. Indirect effects of biocontrol of an invasive riparian plant (*Tamarix*) alters habitat and reduces herpetofauna abundance. *Biological Invasions* 17: 87–97.

Bayraktarov, E., M. I. Saunders, S. Abdullah, M. Mills, et al. 2015. The cost and feasibility of marine coastal restoration. *Ecological Applications* 26(4): 1055–1074.

Bean, D., and T. Dudley. 2018. A synoptic review of *Tamarix* biocontrol in North America: Tracking success in the midst of controversy. *BioControl* 63: 361–376.

Bischoff, A., S. Hoboy, N. Winter, and G. Warthemann. 2018. Hay and seed transfer to re-establish rare grassland species and communities: How important are date and soil preparation? *Biological Conservation* 221: 182–189.

Bloodworth, B. R., P. B. Shafroth, A. A. Sher, R. B. Manners, et al. 2016. Tamarisk beetle (*Diorhabda* spp.) in the Colorado River basin: Synthesis of an expert panel forum. Colorado Mesa University, Colorado, USA.

Bradshaw, A. D. 1990. The reclamation of derelict land and the ecology of ecosystems. *In* W. R. Jordan III, M. E. Gilpin, and J. D. Aber (eds.), *Restoration Ecology: A Synthetic Approach to Ecological Research*, pp. 53–74. Cambridge University Press, Cambridge.

Bullerjahn, G. S., R. M. McKay, T. W. Davis, D. B. Baker, et al. 2016. Global solutions to regional problems: Collecting global expertise to address the problem of harmful cyanobacterial blooms. A Lake Erie case study. *Harmful Algae* 54: 223–238.

Chen, W. Y. 2017. Environmental externalities of urban river pollution and restoration: A hedonic analysis in Guangzhou (China). *Landscape and Urban Planning* 157: 170–179.

Chimner, R. A., D. J. Cooper, F. C. Wurster, and L. Rochefort. 2017. An overview of peatland restoration in North America: Where are we after 25 years? *Restoration Ecology* 25(2): 283–292.

Clare, S., and I. F. Creed. 2014. Tracking wetland loss to improve evidence-based wetland policy learning and decision making. *Wetlands Ecology and Management* 22: 235–245.

Cooke, S. J., A. M. Rous, L. A. Donaldson, J. J. Taylor, et al. 2018. Evidence-based restoration in the Anthropocene—From acting with purpose to acting for impact. *Restoration Ecology* 26(2): 201–205.

Cooper, D. J., K. M. Kaczynski, J. Sueltenfuss, S. Gaucherand, et al. 2017. Mountain wetland restoration: The role of hydrologic regime and plant introductions after 15 years in the Colorado Rocky Mountains, USA. *Ecological Engineering* 101: 46–59.

Darrah, A. J., and C. van Riper. 2018. Riparian bird density decline in response to biocontrol of Tamarix from riparian ecosystems along the Dolores River in SW Colorado, USA. *Biological Invasions* 20(3): 709–720.

Davenport, J. 2018. Making the buffalo commons new again: Rangeland restoration and bison reintroduction in the Montana highline. *Great Plains Quarterly* 38(2): 199–225.

Denning, K. R., and B. L. Foster. 2018. Flower visitor communities are similar on remnant and reconstructed tallgrass prairies despite forb community differences. *Restoration Ecology* 26(4): 751–759.

Derak, M., J. Cortina, L. Taiqui, and A. Aledo. 2018. A proposed framework for participatory forest restoration in semiarid areas of North Africa. *Restoration Ecology* 26: S18–S25.

Dumroese, R. K., M. I. Williams, J. A. Stanturf, and J. B. S. Clair. 2015. Considerations for restoring temperate forests of tomorrow: Forest restoration, assisted migration, and bioengineering. *New Forests* 46(5–6): 947–964.

Foley, M. M., J. R. Bellmore, J. E. O'Connor, J. J. Duda, et al. 2017. Dam removal: Listening in. *Water Resources Research* 53(7): 5229–5246.

Fraser, L. H., W. L. Harrower, H. W. Garris, S. Davidson, et al. 2015. A call for applying trophic structure in ecological restoration. *Restoration Ecology* 23: 503–507.

Glenn, E. P., P. L. Nagler, P. B. Shafroth, and C. J. Jarchow. 2017. Effectiveness of environmental flows for riparian restoration in arid regions: A tale of four rivers. *Ecological Engineering* 106: 695–703.

Goldberg, N., and K. C. Reiss. 2016. Accounting for wetland loss: Wetland mitigation trends in northeast Florida 2006–2013. *Wetlands* 36(2): 373–384.

González, E., A. A. Sher, E. Tabacchi, A. Masip, and M. Poulin. 2015. Restoration of riparian vegetation: A global review of implementation and evaluation approaches in the international, peer-reviewed literature. *Journal of Environmental Management* 158: 85–94.

González, E., A. A. Sher, R. M. Anderson, R. F. Bay, et al. 2017. Secondary invasions of noxious weeds associated with control of invasive Tamarix are frequent, idiosyncratic and persistent. *Biological Conservation* 213: 106–114

González, E., V. Martínez-Fernández, P. B. Shafroth, A. A. Sher, et al. 2018. Regeneration of Salicaceae riparian forests in the Northern Hemisphere: A new framework and management tool. *Journal of Environmental Management* 218: 374–387.

González, E., A. Masip, and E. Tabacchi. 2016. Poplar plantations along regulated rivers may resemble riparian forests after abandonment: a comparison of passive restoration approaches. *Restoration Ecology* 24(4): 538–547.

Grman, E., T. Bassett, and L. A. Brudvig. 2014. A prairie plant community data set for addressing questions in community assembly and restoration. *Ecology* 95: 2363.

Hallwachs, W., and D. H. Janzen. 2016. *Biodiversity Conservation History and Future in Costa Rica: The Case of Área de Conservación Guanacaste (ACG).* University of Chicago Press, Chicago, IL.

Harris, J. A., R. J. Hobbs, E. Higgs, and J. Aronson. 2006. Ecological restoration and global climate change. *Restoration Ecology* 14(2): 170–176.

Hayward, M. W. 2009. Conservation management for the past, present, and future. *Biodiversity and Conservation* 18: 765–775.

Henry, A. L., E. González, W. W. Robinson, B. Bourgeois, et al. 2018. Spatial modeling improves understanding patterns of invasive species defoliation by a biocontrol herbivore. *Biological Invasions* 20(12): 3545–3562.

Hertog, I. M., and E. Turnhout. 2018. Ideals and pragmatism in the justification of ecological restoration. *Restoration Ecology* 26: 1221–1229.

Higgs, E. 2017. Novel and designed ecosystems. *Restoration Ecology* 25(1): 8–13.

Hobbs, R. J. 2018. Restoration ecology's silver jubilee: Innovation, debate, and creating a future for restoration ecology. *Restoration Ecology* 26(5): 801–805.

Hobbs, R. J., E. S. Higgs, and C. M. Hall. 2013. *Novel Ecosystems: Intervening in the New Ecological World Order.* Wiley-Blackwell, Oxford, UK.

Holmes, M. A., and G. R. Matlack. 2018. Assembling the forest herb community after abandonment from agriculture: Long-term successional dynamics differ with land-use history. *Journal of Ecology* 106: 2121–2131.

Honold, J., T. Lakes, R. Beyer, and E. van der Meer. 2016. Restoration in urban spaces: Nature views from home, greenways, and public parks. *Environment and Behavior* 48(6): 796–825.

International Joint Commission. 2014. *A Balanced Diet for Lake Erie: Reducing Phosphorus Loadings and Harmful Algal Blooms.* Report of the Lake Erie Ecosystem Priority.

Louisiana Coastal Wetlands Conservation and Restoration Task Force and the Wetlands Conservation and Restoration Authority. 1998. *Coast 2050: Toward a Sustainable Coastal Louisiana.* Louisiana Department of Natural Resources, Baton Rouge, LA.

Martin, D. M. 2017. Ecological restoration should be redefined for the twenty-first century. *Restoration Ecology* 25(5): 668–673.

Mascaro, J., R. F. Hughes, R. F., and S. A. Schnitzer. 2012. Novel forests maintain ecosystem processes after the decline of native tree species. *Ecological Monographs* 82(2): 221–228.

McDonald, T., G. Gann, J. Jonson, and K. Dixon. 2016. International standards for the practice of ecological restoration–including principles and key concepts. Society for Ecological Restoration, Washington, DC.

Meissen, J. C., S. M. Galatowitsch, and M. W. Cornett. 2015. Risks of overharvesting seed from native tallgrass prairies. *Restoration Ecology* 23(6): 882–891.

Miller, J. R., and B. T. Bestelmeyer. 2016. What's wrong with novel ecosystems, really? *Restoration Ecology* 24(5): 577–582.

Moreno-Mateos, D., V. Maris, A. Béchet, and M. Curran. 2015a. The true loss caused by biodiversity offsets. *Biological Conservation* 192: 552–559.

Moreno-Mateos, D., P. Meli, M. I. Vara-Rodríguez, and J. Aronson. 2015b. Ecosystem response to interventions: Lessons from restored and created wetland ecosystems. *Journal of Applied Ecology* 52(6): 1528–1537.

Nagler, P. L., U. Nguyen, H. L. Bateman, C. J. Jarchow, et al. 2018. Northern tamarisk beetle (*Diorhabda carinulata*) and tamarisk (*Tamarix* spp.) interactions in the Colorado River basin. *Restoration Ecology* 26(2): 348–359.

Neale, M. W., and E. R. Moffett. 2016. Re-engineering buried urban streams: Daylighting results in rapid changes in stream invertebrate communities. *Ecological Engineering* 87: 175–184.

Palmer, M. A., J. B. Zedler, and D. A. Falk. 2016. Ecological theory and restoration ecology. *In* J. B. Zedler, D. A. Falk, and M. A. Palmer (eds.), *Foundations of Restoration Ecology*, pp. 3–26. Island Press, Washington, DC.

Perring, M. P., T. E. Erickson, and P. H. Brancalion. 2018. Rocketing restoration: Enabling the upscaling of ecological restoration in the Anthropocene. *Restoration Ecology* 26(6): 1017–1023.

Perry, L. G., L. V. Reynolds, T. J. Beechie, M. J. Collins, et al. 2015. Incorporating climate change projections into riparian restoration planning and design. *Ecohydrology* 8(5): 863–879.

Reiker, J., B. Schulz, V. Wissemann, and B. Gemeinholzer. 2015. Does origin always matter? Evaluating the influence of nonlocal seed provenances for ecological restoration purposes in a widespread and outcrossing plant species. *Ecology and Evolution* 5(23): 5642–5651.

Rohr, J., E. Bernhardt, M. Cadotte, and W. Clements. 2018. The ecology and economics of restoration: When, what, where, and how to restore ecosystems. *Ecology and Society* 23(2): 15.

Schlatter, K. J., M. R. Grabau, P. B. Shafroth, and F. Zamora-Arroyo. 2017. Integrating active restoration with environmental flows to improve native riparian tree establishment in the Colorado River Delta. *Ecological Engineering* 106: 661–674.

Seastedt, T. R. 2015. Biological control of invasive plant species: A reassessment for the Anthropocene. *New Phytologist* 205(2): 490–502.

Sher, A. 2013. Introduction to the Paradox Plant. *In* A. Sher and M. F. Quigley (eds.), *Tamarix: A Case Study of Ecological Change in the American West*, pp. 1–20. Oxford University Press, New York.

Sher, A. A., H. El Waer, E. González, R. Anderson, et al. 2018. Native species recovery after reduction of an invasive tree by biological control with and without active removal. *Ecological Engineering* 111: 167–175.

Smith, S., A. A. Sher, and T. A. Grant. 2007. Genetic diversity in restoration materials and the impacts of seed collection in Colorado's restoration plant production industry. *Restoration Ecology* 15: 369–374.

Society for Ecological Restoration (SER). 2018. *https://www.ser.org.*

Svenning, J. C., M. Munk, and A. Schweiger. 2018. Trophic rewilding: Ecological restoration of top-down trophic interactions to promote self-regulating biodiverse ecosystems. *Philosophical Transactions of the Royal Society of London B: Biological Science* 373: 20170432.

Thompson, M. S., S. J. Brooks, C. D. Sayer, G. Woodward, et al. 2018. Large woody debris "rewilding" rapidly restores biodiversity in riverine food webs. *Journal of Applied Ecology* 55(2): 895–904.

Vander Zanden, M. J., J. D. Olden, C. Gratton, and T. D. Tunney. 2016. *In* J. Zedler, D. A. Falk, and M. A. Palmer (eds.), *Foundations of Restoration Ecology*, pp. 301–329. Island Press, Washington, DC.

Wilson, E. O. 1992. *The Diversity of Life*. Harvard University Press, Cambridge.

Chapter 12

Apostolopoulou, E., and W. M. Adams. 2017. Biodiversity offsetting and conservation: Reframing nature to save it. *Oryx* 51(1): 23–31.

Ascensão, F., L. Fahrig, A. P. Clevenger, R. T. Corlett, et al. 2018. Environmental challenges for the Belt and Road Initiative. *Nature Sustainability* 1(5): 206–209.

Barbier, E. B., J. C. Burgess, and T. J. Dean. 2018. How to pay for saving biodiversity. *Science* 360(6388): 486–488.

Barcia, L. 2015. Addis Ababa: Financing the future or financing failure? *Devex, https://www.devex.com/news/addis-ababa-financing-the-future-or-financing-failure-86561.*

Bhattacharya, A., J. Oppenheim, and N. Stern. 2015. Driving sustainable development through better infrastructure: Key elements of a transformation program. *Global Economy and Development Working Paper* 91.

Buchanan, G. M., B. C. Parks, P. F. Donald, B. F. O'Donnell, et al. 2018. The local impacts of World Bank development projects near sites of conservation significance. *Journal of Environment & Development* 27(3): 299–322

BusinessWire. 2015. American burying beetle–Mitigation solutions. USA muddy boggy endangered species bank expansion in Oklahoma. July 30, 2015. *www.businesswire.com/news/home/20150730006047/en/American-Burying-Beetle-%E2%80%93-Mitigation-Solutions-USA.*

Carrière, S. M., E. Rodary, P. Méral, G. Serpantié, et al. 2013. Rio +20: Biodiversity marginalized. *Conservation* 6: 6–11.

Cassimon, D., D. Essers, and A. Fauzi. 2014. Indonesia's debt-for-development swaps: Past, present, and future. *Bulletin of Indonesian Economic Studies* 50(1): 75–100.

Clayton, S., and G. Myers. 2015. *Conservation Psychology: Understanding and Promoting Human Care for Nature.* John Wiley & Sons, Hoboken, NJ.

Cohen-Shacham, E., T. Dayan, R. de Groot, C. Beltrame, et al. 2015. Using the ecosystem services concept to analyse stakeholder involvement in wetland management. *Wetlands Ecology and Management* 23(2): 241–256.

Crees, J. J., A. C. Collins, P. J. Stephenson, H. M. Meredith, et al. 2016. A comparative approach to assess drivers of success in mammalian conservation recovery programs. *Conservation Biology* 30(4): 694–705.

Convention on Biological Diversity. *www.cbd.int.*

Costa Rica National Parks. *www.costarica-nationalparks.com*

Davenport, C. 2015. Nations approve landmark climate accord in Paris. *New York Times.* December 13, *www.nytimes.com/2015/12/13/world/europe/climate-change-accord-paris.html?_r=0.*

Dernbach, J. C., and F. Cheever. 2015. Sustainable development and its discontents. *Transnational Environmental Law* 4(2): 247–287.

Di Minin, E., D. C. Macmillan, P. S. Goodman, B. Escott, et al. 2013. Conservation business and conservation planning in a biological diversity hotspot. *Conservation Biology* 27: 808–820.

Dinerstein, E., D. Olson, A. Joshi, C. Vynne, et al. 2017. An ecoregion-based approach to protecting half the terrestrial realm. *BioScience* 67(6): 534–545.

Gallo-Cajiao, E., C. Archibald, R. Friedman, R. Steven, et al. 2018. Crowdfunding biodiversity conservation. *Conservation Biology* 32(6): 1426–1435.

Global Environment Facility (GEF). Investing in our planet. *www.thegef.org/gef*

Gonçalves, V. K., and M. B. Anselmi. 2018. International civil aviation organization as a climate governance forum: An analysis of the carbon offsetting and reduction. *Revista de Estudos e Pesquisas Avançadas do Terceiro Setor* 1(1): 110–123.

Graves, R. A., M. A. Williamson, R. T. Belote, and J. S. Brandt. 2019. Quantifying the contribution of conservation easements to large-landscape conservation. *Biological Conservation* 232: 83–96.

Hardy, M. J., J. A. Fitzsimons, S. A. Bekessy, and A. Gordon. 2017. Exploring the permanence of conservation covenants. *Conservation Letters* 10(2): 221–230.

Hardy, M. J., J. A. Fitzsimons, S. A. Bekessy, and A. Gordon. 2018. Purchase, protect, resell, repeat: An effective process for conserving biodiversity on private land? *Frontiers in Ecology and the Environment* 16(6): 336–344.

Kaufmann, E. 2014. Biodiversity conservation aid: Who is getting how much and why? AidData, *https://www.aiddata.org/blog/biodiversity-conservation-aid-who-is-getting-how-much-and-why*

Knoot, T. G., M. Rickenbach, and K. Silbernagel. 2015. Payments for ecosystem services: Will a new hook net more active family forest owners. *Journal of Forestry* 113(2): 210–218.

Lin, J., D. Pan, S. J. Davis, Q. Zhang, et al. 2014. China's international trade and air pollution in the United States. *Proceedings of the National Academy of Science USA* 111(5) 1736–1741.

Mascia, M. B., S. Pailler, M. L. Thieme, A., M. C. Bottrill, et al. 2014. Commonalities and complementarities among approaches to conservation monitoring and evaluation. *Biological Conservation* 169: 258–267.

McBride, J. 2018. How does the U.S. spend its foreign aid? Council on foreign relations. *https://www.cfr.org/backgrounder/how-does-us-spend-its-foreign-aid*

McCarthy, D. P., P. F. Donald, J. P. W. Scharlemann, G. M. Buchanan, et al. 2012. Financial costs of meeting global biodiversity conservation targets: Current spending and unmet needs. *Science* 338(6109): 946–949.

Mockrin, M. H., S. E. Reed, L. Pejchar, and S. Jessica. 2017. Balancing housing growth and land conservation: Conservation development preserves private lands near protected areas. *Landscape and Urban Planning* 157: 598–607.

Munawar, S., M. F. Khokhar, and S. Atif. 2015. Reducing emissions from deforestation and forest degradation implementation in northern Pakistan. *International Biodeterioration and Biodegradation* 102: 316–323.

Naeem, S, A. V. Ingram, T. Agardy, P. Barten, et al. 2015. Get the science right when paying for nature's services. *Science* 347(6227): 1206–1207.

OECD. 2018. *Mainstreaming Biodiversity for Sustainable Development.* OECD Publishing, Paris. *https://read.oecd-ilibrary.org/environment/mainstreaming-biodiversity-for-sustainable-development_9789264303201-en#page4*

Parker, C., M. Cranford, N. Oakes, and M. Leggett. 2012. *The Little Biodiversity Finance Book*. Global Canopy Programme, Oxford. *http://globalcanopy.org/sites/default/files/documents/resources/LittleBiodiversityFinanceBook_3rd%20edition.pdf*

Peace Parks Foundation. *www.peaceparks.org*

Phelps, J., L. R. Carrasco, E. L. Webb, L. P. Koh, et al. 2013. Agricultural intensification escalates future conservation costs. *Proceedings of the National Academy of Sciences USA* 110: 7601–7606.

Ramsar Convention Secretariat. *www.ramsar.org*

Rands, M. R., W. M. Adams, L. Bennun, S. H. M. Butchart, et al. 2010. Biodiversity conservation: Challenges beyond 2010. *Science* 329: 1298–1303.

Reed, S. E., J. A. Hilty, and D. M. Theobald. 2014. Guidelines and incentives for conservation development in local land-use regulations. *Conservation Biology* 28: 258–268.

Ripple, W. J., J. A. Estes, R. L. Beschta, C. C. Wilmers, et al. 2014. Status and ecological effects of the world's largest carnivores. *Science* 343: 1241484.

Robinson, J. G. 2012. Common and conflicting interests in the engagements between conservation organizations and corporations. *Conservation Biology* 26: 967–977.

Roe, D., E. Y. Mohammed, I. Porras, and A. Giuliani. 2013. Linking biodiversity conservation and poverty reduction: Depolarizing the conservation–poverty debate. *Conservation Letters* 6: 162–171.

Selomane, O., B. Reyers, R. Biggs, H. Tallis, et al. 2015. Towards integrated social-ecological sustainability indicators: Exploring the contribution and gaps in existing global data. *Ecological Economics* 118: 140–146.

Sorice, M. G., C.-O. Oh, T. Gartner, M. Snieckus, et al. 2013. Increasing participation in incentive programs for biodiversity conservation. *Ecological Applications* 23: 1146–1155.

Thondhlana, G., S. Shackleton, and J. Blignaut. 2015. Local institutions, actors, and natural resource governance in Kgalagadi Transfrontier Park and surrounds, South Africa. *Land Use Policy* 47: 121–129.

U. S. Fish and Wildlife Service (USFWS). 2003. Guidance for the establishment, use, and operation of conservation banks, *https://www.fws.gov/endangered/esa-library/pdf/Conservation_Banking_Guidance.pdf.*

UNDP. 2018. *The BIOFIN Workbook 2018: Finance for Nature*. The Biodiversity Finance Initiative. United Nations Development Programme, New York.

UNESCO World Heritage Centre. 2010. *whc.unesco.org*

United Nations. 1993. *Agenda 21: Rio Declaration and Forest Principles*. Post-Rio edition. United Nations Publications, New York.

Waldron, A., A. O. Mooers, D. C. Miller, N. Nibbelink, et al. 2013. Targeting global conservation funding to limit immediate biodiversity declines. *Proceedings of the National Academy of Sciences* 110(29): 12144–12148.

Watanabe, M. E. 2015. The Nagoya Protocol on Access and Benefit Sharing: International treaty poses challenges for biological collections. *BioScience* 65(6): 5430–5450.

World Bank. *www.worldbank.org*

WWF. 2017. WWF recommendations and spatial analysis briefing paper. *https://go.nature.com/2v3SwoG.*

Chapter 13

Addison, P., and J. W. Bull. 2018. Conservation accord: Corporate incentives. *Science* 360: 1195–1196.

Agrawal, A. A., and H. Inamine. 2018. Mechanisms behind the monarch's decline. *Science* 360: 1294–1296.

Alamgir, M., M. J. Campbell, S. Sloan, M. Goosem, et al. 2017. Economic, socio-political and environmental risks of road development in the tropics. *Current Biology* 27: R1130–R1140.

Berrueta, V. M., M. Serrano-Medrano, C. García-Bustamante, M. Astier, et al. 2017. Promoting sustainable local development of rural communities and mitigating climate change: the case of Mexico's Patsari improved cookstove project. *Climatic Change* 140: 63–77.

Blackman, A., L. Goff, and M. R. Planter. 2018. Does eco-certification stem tropical deforestation? Forest Stewardship Council certification in Mexico. *Journal of Environmental Economics and Management* 89: 306–333.

Bombaci, S. P., C. M. Farr, H. T. Gallo, A. M. Mangan, et al. 2016. Using Twitter to communicate conservation science from a professional conference. *Conservation Biology* 30(1): 216–225.

Carlson, T. 2013. The politics of a tree: How a species became national policy. *In* A. Sher and M. F. Quigley (eds.), *Tamarix: A Case Study of Ecological Change in the American West*. Oxford University Press, New York.

Cetas, E. R., and M. Yasué. 2017. A systematic review of motivational values and conservation success in and around protected areas. *Conservation Biology* 31: 203–212

Charky, N. 2014. Congress attempts to change captivity rules for orcas, marine life. *LA Times*, March 14.

CNN. 2016. SeaWorld's orcas will be last generation at parks. March 16.

Collins, A., A. Galli, N. Patrizi, and F. M. Pulselli. 2018. Learning and teaching sustainability: The contribution of Ecological Footprint calculators. *Journal of Cleaner Production* 174: 1000–1010.

Correa Ayram, C. A., M. E. Mendoza, A. Etter, and D. R. P. Salicrup. 2016. Habitat connectivity in biodiversity conservation: A review of recent studies and applications. *Progress in Physical Geography* 40: 7–37.

Costello, M. J., B. Vanhoorne, and W. Appeltans. 2015. Conservation of biodiversity through taxonomy, data publication, and collaborative infrastructures. *Conservation Biology* 29(4): 1094–1099.

Courchamp, F., J. A. Dunne, Y. Le Maho, R. M. May, et al. 2015. Fundamental ecology is fundamental. *Trends in Ecology and Evolution* 30(1): 9–16.

Gaddis, M. L. 2018. Training citizen scientists for data reliability: A multiple case study to identify themes in current training initiatives. PhD dissertation, University of the Rockies.

Garrard, G. E., F. Fidler, B. C. Wintle, Y. E. Chee, et al. 2015. Beyond advocacy: Making space for conservation scientists in public debate. Conservation Letters. *https://doi.org/10.1111/conl.12193.*

Godet, L., and V. Devictor. 2018. What conservation does. *Trends in Ecology and Evolution* 33: 720–730.

Granek, E. F., E. M. P. Madin, M. A. Brown, W. Figueira, et al. 2008. Engaging recreational fishers in management and conservation: Global case studies. *Conservation Biology* 22: 1125–1134.

Gupta, N., R. Raghavan, K. Sivakumar, V. Mathur, et al. 2015. Assessing recreational fisheries in an emerging economy: Knowledge, perceptions and attitudes of catch-and-release anglers in India. *Fisheries Research* 165: 79–84.

Horton, C., T. R. Peterson, P. Banerjee, and M. J. Peterson. 2016. Credibility and advocacy in conservation science. *Conservation Biology* 30(1), 23–32.

Ikh Nart Nature Reserve. *IkhNart.com*

International Union for Conservation of Nature (IUCN). *https://www.iucn.org*

Lamb, C. T., S. L. Gilbert, and A. T. Ford. 2018. Tweet success? Scientific communication correlates with increased citations in *Ecology and Conservation. PeerJ* 6: e4564.

Laurance, W. F. 2013. Does research help to safeguard protected areas? *Trends in Ecology and Evolution* 28: 261–266.

MacFarquhar, N., and I. Nechepurenko. 2019. Russia says it will try to free almost 100 whales held in 'jail.' *New York Times*, April 4, *https://www.nytimes.com/2019/04/04/world/europe/russia-whale-jail.html.*

Manfredo, M. J., T. L. Teel, and A. M. Dietsch. 2016. Implications of human value shift and persistence for biodiversity conservation. *Conservation Biology* 30(2): 287–296.

McKinley, D. C., A. J. Miller-Rushing, H. L. Ballard, R. Bonney, et al. 2017. Citizen science can improve conservation science, natural resource management, and environmental protection. *Biological Conservation* 208: 15–28.

Miller, V., A. Mirabal-Patterson, E. García-Rodríguez, K. Karr, et al. 2018. The SOS Pesca project: A multinational and intersectoral collaboration for sustainable fisheries, marine conservation and improved quality of life in coastal communities. *MEDICC Review* 20: 65–70.

Morrison, S. A. 2016. Designing virtuous socio-ecological cycles for biodiversity conservation. *Biological Conservation* 195: 9–16.

Natural Resource Stewardship and Science. 2015. Office of the Associate Director. Strategic framework for National Park Service Research Learning Centers. National Park Service, Natural Resource Stewardship and Science, Washington, DC. *https://www.nature.nps.gov/rlc /framework.pdf.*

Owley, J., F. Cheever, A. R. Rissman, M. R. Shaw, et al. 2017. Climate change challenges for land conservation: Rethinking conservation easements, strategies, and tools. *Denver Law Review* 95: 727.

Paknia, O., H. Rajaei, and A. Koch. 2015. Lack of well-maintained natural history collections and taxonomists in megadiverse developing countries hampers global biodiversity exploration. *Organisms Diversity and Evolution* 15(3): 619–629.

Piccolo, J., H. Washington, H. Kopnina, and B. Taylor. 2018. Why conservation scientists should re-embrace their ecocentric roots. *Conservation Biology* 32: 959–961.

Primack, R., and C. M. MacKenzie. 2019. Guest post: Strategies for helping your research reach a wider audience. Dynamic Ecology Blog.

QUINTESSENCE Consortium. 2016. Networking our way to better ecosystem service provision. *Trends in Ecology and Evolution* 31(2): 105–115.

Reading, R. 2015. *Mongolia Field Program Update.* Association of Zoos and Aquariums (AZA) 2015 mid-year Meeting, Columbia, SC.

Redford, K. H., B. J. Huntley, D. Roe, T. Hammond, et al. 2015. Mainstreaming biodiversity: Conservation for the twenty-first century. *Frontiers in Ecology and Evolution* 3: 137.

Ripple, W. J., C. Wolf, T. M. Newsome, M. Galetti, et al. 2017. World scientists' warning to humanity: A second notice. *BioScience* 67: 1026–1028.

Ripple, W. J., C. Wolf, M. Galetti, T. M. Newsome, et al. 2018. The role of scientists' warning in shifting policy from growth to conservation economy. *BioScience* 68(4): 239–240.

Rose, D. C., W. J. Sutherland, T. Amano, J. P. González-Vaoro, et al. 2018. The major barriers to evidence-informed conservation policy and possible solutions. *Conservation Letters* 11(5): e12564.

RSPB and BirdLife International. 2018. Albatross task force team highlights 2017–2018. *http://www.nnf.org.na/images/Progress_Reports/Albatross_Task_Force_Progress_Report_2017-2018-compressed.pdf.*

Silk, M. J., S. L. Crowley, A. J. Woodhead, and A. Nuno. 2018. Considering connections between Hollywood and biodiversity conservation. *Conservation Biology* 32: 597–606.

Tallis, H. M., P. L. Hawthorne, S. Polasky, J. Reid, et al. 2018. An attainable global vision for conservation and human well-being. *Frontiers in Ecology and the Environment* 16: 563–570.

Varma, V., J. Ratnam, V. Viswanathan, A. M. Osuri, et al. 2015. Perceptions of priority issues in the conservation of biodiversity and ecosystems in India. *Biological Conservation* 187: 201–211.

Von Weizsäcker, E. U., and A. Wijkman. 2017. *Come On! Capitalism, Short-Termism, Population and the Destruction of the Planet*. Springer, New York.

Wright, A. J., D. Veríssimo, K. Pilfold, E. C. M. Parsons, et al. 2015. Competitive outreach in the 21st century: Why we need conservation marketing. *Ocean & Coastal Management* 115: 41–48.

Wright, G., K. Andersson, C. Gibson, and T. Evans. 2015. What incentivizes local forest conservation efforts? Evidence from Bolivia. *International Journal of the Commons* 9(1).

Zhu, L. and Y. C. Zhao. 2015. A feasibility assessment of the application of the Polluter-Pays Principle to ship-source pollution in Hong Kong. *Marine Policy* 57: 36–44.

더 읽을거리

1

보전생물학의 정의

Carson, R. 1962. *Silent Spring*. Houghton Mifflin Company, Boston. Essays writte over a period from 1958-1962 on the devastating effects of pesticide use on ecosystems, particularly birds.

Godet, L. and V. Devictor. 2018. What conservation does. *Trends in Ecology & Evolution* 33: 720-730. A quantitative review of the conservation literature that reveals global patterns and reasons for optimism.

Horton, C., T. R. Peterson, P. Banerjee, and M. J. Peterson. 2015. Credibility and advocacy in conservation science. *Conservation Biology* 30: 23-32. doi: 10.111 cobi.12558. The nature of conservation biology as a normative science mean that there can be a potential conflict between the dispassionate nature of science and the interest in promoting conservation policy.

Kloor, K. 2015. The battle for the soul of Conservation Science. *Issues in Science and Technology* 31: 74. The ongoing debate between those who believe that the field should be primarily guided by "nature for nature's sake" and others who believe that human needs should have greater weight.

Leopold, A. 1949. *A Sand County Almanac*. Oxford University Press, New York. Leopold's evocative essays articulate his "land ethic," defining human duty t conserve the land and the living things that thrive upon it.

Mazaris, A. D., G. Schofield, C. Gkazinou, V. Almpanidou, and G. C. Hays. 2017. Global sea turtle conservation successes. *Science Advances* 3: e1600730. While many species are doing better, most still require intensive conservatio effort to secure their future

Pimm, S. L. and 8 others. 2014. The biodiversity of species and their rates of extinction, distribution, and protection. *Science* 344: 1246752. Most species on the planet are not yet known to science, having restricted geographic range and therefore being at risk of going extinct before they are ever known.

Soulé, M. E. 1985. What is conservation biology? *BioScience* 35: 727-734. Key ear paper defining the field, and still relevant today for its emphasis on the intrinsic value of biodiversity.

Tilman, D., M. Clark, D. R. Williams, K. Kimmel, S. Polasky, and C. Packer. 2017. Future threats to biodiversity and pathways to their prevention. *Nature* 546: 73. There are means to address conservation threats. Proactive internationc efforts could still preserve much of the planet's remaining biodiversity.

WWF. 2018. *Living Planet Report—2018: Aiming Higher*. M. Grooten and R. E. A. Almond (Eds.). WWF, Gland, Switzerland. Alarming losses still threaten species and ecosystems in many parts of the world.

KEY JOURNALS IN THE FIELD *Biodiversity and Conservation, Biological Conservation, BioScience, Conservation Biology, Conservation Letters, Ecological Applications, National Geographic, Trends in Ecology and Evolution*

2
생물다양성이란 무엇인가?

Barlow, J., F. França, T. A. Gardner, C. C. Hicks, et al. 2018. The future of hyperdiverse tropical ecosystems. *Nature* 559: 517–526. The high diversity of the tropics makes it a special target for conservation efforts.

Díaz, S. and M. Cabido. 2001. *Vive la difference*: plant functional diversity matters to ecosystem processes. *Trends in Ecology & Evolution* 16(11): 646–655. A widely cited, classic paper explaining why species traits, not just their taxonomy, are important.

González-Maya, J. F., L. R. Víquez-R, A. Arias-Alzate, J. L. Belant and G. Ceballos. 2016. Spatial patterns of species richness and functional diversity in Costa Rican terrestrial mammals: implications for conservation. *Diversity and Distributions* 22: 43–56. Understanding the relationship between different measures of diversity can help us understand ecosystem function.

Larsen, B. B., E. C. Miller, M. K. Rhodes and J. J. Wiens. 2017. Inordinate fondness multiplied and redistributed: the number of species on earth and the new pie of life. *Quarterly Review of Biology* 92: 229–265. A dramatic reevaluation of the potential diversity of Earth, given how genetic analysis has revealed the commonness of cryptic species.

Magurran, A. E. 2013. *Measuring Biological Diversity: Frontiers in Measurement and Assessment*. Oxford University Press, Oxford, UK. A widely cited text that discusses both classic and emerging methods.

Mastretta-Yanes, A., F. Acevedo Gasman, C. Burgeff, M. Cano Ramírez, D. Piñero, and J. Sarukhán. 2018. An initiative for the study and use of genetic diversity of domesticated plants and their wild relatives. *Frontiers in Plant Science* 9: 209. An example of a proposal to maintain plant genetic diversity, based in Mexico.

Ricklefs, R. E. and F. He. 2016. Region effects influence local tree species diversity. *Proceedings of the National Academy of Sciences USA* 113: 674–679. Regional species diversity results largely from geologic and geographic properties that affect evolution.

Savage, A. E., K. P. Mulder, T. Torres and S. Wells. 2018. Lost but not forgotten: MHC genotypes predict overwinter survival despite depauperate MHC diversity in a declining frog. *Conservation Genetics* 19: 309–322. Modern tools allow us to measure genetic diversity, critical for species adaptation.

Vidal, M. C. and S. M. Murphy. 2018. Bottom-up vs. top-down effects on terrestrial insect herbivores: a meta-analysis. *Ecology Letters* 21(1), 138–150. Trophic cascades mean that species feel impacts both by changes to its food source as well as its predators.

Chan, K. M. and 19 others. 2016. Opinion: Why protect nature? Rethinking values and the environment. *Proceedings of the National Academy of Sciences USA* 113: 1462–1465. Considering the value of nature in terms of relational values (instrumental) as distinct from those that are of the object itself (intrinsic).

Godet, L. and V. Devictor. 2018. What conservation does. *Trends in Ecology & Evolution* 33: 720–730. Evidence from the conservation biology literature that the discipline is having positive and significant impacts on the protection of species.

Hardin, G. 1968. The tragedy of the commons. *Science* 162: 1243–1248. This often-cited work suggests that population control is the only solution to the overuse of common-property resources.

Helm, D. 2015. *Natural Capital: Valuing the Planet*. Yale University Press, New Haven, CT. This author attempts to quantify the value of various environmental resources and argues from an economist's perspective that the environment should be at the center of any economy rather than an afterthought.

Kilpatrick, A. M., D. J. Salkeld, G. Titcomb and M. B. Hahn. 2017. Conservation of biodiversity as a strategy for improving human health and well-being. *Philosophical Transactions of the Royal Society B: Biological Sciences* 372. An investigation of the relationship between biodiversity and the transmission of pathogens such as Lyme disease.

Kremen, C. 2018. The value of pollinator species diversity. *Science* 359: 741–742. We depend on wild pollinators such as bees for 75% of our crop species.

Merckx, T. and H. M. Pereira. 2015. Reshaping agri-environmental subsidies: from marginal farming to large-scale rewilding. *Basic and Applied Ecology* 16: 95–103. Repurposing European Union subsidies that make it profitable to farm marginal land will benefit biodiversity.

Narayan, S. and 9 others. 2017. The value of coastal wetlands for flood damage reduction in the northeastern USA. *Scientific Reports* 7: 9463. An example of how dollar values can be applied to natural systems for nonconsumptive uses.

Wardle, C., R. Buckley, A. Shakeela and J. G. Castley. 2018. Ecotourism's contributions to conservation: analysing patterns in published studies. *Journal of Ecotourism*, doi: 10.1080/14724049.2018.1424173, pp. 1–31. An overview of the literature on the importance of ecotourism.

Witoszek, N. and M. L. Mueller. 2017. Deep ecology. *Worldviews: Global Religions, Culture, and Ecology* 21: 209–217. A modern framing of an eco-philosophy.

4
생물다양성에 대한 위협: 서식지 변화

Crist, E., C. Mora and R. Engelman. 2017. The interaction of human population, food production, and biodiversity protection. *Science* 356(6335): 260-264. A new and comprehensive look at the importance of population control for conservation.

Giam, X. 2017. Global biodiversity loss from tropical deforestation. *Proceedings of the National Academy of Sciences USA* 114(23): 5775-5777. An attempt to quantify and predict the impact of forest loss.

Mancini, M. S., and 7 others. 2018. Exploring ecosystem services assessment through Ecological Footprint accounting. *Ecosystem Services* 30(B):228-235. Considering the value of ecosystems in the context of the ecological footprint concept.

Miller-Rushing, A. J., and 7 others. 2019. How does habitat fragmentation affect biodiversity? A controversial question at the core of conservation biology. *Biological Conservation* https://doi.org/10.1016/j.biocon.2018.12.029. A thoughtful review of the debate over the impact of habitat fragmentation.

Sinha, E., A. M. Michalak and V. Balaji. 2017. Eutrophication will increase during the 21st century as a result of precipitation changes. *Science* 357(6349): 405-408. Threats to biodiversity can interact, magnifying effects, in this case global climate change influencing eutrophication.

Tilman, D., M. Clark, D. R. Williams, K. Kimmel, S. Polasky and C. Packer. 2017. Future threats to biodiversity and pathways to their prevention. *Nature* 546(7656): 73. Mammals and birds are primarily threatened by changes to habitats; mitigating habitat change is thus a clear priority for conservation efforts.

Weinzettel, J., D. Vačkář and H. Medková. 2018. Human footprint in biodiversity hotspots. *Frontiers in Ecology and the Environment* 16(8): 447-452. Advanced quantitative methods were used to determine the impact of consumption and supply chains within highly diverse regions across the globe.

Wilson, M. C., and 18 others. 2016. Habitat fragmentation and biodiversity conservation: key findings and future challenges. *Landscape Ecology* 31(2): 219-227. Many of the impacts of habitat fragmentation are indirect.

Burgess, M. G., and 9 others. 2018. Protecting marine mammals, turtles, and birds by rebuilding global fisheries. *Science* 359: 1255–1258. Improving fishery management will naturally reduce bycatch that threatens many marine species.

Bussière, E., L. G. Underhill and R. Altwegg. 2015. Patterns of bird migration phenology in South Africa suggest Northern Hemisphere climate as the most consistent driver of change. *Global Change Biology* 21: 2179–2190. The warming climate in breeding grounds has been found to have impacts on the timing of bird movements.

Gallardo, B., M. Clavero, M. I. Sánchez and M. Vilá. 2016. Global ecological impacts of invasive species in aquatic ecosystems. *Global Change Biology* 22: 151–163. A review and analysis of 733 evaluations of the effects of aquatic invaders.

Intergovernmental Panel on Climate Change (IPCC). 2018. Global warming of 1.5°C. An IPCC special report on the impacts of global warming of 1.5°C above pre-industrial levels and related global greenhouse gas emission pathways, in the context of strengthening the global response to the threat of climate change, sustainable development, and efforts to eradicate poverty. Available at https://www.ipcc.ch/sr15/.

Larson, C. 2016. Shell trade pushes giant clams to the brink. *Science* 351: 323–324. *Tridacna gigas* faces extinction from overharvesting.

Murray, D. L., and 7 others. 2017. Continental divide: climate-mediated fragmentation of species distributions in the boreal forest. *PLOS ONE* 12: e0176706. An example of how climate change can affect habitat.

Pellegrini, A. F., and 10 others. 2018. Fire frequency drives decadal changes in soil carbon and nitrogen and ecosystem productivity. *Nature* 553: 194. Climate change is expected to have cascades of impacts.

Russell, J. C., J. Y. Meyer, N. D. Holmes and S. Pagad. 2017. Invasive alien species on islands: impacts, distribution, interactions and management. *Environmental Conservation* 44: 359–370. A historical look at the relationship between arrival of rats and other invasive animals and island extinction.

Siraj, A. S., M. Santos-Vega, M. J. Bouma, D. Yadeta, D. R. Carrascal, and M. Pascual. 2014. Altitudinal changes in malaria incidence in highlands of Ethiopia and Colombia. *Science* 343: 1154–1158. Malaria spreads to higher altitudes in warmer years and is predicted to have a wider impact with a warming climate.

Sung, Y. H., and J. J. Fong. 2018. Assessing consumer trends and illegal activity by monitoring the online wildlife trade. *Biological Conservation* 227: 219–225. Using turtles as a case study, the authors quantify the magnitude of the illegal trade via the internet and social media.

6 멸종의 위험

Butchart, S. H., S. Lowe, R. W. Martin, A. Symes, J. R. Westrip, and H. Wheatley. 2018. Which bird species have gone extinct? A novel quantitative classification approach. *Biological Conservation* 227: 9–18. An attempt to predict which species are likely to be lost or are already gone.

Halley, J. M., N. Monokrousos, A. D. Mazaris, and D. Vokou. 2017. Extinction debt in plant communities: Where are we now? *Journal of Vegetation Science* 28(3): 459–461.

Morton, T. A. L., A. Thorn, J. M. Reed, R. Van Driesche, R. A. Casagrande, and F. S. Chew. 2015. Modeling the decline and potential recovery of a native butterfly following serial invasions by exotic species. *Biological Invasion* 17: 1683–1695. A stochastic model is used to predict rates of loss of heterozygosity in a desirable trait that allows it to adapt to an exotic host.

Potvin, D. A., K. M. Parris, K. L. S. Date, C. C. Keely, R. D. Bray, J. Hale, and 3 others. 2017. Genetic erosion and escalating extinction risk in frogs with increasing wildfire frequency. *Journal of Applied Ecology* 54(3): 945–954. This article demonstrates the interaction between population size and inbreeding risk.

Ripple, W. J., C. Wolf, T. M. Newsome, M. G. Betts, G. Ceballos, F. Courchamp, and 4 others. 2019. Are we eating the world's megafauna to extinction? *Conservation Letters* (published online Feb. 6: https://doi.org/10.1111/conl.12627). An overview of extinction risk in large animals and the role of body size.

Todesco, M., M. A.Pascual, G. L. Owens, K. L. Ostevik, B. T. Moyers, S. Hübner, and 5 others. 2016. Hybridization and extinction. *Evolutionary Applications* 9(7): 892–908. An overview of the literature on the relationship between hybridization and extinction.

Urban, M. C. 2018. Escalator to extinction. *Proceedings of the National Academy of Sciences USA* 115(47): 11871–11873. A review of the literature on the effect of climate change on local extinctions on mountaintops.

Wood, J. R., J. A. Alcover, T. M. Blackburn, P. Bover, R. P. Duncan, J. P. Hume, and 4 others. 2017. Island extinctions: Processes, patterns, and potential for ecosystem restoration. *Environmental Conservation* 44(4): 348–358. An optimistic look at the history and potential future of island extinctions.

Duarte, A., J. S. Hatfield, T. M. Swannackac, M. R. J. Forstner, M. C. Green, and F. W. Weckerlya. 2016. Simulating range-wide population and breeding habitat dynamics for an endangered woodland warbler in the face of uncertainty. *Ecological Modelling* 320: 52–61. Mathematical tools that incorporate stochasticity assist conservation management planning.

Homan, R. N., M. A. Holgerson, and L. M. Biga. 2018. A long-term demographic study of a spotted salamander (*Ambystoma maculatum*) population in central Ohio. *Herpetologica* 74: 109–116. An example of long-term monitoring.

Manlik, O., D. Chabanne, E. Daniel, L. Bejder, S. J. Allen, and W. B. Sherwin. 2018. Demography and genetics suggest reversal of dolphin source-sink dynamics, with implications for conservation. *Marine Mammal Science* [e-pub before print]. An example of how molecular tools can be used to identify metapopulations.

Milligan, B. G., F. I. Archer, A. L. Ferchaud, B. K. Hand, E. M. Kierepka, and R. S. Waples. 2018. Disentangling genetic structure for genetic monitoring of complex populations. *Evolutionary Applications* 11(7): 1149–1161. A good introduction to the use of genetic tools in conservation, as well as the challenges it presents.

NatureServe. 2019. http://natureserve.org. This website organizes and presents data on biodiversity surveys from North America.

Reading, R. P., J. Bradley, P. Hancock, R. Garbett, M. Selebatso, and G. Maude. 2019. Home-range size and movement patterns of Hooded Vultures *Necrosyrtes monachus* in southern Africa. *Ostrich* 90(1): 73–77. An example of monitoring and the importance of international cooperation for conservation of species.

Ríos-Saldaña, C. A., M. Delibes-Mateos, and C. C. Ferreira. 2018. Are fieldwork studies being relegated to second place in conservation science? *Global Ecology and Conservation* 14: e00389. A thoughtful look at the importance of fieldwork.

Taberlet, P., A. Bonin, L. Zinger, and E. Coissac. 2018. *Environmental DNA for Biodiversity Research and Monitoring*. Oxford University Press, Oxford, UK. A thorough treatment of this exciting new field.

Thomsen, P. F., and W. Willerslev. 2015. Environmental DNA—An emerging tool in conservation for monitoring past and present biodiversity. *Biological Conservation* 183: 4–18. Detecting whole organisms or just traces of organisms from bulk samples of soil, water, or air expands our capacity to survey populations and species diversity.

8 새로운 개체군의 정착과 현지 외 보전

Bennett, J. R., R. F. Maloney, T. E., Steeves, J. Brazill-Boast, H. P. Possingham, and P. J. Seddon. 2017. Spending limited resources on de-extinction could lead to net biodiversity loss. *Nature Ecology & Evolution* 1(4): 0053. A case study argument against using this technology by comparing costs of protecting extant species versus bringing back those that are extinct.

Che-Castaldo, J. P., S. A. Grow, and L. J. Faust. 2018. Evaluating the contribution of North American zoos and aquariums to endangered species recovery. *Scientific Reports* 8(1): 9789. Zoos and aquariums spend millions of dollars and lend their expertise in conservation efforts.

Dawson, J., F. Patel, R. A. Griffiths, and R. P. Young. 2016. Assessing the global zoo response to the amphibian crisis through 20-year trends in captive collections. *Conservation Biology* 30(1): 82–91. Zoos are increasing numbers of endangered amphibians in ex situ.

He, X., M. L. Johansson, and D. D. Heath. 2016. Role of genomics and transcriptomics in selection of reintroduction source populations. *Conservation Biology* 30(5): 1010–1018. Genetic analysis of wild populations.

Liu, H., H. Ren, Q. Liu, X. Wen, M. Maunder, and J. Gao. 2015. Translocation of threatened plants as a conservation measure in China. *Conservation Biology* 29(6): 1537–1551. Success of rare plant reintroductions in China were influenced by the number planted, the plant life form, and the source of the material.

Malone, E. W., J. S. Perkin, B. M. Leckie, M. A. Kulp, C. R. Hurt, and D. M. Walker. 2018. Which species, how many, and from where: Integrating habitat suitability, population genomics, and abundance estimates into species reintroduction planning. *Global Change Biology* 24(8): 3729–3748. An example of reintroduction planning for three species of fish, including genetic diversity considerations.

Mounce, R., P. Smith, and S. Brockington. 2017. Ex situ conservation of plant diversity in the world's botanic gardens. *Nature Plants* 3(10): 795. Botanical gardens play a significant role in conservation of endangered species.

Samojlik, T., N. Selva, P. Daszkiewicz, A. Fedotova, A. Wajrak, and D. P. J. Kuijper. 2018. Lessons from Białowieża Forest on the history of protection and the world's first reintroduction of a large carnivore. *Conservation Biology* 32(4): 808–816. Bear reintroductions in Europe have a long history, from which we can learn about what works and what doesn't.

Zhang, H., N. Mittal, L. J. Leamy, O. Barazani, and B. H. Song. 2017. Back into the wild—Apply untapped genetic diversity of wild relatives for crop improvement. *Evolutionary Applications* 10(1): 5–24. An overview of the importance of maintaining wild relatives of cultivated species.

Carrizo, S. F., S. Lengyel, F. Kapusi, M. Szabolcs, H. D. Kasperidus, M. Scholz, and 5 others. 2017. Critical catchments for freshwater biodiversity conservation in Europe: Identification, prioritisation and gap analysis. *Journal of Applied Ecology* 54(4): 1209–1218. Gap analysis highlights imperiled ecosystem types in Europe.

Fawzi, N. I., V. N. Husna, and J. A. Helms. 2018. Measuring deforestation using remote sensing and its implication for conservation in Gunung Palung National Park, West Kalimantan, Indonesia. *IOP Conference Series: Earth and Environmental Science* 149(1):012038. An example of the use of GIS in conservation.

Geldmann, J., L. Coad, M. D. Barnes, I. D. Craigie, S. Woodley, A., Balmford, and 6 others. 2018. A global analysis of management capacity and ecological outcomes in terrestrial protected areas. *Conservation Letters* 11(3): e12434. Management effectiveness needs to be tracked in order to determine best practices.

Jones, K. R., O. Venter, R. A. Fuller, J. R. Allan, S. L. Maxwell, P. J. Negret, and J. E. Watson. 2018. One-third of global protected land is under intense human pressure. *Science* 360(6390): 788–791. Just because an area is designated as protected doesn't mean that it is safe from anthropogenic impacts.

Masud, M. M., A. M. Aldakhil, A. A. Nassani, and M. N. Azam. 2017. Community-based ecotourism management for sustainable development of marine protected areas in Malaysia. *Ocean & Coastal Management* 136: 104–112. Community-based ecotourism is one model by which local people can benefit from MPAs.

Strain, E. M., G. J. Edgar, D. Ceccarelli, R. D. Stuart-Smith, G. R. Hosack, and R. J. Thomson. 2019. A global assessment of the direct and indirect benefits of marine protected areas for coral reef conservation. *Biodiversity Research* 25(1): 9–20. MPAs had clear impacts on guilds of fish, which indirectly positively impacted coral cover.

UNEP-WCMC, IUCN, and NGS. 2018. *Protected Planet Report 2018*. UNEP-WCMC, IUCN and NGS: Cambridge, UK; Gland, Switzerland; and Washington, DC. A comprehensive overview of the state of protected areas across the world.

Venter, O., A. Magrach, N. Outram, C. J. Klein, H. P. Possingham, M. Di Marco, and J. E. Watson. 2018. Bias in protected-area location and its effects on long-term aspirations of biodiversity conventions. *Conservation Biology* 32(1): 127–134. We must be willing to protect those areas that humans use.

10 보호구역 외부에서의 보전

Brooks, J. S. 2017. Design features and project age contribute to joint success in social, ecological, and economic outcomes of community-based conservation projects. *Conservation Letters* 10(1): 23–32. Capacity building, particularly when it improves infrastructure, is the most important predictor of success in CBC projects.

Farmer, J. R., Z. Ma, M. Drescher, E. G. Knackmuhs, and S. L. Dickinson. 2017. Private landowners, voluntary conservation programs, and implementation of conservation friendly land management practices. *Conservation Letters* 10(1): 58–66. Attitudes and motivations of private landowners affect how well they manage for biodiversity.

Gooden, J., and R. Grenyer. 2019. The psychological appeal of owning private land for conservation. *Conservation Biology* 33(2): 339–350. Increasingly, people are purchasing land specifically for conservation, motivated in part by a need for meaning.

Guadilla-Sáez, S., M. Pardo-de-Santayana, V. Reyes-García, and J. C. Svenning. 2019. Biodiversity conservation effectiveness provided by a protection status in temperate forest commons of north Spain. *Forest Ecology and Management* 433: 656–666. A rare example of diversity actually being higher outside of a PA versus inside.

Kohler, F., and E. S. Brondizio. 2017. Considering the needs of indigenous and local populations in conservation programs. *Conservation Biology* 31(2): 245–251. As their responsibility as environmental stewards grows, so does our responsibility to involve indigenous people in conservation planning.

Naidoo, R., L. C. Weaver, R. W. Diggle, G. Matongo, G. Stuart-Hill, and C. Thouless. 2016. Complementary benefits of tourism and hunting to communal conservancies in Namibia. *Conservation Biology* 30(3): 628–638. Tourism and hunting are distinct funding sources and become profitable at different periods during a conservancy's development.

Rodrigues, P., G. Shumi, I. Dorresteijn, J. Schultner, and 4 others. 2018. Coffee management and the conservation of forest bird diversity in southwestern Ethiopia. *Biological Conservation* 217: 131–139. Bird diversity was high across a range of densities of trees in shade-grown coffee.

Schilthuizen, M. 2019. *Darwin Comes to Town: How the Urban Jungle Drives Evolution.* Picador/Macmillan. A book about urban biodiversity and evolutionary change.

Alston, J. M., B. M. Maitland, B. T. Brito, S. Esmaeili, A. T. Ford, B. Hays, B. R. Jesmer, F. J. Molina, and J. R. Goheen. 2019. Reciprocity in restoration ecology: When might large carnivore reintroduction restore ecosystems? *Biological Conservation* 234: 82–89. Rewilding with predators does not guarantee impacts on herbivores.

Bean, D., and T. Dudley. 2018. A synoptic review of *Tamarix* biocontrol in North America: Tracking success in the midst of controversy. *BioControl* 1–16. The intersection of an invasive plant, a biological control beetle, and a federally endangered bird.

Cole, I. A., S. M. Prober, I. D. Lunt, and T. B. Koen. 2016. A plant traits approach to managing legacy species during restoration transitions in temperate eucalypt woodlands. *Restoration Ecology* 24(3): 354–363. It is important to preserve desirable species while removing undesirable ones.

Corlett, R. T. 2016. Restoration, reintroduction and rewilding in a changing world. *Trends in Ecology and Evolution* 31(6): 453–462. A comprehensive overview of the complexities of rewilding as a restoration approach.

González, E., A. A. Sher, E. Tabacchi, A. Masip, and M. Poulin. 2015. Restoration of riparian vegetation: A global review of implementation and evaluation approaches in the international, peer-reviewed literature. *Journal of Environmental Management* 158: 85–94. The restoration of riverbank communities can have a wide range of goals and utilize a variety of methodological approaches.

Handel, S. N. 2016. Greens and greening: Agriculture and restoration ecology in the city. *Ecological Restoration* 34(1): 1–2. Urban restoration provides many benefits to both wildlife and people.

Hobbs, R. J. 2018. Restoration ecology's silver jubilee: Innovation, debate, and creating a future for restoration ecology. *Restoration Ecology* 26(5): 801–805. An argument in favor of a more practical and less idealistic approach.

Rohr, J., E. Bernhardt, M. Cadotte, and W. Clements. 2018. The ecology and economics of restoration: When, what, where, and how to restore ecosystems. *Ecology and Society* 23(2): 15. A current overview of the essential elements of restoration.

Santos, L. N., A. A. Agostinho, A. F. Santos, and E. García-Berthou. 2019. Reconciliation ecology in Neotropical reservoirs: Can fishing help to mitigate the impacts of invasive fishes on native populations? *Hydrobiologia* 826(1): 183–193. Sometimes actions that help humans also support biodiversity.

12
지속가능한 개발의 도전

Barbier, E. B., J. C. Burgess, and T. J. Dean. 2018. How to pay for saving biodiversity. *Science* 360(6388): 486–488. Although international funding of conservation is increasing, it is still not enough.

Dernbach, J. C., and F. Cheever. 2015. Sustainable development and its discontents. *Transnational Environmental Law* 4(2): 247–287. Provides answers to many of the criticisms of sustainable development and a critique of the so-called alternatives to sustainability.

Fehr-Duda, H., and E. Fehr. 2016. Sustainability: Game human nature. *Nature* 530(7591): 413–415. Sustainable development can be promoted by using particular aspects of human nature.

Gallo Cajiao, E., C. Archibald, R. Friedman, R. Steven, and 4 others. 2018. Crowdfunding biodiversity conservation. *Conservation Biology* 32(6): 1426–1435. Creative approaches to funding conservation take advantage of social media and increased public awareness.

Hardy, M. J., J. A. Fitzsimons, S. A. Bekessy, and A. Gordon. 2018. Purchase, protect, resell, repeat: An effective process for conserving biodiversity on private land? *Frontiers in Ecology and the Environment* 16(6): 336–344. Revolving funds are a useful way to ensure that lands get the protection they need.

Mockrin, M. H., S. E. Reed, L. Pejchar, and J. Salo. 2017. Balancing housing growth and land conservation: Conservation development preserves private lands near protected areas. *Landscape and Urban Planning* 157: 598–607. Sustainable development means finding solutions that benefit both people and nature.

Naeem, S., A. V. Ingram, T. Agardy, P. Barten, and 41 others. 2015. Get the science right when paying for nature's services. *Science* 347(6227): 1206–1207. Science needs to play a larger role in determining PES.

Nieto-Romero, M., A. Milcu, J. Leventon, F. Mikulcak, and J. Fischer. 2016. The role of scenarios in fostering collective action for sustainable development: Lessons from central Romania. *Land Use Policy* 50: 156–168. Barriers to (and solutions for) movement toward sustainable development in rural communities are explored through interviews with Transylvanians.

UNDP. 2018. *The BIOFIN Workbook 2018: Finance for Nature*. The Biodiversity Finance Initiative, United Nations Development Programme, New York. A collaboration with input from 30 developing countries, funded by the European Union and 5 European countries to assess the challenges and create a strategy for meeting conservation needs now and into the future.

Blackman, A., L. Goff, and M. R. Planter. 2018. Does eco-certification stem tropical deforestation? Forest Stewardship Council certification in Mexico. *Journal of Environmental Economics and Management* 89: 306-333. It is important to measure the impact of certification programs, especially if they are falling short of expectations.

McKinley, D. C., A. J. Miller-Rushing, H. L. Ballard, R. Bonney, H. Brown, S. C. Cook-Patton, and 16 others. 2017. Citizen science can improve conservation science, natural resource management, and environmental protection. *Biological Conservation* 208: 15-28. The contribution of citizen scientists can be significant.

Morrison, S. A. 2016. Designing virtuous socio-ecological cycles for biodiversity conservation. *Biological Conservation* 195: 9-16. To accomplish successful conservation, the public must be educated about the relevance of biodiversity to their lives and be inspired to act.

Ripple, W. J., C. Wolf, T.M. Newsome, M. Galetti, M. Alamgir, E. Crist, and 15,364 scientist signatories from 184 countries. 2017. World scientists' warning to humanity: A second notice. *BioScience* 67(12): 1026-1028. An example of how conservation scientists can take a bold political stance.

Tallis, H. M., P. L. Hawthorne, S. Polasky, J. Reid, M. W. Beck, K. Brauman, and 19 others. 2018. An attainable global vision for conservation and human well-being. *Frontiers in Ecology and the Environment* 16(10): 563-570. Modeling has been used to map out what it would take to meet the demands of a growing human population.

찾아보기

U

W~Z

ㄱ

ㄴ~ㄷ

ㄹ~ㅁ

ㅂ

ㅅ

ㅇ

ㅈ

집필진에 대하여

Anna A. Sher는 덴버대학교의 생물학 교수이며, 2003년부터 보전생물학을 강의하고 있다. 2003년부터 2010년까지 덴버 식물원의 연구 및 보전 책임자로서 공동 직책을 맡았으며, 복원 생태학, 희귀식물 보전, 기후변화 등 보전생물학 분야의 다양한 주제에 대해 학술, 무역 및 대중 청중들을 위한 책과 논문을 출판했다. 그녀는 침습적인 *Tamarix* 나무의 생태에 대한 최고의 전문가 중 한 명으로, *Tamarix: A Case Study of Ecological Change in the American West*(Oxford University Press, 2013)의 편집장이었다. 그녀는 또한 교과서 시리즈인 *Ecology: Concepts and Applications*(McGraw-Hill Education)의 공동 저자이다. Sher 박사는 1998년 뉴멕시코대학교에서 생물학 박사 학위를 받았고, 캘리포니아대학교 박사후 연구원이었다. 작은 인문대학인 얼햄 칼리지와 큰 주립대학교인 뉴멕시코대학에서 겸임 교수를 지냈다. 또한 Sher 박사는 동아프리카에서 과학 연구-유학 프로그램을 이끌었으며, 최근에는 뉴질랜드 오타고대학교에 객원 강사로 재직하고 있다.

Richard B. Primack은 보스톤대학교 생물학과에 재직 중이며, 학사는 하바드대학교(1972), 박사는 듀크대학교(1976)에서 취득하였다. 박사후 과정은 캔터베리에서 수학하였다. 방문교수로 홍콩대학교 및 일본 동경대를 거쳤고, 하바드대학교의 Bullard and Putnam 펠로우쉽을 수상하였으며, 구겐하임 펠로우쉽을 수상하였다. Primack 교수는 열대생물 및 보전학회 회장을 역임하였으며, 생물학 보존 저널의 편집장을 9년 동안 역임했다. 저서가 36개 국어로 번역되었으며, 각 책에는 현지의 사례가 소개되었다. 다른 저서로는 *Tropical Rain Forests: An Ecological and Biogeographical Comparison*(Richard Corlett 공저)가 있다. Primack 박사의 연구 관심사는 기후 변화, 식물과 동물 현상학, 종의 손실, 열대 생태학, 그리고 보존 교육이다. 최근에는 기후변화의 영향에 대한 일반대중서인 *Walden Warming: Climate Change Comes to Thoreau's Woods*를 발간하였다.

한국 저자소개

이상돈 이화여자대학교 환경공학과 교수
박사 University of Washington
한국환경영향평가학회 회장 역임
람사르 STRP 기술위원
문화재청 천연기념물분과 위원 역임

김영효 단국대학교 생명과학부 부교수
박사 단국대학교
한국동물분류학회 이사
WoRMS 편집위원

김재근 서울대학교 생물교육과 교수
서울대학교 대학원 협동과정 환경교육 주임교수
박사 University of California, Davis
한국생태학회 회장 역임
습지보전활동 공로로 대통령 표창 수상

남동하 전남대학교 생물학과 교수
박사 Ehime University
한국조류학회 편집위원장 역임
한국조류학회 부회장
종복원기술원 종복원자문위원 역임

박재홍 경북대학교 생물학과 교수
박사 University of Kyoto
한국식물분류학회 회장 역임

배연재 고려대학교 환경생태공학부 교수
박사 Purdue University
한국동물분류학회, 한국곤충학회, 한국환경생물학회 회장 역임
국가생물종목록위원회, 적색목록위원회 위원장 역임
생물다양성학술단체협의회 공동위원장 역임
국립생물자원관 관장 역임

서지은 우석대학교 생명과학과 교수
박사 이화여자대학교
한국동물분류학회장 역임
국립공원위원회 위원 역임

이규송 강릉원주대학교 생물학과 교수
박사 서울대학교
한국생태학회 편집위원
한국식물학회 편집위원